"十二五"普通高等教育本科国家级规划教材

生理心理学（第四版）

Foundations of Physiological Psychology

沈政 林庶芝 编著

图书在版编目(CIP)数据

生理心理学 / 沈政,林庶芝编著. -- 4 版. -- 北京：北京大学出版社,2024.8. --（北京大学心理学教材基础课部分）. -- ISBN 978-7-301-35500-8

I．B845

中国国家版本馆 CIP 数据核字第 2024HD3509 号

书　　名	生理心理学（第四版）
	SHENGLI XINLIXUE(DI-SI BAN)
著作责任者	沈　政　林庶芝　编著
责 任 编 辑	赵晴雪
标 准 书 号	ISBN 978-7-301-35500-8
出 版 发 行	北京大学出版社
地　　址	北京市海淀区成府路 205 号　100871
网　　址	http://www.pup.cn　新浪微博：@北京大学出版社
电 子 邮 箱	zpup@pup.cn
新 浪 微 博	@北京大学出版社
电　　话	邮购部 010-62752015　发行部 010-62750672　编辑部 010-62752021
印 刷 者	北京市科星印刷有限责任公司
经 销 者	新华书店
	787 毫米×960 毫米　16 开本　28.25 印张　彩插 13　635 千字
	1993 年 11 月第 1 版　2007 年 3 月第 2 版
	2014 年 9 月第 3 版
	2024 年 8 月第 4 版　2025 年 6 月第 2 次印刷
定　　价	79.00 元

未经许可,不得以任何方式复制或抄袭本书之部分或全部内容。
版权所有,侵权必究
举报电话：010-62752024　电子邮箱：fd@pup.cn
图书如有印装质量问题,请与出版部联系,电话：010-62756370

第四版序言

自本书第三版发行以来,与生理心理学相关的某些脑科学研究领域,取得了重大进展,或是冲击了生理心理学的一些传统观念,或是填补了某些空白或知识缺口。

在第四版的写作过程中,我常常为这些新突破所震撼。这是我60多年专业生涯中所发生的第二次震撼。第一次发生在40年前,作为访问学者,我在美国生活的两年中,访问过几家无创性脑成像实验室。使我震撼的是那些现代设备,居然通过对生物器官内无处不在的脱氧葡萄糖分子或氧合血红蛋白含量的测定,就能把人脑功能状态显示出来。因为之前我的学术观念是,每种心理过程都是特异的脑区、特异的细胞和特异的生物大分子活动的结果。脑成像技术恰好反其道而行之,无论你研究什么心理过程,它都把脱氧葡萄糖分子或氧合血红蛋白在脑内分布的状态呈现给你。现在使我又一次震撼的是,科学方法论的逻辑又反过来了,难道这就是黑格尔哲学的辩证逻辑——否定之否定!

在过去几年里,分子神经生物学终于在后基因组时代的分子遗传学中找到了突破口,利用单细胞RNA测序(scRNA-seq)技术检测脑细胞类型,并结合双光子成像和膜片钳记录方法,可以显示单个神经元的全细胞微形态和生理功能特性。于是,新发现雪花般飘落,漫天盖地,充满了 *Cell*、*Neuron*、*Science* 和 *Nature Neuroscience* 等高影响因子的期刊。你不得不想,人类的智慧到底是因为有了由上千亿脑细胞构成的大规模神经网络,还是因为有了少数特异神经细胞的缘故?例如,大脑皮层第2~3层内的一个锥体细胞,就能快速求解出异或函数的分割问题,具有相当于3层以上复杂人工神经网络的功能。看来,人类的智慧不是因为脑细胞数量多的缘故。为此,新版《生理心理学》将意识、智能设为独立的第13、14章。如第13章阐述了人类意识的五大心理属性及其脑功能基础。这是其他动物或机器人不可能同时具备的五大特性。人格方面的议题则作为第15章,增加了当代人格理论中大五人格和与情感理论相呼应的人格理论,还评论了人格解体或解体性身份障碍的研究进展。

脑细胞类型的研究成果,同时丰富了脑细胞在大脑皮层中分层分布的知识,继而使神经振荡编码理论得到快速发展,突破了生理心理学的一些瓶颈问题,包括知觉特征绑定(整合)机制、选择性注意的选择方式和短时-长时记忆的过度和巩固机制,以及睡眠和记忆的巩固问题。所以,第4、5、7和12章中增加了这些新的内容和附图。其中,特别新颖的是,通过神经振荡所引发的内隐记忆痕迹自动激活和兴奋性扩散的生物物理学基础。

第四版新增内容的第三个理论侧面,也与神经振荡理论有关。即关于胃-脑和心脏-脑之间的振荡耦合机制，以及内稳态和内脏等构成的内感受（interoception）机制。它填补了神经解剖学和神经生理学长期模糊的知识缺口，这些新知识在第 3、9、10 章和第 15 章，结合感觉、本能、动机、情感和人格等问题加以讨论。

本书的前两章虽然未做大幅修改，但也纳入了新进展和新知识的要点，以及新的理论观点。由于脑细胞类型研究的新领域发展时间较短，一些成果正在累积之中，因此还需要时间的检验。我们相信，随着脑科学的发展，生理心理学在未来会有更系统的新理论问世。在探索大脑奥秘的道路上，许多美好的景色正等待着后人去发掘和鉴赏。

在北京大学教务部和心理与认知科学学院的支持和资助下，本书所引用的图表，均取得了第三方使用许可，达到了国际知识产权规定的标准。

本书下一版将更精彩！

沈　政
2022 年 8 月 30 日

第三版序言

本书第一版在 1993~2006 年 13 年间，共印刷 11 次；第二版 2007~2013 年 6 年间，也印刷 11 次。这一印刷速度的变化表明，该书的市场需求在成倍地增长。这说明随着我国社会经济的发展，人们对科学知识的需求，特别是对认识自身的科学需求，迅速地增强。无论是本书的前身（华夏出版社 1989 年版）还是本书第一版（1993 年）写作过程中，作者只是在写一本专业教材，是为心理学相关专业人员写专业参考书。然而，时至今日我们才意识到，生理心理学应该面向更广大的读者，只要他们面临来自自身或周围人的心身困扰，陷入迷惑不解的境地，都有可能从这本《生理心理学》中得到启示。例如，怎样理解和对待异样社会行为，包括不同的性生活取向，戒毒和防复吸的艰难，荒唐的违纪、违法行为，某些重大神经精神疾病的国际研究进展和儿童发育以及特殊教育的生理心理学基础等。本书给出有关问题的国际前沿研究进展，不仅普通公民闻所未闻，即使对相应领域的专业人员，可能也有些耳目一新之感。例如，性别的二维度四分法：男人、女人、非男非女和既男又女等四种性别说；吸毒和复吸的脑最后共同通路；儿童自闭症谱系障碍源于脑内镜像神经细胞和长距离神经纤维（深部白质）以及胶质细胞等发育不良等，都是近些年神经科学、神经生物学和分子生物学前沿研究的新进展。吸收这些科学新知识，使人们更准确地理解和对待某些生理心理问题，以便更恰当地处理这些问题，有助于建设和谐的社会和幸福家庭。

除了扩大视野面向社会，使本书第三版更能符合社会需求之外，在心理学学科建设上本版也做了较大的努力。除感觉运动和知觉之外的各部分，特别是在言语思维、情绪情感、理解他人动机意向和执行监控等有关部分，本版都做了很大修改和增写，尽可能吸收人类被试的实验数据，形成了基于人类被试实验数据基础上的生理心理学框架。近年红火起来的人脑连接组（connectome）研究项目，几年以后将会揭示更多人脑功能连接的科学事实，进一步充实生理心理学的基本理论。

本书作者完成了有关章节修订，自然就涉及生理心理学基本理论的升华。在继承脑机能定位论、功能系统论、大脑半球功能一侧化和脑功能进化论等理论精髓的基础上，作者更加注重当代无创性脑成像和神经计算研究的新科学事实以及分子和细胞生物学对脑研究的新发现。本书加写了生理心理学的基本理论和方法学，作为导论的主要内容。概括地说:当代科学认识到,人脑是动态时变的超立方功能体,时变性是绝对的,定位性是相对的;对于本能行为和自动化的行为类型而言,脑功能定位的时变性是主导的;对于人的意识活动而言,脑功能系统的多层次性和时变性是主导的。希望本版能得到广大读者的喜欢和批评指正。

作 者
2013 年 8 月 20 日于北大

第二版序言

《生理心理学》一书自 1993 年问世,先后印刷 11 次,其社会需求逐渐增大,随着我国经济文化教育事业的发展,从科学教育和社会生活两个方面都对《生理心理学》一书提出了新需求。

从科学教育方面,人类对脑与意识这一基本科学命题不断探索,在过去十多年间取得了前所未有的重大进展。以功能磁共振成像为代表的无创伤性脑功能成像技术,使科学家们可以直观地看到正常人的知觉、记忆、思维和情感活动中大脑发生变化的过程。在分子生物学和细胞生物学水平上,科学家们揭示出细胞核内的基因调节蛋白(如CREB)如何参与长时记忆的形成。在脑整体功能和分子生物学基础之间的神经元功能网络水平上,近年科学家发现自闭症、精神分裂症和儿童失读症患者的大脑深层白质不足,引起脑内大范围结构间通信的缺陷。这一发现可能从根本上改变人类对这些疾病性质的认识。随之而来,将是诊断和治疗学上的突破进展。脑代谢和神经信息加工的神经生物学研究,已经向经典神经元理论提出了挑战:人脑复杂的思维活动不只建立在神经细胞的生理活动之上,还制约于胶质细胞与神经元间的并行网络。这类并行网络实现的多时间尺度上的信息加工过程,才是精细而复杂的智慧活动的基础。在社会与人格心理学方面,脑科学研究已揭示出男女两性差异的 E-S 维度,即移情性和系统性维度及其脑功能基础。因此,在修订《生理心理学》一书时,我们首先着眼于吸收过去十多年间这些新科学事实,使本书获得更强的生命力。

从社会生活方面,随着社会经济和各项事业的发展,人们面临许多新机遇和挑战。每个人为顺应社会发展而取得个人的全面发展,就应对自己的心身状况具有最基本的认识。为建立和谐的社会以及人与人、人与自然的和谐,人们应该用生理心理学的知识充实自己,以便能够正确理解自身和他人,保持健康的心身状态,使我们的生活更加美好。为此,本书在修订时力图使其能贴近现实生活,增加了两性生理心理的差异、毒瘾、行为瘾和某些精神疾病等新科学知识。与第一版相比,在修订中压缩了一些经典的实验研究细节,并对某些有影响的科学理论加以客观评述。

希望本书的修订版本,能得到心理学、医学和认知科学领域读者的批评指正。

沈 政 林庶芝
2006 年 3 月 31 日

第一版序言

由于我校和兄弟院校的教学需要,拟对我们5年前撰写的《生理心理学》教科书重印或再版。经过半年多的考虑,我们终于下决心申请北京大学教材出版基金资助,重写《生理心理学》这本教科书。

重写《生理心理学》教科书,出于以下考虑:首先,由于心理学发展的历史原因,已有的生理心理学著作难于与普通心理学、认知心理学、医学心理学等分支彼此呼应。然而过去五六年的科学发展中,形成了一些新的研究领域,积累了一批新的科学资料,有利于克服这种缺陷。因此,我们尽可能吸收这些成果,按照我国高等院校使用的《普通心理学》和《认知心理学》教科书的体系,编写一本有利于将这些课程融为一体的《生理心理学》教科书。其次,我们还考虑到:生理心理学不仅是心理科学的基础学科,而且教育学、医学、认知科学和计算机科学也都需要生理心理学的基础知识。因此有必要跳出生理心理学的自身领域,面对这些相关学科,写一本视野广、口径大而且简单明了的《生理心理学》教科书。为此,我们在书中尽可能联系某些教育学、医学和计算机科学发展中提出的问题,充实生理心理学的教学内容,使其更富有生命力。最后,在本书写作中除正文外,图表与参考文献的引用,也立足于基础知识的教学要求,主要引用中文参考书,以便于某些强烈求知者进一步参阅,提高相应的知识水平。这本《生理心理学》比前一本减少了十多万字,但某些内容却有所充实和加强。我们的本意如此,其实际教学效果还有待于读者和同行教师们加以考查,我们诚恳希望各位批评指正!

作 者
1992年12月31日晚

目 录

1 导论 ……………………………………………………………………… (1)
  第一节 生理心理学的学科性质及其科学与社会价值 …………………… (1)
  第二节 生理心理学的基础理论 …………………………………………… (5)
  第三节 生理心理学的方法学 ……………………………………………… (13)
  第四节 当代脑研究的重要领域 …………………………………………… (22)

2 神经系统的结构和功能基础 ……………………………………………… (28)
  第一节 神经形态学 ………………………………………………………… (28)
  第二节 神经生理学基础 …………………………………………………… (47)
  第三节 分子生物学基础 …………………………………………………… (55)

3 感觉和运动功能与经典特异神经系统 …………………………………… (68)
  第一节 神经系统的感觉功能 ……………………………………………… (68)
  第二节 神经系统的运动功能 ……………………………………………… (97)
  第三节 经典特异神经系统与小世界网络结构 …………………………… (106)

4 知觉的生理心理学基础 …………………………………………………… (110)
  第一节 知觉通路和知觉信息流 …………………………………………… (111)
  第二节 从大脑皮层柱状结构的并行加工到多模式感知统合的
        知觉机制 …………………………………………………………… (117)
  第三节 人脑特化的知觉区 ………………………………………………… (120)
  第四节 大脑皮层的分层结构与知觉特征整合的神经振荡机制 ………… (124)
  第五节 面孔知觉 …………………………………………………………… (128)

5 注意的生理心理学基础 …………………………………………………… (134)
  第一节 非随意注意 ………………………………………………………… (134)
  第二节 选择性注意 ………………………………………………………… (137)

第三节　注意的脑功能网络和信息流 ……………………………………… (142)
第四节　注意的节律理论 …………………………………………………… (148)
第五节　儿童注意缺陷/多动障碍 …………………………………………… (150)

6　学习及其神经生物学基础 ……………………………………………………… (156)
第一节　学习模式 …………………………………………………………… (156)
第二节　学习的脑网络基础 ………………………………………………… (163)
第三节　大脑皮层在学习中的作用 ………………………………………… (171)
第四节　脑可塑性与学习的神经生物学基础 ……………………………… (175)
第五节　学习的分子生物学基础 …………………………………………… (178)
第六节　学习障碍和成瘾行为 ……………………………………………… (180)

7　记忆的生理心理学基础 ………………………………………………………… (186)
第一节　传统的记忆痕迹理论 ……………………………………………… (186)
第二节　海马的记忆功能 …………………………………………………… (189)
第三节　现代多重记忆系统理论及其脑结构基础 ………………………… (191)
第四节　记忆的分子和细胞生物学基础 …………………………………… (197)
第五节　人类的记忆障碍 …………………………………………………… (205)

8　言语、思维的脑功能基础 ……………………………………………………… (210)
第一节　言语和脑 …………………………………………………………… (210)
第二节　思维与脑 …………………………………………………………… (222)
第三节　问题解决的生理心理学基础 ……………………………………… (229)
第四节　精神分裂症的言语、思维障碍及其脑功能基础 ………………… (231)

9　本能、需求和动机的生理心理学基础 ………………………………………… (240)
第一节　摄食行为 …………………………………………………………… (241)
第二节　饮水行为与渴感中枢 ……………………………………………… (249)
第三节　性行为 ……………………………………………………………… (252)
第四节　防御和攻击行为 …………………………………………………… (254)
第五节　人类基本生理心理需求和动机的脑基础 ………………………… (258)

10　情绪与情感的生理心理学基础 ……………………………………………… (261)
第一节　情绪、情感的经典生理心理学理论 ……………………………… (261)
第二节　情绪、情感的现代生理心理学理论 ……………………………… (264)
第三节　情感障碍及其神经生物学基础 …………………………………… (275)

11 人际交往和执行控制的生理心理学基础 ………………………………… (283)
第一节 人际交往和相互理解的生理心理学基础 ……………………… (283)
第二节 目标行为的执行控制 ………………………………………… (289)
第三节 社交中烟、酒、茶调节人们心态的脑功能基础 ……………… (297)
第四节 影响人际交往的神经症及其脑功能基础 ……………………… (300)
第五节 孤独症谱系障碍及其神经生物学和分子遗传学基础 ………… (302)

12 睡眠与长时记忆的形成和巩固 ……………………………………… (306)
第一节 睡眠与梦的经典理论 ………………………………………… (306)
第二节 睡眠的当代理论 ………………………………………………… (315)
第三节 睡眠中长时记忆的形成和巩固 ………………………………… (321)

13 意识与无意识心理活动的脑功能基础 ………………………………… (329)
第一节 当代的意识理论 ………………………………………………… (331)
第二节 意识的心理属性 ………………………………………………… (334)
第三节 意识的脑结构和网络基础 ……………………………………… (340)
第四节 意识的分子神经生物学和细胞学基础 ………………………… (347)

14 智能及其脑功能基础 …………………………………………………… (350)
第一节 一般智力的组成及 g 因子的结构分析 ………………………… (351)
第二节 智能与脑网络 …………………………………………………… (361)
第三节 超常、低能和痴呆的脑功能基础 ……………………………… (365)

15 人格的生理心理学基础 ………………………………………………… (371)
第一节 人格的经典假说 ………………………………………………… (371)
第二节 当代人格理论及其脑功能基础 ………………………………… (375)
第三节 人格障碍的脑功能基础 ………………………………………… (382)

附录 人类的性与大脑进化 ………………………………………………… (389)
全书参考文献 ………………………………………………………………… (409)

1 导　　论

生理心理学（physiological psychology）是心理学科学体系中的重要基础学科之一，它以心身关系、心物关系和心脑关系为基本命题，力图阐明各种心理活动的生理机制。围绕这些重大科学命题不仅形成了生理心理学，还出现了许多其他邻近的学科。随着人类文明的发展和科学技术的进步，关于生理心理学的学科性质、研究任务，乃至学科体系和方法学也在不断地发展。通过获取的无数相对真理，生理心理学总是在探索和揭露人类大脑的奥秘中不断丰富和发展。因此，生理心理学的学科性质及其与邻近学科的关系，在不同发展时期有不同的答案，对于生理心理学的基础知识或学好这门学科的先修课程，有不同层次的理解和要求。随着生理心理学研究方法的不断进步与发展，其理论发展与应用前景也越发广阔。

中国社会在过去40多年所发生的巨大变革，伴随着社会生活的许多变化，人们从日常生活、子女教育、性取向，到生、老、病、死，都产生了许多新问题，希望在生理心理学中找到科学启示。所以，如今的生理心理学不仅是心理学的重要基础学科，而且已经成为教育学、医学、信息科学和计算机科学不可缺少的科学基础，并且已从学科走向社会生活。生理心理学在未来的科学发展和社会生活中，将会进一步受到前所未有的高度关注。

第一节　生理心理学的学科性质及其科学与社会价值

生理心理学虽然是心理学的重要基础学科之一，但它的诞生却早于科学心理学的创立。1879年，冯特在德国莱比锡大学创建心理学实验室之前，出版了《生理心理学》教科书，将生理心理学看作心理学与生理学的交叉学科。目前，学者大多认为，生理心理学是心理学、神经科学和信息科学的交叉学科。这是由于随着科学的发展，对心理活动的本质有了更深刻的认识。必须吸收多种科学和技术的新成果，包括分子遗传学、行为遗传学、分子生物学、细胞生物学、神经形态学、神经生理学和认知神经科学等学科的新成果，才能阐明生理心理学的基本理论命题。这些基本科学命题至少应能对心身关系、心物关系和心脑关系等问题，给出科学回答。

一、心身关系

心身关系的科学命题不仅是生理心理学的基本命题,还是哲学的基本命题,这也是心理学在形成独立的科学体系之前隶属于自然哲学范畴的缘故。我国古代医书中明确记载:心者,五脏六腑之大主也,精神之所舍也。古希腊人也曾认为心理活动是心之功能,哲学家德谟克利特把心理活动与呼吸功能加以类比,提出精灵原子的假说。莱布尼兹提出心身平行论,笛卡儿则提出心身交互论。这些自然哲学式的理论研究,基于对心理活动与生理功能间关系之表面观察,由哲学概念加以概括,其理论比较肤浅。这是由当时自然科学不发达的现实所决定的,但它反映了生理心理学理论的萌芽。1874 年第一部《生理心理学》教科书问世,并在随后的 70 多年中得到了很大发展。直到 20 世纪五六十年代,一些生理心理学家开始利用多导生理记录仪这种无创性研究方法,对人类心身关系进行了系统性实验研究,并在 1960 年建立心理生理学专业学会,创建心理生理学($Psychophysiology$)专业期刊,总结出心理活动中心率、血压、呼吸、皮肤电、瞳孔和眼动的变化规律。这一分支学科在心理学研究方法上,进一步扩展了古典心理学方法中的"减法法则",在理论上对"心理资源""自动和控制加工过程"等重要概念的诞生做出了重大贡献。这些理论概念和方法学进展,成为 20 世纪 90 年代认知神经科学产生的重要基础。最近 20 多年间,一方面,对心率变异性(heart rate variability, HRV)的研究,已积累了许多科学事实,证明不同心态的心率变异性规律不同。另一方面,通过多种无创性脑成像技术的运用和分子生物学新发现,证明脑功能状态随时制约于人体内环境的变化。本书第 9、10、11、12 章提供了一些新的科学事实,证明不仅人的饮食行为、防御攻击行为,而且心境、情绪和人格特质,以及内隐心理活动都受制于人体内环境。其中,具有新意的发现如图 9-2、图 9-3 所示,人们处于静息状态时,心电图、胃电图和脑活动之间存在着谐振关系。脑电 α 波($8 \sim 12$ Hz)是心电图 R 波的 10 倍频(心跳 72 次/min,即 1.2 Hz);α 波周期大约 83 ms,心电 R 波周期 833 ms。胃电图波动的频率 0.05 Hz,周期 20 s;脑静息态血氧水平相关信号(BOLD)波动周期 10 s,频率 0.1 Hz。胃电图与 R-fMRI 中的 BOLD 信号也呈倍数关系。所以,脱离身体的孤立脑,其高级心理活动也必然出现问题,这是因为心身之间存在着多层次的精细调节机制。

随着科学的发展,心身关系的探讨逐渐为心脑关系的命题所取代,这是因为生理心理学家逐渐认识到,人体内环境主要由脑通过神经调节、神经-体液调节和神经-免疫调节机制而实现的。而大脑也正是以这种调节功能为己任,若斩断这种机制,则脑将不脑。最近几年,对脑内胶质细胞功能的研究,心脏与脑、胃与脑之间功能关系的研究,都取得重大进展,特别强调内感受性信息加工的重要意义。因此,脑在心身关系中成为关键的器官,我们在心脑关系的命题中将进一步讨论,这里先回到心物关系的命题。

二、心物关系

心物关系即意识和物质的关系,不仅是心理学的命题,也是哲学的第一命题,是唯心主义哲学和唯物主义哲学的分水岭。与哲学所讨论的社会意识和物质世界的关系不同,心理学是从具体的外界物质刺激与个体意识之间的制约关系中,探讨个体心理活动的规律。20世纪初,神经生理学家巴甫洛夫关于高级神经活动的经典理论,精辟地概括了心物关系的反射论原理。他把条件反射理论概括为三条原则:首先,反射活动与外界刺激有着因果关系,即决定论的原则;其次,脑对外部刺激发生反应时,进行着复杂的综合分析活动,与之相应地在脑内存在着许多分析器;最后是结构原则,即脑的反射活动是通过反射弧实现的。反射弧由传入(刺激)、中枢和传出(反应)三个环节构成。不同性质的外部刺激通过特定的传入神经到达相应的中枢,再沿特定的传出环节完成反射活动。这一理论以当时神经解剖学关于大脑皮层感觉区、运动区、视区、听区等特异性感觉-运动区的知识,以及从外周神经到大脑皮层特异感觉区之间的特异感觉通路和特异的传出运动通路为基础;而对于脑深部结构,特别是那些用组织学方法难以确定其神经联系的网状结构、前额叶、腹内侧前额叶、底部和边缘部分的皮层及其邻近结构,很难纳入反射弧的结构之中。因此,反射论的经典神经生理学关于脑与心理活动之关系的认识,只是概括了神经解剖学、神经组织学和经典的分析神经生理学的研究成果,具有很大的历史局限性。在科学发展史上,克服这一历史局限性的新方法和新理论应运而生,这就是细胞电生理学方法和细胞神经生理学理论。20世纪30~40年代,细胞神经生理学揭示了神经细胞对外部刺激强度的电生理学编码机制,总结出细胞发放的频率编码和解码规则,以及突触后电位的级量(模拟)反应规律。基于细胞电生理学方法,研究者发现了脑内的网状非特异系统及其对大脑唤醒水平的调节作用,揭示了睡眠与觉醒的调节机制(Moruzzi & Magoun, 1949)。外部世界的多种刺激对意识(觉醒)水平的影响,通过特异传导通路对各种刺激的上行传导侧支,共同进入脑干网状结构,使大脑保持适度兴奋水平,调节着大脑的意识水平。正是这种适度的大脑觉醒水平,构成了人类智慧和情感活动的前提,人类的意识才能对外界物质过程产生意识的反射活动。归根结底,人类的意识活动是外界物质过程与脑这一特殊物质相互作用的产物。脑既是物质的,又是心理活动和意识的器官。所以,脑既是生理学的研究对象,又是心理学的研究对象。脑在调节人体内环境的统一协调中,以及通过感觉运动反应适应外环境中的作用机制,是神经生理学的研究课题;而产生知觉、注意、学习、记忆、语言、思维的认知过程和动机情感,以及执行控制过程,乃至人格形成中的作用机制,则是心理学的研究课题。由此可知,生理心理学不仅基于生理学的知识,还要广泛吸收关于脑的全部知识,即神经科学各个分支学科知识,才能完成自己的基本命题研究。

三、心脑关系

神经科学是最近五十多年形成的一门综合科学,它囊括关于脑研究的许多理论和技术,如神经生理学、神经解剖学、神经组织学、神经免疫学、神经遗传学、分子神经生物学、神经病学、精神病学、精神药物学、行为药理学、神经外科学、脑的生物医学影像技术等。脑综合研究对于新成果的吸收是生理心理学发展的必要前提。在神经科学诸多分支学科中,生理心理学青睐的是神经信息科学,它从信息科学中吸取了新概念、新算法和新技术,揭示了人脑信息加工的基本规律。

信息科学是20世纪40年代兴起的综合科学,它的一些理论概念对现代脑研究产生了巨大的启发作用。20世纪60年代以后,许多信息处理新技术,如快速傅里叶变换、功率谱分析、地形图分析等在脑研究中显示出重要意义,开拓了脑事件相关电位(ERP)等新研究领域;70年代末,计算机控制的多种脑生物医学影像技术相继问世。20世纪70年代问世的计算机体层成像(CT),80年代的核磁共振成像(NMRI)和正电子发射断层成像(PET)等达到成熟水平;90年代以功能磁共振成像(fMRI)为代表的无创性脑成像技术成为推进脑科学和心理学发展的重要手段。21世纪初十几年,弥散张量成像(DTI)为脑白质精细结构的研究提供了新的有效工具;静息态脑功能磁共振成像(R-fMRI)和DTI一起,为脑连接组研究提供了获取数据的手段。使用这些新技术所获取的科学数据,令当代科学界认识到,脑对外部刺激发生反应所产生的心理活动,至多耗费脑能量代谢的10%;那么90%以上的脑能量用在何处?仅仅用于维持生命过程,还是用于无意识的心理活动?Raichle(2006)将这90%的脑能量称为"脑的暗能量"。换言之,反射式的心理活动并不是唯一的机制,甚至不是主要的心理活动机制。

生理心理学必须从神经科学和信息科学中吸收新理论与新技术的滋养,才能在心理活动脑机制的研究中,有所前进,有所发现。学习生理心理学必须开阔科学视野,随时吸收当代神经科学和信息科学的新成果。

总之,生理心理学是心理学学科体系中的必修课程,是心理学、神经科学和信息科学的交叉学科。心脑关系是生理心理学研究的核心命题,其研究进展不仅对心理学其他分支学科的发展产生重大影响,对于认识论和哲学的理论发展也具有重大意义。此外,生理心理学的进展对于智能化计算机和机器人学的理论发展可提供重要科学基础;对于教育学、医学、运动科学、文化艺术,以及社会福利和环境保护等事业,都具有一定的基础理论意义。生理心理学知识的普及,有利于提高人口素质,正确处理一些重大社会问题,促进社会和谐发展。

第二节 生理心理学的基础理论

　　心理活动与脑功能的关系是生理心理学的核心命题,人类对该命题的探索,大体经历了六个时期,与之相对应的形成六种理论体系,即自然哲学理论、机能定位理论、脑反射论(或经典神经生理学理论)、细胞神经生理学理论、脑化学通路学说和功能模块(或功能系统)理论。当前,如何评价和吸收这些理论的合理性内涵,总结出当代生理心理学的基础理论,是本节讨论的重点。

　　概括地讲,当代生理心理学认为,作为脑的高级运动形式,心理活动不仅是脑对外界世界的反射(reflection)活动,也是对体内环境和脑动态信息加工过程的映射(mapping)活动,制约着心身、心物和心脑关系中多层次性和遗传保守性的物质运动过程。这种多层次的物质运动过程包括非生命的物理和化学反应、分子生物学中的基因组和表观遗传物质的改变、细胞间与细胞质内的生物化学变化过程,以及空间尺度不同的神经振荡的生物物理过程。人脑在实现这些物质变化过程中,在行为层面上表现为反射和映射活动以及意识活动,在脑内表现为多重信息加工过程和多重信息流并存的组合方式,实施着数字信号处理和模拟信号处理的机制,构成一个动态时变的超立方功能体。定位性是相对的,时变性则是绝对的、瞬息万变的。对于本能行为和自动化行为及其相应的无意识活动而言,脑功能的定位性在一定条件下是主导;对于耗费心神的意识活动而言,脑功能系统的多维度时变性是主导。人脑的反射和映射活动蕴含着动物界系统发生、进化,以及个体发生、发展所形成的模块性、层次性、包容性和遗传保守性。

　　进入 21 世纪以来,随着科学发展进入后基因组时代,脑科学采用单细胞 RNA 测序技术等多学科结合的发展策略,开创了脑细胞类型及其微回路的新研究领域,发展了神经振荡理论,提供了振荡编码的生物物理学基础,扩展了静息态网络的研究领域,脑科学研究领域已进入新的发展阶段。

　　脑细胞类型及其微回路的研究,向传统智能观提出挑战,证明人类的智慧并非靠其脑细胞的数量优势或网络规模的大小,而是脑细胞的复杂性、多样性和特异性进化和发展的结果。本书在第 14 章将详细阐明这一新的理论观点。虽然 20 世纪最后十几年,已经开始倡导神经振荡理论,但是只有细胞类型及其分层分布的研究取得进展之后,才在近几年迅速发展起来。如本书有关知觉特征绑定、选择性注意和长时记忆巩固等内容所述,振荡编码机制解决了一些长期争论不决的难题,提升了神经科学的理论水平。以静息态磁共振记录所发现的 0.1 Hz 超慢节律为基础的默认网络(default mode networks, DMN)研究,近年扩展为静息态网络(RSNs)的分析,包括脑-心脏和脑-胃的静息态超低频(0.05~0.1 Hz)与神经振荡机制研究,在本书有关本能与动机、情绪情感、睡眠与长时记忆和人格等的章节,分别介绍了 RSNs 研究进展。这些新进展及其对现有脑功能理论的挑战,将会赋予脑科学和心理学以新的发展方向和理论体系。

[常识与思索 1-1] 人类对脑功能原理认识的三个阶段

第一阶段是 19 世纪至 20 世纪前半叶,以神经解剖学和经典神经生理学为主导,认为脑是反射的器官;人的行为和心理活动都是脑反射活动的结果。这一阶段的突出贡献是,揭示了精神活动的物质基础——脑的反射活动——可分为两大类,即由脑先天固定结构为基础的非条件反射(生理属性)和后天习得的条件反射(心理属性)。第二阶段是 20 世纪后半叶,以心理学为主导,认为脑是信息加工的器官,脑的信息加工过程被分为两大类。绝大多数生理活动、本能行为和基本心理过程,都伴随脑的内隐加工过程所产生的无意识心理活动。脑的外显信息加工过程,产生了人类特有的意识活动,它好像是冰山在海平面以上的可见部分,是脑信息加工的精华。目前,人类对脑功能原理的认识已经跨越了前两个阶段,进入第三阶段。2012 年,迈入后基因组时代,人类对脑功能原理的认识,基于以分子和细胞生物学为先导的多学科探索,将揭示意识起源的奥秘——人脑依靠何种细胞及其微回路,将无意识的心理信息转化为意识活动,也就是人类意识形成的脑功能基础。

一、脑机能定位论与等位论的统一性原理

贝尔根据高等动物和人脑形态与功能不同,将脑分为大脑、小脑,又将脊髓分为背根和腹根,这一发现成为脑机能定位理论的发端。从脑的大体解剖学研究逐渐深入到脑的组织学研究,是 19 世纪至 20 世纪前 20 年脑研究工作的主流。布罗卡发现了位于额下回后部靠近岛盖处的运动性言语中枢,韦尼克发现了听觉性和视觉性言语中枢,大大刺激了生理学家和心理学家,他们希望在脑内找到各种心理活动的中枢。临床观察法、手术切除法、电刺激法、解剖学和组织学方法,是脑机能定位理论所依靠的主要研究手段。脑机能定位的基本理论和研究方法一直延续到现代。20 世纪 40~50 年代,脑研究领域中关于大脑皮层是条件反射暂时性联系赖以形成的基础的观点,现代神经生理学关于脑干网状结构是睡眠与觉醒中枢、边缘脑或边缘系统是情绪调节与内脏调节中枢的理论;以及 60 年代,以割裂脑研究引起学术界关注的大脑两半球机能不对称性的理论观点;乃至最近 20 年,以无创性脑成像技术为基础的脑激活区的研究,都可以看作是脑机能定位思想的继续和发展,但所应用的方法及理论观点已大大超越了经典脑机能定位学说的范畴。

与脑机能定位观点相对应的是脑等位学说。心理学家 Lashley(1929)提出这一观点的主要依据是大白鼠脑切除法对其学习行为的影响,因此也决定了该理论的局限性。然而,20 世纪 60~70 年代的许多研究发现,就学习行为的脑基础而言,脑内许多结构,包括皮层下深部结构,都具有形成暂时性联系的能力,暂时性联系的接通机制是脑的普

遍功能。20世纪的最后30年,最初把长时程增强效应作为长时记忆的特异性生物学基础,但最终发现,它是各种可兴奋组织的普遍生物学特性。最近20年来,基于功能性磁共振的 BOLD 信号对脑高级功能的研究发现,即使是最简单的经典条件反射活动,所激活的脑结构也涉及许多皮层和皮层下结构,包括发挥重要作用的纹状体。由此可见,脑机能定位论和脑等位论都不是绝对正确或绝对荒谬的,它们各自揭示了脑功能特点的不同侧面。就语言产出而言,定位性明确的皮层下脑结构支配着口、舌、唇、声带等发声器官,与作为运动性语言中枢的额下回形成了复杂的人类语言本能的神经回路;而对复杂的语义和话语表达,则因语境的不同,所涉及的额、顶和颞叶皮层的功能组合不同。所以,复杂的语义和话语内容,是由时变的脑功能系统实现的。在言语和意识等高级心理活动中,脑功能的定位性和整体系统性是高度统一的。时变的脑高级功能包容着先天的、定位性明确的人类本能的功能回路。关于这些神经回路的具体组成,请阅读有关言语、思维、意识、智能等部分及其附图。

二、经典特异神经通路和网状非特异神经系统共同作用的功能原理

巴甫洛夫认为,每种先天的反射活动都有相应的脑反射弧作为其结构基础。反射弧由传入-中枢-传出三环节组成,而个体习得性条件反射的实现依赖于反射中枢间的暂时性联系。这种认识具有极大的历史局限性,因为当时还没有电生理学的技术手段。本质上,脑结构间的联系是以多重发散与会聚的机制为基础的。某一脑结构的兴奋可引起其他许多脑结构发生不同的功能变化,脑干网状结构就是非特异弥散网络的脑结构。换言之,弥散网络是点与面或点与三维空间的关系,是效率更高的脑网络形式。

19世纪末到20世纪初,生理学家谢灵顿和巴甫洛夫几乎同时建立了生理学实验分析法,以反射论(reflective theory)为指导,研究了中枢神经系统的功能。谢灵顿利用猫股四头肌标本,巴甫洛夫则利用狗的心理性唾液分泌标本,分别研究了脊髓和脑高级中枢对于刺激所做出的反应,定量地分析了刺激和反应间的因果关系。他们的研究结果形成了神经生理学的经典理论,是行为主义心理学的重要科学基础。经典神经生理学基于精确的定量分析,大大提高了脑功能研究的科学水平。从今天高度发展的自然科学和精密仪器的角度来看,当年巴甫洛夫对狗唾液分泌滴数的计量与谢灵顿用记纹器和麦秆笔对猫股四头肌收缩强度的记录,是何等简单啊!然而,正是通过这些简单定量分析的方法,建立了经典神经生理学体系。几十年后,随着阴极射线示波器的应用,利用微电极记录神经细胞电活动的生理学研究迅速发展,细胞神经生理学理论诞生了!

电生理学发端于加尔瓦尼(Luigi Galvani)关于动物电的概念,但现代电生理学却始于以厄兰格(Joseph Erlanger)和加塞(Herbert S. Gasser)将阴极射线示波器应用于神经生理学研究和贝格尔(Hans Berger)发表的脑电研究报告。此后的90多年来,电生理学技术一直是脑生理学研究的重要方法。在这90多年中,虽然电子技术飞快发展,电生理仪器性能不断改善,但电生理学的基本原理和方法学原则,却未发生根本性

变革。利用核团电极、细胞外电极和细胞内电极,不但可以刺激神经组织,还可以记录它的电活动。刺激某一点,根据在它周围不同神经成分发生反应的时间关系和频率特点,分析神经成分间的机能关系。正是依靠这一基本方法学原理,才发现了神经解剖和神经组织学方法无法发现的、网状结构的机能联系和功能特点。20世纪50~60年代,电生理学技术取得了硕果,形成的细胞神经生理学理论体系,大大加深了人类对大脑奥秘的认识。首先,细胞神经生理学在经典神经生理学对脑特异性机能系统的认识基础上,增添了网状非特异系统的知识,这大大超越了巴甫洛夫的经典反射弧概念。任一反射活动不仅制约于外界刺激,也制约于网状非特异系统的唤醒水平。因此,心理活动的基础并不仅仅是简单的刺激和反应间的决定论原则。其次,在经典三环节反射机制中,必须考虑到由传入和传出神经发出的侧支联系,它不但引申出网状非特异系统的制约作用,也引申出反馈作用原理和多重信息流的概念,这些构成了现代脑网络研究的细胞生理学基础。

[常识与思索1-2] 特异神经系统、非特异神经系统和静息态网络

特异神经系统是指那些具有点对点功能对应关系的脑和脊髓结构及其之间的通路,包括脊髓和上行感觉通路、下行运动通路及其相应大脑皮层区、锥体系、锥体外系、小脑等运动系统,视、听、体干感觉等外感受系统,以及机体内感受和内稳态系统。通过解剖学方法和生理学刺激-反应的手段,能够确定它们之间的功能关系。非特异神经系统不能通过解剖学方法确定其功能关系的脑结构,往往用微电极刺激其一点,在广泛的脑结构中记录诱发反应。因而将非特异神经系统称作网状非特异系统,主要是指分布在丘脑和脑干的网状结构。脑在进行信息加工时,上述两类神经系统协同工作,网状非特异系统提供适度的唤醒水平,以便特异神经系统执行特定作业。没有信息加工任务的静息态,脑与全身各器官保持着协调的慢振荡节律状态,以避免不必要的能量消耗。所以,静息态网络多以超慢节律活动为主。

三、数字信号处理和模拟信号处理机制并存的脑网络原理

除神经冲动传导的"全或无"规律之外,细胞神经生理学还发现了突触后电位的"级量反应"规律,或者说脑不仅进行数字化信息处理,还会进行模拟信号处理。神经元发放的"全或无"规律,即神经细胞兴奋性变化的"率编码"规则,与现代数字计算机运行规则完全吻合;突触后电位变化的"级量反应"规律,与模拟计算机原理相似,也就是说表征神经元之间连接强度的突触后电位是连续的模拟变量。这样,人脑功能基本原理与信息论所描述的通信系统和分子热力学所描述的热力熵变化规律之间存在着许多共同

性。20世纪60年代,细胞神经生理学的发现使脑科学从反射论跨越到信息论的范畴,心理科学也走出刺激-反应(S-R)的行为主义理论框架,开始发展信息加工的认知心理学体系。然而,刚刚起步的信息科学却在1969年停滞,直到1986年信息科学面对人工智能理论的发展瓶颈,才拾回了丢弃近20年的人工神经网络研究,并从自然脑活动原理中总结出并行分布加工(PDP)的神经计算原理,使这一研究领域得以复兴。又经过20多年的探索,直到2009~2010年间,才形成了人脑神经连接组的新研究领域。

四、多重信息加工过程和多重信息流并存的脑功能原理

人脑作为信息加工的器官,受到了神经科学和心理科学的重视,成为认知科学、脑科学和心理学三大学科群结合的焦点。经过20多年的磨合,到20世纪80~90年代,心理学已经率先总结出人脑信息加工的两类加工过程和两种加工方式,即自动加工和控制加工过程,以及串行和并行加工方式。在此基础上总结出两类性质不同的心理活动,即外显的意识活动和内隐的无意识活动。意识活动以串行方式的控制加工过程为基础,耗费心神,心理容量有限;无意识心理活动以并行方式的自动加工过程为基础,不耗费心神,心理容量或心理资源无限。在心理科学发展史上,第一次以客观实验数据论证了无意识心理活动的变化规律,剥落了弗洛伊德100多年前为无意识心理活动所披上的神秘外衣。人工神经网络理论把并行分布式信息处理原理,看作认知过程的微结构,并总结出许多数学模型。这极大地促进了心理学和神经科学的发展,各种认知功能模型蜂拥而至,包括自下而上和自上而下的加工模型,以及循环信息流模型。与此相应,神经科学,特别是非人灵长类动物的认知生理心理学,通过细胞电活动记录的方法,提供了脑功能回路中不同神经元参与活动的精确时间关系,成为脑认知功能回路中多重信息流理论的有力证据。例如,在知觉注意活动中,参与并行的自动加工过程的脑结构,一般在刺激出现后100 ms之内给出发放频率的变化;而参与串行的控制加工过程的脑结构,大约在150 ms之后才出现发放频率的变化。如图1-1所示,一个物体出现在猴视野内50~100 ms,在枕叶17区(V1)和额叶眼区(FEF)两处均可记录到细胞电活动,这是无意识注意的脑活动;约150 ms,在这些脑区记录到的细胞电活动,则是选择性注意的控制加工过程。这说明,同一群脑结构在不同时刻,参与不同性质的信息加工过程;而在不同时刻参与某一认知活动的脑结构也不断地发生瞬时变换,150 ms之后,除了枕叶17区和额叶眼区,还有更多视皮层和额、顶叶皮层参与选择性注意活动。所以说,脑高级功能网络是动态时变的,这种瞬息变化的网络活动以快速多重映射的方式投射到其更高级的脑回路之中,形成了层次性、包容性和遗传保守性的复杂脑功能系统(模块),成为某一心理活动的脑基础。

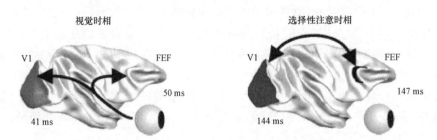

图 1-1　猴在曲线追踪任务中,初级视皮层(V1)和额叶眼区(FEF)
细胞电活动潜伏期在视觉时相和选择性注意时相上的比较
(引自 Khayat, Pooresmaeily, & Roelfsema, 2009)

五、神经信息与遗传信息的关联性原理

20世纪60年代,正当细胞神经生理学理论体系确立的时候,荧光组织化学和荧光生物化学技术在研究脑内单胺类物质中初露头角。经过十多年的大量研究工作,在70年代中期,学术界就已经公认,在脑内存在着一些化学通路。同时,也明确了神经冲动的传导不仅在一个细胞内以电化学的方式(动作电位和突触后电位)进行着,在神经元间还以化学传递(神经递质和受体)的方式进行着。70年代脑化学通路的发现,使人类对脑功能与心理活动关系的认识从器官水平和细胞水平推进到分子水平。历史的逻辑竟是这样的精确,20世纪70年代中期,当神经递质和脑化学通路学说博得一片喝彩的时候,神经免疫技术、单克隆抗体技术和原位杂交,以及膜片钳技术相继出现,使分子水平的神经科学从单胺类小分子的研究进入到中分子多肽和大分子的受体蛋白质的研究,从突触前的神经递质研究推进到突触后的受体和离子通道的研究。随后,又扩展为细胞内信号转导系统和细胞核内基因调节蛋白及遗传密码转录的研究。2000年诺贝尔生理学或医学奖得主坎贝尔(William C. Campbell)以题为《记忆存储的分子生物学:突触和基因间的对话》一文,综述了神经信息和遗传信息间的关联。尽管海兔和人类在动物进化阶梯中相距甚远,但两者短时记忆和长时记忆的分子生物学和细胞生物学基础却基本相同。短时记忆的生物学基础事件发生在突触,长时记忆的分子生物学事件却从突触扩展到细胞核内的基因表达及其构成棘突的蛋白质合成环节(请参阅本书有关记忆的分子生物学内容部分)。由此证明,就记忆的分子和细胞生物学基础而言,心理活动的物质基础具有动物界系统进化的遗传保守性。神经信息的存储表达方式、规则及其传递的基本机制也具有动物界系统进化的遗传保守性。《科学》(Science)杂志新闻焦点栏目编辑部在题为《2012年科学新突破》一文中,将1000个人类基因组中8%全人类共存的基因,作为人类种属在生物进化阶梯中的稳定特异性证据。

此外,脑在动物界系统进化和人类个体发育过程中,也具有相对的遗传保守性。扁形动物的神经系统最先出现的是两侧化,表现为左、右对称的神经链;节肢动物神经系统头侧化发展,在神经链的前端有了原始脑;爬行动物脑开始皮层化发展,在脑的表层有了大脑皮层;灵长类动物皮层功能加强了额侧化发展,人脑出现了发达的前额叶皮层,并且出现内-外维度和背-腹维度的脑功能网络,使高级功能得到多维超立体的丰富脑网络资源。同样,胚胎期人脑的发育重复着这一系统进化过程,从三维立体的动物脑发展为多维超立体的人脑。3月胎龄前的人类胎儿已完成两侧化和头侧化的发育;3月胎龄时生成的大脑,表面平滑(皮层化的开始)。5~6月胎龄开始出现浅沟和脑回,最早出现的是属于古皮层的海马沟,然后是属于旧皮层的嗅脑沟,继而才是划分初级感觉运动区的外侧裂、中央沟、顶枕沟和距状裂,最后出现的是联络皮层的颞上沟和额上沟等(额侧化)。胚胎6个月后,脑的发育越来越快,细胞总数是成人脑的一倍以上,在出生前通过优化机制保留一半细胞,并基本实现额侧化。出生时,皮层的内-外侧化已经开始,但背-腹侧化是在出生后才开始发生。由于人类大脑半球皮层的高度发达,而大脑半球表面积有限,于是通过多方向的折叠,造成了皮层功能的额侧化、内-外侧化和背-腹侧化发展。实际上,额侧化、内-外侧化和背-腹侧化维度是皮层化发展的表达形式。Chen等人(2012)对406名双生子的脑磁共振成像数据,通过模糊聚类算法,得到大脑皮层图像数据的12个聚类。仅仅根据遗传信息聚类所得到的人脑皮层分区(图1-2),具有遗传确定的层次性、模块性和两半球基本对称性等特点,与传统脑解剖学分区基本一致。

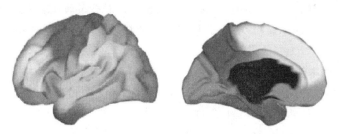

图1-2 人类大脑皮层磁共振成像数据中的12个遗传聚类分区
(引自 Chen et al., 2012)

由此可见,遗传保守性不但体现在神经信息编码、神经信息传递和表达的基本生物化学过程和生物物理过程中,也体现在脑的系统进化和人脑个体发育中。反之,神经信息在动物系统进化和人脑个体发育中,又通过对内、外环境和脑自身变化的反射和映射活动,不断地冲击遗传信息,引发遗传的变异性。所以,神经信息和遗传信息的关联性,既表现为遗传信息对神经信息基本过程和脑结构基本框架的严格遗传保守性,又表现为神经信息引发遗传信息的变异。近年发展的新学科分支——脑影像行为遗传学(imaging behavioral genetics),将沿此方向提供更多的科学数据。

近年来,脑细胞类型和分布特点的分子生物学研究积累了大量新科学资料,结果发现越是与人类高级智能相关的脑区,脑细胞分布的密度越小、细胞数越少,每个细胞所占的脑容积越大、平均质量越大。例如,大脑的细胞数量仅是小脑的四分之一,但总体积和质量却是小脑的 8 倍;每个大脑细胞的平均质量是小脑细胞平均质量的 8.8 倍。在大脑皮层中,后头部视皮层内的细胞密度最高,而人类特别发达的前额叶皮层细胞分布却较为稀松。所以,人类的智慧并非依靠脑细胞数量优势,而是细胞的复杂性、多样性、特异性的进化发展。虽然采用全细胞 RNA 测序技术鉴别脑细胞类型的研究,只有几年的时间,在初级视皮层中已经分离出 133 种抑制性中间神经元(Tasic et al.,2018)。面对人工智能的研究者,这里多加一句问话。为什么深度人工神经网络在追求大规模高耗能的多层网络,而忽视网络节点及其间相互连接方式的多样性和特异性?本书将在第 14 章进一步讨论这个问题,并且可以预期,未来将会有更为激动人心的发现。

六、脑功能的系统(模块)性、层次性和包容性原理

人脑功能系统沿袭遗传保守性和变异性,形成了多层次的超立体时变动态功能系统。动物界系统进化和个体发生中,最早出现的结构功能体是原始的和低层次的,越是后出现的结构功能体,层次越高;在所有功能系统中,都具有包容性,高层次功能模块总是包容着低层次功能模块;层次最低的基本生物物理和生物化学过程,从低层次至高层次的发展中,始终表现为遗传的保守性。系统性或模块性表现在动物种系发生、胎儿个体发生和毕生发展的三个时间轴上,逐渐形成超立体时变的动态功能系统,自低到高可分为四个层次:动物性本能模块、人类种属的本能模块、个体习惯化模块和个体的社会意识模块。

(一) 动物性本能模块

动物性本能是在动物界进化的古老时间轴上沉积的生物机体的核心功能。按照生物学意义又可分为两组:一是与生命过程相关的脑中枢,二是与本能行为相关的脑中枢。它们都有明确的机能定位性,且大多分布于脑深部结构。例如,呼吸中枢、血压调节中枢位于延髓,内分泌调节中枢位于下丘脑;维持大脑皮层的唤醒水平或意识清醒性的中枢,位于脑干网状上行激活系统;摄食、饮水、性行为、睡眠和防御行为的中枢分别在中脑、间脑、边缘系统等。虽然它们是人脑与动物脑共存的功能中枢,并不直接参与人的高级意识活动,但它们为意识活动提供了生命前提,而且在某些条件下也可以上升为意识活动。如在长期饥饿或危险环境中,这些中枢的活动可以映射到意识中来。本书第 9 章和第 12 章,讨论了动物性本能模块的相关知识,这些知识不仅对理解无意识心理活动是必需的,也是理解人类个体意识不可缺少的部分。例如,第 9 章有关胃-脑的静息态功能耦合是理解脑电活动基本节律,以及情绪、情感和心境的必要知识基础。

(二) 人类种属的本能模块

在人脑个体发生的时间轴上,仅在十个月的胚胎期内就复制出人脑的结构框架。人类作为生物学上的一个物种,其种属特异的本能行为就是语言和意识。人类种属特异的本能行为模块,如语言的低层次功能模块,是支配语言产出和语言视、听感知的自

动化模块,也具有明确的脑功能定位性;但对说或听到的语言内容没有确切的脑定位性,是高层次的个体社会意识功能。例如,当我们说一句话表达一个意思时,自然有脑高级意识功能参与,但对口、舌、唇、声带、面部肌肉,乃至手、眼的协调活动等,都有相应脑定位中枢,包括运动性言语中枢的自动化调节,不需要我们分神考虑口、舌和声带如何动作。

(三) 个体习惯化模块

个体习惯化模块是在从生到死的生命历程中,个体不断累积的功能体系,包括衣、食、住、行,以及个人偏好、职业技能等,都是具有部分脑功能定位性的自动加工系统。

(四) 个体社会意识模块

由于个体所获得的社会意识具有清晰性、觉知性、层次性、社会性和独特性,在每一属性上起关键作用的脑结构在多维超立体空间中瞬息变化,形成动态意识功能模块。Damasio(1999)认为,扩展意识也会通过基因组得以形成;但社会文化因素会对它在每一个个体发展中产生重大影响。所以个体的社会意识模块,既有相对恒定的基本框架,又是瞬息变换的功能系统。无论是动物性本能行为还是人类的本能行为,所伴随的自我意识和环境意识,都有遗传固定下来的明确定位的脑功能回路基础,它们必然被包容在个体的社会意识模块之中。

Raichle(2006)以《脑的暗能》(Brain's dark energy)为标题,评论了 R-fMRI 得到的BOLD 信号慢波和脑能量代谢,把它与威廉·詹姆斯对脑功能原理的理解联系起来,加深了我们对脑与心理活动关系的理解。人类社会意识模块是动物界进化之大成,更是人类社会发展和人类文明的结晶,是脑耗费 90% 暗能量才继承下来的,并且是使人类得以实现个体意识的基础。

第三节 生理心理学的方法学

当代生理心理学理论的发展离不开方法学的进步,包括实验设计、采集数据的手段和仪器,以及计算和算法的支持。计算和算法不仅是实验结果分析和数据处理的重要工具,更在实验设计和理论概括中,发挥着不可替代的作用。

首先,对脑与心理活动关系的研究既依赖科学数据的获取,又要采用一定的数学方法对所获取的数据加以分析。获取数据的途径大体分为四类:一是利用低等动物,给予损毁或刺激以改变脑结构和功能参数,观察对其行为产生的后果;二是利用灵长类动物,采用损伤性较小的实验方法,研究其行为过程中脑生理参数的变化;三是对正常人类被试给予精确控制的认知条件,令其完成某项作业,并记录脑功能的变化规律;四是利用自然脑损伤病人,考查脑结构与功能的改变影响了哪些心理活动。其次,分析数据的目的是寻求生理与心理之间的变化规律。虽然长期以来,组间平均数差异的显著性检验和相关分析是实验数据分析的主要方法;但最近几年,因果关系分析(causality analysis)的数学方法和人脑结构间的功能连接组分析等多种算法,正在开辟脑和行为关系研究的新领域。随着人类社会文明的发展和科学技术的进步,越来越多的科学手段可以用来研究心-脑关系;越来越多的科学事实揭示了大脑与心理活动的奥秘,2013年策划的脑活动图(BAM)工程和近几年对脑细胞类型的研究,侧重于发展脑科学的方法学,探索分子和细胞水平的脑与意识的机制。

一、有创性生理心理学研究方法

(一) 传统生理心理学方法

传统生理心理学方法将生理参数作为自变量,以低等动物,如大、小鼠为主要实验对象。设计实验时,首先考虑改变脑结构或功能,然后再观察其行为的变化,将行为反应等心理参数作为因变量。这种研究方案所得到的结果,有助于说明一些脑结构或生理参数在心理活动中的作用和意义。通常用于控制生理参数的手段有损毁法、刺激法和药物注入等。通常测量的因变量是动物某些本能行为、习得行为或情绪行为等。这一研究方法的优点是实验周期短,经济成本低,容易得到实验数据;不足之处是低等动物的心理活动和脑结构与人类相差甚远,其研究结果未必能准确反映人类的生理心理学规律。灵长类动物的实验方法克服了这一缺点,以高等灵长类动物为实验对象,为动物精心设计一些认知实验范式,使其完成接近于人类的某种心理作业,如对人类面孔的识别或根据语声对饲养员或陌生人的识别,颜色和图形的分辨等认知作业。当对动物训练到一定程度时,在麻醉状态下进行手术,损毁脑结构或埋植记录细胞电活动的微电极基座。动物术后恢复、伤口长好后,再进行前述认知实验,观察行为的改变并通过遥控使细胞微电极缓慢地到达大脑皮层不同深度,尽可能不干扰脑功能,测量其认知操作中脑细胞电活动的变化规律。由此可见,此方法的优势在于,脑功能和行为的关系十分明确,还能将生理参数的记录深入到细胞水平,得到非常有价值的实验数据;但灵长类动物实验的经济成本高,实验周期长,得到实验数据的难度大。

(二) 神经心理学方法

脑损伤病人,无论是颅脑外伤还是脑血管疾病造成的脑局部性损伤,虽是人类的不幸,但却是大自然赐予脑科学的难得病例。第二次世界大战后积累了大批脑损伤士兵,成为神经心理学得以诞生的重要条件。当时主要是通过神经心理测验的方法,研究脑局部损伤与心理功能障碍的关系。CT和多种脑成像技术问世后,通过神经心理测验以及精细的认知实验,配合使用脑影像技术,考查脑不同部位的损伤对心理活动的影响,构成了现代神经心理学的基本研究方法,扩展了生理心理学研究手段。与传统生理心理学方法不同,以脑损伤病人为研究对象,其脑损伤的自变量参数无法准确控制,仅靠CT资料、临床资料或开颅手术的记载为根据。因此,自变量(脑损伤部位、性质)和因变量(心理功能的改变)间的关系往往要经过相当长的时间才能搞清,甚至经过对病人多年的随访和追踪研究,才能得到明确的研究结果。

(三) 脑外科手术中的研究方法

在脑肿瘤或癫痫病灶切除的脑外科手术中,为取得良好的手术效果,必须通过电生理技术精确测定切除的范围。为此,需要通过放在脑内的微电极施加弱电流刺激,并在周围脑组织准确测定电活动的效果。这种脑外科手术治疗环节,常常能提供人脑功能的宝贵科学事实。20世纪40~50年代,Penfield和Jasper(1954)所报道的研究结果是这类研究的典范。随着电生理学技术的发展,这一研究领域不时地给出惊人的新科学事实。例如,Miller等人(2010)在脑外科手术中,在脑硬膜下放置记录皮层脑电图(ECoG)的电极,分析了三位病人(皮层损伤或癫痫)在清醒安静、手指运动、视觉检测目标图和发声等四种状态下的76~200Hz的ECoG功率谱,直接验证了默认网络的存在,即人脑静息状态下存在的功能连接网络。所以,至今这一研究方法仍不失为生理心理学进展的重要源泉。

二、对人脑功能可逆性干预的技术

经颅磁刺激(transcranial magnetic stimulation,TMS)是最近40年来采用的干预脑功能的方法,其基本原理是利用脉冲磁场对头皮和颅骨的穿透力,使头皮外的磁力线圈产生的脉冲磁刺激作用于大脑皮层,对其产生局部刺激作用。原则上,通过调节刺激强度和脉冲数,分别可引起大脑皮层局部兴奋或抑制作用,用以观察大脑皮层局部兴奋或抑制对某些心理活动的影响。由于脉冲刺激很短暂,对大脑的作用是可逆的,不会留下持久后果,所以不会损伤脑组织。实际上,近40年来先后出现多种经颅磁刺激仪器,包括单脉冲经颅磁刺激(sTMS)、对(双)脉冲经颅磁刺激(pTMS)、重复脉冲经颅磁刺激(rTMS)、波形可控脉冲经颅磁刺激(cTMS)和脑深部经颅磁刺激(dTMS)等,这些仪器的共同特点是其瞬时脉冲磁场强度到达1T以上才能穿透头皮和颅骨,达到脑组织。除了磁场强度之外,sTMS、pTMS和rTMS三类仪器利用的是正弦波磁场,而不是脉冲式;只有cTMS能实施脉冲式磁场刺激。dTMS的突出特点是实施脑深部结构的刺激,必然配备脑立体定向导航仪和H形刺激线圈;其他型号的仪器只配有8字形刺激线圈,不一定配备脑立体定向导航仪。当代认知神经科学将之与无创性脑成像技术相结合,用于脑高级功能的研究,近年发现一批新的科学事实。这里值得指出,医学界特别是神经病学和精神病学,使用经颅磁刺激治疗脑疾病,目前主要用于抗药性抑郁症的治疗。

三、无创性实验研究方法

由于人脑高级功能的复杂性,通过动物实验所得到的数据难以完全表达人脑生理心理活动的规律,所以对人类被试的无创性实验研究方法很早就得到生理心理学的重视,并于20世纪60年代分出心理生理学(psychophysiology)的分支学科。30多年以后,现代无创性脑成像技术得以发展,并成为当代生理心理学研究的重要方法学基础。

（一）经典无创性实验研究

无创性实验研究方法将心理学参数作为自变量，在尽可能不干预生理活动和脑功能的前提下，随心理学参数的改变，测量其生理指标的变化，目的是阐明不同心理状态的生理学基础。这种方法主要适用于人类被试，例如，设计认知实验，给被试某种操作任务，测量其脑电、心电、心率、血压、脉搏、呼吸、皮肤电和眼动等生理参数。这种方法的基本前提是无损伤性，并尽可能减少对脑功能的干扰。这类方法盛行于20世纪50～60年代，即第二次世界大战后，面对经济恢复和发展的任务，劳动效率、疲劳和技术操作精度等社会需求，促成了心理生理学的发展。这类传统心理生理学方法，仅能做一些宏观水平的实验研究，难以揭示复杂脑机制。尽管如此，到80年代为止，心理生理学还是总结出很有价值的理论概念和方法学原则。例如，心理生理过程的时序性、心理容量的有限性、两类加工过程和两种加工方式等理论概念；减法法则、加因素法、层次模型、连续模型和非同步离散编码模型等方法学原理，为当代心理学和认知神经科学的发展提供了重要的理论和方法学基础。

（二）无创性脑生理成像技术

无创性脑生理成像技术主要包括高分辨率脑电信号分析和脑磁图信号分析技术，测量脑活动所产生的微弱电磁场信号的变化。电场与磁场变化呈90°，脑电信号较好地反映出大脑皮层与深层之间的功能变化；脑磁信号反映大脑表面切线方向的功能变化。脑电图（EEG）、事件相关电位（ERP）和脑磁图（MEG）的共同特点是较高的时间分辨率，在毫秒数量级的时间尺度上监测脑功能的变化，但其弱点是空间分辨率差。当在人脑头皮上用19个电极记录时，空间分辨率是6 cm；41个电极时，空间分辨率为4 cm；120个电极时，空间分辨率为2.25 cm；256个电极时，空间分辨率为1 cm。因此，无创性脑生理成像技术，一方面通过增加记录电极的数量提高空间分辨率；另一方面通过源分析的算法，计算出头皮电磁场信号的源偶极子（dipoles）。此外，还可以将两类脑功能成像技术结合起来应用，发挥脑电磁信号检测中高时间分辨率的优势。最后将不同时间段上的电磁信号的源偶极子，与fMRI得到的脑激活区对照起来，就可以对时间和空间维度认知功能的脑机制问题有较明确的认识。

近十几年间，电生理学家们逐渐认识到，当大脑收到来自内、外环境的事件刺激时，脑电信号发生下面四类与事件相关的脑电反应：事件相关电位（event-related potential，ERP）、事件相关去同步化（event-related desynchronization，ERD）、事件相关的同步化（event-related synchronization，ERS）和事件相关的相位重组（event-related phase resetting，ERPR）。还有一批ERPR研究报告支持一种观点：α节律和γ节律的起源不同，前者源于级量反应的突触后电位，经总和后成为α节律；后者源于神经元发放的神经脉冲，经过叠加后形成了高频率的γ波。

最近几年，由于双光子成像技术、钙成像技术、全细胞RNA测序技术和电生理记录技术的普遍综合应用，揭示了脑细胞类型及其在皮层中的分层分布规律，对脑细胞及其微回路的神经振荡编码有了新认识。除了相位重组机制之外,还总结出神经诱导、跨频耦合等机制,我们将分别在选择性注意、知觉特征整合(或绑定)和长时记忆的巩固,乃至胃-脑和心-脑的功能耦合等生理心理学问题中,加以具体讨论。

(三) 无创性脑代谢成像技术

无创性脑代谢成像技术主要包括 fMRI、PET 和光学成像技术。三者均通过显示认知活动中与脑代谢过程相关生理参数的变化,研究认知过程的脑机制。

1. fMRI 和 PET

fMRI 是测定 BOLD 在认知活动中不同脑区的变化;PET 是测定含放射性同位素 ^{18}F 的脱氧葡萄糖或含 ^{15}O 的水,在脑内区域性代谢率的变化,以此作为脑认知功能的生理指标。这两种方法所需仪器设备昂贵,技术复杂,但可以给出完成某一认知作业时,脑内激活区的精确空间定位和激活强度。两类脑代谢成像技术具有较高的空间分辨率,但时间分辨率较差,一般情况下 fMRI 每 0.1 s,即 100 ms 可以给出一幅脑激活区的清晰图像;PET 则需几秒乃至十几秒。由此可见,对以毫秒数量级变化的复杂认知活动来说,两类代谢成像的时间分辨率并不理想。这也就是为什么 fMRI 于 1992 年问世以来不但没有取代传统的脑电活动记录技术,反而成为进一步激发这一传统技术发展的原因。

2. 光成像技术

随着心理生理活动的进行,脑组织的光学特性发生两类时程不同的改变,均可通过近红外光检测技术加以测定,并据此分析脑功能激活的状态。当脑受到某一刺激,数十毫秒之内,神经细胞发生一系列生化变化,这时如果导入一束近红外激光(波长 750～880 nm),就会发生散射效应,通过近红外散射光测量就能反映出神经细胞兴奋性的变化,这种脑组织对近红外光的散射效应(650～950 nm)被称为脑的快速光信号(fast optic signals)。随着脑细胞的兴奋,氧化代谢增强,消耗了脑血流中的氧,所以不但增加了局域性脑血流,而且流入含有高浓度的氧合血红蛋白,它们迅速变为去氧血红蛋白,对近红外光的吸收效应构成了数秒时窗内的光信号变化。这就产生了慢时窗光信号。经过 20 多年的研究,虽然对两种光生理信号的起源还有一定争议;但大体取得的共识是快速光生理信号(毫秒时窗)与神经细胞兴奋过程相关,慢光生理信号(秒时窗)与神经细胞兴奋后脑代谢,即血氧含量的功能变化相关。事件相关的近红外光散射的快生理信号与事件相关电位具有相似的时窗,但是却有更好的空间分辨率。脑电记录分析法随电极数量增多,空间分辨率有所提高;但即使是采用 256 个记录电极,其空间定位误差也不小于数毫米。与之相比近红外成像的空间分辨率,即使只有不超过 10 个记录光极(optrode),它的空间分辨率可达 10 mm。在时间特性上,视觉刺激引发潜伏期 100 ms 的快速光生理信号,复杂的实验范式在额叶和前额叶诱发潜伏期 300～500 ms 的快速光生理信号;随后还有数秒时间窗的光吸收效应所引起的慢光信号变化与 fMRI 有相近的时窗。所以,近红外成像可以灵活快速地采集一系列功能相关的信号变化,与 fMRI 共用(每扫描一次需要 1~2 s),既可以提供极高的图像空间分辨率(1~2 mm)和大脑被激发部位的准确定位,又可以采集毫秒数量级的动态变化信号。

四、认知实验设计

在生理心理学研究中,最关键的问题是认知或行为实验的设计,应经周密地反复论证,才能得到适用于不同记录方法或脑成像技术特点的实验设计。总体上讲,脑成像技术出现的前十多年,采用组块设计,21 世纪以后,较多采用事件相关的实验设计。此外,还有适应性成像法的实验设计和感兴趣区(ROI)的实验设计方法。

(一)组块设计

组块设计就是先做一个对照(或空白)实验,再完成正式实验,将两次实验的脑功能图像或数据相减,所得的差值或图像中的激活区,作为该项认知功能的脑功能基础。这种方法被称为减法法则。除减法法则外,还要利用一致性分析(consistent analysis),即将 A 任务减去 A 对照组的差值与 B 任务减去 B 对照组的差值,两者再相减,以作为完成类似的认知任务的脑功能基础。由此可见,组块设计的较大问题是如何设计对照实验和一致性分析的实验方案。

(二)事件相关的实验设计

随着 fMRI 技术的发展,近年更多采用事件相关的 fMRI 实验设计,就是将主要实验和对照实验的刺激混在一起按随机顺序,从始至终完成一组实验,由计算机识别和叠加同类刺激。事件相关的实验设计不仅把刺激作为一类事件,还把被试的反应也作为一类事件。此外,不仅可以把事件出现的时刻作为零点进行叠加处理,还可以把脑信号本身的特性或被试的按键反应作为叠加处理的零点。因此,就有下列零点锁定的叠加技术:刺激时间锁定的叠加处理(stimulation-locked averaging)、反应锁定的叠加处理(response-locked averaging)和脑信号相位锁定的锁相叠加处理(phase-locked averaging)。

将叠加后的脑信号或数据,投射到被试的大脑结构图中,从而得到该实验的脑激活区。这种实验设计与事件相关电位的实验设计方法大体相似。

研究认知过程,特别是研究知觉和注意过程的脑机制,以刺激时间锁定的叠加处理方法为主;研究执行过程脑机制以反应锁定的叠加技术为首选;关注脑信号的时序性则采用锁相叠加方法为好。当然,对同一次实验所得原始数据进行各种叠加处理,比较之间的异同,可能更为全面,充分利用了数据资源。

虽然事件相关的实验设计的优点是提高诱发电位的信噪比,但其片面性也是显而易见的。现以平均诱发电位的实验设计为例,说明其局限性。首先,脑受到一种刺激,假设它的自发电活动基本不变,只是在其背景上出现一个很弱的诱发电位;其次,它假设只要刺激参数恒定,脑诱发反应也是恒定的。事实上,这两点假设都不完全成立。首先,当受到一种刺激时,大脑电活动不仅仅出现了一个事件相关电位,而是出现了如前所述的四类变化:ERP、ERS、ERD 和 ERPR。其次,即使刺激参数恒定,脑诱发反应也不是恒定的。不仅神经细胞,而且所有的生物组织对外部刺激的反应,都表现为习惯化和敏感化的变化趋势。当一类刺激对生物组织不是损伤性的或致命性的,就表现为习惯化,刺激重复多次呈现,对其反应也就变得淡漠和减弱;如刺激是损伤性的,当其重复出现,就会表现为过快、过强的敏感化反应。这是生命体生存的基本基础。

(三)适应性成像法的实验设计

利用脑细胞对刺激的生物适应性效应,Grill-Spector 等人(1999)、Kourtzi 与 Kanwisher(2001)创造出一种新的实验设计方法,即功能性磁共振适应性成像法,是介于组块设计和事件相关的实验设计的一类实验设计方法。例如,在面孔识别的实验中,熟悉人面孔和陌生人面孔分别是两个实验组,按组块设计,连续重复呈现熟悉人面孔刺激,再连续重复陌生人面孔刺激;但是在每组刺激中也要做刺激属性的不同变化。如在屏幕上呈现的同一人的照片尺寸不同,在屏幕上的位置不同以及照片的方向或视角不同等,结果发现有些次级物理特性,如照片尺寸和出现的位置不影响大脑皮层梭状回(FFA)对面孔反应的适应性。换言之,重复呈现的面孔照片不论其尺寸还是在屏幕上出现的位置是否改变,BOLD 信号都逐次减弱(适应性反应)。相反,照片的视角不同(如正面照和侧面脸照片)和照明灯光的角度不同,却明显克服了梭状回对照片重复呈现的 BOLD 信号适应性。这说明,虽然是同一个人的照片,但它引起大脑敏感区磁共振信号变化不同,据此可以认为识别人类面孔的关键性脑结构,对面孔照片不同物理特性产生不同的反应。这种实验设计也可以理解为是能够提高 fMRI 仪器分辨率的方法。

(四)感兴趣区的实验设计

为提高 fMRI 的分辨率,在设计认知实验时,经常要明确感兴趣的脑结构,根据该脑结构的部位、尺寸、生理特性等,设计获取数据的采样频率、时间序列,以便仪器更准确地捕捉到充分的 BOLD 信号,这被称为感兴趣区实验设计。

五、脑信号处理和神经计算

脑信号处理技术分为:时域分析、频域分析、时频分析和非线性分析四个方面,它们不仅与脑信号的提取、处理和分析有关,还经常与许多新算法密切交织在一起。

(一)时域分析

以时间为横坐标,表达幅值或相位随时间变化而改变的信号表达和处理方法,称为时域分析。在实验研究或临床研究中,无论是获取脑电磁信号还是获取脑代谢信号,通常多是依时间变化的序列信号,称为时域信号。以脑电图为例,横坐标是时间(s),纵坐标是脑电信号的幅值(μV),这条波动的脑电曲线,表示着脑电信号幅值随时间而改变的规律。如果获取的是 BOLD 信号,横坐标也是时间(s),纵坐标是 BOLD 信号强度的变化。所以,功能性磁共振仪获取的原始数据也是时域信号。我们观察时域信号时,通常要找到它的变化规律,如它的最高或最低幅值,变化的频率,一些特别波形出现的潜伏期和幅值等,这一过程统称为信号的时域分析。

(二) 频域分析

以频率为横坐标,对不同成分幅值变化的表达和分析的方法,称为频域分析。20世纪60年代,快速傅里叶变换广泛应用,甚至可以实时地将一串时域信号转化为频域信号,于是又可方便地进行频域信号分析。频谱(frequency spectrum)和功率谱(power spectrum)分析是最常见的频域信号分析方法。将一串时域信号经快速傅里叶变换处理后,横坐标变为频率,纵坐标是每一频率下的谱密度,也就是各频率分量的幅值,这种表达就是频谱。功率谱是将时域信号经快速傅里叶变换处理后进行自乘,它能表达出各频段能量分布的比例关系。在此基础上,脑信号能量在二维或三维空间分布上加以表达就形成了脑地形图。也就是说,将某一时刻或某一时窗中各通道的脑信号能量(频谱幅值或功率值),按照各通道在头部的分布位置,用连续的颜色加以表示,就可以绘制出二维或三维脑波信号能量分布的地形图。

(三) 时频分析

20世纪90年代,在短时窗傅里叶变换的基础上,实现了变换尺度的时距长短可变的傅里叶变换,称为小波变换(wavelet transformation),或称为等Q值变换。Q值是变换的时距和频率之积,也就是说被分析的信号频率高,则进行时域和频域间变换的时距短;反之,信号频率低,则变换的时距长。这样的时域和频域间的变换,由信号所含的时间和频率特性所制约。小波分析(wavelet analysis)在时-频域变换中,变换尺度具有自动可变性,明显优于固定变换尺度的傅里叶变换。某一时段信号变化的频率很快时,对其进行时-频域变换时采用短的时间尺度;相反,某一时段信号变化的频率很慢时,对其进行时-频域变换时采用较长的时间尺度。所以,小波分析同时兼顾信号的时间和频率特性,又称时频分析。

(四) 非线性分析

非线性分析是对信号复杂性进行分析的方法,在数学中对复杂性的描述采用维度复杂性和相空间特性分析。所谓维度复杂性就是用来描述非线性变化所需要的独立变量个数(维度),作为非线性复杂性的度量。复杂性分析把大脑作为非线性系统,在认知反应过程中脑复杂性可用其吸引子维度复杂性(dimensional complexity,DC)加以描述,也就是用其非线性的阶数加以度量。脑活动越复杂,其非线性维度(阶数)越高。人们面对同一个认知任务,脑维度复杂性高者以较短时间完成作业,说明其智力和效率均高;反之脑维度复杂性虽然高,却花较长时间且作业成绩差者,其智力和效率不高。除了总体比较外,还可以分别就不同脑区的事件相关电位,对比它们的维度复杂性,以便分析不同性质的认知任务中,与记录部位对应的脑区所起的作用,维度复杂性变化越大者,作用越大。

(五) 相关和相干分析

在考查两个变量间共变关系的分析中,如果两变量是时域信号,则称为相关分析,通常用相关系数表征两个变量变化幅度间的相关程度;如果两个变量是频域信号,则称相干分析,用相干系数表征两个变量在频率特性变化中的相关程度。

(六) 独立成分分析

独立成分分析(independent component analysis, ICA)有多种算法,其中基于信息熵的算法最易实现。某通道某一时间段的信息量(熵值)与之前或者之后的同一长度时间段的熵值的变化,是自信息变化的度量;某一通道与邻近通道在同一时间段上的熵值变化关系,是两者间的互信息变化的度量。独立成分就是在那些真实的以及虚拟的脑波源中,自信息明显大于互信息的成分;或者说,用互信息最小化作为定义独立成分的标准。

(七) 因果分析

两个变量间的相关或相干分析,并不能表征两者之间的因果关系,因为两者的制约和影响是相互的,还可能是共同受第三因素影响的结果。此外,相关系数或相干系数的大小,还受两个变量取值范围的影响。最近几年,在脑与行为研究中引用了格兰杰因果关系算法,它的数学基础是在多变量自回归算法中引入"延时"变量,对两个生理数据进行互信息变化的估计,从而确定其间的因果关系。这种算法已经在经济学领域中应用多年,其因果关系分析的有效性得到了验证。因果关系算法为神经连接组研究提供了算法基础。

[常识与思索 1-3]　振荡编码是人体信息表征的重要方式

以磁共振技术采集的 BOLD 信号和以电生理学技术采集的电信号分别显示,胃电活动变化的频率是 0.05 Hz,人脑默认网络的静息态 BOLD 信号是 0.1 Hz,人脑深度睡眠时慢振荡低于 1 Hz,心电 R 波活动节律 1.2 Hz,清醒安静状态脑电波 α 节律 12 Hz。以上数据表明这些振荡之间的频率呈倍数关系。从物理学角度看,这些振荡之间必然会发生谐振。除此之外,还有可能发生相位重组(phase resetting)、神经诱导(neural entrainment)和相位-幅值之间的跨频耦合(cross frequency coupling between phase and amplitude),以及深度睡眠中伴随记忆巩固的三重耦合机制(读者可分别在第 4 章、第 9 章和第 12 章得以了解)。近几年文献报道的大脑皮层的分层分布,各层都具有自己的特征频率。所以,各层之间的振荡耦合,也是大脑信息加工的表征。当前,振荡编码的研究已成为揭示脑功能奥秘的重要领域。

第四节　当代脑研究的重要领域

一、脑功能系统的宏观研究

自 1992 年功能磁共振成像技术面世，至今已超 30 年的历史，仪器的磁场强度从 1.5 T 逐步升级为 3 T、4 T、7 T 和 9 T，乃至 11 T。磁共振仪器场强提高，令其图像的清晰度和分辨率随之提高。但是，场强提高也带来许多问题，如在研究情感和社会心理问题相关的大脑内侧前额叶和基底部，由于这些脑组织邻近上颚和鼻窦等有空隙的部分，仪器场强提高后对这些非脑组织部分的空隙分辨率也有所提高，形成了对脑功能变化的干扰。所以目前仍以 3 T 场强的仪器为主要工具。

除 fMRI 硬件和实验设计的进展，2001 年以来，迅速发展了静息态功能磁共振成像的方法，通过分析 BOLD 信号自发波动过程，揭示脑功能的变化。在过去 20 多年间还发展了多种非血氧水平相关的功能磁共振方法，包括用于测定脑微小动脉生理状态的加权灌注成像法（perfusion weighted imaging）和显示脑区之间神经纤维或白质分布的加权弥散成像法（diffusion weighted imaging）以及血管空间占位成像法（vascular-space-occupancy，VASD）。

加权灌注成像法又称动脉自旋标记法（arterial spin labeling，ASL），用于测定血液从颈动脉向脑内灌注以及从脑内动脉向微小血管灌注的效应，它可以对全脑或某一脑结构血液供应进行功能成像。血管空间占位成像技术主要测定脑内毛细血管容量的变化，为认知神经科学实验提供一种新的生理参数。

加权弥散成像法又称为弥散张量成像法（diffusion tensor imaging，DTI）。由于血液中的水分子具有各向同性的扩散性，它在神经纤维（白质）和胞体（灰质）中的行为不同，纤细的神经纤维限定水分子只能沿着神经纤维方向弥散。在这种磁共振成像磁场环境中，能很好地采集到脑白质的图像以及一些脑结构之间的神经纤维传导束图。正是采用 DTI 方法，2005 年发现孤独症儿童脑深层白质的发育缺陷，随后又为男、女两性人格差异的 E-S 理论提供了科学基础。2006 年开始，这种成像方法受到重视，因为它为分析脑功能回路（或网络）结构提供了有效的测量方法。DTI 与 R-fMRI 方法一道，成为当前脑连接组研究的方法学基础。

自从 1987 年第一届国际人工神经网络学术会议掀起了并行分布式（PDP）的神经计算研究热潮以来，仿真研究主要基于脑电磁信号的数据及其变化规律，由于脑电磁信号的空间分辨率较差，主要限于揭示脑功能网络的动态规律，较难分析网络结构的精细变化规律。2001 年以来，DTI 和 R-fMRI 两项技术的发展，为脑细胞连接的研究提供了时-空域数据，以数学中的图论（graph theory）和因果分析算法为主要基础，吸收多种其他算法，开拓了人脑连接组的新研究领域。以 DTI 的体素或脑电磁信号采集的电极部位，作为图形算法的节点（nodes）；节点间连线作为边缘线（edges）；边缘线的粗细表征节点间连接的强度或权重。例如,在 Hagmann 等人(2008)的研究报告中,采集健康人脑结构的 DTI 数据,将 998 个感兴趣区作为节点(每个节点的脑表面积为 $1.5\ cm^2$),将节点间连线作为边缘线,其粗细表达连接权重的大小,从而得到白质分布密度,表征脑区之间的结构性连接图(图 1-3,见书后彩插)。再对同一被试(共 5 人)采集 R-fMRI 数据,依据 BOLD 信号进行功能连接性计算。最后,给出结构连接图和功能连接图之间的相关性。如图 1-3(d)所示,两种方法得到的连接性相关系数 $r^2=0.62$。作者认为这一结果说明,各脑区之间的结构连接性是其功能连接性变化的核心框架。可见,这一报告的方法学意义大于研究结果的理论意义。

虽然根据 DTI 所得到的数据可以用神经纤维传导束图(tractography)表征脑结构性连接组;但为揭示脑认知或智能活动中各脑区之间连接组形成的规律,Stephan 等人(2008)建立了视运动知觉及其注意调节机制的神经连接组动态因果模型。他们利用仿真的大脑皮层场电位(neural population activity)的时域信号(可以通过针电极采集)和 BOLD 时域信号(可通过 R-fMRI 技术采集),得到了这一认知功能相关的脑连接组的理论模型。如图 1-4 所示(见书后彩插),后顶区皮层的活动可以有效地调节视皮层 V1 区和 V5 区之间的连接效率。

二、光遗传学实验范式和脑活动图微观研究

至 2012 年年底,对于神经连接组的研究领域,美国已投资 3850 万美元,中国科学院和国家自然科学基金委也投入了数亿资金。这一计划主要依靠 DTI 和 R-fMRI 方法,能采集到的脑功能数据十分有限,难以深入得到分子和单细胞水平上的海量数据变化规律。Van Essen 和 Ugurbil(2012)在《连接组研究的未来》一文中指出:人类大脑皮层厚 2.4 mm,每平方毫米的大脑皮层面积中,分布着 9 万个神经元;目前 MRI 技术中的体素一般均大于 1 mm^3。这意味着神经连接组的节点(node),实际上是以几十万个神经元活动为单位的综合行为。所以,2013 年 3 月,Alivisatos 及其同事(2013)和 11 位美国著名科学家,倡议和策划了一个更大的人脑研究工程——脑活动图(brain activity map,BAM)工程。BAM 工程有三个创意目标:创建一批新科学手段,以同时从大量神经细胞中记录或获取海量数据;创建一批类似光遗传学实验范式的新手段,以选择性地干预脑内某些神经回路中的个别细胞,观察生理心理功能的精细变化;深入理解脑回路的生理心理功能。该工程策划者对细胞和分子水平的多种光成像技术更为关注,寄希望于这类方法可以从人脑中获取海量数据。为此,他们希望 BAM 工程能有与人类基因组工程相当的投资额度(38 亿美元),并能收到约 8000 亿美元的社会经济效益。

光遗传学实验(Ramirez et al.,2013)利用小鼠恐惧条件反射的行为实验模型,通过光导纤维将特定波长的激光导入鼠脑海马内作为条件刺激,激发海马齿状回细胞内的信号转导系统和细胞核内基因转录的蛋白质合成过程,可以在小鼠脑内,制造出恐惧经验的记忆痕迹。由此证明,通过对某类细胞活性物质代谢的干预手段,可以人为制造恐惧经验,并能保存在海马 CA3 突触回路中。如图 1-5 所示(见书后彩插),这一研究利用三组小鼠,实验组是原癌基因反式四环素激活的转基因小鼠(c-fos-tTA transgenic mice),从未受到足底电击的疼痛刺激;一个对照组的普通小鼠,自幼膳食中含有多西环素(doxycycline,Dox),连续数日受到足底电击的疼痛刺激处置;另一个对照组小鼠,正常饲养,饲料中没有 Dox,同样连续数日受到足底电击的疼痛刺激处置。正式实验前,在三组小鼠头部进行立体定位手术,安装并固定两个套管。手术恢复后,通过这两个套管,将腺相关病毒(adeno-associated virus,AAV)编码的四环素反应成分——光敏感通道蛋白(AAV9-TRE-ChR2-mCherry),注射到小鼠的海马齿状回神经元内。再通过套管植入光导纤维,使其前端位于海马齿状回,将蓝色激光导入。结果发现,正常饲养的对照小鼠,足底受到电击并给予蓝色激光刺激,就会在海马齿状回表达出 AAV9-TRE-ChR2-mCherry 的红色荧光效应;自幼食用 Dox 的对照组小鼠足底受到电击并给予蓝色激光刺激,在海马齿状回却没有表达出 AAV9-TRE-ChR2-mCherry 的红色荧光效应。实验组 c-fos-tTA 转基因小鼠,没有给予足底电击,只是给予蓝色激光刺激,不但在海马齿状回表达出 AAV9-TRE-ChR2-mCherry 的红色荧光效应,还在海马齿状回和 CA1 区的神经元中,均记录到幅值约 100 mV 的高频神经发放,还可见到由生物胞素标记所表达的 ChR2-mCherry。

由此可见,这种研究范式基于细胞和分子水平上的神经生物学干预,改变细胞活性物质的代谢,就可能产生动物行为效应,制造疼痛经验及记忆过程。这对于理解心理和行为及其脑疾病的机理很有意义。但值得注意的是,将低等动物研究结果扩展至人,必须持慎重态度。基于低等动物本能的恐惧经验,在性质上和人类社会生活经验等复杂记忆的性质和神经基础具有很大差异。

三、脑介观机制研究

脑介观机制是指介于器官整体活动机制和微观分子生物学机制之间的脑功能机制,也就是单一神经元及其树突和轴突与邻近细胞之间的微回路结构和功能规律。只有通过一些新的科学技术才能显示出这类微回路的结构和功能规律。T. Ragen 等人 2012 年成功研发出一种适用于小鼠脑活体串行双光子断层扫描研究的实验平台,随后该文的部分作者(Kim et al.,2015)又利用此平台,对活体雄性小鼠接触同性或异性个体时,做了脑微回路激活状态的对比研究,在此期间,美国国家健康研究院(NIH)发出 10 项为期 3 年的课题招标公告[funding opportunity announcement,统称为脑细胞普查协作启动项目(brain initiative cell census consortium)。2014 年底,10 个中标的课题组开展研究,2017 年结题,共得到 50 项成果(包括文章、新仪器和新技术方法)]。同年,又有 8 个关于脑细胞网络结构的启动项目和 1 个关于脑细胞数据的项目。总之,NIH 发出的这 19 项课题,不仅有百余篇成果先后问世,同时引发了世界各国的研究热潮(Ecker et al.,2017)。2019~2020 年,*Nature*、*Neuron* 和 *Cell* 等影响因子很高的期刊发表了数百篇相关领域论文,包括一批关于介观研究的新技术、新方法和新仪器设备的报道。下面我们将从方法学的角度介绍其中几项有代表性的方法。

(一) 串行双光子断层成像(serial two-photon tomography, STP)

40年前,本人所在实验室受到中国科学院基金会和国家自然科学基金委员会资助,采用激光-光纤刺激和记录的实验范式,分别使用氦-氖激光刺激,分析其对脑内多种神经递质和动物学习行为的影响(Shen et al., 1982, 1983, 1985, 1989),后来又采用氮分子激光作为激发光源,测定活体脑内还原型辅酶Ⅰ(NADH)活性和对智能系统效率的影响(Shen et al., 1993, 1994, 1995, 1997)。后因发现氮分子激光对动物脑细胞的损伤性效应,1997~2001年停止实验,寻求超短脉冲的双光子设备。现今,使用这一研究方法在世界上报告所取得的新进展和新成果中,都有中国年轻学者的参与(Yu & Heikal, 2009; Sun et al., 2021)。

双光子显微镜是21世纪初面世的新型仪器。这里先解释何谓双光子(two-photon),普通物理学告诉我们,光在介质中传播具有双重属性,既有波动性又有量子性,光量子是其能量的最小载体,具体能量大小与光的波长成反比,波长越短,光量子携带的能量越大。所以,波长短的紫外光可以杀死细菌。当单色的激光以脉冲方式发出时,脉冲宽度达到飞秒量级(10^{-15} s)时,两个邻近的光脉冲的能量可以叠加在一起,其波长缩短为原来的二分之一。例如,波长各为640 nm的两个飞秒量级红外光脉冲,以飞秒间隔出现,就等同于波长320 nm的紫外光。也就是说,两个飞秒级红光脉冲,等同于一个紫光脉冲。所以,双光子显微镜使用飞秒级脉冲激光作为激发光,照射动物脑,脑内的特异生物活性分子就会受激发而发出蓝绿色的荧光。对此荧光强度数据处理后,产生该物质在脑内分布的数据,作为脑功能的生理指标。如果直接用紫光或紫外光作为激发光照射活体脑组织,会在短时间内杀死脑细胞。利用双光子技术能避免这种结果,又能得到紫光或紫外光的激发效应。

Ragan等人(2012)报道的适用于脑介观研究的双光子断层成像仪的特点是对三种波长不同的荧光数据进行规则地串行采集;同时又对小鼠活体脑组织进行规则地断层串行扫描。三个光电倍增管可分别采集脑内三种不同转基因绿色荧光蛋白(GFP)的分布数据。这些数据经软件处理后,能够显示不同类型神经细胞或神经纤维的分布。例如,对腺相关病毒表达的转基因荧光蛋白(AAV-GFP)进行顺行性追踪显示;在接受小鼠胡须感觉信息的体干感觉区,检测GFP标记的轴突;能检测出文献尚无报道先例的逆行性标记的对侧眶额皮层的纤维连接和顺行性标记的对侧运动皮层的神经纤维连接。这些足以说明这套双光子断层成像技术是具有高通透性和高灵敏性的仪器。

利用双光子断层成像技术对具有原癌基因早表达荧光蛋白(cFos-GFP)的小鼠或兔病毒的小鼠,测定所标记的转基因荧光蛋白的分布,并经软件处理数据,得到雄性小鼠接触到同性个体或异性个体时,脑内激活区分布的异同(Kim et al., 2015)或得到小鼠内侧前额叶γ-氨基丁酸(GABA)中间神经元接收大范围传入神经纤维的全脑分布图(Sun et al., 2019)等研究报告已经证明这一研究方法学的成功和可靠性。

(二) 钙离子成像技术

钙离子成像技术(Calcium imaging)最重要的基础是钙离子显示剂(Cardin, Crair, & Higley, 2020),这些化学物质应该是遗传学编码的荧光显示剂,能够显示神经细胞内二价阳离子钙(Ca^{2+})的变化,或者显示跨膜电压以及细胞外神经递质的变化。目前遗传学广泛使用的是被编码的Ca^{2+}显示剂GCaMP,实际上是一种融合蛋白,由钙调蛋白、M13肌蛋白轻链蛋白激酶序列和环状可取代的绿色荧光蛋白(GFP)融合而成(Chen et al., 2013)。GCaMP增加它对Ca^{2+}结合效率,当神经元活动时增强绿色荧光的发射。新型GCaMP,包括GCaMP6和GCaMP7,能提供更可靠的细胞内Ca^{2+}变化的信息。除了荧光显示剂之外,还要使用病毒载体,可以较好地促进荧光显示剂的表达,如腺相关病毒可驱动GCaMP6在胞体、轴突和树突内表达数日至数周之久。荧光是指一些化学物质吸收短光波的照射能量后,散发出来的波长稍长的光。短波长的照射光称激发光(exciting light),被照射物质发射出来的荧光称发射光(emitted light)。所以,硬件设备除了具有低倍放大的物镜和大视野目镜的显微镜头之外,必须考虑激发光的光源和导入光路以及光路上的分束镜片和不同波长的滤光片。记录装置除用光电倍增管和A/D转换的数据采集系统外,还可以采用高灵敏度的CCD耦合摄像机或CMOS摄像机。如果研究中还要进行动物的行为训练或测定行为参数,必须考虑动物头部的固定,以及与光路的关系。

(三) "一体两翼"脑研究计划

为期15年(2016~2030年)的我国第一个国家级脑研究计划,即基础神经科学、脑疾病和类脑智能技术研究,又称"一体两翼"计划。"一体"是指理解认知活动的神经基础并建立开发脑研究的技术平台,"两翼"是指开发脑机智能技术和发展脑疾病早期有效诊断和干预方法。Poo等人(2016)认为,当代脑科学研究已经积累了许多不同层次的脑知识,包括宏观的行为水平和神经系统及其脑网络的认识,以及微观的细胞水平和分子水平的认识;但是对中间的神经回路的介观认识,却存在较大的知识缺口。"一体两翼"计划正是瞄准这一知识缺口,在宏观和微观之间采用介观研究策略,通过单细胞核糖核酸测序(single-cell RNA sequencing, scRNA-seq)技术所给出的蛋白质表达图,鉴别神经元类型。一旦确定了细胞类型,则该类神经元内的特异性分子探针表达,就可以给出神经回路的介观图(mesoscopic mapping of neural circuits)及其活动模式,用来检测或干预其活动,仔细分析认知和行为的脑回路机制。scRNA-seq是一类全基因组mRNA转录量化技术,可以提供细胞及其分子回路的大量信息。目前主要用于肿瘤和神经退行性疾病的病理研究,有多种scRNA-seq方法可用于研究不同疾病的病理问题,旨在寻找神经细胞的蛋白标记探针,再从荧光生物技术中选用可以大视野显示细胞形态的限定性启动光转换技术(confined primed conversion)。这种单个神经元介观图对于分析非人灵长类动物所具备的自我认知、非自我认知、共情和心理理论能力等脑回路机制的认识,将发挥重要作用。我国具有丰富的非人灵长类动物资源,利用这些资源,可以预期恒河猴脑回路的介观结构图和介观功能图研究将得到丰富的成果,这对于加深理解人类被试脑成像研究所积累的宏观数据具有特殊意义。

该计划中对于开发脑疾病早期诊断和有效治疗方法的"一翼",主要涉及发育障碍(孤独症和精神发育迟滞)、神经精神障碍(抑郁症和成瘾)和神经退行性疾病(阿尔茨海默病和帕金森病),特别重视从中国传统医学中吸取资源,发展这些疾病的治疗手段。开发脑机智能技术"一翼",涉及人工智能、人工神经网络、机器学习、智能芯片设计和认知机器人学等领域的发展。在此基础上,拟重点开发智能化人机接口(BCI),研发的认知机器人,既能理解人的意向,又能给出机智的反应,还能从理解人的意向和决策中,学习和积累经验,具有共情和心理理论能力。

思考题

1. 何为脑功能定位论与等位论相统一的原理?试举例说明之。
2. 何为神经信息与遗传信息相关联的脑功能原理?试举例说明之。
3. 何为经典特异神经通路与网状非特异系统共同作用的脑功能原理?试举例说明之。
4. 何为脑功能的系统性、层次性和包容性?请用这些概念说明人脑和动物脑的异同之处。
5. 何为无创性脑成像技术?你知道哪几类方法?它们各自的优势和不足是什么?
6. 何为脑信号处理技术,你知道哪些技术方法?请说明其原理和用途。
7. 何为神经连接组,主要根据脑功能的什么参数研究之?你能说清楚利用哪两种技术测定吗?

神经系统的结构和功能基础

神经系统(nervous system)包括两大部分,即由脑和脊髓组成的中枢神经系统(CNS)和由感觉-运动神经与自主神经组成的周围神经系统(PNS)。它的结构和生物学功能是人类和动物心理活动的基础。随着高等动物神经系统的进化,心理活动也越来越复杂,直至人类特有的高级心理活动——意识的出现。因此,要了解心理现象的产生,首先要了解神经系统的结构与功能。可以说,神经系统是目前已知的最复杂的物质,是基于生命活动之上的意识活动之本。

第一节 神经形态学

神经细胞学、组织学和解剖学统称为神经形态学,它们对脑和神经系统的形态结构,分别采用肉眼观察、显微镜下观察和电子显微镜下观察等方法,分别得到解剖学上的脑的大体结构、神经组织的显微结构和神经细胞的超显微结构。这三个层面的科学事实,组成了脑和神经系统的形态学知识。除了解剖学、组织学、组织化学、免疫组织化学和超显微结构学方法之外,细胞电生理学技术、脑代谢研究技术和脑成像技术都对脑组织形态学的知识积累,发挥着越来越大的作用。最近几年,磁共振成像技术中的DTI和R-fMRI被用于脑功能连接组研究,极大地加深了对大脑灰质和白质精细结构和功能关系的认识,积累了其他脑形态学方法得不到的科学事实。本章所列大脑皮层厚度、神经元分布密度和白质分布的具体参数,都来自这类研究成果(Van Essen & Ugurbil, 2012)。

21世纪之始,生命科学进入了后基因组时代。人类基因组的研究成果经过十多年的消化和吸收,终于派生出神经形态学新领域。基因转录组学(transcriptomics)中的单细胞RNA测序技术与神经形态学(neuromorphology),以及电生理学技术,三者融合为神经细胞类型及其微回路的新研究领域。这一新领域的研究成果犹如漫天飞雪,2018~2020年充满 Neuron、Cell、Nature Neuroscience 等高影响因子期刊。现今,这个介于超显微结构的微观研究和宏观解剖生理学研究之间的新领域被称为介观影像学(mesoscopic imaging),是指单一神经元及其全细胞组成(胞体、树突、轴突及其微回路)的形态学显示,以及对其电生理功能特性的研究。

一、神经细胞学

神经细胞,又称神经元(neuron),是神经系统最基本的结构与功能单元。神经系统的一切机能都是通过神经元实现的。除了神经元之外,脑内的其他非神经元细胞(non-neuronal cell)主要是神经胶质细胞。

(一) 神经元及其结构与功能

人脑内大约有 10^{11} 个神经元,它们虽然在形态、大小、化学成分和功能类型上各异,但其结构大致相似,都是由胞体、轴突和树突组成的(图 2-1)。胞体与树突颜色灰暗,所以在中枢神经系统内,神经元的胞体与树突聚集的地方称为灰质或神经核团;神经元的轴突(神经纤维)由于负责传输神经信息,外面覆盖一层脂肪性髓鞘,故颜色浅而亮,其密集处被称为白质或纤维束。

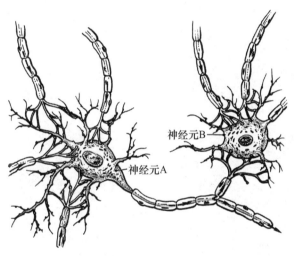

图 2-1　神经元结构
(引自 Carlson,1991)

1. 神经元的外形

神经元由胞体伸出长短不同的胞浆突,称树突和轴突。树突是胞体向外伸出的多个树突干。树突干像树枝样反复分支成丛状,枝端表面有很多小刺,称棘突。轴突粗细均匀、表面光滑,刚离胞体段为始端,后为神经纤维。纤维末端有若干分支,称为神经末梢,末梢终端膨大形成扣状,称终扣或突触小体。

多数情况下树突接受其他神经元或感受器传来的信息,并将信息传至胞体。胞体聚合多个树突分支接收传来的神经信息,再经过细胞质内的信号转导,通过轴突传出整合后的神经信息至下一个神经元。神经元之间没有实质性的联系,那么神经信息是怎样从一个神经元传到下一个神经元的呢? 答案是通过一个微细的结构——突触——来完成。

2. 突触

突触是神经元之间发生联系的微细结构,由突触前膜(轴突末梢)、突触后膜(下一个神经元的树突或胞体)和突触间隙(前、后膜之间的缝隙)组成。突触在神经元表面分布的密度极高,每立方毫米达3亿个,如图2-2所示。突触间隙因种类不同宽窄不一:电突触间隙为10~15 nm;化学突触的间隙较宽,为20~50 nm。化学突触前膜内的终扣含有许多线粒体和大量囊泡,囊泡内含有神经递质,线粒体含有大量合成神经递质和能量代谢的酶。当神经冲动传至神经末梢时,神经递质就从小囊泡中释放出来,进入突触间隙,与突触后膜上的受体结合,使膜对离子的通透性改变,从而出现局部电位变化,称之为突触后电位。神经递质种类很多,但其作用只有两种:一种能引起兴奋性突触后电位(EPSP),达到一定强度可使下一个神经元产生神经冲动;另一种能引起抑制性突触后电位(IPSP),这种电位使突触后膜兴奋性降低,阻碍下一个神经元产生神经冲动。

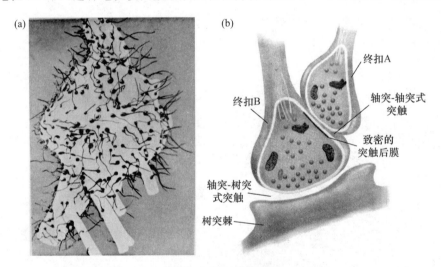

图2-2 突触结构示意

((a)引自 Eccles, 1953;(b)引自 Carlson, 1998)
(a)显示神经元表面布满了密集的突触,(b)是放大的突触结构。

化学突触传递有下列特点:① 神经冲动在神经纤维上的传导是双向的,而突触的传递只能从突触前膜向突触后膜传递,这种单向传递保证了神经系统有序地进行活动。② 突触延搁。神经冲动通过突触时,传递的速度较缓慢。③ 时间和空间总和效应。突触后膜在一定的空间范围内和一定时间内相继出现的突触后电位加以总和,只要达到单位发放的阈值,就会导致这个神经元产生动作电位。④ 抑制作用。兴奋和抑制是神经元活动的两种基本形式,神经系统的抑制作用主要是通过突触活动实现的,是突触很重要的机能。抑制可发生在突触前膜上,称为突触前抑制;也可发生在突触后膜上,称为突触后抑制。⑤ 对药物敏感性。突触后膜上的受体对神经递质有很高的选择性,因此,使用受体拮抗剂或激动剂可能阻止或增强神经冲动在突触间的传递,从而改善或提高脑的信息处理能力。

3. 神经元的类型

根据神经元对神经信息传递的作用,可将神经元分为两大类:投射神经元和中间神经元。投射神经元又可分为感觉神经元(sensory neuron)和运动神经元(motor neuron),前者将感受器传来的信息,传向中枢神经系统;后者从中枢神经系统将信息带给肌肉、血管和腺体。投射神经元全都是兴奋性神经元,合成、存储和释放兴奋性神经递质,如乙酰胆碱(ACh)、谷氨酸等。与此不同,中间神经元(inter neurons)又称为联络神经元,它们将从感觉神经元中获得的信息,传给其他中间神经元或运动神经元;中间神经元都是抑制性神经元,合成、存储和释放抑制性神经递质,如 GABA。每个神经元都通过自己的树突和轴突与数以千计的其他神经元发生联系,形成庞大的神经网络。自 2013 年以来,涉及脑细胞类型的研究领域迅速发展起来,结合分子生物学(主要是基因转录组学技术)和神经微形态学,以及电生理学和双光子成像等技术,按照一些活性蛋白质生物光学特性,将脑细胞分离出许多类型。特别是脑内的中间神经元,已经分离出 133 种不同类型(Tasic et al.,2018)。目前达成共识的三种细胞类型,在文献中被广泛引用。这三种中间神经元的名称和功能特点分别是:① 小清蛋白阳性反应的中间神经元(parvalbumin-positive interneurons,PV^+ 神经元),跟踪丘脑输入,介导前馈抑制;② 生长抑素阳性反应的中间神经元(somatostatin-positive interneurons,SST^+ 神经元),监测局部兴奋,提供持续性晚抑制或缓慢反复抑制的反馈;③ 肠血管活性肽阳性反应的中间神经元(vasoactive intestinal polypeptide-positive interneurons,VIP^+ 神经元),被非感觉输入激活,对兴奋性神经元和 PV^+ 神经元均发生去抑制作用(Yu et al.,2019)。

(二) 胶质细胞

在庞大的神经系统网络中,还有与神经元数量几乎相等的胶质细胞(glial cell)。但是,不同脑结构中神经元和胶质细胞的比例大不相同。如图 2-3 所示,全脑质量(1508.91±299.14)g,含有脑细胞总数(1706.8±138.6)亿个,其中神经元(860.6±81.2)亿个;非神经元主要是胶质细胞,有(846.1±98.3)亿个,神经元与非神经元之比为 1∶0.99。大脑的质量占全脑质量的 81.9%,其中神经元数占全脑细胞总数的 19.0%,非神经元主要是胶质细胞,是神经元数的 3.76 倍。小脑的质量占全脑质量的 10.3%,其中神经元数占全脑神经元总数的 80.2%,而胶质细胞数仅是神经元数的 23%。除大、小脑之外的其他脑结构质量占全脑质量的 7.8%,其中神经元数占全脑神经元总数的 0.8%,而胶质细胞数是神经元数的 11.35 倍(Azevedo et al.,2009)。

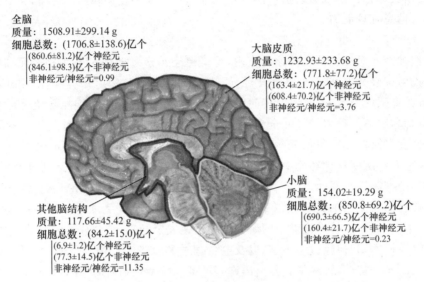

图 2-3　脑重、神经元数和非神经元细胞数之比较
（经授权，引自 Azevedo et al., 2009）

　　胶质细胞的主要功能是形成支持神经元分布的框架，并为神经元提供营养。胶质细胞还在脑内发挥清洁工的作用，吸收过量的神经递质，及时清理受损或死亡的神经元；形成血脑屏障，使毒物和其他有害物质不能进入脑内；还可能对信息传递必需的离子浓度有所影响，特别是对一氧化氮逆信使的代谢发挥重要作用。近年认为，胶质细胞之间以及胶质细胞与神经元之间，存在着多时间尺度的信息交流的并行网络，即认为胶质细胞也参与复杂的智能活动。

　　胶质细胞，特别是小胶质细胞和星形胶质细胞，是脑内的免疫细胞，可产生多种脑内的免疫分子(图 2-4)。J. M. Schwarz 和 S. D. Bilbo 于 2012 年详尽介绍了脑内小胶质细胞和星形胶质细胞在许多脑病发生和形成中的重要作用，如男性精神分裂症和孤独症、女性抑郁症和焦虑症。在脑的发育过程中，胶质细胞帮助神经元找到自己适当的位置，促进或直接参与神经纤维髓鞘的形成，以便在神经信息传递过程中起绝缘作用，提高传递速度。还有一种胶质细胞——少突胶质细胞，又称施万细胞，分布在神经元轴突之外周，是髓鞘的主要组成成分。

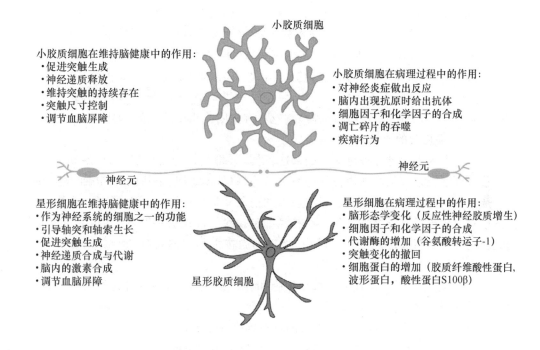

图 2-4　小胶质细胞和星形胶质细胞在健康和疾病中的作用
（经授权，引自 Schwarz & Bilbo，2012）

二、神经组织学

将脑组织通过一些特殊方法制成切片放在显微镜下观察,就可以看到神经组织的显微结构。神经组织由神经元与胶质细胞组成,前者是主要的脑功能单元,后者起支持、营养和稳定内环境的作用。

神经组织分为灰质和白质两大类,灰质呈灰色,由神经元密集排列而成,包括大脑皮层、小脑皮层和皮层下脑结构中神经元密集的核团,以及脊髓灰质;白质由神经纤维密集排列而成,由于神经纤维是神经元的轴突包裹着脂肪性的髓鞘构成的,呈亮白色,故得白质之名。大脑深层称髓质,主要被神经纤维占据。在髓质内还有一些分散的核团(灰质),也是由一些神经胞体组成的,如基底神经节。

(一) 大脑皮层

大脑表层是大脑皮层或称大脑皮质,也是脑灰质的重要组成部分。虽然大脑的质量占全脑的81.9%,但神经元的数量仅是全脑的19.0%,胶质细胞的数量大约是神经元数量的4倍(Azevedo et al.,2009)。人类大脑皮层平均厚度约2.4 mm,其总面积约2000 cm^2,其中1/3露于表面,形成脑回;2/3形成沟、裂的壁和底。小脑皮层是厚度约

1 mm 的灰质,面积约 1100 cm²。两大脑半球的皮层总体积约 543 cm³,小脑皮层体积约 103 cm³,皮层下灰质约 78 cm³(Van Essen & Ugurbil,2012)。简言之,人脑灰质总体积约 724 cm³。大脑皮层每平方毫米分布着 90 000 个神经元;皮层下脑结构平均每立方毫米仅分布 14 000 个神经元。人类的大脑皮层结构差异很大,不仅在水平方向上有 3 层和 6 层之别,在垂直方向上还有并排的柱状结构及其大小和密度之别。在人类大脑新皮层中,有 300 多万个柱状结构,每个柱中平均有约 4000 个神经细胞。细胞电生理学研究发现,处在同一柱内的神经细胞具有相同或相近的机能,被称为功能柱。

(二)大脑皮层的水平分层

据人类大脑皮层神经细胞排列的层次不同,可将其分为古皮层、旧皮层和新皮层。古皮层只见于位于大脑半球内侧缘的海马结构(胼胝体上回、束状回、齿状回、海马回沟的一部分);旧皮层见于大脑内侧缘与底面的前梨状区(外侧嗅回与环周回)和内嗅区。古皮层和旧皮层只有分辨不清的 3 层神经细胞。除了古皮层和旧皮层,其余 90% 以上的大脑皮层都是新皮层。在新皮层中,神经细胞按水平方向排列成十分清楚的 6 层。这 6 层组织结构分别是:

- 第Ⅰ层:分子层,含有少量水平细胞和颗粒细胞,较多的成分是第Ⅳ、Ⅴ层神经元的顶树突分支。
- 第Ⅱ层:外颗粒层,主要由大量的颗粒细胞和小锥体细胞组成。
- 第Ⅲ层:外锥体细胞层,主要由大、中型锥体细胞组成。
- 第Ⅳ层:内颗粒层,密集的颗粒细胞。
- 第Ⅴ层:内锥体细胞层,主要由大量的大、中型锥体细胞组成。
- 第Ⅵ层:梭形细胞层,以梭形细胞为主,还有颗粒细胞等。

(三)大脑皮层的柱状结构

最初,大脑皮层的柱状结构是在视皮层中发现的,具有相同感受野的视皮层神经元在垂直于皮层表面的方向上呈柱状分布,它们是视皮层的基本功能单位,称为功能柱。功能柱内的神经元对同一感受野中的图像和景物的某一特征进行信息编码,是产生主观感觉的重要神经基础。产生某一感觉的功能柱,进一步组合成超柱,是知觉产生的细胞学基础之一。在运动皮层中,某一运动功能柱内的所有锥体细胞,支配同一关节内执行同一运动模式的肌肉群。无论是感知觉相关的功能柱还是运动功能柱,都贯穿于整个 6 层大脑皮层,其直径为 0.25~1 mm,每个柱内含 2500~4000 个神经元,如图 2-5 所示。

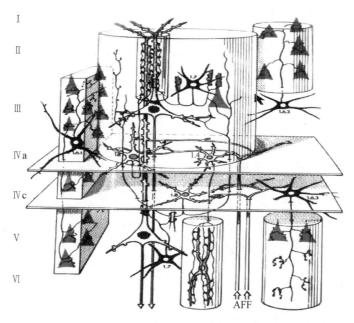

图 2-5 大脑皮层的柱状结构与 6 层细胞结构的关系模式
(引自 Eccles, 1980)

在第Ⅲ层和第Ⅴ层各有一个锥体细胞,其顶树突上升至第Ⅰ层,其轴突向下离开皮层。右下方可见两个特殊传入纤维(AFF),其丰富的分支向上达到几层中锥体细胞的顶树突。在第Ⅳa 层内的胶质细胞 1.4 起下行的轴突达到第Ⅵ层的马丁诺提细胞(Martinotti cell)。

(四) 白质

Fields(2010)评论道:虽然白质是由百亿个神经元轴突形成的纤维束构成的,实现着神经元之间的联系,但在过去除对一些脑疾病患者之外,从未关注白质在正常人心理活动和认知功能中的作用。神经纤维上覆盖的脂肪性髓鞘是由少突胶质细胞生成的,围绕在神经细胞轴突的神经纤维膜之外,多达 150 层。它的作用是保证神经冲动能在神经纤维内快速传递下去。人脑内的白质总体积约 410 cm^3,全部轴突总长度约 160 万千米,分布的密度达每平方毫米 30 万根。

浅层白质是紧贴在大脑皮层之下的白质,实现着近距离大脑皮层之间的神经联系。利用弥散张量成像技术发现,男性的浅层白质比女性的发达,这与男性的皮层神经元密度大、细胞总数多于女性有关。

深层白质是位于大脑半球深部的白质,实现着长距离大脑皮层之间的神经联系和两半球之间,以及皮层与皮层下之间的神经联系,主要包括胼胝体、内囊、钩束、上纵束和下纵束等。内囊将各种感觉信息汇聚并送入大脑感觉皮层(图 2-6(a));胼胝体是主要的深部纤维联系,实现着大脑两半球间的联系(图 2-6(c))。图 2-6(b)展示的是几个重要的长距离联络纤维,包括钩束在智力活动中联系额、颞区皮层的功能协调;上纵束联系额极和枕极,下纵束联系颞极和枕极,实现全脑的协调。

(a) 放射冠
从间脑上传的各种感觉信息

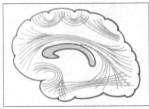
(b) 主要联络纤维
包括钩束、上纵束和下纵束等

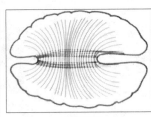
(c) 胼胝体
两半球间信息交流

图 2-6 脑深层白质
(引自 Fincher,1984)

三、神经系统解剖学:中枢神经系统

神经解剖学将神经系统分为两大部分,即中枢神经系统和周围神经系统。中枢神经系统由颅腔里的脑和椎管内的脊髓组成(图 2-7)。颅腔里的脑分为大脑、间脑、中脑、脑桥、延髓和小脑 6 个部分。椎管内的脊髓分为 31 节,即颈 8 节、胸 12 节、腰 5 节、骶 5 节和尾 1 节。周围神经系统由 12 对脑神经和 31 对脊神经,以及它们的传出神经分支(即自主神经)组成。

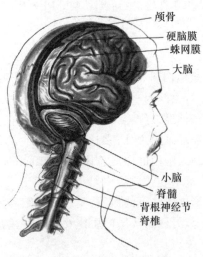

图 2-7 中枢神经系统各组成部分
(引自 Carlson,1986)

[常识与思索 2-1] 为何脑手术中的病人还能与别人谈话？

开颅术本是一项大手术，但只用头皮外局部麻醉，脑内不用麻醉药，病人意识清醒。因为脑和脊髓不但分别由坚硬的颅骨和脊椎骨形成的颅腔和脊髓腔保护着，不会受到外界的机械伤害，而且还被三层脑膜和血脑屏障保护着，不会受到轻触和化学刺激。所以，脑和脊髓内没有痛觉，手术中切割脑组织时，病人感觉不到疼痛。病人意识清晰，可以主动和别人对话，甚至当病人的脑被主刀医生用手轻轻托起，以便能使手术器械进入颅底切除颅底肿瘤时，病人还会突然问："大夫，手术后我是回原来的病房，还是换个病房？"一种错误的说法是，"肠内还有另外一个脑，叫肠脑、胃脑或第二脑"。可是，肠脑怎么能经受住肠道的蠕动和碱性肠液的腐蚀作用呢，胃脑怎么能经受住胃酸腐蚀和胃蠕动的环境呢？况且本书描述的胃-脑和心脏-脑之间的振荡编码已经说明了脑与内脏的协调关系。

（一）大脑

大脑(cerebrum)覆盖在其他脑区之上，略呈半球状，大脑顶端的正中纵裂将其分为左、右两个半球。正中纵裂的底是连接两半球的胼胝体，胼胝体由两半球间交换信息的神经纤维（白质）组成。大脑表面有许多皱褶，凸出来的称为回，凹下去的称为沟或裂。

大脑半球背外侧面（图2-8）可见沟、裂的走向。沟、裂将大脑分为若干个脑叶和回。大脑半球背外侧面的皮层从前向后分为四个叶：额叶、顶叶、枕叶和颞叶。

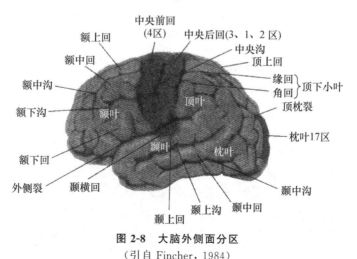

图 2-8　大脑外侧面分区
（引自 Fincher，1984）

位于中央沟前方、外侧裂上方的皮层是额叶(frontal lobe),其中直接靠着中央沟前面,并与中央沟平行的回称为中央前回。中央前回直接管理肌肉运动,称为运动区。额叶具有高级认知活动的调节和控制运动的功能,如筹划、决策和目标设定等功能。因意外事故损伤额叶,会影响人的行为能力和改变人格。位于顶枕裂前方、中央沟后方的皮层为顶叶(parietal lobe),其中紧靠中央沟并与中央沟平行的回称为中央后回。中央后回是接受全身躯体感觉信息的感觉区,所以顶叶负责躯体的各种感觉。位于顶枕裂与枕前切迹连线的后方皮层为枕叶(occipital lobe),是视觉中枢。位于外侧裂下部的皮层为颞叶(temporal lobe),与听觉关系密切。此外,在大脑外侧裂的深部皮层为岛叶,与味觉有关。

大脑半球的内侧面(图 2-9)围绕半径的环状回被称为边缘叶(limbic lobe),包括胼胝体下回、扣带回、海马回和海马回深部的海马结构。胼胝体下回与其前方的旁嗅区组成隔区(septal area),内含隔核。

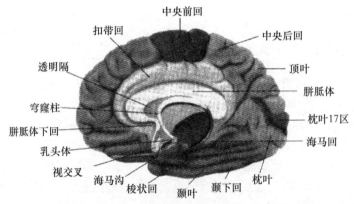

图 2-9 大脑内侧面(矢状正中切面)主要分区
(引自 Fincher,1984)

大脑半球底面皮层的脑纵裂两侧的嗅沟中有嗅球和嗅束。嗅束向后移行于嗅三角。嗅三角发出两条灰质带,一条向内移行于大脑半球内侧面的隔区,称为内侧嗅回;另一条向外移行于梨状区,向后移行于环周回,称为外侧嗅回;嗅沟的内侧为直回,外侧为眶回。

大脑半球髓质,又称大脑白质,由有髓鞘的纤维组成。根据纤维的起止、行程可分为三类:投射纤维、联络纤维和连合纤维。投射纤维是大脑皮层与皮层下中枢间的上、下行纤维。除了嗅觉投射纤维外,绝大部分感觉投射纤维经过内囊向大脑皮层投射。内囊是一个较厚的白质层,位于豆状核、尾状核与丘脑之间。联络纤维是指联络同一半球各叶和各回间的纤维。连合纤维包括连接两半球新皮层的胼胝体,连接两侧旧皮层和古皮层的前连合和海马连合。

大脑半球髓质深部的神经核团(图 2-10~图 2-12)是基底神经节,包括尾状核、豆状核、杏仁核和屏状核。尾状核与豆状核组成纹状体。豆状核分内、外两部分,外部为壳核,内部为苍白球。尾状核和壳核又称新纹状体。尾状核与豆状核对机体的运动功能具有调节作用;杏仁核在嗅觉、情绪控制和情绪记忆形成中具有重要作用。

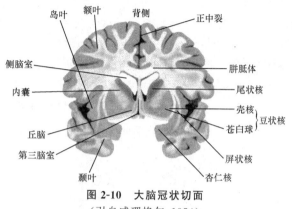

图 2-10　大脑冠状切面
(引自威理格尔,1954)

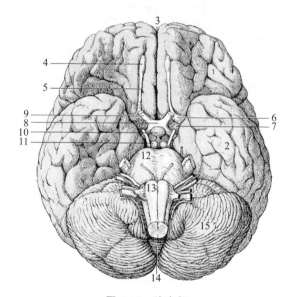

图 2-11　脑底部
(引自 Kahle & Frotscher, 2002)

1 额叶,2 颞叶,3 大脑纵裂,4 嗅球,5 嗅束,6 嗅三角,7 前穿质,8 视交叉,9 视神经,10 脑下垂体,11 乳头体,12 脑桥,13 延髓,14 小脑蚓部,15 小脑半球。

大脑皮层的每个功能区,如运动区、躯体感觉区、视觉区和听觉区等,都有层次结构(图 2-13)。大概由三级组成,即初级皮层区(一级皮层区)、次级皮层区(二级皮层区)和联络皮层区。初级皮层区为投射中心,直接接受皮层下中枢传入的信息或向皮层下发出的信息,与感受器或效应器之间保持点对点的功能定位关系,对外部刺激实现简单而原始的感觉功能或发出简单的运动信息。次级皮层区分布在初级皮层区周边,只接受初级皮层传来的信息,与皮层下中枢没有直接的特异联系。次级感觉皮层将初级感觉皮层的信息联合加工为复杂的单感觉性的知觉,运动性次级皮层区的神经信息实现着复杂序列性运动功能。次级感觉区和次级运动区都失去了点对点简单空间定位的特性。联络皮层区是次级皮层之间的重叠区,实现着各种皮层功能区之间的联系。在大脑皮层中有两个联络皮层区:一个位于顶叶、枕叶、颞叶的结合点上,它是躯体感觉、视觉、听觉的重叠区,对外来的各种信息进行加工,综合为更高级的多感觉性的知觉,并加以储存;另一个联络区位于额叶前部,它同皮层所有部分发生联系,综合所有信息做出行动规划,通过对运动皮层进行调节与控制完成复杂活动。

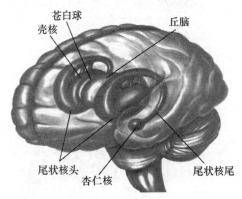

图 2-12 基底神经节
(引自 Carlson,1986)

(二) 间脑

间脑(diencephalon)居于大脑与中脑之间,被大脑半球遮盖,在脑的矢状正中切面(图 2-14)可以见到。间脑外侧与内囊相邻,内侧面为第三脑室。间脑分丘脑、上丘脑、底丘脑和下丘脑四个部分:丘脑最大,位于底丘脑和下丘脑的背部正上方,丘脑的后下部搭在底丘脑的背前侧。

上丘脑(epithalamus)位于丘脑背尾侧,在两侧上丘脑之间有松果体,是比较重要的内分泌腺,与发育、血糖浓度调节、生物钟现象有着很密切的关系。此外,上丘脑还是嗅觉的皮层下中枢。

下丘脑(hypothalamus)位于丘脑腹前侧,包括第三脑室下部的侧壁和底,以及底上的一些结构——视交叉、乳头体、灰结节、漏斗和垂体。下丘脑是神经内分泌、内脏功能和本能行为的调节中枢。

底丘脑(subthalamus)位于丘脑的腹侧(图 2-14),包括红核和黑质的顶部、丘脑底核、未定带和底丘脑网状核,是锥体外系的组成部分。刺激丘脑底部可提高肌张力,并

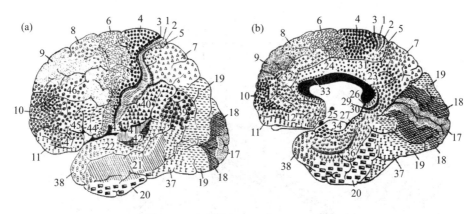

图 2-13 大脑皮层布罗德曼功能分区
(引自 Eccles,1980)

(a)大脑外侧面观。在布罗德曼功能分区(Broadman Area,BA)中,BA1、BA2、BA3是初级躯体感觉区,BA5、BA7是次级躯体感觉区;BA17是初级视皮层区,BA18和BA19是次级视皮层区;BA41是初级听皮层,BA22和BA42是次级听皮层;BA4是初级运动皮层区,BA6和BA8是次级运动皮层区。近年研究发现,BA6、BA8、BA9、BA10和BA47,以及顶叶的BA39在逻辑推理中激活,在思维功能中具有重要作用;BA6、BA44、BA46和BA40构成人脑中的镜像神经元系统,在观察、模仿和理解他人社会行为以及人际交往中,具有重要作用。

(b)大脑矢状正中切面观。大脑内侧面BA9、BA10、BA11、BA24、BA25、BA32构成内侧前额叶皮层,在情绪、情感活动和目标监控,以及执行功能中具有重要作用。

促进反射性和皮层性运动。

丘脑(thalamus)是左、右对称的一对卵圆形的灰质团块,前端较窄,后端膨大。左、右侧丘脑之间的丘脑内侧面构成第三脑室侧壁,其壁上和壁底分布着中央灰质,最大的中央灰质块称为中线核。丘脑外侧面有丘脑网状核与内囊相邻。每侧卵圆形丘脑的正中有一从前至后的白质板,称为内髓板,将丘脑分为若干核团。根据核团之间的纤维联系,可将丘脑诸核分为感觉中继核、皮层中继核、联络核等。感觉中继核包括外侧膝状体、内侧膝状体和腹后核,它们接受来自外周脑、脊神经传入的各种特异的感觉冲动,经过整合后点对点地投射到初级大脑皮层区。如外侧膝状体传送视觉信息至枕叶视皮层初级区(BA17);内侧膝状体传送听觉信息到颞叶听皮层初级区(BA41);腹后核传送躯体感觉信息至顶叶初级躯体感觉初级皮层区中央后回(BA3,1,2)。皮层中继核包括前核、腹外侧核和部分腹前核,它们接受特定的皮层下结构传入的信息,经过整合后再投射到特定的皮层区。如前核接受下丘脑与海马的信息至扣带回,与内脏活动有关;腹外侧核接受苍白球和黑质的纤维至额叶和前岛叶皮层,另外还接受脑干网状结构的上行纤维以及内髓板和中线核来的纤维,这些纤维联系表现出非特异系统的特征;丘脑腹外侧核接受小脑和苍白球的纤维至中央前回,对运动机能起重要作用。联络核只接受丘脑其他核团的信息,通过再次整合形成复合信息,再投射至联络区皮层(颞顶枕联络区,

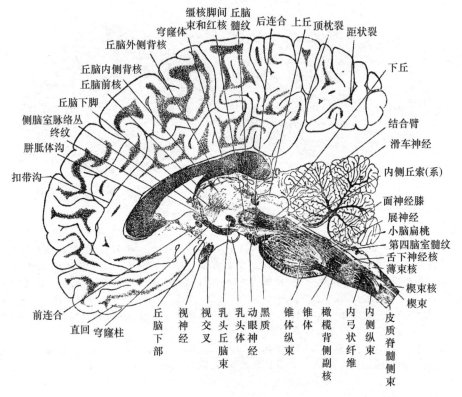

图 2-14 脑矢状正中切面
（引自威理格尔，1954）

额叶联络区），也有少量纤维投射至颞、枕叶。这类核位于丘脑背侧和后部，包括背内侧核、背外侧核、后外侧核和枕核。根据丘脑诸核的特点，不难看出丘脑不仅仅是信息传递的中继站，而且还是大脑皮层下除嗅觉外所有感觉的重要整合中枢。

(三) 脑干

脑干(brain stem)自下而上，依次由延髓、脑桥和中脑三个部分组成。脑干腹侧多为白质，由脊髓与大脑之间的上、下行纤维组成。占据脑干背侧面的多为灰质，上、下排列着 12 对脑神经核。中脑背侧有四个突出体组合为四叠体，包括一对上丘和一对下丘，分别对视、听信息进行加工。脑干背、腹之间称被盖，由纵横交错的神经纤维和散在纤维中的许多大小不一、形态各异的神经细胞组成，即脑干网状结构，其上、下行纤维弥散性投射，调节脑结构的兴奋性水平。此外，延髓分布着调节呼吸、血压、心率的中枢，是维持生命必需的脑结构(图 2-15)。

(四) 小脑

小脑(cerebellum)位于脑桥与延髓的背侧，结构与大脑相似，外层是灰质，内层是

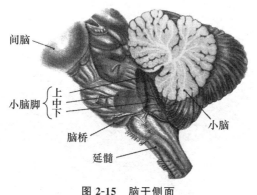

图 2-15 脑干侧面
(引自 Carlson,1986)

白质,在白质的深部也有 4 对核,称为中央核。小脑的主要功能是调节肌肉的紧张度以便维持姿势和平衡,顺利完成随意运动。研究表明,小脑在程序性学习中具有重要作用。

(五)脊髓

脊髓(spinal cord)各节段内部的特点虽不尽相同,但概貌大体一致。在脊髓的横切面上(图 2-16),中央有一小孔为中央管,中央管周围为 H 形灰质,外侧为白质。灰质前端膨大为前角,其内以大型运动神经元为主,该神经元的轴突组成腹根(运动神经);灰质的后端狭窄为后角,其内主要聚集着感觉神经元,接受来自背根纤维的信息(感觉神经)。在胸髓和上三节腰段,在灰质的前、后角之间有侧角,其内以植物神经元为主,该细胞轴突进入前段,形成交感神经节前纤维。脊髓的白质是由密集的有髓纤维组成的,按传递方向可分为上行、下行纤维束。每束纤维都有特定的功能、起止和行程,一般纤维束均按它的起止和部位命名。脊髓是中枢神经系统的原始部分,来自躯干、四肢的各种感觉,通过脊髓上行纤维传至脑进行分析和综合,脑通过下行纤维束调节脊髓前角运动神经元的活动。因此,在一般情况下脊髓的活动是受脑控制的。不过脊髓本身也可完成一些反射活动,如膝跳反射等。

[常识与思索 2-2] **为何会头痛?**

既然在脑外科手术中,切割脑和脊髓都不会引起疼痛感,为什么人们还会头痛呢?能引起头痛的因素不下几十种,但都不是脑和脊髓机械损伤所导致的。头皮血管痉挛能引起偏头痛,颅内压增高能引起头痛、恶心等症状,这些来自颅骨和脊椎骨外的因素和颅内的多种因素,以及许多全身性生理因素,都可能引起头痛。

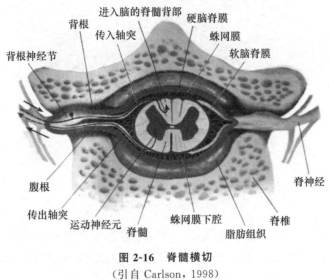

图 2-16 脊髓横切
（引自 Carlson, 1998）

四、神经系统解剖学：周围神经系统

周围神经系统从结构上由脑（颅）神经、脊神经和自主神经三部分组成，从功能上分为感觉神经（或传入神经）、运动神经（或传出神经）和自主神经（或植物神经、内脏传出神经）。

（一）脑（颅）神经

脑（颅）神经是如图 2-17 所示的 12 对神经，它们分别支配头部、面部的感觉运动功能：Ⅰ 嗅神经，Ⅱ 视神经，Ⅲ 动眼神经，Ⅳ 滑车神经，Ⅴ 三叉神经，Ⅵ 展神经，Ⅶ 面神经，Ⅷ 听神经，Ⅸ 舌咽神经，Ⅹ 迷走神经，Ⅺ 副神经，Ⅻ 舌下神经。其中，Ⅲ、Ⅳ、Ⅵ 三对神经与眼球运动有关，Ⅱ 与视觉功能有关，Ⅴ 是头面部的感觉神经，Ⅶ 是面部肌肉运动神经。

[常识与思索 2-3] 牙痛与三叉神经痛的鉴别诊断

某患者每晚牙痛格外严重，以致难以入眠，只好坐在床上背靠着床头，用手掌托着下巴不断地揉着下颌，以便减轻疼痛，结果他的 2、3、4 指的三个指尖不知不觉地也在按摩着自己的眉毛。由于他的工作很重要，白天紧张起来也不觉得牙痛了，所以拖了很久才去医院看牙科医生，心想着拔了牙就会好。医生看到他的牙齿虽有些问题，但不至于牙痛得难以入眠，又看到他的两个眼眉不对称，牙痛侧的眼眉稀薄些。牙科大夫建议他先去神经科检查，是否为三叉神经痛。三叉神经是头面部的感觉神经，分为三支：眶额支、上颌支和下颌支。所以上、下牙疼的痛觉不一定就是牙痛,也有可能是三叉神经炎的结果。两者的鉴别诊断主要是看病程长短和牙齿病变程度。由于三叉神经痛病程较长,病人按揉上、下颌时不自觉地也损伤了眼眉。所以,病侧眼眉稀疏是三叉神经痛的体征之一。

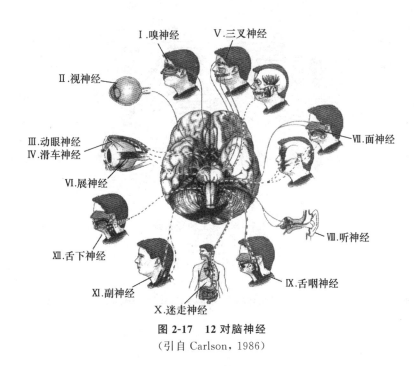

图 2-17　12 对脑神经
（引自 Carlson, 1986）

（二）脊神经

脊神经包含 31 对,分布于躯干和四肢,支配躯干和四肢的感觉与运动功能。发出这些神经的神经元胞体位于脊髓的灰质之中,其中的感觉神经元收集脊髓感觉神经传来的躯干和四肢的各种感觉信息,并向脑内传入这些信息;运动神经元负责把脑的运动指令通过脊髓运动神经下达相应的肌肉,完成运动指令。

（三）自主神经

如图 2-18 所示,在脑、脊神经中都有支配内脏运动的纤维,分布在内脏、心血管和腺体中,称为自主神经或植物神经(autonomic nervous system, ANS),调节着内脏、血管和腺体的功能,维持着机体的生命过程。

根据自主神经中枢部位与形态的特点,将其分为交感神经与副交感神经,它们在功能上相辅相成地发挥作用(图 2-18)。交感神经支配应对紧急情况下的反应,如唤起战斗或逃避危险的准备,心率加速、呼吸急促、肌肉充血、胃肠蠕动减缓等;当危险解除后,副交感神经兴奋,减缓了这些过程。副交感神经维持正常情况下的常规活动,如排出体内的废物,通过瞳孔的收缩与流泪保护视觉系统,持久地保护体内能量。

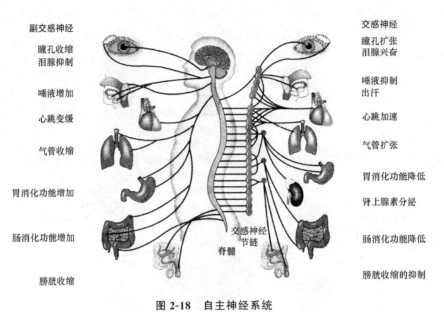

图 2-18　自主神经系统
（引自 Levinthal, 1990）

[常识与思索 2-4]　神经再生与细胞凋亡

　　有一种说法，从生到死，一个人的神经细胞数量只能减少、不能增殖，也不能再生；但又听说有专门研究神经再生的机构或课题，两者是否矛盾？哪个对？

　　两者并不矛盾，都正确！因为前者的主语是"神经细胞"，后者的主语是"神经"，两者是有密切联系的不同实体。神经细胞是由胞体、树突和轴突三部分组成的；神经只是指覆盖上髓鞘的细胞轴突，不包括胞体和树突。除极少数自主神经的胞体之外，神经细胞的胞体和树突都存在于颅腔和脊髓腔内；但是它们的轴突从胞体发出，经很短的始段后，立即覆盖上髓鞘，成为神经纤维；许多神经纤维聚在一起，形成"神经"穿出颅腔和脊髓腔，分布在肌肉、皮肤或感觉器官。所以一般轻微的机械损伤只能伤及神经，伤不到胞体，譬如四肢骨折伤及肢体的感觉或运动神经。受损神经的远段如果完全与近段断开，得不到从胞体传输过来的营养和神经信号，就会慢慢地溃变和坏死。而受损的近段神经，由于还保持着与胞体的连接，就能够再生。

　　一个人的一生，神经细胞数量并不是永恒不变的，从胚胎算起，先经过大起大落的变化；出生后的前20年左右，细胞数量在发育期很稳定；从成年期到老年期，细胞数量逐渐减少，是渐变的年老过程。胚胎期脑细胞数量大起大落是指胎脑在前6～7个月内，神经细胞数量迅速增多，直至成年人脑细胞数的两倍之多。随后在出生前的3～4个月内，胎脑的细胞数迅速下降；在出生时，减少到成年人的数量。这个大起大落的过程说明脑细胞在出生前,经过2选1的优化,才保留了优秀脑细胞,伴随着每个人度过宝贵的发育期。在20~60岁的40年间,脑细胞数以百万量级逐日减少,所以60岁的正常人脑萎缩10%,脑室扩大、沟裂增宽。这种脑细胞凋亡(apoptosis)不同于细胞坏死(necrosis),并不伴有智能衰退。

第二节　神经生理学基础

概括地说,神经系统的功能大体可分为基本功能和高级功能,前者用于维持动物机体生命活动,后者是动物机体实现心理活动的基础。神经生理学侧重于研究神经系统的基本功能,心理学特别是生理心理学侧重研究高级功能。神经生理学理论经历了反射论和信息论两种理论的发展,分别是基于脑整体水平和细胞水平实验研究中得到的数据所概括出来的理论。

一、经典神经生理学的反射论

经典神经生理学通过实验分析的方法证明,脑实现功能的主要形式是由刺激引起的反射活动。

反射活动的脑结构基础是反射弧。反射弧由传入、传出和中枢三个部分组成。

反射活动分为两类,即条件反射和非条件反射。机体的先天本能行为以遗传上确定的反射弧为基础,所以是同一种属共存的种属特异性的非条件反射活动。与此不同,后天习得行为是建立在先天本能行为基础上,由暂时联系的机制形成的条件反射,是在个体经验基础上因个体而异的反射活动。

无论是非条件反射还是条件反射活动,都属于神经系统内的两种神经过程——兴奋过程和抑制过程——活动的结果。抑制过程和兴奋过程都以非条件性和条件性两种方式实现其功能。任一刺激强度过大,不但不会引起兴奋,还会引起抑制,称为超限抑制。当一个人进行某项活动,周围出现异常可怕的刺激时,总会情不自禁地怔一下,停止正在进行的活动,这种现象就是外抑制。简言之,现时活动以外的新异刺激所引起的抑制过程就是外抑制。超限抑制和外抑制都是先天的非条件抑制过程;与此不同,消退抑制、分化抑制、延缓抑制和条件抑制,都是条件抑制过程,是需要个体习得经验才能建立的抑制过程。在神经系统内兴奋和抑制两种神经过程,按照一定的规律发生运动,这就是扩散与集中和相互诱导的运动规律。脑内任何一点出现兴奋或抑制活动,都会迅速向四周扩散开来,然后再相对缓慢地集中回来。某点上出现的神经过程,总会在周围一定距离处诱导出相反的神经过程,这个相反的过程就会限制或妨碍原点的神经过程无限扩散。100多年以前,经典神经生理学家只能靠动物反射活动的外在表现,推断脑内进行着的兴奋或抑制过程。现代电生理学方法可以在头皮外记录不同部位脑的电活动,用以客观测量脑内的生理变化。神经生理学家很早就开始对动物进行细胞电生理学研究,到20世纪四五十年代,形成了细胞神经生理学的基础。

二、细胞神经生理学和神经信息论

如前所述,兴奋与抑制这两种基本神经过程的运动,是神经系统反射活动的基础,利用生理学技术能够记录动作电位或神经冲动的发放,作为兴奋和抑制两种神经过程在细胞水平上的表现。

(一)"全或无"规则或"率编码"

刺激达到一定强度将导致动作电位的产生,神经元的兴奋过程表现为单位发放的神经脉冲频率加快,抑制过程为单位发放频率的降低。无论频率加快还是减慢,同一个神经元的每个脉冲的幅值(高度)不变。换言之,神经元对刺激强度是按照"全或无"的规律进行调频式或数字化编码。这里的"全或无"是指每个神经元都有一个刺激阈值,对阈值以下的刺激不发生反应;对阈值以上的刺激无论其强弱均做出同样幅值的脉冲发放。

(二)级量反应

与神经脉冲不同,还有一类级量反应,其电位的幅值随阈上刺激强度增大而变高,反应频率并不发生变化。突触后电位、感受器电位、神经动作电位或细胞单位发放后的后电位,无论是后兴奋电位还是后超极化电位都是级量反应。在这类反应中,每个级量反应电位幅值缓慢增高后缓慢下降,这一过程可持续几十毫秒,且不能向周围迅速传导出去,只能局限在突触后膜不超过 $1\,\mu m^2$ 的小点上,但能与邻近突触后膜同时或间隔几毫秒相继出现的突触后电位总和起来(时间总和与空间总和)。如果总和超过神经元发放阈值,就会导致这个神经元全部细胞膜去极化,出现整个细胞为一个单位而产生70~110 mV 的短脉冲(不超过1 ms),这就是快速的单位发放,即神经元的动作电位。它可以迅速沿神经元的轴突传递到末梢的突触,经突触的化学传递环节,再引起下一个神经元的突触后电位。所以,神经信息在脑内的传递过程,就是从一个神经元"全或无"的单位发放到下一个神经元突触后电位的级量反应总和后,再出现发放的过程,即"全或无"的变化和"级量反应"不断交替的过程。那么,这一过程的物质基础是什么呢?细胞电生理学家根据这种过程发生在细胞膜上,就断定细胞膜对细胞内外带电离子的选择通透性,是膜电位形成的物质基础。在静息状态下,细胞膜外钠离子(Na^+)浓度较高,细胞膜内钾离子(K^+)浓度较高,这类带电离子因膜内外的浓度差造成了膜内外大约-70~-90 mV 的电位差,称之为静息电位(极化现象)。当这个神经元受到刺激从静息状态变为兴奋状态时,细胞膜首先出现去极化过程,即膜内的负电位迅速消失的过程,然而这种过程往往超过零点,使膜内由负电位变为正电位,这个反转过程称为反极化或超射。所以,一个神经元单位发放的神经脉冲迅速上升部分,是由膜的去极化和反极化连续的变化过程,这时细胞膜外的大量 Na^+ 流入细胞内,将此时的细胞膜称为钠膜;随后细胞膜又选择性地允许细胞内大量 K^+ 流向细胞外,称为钾膜。这就使去极化和反极化电位迅速相继下降,就构成细胞单位发放或神经干上动作电位的下降部分,又称细胞膜复极化过程。细胞的复极化过程也是个矫枉过正的过程,达到兴奋前内负外正的极化电位(-70 mV 的静息电位)后,这个过程仍继续进行,使细胞膜出现了大约 -90 mV 的后超极化电位(AHP)(图 2-19)。后超极化电位是一种抑制性电位,使细胞处于短暂的抑制状态,这就决定了神经元单位发放只能是断续地脉冲,而不可能是连续恒定增高的电变化。

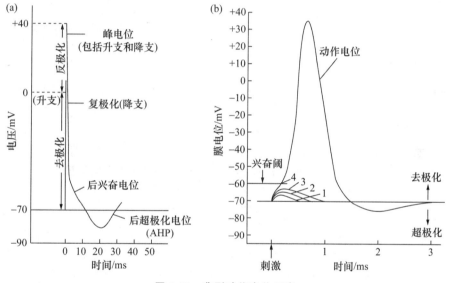

图 2-19 典型动作电位示意
(引自 Carlson, 1998)

综上所述,神经元单位发放或神经干上的动作电位,其脉冲的峰电位上升部分由膜的去极化和反极化过程形成,膜处于钠膜状态;峰电位的下降部分由复极化和后超极化过程形成,此时膜为钾膜状态。虽然在七十余年后的今天,未能推翻这些经典假说,但现代电生理学和分子神经生物学研究表明,神经元单位发放是个机制非常复杂的过程,神经编码(neural encoding)至少有以下会讲到的三种方式,以及十多种调节机制。

(三)细胞电活动的编码及其调节机制

如图 2-20 所示,神经元负载和传递神经信息的电学方式有下列三种:① 率编码(rate encoding),神经元单位发放多数情况下是以脉冲串(spike train)的形式出现,并以其平均频率为指针,作为神经元兴奋性的判断标准,称为率编码。② 对脉冲比编码,有时神经元发放的脉冲串并不总是等高度的脉冲,特别是前两个脉冲的高度相差较明显,称为对脉冲(a pair of pulse),这两个脉冲高度之比被称为对脉冲比(PPR),也就是图2-20(b)中的纵坐标B/A,作为神经元兴奋性水平的指标。根据记录到的发放脉冲串的情况,可选上述两种编码的任一种指标,作为神经元兴奋性的指标。③ 脉冲时间编码(spike-time encoding),是采用发放的神经脉冲串中,两个相邻的脉冲间隔时间的长短,作为神经信息的指标。一般而言,两脉冲间隔时间 δ 少于 10 ms 才能对下一个神经元发放发挥促进作用。

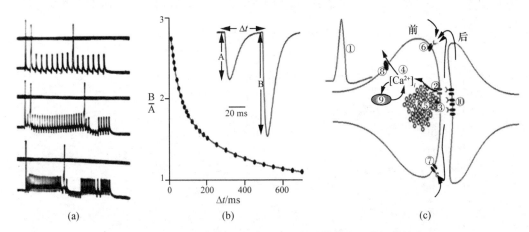

图 2-20　率编码、对脉冲比编码和脉冲时间编码及其调节位点
((a) 引自 Eccles, 1954;(b)(c) 经作者允许,引自 Zucker & Regehr, 2002)

(a)表示强刺激引发的细胞内编码,根据刺激强度不同,其发放频率可表现为 150 Hz、300 Hz 和 450 Hz 的节律发放。粗的水平黑线是静息电位 72 mV。

(b)表示模拟实验中,许多突触诱发出配对脉冲,两个邻近脉冲幅值的比(PPR)是神经信息的表达,图中的 PPR=B/A。Δt 是两个邻近神经脉冲起点间的时间间隔,是进行脉冲时间编码的重要参数,一般设为 10 ms 以下的时间窗进行脉冲计数,即间隔 10 ms 以下的脉冲才有可能有效激发后一个细胞达到其发放阈值的神经信号;$\Delta t > 10$ ms 的脉冲为无效传递的信号。

(c)影响短时程突触可塑性的 10 个调节位点。① 后电位波形(AP),② 钙离子通道激活,③ 为随时触发可释放神经递质的储存池,④ 残留$[Ca^{2+}]_i$,⑤ 储备池,⑥ 促代谢性自感受体,⑦ 促离子自感受体,⑧ Ca^{2+}-ATP 酶,调节残留$[Ca^{2+}]_i$的增加,⑨ 在后紧张电位(PTP)形成中,对残留$[Ca^{2+}]_i$的线粒体调节,⑩ 突触后受体的脱敏。

以上三种细胞电生理学编码的调节机制十分复杂,如图 2-20(c)所示,至少存在 10 个调节位点(Zucker & Regehr, 2002)。

三、脑电活动及其功能意义

脑的电现象可分为自发电活动和诱发电活动两大类,两类脑电活动变化都在大脑直流电位的背景上发生。大脑的前部对后部、两侧对中线都有一恒定的负电位差,约为毫伏数量级,这就是大脑直流电现象。除病理状态,一般在心理活动中,大脑直流电并不发生相应变化,所以对其研究较少。

(一) 脑电图

在大脑直流电背景上的自发交变电变化,经数万倍放大以后所得到的记录曲线,就是通常所说的脑电图(electroencephalogram,EEG)。当人们闭目养神,内心十分平静时记录到的EEG多以8～13次/秒的节律变化为主要成分,故将其称为基本节律或α波。如果您这时突然受到刺激或内心激动起来,则EEG的α波就会立即消失,被14～30次/秒的快波(β波)所取代。这种现象称为α波阻抑或失同步化。这表明此时在脑内出现了兴奋过程。正常人类被试在高度集中注意力或工作记忆活动时,可出现40～140次/秒左右的高频脑电活动,称为γ节律。当安静闭目的被试变得嗜睡或困倦时,α波为主的脑电活动就被4～7次/秒的θ波所取代。当被试陷入深睡时,θ波又可能为1～3次/秒的δ波所取代。这种频率变慢,波幅增高的脑电变化,称为同步化,从β波变为α波的过程亦属同步化;相反,脑电活动低幅、快波的变化被称为失同步化或异步化。从宏观角度看,异步化表明脑内出现了兴奋过程。疲劳、困倦、脑发育不成熟的儿童和某些病理过程均可出现θ波为主的脑电活动。δ波常出现在深睡、药物作用和脑严重疾病状态。近年发现,低于1 Hz的高幅超慢波出现在深睡眠中的前头部,在这个慢波即将消失的回升之后,紧随着的是一组纺锤波,幅值一个比一个高,然后又逐一递降。这是睡眠中新记忆内容转化为长时记忆或记忆巩固的指征。详见本书与睡眠和唤醒水平有关的内容。

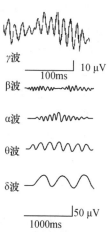

图 2-21　脑电图的基本组成节律

γ节律近年受到较大重视,因为它可能是大脑神经元发放的神经脉冲的总和,与复杂高级功能关系更为密切。Roux 和 Uhlhaas(2014)的综述认为,γ节律振荡代表脑内工作记忆处于活动状态;θ波-γ节律之间的耦合代表对工作记忆内容进行整理和排序;

α波-γ节律之间的耦合代表对与任务无关信息的主动抑制。Buzsáki(2006)认为,θ波起源于海马的锥体细胞,与工作记忆有关。传统理论认为α、β波是脑静息态或警觉状态的指针,由大量脑细胞突触后级量反应的慢电位总和而成,特别是大脑皮层锥体细胞顶树突上的突触后电位总和的结果。此外,当前把自发脑电活动和平均诱发电位分割开来的研究,也带来许多问题。事实上,任何诱发活动都是在自发活动背景上产生和变化的,受刺激瞬间,各导联电活动之间的相位关系必然发生重组,脑电信号发生下面四类与事件相关的反应:事件相关电位、事件相关去同步化、事件相关的同步化和事件相关的相位重组。对刺激重复呈现所引起的这四类脑电变化及其蕴含的脑功能意义,近年已经有了新认识。概括地说,由于对脑细胞类型及其分层分布的研究表明,大脑皮层的6层水平分布带来大脑神经振荡(neural oscillations),每层细胞都有自己的特异振荡频率,各层之间相互影响。现已初步认识,神经振荡是脑功能的重要编码基础,已知选择注意、知觉特征绑定和记忆,以及睡眠和觉醒等许多心理活动都与神经振荡编码有关,本书的有关章节将会具体讨论之。

(二) 平均诱发电位

20世纪60年代以后,在计算机叠加和平均技术基础上,对大脑诱发电位变化进行了大量的研究。这种大脑平均诱发电位(average evoked potential,AEP)是一组复合波(图2-22)。刺激后10 ms之内出现的一组波称为早成分,代表接受刺激的感觉器官发出的神经冲动沿通路传导的过程;10~50 ms的一组称为中成分;50 ms以后的一组波称为晚成分。根据每种成分出现的潜伏期不同,对早成分用罗马数字标定,分别命名为Ⅰ波、Ⅱ波等;对中成分除按出现的时间顺序以及波峰极性,分别命名为N0、Na、Nb,或Pa、Pb波等。按电位变化的方向性和潜伏期对晚成分进行命名,例如,潜伏期50~150 ms出现的正向波称为P100波,简称P1波;潜伏期150~250 ms出现的负向波称为N200波,简称N2波;潜伏期250~500 ms出现的正向波称为P300波,简称P3波。晚成分变化与心理活动的关系是当代心理生理学的热门研究课题。迄今,晚成分的每个波在脑内的起源仍不明了,因此脑平均诱发电位虽比自发电活动更能反映出心理活动中脑功能的瞬间变化,但对于真正揭露心理活动的机制来说,仍是十分粗糙的技术。与此相对应的是精细的细胞生理学研究。

四、脑功能的神经生物学基础

神经生物学是20世纪中、晚期迅速发展起来的研究领域,它综合了脑组织化学、免疫组织化学、神经生物化学和神经生物物理学的研究成果,从细胞和分子水平上揭示神经信息传递和神经组织能量代谢的许多复杂机制,为人类探索大脑奥秘打开一扇大门。

(一) 神经信息传递的生物化学机制

神经元单位发放所形成的神经冲动,沿轴突迅速传递,随轴突分支到达神经末梢之时,无法以电学机制超越20~50 nm的突触间隙,将神经冲动传到突触后膜。所以,神

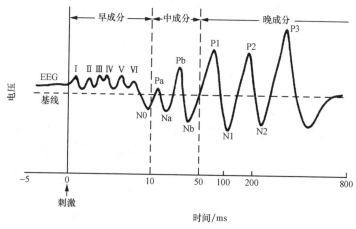

图 2-22　平均诱发电位组成波示意
（引自 Hillyard & Kutas, 1983）

经信息从一个神经元向另一个神经元传递时,突触的化学传递机制是必不可少的。这种机制涉及几十种分子量大小不一的生物活性物质,分别称为神经递质、神经调质、受体、通道蛋白、细胞内信使和逆信使。凡是神经细胞间神经信息传递所中介的化学物质,统称神经递质（neurotransmitter）。神经递质大都是分子量较小的简单分子,包括胆碱类、单胺类、氨基酸类和多肽类等三十多种物质。根据其生理功能可分为兴奋性和抑制性神经递质。神经递质大多在神经元胞体内合成,沿细胞内的微管和微丝滚动式传输到神经末梢,存储在末梢内的一些囊泡中。当神经冲动传至末梢时,引起膜的去极化并伴随大量 Na^+ 和 Ca^{2+} 流入末梢内,促使存储神经递质的囊泡膜与突触前膜融合,随后裂开,将囊泡内的大量神经递质释放到突触间隙。被释放到突触间隙的神经递质有四种不同的命运。绝大多数分子在突触间隙中扩散到突触后膜上,与后膜上的受体结合,完成神经信息在细胞间的传递过程；一小部分神经递质被释放到突触间隙后,还来不及扩散出去,就又被突触前膜重新摄取到神经末梢内,即被再摄取；还有的神经递质在突触间隙内被降解成其他更小的分子；更有一些神经递质在突触间隙内,并不直接扩散到突触后膜,而是向周围比突触间隙距离更大的位点扩散,与那些细胞膜上的受体结合,调节神经元对神经递质合成和释放的速率,发挥神经调质（neuromodulator）的作用。神经调质并不直接传递神经信息,而是调节神经信息传递过程的效率和速率,其发生作用的距离比神经递质大,但其化学组成和结构可能与同类神经递质相同（如多巴胺）,也可能与神经递质完全不同（如多肽）。神经递质的生物合成、传输、存储、释放、结合、再摄取、降解、调节等过程,构成了神经信息在神经元之间传递的复杂机制。许多神经、精神药物作用于这一过程的不同环节。近年发现,神经信息在细胞间传递过程中,除了这类参与从突触前膜向突触后膜传递信息的神经递质与受体结合外,由突触后释放一种更小的分子,迅速逆向扩散到突触前膜,调节化学传递的过程。将这类小分子物质称为逆信使(reversed messenger),已知的逆信使有腺苷(adenosine)、一氧化氮(NO)和一氧化碳(CO)。由此可知,神经细胞间信息传递的化学机制是十分精细的,但与之相比,在突触后细胞内发生的信息传导机制更为复杂,包括受体结合、细胞内信使传递和离子通道蛋白分子的变构等许多环节。受体是细胞膜上的特殊蛋白分子,可以识别和选择性地与某些物质发生特异性结合反应,产生相应的生物效应。能与受体蛋白结合的物质,如神经递质、神经调质、激素和药物等,统称为受体的配基或配体。受体蛋白大都是分子量很大的生物大分子,长长的肽链多次折叠并横跨在细胞膜内外,在细胞质和细胞间液中浮动着。根据组成、结构和生物效应不同,又可将一些大分子受体蛋白分成几个亚基。所以说,受体蛋白分子是由几个亚基组成的生物信息大分子。受体最早是药理学研究中的概念,20世纪60~70年代研究神经信息化学传递机制和激素调节机制时,赋予受体概念新的含义,并在20世纪70~80年代利用生物化学方法分离出受体蛋白,并搞清其化学结构。最初,按与受体选择性结合的配体对受体加以分类和命名,如单胺类受体、胆碱类受体、氨基酸类受体、肽类受体、激素受体和药物受体等。1987年以后,逐渐将受体按其发生的生物效应机制和作用加以分类,如G蛋白偶联受体家族、配体门控受体、电压门控受体和自感受体等。

  G蛋白偶联受体家族包括许多种受体,这些受体发挥生理效应,除需特异的神经递质与其结合外,还必须有一类靠鸟苷三磷酸(GTP)的存在才有活性的蛋白分子(即G蛋白),才能引发细胞内的信息传递过程,产生大量第二信使(如cAMP、cGMP、IP_3、dG、Ca^{2+}或钙调蛋白等),再由这些第二信使激发第三信使(如蛋白激酶A、蛋白激酶C、蛋白激酶K和蛋白激酶G等)。最后由第三信使激发离子通道蛋白磷酸化,改变通道蛋白分子的构象,启闭Ca^{2+}、K^+、Cl^-等离子通道,造成突触后膜的突触后电位,最终这些突触后电位总和起来,导致该神经元细胞膜去极化,达到单位发放的兴奋状态,完成细胞内信息传递的使命。

  综上所述,神经元之间信息传递的化学机制,可分为两大阶段,一是靠小分子的神经递质、神经调质和逆信使的参与而完成细胞间的传递,二是由G蛋白偶联受体激活到离子通道蛋白磷酸化的细胞内信号转导系统。后一过程由几十种化学物质参与,除一些酶和辅酶外,第二、三信使(统称细胞内信使)最重要。更简要地说,神经细胞之间的信息传递,主要中介于神经递质、细胞内信使来完成。在细胞内信号转导系统中,蛋白激酶是由多个亚基组成的,其中两个激活亚基可以进入细胞核内,激活基因调节蛋白、促发基因表达,这是长时记忆形成的重要环节。

  神经细胞间信息传递的化学机制并非总是如此复杂,当那些电压门控受体与神经递质结合时,就会直接导致突触后膜的去极化,产生突触后电位。这是由于这类电压门控受体蛋白分子本身又是离子通道蛋白,所以受体结合过程发生蛋白分子变构作用,就会启闭离子通道,无须通过细胞内复杂的传递机制。由此可见,脑内信息传递的化学机制具有多样性、精细性的特点。某些信息可简单而高速地快传递；某些信息则要一丝不苟地精细查对后，才能进行的慢传递。此外，神经细胞间的信息传递既有沿神经通路方向的正向传递信使，也有按逆向传递的逆信使。脑内生成的一氧化氮分子就是高效逆信使，使信息的化学传递过程高效而适度。神经信息传递的电学机制和化学机制都是如此复杂而精细，必须耗费许多生物能。分子神经生物学在过去的几十年已积累了许多科学事实，充分说明脑区域性能量代谢与神经信息加工过程是相辅相成、密不可分的。

（二）膜片钳技术与离子通道

20世纪70年代末到80年代迅速发展起来的膜片钳（patch clamp）电生理学技术，可以用来精细地记录每种单一带电离子通过细胞膜，引起膜电流的微小变化（大体以皮安级变化，即 10^{-12} A 的数量级）。根据多种离子通过膜的电流变化值计算，发现细胞膜上存在着十多种离子通道门，有快速启闭的，有缓慢启闭的，有电压敏感而启闭的门，也有化学物质敏感而启闭的门，有二态、三态门……不一而足，十分复杂。电生理学上的这些发现与分子神经生物学的发现彼此验证，证明细胞膜上多种离子通道都是由结构形态和功能各异的蛋白大分子组成，称为离子通道蛋白。由此可见，神经生理学知识与神经生物化学知识是彼此关联的。

（三）脑能量代谢

虽然脑质量约占全身重的2%，但其耗氧量与耗能量却占全身的20%，而且99%的能源代谢底物为葡萄糖，又不像肝脏、肌肉等其他组织那样，脑本身不具糖原储备，主要靠血液供应葡萄糖。所以，脑对缺氧和血流量不足十分敏感，可见脑功能与脑能量代谢有着密切的关系。然而，脑能量代谢与心理活动的关系，仅仅是在20世纪80年代利用脑区域性代谢率测定技术，对心理活动过程中脑各区代谢率分别测定之后，才发现它是人类认知活动中脑功能变化的灵敏指标。最初，利用 PET 和放射性[18]F-脱氧葡萄糖方法，可以对正常人脑区域性葡萄糖吸收率，进行无损伤性连续测定。20世纪90年代，基于 BOLD 信号测定的 fMRI 技术问世，迅速成为主要的无创性脑成像研究手段，使脑代谢中的血氧水平成为脑功能活动的重要指针。21世纪初，利用静息态人脑 BOLD 信号的自发波动现象进行研究，形成了一个新领域，即 R-fMRI。

第三节　分子生物学基础

围绕脑内遗传信息传递问题，形成了神经分子遗传学和神经分子进化论两个分支学科。前者从分子遗传学的基本概念出发，阐明脑功能中一些特殊蛋白质生物合成的基因调控机制；后者基于达尔文进化论的思想，比较研究神经系统结构与功能进化的分子生物学基础，特别注重阐明脑特殊蛋白质和生物活性分子结构与功能的演化过程。进一步发展，形成了行为遗传学、脑影像行为遗传学的新领域，甚至"大脑类器官"的新领域。为理解这些分支学科的发展，认识遗传信息和神经信息相互作用的意义，我们首先介绍蛋白质、核酸及其与脑功能的关系。

一、蛋白质、核酸与脑的高级功能

蛋白质是脑的主要组成物质，它的合成代谢受核酸的控制与调节。核酸是遗传的物质基础，也是蛋白质合成的模板。蛋白质和核酸都是心理活动的物质基础。研究表明，在某些认知活动中，蛋白质和核酸的代谢非常活跃，因此讨论认知活动和脑功能的分子生物学基础时，首先应了解脑蛋白质和核酸的基本知识。

（一）脑蛋白质

脑蛋白质是神经组织的主要组成成分，随脑解剖部位和发育的不同阶段，其所占的质量百分比而异。大脑皮层灰质所含蛋白质最高占51%，坐骨神经的蛋白质仅占29%。脑内有许多特殊蛋白质，具有特殊结构和功能意义。如S100酸性蛋白与基本神经过程的传递和代谢物质传输有关；钙调蛋白在神经信息传递中，与第二信使功能调节有关；纤维状蛋白质是神经元内微管和微丝的主要构成成分，与神经递质的传输有关；髓鞘蛋白质是神经纤维髓鞘的重要组成成分，与神经冲动传导功能有关。

脑蛋白质不断进行着合成与分解代谢，其代谢率相当高，脑蛋白质转换的速度，经测定，半衰期为$13.7±4.1$天，也就是说，几乎平均每个月，脑内的蛋白质都会更新一次。当然，蛋白质转换速率并不相同，依其化学结构和所在的脑解剖部位不同而异。大脑和小脑中的蛋白质转换速率最快，脊髓和外周神经的蛋白质转换速率较低。此外，基本神经过程对脑蛋白质代谢率也有一定影响。兴奋过程可以加速脑蛋白质的转换率；抑制过程减慢脑蛋白质的转换率。就神经细胞的超显微结构而言，神经细胞特有的核外染色体——尼氏体，对脑蛋白质的转换有重要意义。

蛋白质分解代谢的基本过程是肽链经水解酶作用而断裂，由蛋白分子变为肽和氨基酸，可以发挥一定生理作用，也可能被转化为糖类参与脑的能量代谢过程，还可能再为脑利用，合成新的蛋白质。脑蛋白质的合成过程较为复杂，必须在核酸的参与下，以脱氧核糖核酸（DNA）为模板，合成核糖核酸（RNA），再在 RNA 参与下合成新的蛋白质。

（二）核酸

核酸由五碳糖、磷酸，以及嘌呤碱和嘧啶碱组成，可分成两类，即 DNA 和 RNA。DNA分布于神经元细胞核内，是遗传的分子基础；RNA存在于细胞质内，对细胞蛋白质的合成和信息传递发生决定性作用。

DNA的分子结构是由多脱氧核苷酸链组成的双螺旋体。每个脱氧核苷酸都是由脱氧核糖、磷酸、嘌呤或嘧啶碱组成的。组成 DNA 的嘌呤和嘧啶碱有 4 种，所以形成了 4 种主要的脱氧核苷酸：鸟嘌呤脱氧核苷酸（G）、胞嘧啶脱氧核苷酸（C）、腺嘌呤脱氧核苷酸（A）、胸腺嘧啶脱氧核苷酸（T）。4 种碱基形成的 4 种脱氧核苷酸以磷酸-脱氧核糖作为骨架,靠其碱基之间的氢键连成方向相反的两条长链,围绕着同一轴心,形成向右旋转的双螺旋。右旋 DNA 根据其与水结合的差异,又可分为 A-DNA 和 B-DNA。在右旋 DNA 的结构中,每 10 对脱氧核苷酸构成螺旋的一周,螺旋距为 34 Å(1 Å 等于 10^{-10} m)。

在双螺旋结构中,鸟嘌呤和胞嘧啶之间形成了 3 个氢键(G≡C)。腺嘌呤和胸腺嘧啶之间形成 2 个氢键(A=T)。4 种脱氧核苷酸在 DNA 分子的螺旋结构中的排列顺序就是遗传密码,如 TAGA、TGAT 等。DNA 在细胞内多与组蛋白结合成脱氧核糖核蛋白(DNP),以核蛋白的形式存在。DNP 主要存在于细胞核,是核仁与核染色体的主要成分。核染色体在细胞有丝分裂中发生复杂变化,DNA 携带着遗传密码,而遗传密码的转录和翻译决定着蛋白质的结构与特性,从而影响着机体代谢的主要方面。核仁 DNA 是蛋白质合成的密码模板,控制着蛋白质的合成。

RNA 的分子结构与 DNA 相似,是由 4 种核糖核苷酸组成的长链状分子。其结构的差异在于,RNA 分子中的核糖的第二位碳原子上比 DNA 上的五碳糖多一个氧原子,所以后者称为脱氧核糖。RNA 和 DNA 的结构的另一个不同之处是其中的一种碱基不同。RNA 分子中没有胸腺嘧啶(T),取代它的是尿嘧啶(U)。在脑内,RNA 的四种核糖核苷酸中,鸟嘌呤核苷酸(G)的含量最高,是脑内 RNA 与其他器官 RNA 的不同之所在。

RNA 主要分布在神经元的粗面内质网与尼氏体中。细胞质与细胞核内也存在 RNA。根据化学结构、分布和生物功能,又可将 RNA 分为 3 种:核糖体 RNA(rRNA)、信使 RNA(mRNA)和转移 RNA(tRNA)。rRNA 占 RNA 总量的 80%,主要分布在细胞质的粗面内质网上。高等动物的细胞核和细胞质的线粒体内也存在少量 rRNA。rRNA 主要是在核仁内合成的,其合成速度较慢,大约 3 天才能完成。每周都有新合成的 rRNA 取代原来的 rRNA。核糖体是蛋白质合成的舞台,细胞内蛋白质的合成都是在核糖体参与下进行的。mRNA 是指导蛋白质合成的模板,遗传信息保存在核苷酸序列中,每三个碱基组成一个密码子,故又称为三联体密码;4 种碱基不同的排列顺序决定了合成蛋白质时氨基酸的排列顺序。mRNA 代谢速度较快,有人推断,mRNA 可能参与学习和记忆等心理活动。tRNA 在蛋白质合成中是活性氨基酸的载体,它存在两个功能部位,一种是存在特征性反密码子环,这里的 3 个相邻的单核苷酸组成的反密码子与 mRNA 的三联体密码配对。反密码子决定了 tRNA 的专一性。另一种功能部位称为氨基酸臂。在这里,tRNA 与活性氨基酸相连接。由此,把氨基酸转移到核糖体进行蛋白质的合成。

(三)蛋白质合成的主要途径

氨基酸是蛋白质合成的主要原料,人类从食物中摄取的氨基酸有 20 种。氨基酸合成蛋白质时,必须由三磷酸腺苷(ATP)提供能量,在专一氨基酸激活酶的作用下变成活性氨基酸,再与 tRNA 氨基酸祥部位结合,形成氨酰 tRNA。每种氨基酸都有专一的激活酶,每种活性氨基酸和 tRNA 的结合也都有严格的对应关系。它们之间如何相互识别,至今尚不十分明确。以下列反应式简单概括这一过程:

$$氨基酸 + ATP + tRNA \longrightarrow 氨酰\ tRNA + AMP + 磷酸$$

这是合成蛋白质的准备阶段,tRNA 作为氨基酸的载体发挥作用。

蛋白质合成的真正开端是作为合成蛋白质的模板的 mRNA 结合到核糖体上,随即以 mRNA 的三联密码与氨基酸的载体 tRNA 的密码相结合,这样就把活性氨基酸依次拉到核糖体上,不断延长肽链。肽链的延长过程中把已形成肽链末端的羧基与下一个 tRNA 所携带的氨基酸的氨基形成肽链,以肽酰 tRNA 的形式结合在 rRNA 上。这一过程必须在特殊的肽链延长因子参与下才能完成。肽酰 tRNA 移位,新的氨酰 tRNA 进入核糖体中开始新的肽链合成,就这样使已合成的肽链向前移动,当肽链延长到 mRNA 的终止密码子时,肽酰 tRNA 水解,多肽完全从核糖体上解离下来,完成了合成过程,RNA 与 mRNA 也分离开。蛋白质合成过程,需要多种酶的参与和能量供应。氨基酸激活的能量由 ATP 提供,而合成开始,肽链延长和终止必须有相应的特殊因子参与下,由三磷酸鸟苷(GTP)供给能量才能完成。

mRNA 上的蛋白质合成密码是以细胞核染色体 DNA 为模板转录的,RNA 则是以核仁 DNA 为模板合成的。所以,在一定条件下,DNA 的复制和 RNA 转录的模板,在遗传和蛋白质合成中起决定性作用。

(四) 蛋白质、核酸在脑高级功能中作用

神经元间的突触在某些心理活动中也发生不断的变化,形成新的神经网络。因而,作为突触的物质基础——蛋白质的合成代谢非常活跃。研究发现,放射性磷(^{32}P)标记的氨基酸,在动物建立条件反射的过程中,大量进入脑内突触的磷酸蛋白中。在脑内 RNA 中,各氨基酸和多肽的排列顺序异常多,大约 19.2 万种变换。Kandel(2001)的综述也指出,肝内 RNA 分子结构的排列顺序 1 万～2 万种,脑内至少是此数的 4 倍,而且脑内发生作用的 mRNA 通常是其他器官所不具备的。例如,其他器官合成蛋白质的密码 mRNA 几乎总是 poly[A]$^+$-mRNA,脑内蛋白质合成时,多数 mRNA 不是 poly(A)$^+$ 的尾部游离基,而是 poly[A]$^-$-mRNA。进一步研究发现,poly[A]$^-$-mRNA 并不是生来就占多数,而是在出生后的生活环境影响下,在个体发育过程中逐渐增多的。这自然使人想到 poly[A]$^-$-mRNA 负责合成的多种蛋白质,可能与复杂的行为有关。E. R. Kandel 还指出,在如此多的 DNA 分子排列顺序中,大约 30% 是脑所特有的。脑在核酸和蛋白质合成方面还有更特殊的机制,如 mRNA 变换的处理机制;蛋白质前体变换的处理机制;蛋白质某些共价变换机制,包括磷酸化、甲基化、糖基化(glycosylation)。由于这些机制使脑内蛋白质和多肽种类增多,使神经信息传递得更准确、更精细。神经分子遗传学正是从遗传学角度试图阐明脑内蛋白质合成基因调控的根本机制。

二、神经组织的基因编码遗传和非编码的表观遗传

神经组织的结构与功能特性同构以两种遗传机制传递给下一代,一是基因编码遗传,主要通过有性繁殖的细胞有丝分裂过程实现性状遗传;二是成年人后天习得的行为模式或疾病易感性素质还通过非编码的表观遗传机制加以实现。

(一) 基因编码遗传

分子神经遗传学研究基因控制的神经生物学过程,包括发育过程中神经元数量的基因调控、突触形成的调控、各类神经递质合成过程的调控、受体蛋白和离子通道蛋白生物合成的基因调控。这些蛋白分子生物合成所制约的神经元、突触形态及其神经信息传递功能,都由种属特异性的遗传基因调控机制所决定。这个机制大体由五个分子遗传学环节组成:基因组控制、转录控制、转录后修饰、翻译控制和翻译后修饰。分子遗传学研究分别在原核细胞(prokaryocyte)和真核细胞(eukaryocyte)中展开。细菌、蓝绿菌都是原核生物。通过对大肠杆菌的透彻研究,已经阐明了原核细胞基因表达的调控机制。对真核生物基因表达的调控机制也通过对模式生物的研究取得诸多进展。两种生物体遗传信息传递方式有所不同,原核生物遗传基因重组以无性繁殖,如接合、转化等方式进行;真核生物遗传基因重组在有丝分裂和减数分裂中进行。

1. 基因组控制

基因组控制(genomic control)即 DNA 排列顺序的控制,主要发生在胚胎期或发育早期。理论上遗传基因可能发生信息放大或丢失的变化,但实际发现的基因组控制方式主要为扩增作用。例如,受精卵发育的早期,需要合成大量蛋白质,其基因组将信息放大 4000 多倍,以保证形成足够量的核糖体用以合成蛋白质。

2. 转录控制

转录控制(transcriptional control)指由 DNA 模板转录为 mRNA 过程的控制,无论对原核细胞还是真核细胞,它都是遗传信息调控的主要环节。一个机体内不同器官的细胞有不同的转导调控方式。由于脑是机体各器官中细胞与组织分化最复杂的部位,脑内含有多种神经细胞和胶质细胞,所以脑内的转录方式是其他器官的 3～5 倍。利用原核细胞做实验材料,对转录控制过程了解得较为详细。细菌 DNA 分子有 4 段转录功能不同的位点,即调节基因(regulatory gene)、启动子(promotor)、操纵序列(operator sequence)和结构基因(structural gene)。真核细胞的生物体遗传基因比原核基因更为复杂。在不同条件下,染色体基因调控发生不同变化,某一段 DNA 会变为控制转录的关键位点。神经分子遗传研究发现,神经细胞膜上的离子通道蛋白基因组含有不止一段启动子序列。脑内不同区神经细胞的通道蛋白基因启动子序列的数量和分布有很大差异。因此,脑遗传信息表达过程中,从 DNA 模板转录为 mRNA 的过程有很多方式。

3. 转录后修饰

对脑和脊髓中的重要神经递质 P 物质的生物合成中，转录后修饰（post-transcriptional control）机制研究得较为清楚。合成 P 物质的基因称为前速激肽原（preprotachykinin, PPT）基因，以这一基因为模板，转录出两种 mRNA，即 α-PPTmRNA 和 β-PPTmRNA。α-PPTmRNA 可以合成 P 物质（11 肽），β-PPTmRNA 则合成一种多肽，再剪裁为两段短肽分别是 P 物质和 K 物质。β-PPTmRNA 的功能就是通过转录后修饰环节才形成了 P 物质。转录后修饰的意义，在神经系统的降钙素（calcitonin）和降钙素基因相关肽（calcitonin-generelated peptide, CGRP）的合成中看得更清楚。这两种多肽由共同的基因控制而合成。这种基因由 6 个外显子和 5 个内含子相间的顺序排列，经转录为 mRNA 以后，分别在甲状腺、垂体和神经细胞内发生不同的转录后修饰，结果就导致两种神经肽的出现，即 CGRP 和降钙素，可见转录后修饰机制在神经系统中具有重要意义。

4. 翻译控制

将遗传信息由 mRNA 翻译成多肽链的过程称为翻译。这一过程的复杂性不仅在于必须有 3 种核糖核酸，即 mRNA、rRNA、tRNA 的参与，还必须有大量的启动因子、延伸因子、终止因子的参与。翻译控制（translational control）可发生在任何环节上。在神经细胞内，许多蛋白质或多肽的合成受控于第二信使。第二信使激发第三信使蛋白激酶促使蛋白磷酸化。这一细胞内的信息传递过程，既是神经信息传递的基本机制，也是蛋白合成的遗传信息传递过程的机制。例如，球蛋白的合成正是通过细胞内信使的作用，激活其 mRNA 翻译的启动因子，才启动其合成过程的。

5. 翻译后修饰

翻译过程中根据 mRNA 遗传信息而合成的蛋白质或多肽，必须经过一定的剪裁和修饰，才能成为具有特定生物活性的蛋白质或多肽分子，这一过程就是翻译后修饰（post-translational control）。人胰岛素基因在翻译过程中形成 110 个氨基酸残基的多肽链，称为前胰岛素原（preproinsulin），其 N 端有 24 个氨基酸残基组成的信号肽，信号肽引导前胰岛素原多肽链穿过粗面内质网膜，完成穿膜过程后，信号肽被切除。使 110 个氨基酸的肽链变成 86 个氨基酸肽链，称为胰岛素原（proinsulin）。胰岛素原由于二硫链作用折叠成较稳定的分子构型，再经蛋白酶作用剪裁掉 35 个氨基酸残基，并形成由二硫链连接的两个短的肽链，最终形成双链结构由 51 个氨基酸组成的胰岛素。由此可见，从 110 肽的前胰岛素原到 51 肽的胰岛素，经历了复杂的翻译后修饰过程。在分子遗传神经科学研究中，发现了神经肽的形成要经过较多的复杂多变的翻译后修饰过程。在 mRNA 遗传信息的翻译过程中，形成了两个常见的脑啡肽前体，即前脑啡肽原 A 和 B。前脑啡肽原 A（preproenkephalin A）含有 6 个甲硫氨酸脑啡肽（met-enkephalin）和一个亮氨酸脑啡肽（leu-enkephalin）；前脑啡肽原 B（preproenkephalin B）仅含 3 个亮氨酸脑啡肽，在翻译后修饰过程中，由翻译后修饰酶作用下经两次剪裁后，最终生成有生物活性的脑啡肽。内啡肽合成中的翻译后修饰更为复杂，这是由于 mRNA 中所形成的前阿黑皮素原(pro-opiomelanocortin, POMC)是较长的大肽链(265 个氨基酸分子)。翻译后修饰不仅使 POMC 生成 α-内啡肽、β-内啡肽，还能生成几种脑下垂体激素，如促肾上皮质激素(ACTH)、α-促黑素(α-MSH)和 β-促黑素(β-MSH)。

我们从上述遗传基因表达的五个环节中不难看出，神经系统的遗传基因表达过程较为复杂，这正是神经细胞多样化、神经系统功能复杂性的分子遗传学基础之所在。

(二) 非编码的表观遗传机制

近年来，遗传学界已经达成共识，生命世代交替的遗传机制存在染色体内基因编码和非编码两大方式。早在 70 多年前，非编码的表观遗传(epigenetic)概念，就已出现在遗传学和胚胎学的交叉研究领域；2010 年以来，关于表观基因组(epigenome)的研究成果迅速扩展，得到普遍重视(Holliday, 2012)。表观遗传是通过除 DNA 以外的其他遗传方式，又称为非编码遗传机制，包括 DNA 甲基化和去甲基化、组蛋白修饰、RNA(miRNA)或非编码 RNA(ncRNA)的翻译后剪裁和修饰、染色质重塑、细胞多能性的维持等。这些分子生物学的术语可能很难理解，为此，我们在这里做一通俗的解释，虽然可能不是很准确，但却易于理解。基因是由 4 种核苷酸按序排列所形成的，其中由 4 种碱基形成的遗传密码能传递遗传信息，且以必须翻译出来为前提。现在所说的表观遗传或非编码遗传机制，就是在基因密码翻译之后的环节上影响生物遗传的机制。DNA 分子以双螺旋方式缠绕在组蛋白上，所以组蛋白修饰得不好，本来应该表面光滑，却凸起个"瘤子"。这个"瘤子"妨碍了 DNA 密码的读出，该基因虽然还在，但读不出来，失效了。除了组蛋白修饰，其他几项也可做类似的通俗理解。

表观遗传的形式不稳定，而基于 DNA 编码遗传机制很稳定；表观遗传易受环境因素的影响，而基于 DNA 编码遗传机制一般不受环境影响；表观遗传在正常条件下就可引出逆转录或重塑，而基于 DNA 编码遗传机制需通过有丝分裂和减数分裂对遗传信息进行不变性传递(Golbabapour et al., 2014)。因此，就人类生存环境对行为模式的影响而言，表观遗传机制可能更重要。例如，反社会人格者的脑结构和功能网络制约于早期生活经验，改变表观遗传标记，并在随后影响基因转录，影响脑结构、功能和行为模式(Anderson & Kiehl, 2012)。社会文化氛围和童年期受到情感忽视等环境因素，在人格偏离中具有重要调节作用(Loth et al., 2011)。物质滥用涉及大脑的长期变化，导致强迫性物质渴求和高复发率。近些年的研究发现，染色体的表观遗传在毒瘾和行为瘾形成中具有重要作用(Nogueira et al., 2019)。

(三) 表观遗传的实现途径

1. DNA 甲基化

DNA 分子在 DNA 甲基化酶(DNA methylase)的作用下，通常在其分子组成中的胞嘧啶上添加一个甲基，从而变成含有 5-甲基胞嘧啶的甲基化基因，失去表达遗传信息的活性，成为沉默基因或印记基因。有报道称，母源印记基因主要影响胎脑发育，父源印记基因主要影响成年脑内的大脑皮层(特别是内侧前额叶和下丘脑的发育)。双亲印记基因表达效应是 X 染色体相连的表观遗传(Gregg et al.,2010)。

2. 组蛋白修饰

组蛋白通过修饰实现对 DNA 表达的调控和特殊蛋白质修饰作用。组蛋白在不同残基上遭到多种类型翻译后修饰,主要有甲基化、磷酸化、乙酰化和泛素化。这些修饰影响着其作为染色质的标记、标志和书签的功能,及其分子生物物理特性(Wang et al.,2013)。甲基化常发生在组蛋白分子的赖氨酸残基(K9),可能有单甲基(me)、双甲基(me2)或三甲基(me3),例如,H3K9me2 或 H3K9me3。在果蝇的卵子生成、精子生成和生殖干细胞维持中,组蛋白甲基化酶都十分重要。而且甲基化组蛋白(H3K9)的去甲基化酶(JMJD1A)在精子生成和代谢的基因激活中具有重要作用,缺乏这种酶的小白鼠发生雄性向雌性翻转,并且 JMJD1A 具有调节 SRY 基因(Y 染色体性别决定区)表达的作用,说明组蛋白甲基化这种表观遗传机制在哺乳动物的性别决定中具有重要作用。磷酸化经常发生在组蛋白的丝氨酸残基,即 H3S10ph,多发生在细胞有丝分裂过程中,与能量变化密切相关。乙酰化发生在主动转录区,例如 H3K14ac,可精细激活启动子。泛素化常发生在赖氨酸残基,特别是 H2AK119ub 和 H2BK120ub,H2A 的泛素化与染色体核小体及染色质的维持有关。

3. 非编码 RNA 对翻译后蛋白质的剪裁和修饰

通过非编码 RNA 对翻译后蛋白质进行剪裁和修饰。例如,近年发现在胎生或袋生哺乳动物中,非编码 RNA 在染色体失活机制中发挥辅助作用,以防止 DNA 甲基化过度。在减数分裂中的表观遗传调节具有性特异性,雌、雄种系差异的路径,需要 miRNA 作为其重要的转录后表观调节因子。

4. 染色质重塑和细胞多能性

染色质重塑和细胞多能性主要发生在胚胎期有丝分裂和减数分裂过程中,通过染色质中 DNA、组蛋白和 RNA 之间结构与功能关系,变换出新模式。在受精后数天内,单能性配子基因组被快速重新程序化,以便支持多能性胚胎细胞的生成。此时,染色质快速发生多层次变化,例如核内转位成分(TEs)促进基因转录过程的洗牌,通过重新程序化,改变基因调节网络。

综上所述,外部环境,包括自然、社会、文化的影响,通过表观遗传和脑内的奖励/强化系统发挥作用,其分子生物学基础是神经信号和遗传信号的交流。神经内分泌系统、应激反应系统和免疫系统对两类信号的交流,都发挥精细调节作用,它们与表观基因组的关系及其重要性,还有待进一步发掘。

(四) 表观遗传信号与神经信号的交流

遗传信号在生物物种内世代传递,维持种系的延续和稳定发展。遗传过程的分子生物学机制存在于细胞核与细胞质之间遗传密码的转录和翻译过程中,其与外部的信息交流靠表观遗传机制的辅助作用和与神经信号的交流。人的行为和生活经历都是遗传信号由社会、家庭、个人状况和情感经历等因素,通过脑内的奖励/强化系统,获得了某种行为模式。其发生作用的内在生物学机制或根源是遗传信号与神经信号的交流、脑内的奖励/强化系统和表观遗传机制的融合。人的每种行为和生活经历都是遗传信号和神经信号不断交流的过程,行为瘾的形成也不例外。神经信号和遗传信号的交流点,在分子水平上位于 DNA 的转录过程;在器官水平上,与意识和无意识行为相关的脑结构中实现层次性的交流。神经信号是由神经细胞接受外部刺激时所产生的神经冲动,并沿轴突(神经纤维)向神经末梢传递。神经末梢释放神经递质,通过突触间隙与突触后膜上的受体结合,激发细胞内信号转导系统,从而导致蛋白激酶释放其含高能键的激活亚单位进入细胞核,激活核内的基因调节蛋白(如 CREB),启动基因表达,合成蛋白质。由新合成的蛋白质固化神经信息,是长时记忆形成的分子生物学基础。在细胞生物学水平上,这些固化记忆的蛋白质积聚在神经细胞表面上,形成棘突,为新突触的产生创造了条件。这个过程始于外部刺激引发的突触兴奋性改变,止于新突触形成,核心环节是基因表达所生成的蛋白质,需要 40~60 min。所以,突触与基因之间的通信,实现了神经信息的固化,作为每个人一生的资源,是生存与行为的重要资源之一。虽然这个过程在动物进化中具有高度保守性,但每个种属都有自身特有的基因和调节因子,而且在人类的每个个体之间又有个性化的基因序列或表观遗传的动力差别,个体差异制约着基因表达的动力特点。换言之,每个人头脑中的记忆虽然取决于个体经历,但同时也受制于自身的遗传特性和人格特质。

三、神经分子进化论

在分子水平上,特别是在某些生物活性分子结构与功能的演化中,阐明神经系统的进化过程,是神经分子进化论的基本命题。尽管神经分子进化论的思想和研究任务早已提出,但神经分子进化论的研究领域于 20 世纪 80 年代才发展起来。这是由于核酸和蛋白分子测序以及 DNA 重组技术为这一命题的研究提供了可靠的方法学基础。这些新技术的应用,使分子遗传学的基础知识在 20 世纪 80 年代以来迅速增长。有关遗传信息的传递环节及其逆转录过程的知识,有关真核细胞 DNA 由具有遗传信息意义的外显子和无意义的内含子相间排列的知识,有关点突变和染色体突变机制的知识,有关蛋白分子进化的知识,关于基因变异中插入序列(insertion sequence, IS)和转座子(transposon, Tn)并存的知识,都为神经分子进化论的研究奠定了良好的基础。

(一) 点突变

点突变(point mutation)是指在 DNA 分子中,某一对碱基发生变化的遗传变异现象。强化学因素(如硝酸)、物理因素(如 X 线、紫外线)的作用可导致点突变。DNA 分子也有天然点突变的趋势。DNA 分子的点突变是生物进化的重要基础,没有点突变,生物就不可能进化。现以鸟嘌呤(G)和胞嘧啶(C)的碱基对为例,说明 DNA 分子自发的点突变特性。在 DNA 分子长链内 C≡G 碱基对的重复过程中,每隔约 10^4 或 10^5

次,就会出现一次自发的变异,由 C≡G 经 C*=A 到完全由 T=A 取代 C≡G 碱基对。如果这种碱基对变异出现在遗传三联密码第一或第二位上,对新蛋白质合成的影响就很大。点突变引起具有相同物理化学性质的功能基团的替换,如一种疏水基团为另一疏水基团取代,则这种变异是可以接受的,称保守性替代(conservative substitution);相反,点突变引起不同理化性质的功能基团间替换,如一个疏水基团为一个亲水基团取代,则称根本性替代(radical substitution),这种点突变就难以被接受。所以,基因的自发性点突变发生率仅有 $1/10^9$,即亿分之一的概率。根据四种碱基团替代关系,可将点突变分为两种类型:转换(transition)和颠换(transversion),前者是嘧啶取代嘧啶、嘌呤取代嘌呤的点突变,自然发生率较高;而后者是嘧啶与嘌呤之间的取代,自然发生率极低。除了结构基因这两种点突变外,点突变还可能发生在内段与外段之间,或它们与调节物(regulator)之间的替代。这类点突变发生率更小,但它的出现却是生物界物种突变的基础。核糖核酸聚合酶体系参与的校对和修复机制(proofreading and repair mechanisms)对点突变自然发生率进行控制。在哺乳动物的真核细胞内存在五种 DNA 聚合酶 α、β、γ、δ 和 ε,均具有 $5'\rightarrow 3'$ 聚合酶活性;其中,聚合酶 γ、δ 和 ε 具有 $3'\rightarrow 5'$ 外切酶活性,使 DNA 分子的多核苷酸链断裂。在点突变时,DNA 双螺旋链中的胞嘧啶脱氨成为尿嘧啶;尿嘧啶 DNA 糖苷酶识别出这种脱氨的碱基,并清除糖苷键。清除后出现的无嘧啶位点(apyrimidinic site),再由内切酶识别,并将之切割主链,在 DNA 链上形成切口(nick)。DNA 聚合酶在这一切口以完整的 DNA 链为模板进行复制修复。最后,由 DNA 连接酶形成新的磷酸二酯键。上述这一复杂过程,就是 DNA 复制中阅读、校正和修饰机制,也是点突变的修复过程。但是,在物种进化过程中,点突变还是以非常小的概率,逃过酶的识别而进入 DNA 的复制中。

(二) 染色体突变

染色体突变(chromosome mutation)是染色体数目或结构上的改变,主要发生在有丝分裂的基因复制过程中。例如,有丝分裂时,染色体不分离造成一个子核完全没有染色体,另一个子核出现双倍染色体。前者无法生存下去,后者则可能存活。

(三) 跳跃基因

除了点突变和染色体突变,还有一种可以导致突变的是跳跃基因(jumping gene)。跳跃基因的分子生物学过程有两种方式:插入序列和转座子。插入序列跳跃发生较短 DNA 链的变异,仅使同一遗传基因组内的基因从一部分转移到另一部分;转座子则是较长 DNA 链的跳跃,不仅可以改变一种遗传基因组的排列顺序,还可带来新的结构基因。典型的转座子还含有转座酶(transposase)和解离酶(resolvase),可在转移过程中对转座子自行裁剪和再插入。转座子的每一端都有可识别的核苷酸顺序(20~40 个碱基对),以便插入适当的基因组之中。

有了上述分子遗传学知识,便可讨论神经分子进化论的基本命题,即脑内蛋白质和特殊生物活性分子的系统发生和种属差异问题。在神经系统内存在着数以千计的蛋白质和生物活性分子,神经分子进化论研究较多的是球蛋白和神经肽,特别是 N 型乙酰胆碱受体球蛋白(nAChRs)和阿片样肽(opioid peptide)的分子进化问题。

nAChRs 是神经组织内的蛋白质超家族(protein superfamily)。这些球蛋白分子有相似的一级结构(氨基酸顺序相似性较高)和相似的四级结构(其分子均由 5 个亚基组成),它们均作为神经信息传递的重要受体而发挥其神经生物学功能。利用银环蛇毒素(α-bungarotoxin)与 nAChRs 特异性结合的特点,对 nAChRs 提纯分析,发现不同种属的 nAChRs 分子虽均由 5 个亚基组成,但在进化树上,高等动物比低等动物的亚基模式更复杂多样化。例如,美洲蟑螂(periplaneta americana)神经组织内的 nAChRs 蛋白分子的 5 个亚基完全相同,都是 α 亚基;大白鼠脑内 nAChRs 分子由 3 个 α 亚基和两个 β 亚基组成(α_3、β_2);人脑内的 nAChRs 则由两个 α 亚基和另外 3 种亚基(β、γ、δ)组成,即 α_2、β、γ、δ。其中 α_2 亚基是受体功能基团,β、γ、δ 亚基发挥调节亚基的功能。这说明随系统发生与生物进化,nAChRs 分子的调节亚基种类和数量增多。个体发育研究表明,胚胎期神经组织内的 nAChRs 分子也重现着系统发生过程,从单一种 5 个 α 亚基组成的分子,向成熟期多种亚基组成的分子(α_2、β、γ、δ)发展。与 nAChRs 分子不同亚基进化过程相平行,还发生着单一基因复制的进化过程,包括简单重复或倍增、单一 DNA 链外显子的复制和外显子滑动(exon sliding)等多种方式,这些蛋白质合成基因的进化方式,造成生物体内蛋白分子的多样性。在神经系统内,G 蛋白偶联受体蛋白家族、离子通道蛋白分子和多种神经肽分子进化过程的研究都取得了一些新进展。

四、心理、行为和人格遗传问题的研究领域

(一) 行为遗传学

J. L. Fuller 和 W. R. Thompson 的专著——《行为遗传学》(1960)是最早的行为遗传学(behavioral genetics)教科书。1972 年行为遗传学学会成立,至 2012 年年底,对超 85 000 对同卵双生子、100 000 对异卵双生子和 45 000 对普通非孪生子的研究,解释了大五人格特质和智商的遗传因素。对孤独症谱系障碍和儿童学习障碍的症状学和遗传学研究也取得了较大进展。

(二) 脑影像行为遗传学

在传统行为遗传学研究的基础上,增加了脑影像方法学,建立环境-脑-基因相互作用的理论和研究方法学,近年形成了脑行为影像遗传学(imaging behavioral genetics)的科学分支。专门研究遗传因素、环境因素和行为之间,如何通过人类大脑网络和功能发生多重相互作用。

(三) 大脑类器官

Lancaster 等人(2013)发表综合研究报告,详细报道了将人脑胚胎干细胞植入含有凝胶蛋白和葡萄糖的培养液中,人工培养出一个直径为 4 mm 的大脑类器官(cerebral organoids），如图 2-23 所示，它的外形和脑的基本分区与正常成人脑相似。他们利用一切可用的分子生物学和神经生物学方法，分析了这种袖珍脑的基因组、代谢和神经生理学特性。*Nature* 杂志评论道，这是研究人脑发育和疾病发生的全新途径。

图 2-23　容量瓶中培养的"袖珍脑"示意
（经授权，引自 Bae & Walsh, 2013）

在过去的几年间，大脑的类器官研究主要用于人脑和非人灵长类动物脑的比较和进化研究，并且取得了较多进展（Mostajo-Radjia et al., 2020），为脑进化及其细胞学机制提供一个难得的窗口，展现出脑发育过程中细胞发育的多样性以及各类细胞之间的相互作用。大脑类器官模型为研究脑认知功能相关的细胞特化过程提供了一种新手段。

（四）人造脑细胞

Markram（2015）领导的"蓝脑（Blue Brain）计划"课题组完成了人造脑细胞的研究设想，通过人脑细胞电生理学参数、细胞形态学参数和细胞组成蛋白质表达特性的综合运用，合成了体积为 $0.29\pm0.01\,\text{mm}^3$ 的人造大脑组织块，内含 31 000 个人造神经元，用生理学方法可鉴别其中 55 种细胞在形态上所具有新皮质的分层特点，如图 2-24 所示（见书后彩插），用电生理学膜片钳的方法分辨出 207 个细胞亚型。但是这个人造脑组织块没有生物脑的基本功能，只能产生 1 Hz 的振荡爆发，表明其处于活动状态。

思考题

1. 脑由几类细胞组成,各自的分布和功能是什么?
2. 大脑皮层的水平分层和垂直柱状分布的特点和功能意义是什么?
3. 从解剖学角度将脑分为哪几个部分,各自的大致功能是什么?
4. 神经元有几种细胞电活动?神经信息的编码方式有哪些?
5. 大脑自发电活动和平均诱发电活动有何不同?对心理学研究有意义的脑波成分有哪些?
6. 神经信息的电学传递和化学传递途径,各由哪些环节构成?
7. 何为编码遗传和非编码的表观遗传?请概括说明各自的主要步骤。

3

感觉和运动功能与经典特异神经系统

感觉和运动功能是所有动物生存的基础,也是神经系统适应内外环境的功能基础。随着生命的进化,人类神经系统有了较为完善的感觉和运动装置,包括特化的感受器、传入神经、感觉中枢、运动中枢、传出神经、效应器。人类的感觉功能至少由三级神经元完成,运动功能由两级神经元完成。由于每个神经元传递信息所需时间约为 10 ms,所以运动反应比感觉形成快。通过感觉和运动系统,动物机体对体内、外刺激的物理或化学属性进行分析、感受和反应。这类信息加工过程,实际上是将刺激的物理或化学属性转化为生理属性,即刺激的生理学作用和发生在机体的具体部位。所以,感觉-运动功能是无意识心理活动的生命科学基础。

随着近年来对大脑皮层细胞类型跨学科研究的进展,一些新的科学事实展现在我们的面前,使我们对大脑皮层初级感觉和运动神经元的功能有了新认识。例如,两级运动中枢的上运动神经元分布在运动皮层(中央前回,又称 4 区)。在 4 区的 6 层结构内,不同层内分布着的运动神经元,功能并不完全相同。4 区 Ⅴ 层的运动神经元负责运动命令的执行,只具备对"与"函数和"或"函数的线性分割计算能力;分布于 4 区 Ⅱ/Ⅲ 层的运动神经元负责对执行结果的评估(Levy et al., 2020)。分布在感觉皮层(3-1-2 区)的 Ⅱ/Ⅲ 层锥体细胞,由于具有中介于 Ca^{2+} 的树突动作电位(dCaAPs),每个细胞都具有对异或函数(XOR 函数)进行非线性分割的计算能力,相当于一个完整的深层人工神经网络的功能(Gidon et al., 2020)。脑细胞的这些新特性,使我们对人类智能的认识获得新的科学依据,我们将在第 15 章讨论这个问题。

第一节 神经系统的感觉功能

一方面,感觉是人们对客观事物个别属性的反映,是客观事物个别属性作用于感官,引起感受器活动,并由此开始产生最原始的主观映像;另一方面,感觉是主体对客体个别属性的觉察,且常受主体高层次心理活动的制约,如注意、知觉、情绪、心境等,均对人们的感觉有重要影响。人的五官,即眼、耳、鼻、舌、身是直观的分类,实际上可细分为视、听、嗅、味、触、温、痛、动、位置和平衡等 10 个感觉系统。视、听感觉系统的共同特点是可对一定距离的事物产生感觉,统称为距离感觉系统;嗅、味感觉系统均对物质的分子及其化学性质发生反应,统称为化学感觉系统;其他感觉系统,统称为躯体感觉系统。各种感觉系统均有自己特化的感官或感受体,对其最适宜的刺激属性发生精细的反应,把刺激的物理属性或化学属性及其强度转化为生物化学与生物电学信号,经感觉神经传入脊髓或脑干的感觉神经核团,再由相应感觉通路,将感觉信息传向大脑的初级感觉皮层,完成相应的感觉过程。距离感觉系统的结构形态特化得最完美,不仅形成了结构精细而复杂的眼与耳,其感觉神经最粗大,在大脑感觉皮层中也最显赫,整个枕叶为视皮层,听皮层占颞叶大部。化学感觉系统,不仅鼻、舌感官仅对距离很近的物质分子发生反应,其传入神经和脑内的感觉通路也很短,所以味、嗅感受细胞很快便将化学信息传到脑前端和基底部的嗅、味感觉中枢。躯体感觉系统的感官比较隐蔽,由分布在皮肤、肌肉、关节和脏器内的许多感受体组成;其传入神经和中枢神经系统内的感觉通路比较复杂,在丘脑以下 6 种属性(触、温、痛、动、位置和平衡觉)分路而行,在丘脑经过选择和整合后,按空间分布对应关系,再投向顶叶的中央后回,即躯体和顶叶皮层间存在着点对点的空间对应关系。距离、化学和躯体三类感觉系统从外周到中枢至少要经过三个神经元的信息传递,才能在头脑中出现感觉映像。神经生理学将这类特化的感觉系统统称为特异感觉系统,与之对应的还有非特异投射系统。各种特异感觉系统向大脑皮层的上行通路均发出许多侧支到达脑干被盖部的网状结构,再由脑干网状结构发出网状上行和下行纤维,向大脑皮层和脊髓广泛弥散性地投射,调节大脑皮层的兴奋性水平,也向感觉乃至运动系统弥散投射,以便对各种感受刺激均可做出适度的反应。总之,许多特异的专一感觉系统和网状非特异投射系统,共同实现着对外部刺激或事物的物理属性产生感受功能。

在各种感觉系统中,不但存在着从外周向中枢和从低级中枢向高级中枢的传递过程;每一级中枢神经元之间还有通过轴突侧支发生横向作用的侧抑制机制。此外,还存在着高级中枢对低级中枢,乃至对感官的下行性抑制影响,调节着感觉系统的兴奋性水平。

利用细胞微电极记录感觉系统神经元的电活动,分析电活动变化与所受刺激的关系;同时根据人类与动物实验中对这些刺激的反应,已概括出许多感觉系统的生理学特性。概括地说,感觉系统均有对刺激的感受阈值,即刚能引起主观感觉或细胞电活动变化的最小刺激强度。各种特异感觉系统均有自己的适宜刺激,对其感受阈值最低,即对其感受最灵敏,如眼对光线、耳对声波的反应最灵敏。随着刺激物长时间持续作用,感受灵敏度下降,感受阈值增高,这种现象被称为感受器的适应。

细胞电生理学实验发现,对某一感觉系统的神经细胞,总能发现外周某一范围的刺激能最有效地影响其电活动。换言之,该神经细胞对这一范围的刺激最灵敏。因此,把有效地影响某一感受细胞兴奋性的外周部位,称为该神经元的感受野。如果把微电极插在视觉中枢的某个神经元上,记录其电活动,凡能引起其电活动显著变化的视野范围,就是该视觉神经元的感受野。研究发现,中枢内相邻神经元的感受野也是接近、重叠的。感受野基本相同的神经元聚集在一起形成了功能柱,是感受外部事物属性的基本功能单位。

总之,无论哪种感觉系统均由感官、感觉神经、感觉通路和多级中枢组成。中枢内的每个神经元在外周都有其一定范围的感受野。神经元对感受野中的适宜刺激感觉阈值最低,感受最灵敏。各感觉系统对外部刺激有一定的选择性和适应性,感觉门控机制是感觉选择性和适应性的基础。精神分裂症的一大特征就是调节感觉选择性和适应性的感觉门控机制发生了障碍,导致大量无关和有害的感觉信息涌入脑内,造成精神活动的紊乱。

一、视觉

视觉系统由眼、视神经、视束、皮层下中枢和视皮层等部分组成,实现着视觉信息的产生、传递和加工等三种过程。在各种感觉系统中,对视觉的研究最有成效,积累的科学事实和理论最丰富。这里先对视觉系统的解剖生理学知识进行简要的介绍,着重讨论视觉信息加工的基础知识。

(一) 视觉信息的产生

眼的基本功能就是将外部世界千变万化的光学刺激转换为视觉信息,这种基本功能的实现,依靠两种生理机制,即眼的折光成像机制和光感受机制。前者将外部刺激清晰地投射到视网膜上,后者激发视网膜上的光生物化学和光生物物理学反应,实现能量转换的光感受功能,产生视感觉信息。所以,视觉信息的产生是将光物理学信息转化为视觉生理信息的过程。

1. 视网膜折光成像的生理心理学机制

视网膜折光成像的机制,不仅涉及眼的结构与功能,还与脑的中枢活动有关。只有视觉系统的多种反射机制相互作用,才能保证外界客体连续而准确地在视网膜上成像。在这些反射活动中,感受器大都是视网膜的光感受细胞或眼肌的本体感受器等。靠视神经、动眼神经、滑车神经、展神经和睫状神经等将眼睛方位、运动状态或瞳孔状态向脑内各级中枢传递;由这些中枢传出的神经冲动,止于眼外肌、睫状肌、瞳孔括约肌和瞳孔扩大肌等,分别引起眼动、辐辏、晶状体曲率与瞳孔变化的反射活动。视网膜折光成像的反射机制的效应器,就是这些眼内、外的肌肉装置。这些反射活动的各级中枢分别是额叶眼区皮层、辅助运动区皮层和上丘,以及顶盖前区。非随意性折光成像机制的中枢,主要位于顶盖前区和上丘;而额叶眼区皮层和辅助运动区皮层主要参与随意性眼动和辐辏功能。但是,这种分工并不是绝对的,事实上脑的任何反射活动,都是在多层次脑中枢间相互作用下实现的。

对于静止的物体,由于其在视野中的位置不同,为了使其能在视网膜上清晰成像,瞳孔收缩或散大,以及调节机制已能满足要求;而对于复杂的物体或运动的物体,仅依靠这些机制还不够,还需眼动机制的参与。下面分别讨论瞳孔反射和调节反射的生理机制。

在眼球的结构中,角膜、房水、晶状体、玻璃体和瞳孔都是固有的眼内折光装置(图3-1)。为保证在视网膜上清晰成像,瞳孔大小与晶状体曲率的变化起着重要作用。瞳孔的光反射、调节反射是实现折光成像的生理基础。

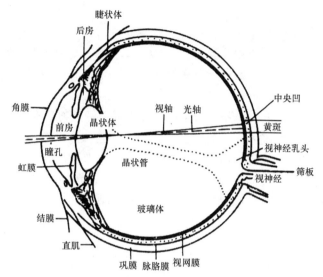

图 3-1　人眼球结构模式(右眼水平切面)
(修改自 Hebb,1966)

瞳孔反射(pupillary reflex),也称光反射(light reflex),指的是在黑暗中瞳孔扩大、光照时瞳孔缩小的反应。在一只眼的角膜前给光或撤光引起瞳孔的变化,称为直接光反射;与此同时,引起的另一只眼瞳孔变化称为间接瞳孔反射或交感瞳孔反射,这是由两眼神经支配的交感关系所引起的反射活动。瞳孔反射的感受器是视网膜的视杆及视锥细胞。视觉信息经双极细胞、神经节细胞,沿视神经、视交叉、视束和上丘臂到达顶盖前区,这里是瞳孔反射的中枢。由它发出的神经冲动到达同侧及对侧的缩瞳核,由缩瞳核发出的节前纤维仅部分交叉(经过后连合及中脑导水管腹侧),所以是两侧性传出,至双侧睫状神经节,不但能引起受光刺激的同侧眼瞳孔收缩,还能引起对侧眼的瞳孔收缩。所以,常常以刺激是否引起瞳孔扩大,作为是否有疼痛感的客观生理指标。

[常识与思索 3-1]　瞳孔能给出疼痛的最灵敏生理指标

1933 年,德国纳粹分子为了夺取政权,阴谋制造德国国会大厦纵火事件,栽赃德国社会民主党。他们绑架了社会民主党领导人卡尔·李卜克内西的助手卡门,严刑拷打卡门，迫其承认纵火令是李卜克内西发出，经自己下达执行的。卡门忍受着火红烙铁烧焦前胸肌肉的剧痛，抑制着疼痛的表情和叫声，拒不反应。纳粹分子请神经科专家，鉴定卡门是否失去痛觉。当神经科专家拿着放大镜观察卡门的瞳孔时，看到火红烙铁落在卡门胸前的瞬间，他的两眼瞳孔迅速扩大，立即为卡门的意志力所震撼。专家含着泪对身旁的施刑者说："他已经没有痛觉，你们对他用刑，白费工夫！"

瞳孔光反射和瞳孔-皮肤反射都是自主神经反应，它们调节瞳孔的变化，改变射入视网膜内的光强度，以保证视网膜成像的适宜光学条件。瞳孔-皮肤反射使瞳孔扩大，射入视网膜的光强度增大，引起机体对痛刺激的密切注视，对个体生存与保护具有重要的生物学适应意义。

调节反射(accommodation reflex)是一种较为复杂的反射活动，既包括不随意性自主神经反射活动，又包括眼外肌肉的随意性运动反应。人们从凝视远方景物立即改为注视眼前很近的物体时，为使近物能在视网膜上清晰成像，首先通过两眼内直肌收缩使视轴改变，睫状肌收缩引起晶状体曲率增大，从而使其折光率增大，瞳孔括约肌收缩引起瞳孔缩小。视轴、晶体曲率和瞳孔同时变化的反射活动就是调节反射，是保证外界景物在视网膜上清晰成像的重要生理机制。

2. 眼动的生理心理学机制

通过眼外肌肉的反射活动，确保运动的物体或复杂物体在视网膜上连续成像的机制，就是眼动的生理心理学机制。眼外肌由3对肌肉组成：内直肌由动眼神经支配，外直肌由展神经支配，它们相互制约引起眼的水平运动；上直肌与下直肌均由动眼神经支配，它们的活动引起眼的垂直活动(上内方向或下内方向)；上斜肌由滑车神经支配，引起眼球向下外侧运动，下斜肌由动眼神经支配，引起眼球向上外侧运动。

眼睛的运动有许多方式，当我们观察位于视野一侧的景物又不允许头动时，两眼共同转向一侧。两眼视轴发生同方向运动，称为共轭运动(conjugate eye movement)。正前方的物体从远处移向眼前时，为使其在视网膜上成像，两眼视轴均向鼻侧靠近，称为辐合(convergence)；物体由眼前近处移向远处时，双眼视轴均向两颞侧分开，称为分散(divergence)。辐合与分散的共同特点是两眼视轴总是反方向运动，称为辐辏运动(convergence movement)。辐辏运动和共轭运动都是眼睛的随意运动。人们在观察客体时，有意识地使眼睛进行这些运动，以便使物像能最好地投射在视网膜上最灵敏的部位——中央窝上，从而得到最清楚的视觉。

除了这种显而易见的眼球随意运动外，当我们利用科学仪器精细描记眼球运动时，又会发现许多其他运动方式。观察一个复杂的客体时，眼睛会很快进行扫视(saccade)，扫视的幅度可大可小，取决于景物的特征和观察要求。微扫视(micro-saccade)的幅度只有几个分弧度或几个弧度；而较大的扫视(large saccades)则可在几十个弧度的范围之内进行，甚至由视野的一端向另一端迅速扫视。每次扫视持续的时间可为

10～80 ms。在两次扫视之间，眼球不动，称注视（fixation），其持续时间为 150～400 ms。注视期间，眼睛并非绝对不动；事实上此时眼睛发生快速微颤（microtremor），其频率为 20～150 Hz，微颤幅度为 1～3 rad。微颤运动保证视网膜不断变换感受细胞对注视目标的反映，从而克服了每个光感受细胞由于适应机制而引起的感受性降低。追随运动（pursuit movement）是观察缓慢运动物体时，眼睛跟随物体的运动方式，这种运动的角速度最大可达每秒 50°。如果物体运动速度大于每秒 50°时，眼睛追随运动跟不上这一物体速度，则追随运动和快速扫视运动相结合，以保证运动物体在视网膜上的成像清晰可见。观察运动物体时，一般情况下是眼睛追随运动和扫视运动周期变换，出现不自主的眼震颤（nystagmus），眼球与物体运动方向一致的追随运动时期称为慢相；眼球与物体运动方向相反的扫视运动期称快相。观察运动物体的过程，眼震颤就是慢相（追随运动）和快相（扫视运动）交替的过程。人们阅读文字材料时眼睛进行注视和扫视的周期变换，扫视速度较快，为每秒 50°～600°，每次扫视历时 10～80 ms。扫视时无法形成有效知觉，只有注视时才会形成明确的知觉；但是对难度较大的文字材料的阅读，却伴有较多无意识的后向扫视。在对复杂景物的视知觉形成过程中，眼睛的注视运动不断地与扫视运动交替进行，注视点较多地投射在图形的轮廓线、轮廓线交叉处或断开处。对于有意义的景物或图形，注视点则多投射在那些对理解或分辨有意义的部位，如看照片识人时，观察的注视点集中在眼、鼻、口和面部的轮廓线上。

眼动的神经中枢主要位于脑干网状结构，大脑皮层和小脑也存在眼动的高级中枢。双眼注视活动的中枢位于中脑网状结构、脑桥网状结构、上丘和顶盖前区。眼睛水平方向的运动中枢位于脑桥前部的网状结构，垂直运动的中枢存在于中脑网状结构。对于随意性眼动过程，除了脑干的这些低位中枢之外，视皮层、额叶眼区和顶叶皮层对低位中枢发生调节作用，额叶眼区直接投射脑干网状结构的传出部分，构成额叶-网状通路；顶叶-网状通路由下顶叶发出投射纤维与网状结构发生联系；额叶眼区尚有纤维经尾状核与黑质交换神经元后与上丘发生联系。这 3 条大脑皮层的下行纤维对眼动，特别是扫视运动发生复杂的调节作用。上丘和下丘脑的视前区接受视神经的侧支纤维，也接受大脑皮层的传出纤维，对眼的扫视运动和追随运动之间的协调性发挥神经调节作用。小脑，特别是小脑蚓垂和扁桃体，参与眼睛慢追随运动的中枢调节，使这一运动更准确、更精细。内耳的迷路结构及平衡感受器在头部位置变换时发出神经冲动，通过前庭迷路反射机制参与眼动的调节，对于头部突然运动，眼睛仍能保持对客体的注视，具有重要作用。此外，眼动常与个体的情绪状态，如恐惧、兴奋、兴趣和注意等复杂心理活动有关，网状结构通过内侧前脑束与边缘系统的联系发生着主要调节作用。

有许多方法可以记录和研究眼动的规律，传统的方法是眼电图（electrooculogram，EOG）。在眼眶的上、下部和左、右眼外部（俗称左、右太阳穴）各附着一个小电极，输入多导仪或脑电机中，就可以记录眼的垂直运动和水平运动情况。这是由于眼球的前部，即角膜，对眼球后壁间存在 5～6 mV 的电位差，眼前部为正电位。当眼动时，眼球电场的变化就可以用仪器记录下来。近些年有了许多精密的专用眼动仪,通过摄像装置和计算机采集眼动数据,使眼动研究变得更精细。眼动已成为研究视觉生理心理学问题的重要生理指标。

无论是通过眼外肌引起的眼动还是眼内折光装置发生的折光调节作用,都是使外部景物在视网膜上清晰成像的重要机制。只有在视网膜上成像,才能激发光生物化学与光生物物理学反应,产生视感觉信息。

3. 视网膜的光感受机制

视网膜的光感受机制包括光生物化学和光生物物理学两类反应,均发生在两类光感受细胞中,即视杆细胞和视锥细胞。

视网膜光生物化学反应,包括光分解反应和光生化效应的放大反应两个过程。每个视杆细胞内大约含1000万个视紫红质分子,分布在细胞外段由细胞膜折叠而成的1000个膜盘上。每个视紫红质分子都由11-顺视黄醛和视蛋白缩合而成。光照射时,折叠的11-顺视黄醛分子链伸直变为全反视黄醛,并与视蛋白分离,造成视紫红质的漂白,这一过程称为光分解反应。光分解反应经过光生化效应放大反应后,提高了光化学反应的灵敏性

每个视紫红质分子的光分解反应,可以直接激活几个分子的GTP与G蛋白相结合的反应,使光生化效应放大了数倍,称为一级放大过程。GTP与G蛋白的结合又激活了磷酸二酯酶(PDE),造成数以万计的第二信使分子(cGMP)的失活,形成光生化效应的二级放大。通过上述两级光生化效应的放大过程,将光分解反应的生化效应放大5万倍左右。所以,视网膜的光生化反应非常灵敏,即使是十分微弱或细腻的光化学变化,也会引起显著的光生化效应,导致光感受细胞膜电位的生物物理学变化。

视网膜光感受细胞与神经纤维不同,在暗处的静息条件下,细胞膜静息电位仅为$-20\ mV$,神经纤维膜的静息电位是$-70\ mV$。静息电位差说明,在安静状态下,光感受细胞膜的钠离子通道是开放的;光作用时,钠离子通道关闭,膜超极化电位可达$-40\ mV$。这是光感受细胞产生兴奋的生物物理学基础,显然与神经纤维细胞膜去极化过程不同。所以,感受细胞兴奋过程的膜电位变化不同于神经纤维的"全或无"规律。光感受器电位变化是一种级量反应,随光强度增加,感受器电位幅值增大。光感受器电位与光刺激强度的对数成比例,可用公式表示为:

$$A = K\log(I/I_0) \times V$$

式中I_0是感受器适应后的阈值强度,I是光强度,K是常数,V为静息电位(单位为毫伏)。从这一公式可知光感受器电位与光的相对强度有关,而不是对绝对光强度发生级量反应。此外,只有中等强度范围内光刺激引起的感受器电位变化才符合这一公式。而人眼光感受细胞对相差一百万倍的最弱光和最强光均能发生反应。感受细胞电位对弱光刺激比较灵敏,对强光刺激则不灵敏,强度增加很多倍而感受器电位变化较小。感受器电位对强光和弱光反应的非线性关系表明,它对光刺激进行着有效的信息压缩。

上述光生物物理学反应主要发生在视杆细胞之中,是产生明暗视觉生理信息的基础。颜色视觉的光生物化学基础在于视锥细胞内的视蛋白结构不同。现已知三种结构不同的视蛋白,分别存在于三种不同的视锥细胞中,但三者均含有与视杆细胞相似的11-顺视黄醛分子。所以,三种视锥细胞内的光化学反应过程与视杆细胞完全相同,其差异仅为与 11-顺视黄醛结合的三种视蛋白对不同波长光的敏感性不同。蓝紫色视锥细胞在 420 nm 波长光下的光生物化学反应最敏感;绿色视锥细胞对 530 nm 的光最敏感;红色视锥细胞对 560 nm 光最敏感。

(二) 视觉信息的传递

通过眼的折光成像机制和眼动机制,将外界客体映入眼内,在视网膜上引起光生物化学和光生物物理学反应,产生了视感觉的生理学信息。这些信息立即从光感受细胞向视网膜内其他四种细胞传递,再经视神经、视束和皮层下中枢,最后到达视觉皮层,产生相应的视感觉。

1. 视网膜内的信息传递

视网膜分为内、外两层。外层是色素上皮层,由色素上皮细胞组成,由此产生和储存一些光化学物质。内层是由 5 种神经细胞组成的神经层,从外向内依次为视感受细胞(视杆细胞和视锥细胞)、水平细胞、双极细胞、无长突细胞和神经节细胞(图 3-2)。细胞联系的一般规律是几个视感受细胞与 1 个双极细胞联系,几个双极细胞又与 1 个神经节细胞相关。因此,多个视感受细胞只引起 1 个神经节细胞兴奋,故视敏度较差;但在视网膜中央凹只有视锥细胞。每个视锥细胞只与 1 个双极细胞联系,而这个双极细胞又与 1 个神经节细胞联系。因此,中央凹视敏度最高。视锥细胞自中央凹向周围逐渐减少,所以中央凹周围的视敏度较差。视网膜神经节细胞发出的轴突集聚于视乳头,组成视神经。由此看来,光线穿过 4 层细胞的间隙,到达外层的视感受细胞。视感受细胞以光化学反应为基础,产生神经信息,再向内逐层传递,到达神经节细胞。在视网膜 5 种细胞中,由视感受细胞、双极细胞和神经节细胞形成神经信息传递的垂直联系;由水平细胞和无长突细胞在垂直联系之间进行横向联系,发生侧抑制等精细调节作用。人眼视网膜上的光感受细胞总数约 12 600 万个,其中视锥细胞仅为 600 万个,神经节细胞总数约 100 万个。1 个神经节细胞及与其相互联系的全部其他视网膜细胞,构成视觉的最基本结构与功能单位,被称为视感受单位(receptive unit)。视网膜中央凹附近的视感受单位较小,而周边部分视网膜的视感受单位较大。水平细胞和无长突细胞对视觉信息横向联系的作用正是以慢电位变化的总和效应为基础。在视网膜上对光刺激的编码,只有神经节细胞类似于脑内其他神经元,产生单位发放,对刺激强度按调频的方式给出神经编码。视网膜的横向联系中,水平细胞和无长突细胞对信息的处理和从光感受细胞至双极细胞间的信息传递都是以级量反应为基础的模拟过程,只有神经节细胞的信息传递才是"全或无"的数字化传递过程。

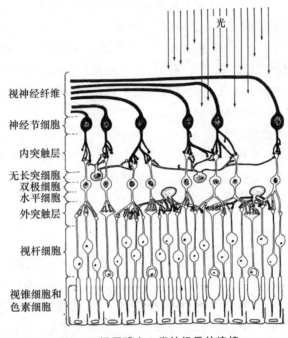

图 3-2　视网膜上 5 类神经元的连接
（引自 Levinthal, 1990）

2. 视觉通路与信息传递

视觉通路始于视网膜上的神经节细胞，其轴突构成视神经，末梢止于外侧膝状体。来自两眼鼻侧的视神经左右交叉到对侧外侧膝状体；而来自两眼颞侧的视神经，不发生交叉投射到同侧外侧膝状体（图 3-3）。视交叉前视神经的纤维来自同眼的神经节细胞；在视交叉之后的视束中，神经纤维则来自两眼同侧视野的神经节细胞。外侧膝状体是大脑皮层下的视觉中枢，由 6 层细胞组成，视束的交叉纤维止于 1、4、6 层，不交叉纤维止于 2、3、5 层。上丘和顶盖前区也接受视皮层的传出纤维联系。视神经、外侧膝状体、视皮层和上丘及顶盖前区的关系，是前面所讨论的眼折光成像功能的神经基础。外侧膝状体细胞发出的纤维经视放射投射至大脑皮层的初级视皮层（V1），继而与二级（V2）、三级（V3）和四级（V4）等次级视皮层发生联系。V1 区与简单视感觉有关，V2 区与图形或客体的轮廓或运动感知有关，V4 区主要与颜色觉有关。梭状回与人物面孔识别功能有关。

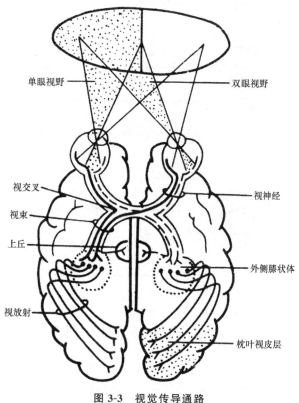

图 3-3 视觉传导通路
（修改自 Eccles, 1980）

（三）视觉信息加工与编码

人类视觉系统对千变万化的视觉刺激所引起的视觉信息，怎样加工和编码产生主观感觉，是视感觉生理心理学的核心问题。视觉中枢神经元感受野和视皮层的功能柱理论对此给出了明确的答案。

1. 视中枢神经元的感受野

改变光刺激在视网膜上的投射部位，找出能够影响某一神经元单位发放的视网膜区域或与之对应的特定视野区，即该神经元的感受野。视感觉是各种空间知觉的重要基础，同样，空间编码又是视感觉中枢的重要功能基础。处于外部视野一定部位的视觉刺激，总会聚焦成像于视网膜的相应位置上，与之对应的光感受细胞通过光生物学反应产生神经冲动，引起相应神经节细胞的兴奋，再将神经冲动传向外侧膝状体和视皮层的相应神经元。简言之，视野、视网膜和各级视中枢的某些神经元之间有着精确的空间对应关系。Hubel 和 Wiesel（1962）把细胞微电极插入视中枢的某个神经元上，记录其单位发放。这一研究发现，神经节细胞和外侧膝状体神经元感受野的形状和特点相似，即同心圆式的感受野，如图 3-4 所示；视皮层神经元则可能有简单型、复杂型和超复杂型等3种不同形式的平行线或长方形式的感受野。

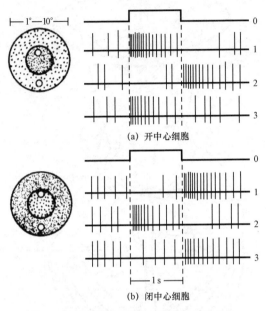

图3-4 神经节细胞的感受野和单位发放
（修改自 Hubel，1960）

0表示光刺激，1表示感受野中心光刺激引起的单位发放，2表示感受野周边刺激引起的单位发放，3表示中心与周边同时刺激引起的单位发放。此图说明，开中心细胞和闭中心细胞在中心区光刺激或周边区光刺激，以及两区同时受到光刺激时单位发放的情况不同。当中心区和周边区同时受到光刺激，由于在感受野中光对比度的变差，造成神经节细胞开反应和闭反应之间的差异变小。

为什么神经节细胞和外侧膝状体神经元的感受野是同心圆式的呢？因为视网膜神经节细胞感受野的解剖学基础是视觉感受单位，其生理学基础是侧抑制。如前所述，视觉感受单位就是1个神经节细胞及与之发生机能联系的全部视网膜细胞，包括光感受细胞、双极细胞、水平细胞和无长突细胞。这些细胞产生的慢电位变化引起神经节细胞单位发放频率的变化。视感受单位大的神经节细胞，从较多光感受细胞中接受视觉信息，感受野就比较大；中央凹附近的神经节细胞主要接受1个视锥细胞的视觉信息，感受野就比较小。视网膜上相邻的神经节细胞的感受野有一定的重叠，这是由水平细胞和无长突细胞横向信息传递所引起的；但也正是这种横向神经联系，提供了侧抑制的细胞学基础。由于这种解剖学和生理学机制，使视网膜神经节细胞的感受野呈同心圆式，其中心区和周边区之间总是拮抗的。对感受野施以光刺激引起神经节细胞单位发放频率增加的现象称为开反应，而撤掉光刺激引起神经节细胞单位发放频率增加的现象称为闭反应。在神经节细胞同心圆式的感受野中，中心区光刺激引起开反应、周边区引起闭反应的神经节细胞称为开中心细胞；中心区引起闭反应、周边区引出开反应的神经节细胞称为闭中心细胞,如图 3-5 所示。

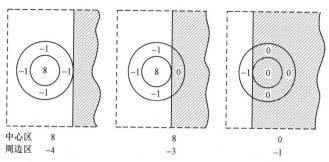

图 3-5 开中心细胞激活程度与光、暗对比度的关系
(修改自 Hubel & Wiesel, 1962)

正数表示兴奋程度,负数表示抑制程度。此图说明,开中心细胞感受野光刺激对比变化与神经细胞激活的关系。左图表示感受野中心区和周边区同时受到均匀的光刺激,此时用数字 8 表示感受野中心区对神经节细胞的激活强度。用-4 表示周边区受光照对神经节细胞产生抑制效应,两效应的总和结果对神经节细胞的激活强度仅为 4;中图表示将感受野右侧 1/4 的光照遮掩,此时其遮掩部分不再引起抑制效应。中心区和周边区的效应总和造成神经节细胞激活强度为 5;右图中感受野右侧 3/4 的光照遮掩后,神经节细胞出现了抑制效应。这一结果说明开中心细胞在光照对比度与光亮度感知觉中的作用。光暗对比的边界线正好与感受野中心区和周边区吻合时,神经节细胞单位发放频率最高,主观亮度觉最强。

外侧膝状体神经元的感受野与神经节细胞基本相似,形成中心区和周边区相互拮抗的同心圆式的感受野。皮层神经元的感受野至少可以分为三种类型:简单型、复杂型、超复杂型。简单型感受野面积较小,引起开反应和闭反应的区域均呈直线型,两者分离形成平行线,但两者可以存在空间总和效应,具有这种简单型感受野的皮层神经元,主要分布在皮层第Ⅳ层。复杂型感受野较简单型大,呈长方形且不能区分开反应区与闭反应区,可以看成是由直线型简单感受野平行移动而成,也可以看成是大量简单型皮层细胞同时兴奋而造成的。具有复杂型感受野的皮层细胞主要分布在Ⅱ、Ⅲ层或Ⅴ、Ⅵ层。超复杂型感受野的反应特性与复杂型相似,但有明显的终端抑制,即长方形的长度超过一定限度则有抑制效应。总之,简单型的细胞感受野是直线形,与图形边界线的觉察有关;复杂型和超复杂型细胞为长方形感受野,与对图形边角的感知或运动感知觉有关。

2. 视觉信息提取的功能柱理论

如果说中枢神经元的感受野现象反映了视中枢的空间编码规律,那么对视野空间内各种视觉特征所形成的感觉,则主要以视皮层的功能柱为基础。每个功能柱只对某一种视觉特征发生反应,从而形成了该种视觉特征的基本功能单位。目前,大体有两种功能柱理论,即特征提取理论和空间频率理论。

视觉生理心理学研究发现,在视皮层内存在着许多视觉特征的功能柱,如颜色柱、眼优势柱和方位柱。利用细胞微电极技术和脱氧葡萄糖组织化学技术，可以证明一些功能柱的存在。方位柱不仅存在于初级视皮层（枕叶17区），也存在于次级视皮层。它们对视觉刺激在视野中出现的位置和方向的特征进行提取。方位柱宽约1mm，由简单型、复杂型和超复杂型细胞组成，不仅对边界线、边角的位置，而且对其出现的方向与运动方向均能进行特征提取。每个神经元只能在线条/边缘处的适宜的方位角，并按一定的方向移动时，才表现出最大程度的兴奋。在方位柱内，细胞的排列与各细胞对线条/边缘的方位角最大敏感性之间，总是规则地按顺时针或逆时针方向依次排列。左眼优势柱与右眼优势柱各为0.5mm宽，左右相间规则性地排列着。每个柱内的细胞均对同一只眼所看到的图像给予最大反应。在眼优势柱内，偶尔尚可见到插入的一些小颜色柱，其直径为0.1~0.15mm。同一柱内所有细胞有相同的光谱特性。颜色特异性的变化与方位变化互不相关，说明方位柱与颜色柱是两套相互独立的机能单位，但颜色柱与眼优势柱有重叠关系。

尽管特征提取的功能柱理论，可以很好解释颜色、方位等某些视觉特征的生理基础，但对于外界千变万化的诸多视觉特征，是否都有与之相应的功能柱呢？特征提取功能柱理论无法对此给出肯定的回答，而空间频率柱理论却试图对这一难题给出一种理论解释。

与上述特征提取的功能柱模型不同，视觉空间频率分析器的理论则认为视皮层的神经元类似于傅里叶分析器，每个神经元敏感的空间频率不同。例如，在视网膜中央区5度范围内，大脑皮层17区细胞和18区细胞之间敏感的空间频率显著不同，前者为每度0.3~2.2周，后者仅为每度0.1~0.5周。那么，什么是图像的空间频率呢？概括地说，每一种图像的基本特征在单位视角中重复出现的次数就是该特征的空间频率。例如，室内暖气设备的散热片映入人的眼内时，在单位视角中出现的片数就是它的空间频率。显然同一物体中某种特征出现的空间频率与其对人的距离和方位有关。当我们观察暖气片时，随着我们站立的距离和方位不同，映入眼内单位视角中的片数就有差异。一般地说，由远移近地观察同一客体时，其空间频率变小；反之，则空间频率增大。像暖气片这种以相等距离规律性重复排列的景物，类似于周期性正弦波，更多的景物特征不规则排列所形成的图形可以用傅里叶分析，将其分解为许多空间频率不同的正弦波式的规则图案，由不同的皮层神经元对其同时发生反应。换言之，任何复杂的图形均可由空间频率不同的许多神经元同时反应，对其加以感知。皮层神经元按其发生最大反应的频率不同，可分成许多功能柱，称为空间频率柱。空间频率柱是人类视觉的基本功能单位，对复杂景物各种特征的空间频率进行并行处理和译码是视觉的生理心理学基础。

二、听觉

物体振动引起在空气中传播的声波，作用于人类听觉器官并转换为神经信息，传入脑内听觉中枢,从而产生了听觉。人类口、舌等发音器的振动产生了言语声波,传入听者耳中产生的言语感知觉,是人类交际的主要手段和社会关系赖以形成的基础。物体振动与声波参数间的关系是物理声学的课题;声波参数与人类听觉之间的关系是心理声学或心理物理学的课题;听觉器官和听觉中枢怎样对各种声学参数进行编码与加工,则是听觉生理心理学的中心课题。物理声学和心理声学的基本概念是探讨听觉生理心理学问题的基础和前提,而听觉生理心理学研究又会加深对心理声学和物理声学问题的理解。本节将从物理声学和心理声学参数讲起,来讨论听觉问题。

(一)声音刺激的物理参数和心理物理学参数

物体振动使周围的空气分子也随之发生压缩与舒张交替变换式的振动,这种振动以 340 m/s 的速度沿其振动方向向远处传播开来。声波的物理参数主要有频率、波幅等。频率就是单位时间(s)内声波振动的次数,其度量单位是赫兹(Hz),即每秒 1 次的振动。声波的振动幅度称波幅,以其所具有的振动压强为度量单位,即每平方米面积上空气受到的压力变换值,其绝对单位是牛/米²(N/m^2)。声压越高,声波振幅越高,则传播得越远。人耳鼓膜所能觉察出来的最小声压大约为 $2×10^{-5} N/m^2$。由于人耳所能感知声压的范围甚广,为了便于计算,物理声学常采用声压的对数单位——分贝(dB)作为声压水平的基本单位,计算分贝的公式为:$L=20×\lg(P/P_0)$,P_0 为绝对阈值(N/m^2),P 为某一声压的绝对值(N/m^2),例如 $P=2×10^{-2} N/m^2$ 的声压水平为:

$$L = 20 \times \lg \frac{P}{P_0} = 20 \times \lg \frac{2 \times 10^{-2} \ N/m^2}{2 \times 10^{-5} \ N/m^2} = 20 \times 3 \ dB = 60 \ dB$$

声压与绝对阈值相等的声压水平为 0 dB。心理声学将人耳感知不同声压水平时产生的主观感觉差异称为响度或音强(loudness),响度的度量单位是方(phon)。

以单一频率规律性振动的声波,称为纯音(pure tone),生活中几乎不存在单独的纯音,大多是含有多种频率振动的复合音。对复合音进行傅里叶分析,可得到许多频率的纯音,如图 3-6 所示。那些振动频率呈倍数变化的一系列纯音,称为谐振音。

一个复合音用傅里叶分析得到不同频率纯音的分布图称为声音的声谱图,见图 3-7。人能听到的频谱为 20～16 000 Hz 的各种振动波,对 400～1000 Hz 的声波最敏感。1000 Hz 60 phon 的声波是人耳最适宜的言语听觉声音参数。心理声学将人耳所能分辨的不同频率波,称为音高(pitch)。在 1000 Hz 最适宜音高的附近,人们可以分辨出频率的变化,称为频率鉴别阈限。

物理声学分析声音的频率、振幅或声压,以及复合音的频谱,如图 3-7;心理声学考虑到这些参数与人类主观听觉间的关系,提出了相应的参数是音高、音强(响度级)和音色(timbre)。音色就是某一复合音的频谱,即该复合音的主要频率的组成成分。听觉生理心理学的核心课题是阐明人脑感知音高、音强和音色的生理机制,分析内耳与脑听觉中枢如何对声波的心理声学参数进行编码和加工。为此,必须对内耳和听觉系统的

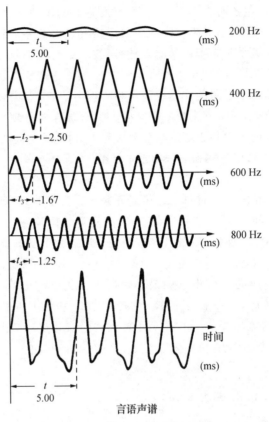

图 3-6 言语声音傅里叶分析
（修改自 Levinthal，1990）

结构与功能特点有所了解。

（二）耳与听觉通路

耳由外耳、中耳和内耳构成。外耳包括耳廓与外耳道，有聚音和声波传导的功能。中耳由鼓膜和鼓室构成，鼓室内有锤骨、砧骨和镫骨等3块听骨。3块听骨构成传导和调节声压的杠杆系统，一端由锤骨与鼓膜相接，另一端由镫骨与内耳卵圆窗相连，将声波从外耳传至内耳。中耳鼓室内还有耳咽管把鼓室和咽腔连起来，以调节鼓室内压力，保证鼓膜和听骨杠杆作用的适宜压力条件。内耳由前庭、耳蜗和3个半规管组成（图3-8）。耳蜗内主要有听觉感受器——螺旋器（又称科蒂器），前庭与3个半规管内主要有平衡觉感受器。内耳的听觉感受器和平衡觉感受器及相关结构统称为迷路，镶嵌在颞骨形成的骨迷路腔内。在强振动的特殊情况下或外耳与中耳的声波传导及放大系统发生障碍时，骨迷路也能将声波直接传给内耳。这种途径称骨传导，正常情况下并不具有重要意义。

耳蜗是由3层平行的管状组织螺旋式盘绕成二周半的蜗牛壳状结构。这3层平行管状组织分别称为前庭阶、中间阶（或称耳蜗管）和鼓室阶。在前庭阶和鼓室阶内流动

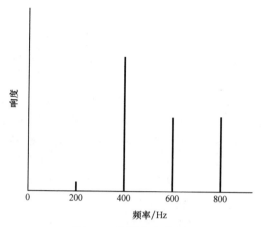

图 3-7 言语声音频谱
（修改自 Levinthal，1990）
此图可见，400 Hz 声波为该声音信号的主要成分。

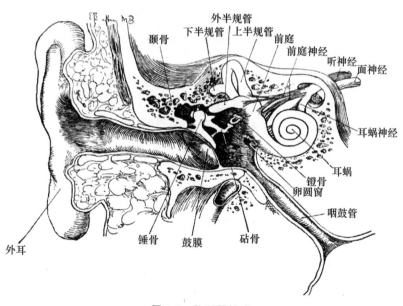

图 3-8 位听器模式
（引自 Hebb，1966）

着外淋巴，在中间阶内流动着内淋巴。两种淋巴液的化学组成不同，外淋巴含较高浓度 Na^+，类似细胞外液；内淋巴含较高浓度的 K^+，类似细胞内液。前庭阶和鼓室阶的外淋巴液在耳蜗顶部经一孔相通。中耳传导的振动声波由镫骨通过卵圆窗传给前庭阶的外淋巴液。中间阶的内淋巴以前庭膜与前庭阶的外淋巴相隔，以基膜与鼓室阶的外淋巴相隔，所以外淋巴内的振动波分别通过前庭膜和基膜传给内淋巴。基膜上分布着声波振动的感受细胞及其支持细胞。感受细胞又称为毛细胞,可分为内、外毛细胞两种。人耳蜗内含有3400个内毛细胞和12 000个外毛细胞,毛细胞的基部通过支持细胞固着于基膜,顶部有许多纤毛,其上覆以盖膜。内淋巴中传导的声波导致盖膜与纤毛间的振动,从而使毛细胞兴奋,产生感受器电位。

听觉通路始于内耳的毛细胞,与螺旋神经节内双极细胞的外周支神经纤维相联系。将编码后的听觉神经信息传给双极细胞。双极细胞将这些信息沿其中枢支神经纤维——听神经向脑内传递,首先到达延髓的耳蜗神经核,交换神经元后大部纤维沿外侧丘系止于同侧下丘,另一部分纤维从耳蜗核经过延髓的上橄榄核与斜方体,到达对侧下丘。从下丘向左、右两个内侧膝状体传递信息(图3-9),最后由内侧膝状体将听觉信息传送到颞叶的初级听皮层(41区)和次级听皮层(21区,22区,42区)。应该指出,在听神经中,95%的纤维来自与内毛细胞发生突触联系的双极细胞;只有5%的听神经纤维来自与外毛细胞发生联系的双极细胞。前一种双极细胞与内毛细胞是一对一的联系,而后一种双极细胞可以同时与几个外毛细胞发生联系。所以,内毛细胞在听觉感受中具有较重要的作用。

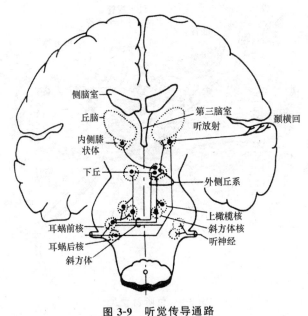

图3-9 听觉传导通路
(修改自 Levinthal,1990)

(三)听觉信息的神经编码

关于听觉系统对声波的各种参数怎样编码而产生主观听觉的问题,很早就形成了几种理论假说。随着科学的发展,研究者逐渐认识到它们各自的局限性,不断修正旧的理论、形成新的理论。

1. 音高的神经编码与听觉理论

德国生理心理学家亥姆霍兹（Hermann von Helmholtz）于 1863 年提出了听觉的共振理论（resonance theory）。这一理论把内耳比喻成一架钢琴，科蒂器内的基底膜、毛细胞像琴弦一样，由于长短不同而振动频率不一。外部声波传入内耳后，低频声波易引起较长纤毛的毛细胞和较宽基膜的共振，高频声波引起较短纤毛的毛细胞与较窄基膜的共振。解剖学研究确实发现耳蜗基底膜宽度不同，耳蜗基部的基底膜较窄，而耳蜗顶部的基底膜变宽。使共振理论至今还能解释某些听觉现象，例如，老年人耳蜗基底部血管硬化供血不足，常造成其对高频音听力的下降，同时低频音的听力却不发生变化。共振理论的不足是机械地将内耳与钢琴类比。事实上，内耳中的内、外淋巴和基底膜的振动总是整体性的，无法实现像琴弦那样分离地局部振动。为克服共振理论的不足，许多学者对它做了修正，所谓位置理论（place theory）就是修正了的共振理论。位置理论认为，虽然内耳基底膜不能像钢琴琴弦那样进行分离地局部振动，但在基底膜整体振动时，不同部位上最敏感的振动频率却存在着微小差异。因此，在不同频率声波的感知中，耳蜗基底膜上的不同位置具有不同的作用。

除了共振理论和位置理论以外，还有频率理论（frequency theory）。频率理论认为，不同频率的声波引起与之频率相同的神经元单位发放，因而能感知不同音高的声刺激。这一理论遇到的困难是神经元最大单位发放频率不超过千赫兹；而人类听觉却可以感知 16 kHz 以下的声音。为了克服这个难点，一些人修正了频率理论，提出了齐射原理（volley principle）。这一原理指出，虽然每个听觉神经元的单位发放频率不能超过千赫兹，但声波作用于听觉系统，同时可以激活许多神经元的单位发放，它们各自产生一定频率神经冲动排放，叠加在一起，就会造成与高频声波相同的发放频率。提出者也不得不承认，齐射原理只能解释 5000 Hz 以下的声音感知现象，对 5000 Hz 以上声音的感知应由位置理论加以补足。

贝凯希（Georg von Békésy）于 1969 年提出了行波学说（travelling wave theory），以大量精细数据和模拟研究获得了诺贝尔奖。贝凯希认为声波从外经中耳引起卵圆窗的振动，在内耳的传播是以行波方式进行的。他设想耳蜗管的内淋巴、基底膜、毛细胞和盖膜之间发生三维振动，振动的幅度最小为 10^{-10} m。因为耳蜗螺旋部的基底膜紧张度较高，耳蜗螺旋顶部的基底膜紧张度较低，行波传播的速度逐渐降低，振幅也逐渐降低，到达耳蜗顶部时，行波几乎消失，可见在耳蜗管的不同点上，行波振动的最大频率逐一下降。换言之，不同频率的行波引起不同感受细胞的最大兴奋，在耳蜗内对声音频率进行着细胞分工编码。凯恩（N. Y. S. Kiang）应用细胞微电极方法，未能找到对 200 Hz 以下声波反应的耳蜗细胞。因此，无法用细胞分工编码解释低频声波的感知机制。他进一步发现，在低频范围内耳蜗螺旋顶部的基底膜与声波发生同步化振动。还有人用各种频率声波合成的白噪声刺激，以便引起整个基底膜的同时振动。此时被试仍能报告是否有声刺激出现或消失，说明此时存在耳蜗神经冲动。

综上所述,关于内耳音高编码问题,出现过许多理论,但归结起来不外乎细胞分工编码和频率编码两种方式。可能对低频声刺激以频率编码为主,而高频声刺激以细胞分工编码为主。那么在听觉通路和听觉中枢内对音高是如何编码的呢？在听觉通路上,插入微电极记录不同水平听觉神经元对各种音高声刺激的反应。将实验数据在频率(音高)和音强坐标上记录并绘制反应曲线,结果表明每个神经元的反应曲线均呈 V 字形,最低点不重合。由此说明在听觉通路上,各个神经元有自己最敏感的反应频率,在对应频率上做出单位发放频率变化所需的音强最低。据此可以认为,在听觉中枢内对音高的感知是由细胞分工编码机制完成的。在初级听皮层上,可以明确找到与耳蜗螺旋基部和顶部相对应的空间定位关系,颞横回内侧对应于耳蜗基部高音敏感区,颞横回外侧对应于耳蜗顶部低音敏感区。

2. 音强的神经编码

在外周和中枢内对音强编码的机制较为复杂。可分为级量反应式编码、调频式编码和细胞分工编码。在耳蜗管内的内淋巴与前庭阶外淋巴之间,存在着 80 mV 的蜗管内直流电位;而在蜗管中的毛细胞(声波感受细胞)膜内与外淋巴之间,存在着 $-60 \sim -80$ mV 的细胞内负直流电位。所以,在毛细胞膜内与细胞膜外(内淋巴)存在着 $-140 \sim -160$ mV 的静息膜电位。当毛细胞受到刺激时,在其与盖膜毗邻的纤毛附近,大量钾离子通道门开放,内淋巴的高浓度 K^+ 进入毛细胞内,导致毛细胞去极化,产生了感受器电位。耳蜗内的感受器电位是一种级量反应,随声波刺激强度与波形的变化而变化,没有潜伏期和不应期,也没有适应现象。感受器电位触发毛细胞释放兴奋性氨基酸类神经递质(谷氨酸或天冬氨酸),这些神经递质在双极细胞外周纤维的突触后膜上与受体结合,引起兴奋性突触后电位。这些兴奋性突触后电位发生总和而导致双极细胞的单位发放。从上述过程可以看到,在双极细胞单位发放以前的各个环节上,均是级量反应式的编码过程。毛细胞膜电位去极化和感受器电位是级量反应,毛细胞释放兴奋性神经递质,引起兴奋性突触后电位是级量反应,这些过程均取决于声波刺激的强度。但是,使用电子显微镜进行的超显微结构研究发现,耳蜗毛细胞不但与双极细胞形成传递听觉信息的突触,还接受从橄榄核发出的传出纤维。这些传出纤维对毛细胞的兴奋产生抑制性调节。所以,毛细胞的级量反应有时并不仅取决于声波的强度,还受制于传出性抑制机制。这种对毛细胞的传出抑制效应是通过神经末梢释放胆碱类神经递质而实现的。

在耳蜗螺旋神经节内的双极细胞至皮层下的各级听觉中枢内,均实现着调频式的编码过程,把音强的信息转换为神经元单位发放的频率变化。这种调频编码过程与其他感觉通路不同,听觉中枢神经元的单位发放频率不仅取决于声音刺激的强度,还受制于它的频率(音高)。各级听觉中枢的神经元只能在一定的刺激强度和频率范围内,才能进行对刺激强度的调频式编码,这种能引起听觉某个中枢神经元单位发放频率改变的声刺激范围称为反应区。在听觉通路上从低级中枢到高级中枢,神经元的反应区由大变小,说明高级中枢神经元之间的细胞分工编码逐渐发挥更大作用。在大脑皮层中,细胞分工编码已完全取代了单位发放的调频式编码。

通图里(A. R. Tunturi)发现在听皮质中对音强的编码与对音高的编码一样,都是细胞分工的空间编码。在狗的听皮层研究中,他发现在薛氏回(相当人类颞横回)上,对不同声音强度发生最大反应的细胞依次分布,其排列方向与对不同声音频率发生敏感反应的细胞排列方向互相垂直。听皮层由外侧向内侧的细胞感受声音的最适频率逐渐增高;对不同音强发生最大反应的细胞,在听皮层的前后方向上依次排列。

3. 音色的神经编码

对复合音刺激,特别是言语声音的刺激,听觉系统靠两种机制进行细胞分工编码。频率自动分析的机制,使听觉系统不断对复杂声音的频谱进行傅里叶变换,由大量神经元分别对不同频率的谐波进行音高和音强的编码。另一种细胞分工编码的机制类似于视皮层的复杂细胞和超复杂细胞,在听皮层内也存在着特征提取的各种特殊神经元及相应的功能柱,分别对音色进行模式识别。应该指出,对音色的神经编码过程,至今还缺乏直接的系统性实验证据。

4. 声源空间定位的神经编码

除了心理声学的上述3个基本参数外,人与动物听觉系统对声源空间定位的功能也具有重要的生物学意义,关于它引起朝向反射的神经机制,本书将在非随意注意中加以讨论,这里仅就声源空间定位的神经编码机制进行讨论。

声源空间定位的神经编码有两种基本方式:锁相-时差编码和强度差编码。这两种编码都以两耳听觉差为基础,前者是由声波到达两耳之间的时差所形成的空间定位;后者是由声波强度在两耳之间的差异所形成的声源空间定位。当声源距离远时,它对于两耳之间的距离差可能较大,声波到达两耳的时间差较易为听觉系统所鉴别。如果声源距离较近,其对两耳之间的距离差很小,则由于两耳听觉神经元发放的锁相机制,仍可感知其 3×10^{-5} s 的时差。什么是听觉神经元单位发放的锁相(phase-locking)机制呢?听觉神经元在声波作用时,增加单位发放频率的现象,并不是发生在整个声波周期时间内,而是仅仅出现在声波周期的某一时相上。头两侧的听觉神经元中,有些对同相位声波产生同步性单位发放。神经元仅在声波某一相位时改变单位发放频率,两侧神经元对同相声波产生同步性单位发放的机制,就称为听觉神经元单位发放的锁相机制。如果声源距离很近,声波到达两耳的时差甚微,仅产生几分之一周期的相位差,此时由于两侧神经元单位发放的锁相机制,只能一侧神经元增加单位发放频率,从而造成两侧神经元单位发放的不对称性,产生了时差效应,对声源给出准确的空间定位。靠神经元单位发放锁相机制对距离较近的低频声源进行精确空间定位的神经中枢主要位于内侧上橄榄核,由此再向高级听觉中枢发出声源定位的神经信息,进行更高级的信息处理过程。

对于高频声音刺激,两耳时差效应并不如低频刺激那样有效,对此在听觉系统中还有双耳强度差效应。如果一个高频声波来自左侧或右侧,由于头部本身构成了声音传播的障碍物,使其到达对侧耳中的音强受到损耗,这样在两耳之间形成了音强差,导致神经元单位发放频率的不对称性。靠双耳音强差对高频声源定位的中枢位于外侧上橄榄核。

三、味觉与嗅觉

味觉与嗅觉都是化学感受器,把物质的分子作用转变为神经信息,编码传递后产生主观味感觉。

(一)味觉

1. 味觉感受器

味觉感受器对物质分子的作用首先进行细胞分工编码,按物质的化学性质分别由不同的味觉感受细胞进行反应。人类舌中含有甜、咸、苦、酸等4种基本味觉感受细胞,其他味觉由这4种味觉混合而成。舌尖分布着较多的甜、咸味觉感受细胞,两侧舌边分布较多的酸、咸味觉感受细胞,舌后部分布较多的苦味觉感受细胞。这些味觉感受细胞是由上皮细胞演化而来,与支持细胞共同形成味蕾。每个味蕾所含味觉感受细胞数量不等,平均为50个。味蕾分布于舌的乳头中或分布在舌表面折叠而成的沟裂中。

2. 味觉通路

每个味蕾中的味觉感受细胞以朝向舌表面的一端感受溶解的物质分子,另一端与神经纤维形成联系。这种联系并不是一对一的,每个味觉细胞可以与数根神经纤维联系;反之,每根神经纤维也可能与数个味觉感受细胞联系。与舌前2/3区域中的味觉感受细胞联系的神经纤维形成味神经,传导舌前部的触、温、痛和味等感觉冲动。传导味觉冲动的纤维加入第七对脑神经(面神经)到达脑干孤束核。与舌后1/3区域中的味觉感受细胞联系的神经纤维的胞体位于下神经节,由此发出的味觉传入纤维加入第九对脑神经(舌咽神经),止于孤束核。与舌根及会厌等处味觉感受细胞联系的纤维经结状神经节后加入第十对脑神经(迷走神经),也止于孤束核。由此可见,舌的味觉传入冲动均到达脑干孤束核,在这里交换神经元后上行至脑桥味觉区,最后到达前岛叶,这是最高级的味觉中枢。

3. 味觉的信息加工

味觉神经信息,除靠味蕾感受细胞分工编码外,感受细胞兴奋时的感受器电位也有3种不同形式。萨托(T. Sato)发现,大鼠味觉细胞膜静息电位约-50 mV(水适应条件下),在4种基本味觉刺激时,发生3种感受器电位:去极化电位、超极化电位和超极化-去极化位相性感受器电位。这3种感受器电位均是缓慢的级量反应,随刺激物浓度的增加而增加,但不可能形成传导的峰电位(神经冲动)。3种不同的感受器电位取决于4种基本味觉刺激呈现的组合方式。由此可知,每个味感受细胞并不只是对一种味觉刺激发生反应,有些感受细胞可分别对4种基本味觉刺激中的几种刺激发生反应:一种刺激引起抑制性(超极化)反应,另一种刺激可发生兴奋性反应(去极化)。味感受细胞兴奋除靠感受器电位激发神经元产生神经冲动外,还可能靠化学传递引发神经冲动,因为味感受细胞与神经纤维发生联系的部位有大量囊泡存在。但是味觉细胞引起神经冲动的具体机制至今不完全明了。在味觉高级中枢的前岛叶皮层和全部中枢传导通路上,均可发现 1/3 的神经元单位发放可为多种味觉刺激所影响;另外约 1/3 的神经元能对两种味觉刺激发生反应,其余 1/3 的神经元只对一种味觉刺激发生反应。前岛叶的神经元对甜味刺激发生反应的细胞分布在一端,对酸味和苦味发生反应的细胞分布在另一端,对咸味发生反应的细胞则随机分布在各处。由此可见,味觉神经信息的编码虽然主要是靠细胞分工与空间编码,但并不是绝对的。在味感受细胞中存在 3 种形式的感受器电位,在中枢通路上可能存在不同模式的神经冲动编码。味觉信息编码的规律尚需进一步深入研究。

味觉除了在防止有害物质进入动物体内方面具有生物学意义外,对于人类的情绪调节也有一定作用。味觉引起的情绪变化能持久保存在脑内。Garcia、Ervin 和 Koelling (1966)关于味-厌恶条件反射的研究发现,味觉刺激 1 小时以后,给动物以 X 线或电刺激等厌恶刺激尚可形成牢固的条件反射。这种味觉条件反射一经建立可维持很久,比听觉和视觉条件反射保持的时间长。所以味觉对机体的习得行为具有较大的影响。

(二) 嗅觉

1. 嗅觉感受器与嗅觉通路

嗅觉感受器分布于鼻腔内上鼻道与鼻中隔后上部,这里的黏膜上皮分布着嗅感受细胞,即支持细胞和基底细胞。嗅感受细胞的外端膨大成为有纤毛的嗅泡,根据嗅感受细胞的形状,可分为杆状和球状两种。其中枢突组成嗅丝,穿过筛孔进入嗅球。嗅球中的僧帽细胞发出二级纤维构成嗅束,部分纤维在嗅前核与前穿质中继,这些二、三级纤维主要经外侧嗅纹止于前梨状区及杏仁核的内侧部,由此到达海马旁回皮层。嗅觉通路与其他感觉通路截然不同,传入纤维不通过丘脑而直达大脑皮层。相反,从嗅皮层发出下行性纤维与丘脑的味觉区发生联系。正是这种联系,才使嗅觉与味觉在功能上存在着协同关系。嗅皮层与下丘脑的功能联系,使嗅觉信息影响饮食行为。在一些哺乳动物中,嗅觉对性行为的影响也是以这种神经联系为基础的。

2. 嗅觉信息加工

在嗅上皮的黏膜中可以记录到嗅电图,将特殊气味吹入鼻内时,在嗅黏膜上可观察到缓慢负电位变化,随气味增浓,这种负电位波幅增高,显然这是一种级量反应性质的感受器电位。这种感受器电位达到一定强度时,可以在嗅感受细胞的另一端,即发出嗅丝的部分产生神经冲动。嗅球上可以记录到神经冲动的节律发放。没有特殊气味时,其发放频率为 70~100 次/秒,称为自发性电活动。有些气味可以增加嗅球神经元的发放频率,有些气味能降低这种发放频率。嗅球上不同部位的神经元对不同气味的感受性不同。嗅球前部的神经元对水溶性物质的气味感受性强,与嗅黏膜的背部和前部有神经联系；嗅球后部与嗅黏膜的腹前部有神经联系，对脂溶性物质的气味感受性强。由此可见，嗅觉系统的神经编码规律比较单纯，主要是从级量反应到调频反应，中枢与外周之间存在着简单对应的空间编码关系。

嗅觉信息不但与机体饮食行为有关，也常引起机体防御反应，在刺鼻的气味中甚至可抑制呼吸功能。嗅觉信息常引起人们情感活动的变化。对于其他哺乳类动物，嗅觉常是对周围环境定向反应的主要信息来源。信息素，又称外激素（pheromone），是动物释放的一种特殊化学物质，可影响其他动物的行为，特别是生殖行为。动物借助嗅到信息素的气味可以辨别出靠近自己的个体是何性别，以调整自身的行为。例如，雌性动物的性周期和体内激素水平会受到其他动物信息素的影响，甚至刚刚妊娠的雌鼠受到新异性雄鼠信息素的影响可致流产。

四、躯体感觉

躯体的感觉模式是多种多样的，可将其由表及里分成 3 个层次：浅感觉、深感觉、内脏感觉。浅感觉包括触觉、压觉、振动觉、温度觉等，这些感受细胞都分布在皮肤中。深感觉是对关节、肢体位置、运动及受力作用的感觉，其感受细胞分布在关节、肌肉、肌腱等组织中。内脏感觉与其他感觉有所不同，一般情况下内脏感觉并不投射到意识中，这些感受器分布在脏器、血管壁之中，受到牵拉或触压会引起痛觉。虽然在皮肤中存在着痛觉游离神经末梢，但各种感受细胞受到超强刺激，均可出现痛觉。痛觉、渴觉、饿觉、头部位置与身体平衡觉等是多种感受细胞活动而产生的综合感知觉。总之，躯体状态、位置的感觉比较复杂。

躯体感觉神经编码的基本规律是对各种刺激模式进行细胞分工编码，而这些细胞又以不同空间对应关系分布着；对于刺激强度则以神经元单位发放频率的改变进行编码。躯体内外的各种刺激，按其刺激性质引起相应感受细胞的兴奋，而各种感觉模式的感受细胞却分布在同一体表区，对体表区的复杂刺激同时进行能量转换，把各种适宜刺激转换成神经信息，沿同一条神经传入中枢。感觉神经将神经冲动传入脊髓感觉神经元以后，脊髓神经元和体表之间在垂直方向上呈现出脊髓节段与体表节段间的良好对应关系；在更高级的中枢大脑皮层上与体表的关系呈现相应的空间对应关系。这种对应关系依体表功能不同在中央后回的代表区大小有所不同（图 3-10）。对于体表或外周而言，其感觉信息到达不同层次的中枢神经部位被称为它的各级感觉中枢或皮层代表区；反之，对感觉中枢的神经元而言，那些受到刺激能引起该神经元单位发放变化的外周区域则称为它的感受野。像视觉通路一样，脊髓感觉神经元在体表的感受野也类似同心圆，中心区为兴奋性，周边区为抑制性。大脑皮层中的感觉神经元的分布与其在躯体中的感受野存在着点对点的空间定位关系。然而，在脊髓到丘脑的各级结构中，这种空间关系则截然不同，在每一节段的水平面上，感受野相同的各种模式的神经元彼此分离，分别存在于各自的感觉中枢内。在丘脑以上的脑高级结构中，感受野相同的神经元才聚在一起,形成超柱,对同一躯体部位的各种感觉进行综合的信息处理。

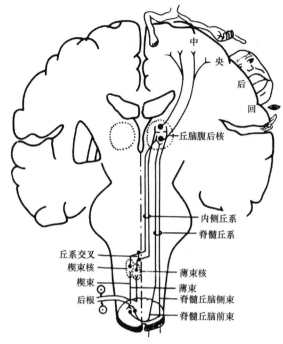

图 3-10 躯体浅感觉与深感觉传入通路
（修改自 Levinthal，1990）

(一) 浅感觉及其上行通路

浅感觉的感受器种类较多,都分布在皮肤内,其中最大的是柏氏小体(Pacinian corpuscle),最小的是游离神经末梢,分别对压触、振动、温度和有害刺激发生反应。

压觉感受器(pressure receptor),又称刺激强度检测器(intensity detector),在无毛皮肤中主要是梅克尔细胞(Merkel's cell),在有毛皮肤中主要是触盘(tactile disk);另一种压觉感受器鲁菲尼小体(Ruffini corpuscle)既存在于无毛皮肤中,又存在于有毛皮肤中。这些压觉感受器的共同特点是对外部刺激的适应性较差,所以恒定压力的长时间作用所引起传入神经纤维的神经冲动频率仍不降低。神经冲动的频率与压力强度间的关系符合史蒂文斯定律。正由于它们的适应性较低,不仅感受压力相对强度,还对压力作用的持续时间十分敏感。与前两种压觉感受器不同,没有皮肤压力刺激时,也存在着低频的静息态神经冲动发放,皮肤受力不同,就会使其引起的神经冲动发放频率发生变化。它不仅对垂直作用于体表的压力敏感,也对肢体或手指位置变换产生皮肤压力的变化十分敏感。

触觉感受器又称为速度检测器(velocity detector),迈斯纳小体(Meissner corpuscle),存在于无毛皮肤中;毛囊感受器(hair follicle receptor)存在于有毛皮肤中。这类感受器对压力的变化速度十分敏感,对静止不动的压力不敏感。这是由于它们对压力作用的适应性较快。压力使毛发或汗毛弯曲或皮肤表面相对位移,这类感受器就引起神经冲动的出现,位移停止,神经冲动也消失。出现神经冲动的频率与皮肤相对位移的速度或压力作用的速度呈幂函数关系。如果将压力感受器对恒定压力的反应称为紧张性反应,则触觉感受器对作用速度的反应称为相位性反应。

振动觉感受器又可称为加速度检测器(acceleration detector),是皮肤感受器中体积最大的一种,称为柏氏小体。它是一个椭圆形环层结构的囊状小体,其大约 $0.5 \text{ mm} \times 1.0 \text{ mm}$,洋葱皮状的环层结构由结缔组织构成,其中央有一段无髓鞘神经末梢,这段末梢走出感受小体时覆盖上髓鞘。当它受到刺激时,首先产生缓慢级量反应的感受器电位,这种感受器电位随刺激强度增大而增强,最后可激发有髓鞘神经纤维出现神经冲动。如果给柏氏小体施以方形波电刺激,只要是阈上强度,无论方形波波幅多高,都只能引起神经末梢的单个神经冲动。如果电刺激是正弦波交流电,则发现神经冲动频率取决于交流电的波幅和频率两个参数。换言之,引起柏氏小体激发神经冲动的正弦交流电阈值,既取决于波幅高度,又取决于交流电变化的频率,其波幅与频率之间呈双曲线关系,即波幅与频率的平方呈反比例关系,既然频率的平方具有加速度的意义,所以才将振动觉的柏氏小体看成是加速度检测器。这决定了它对刺激的适应能力很强,只有不断变化的刺激才能连续地引起它的兴奋。

每根皮肤神经都含有半数的无髓鞘神经纤维,它们的直径小,传导神经冲动的速度极慢。除构成植物性神经节的节后纤维支配皮下血管和毛囊外,还在皮肤内形成许多游离的神经末梢。这些游离神经末梢具有多种感受功能,其中大部分具有温度觉,另一部分游离神经末梢具有痛觉感受作用,还有少部分游离神经末梢被称为"阈探测器"(threshold detector),仅能反映出皮肤上是否有刺激,而对刺激的强度和性质,不能进行鉴别反应。人类的冷觉感受器除上述游离的无髓鞘神经末梢外,还有些较细的有髓鞘神经末梢;温觉感受器则主要是游离的无髓鞘神经末梢。所以,对冷的感觉信息比温觉信息传导得快些。

浅感觉感受器兴奋所激发的神经冲动按躯体节段关系沿传入神经到达相应节段的脊髓神经节,由脊髓神经节细胞轴突的中枢支将神经冲动传入相应的脊髓感觉中枢(图 3-10)。由此发出二级纤维,形成脊髓丘脑前束和侧束,两束上行至脑干后合并为脊髓丘系,主要传导轻触觉、痒觉、温度觉和痛觉的上行冲动,止于丘脑腹后外侧核和后核,由此发出三级纤维经内囊投射至中央后回上 2/3 部。

头面部的浅感觉通路,始于脑神经节,其细胞的中枢支止于三叉神经感觉核。三叉神经主核主要接受传递触压觉的冲动;三叉神经脊髓束核除接受传递触压觉外,还接受和传递痛觉、温度觉的冲动。三叉神经的这两个感觉核发出了二级上行纤维,组成三叉丘系,止于丘脑腹后内侧核的三级感觉神经元,由此发出三级纤维经内囊到达中央后回的下 1/3 部(图 3-11)。

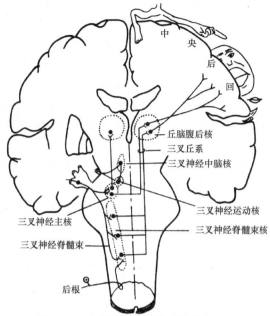

图 3-11 头部深感觉和浅感觉传入通路
(引自兰生,1958)

浅感觉通路的二级纤维,除上述到达丘脑者外,均发出侧支和终支止于脑干网状结构和脑神经运动核。止于脑干网状结构的纤维经几次中继后,止于丘脑板内核和中线核,形成非特异感觉投射系统。

(二) 深感觉及其传导通路

深感觉模式可分为 3 类:位置觉、动觉和受力作用的感觉。常将产生这些感觉作用的感受器统称为本体感觉器,包括关节感受器、肌梭感受器、腱感受器。此外,前庭感受器与皮肤中一些感受小体和游离神经末梢也参与深感觉活动。

在固着于骨骼上的肌腱内,存在着腱感受器,当肌肉收缩时,腱感受器受到牵张,在传入神经上产生神经冲动发放。肌肉舒张后,腱感受器不再引起神经冲动的发放。在肌肉纤维束内,一些肌纤维之间存在着一种特殊的肌梭,当肌肉收缩变短时肌梭受到的张力反而减少;反之,肌肉舒张变长时,肌梭受到的张力增加。所以,肌梭是肌肉长度变化的感受器,随肌梭长度的增减,肌梭引起传入神经冲动的频率相应地增减。肌肉收缩时腱感受器引起神经冲动发放,而肌梭引起的发放频率却下降,两者相互协调感受着肌张力变化。除肌肉这两种本体感受器之外,在关节囊内分布着许多感受小体和游离神经末梢,随关节的运动而受到牵张并沿传入神经发出神经冲动。

在肌肉和关节运动的同时,其表面的皮肤也受到牵拉,皮肤中的一些感受小体和游离神经末梢,也会引起神经冲动向脊髓传递关节或肢体状态的信息。内耳中的前庭感受器,对头部位置、运动的方向与速度发出神经信息。所以,躯体状态、位置、运动情况的感知是由很多的感受器共同工作所完成的。中枢神经系统接受各种感受器的冲动,对其进行分析和编码,还要参考来自视觉或皮肤浅部感觉的传入冲动,得到综合性的感知觉信息。

躯体状态、肢体运动和位置等感知觉中枢通路比较复杂,由几条通路组成。躯干和肢体的传入冲动到达脊髓后柱核,交换神经元交叉到对侧,沿薄束和楔束(在脊髓后索内)上升形成内侧丘系。头部的神经冲动沿三叉神经传入三叉神经节,行至三叉神经中脑核之后,交叉至对侧形成三叉丘系。三叉丘系和内侧丘系均到达丘脑腹后核,换神经元后沿内囊到达中央后回。在感觉皮层中,本体感觉与浅感觉一样,按躯体的空间关系分布着相应的皮层代表区。

近年研究发现,躯体感觉皮层也像视皮层一样,感受野和功能相同的皮层细胞聚在一起,在与皮层表面垂直的方向上形成柱状分布,称为功能柱。现已知有快适应性浅感觉功能柱、慢适应性浅感觉功能柱、检测肌张力的功能柱、关节状态功能柱等。除了这些特化了的功能柱之外,在初级躯体感觉皮层中,还有未分化的感觉神经元聚在一起形成的功能柱。这些功能柱相间排列,构成一个个超柱,包括各种相同感受野的每种功能柱在内。这样,超柱就成为躯体各种感觉的最基本的功能单位,与体表点对点的空间对应关系排列着。

(三) 内脏感觉

虽然植物性神经主要是传出性内脏神经,从脊髓和脑干发出,支配头、胸腔、腹腔与盆腔中的内脏活动,但是在迷走神经中,80%～90%的纤维具有传入功能,内脏交感神经中也有半数纤维是传入性的,副交感性盆神经中至少有30%的纤维是传入性的。与浅感觉不同,内脏性传入神经信息绝大多数并不投射到意识中产生明确的感知觉,而是自动调节体内环境的稳定性。当然,浅感觉和深感觉在产生主观感觉的同时,也具有无意识地调节体内环境的作用。例如,在肢体运动时伴随血液供应的调节;出现寒冷感觉的同时,皮肤的血液供应也发生相应变化等。

胸腔、腹腔和盆腔的各种内脏都存在着机械感受器、温度感受器、化学感受器和游离神经末梢,体内环境的变化引起它们的兴奋,神经信息沿内脏神经向中枢神经系统传入。在延髓、下丘脑存在着各种内脏功能皮层下中枢,如呼吸中枢、血压调节中枢、渗透压调节中枢、化学感受中枢、饱食中枢、饥饿中枢、渴中枢等。内侧前额叶皮层则是内脏感觉的高级中枢,对皮层下中枢执行着复杂的调节功能。Craig(2002)关于痛觉、内脏感觉和机体稳态感觉的神经通路的论文发表以来,被引用6000多次,得到广泛的认同。该论文对痛觉、内脏感觉和机体内稳态感觉通路及其相应的大脑皮层定位进行了总结,更新了内感受系统和内稳态感受系统的神经通路。如图3-12(b)所示,内脏感觉通路,起自同侧脊神经和Ⅶ、Ⅸ、Ⅹ颅神经,经孤束核、臂旁核到达丘脑腹后内侧核,止于前岛叶的味觉皮层和额盖部。这篇文章对内感受系统的总结,本书将在情绪情感的内感受理论中详细讨论。

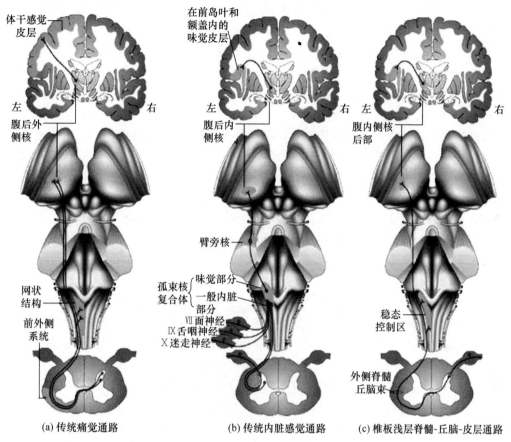

图 3-12 传统痛觉通路、传统内脏感觉通路和椎板浅层脊髓-丘脑-皮层通路
(引自 Craig, 2002)

五、痛觉

在躯体各层次中,分布着大量游离神经末梢,可能是产生痛觉的主要感受器,但是体内各种感受器受到超强刺激均可引起痛觉。所以痛觉是一种生物学保护性反应,使机体对有害刺激产生相应行为以排除有害刺激。如图 3-12(a)所示,痛觉神经通路起自对侧脊神经,经网状结构到达丘脑腹后外侧核,止于大脑体干感觉皮层相应代表区(Craig, 2002)。

(一) 痛觉的特点

痛觉与其他感觉相比,具有许多特点。首先,痛觉不仅包含感觉成分,还包含情感成分、植物性成分和运动成分。主观疼痛感觉伴有紧张、焦虑、不愉快,甚至恐惧等情感变化,与此同时还有血压、心率、汗腺等植物性功能变化,以及畏缩、逃脱等运动反应。情感、注意和认知活动对疼痛有明显的调节作用,能增强或减弱疼痛感与疼痛反应,所以疼痛感是比较复杂的感知活动。其次,疼痛感的适应性较差,在痛觉刺激持久作用的过程中,痛觉感受阈值并不增高;相反,多次重复应用痛觉刺激反而出现敏感化现象,这一特点是其他感觉所不具备的。最后,疼痛感的性质是多样的,可以按出现的部位、特点和方式将痛觉分为很多类型。按痛觉发生的部位,可分为体表疼痛、深部疼痛和内脏疼痛三大类;按疼痛定位的性质不同可将之分为投射性痛、牵涉性痛两大类;按疼痛出现的时间特点可分为有害刺激作用时立即出现的刺痛、延迟出现的钝痛或灼烧样痛、痉挛性疼痛和阵发性疼痛等。常见的体表疼痛有刺痛和钝痛;深部疼痛中最常见的是肌肉痉挛性疼痛和持续性头痛、腰痛等;内脏性疼痛更为复杂,可分为局部性压痛、投射痛和牵涉性痛等。内脏的炎症、内脏被膜或侧壁的牵拉、管道的阻塞等均可导致内脏痛,除偶尔可以指出脏器所在部位疼痛,一般很难准确定位。医生们常按压痛点或所涉及的体表疼痛部位确定患病的脏器。例如,阑尾炎的压痛点投射在脐与右髋骨间连线的外三分之一处;心绞痛牵涉左侧胸部和左前臂内侧,这种沿神经分布的皮肤节段呈现的疼痛称为牵涉性痛。

(二) 痛觉理论

著名的痛觉理论有强度理论、模式理论、专一性理论、闸门学说和神经生物学理论等。强度理论(intensity theory)认为各种感受细胞受到超强刺激引起神经冲动的齐射(volleys of impulses),超常性高频神经冲动是疼痛感的生理基础。但是电生理学研究发现,产生疼痛时并不一定总伴随神经冲动的高频齐射。于是又出现了模式理论(pattern theory),认为痛刺激引发特殊模式的神经冲动是痛觉形成的生理基础。总之,强度理论和模式理论都从神经信息的编码方式中探求痛觉的生理机制,高频频谱或特殊模式频谱是痛觉与其他感觉的差别,这种理论符合痛觉没有特殊感受细胞的事实。相反,专一性理论(specifity theory)则认为存在着多模有害刺激感受器(polymodal nociceptors),这种感受器对各种刺激均可发生反应产生痛觉。这种理论所依据的事实是皮肤上存在着许多痛觉敏感点,强刺激或弱刺激均可引出痛觉。躯体各层次组织中大量游离神经末梢可能是这种多模有害刺激的感受器。这些神经末梢可分为两类:有髓鞘细纤维的末梢,其传导神经冲动的速度约为 11 m/s,称为第Ⅲ类纤维;无髓鞘神经纤维的游离末梢,其传导速度为 1 m/s,称为第Ⅳ类纤维。在皮肤上,前者兴奋引起针刺样疼痛,后者兴奋引起烧样钝痛。小剂量普鲁卡因一类局部麻醉药很容易阻断第Ⅳ类纤维的传导功能,所以只引起针刺样疼痛感觉丧失,随后通常伴有的灼烧样钝痛。相反,阻断Ⅲ类有髓鞘纤维,用较强的电刺激引起Ⅳ类纤维兴奋时,则只产生灼烧样钝痛,失去针刺样感觉。深层组织和内脏器官中也存在大量Ⅲ、Ⅳ类纤维的游离末梢;但是这些末梢并不是专一性痛觉感受器,其中很大一部分对机械刺激、化学刺激和温度刺激的反应阈值更低。这些事实又不能支持专一性理论,至今尚未发现对痛刺激敏感的游离神经末梢与其他游离末梢有何组织学差异。

上述三种痛觉理论都是从感受器神经编码过程的角度探讨痛觉的生理机制,前两种理论从神经冲动调频编码中理解痛觉,后一种理论从细胞分工编码中理解痛觉。下面讨论的闸门学说和神经生物学理论则是从中枢神经系统的功能中理解痛觉。在讨论这两种痛觉中枢理论之前,我们简要概括一下痛觉通路。痛觉的第一级神经元位于脊神经节,轴突的周围形成了游离神经末梢,它的中枢支从脊髓背根进入脊髓后角的第二级感觉神经元,再由二级神经元发出纤维交叉到对侧脊髓侧索,沿脊髓丘脑束到达丘脑的后腹外侧核的第三级神经元,由此投射到皮层第一级感觉区。

闸门控制学说认为痛觉受制于中枢控制系统与闸门控制系统的作用。从周围神经接受感觉信息的脊髓细胞起着闸门作用,控制着高一级的痛觉传递细胞。接受较粗神经纤维的传入冲动时,闸门细胞快速兴奋,继而对传递细胞产生抑制效应,相当于关闭闸门不能产生痛觉。接受较细纤维的传入冲动时,闸门细胞不能兴奋,闸门继续开放,这些冲动直接引起传递细胞的兴奋,将神经冲动传至高级中枢产生痛觉。带状疱疹病毒使粗纤维大量受损,从而导致闸门开放引起疼痛,皮肤的振动和触摸引起粗纤维的兴奋,从而使闸门关闭出现镇痛效果。高级心理活动对痛觉的调节可以用中枢控制系统对闸门控制系统相互制约关系加以解释。

随着电生理技术和神经生化研究的结合,痛觉机制的理论有了突破性进展。20世纪60年代神经生理学研究发现,丘脑旁束核和板内核是痛觉的重要中枢。从丘脑背内侧核的传入冲动到达前额叶皮层和边缘皮层,情感过程通过这些皮层区对痛觉产生调节作用。20世纪70年代以来的大量研究发现,中脑导水管周围灰质接受下丘脑、杏仁核及前额叶皮层的神经联系,在中脑导水管周围灰质中,存在大量阿片受体,阿片样物质的镇痛作用主要是其与这里的阿片受体相结合的结果,电刺激中脑导水管周围灰质也可以产生镇痛效果;但是事先应用阿片受体拮抗剂纳洛酮,则无论是对中脑导水管周围灰质施以电刺激或是微量注入阿片样物质,均丧失其镇痛效应。这是由于纳洛酮与中脑导水管周围灰质的阿片受体竞争性结合,使受体失去活性的缘故。由中脑导水管周围灰质发出下行性纤维达延髓背部的缝际核,再由这里的5-羟色胺神经元发出轴突沿背外侧柱到达脊髓灰质背角,释放抑制性神经递质5-羟色胺,从而实现痛觉传入环节的抑制作用。总之,近年关于阿片样肽与5-羟色胺在镇痛中的作用问题已得到公认,奠定了神经生物学痛觉理论的基石。

此外,如图3-12(c)所示,机体稳态觉(homeostatic sense)则起自对侧脊神经,交叉至对侧后行于脊髓外侧束至延髓上部的稳态控制区,再上行至丘脑内侧核后区,止于大脑皮层前岛叶和额盖区。

第二节 神经系统的运动功能

神经系统的运动指令始于大脑皮层的运动神经元(上运动神经元),沿锥体细胞的轴突从脑传出到达脊髓的运动神经元(下运动神经元),再由下运动神经元把指令传给效应器,产生肌肉收缩或腺体分泌的生理效应。所以,神经系统的运动性传出通路只有两级神经元,能够快速实现运动功能。但是,为保证这条快速反应的通路正确无误,还有复杂的锥体外系和节段性的调控机制。

[常识与思索 3-2]　上运动神经元与下运动神经元损伤

对于有运动障碍的病人,明确其受损伤的部位十分重要。肢体僵直难以弯曲的状态称为硬瘫,说明受损伤的部位是上运动神经元,也就是大脑皮层运动区受损。相反,病人的肢体松软、肌肉无力,可任你随意曲直,则称为软瘫,这说明脊髓运动神经元受损,又称下运动神经元损伤。下运动神经元损伤与肌无力的肢体是同侧关系,即左侧脊髓损伤,则左侧肢体软瘫;相反,上运动神经元损伤与肢体呈对侧关系,即左脑损伤,则右侧肢体硬瘫。

一、效应器

参与随意运动的横纹肌,参与内脏、腺体与血管活动的平滑肌,以及维持心脏跳动的心肌,统称为传出神经的效应器,因为它们是神经兴奋或抑制赖以实现的最后的组织器官。效应器由肌肉、腺体和神经效应器接点所组成。

(一) 肌肉的分类与特点

根据形态学和功能特点不同,将肌肉组织分为三大类:参与随意运动的横纹肌,参与内脏、腺体与血管活动的平滑肌,以及维持心脏跳动的心肌。

1. 横纹肌

横纹肌又称为骨骼肌,因为除眼部和腹部的某些横纹肌以外,绝大多数横纹肌的一端或两端都通过肌腱固定在骨骼上。肌肉的收缩带动骨骼在关节上的位移。骨骼肌收缩造成的运动形式可分为许多种:伸、屈、摆动或节律运动,以及序列运动与弹导式运动。其中伸和屈是最基本的运动形式。伸肌收缩导致四肢关节伸直,屈肌收缩导致四肢关节弯曲,伸肌与屈肌交替收缩就会形成节律性运动或摆动;一些肌肉按一定顺序先后逐一收缩就形成了序列性运动;对一定目标产生的某种运动,一经发起就按达到既定目标的进程自动调节各肌群的收缩强度,从而使该运动达到目的,这是一种弹道式运动,类似火箭或导弹发射的运动。横纹肌怎样完成这些运动形式呢?主要是靠横纹肌的超显微结构变化和能量供给两个环节实现的。横纹肌由许多肌纤维束组成,而每个肌纤维束由两种平行分布的大分子蛋白质组成;较粗的肌球蛋白分子通过横桥与其周围的肌动蛋白相连接。正是因为横桥的存在,使肌纤维外观呈现横纹状。横桥的方向变化使肌球蛋白与肌动蛋白相对位置变化,造成肌肉的收缩运动。横桥变化与横纹肌收缩要耗掉一定能量,它是由三磷酸腺苷供应的。

2. 平滑肌

平滑肌可分为两类,一类是能产生自发性节律运动的单一单位平滑肌,能自发形成缓慢变化的终板电位,通过它激发可传导的动作电位,产生肌肉的收缩。这种平滑肌主要分布在胃肠道、子宫和小血管。另一类是多单位平滑肌,分布在大动脉、毛囊和眼的瞳孔散大肌、括约肌等。只有受到神经兴奋或激素作用时,这种平滑肌才收缩。植物性神经支配和调节两种平滑肌的功能。

3. 心肌

心肌的形态类似横纹肌,但其肌纤维较短而多分支。心肌的功能类似单一单位平滑肌,有自发的节律收缩能力。神经兴奋或化学物质均可影响其自发收缩的节律,如儿茶酚胺类物质对心肌收缩可产生显著的影响。植物性神经主要是交感神经调节着心肌节律收缩和肌张力变化。

(二) 神经肌肉接点与接点传递

神经系统怎样引起或调节肌肉的收缩功能呢?主要是通过类似突触结构的装置——神经肌肉接点的功能来实现的。神经肌肉接点由神经末梢一再分支并膨大而成为终板(end-plate),终板与肌纤维膜以一定间隙相连。神经末梢兴奋时终板释放神经递质乙酰胆碱,扩散到间隙后的肌膜上与受体结合产生终板电位(end-plate potential,EPP)。终板电位的性质类似突触后电位,是缓慢的级量反应,但它却比突触后电位强很多。所以,终板电位总能激发肌纤维发放动作电位并沿它的全长传导,引起它的收缩。肌纤维膜的去极化使膜上的钙离子通道门开放,因而 Ca^{2+} 大量进入肌纤维的细胞质内,启动了能量供给机制,使肌纤维中的肌球蛋白和肌动蛋白之间的横桥发生变化,两者发生相对位移,产生肌收缩运动。

脊髓运动神经元的轴突一再分支,与许多肌纤维形成神经肌肉接点,该神经元兴奋发出神经冲动就可以使这些肌纤维收缩。每个脊髓运动神经元及其所支配的骨骼肌纤维称为运动单位。根据结构和功能特点,可将运动单位分为三类:大单位、小单位和中单位。运动单位越大,则它的神经纤维越粗,神经冲动传导速度越快。肌纤维越大,收缩速度也越快;反之,运动单位越大越容易疲劳。大运动单位肌纤维中的肌球蛋白浓度低,毛细血管少,血流量较低,直接从血液得到葡萄糖的能源不多。虽然它自己存储的肌糖原较多,但参与糖酵解的酶较多,代谢起来需要一定的过程。一块骨骼肌肉内往往含有多种运动单位的肌纤维,各运动单位的肌纤维以一定时间顺序先后收缩。

平滑肌、腺体和心肌接受植物性神经支配。植物性神经末梢和它们之间的接点统称为神经效应器接点(neuroeffector junction),无论是形态上还是功能上神经效应器接点、神经肌肉接点和神经元之间的突触都不相同,各有自己的特点,神经元之间突触可以存在多种神经递质,突触后神经元接受数以千计的突触前成分,即一个神经元可与大量其他神经元形成突触,这些突触的突触后电位可能是兴奋性的或抑制性的,它们之间发生时间或空间总和导致单位发放。神经肌肉接点中每个肌纤维只接受一个神经元的有髓鞘的轴突末梢,且只释放一种神经递质——乙酰胆碱,因而只能引起一种兴奋性终板电位。乙酰胆碱引起终板电位以后很快受到接点附近的胆碱酯酶作用而分解。神经效应器接点中一个效应器细胞只接受一个神经元的无髓鞘神经纤维,却可能有两类神经递质中的一种——乙酰胆碱或去甲肾上腺素。每种神经递质既可以引起兴奋效应,也可能引起抑制效应;主要取决于效应器组织内所含受体的性质。副交感神经节后神经末梢只释放乙酰胆碱一种神经递质,效应器上有两类受体(N型受体和M型受体);交感神经节后纤维末梢可释放乙酰胆碱,也可能释放去甲肾上腺素,后者至少有两大类受体(α型受体和β型受体)。正是由于神经效应器接点的这种多变性才使它能接受许多药物的作用而影响内脏、腺体的功能。神经效应器接点的生理生化机制为药物治疗疾病和寻求新药提供了重要的基础理论,神经肌肉接点的知识也成为理解药物作用的主要基础。有机磷农药中毒引起的全身肌痉挛甚至惊厥状态,就是由于它降低了神经肌肉接点中的胆碱酯酶活性,使神经肌肉接点中的乙酰胆碱不能迅速分解,发挥持续性兴奋作用的结果。

(三) 肌梭与小运动神经元

前面我们讨论了脊髓前角大运动神经元(α运动神经元)发出有髓鞘运动纤维及其神经肌肉接点的知识;也讨论了脊髓侧角植物性神经元及其植物性神经节的节后无髓鞘神经纤维末梢所形成神经效应器接点的知识。在脊髓前角中还存在一种小运动神经元(γ运动神经元),它们发出的神经纤维末梢终止于一种特殊的肌纤维——肌梭中,对肌肉收缩力发挥着调节作用。

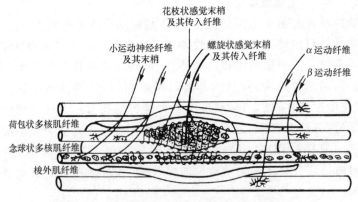

图 3-13　肌梭的结构及其感觉和运动神经纤维
(修改自 Carlson, 1986)

肌梭是一种特殊的本体感受器,即肌肉长度变化的感受器。这种感受器的感受性受小运动神经元传出神经的调节。下面简要介绍这种调节作用的神经机制及其对肌肉收缩力的调节作用。图3-13可帮助我们理解肌梭的结构和功能。肌梭由一个梭囊包围着,囊内有两种特殊的多核肌纤维:念珠状多核肌纤维和荷包状多核肌纤维。肌梭两端附着于梭外横纹肌纤维上,这些梭外肌纤维接受大运动神经元的支配,产生随意运动。肌肉收缩变短粗,分布在梭外肌纤维之间的肌梭受挤压力增高;而肌肉舒张变长时,肌梭受挤压力降低。肌梭所受的挤压力,分别由绕在梭纤维多核部位之外的螺环状感觉神经末梢和分布在两种梭内纤维一端的花枝状感觉神经末梢加以感受,并沿两类不同的感觉纤维将神经冲动传入脊髓感觉神经元。螺环状感觉神经末梢和花枝感觉神经末梢的传入神经冲动既决定于梭外肌肉的长度变化,也决定于肌梭中两种梭内纤维的张力。如果梭内纤维张力很低,为引起肌梭传入冲动变化,必须使来自梭外肌的挤压力很强。换言之,梭内纤维的张力太低,它对梭外肌长度变化的敏感性就低。小运动神经元通过γ传出神经纤维在两种梭内肌纤维上形成的神经肌肉接点调节它们的张力,因而也就调节着肌梭的感受性。小运动神经元单位发放频率越高,引起肌梭梭内纤维的张力也越高,则肌梭对梭外肌纤维长度的变化也越灵敏。一般而言,小运动神经元的活动是反射性的,梭内纤维张力低,小运动神经元兴奋;而梭内纤维张力高,则小运动神经元抑制,通过小运动神经元的功能调节肌梭的适宜张力以对梭外肌长度保持较好的感受性。所以,就小运动神经元活动的最终结果而言,它实现着对大运动神经元随意运动的反馈调节作用,使中枢神经系统对肌肉运动的信息保持灵敏的感受能力。

二、脊髓的运动功能

脊髓运动功能,是指其反射中枢位于脊髓的简单运动过程,它是其他复杂反射活动赖以实现的基础,脊髓损伤而导致损伤部位以下的肌肉无力发生软瘫,各种反射活动消失,是脊髓损伤的重要后果,神经科称之为下运动神经元损伤。与此不同,脊髓未受损伤,大脑皮层运动神经元损伤,脊髓反射活动亢进或硬瘫,称为上运动神经元损伤。

谢灵顿(C. S. Sherrington)创立经典神经生理学派,对脊髓运动反射的实验研究做出了杰出的贡献。他们将脊髓运动反射分为单突触反射、二突触反射、多突触反射,还把脊髓运动神经元看成是各级高位脑中枢的最后传出"共同公路",是脑对运动功能调节与控制机制的基础。

(一) 单突触反射

反射弧结构中,只由感觉神经元和运动神经元形成单个突触的反射,就是单突触反射。谢灵顿最早利用去脑猫的股四头肌标本,对单突触反射进行了精细的实验分析。他将猫的骨盆固定在桌上,使股四头肌与其他肌肉分离出来,保留神经,游离膝盖骨并将游离端肌腱连到记纹鼓的杠杆上。他发现仅将股四头肌拉长8 mm,则肌张力迅速增加,可达3～3.5 kg;将肌肉上的神经切断或仅将脊髓背根剪断,再拉长肌肉8 mm时其结果不同,肌张力增加得很少。从而证明肌张力迅速增加的现象是一种单突触的反射活动。他利用同样的动物标本进一步研究发现,拉长股四头肌引起其张力迅速增加的同时,拉长股二头肌则导致股四头肌张力迅速降低,由此他得出中枢抑制的概念。他总结大量实验材料,提出关于伸肌拉长反射的神经机制和生理学意义。这种反射的感受器是肌梭,脊髓神经节感觉神经元和脊髓大运动神经元(α神经元)间的突触联系就是该反射的中枢。股四头肌的单突触反射存在着来自拮抗肌(股二头肌)反射中枢的抑制效应。他认为单突触反射具有重要的生理意义,是人体功能肌张力产生的最基本机制,也是姿势和步行等运动功能得以实现的生理基础。应该说明,在自然条件下,肌肉受牵拉时,腱器官也受到刺激,它引起的反射活动称为腱反射,是二突触反射活动。神经科检查病人时,用叩诊锤敲膝部引出的膝跳反射是典型的单突触反射,用力将脚掌上推引出的跟腱反射是二突触反射。

(二) 多突触反射

谢灵顿除了对肌梭感受器的单突触反射进行研究外,还深入分析了皮肤感受器兴奋产生的运动反射。在四肢的皮肤上施以引起疼痛的刺激,则肢体立即屈曲。他将皮肤神经传入引起的这种运动反射称为屈反射。这种反射的生理意义是机体的保护性反应,是各种防御反射的基础,包括内脏病理性保护反射。患腹痛的病人总是屈曲下肢,两臂捧腹。用气体造成动物胃扩张或用芥子油充胃,4～5 min 后动物腹直肌收缩,后肢也是屈曲状态。这时切断内脏神经,屈曲状态解除。这说明腹痛时的卷曲姿势是泛化了的屈反射,是腹部以下全部屈肌同时参与的屈反射。除了生物学保护意义外,屈反射还是节律性步行运动的基础。谢灵顿对于具有如此生理意义的屈反射进行了实验分析,指出这是一类多突触反射,除感觉和运动神经之外,还有大量中间神经元参与反射活动,故称为多突触反射。

谢灵顿利用脊髓猫的半腱肌标本,精细分析了多突触反射的规律。他对比了直接刺激肌肉的运动神经和刺激传入神经(腓总神经)时引起半腱肌收缩的反应曲线,结果发现两点差异:刺激传入神经比直接刺激肌肉运动神经引起更强的反应;前者肌肉收缩后的恢复也相当缓慢。谢灵顿认为,这种事实正说明半腱肌反射弧的多突触性。直接刺激肌肉的运动神经时,所有的神经纤维同时兴奋,产生同步性神经冲动引起肌肉短暂的收缩。刺激传入到腓总神经时,经脊髓的许多中间神经元再达运动神经元。因此,传出神经上各种纤维的神经冲动在时间上相当分散,这就使肌肉收缩后恢复得较缓慢。由于许多中间神经元在不同时间上加入反应,这种多突触联系就会造成运动单位的重复发放,引起比直接刺激运动神经更强的反应。利用这种标本所得到的实验数据使谢灵顿提出,在多突触反射的中枢内,实现着兴奋的空间总和和时间总和机制,使多突触反射比单突触反射复杂。

(三) 最后"共同公路"

在分析脊髓运动反射的基础上,谢灵顿认为,脊髓运动神经元是各种传出效应的最后"共同公路",它不但接受各种感觉神经传入的神经冲动,还接受脊髓中间神经元以及脑高位中枢发出的神经冲动。脊髓运动神经元发挥最后"共同公路"的功能时,存在着许多生理现象:聚合、发散、闭锁、易化和分数化等。

一个脊髓运动神经元或一个运动神经元堆,可以接受来自较多传入神经元和高位运动神经元的许多冲动,这种现象就是脊髓运动神经元的聚合现象;相反,一条传入神经或少数感觉神经元的神经冲动传向较多脊髓运动神经元的现象称为发散。引起屈反射的两条传入神经同时受到刺激,则在某一屈肌内产生的张力小于每条神经单独受到刺激引起肌张力之和,这种现象称为闭锁。这是由于部分脊髓运动神经元作为两条传入神经的最后共同公路而造成的。虽然每条传入神经兴奋时都引起一定数量脊髓运动神经元的活动,但部分神经元接受两者的传入冲动,所以两条传入神经同时兴奋时引起活动的运动神经元总数就会少于两者之和。易化是与闭锁相反的现象。当两个弱刺激单独作用于两条传入神经均不能引起运动神经元的兴奋时,两者同时受刺激,其传入冲动在最后共同公路上发生总和,就会引起该脊髓运动神经元的兴奋。刺激不同的传入神经均能引起同一屈肌收缩时,虽然各自引起的屈肌收缩力不同,但没有一条传入神经能够引起相当于直接刺激该肌肉运动神经的肌收缩张力。将这种现象称为运动神经元堆反射的分数化,即各个传入神经引起肌收缩张力均是直接刺激运动神经引起张力的分数。这是由于作为最后共同公路的脊髓运动神经元与传入神经元之间的复杂关系所造成的。首先,每个传入神经元的冲动可以发散到许多脊髓运动神经元上,同时引起支配许多肌肉的传出冲动,因此对某一肌肉活动来说,就会出现分数化现象。其次,同一脊髓运动神经元堆接受传入神经冲动的闭锁现象也会造成分数化现象。

总之,脊髓运动神经元作为各种传出效应的最后共同出路,存在这样多的生理现象,说明在脊髓运动中枢内,对运动功能进行多样性的调节与控制。

三、锥体系和锥体外系的运动功能

大脑对运动功能的控制,由锥体外系和锥体系共同完成的,前者是自动性的非随意的,后者是随意性控制。锥体系和锥体外系两者自上而下的并行性地执行脑的运动功能。

(一)锥体系的运动功能

在初级运动皮层(4区)中,Ⅳ层几乎消失,在Ⅴ层内,存在一种特大锥体细胞,名为贝兹细胞(Betz cell)。由这类大锥体细胞发出的轴突,直接止于脑干运动神经核或脊髓前角的运动神经元,形成上运动神经元(4区细胞)对下运动神经元(脊髓或脑干运动神经核的细胞)两级关系的运动调节机制,也是大脑发出随意运动指令的快速神经通路(图3-14)。如果皮层4区的上运动神经元因脑血管意外而受损伤,就会出现上运动神经元障碍,表现为四肢僵硬;如果脊髓的下运动神经元受损,就会出现软瘫,肌肉松软无力。

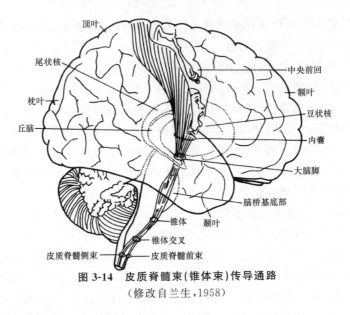

图 3-14　皮质脊髓束（锥体束）传导通路
（修改自兰生，1958）

（二）锥体外系运动功能调节

除大脑皮层运动区以外的广泛皮层区以及皮层下的基底神经节，发出下行性运动神经纤维与间脑、脑干、小脑和脊髓中的运动神经核发生联系，形成了锥体外系（图 3-15），负责全身适度的肌肉张力，维持运动协调性、平衡性和适度性的调控功能。这个系统发生障碍就会出现静止性震颤或小脑障碍的意向性震颤。

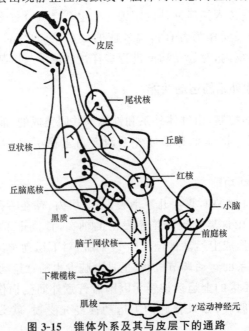

图 3-15　锥体外系及其与皮层下的通路
（修改自兰生，1958）

[常识与思索3-3] 静止性震颤和意向性震颤

当病人想安静地坐着或安静地站一会儿,他的头颈部或手就会剧烈地抖动或颤动;相反,每当他努力做一个动作时,手或头颈的颤动就会减轻或消失,这种症状称为静止型震颤,是帕金森病的症状之一,是由于中脑黑质退行性病变导致基底神经节多巴胺功能低下所致。另有一种病人安静坐着,完全看不出有何异常;当他想回答别人的问话时,或想做个动作时,就会发生不协调的上、下肢体或全身性动作和震颤,这类症状称为意向性震颤,病变发生在小脑。

四、运动功能的节段性控制

从低等动物到高等动物的进化,每当生态环境复杂化,促使动物的运动功能变得更精细,就会出现新的脑高级调节结构控制原有的运动中枢,形成自上而下的节段性控制机制。运动功能的调节不断进化,表现为高等动物神经系统对运动的节段性调节。通过手术的方法,经典神经生理学家用猫制成许多标本,包括脊髓动物标本、脑干动物标本、去大脑皮层动物标本,清楚观察到脑对运动功能节段性调节机制。

(一)脊髓动物

在颈椎部位将脊髓横断,使手术的颈部以下的脊髓与脑的神经联系切断、血液循环保持正常。这好像是人颈髓部位截瘫一样,四肢伸屈肌都同时收缩,肢体发硬,四肢很难弯曲,形成强直性痉挛。这说明,脱离脑的控制脊髓的运动功能亢进。

(二)脑干动物

在中脑水平上横断脑,动物失去大脑的控制,称为脑干动物或去大脑动物,出现去大脑强直、颈紧张反射和迷路反射,是脑干网状结构、红核、前庭核等运动中枢脱离大脑控制所表现出的功能亢进现象。

(三)去大脑皮层动物

在两侧内囊切断大脑皮层与间脑和基底神经节间的联系,动物会出现两上肢屈曲、下肢强直的状态,称为去大脑皮层性强直。这是由于基底神经节、间脑和中脑脱离皮层控制的结果。

从这三个层次上的横断标本所发生的现象可以看出,神经系统对运动的调节是一层一层的抑制作用。换句话说,抑制性调节使下一级中枢的运动功能更适度。除了这种节段层次性调节,还有锥体系和锥体外系两个系统的并行平衡调节。

[常识与思索3-4] 去大脑皮层强直

虽然人类大脑皮层只不过约 2.4 mm 厚，却分布着全脑中耗氧量最高的神经元。对煤气中毒或完全缺氧条件，大脑细胞非常敏感，甚至在 5 分钟后被救助到正常通气条件，恢复正常生活的十多天后，还有可能出现突发性去大脑皮层强直。主要表现为两上肢屈曲、下肢强直的姿势、意识不清、问不回答。这是由于从细胞严重缺氧性损伤到细胞坏死，一般需经过 10～14 天的溃变时间。所以，若发生严重煤气中毒或严重缺氧条件，在两周内必须注意休息和加强营养，最好在饮食之外，再吃些巧克力和糖。

第三节 经典特异神经系统与小世界网络结构

从脑结构上讲，经典特异神经系统由大脑后头部、全部小脑相关结构、皮层下感觉和运动核团，以及外周感觉运动神经和自主神经所组成。如图 3-16 所示，大脑内的黑色部分、横线部分、垂直线和斜线部分，以及枕叶，几乎后头部 2/3 的大脑结构都属于经典特异神经系统。从脑功能的角度，可将它归纳为四个功能系统：外感受系统、内感受系统、内脏传出系统和运动传出系统。三级感觉神经元组成的感受系统和两级神经元形成的运动传出系统，不但传递神经信息的速度快，而且对刺激的物理属性和空间定位有较高的识别和分辨精度，能给出既快又准的精准识别。至于对所受刺激的反应，感觉系统提供准确信息，譬如使你判断出刺激是来自一个落到你前额的蚊子，你会快速举手拍打前头部。这个动作的传出，比感觉通路的路径更短，只有两级运动神经元（上运动神经元和下运动神经元）相继兴奋，就可以完成拍打蚊子的动作。为何人类的感觉运动功能具有如此快而准的效果？因为，经典特异神经系统虽然是个大规模脑网络系统，但它包容着具有小世界网络（small world network）特性的许多组成网络。

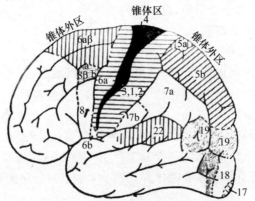

图 3-16 大脑内属于经典特异神经系统的部分
（引自兰生，1958）

经典特异神经系统的功能是人们实现基本生命活动和简单心理活动的基础。相对于社会活动和社会心理活动而言,它是简单的;但对于机器人和动物而言,它又是复杂的。例如,清华大学研发的天机芯片,将人工神经网络(ANN)的学习算法和基于神经科学的脉冲时间编码的第三代人工神经网络(SNN)整合为一个协同的硬件平台。把这个芯片用于无人驾驶自行车行驶系统中,可以同时操作两类人工神经网络的不同算法,对前进中遇到的物体进行实时检测,跟踪目标、控制声音、躲避障碍和控制平衡。作者希望他们的这项研究能够为人工一般智能(AGI)研究,提供一个普遍适用的硬件平台,推动 AGI 的发展(Pei et al., 2019)。这里所说的基于脉冲时间编码,就是本书图 2-20 所描述的神经编码方式之一,被人工神经网络领域认定为发展第三代人工神经网络的神经科学基础。用神经科学的语言来说,就是把神经编码中的率编码(rate encoding)和脉冲时间编码(spike-time encoding)集合在一起,通过一个芯片进行信息处理。用人工神经网络学的语言来讲,就是在一个芯片里,同时实施第二代和第三代人工神经网络的算法,统一进行信息处理。这里的技术要点是模拟计算技术和数字技术的融合。至于,无人自行车行驶问题仅仅是感知运动控制能力还是一般智能问题,是值得深思的。换言之,天机芯片能否成为 AGI 的普遍适用的硬件平台,还有待于实践的检验;但是它能在实现无人驾驶的人工智能任务中发挥重要作用。

前一章所提到的"蓝脑计划"课题组所完成的人造脑组织块,只是将它作为一种脑研究的新方法介绍。它的效果呢?你不觉得遗憾吗?课题组汇集了细胞电生理学参数、细胞形态学参数和全细胞 RNA 转录表达的特性,综合运用于脑仿真。花费如此代价所合成的人造大脑组织块,却没有脑组织的基本生物学功能!它只能产生 1Hz 振荡波的爆发,只能说明它处于活动状态。对这 31 000 个人工神经元分别测试,所表现的脑细胞形态和生理参数都很理想(该研究报告给出的 20 张图,含有详细的大量数据),为什么组合成组织块,却没有生物脑的基本电生理活动,例如,α 波或者其他节律的脑波?该报告作者讨论了多种可能的原因,例如,兴奋性神经元和抑制性神经元之间的电导不平衡性,神经元之间连接中没有严格控制它们的同步化和非同步化频谱,以及神经元群发放的雪崩现象等。但是,文章却没有提起大规模网络和小世界网络的功能特性问题。大量神经元组成的组织块,除了考虑它们的分层分布和柱状结构,还应遵循大规模网络中,其组成回路的小世界网络特性和组合中的认知功能层次性。也就是说,大规模网络之下的每个组成网络,都应该是具有明确认知功能的小世界网络,各回路之间按照分层和柱状结构以及认知功能的层次,组合成大规模网络。那么什么是小世界网络?有什么特性呢?

1998 年,Nature 发表了一篇 3 页的短文,标题是《小世界网络的集合动力学》,这篇名不见经传的文章,引出了许多科学领域的反响。在医学界,给流行病传播规律的研究提供了新的启示;在认知科学领域,对意识和无意识的脑网络研究提出了新思路。这里我们讨论它对经典特异神经系统认识的启发意义。

Watts 和 Strogatz(1998)把网络分成三类：规则网络、随机网络和小世界网络。如图 3-17 所示，规则网络的随机性为零但聚类系数高（对输入信息的分类或模式识别能力强），其信息传递路径长，所以信息传递效率低；随机网络随机性为 1，聚类性差（或模式识别能力弱），虽然信息传递路径短，但其信息传播效果也不佳。只有位于两者之间的小世界网络，随机性居中，聚类性强，信息传递路径短，信息传递效率高。它具备三个重要特点：网络的全部节点分布于一个有限空间，每个节点与其邻近节点只发生有限的连接，随着参与的节点数增多或每个节点与邻近节点连接增多，网络的随机性迅速增高；小世界网络处于规则网络和随机网络之间，它的信息传播速度快或传播路径短，聚类系数高。例如，网络节点由几百到几十个节点的小规模网络，如果是人们的朋友圈，可能是几十到几百人组成的人群；如果是人脑网络，是指由神经元构成的局部网络或微回路。小世界网络中，构成网络的节点间发生 3~5 级的关系（或连接）。如图 3-17 所示，最外层虚拟的圆周上分布着 20 个节点，每个节点都与其邻近节点发生一级连接，按照顺时针方向各节点间形成连线，结果构成了实实在在的圆周线。每个节点再与其相隔一个点的节点发生二级连接，形成左小图中的规则性连接，这里规则网络的节点数 $N=20$，每个节点连接邻近节点数 $K=4$。如图 3-17 之中间小图所示，每个节点顺时针再与间隔 5 个节点的节点，发生 5 级以下连接，形成的是小世界网络。如果每个节点与间隔 6 个以上的节点发生连接（6 级以上连接），则形成如右小图所示的随机网络。

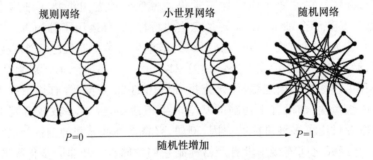

图 3-17 规则网络、小世界网络和随机网络的比较
（引自 Watts & Strogatz, 1998）

总之，小世界网络既具有类似规则网络的较高聚类系数或者说模式识别能力强，又有类似随机网络的平均路径短的优点，或者说识别的速度快。此外，小世界网络较高连接的节点可形成路由器功能，实现高局部连接节点的大范围整合（Watts & Strogatz, 1998; Buzsáki, 2006; Zink, Lenartowicz, & Markett, 2021）。这些优势都是经典特异神经系统的功能所具备的。

思考题

1. 经典特异神经系统的上行感觉通路和下行运动通路的结构和功能特点有何异同?
2. 视感觉系统如何保证将看见的物体折光成像于视网膜上产生图像?
3. 何为皮层功能柱和中枢神经元的感受野,如何理解其结构和功能特点?
4. 听觉音高的神经编码中,听觉通路和听觉皮层上的编码机制有何异同?
5. 脊髓中的大运动神经元(α运动神经元)和小运动神经元(γ运动神经元)的结构和功能有何不同?
6. 何为锥体系和锥体外系?两者如何协调活动完成人们的随意运动功能?
7. 为何说人脑的感觉和运动系统从信息加工系统的结构原理而言,属于小世界网络结构?

4

知觉的生理心理学基础

　　普通心理学认为,知觉是人脑对客观事物各种属性的综合反映。当代认知心理学沿传统心理学理论路线,把知觉看作是对客观事物的直接反映,认为知觉是将客体各种属性或感觉信息组成有意义对象并把握其意义的反映过程。同时,认知心理学也十分重视知觉的间接性,强调对感觉信息进行综合反映的知觉,必然是在头脑中已储存的知识和经验参与下完成的。用当代认知科学的术语来说,在知觉信息加工中存在着自下而上和自上而下的双向信息加工过程。由此可见,知觉的研究具有多学科意义,认知科学各分支都高度重视知觉研究。神经心理学对失认症的研究,积累了许多生动的脑机能定位的事实;以脑事件相关电位为主要手段的心理生理学研究和生理心理学对高等灵长类动物知觉模式及其脑机制的研究,都取得了重大进展,使知觉的生理心理学研究充实起来。特别是 21 世纪大量无创性脑成像研究以及近年关于脑细胞类型及其微回路的研究,更是丰富了知觉脑机制的科学数据。因此,现在已有可能将这些科学成果总结起来,回答知觉脑功能基础的核心问题:外在的客体如何在脑内转化成认知主体内在的觉知和知觉表征? 这里的"觉知"(awareness)是指无意识的知觉或内隐的知觉,是知觉主体感到不确定性的或似是而非的知觉,或者难以用语言准确表达的知觉;与此不同,能够用语言准确表达的知觉是意识知觉。本书将在第 12 章进一步讨论意识知觉与无意识"觉知"的概念,本章着重阐明物体的物理或化学属性如何转化为人脑中的主观知觉表象和主观知觉体验的,简言之,物质信息转化为个体脑内主观心理觉知或知觉信息的关键机制何在?

　　概括地说,不断变化着的外在世界或机体内的生理活动,可以客观地分别被神经系统首先描述为物理属性、化学属性或生物学属性的变化,人脑对这些物质属性变化进行信息加工时,首先通过感觉系统将之转化为生物学信息,这些生物学信息含有该属性的生态意义,引起大脑皮层的广泛性唤醒(arousal)水平的改变或警觉状态(alertness),同时将这些信息经皮层功能柱和细胞分层结构的神经振荡并沿皮层下知觉通路和皮层初级知觉通路传递,产生无意识的觉知;随后在皮层高级知觉通路的终端(联络区皮层)产生意识知觉,可以回答:这是什么? 它在哪? 人脑对不同信息属性的加工或处理方式和原理不同,包括物理属性或化学属性、生物学属性、无意识心理活动和意识活动。生理心理学的核心任务是阐明人脑怎样产生心理活动的，所以，本章的主要目的，是尝试揭示觉知和知觉产生和变化的脑机制。

第一节 知觉通路和知觉信息流

通过局部脑损伤病人知觉障碍和脑损伤部位的关系，对正常人类被试使用不同知觉范式和无创性脑成像技术，研究知觉的脑激活区，以及对灵长类动物的细胞电生理研究，揭示出一些脑知觉区；但这些知觉区如何加工知觉信息，在哪一环节上产生主体的知觉体验和清晰的知觉意识等，还不得而知。神经信息在神经回路中依时间顺序流动的方向，称为信息流(information stream)，对它的研究有助于解决知觉体验和知觉意识如何产生的问题。已有大量科学事实支持由底至顶的信息流(bottom-up stream)和自上而下的信息流(top-down stream)，还有返回信息流(recurrent stream)或循环信息流(concurrent stream)。无论哪种信息流的传递方式，都可分为串行加工(serial processing)和并行加工(parallel processing)两类加工方式。前者是主要耗费时间资源和心理资源的加工方式，后者是主要耗费较多脑网络空间资源的加工方式。

一、底-顶信息流

从物体个别物理属性的检测或识别开始，到对其全部属性的整合与对其功能的认识过程，称为底-顶信息加工过程；与之相应，这一过程在感官产生的神经信息，通过感觉神经流入中枢神经系统，直至大脑皮层的上行流动，称为底-顶信息流。21世纪以来，对知觉信息加工过程的研究，已从定性的描述进入精细定量分析。Thorpe和Fabre-Thorpe(2001)总结大量研究报告，将猴对物体图片分类的视知觉反应，在脑内信息加工的时间进程，归纳为一张信息流程图(图4-1)。在这张图里，从知觉信息的传入到知觉反应的传出，总时间是180～260 ms，时间长短取决于知觉客体的复杂程度。物体呈现在猴的眼前，20～40 ms时，猴的视网膜神经节细胞就会出现神经脉冲的发放。30～50 ms在外侧膝状体，40～60 ms在初级视皮层(V1区)，50～70 ms在V2区，60～80 ms在V4区，70～90 ms在颞下回后区，80～100 ms在颞下回前区，形成物体分类的视觉觉知。100～130 ms时在前额叶皮层形成知觉反应决策。140～190 ms时在中央前回运动区产生反应的指令，沿锥体束传出。160～220 ms时脊髓运动中枢兴奋，180～260 ms猴前肢运动，做出分类知觉反应。猴子这一知觉取食反应过程，实际上是由底至顶的信息流和自上而下的信息流组成。100 ms之前产生知觉觉知的过程，是由底至顶的信息流；100 ms之后的过程是自上而下的信息流，也称为下行性信息流。人脑的细胞层次和神经网络比猴复杂得多，所以上行性和下行性信息加工过程的分界可能为150～200 ms。因此，人类物体分类视知觉的信息流程时间，可能比猴长几十毫秒。

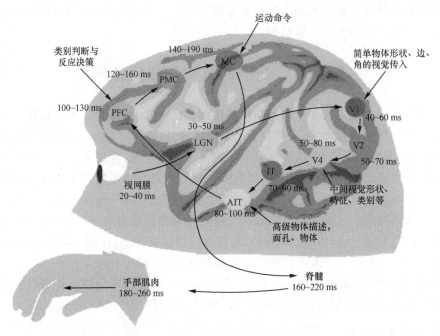

图 4-1 猴视觉反应的信息加工时程
(引自 Thorpe & Fabre-Thorpe, 2001)

从 20 年后的科学观点来看,这是一张表达猴取食本能行为的神经通路和信息流程图,或称为感觉-运动本能反应的神经通路和信息加工流程图,并不能完全反映人类知觉的神经通路和信息加工流程。

神经解剖学发现的各种感觉通路是由底至顶的信息传递和加工赖以实现的结构基础,但是感觉通路只能作为产生各种感觉的基础,对于知觉过程还有更复杂的脑结构基础。在各类知觉中,对视知觉的研究较为精细。视知觉由底至顶的信息流具有自身的视知觉通路,由初级和高级两层次、三通路所组成,包括皮层下一条通路,皮层上两条通路,对视知觉信息进行顺序传递和加工。

(一) 皮层下初级知觉通路

皮层下初级知觉通路由来自视网膜神经节细胞的纤维,与外侧膝状体中的大细胞、小细胞和颗粒细胞发生的联系,投射至视觉初级皮层通路,包括大细胞通路,占全部投射纤维的 10%(M 通路);小细胞通路,占全部投射纤维的 80%(P 通路);颗粒细胞通路,占全部投射纤维的 10%(K 通路)。

(二) 皮层初级知觉通路

皮层初级知觉通路是来自初级视皮层的纤维向次级视皮层投射过程中重新组合成的三条通路,大细胞优势通路(MD)主要信息来自皮层下的 M 通路;颜色优势通路(BD)和色柱间优势通路(ID)的信息主要来源于皮层下的 P 通路和 K 通路。皮层的三条知觉通路与皮层下的三条知觉通路不是简单的一对一关系,而是重新交叉组合,实现对外部世界物理属性向客体综合知觉属性过渡的初级知觉功能。一种理论认为物理属性作为产生知觉的线索,分别是方位、光谱成分、双眼视差和速度。这四种知觉线索引发的知觉成分,分别是形状、颜色、深度(立体感)和运动知觉。MD 通路具有深度知觉、运动知觉和空间关系的选择性知觉功能;BD 通路具有颜色知觉和空间关系的调协知觉功能;ID 通路具有方位选择性、深度知觉、颜色视觉和空间关系知觉功能。由此可见,三条皮层通路与三条皮层下通路,无论在结构上还是功能上都不是一一对应的,而是彼此互补的关系。

就皮层初级通路与下面所讲的皮层高级知觉通路之间,也并非一一对应承接和重叠的关系,这是知觉功能冗余性的生理基础。MD 通路提供有关眼动和其他运动信息,参与顶叶皮层空间关系和运动视觉功能,主要承接至背侧高级知觉通路;BD 和 ID 通路承接至腹侧高级知觉通路,与图形模式、颜色和形状识别功能有关。

(三) 皮层高级知觉通路

如果说皮层下初级知觉通路对外部世界或客体的物理属性做知觉线索的编码,而皮层初级知觉通路则实现由物理属性向知觉特征的过渡,那么皮层背、腹侧两个高级知觉通路,则实现人类知觉类别的信息加工,包括空间关系和运动知觉、物体和面孔知觉等。背侧通路的信息流实现了"在哪里"的知觉;腹侧通路实现"是什么"的知觉(图 4-2)。

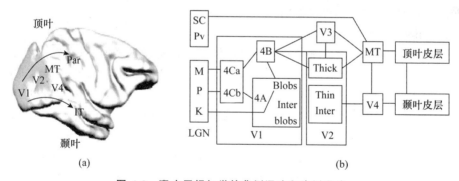

图 4-2 猴皮层视知觉的背侧通路和腹侧通路
(引自 Lamme & Roelfsema,2000)

(a) 图中,V1 表示 17 区初级视皮层;V2 表示 18 区次级视皮层;V4 表示第四级视皮层;MT 表示颞中回;IT 表示颞下回;Par 表示顶叶。

(b) 图中,SC 为上丘;PV 为枕核;M 为大细胞;P 为小细胞;K 为颗粒细胞;LGN 为外侧膝状核;4Ca、4Cb 为 17 区皮层第 4 层 a、b 亚层;4A、4B 为 17 区皮层 A、B 亚层细胞;Blobs 为 17 区色柱细胞区;Inter blobs 为 17 区色柱之间的细胞区;V3 为 19 区第三级视皮层;Thick 为 18 区内的厚带细胞区;Thin 为 18 区内的薄带细胞区;Inter 为厚薄带间区。

1. 空间知觉的背侧通路

来自初级视皮层 V1 区(17 区)的信息,经 V2 区(18 区)和 V3 区(19 区)到达颞上沟的尾侧后沿和底附近的颞中回(MT区)。MT区的神经元按照与视野对应的空间拓扑关系排列着,它除了从V3区接受逐层传来的信息外,还直接接收V1区的4B层神经元和V2区厚带内的两眼视差敏感神经元传来的信息。MT区神经元的感受野是V1区神经元的60~100倍。因此,MT区神经元对物体在空间中的相对位置关系,给出大视野反应;对视野各成分的向量和,发生总体反应。此外,MT区每个神经元的感受野周围都存在一个抑制区,这使得每个神经元对与背景运动方向相反的刺激物最敏感。所以,MT区不仅对视野中物体相对空间关系形成知觉,还对图形背景反向运动最敏感,产生物体运动知觉。颞中回将空间知觉和物体运动信息加工后继续传向颞上沟内沿(MST区)和颞上沟底(FST区)的神经元,MST区和FST区神经元的感受野比MT区神经元感受野还大,故对更大视野范围的物体空间关系和相对运动产生知觉,且可将三维空间关系转换为二维图像进行信息压缩。MST区和FST区的神经元受损,使眼对运动物体平滑性追踪运动能力丧失。MST区和FST区的神经元将空间和运动知觉信息继续传至顶叶的下顶区和顶内沟外侧沿的神经元,即物体运动知觉和空间知觉的高级知觉中枢。这里神经元的感受野比MST区和FST区神经元的感受野更大,不仅对物体和背景相对运动产生最灵敏的反应,还对由远及近或由近及远的物体运动发生反应。此外,下顶叶神经元是一些多模式知觉神经元,除接受视觉信息外,还同时接受从前额叶、扣带回和颞上沟深部多模式神经元传来的信息。因此,下顶叶作为空间知觉和物体运动知觉中枢,同时整合了视觉以外的信息,形成复杂的综合知觉,并在完成视觉引导的行为反应中发挥重要作用。

2. 物体知觉的腹侧通路

腹侧通路是对物体及其细节产生完整而精细视知觉的神经通路,在猴皮层中沿着 V1→V2→V3→V4,实现着物体方位、长度、宽度、空间频率和色调等信息加工过程。尽管V4区神经元的感受野是V1区神经元的20~100倍,但两者本质区别却在于V4区神经元感受野周围存在着较大的抑制性"安静带"。这种生理特点赋予V4区神经元以物体及其背景分离的功能。V4区的颜色敏感神经元的感受野也具有周边抑制区的生理特性,便于将物体及其背景的色调分离开。因为神经元对其视野内物体色调的波长发生最大兴奋时,对其背景上相同波长的光,却出现最大的抑制效应。即使物体的颜色与背景颜色相似,也可以产生边界或轮廓清楚的物体知觉。V4区的信息主要传至颞下回(IT区),对物体细微结构进行更精细的加工和识别。IT区可分为结构和机能特性不同的两个区:靠近枕叶的部分为后区(TEO区)和颞下回前部的前区(TE区)。前区神经元的感受野大于后区,后区对同类物体的细微差异可以较灵敏地加以鉴别;前区对熟悉物体可较快给出确认反应,说明前区与物体的记忆功能有密切关系。

二、自上而下的信息流

自上而下的信息流是指神经信息从人脑高层次结构或网络依时间顺序流向低层次

结构或网络的信息流动,如前述猴子知觉取食反应的例子中,100ms 前后,在猴子颞下回前区形成物体分类的视觉觉知,或在前额叶皮层形成知觉反应决策之后,从运动区皮层向脊髓运动神经元,乃至上肢肌肉收缩的信息流是自上而下的下行信息流。此外,知觉信息流流动于非常复杂的皮层-皮层网络之中的反馈信息流,也称为自上而下的信息流。以视知觉功能而言,猴 32 个视皮层区之间,每个区平均有 10 个特异的传入和 10 个传出。目前已有实验研究报道的皮层-皮层间视功能联系 300 多条,只占理论值的 1/3。V5 区向 V1 区的反馈通路,终止于 V1 区的Ⅳb 层,对不同空间尺度上或以不同速度运动的物体发生反应,产生空间运动知觉。像这类跨过三个区以上的,只是中距离的自上而下的信息流。实际上,人脑视觉系统存在短、中、长三种距离不同的反馈联系。

(一) 短距反馈联系

一般而言,相互作用的皮层区之间具有双向联系,例如,V1 区投射至 V2 区是由底至顶的信息流。同时伴有 V2 区反馈至 V1 区的自上而下的信息流。这类两层间的下行信息流是短距自上而下的信息流。

(二) 中距反馈联系

在背侧通路中,V3 区甚至颞中回的 V5 区向 V1 区的反馈通路,终止于 V1 区的Ⅳb 层,参与对不同空间尺度上或以不同速度运动的物体,产生空间运动知觉。这类跨过三个区以上的是中距离的自上而下的信息流。

(三) 长距反馈联系

Kosslyn 等人(1999)利用 PET 和 rTMS 相结合的技术,令被试闭目想象一些长度不同的条纹时,V1 区视皮层出现了激活。当用 rTMS 刺激枕叶内侧 V1 区,使之功能受到抑制时,则被试不能完成想象任务。这些事实证明,即使发自视觉系统以外更高层次的自上而下的知觉想象,初级视皮层也是必要的参与者。从而证明,最高层次到低层次初级视皮层信息流存在的重要作用。

三、循环信息流

Lamme 和 Roelfsema(2000)提出另一种知觉信息流。他们认为,不仅有由底至顶的加工信息流,还有皮层之间的横向信息流,以及距离不等的自上而下的反馈信息流参与物体分类视知觉过程。他们按照大量研究报告提供的数据,把知觉信息在脑内流程的延迟分为三种不同的性质(图 4-3)。

(一) 前向信息流

他们认为物体呈现 100 ms 之内视觉信息流是由底至顶的快速传递,其速度很快,称为前向快扫描(feedforward sweep),是无意识的知觉过程,并且是前注意水平的信息流。

(二) 反馈信息流

反馈信息流和循环信息流的参与会伴有主体的觉知,是一种无意识知觉的属性(图

4-3)。

(三) 循环信息流

循环信息流存在的证据有三点:首先,各级视知觉皮层神经元,对相应知觉刺激的反应不是恒定的,当刺激物呈现于眼前不变时,各级知觉神经元神经脉冲发放的频率却不时变化。这种可变性是各层次知觉细胞相互作用、不断协调的结果。其次,在知觉过程中,刺激客体的物理特性不断变化时,皮层知觉神经元的兴奋水平变化不完全符合经典感受野的规律,这说明皮层神经元的兴奋水平,受来自高层次或同层次其他皮层神经元循环信息流的影响所致。最后,由底至顶的信息流在 100 ms 之内即可传递完毕,但许多复杂知觉任务需要 200~300 ms,细胞知觉反应有较长的潜伏期,这说明是循环信息流作用的结果。循环信息流是知觉的觉知和注意,以及主体意识知觉的生理基础。

V. A. F. Lamme 在 2003 年又将循环信息流分为两类:一类是 6 层视知觉皮层之间的循环信息流,称为层间循环信息流,参与现实物体的模糊性觉知,这类信息流发生在 100~150 ms 的时程上,实现无意识的知觉。另一类循环信息流则大大超出物体视知觉皮层,是在额叶、顶叶和颞叶等很多皮层区之间传递的循环信息流,称为皮层区间循环信息流。实际上,人们对物体产生清晰的意识知觉,离不开人们头脑中的经验和记忆,大范围循环信息流是产生意识知觉的基础,与记忆网络间存在着复杂的信息流,这类信息流发生在 200~300 ms 以上的时程。

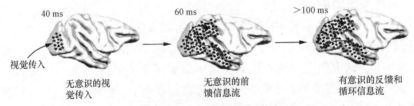

图 4-3 视知觉的前馈、反馈和循环信息流
(经授权,引自 Lamme,2003)

本节从由底至顶、自上而下和循环信息流三个方面,说明了知觉形成的脑机制。随着当代脑科学的发展,不断出现新的科学事实,深化我们对知觉脑机制的认识。例如,Hung 等人(2005)采用基于分类器的读出技术,对猴颞下回少于 100 个神经元的细胞群进行知觉编码场电位分析。结果表明,猴颞下回一些神经元群的场电位,能以 12.5 ms 的时间尺度,对外部知觉物体的位置、尺寸、类别等特征发生反应。这一事实对高级知觉通路信息加工的背、腹侧通路理论,以及循环信息流的理论提出了质疑。人类对脑的认识总是在各种挑战中不断深化、不断发展着。

[常识与思索 4-1]　感觉、觉知、知觉及其脑功能基础

　　感觉是对客体个别物理属性或化学属性的主观反映,是通过特异性感官编码后由感觉通路将感觉信息传递到相应大脑皮层的初级感觉区;感觉信息的加工大约在 100 ms 内完成。觉知是一种无意识知觉,是对客体各种物理或化学属性进行的主观模糊性反映,由多种感官进行编码后,先后经相应皮层下知觉通路和皮层初级知觉通路,将信息传递到大脑皮层相应次级感觉皮层区而产生的模糊不定的主观反映。觉知的脑网络常常包含返回信息流,有时还包含相应的记忆网络发来的自上而下的信息流,大约在 200 ms 内完成觉知信息加工。知觉是对客体各种物理或化学属性进行的主观确定性的综合反映,由多种感官进行编码后,先后经相应皮层下知觉通路、皮层初级知觉通路和皮层高级知觉通路,将信息传递到联络区大脑皮层,也就是第三级皮层感觉区,由此产生确定的主观反映。知觉的脑网络常常包含来自注意和记忆脑区的循环信息流,以及前额叶或内侧前额叶的自上而下的信息流,经 200~300 ms 及以上的时间,才能完成这类信息加工过程,给出明确的意识知觉。

第二节　从大脑皮层柱状结构的并行加工到多模式感知统合的知觉机制

　　如第 3 章所述,大脑皮层的柱状结构是具有相同感受野的神经元,在垂直于皮层表面的方向上呈柱状分布,构成皮层的基本功能单位,称为功能柱。无论是感知觉相关的功能柱还是运动功能柱,其垂直高度约 2 mm,贯穿于整个 6 层大脑皮层;其直径为 0.25~1 mm,每个柱内含 2500~4000 个神经元。这些神经元对同一感受野上的刺激物属性进行并行性加工。以胡贝尔(D. H. Hubel)和维泽尔(T. N. Wiesel)为代表的众多学者,利用微电极技术,从原始简单视觉功能开始,在蛙、猫、猴等多种动物标本中,证明了在大脑视觉中枢内,对各种视觉属性反应的基本单元是功能柱。对某一客体的各种物理属性,通过功能柱进行特征提取的并行加工;再由不同功能柱组合成超柱,经过神经微回路和神经振荡机制实现特征捆绑或整合,从而产生无意识的觉知或意识知觉。从大量神经元的并行加工到单一神经元多模式感知信息的统合加工,是脑从无意识觉知到意识知觉功能进化的结果。

一、超柱中对知觉特征的多细胞并行加工

　　前面我们已经介绍了视皮层中存在着特征提取功能柱,如方位柱、颜色柱和眼优势柱等。这些个别特征的功能柱之间存在何种关系?在一些实验事实的基础上,超柱的

概念被提出。超柱由感受野相同的各种特征检测功能柱组合而成,是简单知觉的基本结构与功能单位。各种功能柱在超柱中的组合方式,如图4-4所示。许多方位柱按其发生最大敏感反应的方向性顺时针或逆时针地依次排列。如果落在同一视野上的一根直立的笔自然倒下去,就会引起超柱中许多方位柱的依次顺序发生最大反应。与这些方位柱呈90°的方向上规则地排列着左、右眼优势柱。颜色柱由于其体积最小,可插在方位柱或眼优势柱之间,所以超柱的每个侧面上均可见到颜色柱。视皮层中的超柱对落在同一感受野的各种特征,如颜色、方位等进行同时性或并行性信息提取,并进行初步综合,构成简单视知觉的生理基础。迄今为止,研究者只发现了这类简单的超柱结构,并不能解释复杂的多种视知觉过程。因此,客观的生理过程怎样形成了主观的知觉问题,对于生理心理学来说仍是未解之谜。

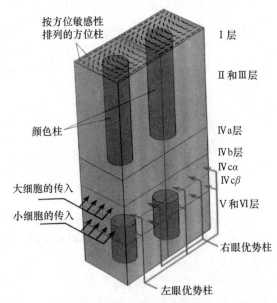

图4-4　视皮层功能超柱结构示意
(引自 Carlson, 1998)

二、多模式感知细胞与知觉特征的统合加工

格罗斯(C. G. Gross)于1972年首先报告了猴颞下回皮层的多模式感知细胞与物体的复杂知觉有关,利用微电极技术记录清醒猴颞下回细胞对各种视觉刺激物的反应。结果发现,引起神经元最大反应的刺激物是猴爪和瓶刷;对简单的几何图形,颞下回神经元不予反应或反应极小。两半球颞下回的损伤使猴不能识别现实刺激物,它们看见蛇也视而不见,失去了正常猴所具有的那种恐惧反应能力。因而将颞下回损伤造成的这种认知障碍,称为精神盲(psychic blindness)。这些事实使格罗斯认为,由生活经验形成的

复杂刺激物识别或认知过程，发生在颞下回。大量研究进一步发现，颞下回的一些神经元，不仅对复杂视觉刺激物单位发放率增加和发生最大的反应，而且对多种其他感觉刺激，如躯体觉、运动觉、食物嗅觉与味觉等刺激均可引起其单位发放率的变化。因此，研究者将这类神经元称为多模式感知神经元（polymodal neuron），不仅在颞下回，而且在颞上沟、顶叶 5 区和 7 区，以及额叶的 8 区、9 区和 46 区内都发现这类多模式感知神经元（图 4-5）。细胞生理学和组织化学方法相结合，发现这种多模式感知神经元，接受来自许多皮层感觉中枢发出的联络纤维的信息，并将多种感觉信息聚合起来，对之产生综合反应。

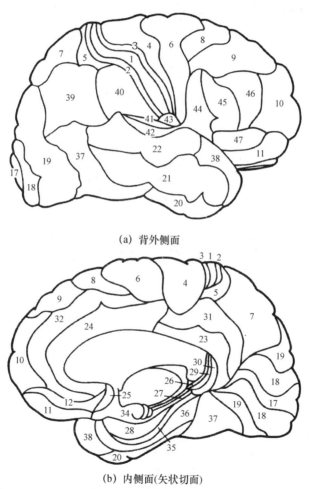

(a) 背外侧面

(b) 内侧面(矢状切面)

图 4-5　大脑皮层分区示意

（引自 Eccles，1980）

图中的数字是布罗德曼脑功能分区标志。

(一) 顶叶联络区皮层

顶叶 5 区的多模式感知细胞接受额叶皮层和边缘皮层发出的联络纤维,所以当动物出现主动性运动反应,特别是操作反应和探究反应时,这些神经元的单位发放明显增强。顶叶 7 区的多模式感知神经元接受来自听皮层、视皮层、躯体感觉皮层,以及味、嗅觉皮层神经元发出的联络纤维的信息,并与皮层运动区发生侧支联系。所以,顶叶 7 区多模式感知神经元的单位发放,可因各种感觉与运动信息变化而发生灵敏性改变,具有精细协调各种感觉和运动功能的作用。

(二) 颞叶联络区皮层

颞下回的 20 区、37 区和颞上沟的多模式感知细胞与视、听、体觉皮层,额叶运动区皮层,边缘皮层和海马、杏仁核等皮层下中枢间都有着复杂的神经联系。所以,颞下回和颞上沟的这类多模式感知神经元,具有多种知觉功能,如图形细节、面孔照片、立体知觉、知觉线索、语义分类和上下文关联等。

(三) 额叶联络区皮层

额叶 8 区、9 区和 46 区接受顶叶 7 区和颞叶后部来的纤维,与时间、空间综合知觉和运动知觉有关。上述脑区之间的神经联系,都是通过损伤性动物实验,特别是灵长类动物实验所得到的科学事实,与下面所述的正常人和病人中所得到的数据彼此支持,包括识别人脸、物体和人体知觉的脑科学数据。

第三节 人脑特化的知觉区

一、来自神经心理学的证据——失认症受损的脑区

神经心理学(neuropsychology)是临床神经病学(neurology)和心理学的交叉学科研究领域。该领域的出现是由于第二次世界大战之后,对大量脑局部损伤病人的治疗和康复训练,迫切需要了解脑损伤部位和临床症状之间的关系。当时还没有 CT 等脑影像技术可用,神经科医生和心理学家合作,发明了神经心理测验的方法,用以测量脑局部损伤的部位和严重程度。于是,脑局部损伤引起的知觉障碍(失认症)、记忆障碍(失忆症)、语言障碍(失语症)和注意障碍(忽视症),就成为神经心理学研究的对象。经过 20 多年的科学积累,到 20 世纪 70 年代神经心理学自成体系,成为当时脑科学的重要前沿研究领域之一。但是 80 年代以后,CT 等脑影像技术问世,比神经心理测验的临床应用价值更高。虽然神经心理学的临床应用价值降低了,但作为神经科学的学科分支之一,其独特性是无可替代的。

失认症是一类神经心理障碍,患者意识清晰,注意力适度,感觉系统与简单感觉功能正常无恙,但却不能通过感觉系统识别或再认物体,对某类物体不能形成正常知觉。这些失认症患者的感官、感觉神经、感觉通路和皮层初级感觉区的结构和功能完全正

常,但次级感觉皮层或联络区皮层存在局部的器质性损伤。根据脑损伤的部位和程度,可出现不同类型的失认症:视觉失认症、听觉失认症和躯体失认症等。现对几种常见失认症的类型及脑损伤部位简述如下:

(一) 视觉失认症

视觉失认症的常见类型有统觉失认症、联想性失认症、颜色失认症和面孔失认症。患者的初级视皮层17区、外侧膝状体、视觉通路、视神经和眼的功能和结构正常无损;脑局灶损伤可分别在2～4级视觉皮层区(V2,V3,V4)或颞下回、颞中回、颞上沟,也常见枕-颞间的联络纤维受损。

1. 统觉失认症

统觉失认症(apperceptive agnosia)患者对一个复杂事物只能认知其个别属性,不能同时认知事物的全部属性,故又称为同时性视觉失认症。这种失认症可能是V2区皮层,以及视皮层与支配眼动的皮层结构间联系受损,如与中脑的四叠体上丘或顶盖前区眼动中枢的联系遭到破坏,不能通过眼动机制连续获得外界复杂物体的多种信息。

2. 联想性失认症

联想性失认症(associative agnosia)患者可对复杂物体的各种属性分别得到感觉信息,也可将这些信息综合认知,很好地完成复杂物体间的匹配任务,也能将物体的形状、颜色等正确地描绘在纸上;但患者却不知物体的意义、用途,无法称呼物体的名称。这类患者大多数是由颞下回或枕-颞间联系受损所致,这是视觉及其记忆功能和语言功能之间的功能解体所造成的。

3. 颜色失认症

颜色失认症(color agnosia)患者不能对所见颜色命名,同时不能根据别人口头提示的颜色,指出相应颜色的物体。根据脑损伤部位的不同,颜色失认症患者的色知觉可分别出现全色盲(achromatopsia)失认症、颜色命名性(color anomia)失认症和特殊颜色失语症(specific color aphasia)。全色盲失认症患者不能认知物体的颜色,只能把五光十色的外部事物,看成黑白或灰色的。这种失认症主要是两侧或单侧的大脑皮层枕区腹内侧,包括舌回和梭状回,大体相当于V4区皮层损伤所致。颜色命名性失认症实际上是一种失语症,患者对五光十色的物体能形成知觉,能按要求把两个相同颜色的物体匹配起来,但却说不出颜色性质和名称。这类患者大多数是左颞叶或左额叶皮层语言区,或视觉和语言区皮层之间的联系受损所致。特殊颜色失语症与颜色命名失认症十分相似,其差异在于此类患者不仅丧失颜色视觉和语言功能之间的联系,而且关于颜色的听觉表象能力也丧失,可能是V4区色觉皮层更广泛的损伤所致。

4. 面孔失认症

1867年,意大利医生最早报道了面孔失认症(prosopagnosia)的病例。此后,其他国家均发现类似的病人,直至1947年才确定这种疾病的诊断名称。20世纪60～70年代,进一步把面孔失认症分为两种类型:熟悉人面孔失认症和陌生人面孔分辨障碍。前者对站在面前的两个熟悉人可知觉或分辨,也能根据单人面孔照片,指出该人在集体照片中的位置。但病人不能单凭面孔确认熟悉人,却可凭借熟悉人的语声或熟悉的衣着加以确认。这类病人大多数是双侧或右内侧枕-颞叶皮层之间的联系受损。与此不同,陌生人面孔分辨障碍的患者,对熟悉人辨认正确无误,但对面前的陌生人却无法分辨。对患者来说,周围的陌生人都是同一副面孔。所以,他们也不能根据单人面孔的照片,指出此人在集体照片中的位置。这类患者大多数为两侧枕叶或右侧顶叶皮层受损,近年认为是颞枕间梭状回受损所致。

(二) 听觉失认症

听觉失认症(acoustic agnosia)患者大脑的初级听皮层(颞横回的41区)、内侧膝状体、听觉通路、听神经和耳的结构与功能无异常,但却不能根据语音形成语词知觉(词聋,word deafness)或不能分辨乐音的音调(失乐感,amusia),也有些患者不能区分说话人的嗓音(phonagnosia)。词聋患者大多数左颞叶22区或42区次级听觉皮层损伤,失乐感患者多为右颞叶22区、42区次级听皮层受损所致。嗓音识别障碍又可分为两种类型,陌生人嗓音分辨障碍多见于两侧颞叶次级听皮层(22区、42区)同时损伤。对患者来说,所有的陌生人都用同一副腔调讲话;熟悉人嗓音失认症对熟悉人嗓音确认能力丧失,但尚能分辨陌生人说话的嗓音差异。熟悉人嗓音失认症多因右半球外侧下顶叶受损。

(三) 体觉失认症

体觉失认症患者顶叶皮层的中央后回(3-1-2区)躯体感觉区结构与功能基本正常,但此区与记忆功能和语言功能的脑结构间联系受损,则引起皮层性触觉失认症(cortical tactile agnosia)、实体觉失认症(astereognosia)等多种类型的体觉失认症。实体觉失认症多为右半球顶叶感觉区与记忆中枢间的联系障碍,引起左手触觉失认症状。将患者眼睛遮起来,令其用手触摸一些小物体,如笔、剪刀、锁等,患者不能确知是何物。左半球受损所致的右手实体觉失认症并不多见,但亦时而有之。如果某一半球次级感觉皮层与记忆中枢的联系受阻,则常出现双手实体觉失认症。皮层触觉失认症比实体觉失认症更严重,对触摸物体的空间关系也无法确认。很多学者认为是中央后回感觉皮层与中央前回运动皮层间的联系障碍所致。本体觉失认症的患者,表现为对自身不同部位的存在丧失知觉能力。如自体部位失认症(autotopsia)、手指失认症(finger agnosia)等,多因皮层感觉区与记忆中枢或言语中枢之间的联络受阻所致。

从上述多种类型的失认症中,可得出这样一种印象,失认症是知觉障碍,不是因该感觉系统的损伤引起,而是由高层次脑中枢间的联络障碍所致。从而证明知觉是许多脑结构和多种脑中枢共同活动的结果。即使是以其中一种感觉系统为主的知觉,无论是视知觉、听知觉还是躯体知觉,也是这些感觉系统与注意、记忆、言语中枢共同活动的产物。神经心理学所提供的这些科学事实,只能大体从解剖学基础上说明知觉的神经基础,为了更深入地了解知觉机制,还必须对这些与知觉相关的脑结构,进行细胞生理学研究。对灵长类动物的脑细胞电生理学研究,提供了联络区皮层存在着多模式感知细胞的证据。

二、来自功能磁共振成像研究的证据

100多年前,神经解剖学家就已经发现,在各种感觉功能的大脑皮层中,存在着两级功能区,即初级感觉区和次级感觉区。此外,在各种性质不同的皮层感觉区之间还存在着联络区皮层。近年所积累的神经心理学科学事实和灵长类动物实验资料,都说明颞、顶、枕联络区皮层,特别是颞下回、颞上沟、顶叶背外侧区(5区,7区)对物体知觉形成具有重要作用;此外,顶叶皮层,特别是下顶叶和前额叶皮层对复杂物体、运动物体和具有时间因素的知觉具有重要作用。概括地说,次级感觉皮层、联络区皮层,以及与记忆功能有关的脑结构,构成了知觉的神经基础。

20世纪末采用无创性脑成像技术,对正常人类被试知觉过程进行了大量精细的实验研究,先后发现梭状回面孔知觉区(fusiform face area,FFA)、物体识别的枕外侧复合区(lateral occipital complex,LOC)、旁海马回位置知觉区(parahippocampal place area,PPA)和纹区外视皮层身体识别区(extrastriatal body area,EBA)。

1991~1995年,利用PET等脑成像技术的一批研究发现,枕叶腹侧和颞叶后区皮层可为面孔和物体的照片选择性激活,但当时未能报道其精确的定位。堪维舍(N. Kanwisher)等人于1997年报道了梭状回面孔知觉区,他们采用不同物体图片和面孔图片,在被试识别这些图片的同时进行功能磁共振扫描,对不同脑激活区BOLD信号强度比较后发现,面孔图片在梭状回引出BOLD信号强度是其他物体图片引出BOLD信号强度的两倍以上。根据这一科学事实,提出了梭状回面孔知觉区的概念。随后,1998~2005年一批实验重复了他们的结果,证明梭状回面孔知觉区的激活确实是对面孔的特异反应区,并存在知觉旋转效应,也就是正位面孔图片比倒立脸的脑激活效应强。

Grill-Spector等人(1999)报道,被试观察日常生活用品的照片,能引起枕外侧复合区的激活,该区位于梭状回(fusiform gyrus)外侧延伸到其背侧面。随后的五六年间,一些研究进一步证明,枕外侧复合区始于枕叶外侧区向前侧和腹侧延伸至后颞区皮层,该区选择性地受到有清楚形状含义的物体照片的强烈激活,无明确形状含义的对照物则不能引起同样强度的激活。那么,该区究竟对物体的轮廓还是形状发生反应呢? Kourtzi和Kanwisher(2001)巧妙地设计了分离形状和轮廓特征的功能磁共振实验方案,实验证明枕外侧复合区对物体的形状有选择性激活的特性。

Epstein等人(1999)发现旁海马回位置知觉区,可受空屋子或场地照片激活,当被试头脑中想象一个地方时,此区也会受到激活。但没有地面和墙壁,仅有家具,PPA却不能被激活,动物和植物照片也不能激活该区。

Downing等人(2001)利用fMRI发现人类外侧枕颞皮层区存在人体知觉的特异

区。在梭状回面孔知觉区的附近有对身体图像发生反应的区域,与梭状回面孔知觉区互不重叠,这一区域就是纹外视皮层的身体识别区。M. A. Pinsh 等人 2005 年利用 fMRI 研究了恒河猴颞叶皮层对面孔、手、身体的选择性反应。结果证明,在颞上沟前部和后部存在着范畴特异的选择性反应。后部的面孔反应区在右半球比在左半球的相应区反应强度大。在面孔反应区邻近的身体反应区,两半球可同时激活,强度相等。这说明,对面孔知觉和对身体知觉的皮层代表区功能特性不同,是两个彼此独立的皮层知觉区。

虽然上述三种研究途径,分别从失认症病人、正常人磁共振成像研究和动物脑刺激及电活动记录分析研究中,均可发现一些证据,说明脑内存在着特化的知觉区,但却无法回答外界客体如何转化为主观意识上的无意识觉知和意识知觉。

第四节 大脑皮层的分层结构与知觉特征整合的神经振荡机制

100 多年前,神经解剖学已经描述了新大脑皮层的细胞形态呈 6 层分布,其中一种锥体神经细胞,既含有基树突又有顶树突;然而,我们对这种形态的功能意义却了解甚少。直到最近 10 年,这个问题成了脑研究的热点,研究者总结出神经振荡的理论框架。

一、大脑皮层细胞的分层分布和分子生物学差异

21 世纪以来,前瞻性跨学科领域不断涌现,特别是近六七年,显微形态学方法,如各向同性分形技术、单细胞转录组图、免疫组织化学方法、双光子成像技术和神经活动高密度记录技术以及多种方法的共享平台,均有助于揭示新皮层神经元分层分布的功能意义。这些研究至少证明了两点,首先,在小鼠和其他啮齿动物、灵长类动物和人类之间,大脑皮层结构框架的系统进化保守性很强;动物种属间差异主要表现在兴奋性和抑制性突触的百分比、分布密度,以及每个神经元上的突触数量的差异。如人类和小鼠的皮层厚度和皮层Ⅱ/Ⅲ层神经元密度发生明显变化,厚度增加了一倍以上,神经元密度却减少了 50% 以上。其次,虽然高等哺乳动物新皮层的细胞数量只有小脑的 1/4,但每个新皮层细胞所占空间及其在皮层 6 层的分布和局部微回路的分布,却变得十分复杂。这两点发现支持学者们建立了小鼠实验模型,为理解人脑细胞网络的构架提供基本数据。

如图 4-6 所示,人类视皮层的 17 区(V1)和 18 区(V2)的第Ⅳ层分化出 3 个亚层:Ⅳa、Ⅳb、Ⅳc。屏状区皮层的第Ⅵ层也分化为 3 个亚层:Ⅵa、Ⅵb、Ⅵc。除了不同细胞在 6 层分布的差异和分子生物学差异,锥体细胞的不同成分在 6 层中的分布差异也很大。分布在大脑皮层Ⅱ/Ⅲ层和Ⅴ层中的锥体细胞外形不同,分布在海马 CA3、CA1 和下托中的锥体细胞形态差异也很大(Spruston,2008)。即使在相同的 V1 区内,距离口端越远,Ⅳb 层厚度越大,锥体神经元体积也越大。在大鼠的初级视皮层中,同样存在

着这些横跨口-尾轴的梯度变化,即越是后头端的 V1 部位,神经元的密度越大。

层次分布不仅表现在新皮层的 6 层结构和锥体细胞的分布上,还表现在突触密度和受体密度上,γ-氨基丁酸(GABA)受体和谷氨酸受体层次分布,与突触密度分布具有相似的规律。

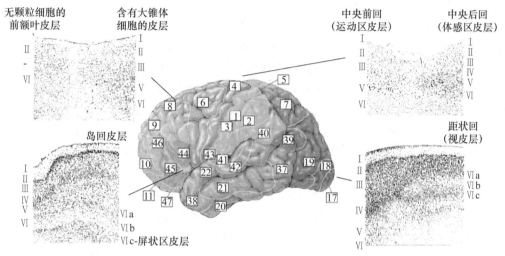

图 4-6　布罗德曼 1909 年描绘的人类大脑皮层的不同分层的差异
(经授权,引自 Cadwell et al.,2019)

图中罗马数字表示 6 层分层分布,中间的脑图显示左背外侧面上能看到的布罗德曼分区。请注意:中央前回和含有大锥体细胞的运动皮层内没有第Ⅳ层,视皮层第Ⅳ层分化为 3 个亚层,屏状区皮层的第Ⅵ层也分化为 3 个亚层。

在功能上,分布在第Ⅲ层的锥体神经元的树突棘接受皮层-皮层间的连接;分布在第Ⅴ层的锥体神经元树突棘接受皮层下-皮层间的投射连接。可能前者接受高层次皮层神经元传来的信息,后者接受外周传递上来的感觉信息(Fletcher & Williams,2019)。皮层细胞蛋白质的组成特性,可通过单细胞 RNA 测序技术(scRNA-seq),研究神经元所合成的生物活性蛋白质特性。使用这类方法,已经在小鼠的初级视皮层和前外侧运动皮层区内,分离出 133 种细胞类型(Tasic et al.,2018)。在体干感觉皮层内,发现 3 类细胞,不但生物活性蛋白反应不同,在行为调节中的作用也不同。已知小清蛋白阳性反应的中间神经元(PV^+ 神经元)跟踪丘脑传入,介导前馈抑制;生长抑素阳性反应的中间神经元(SST^+ 神经元)监测局部兴奋,提供持续性晚抑制或缓慢反复抑制的反馈;肠血管活性肽阳性反应的中间神经元(VIP^+ 神经元)接受非感觉传入的激活,对兴奋性神经元和 PV^+ 神经元均发生去抑制作用(Yu, Hu, Agmon, & Svoboda,2019)。伴随这些细胞形态和分子生物学特性的差异,其电生理学特性也有很大差异。那么,这些新科学事实对知觉机制的认识有何意义呢?分层分布的特性带来神经振荡,从而发生节律同化现象或振荡耦合,为大脑皮层不同层、不同区之间的知觉特征绑定或特征整合,提供了振荡编码的重要基础。

二、神经振荡和节律同化在知觉特征整合(绑定)中的作用

神经振荡(neural oscillation)反映神经元或神经回路兴奋状态随时间波动的客观生理过程或参数,通常是随时间发生节律性变化的函数。波动的频带宽度、频率、幅值和相位,是对其测量和分析比较的参数。常见的脑电波(EEG)就是一种神经振荡。节律同化(rhythmic synchronization)是指两个或多个各自以不同频率独立变化的神经振荡,在一定条件下可以耦合为谐振关系,即其振荡的频率相同或倍频变化。特征绑定(feature binding)是知觉研究领域中的重要理论概念之一,是指在人脑中,把外界物体的形状、颜色、大小、硬度、温度等诸多特征综合到一起,产生特定物体知觉的过程。

已有近百年研究历史的脑电图学,在 21 世纪获得了新生。60 年前,脑电波的基本节律(α 波)被认为起搏于丘脑网状结构(Lindsley,1960);然而,现在我们发现,特异的丘脑中继核团,如猫的外侧膝状体内,20%～30%的神经元是爆发式 α 频率发放的高阈值爆发细胞(high-threshold bursting cell, HTC),被称为 α 节律的起搏细胞(pacemaker cell),它们通过神经元之间的间隙连接,发生局部节律同化,抑制投射到视觉皮层的丘脑中继核群的神经元,并与动物头皮记录到的 α 节律同步(Lörincz, Crunelli, & Hughes, 2008; Lörincz et al., 2009; Hughes et al., 2011)。产生纺锤波的神经通路包括非感觉功能的丘脑网状核群、丘脑-皮层和皮层-丘脑回路,除了参与 REM 睡眠,还有更为复杂的作用(Bonnefond et al., 2020)。这些发现表明,丘脑作为 α 节律起搏器,控制着视觉皮层接收感知觉信息传入的功能(Samaha et al., 2020)。利用颜色-运动特征错误捆绑的实验范式,并结合 α 波频段的经颅交流磁刺激(transcranial alternating current stimulation, tACS)抑制或干扰人类被试脑内的 α 节律,以便测试脑电波 α 节律参与知觉特性的绑定作用。结果发现,如图 4-7 所示(见书后彩插),α 节律对知觉特征绑定发挥着因果决定性作用(Zhang et al., 2019)。

脑波的振荡编码被认为是皮层信息传递和功能回路组装的关键(Buzsáki, 2006),尤其是 γ 振荡编码更为突出,在皮层浅层尤其强烈,清醒的脑组装随机共振的细胞群,倾向于 γ 节律发放。在猴视皮层中存在一种通过锁相机制发放波形为狭窄脉冲的神经元,似乎是 γ 节律的起搏器,只有灵长动物脑中存在此类细胞;在小鼠脑中不存在(Onorato et al., 2020)。当 α 节律同化去除对强规则的选择,而转向即时无关的细胞群组时,β 节律同化选择有利于形成相关规则的细胞群(Buschman et al., 2012)。

细胞学和分子生物学常利用硅探针多点记录局部场电位(multisite LFP recording),并与细胞内记录的脉冲发放进行耦合(LFP-spike coupling),以便研究小鼠初级视皮层(V1 区)的 6 层细胞生理学特征。结果发现在所有 6 层分层中,每一层的细胞电活动都有其特异的节律,兴奋性和抑制性神经元总是被其自身所在层的节律所诱导,称为层次依赖效应。然而,对环境相依的节律,即外部的刺激节律,SST^+ 神经元较为敏

感,称为状态依赖效应(Veit et al., 2017)。两种效应可能会扩大细胞振荡节律的计算能力,以便优化视觉感知信息的编码和存储。当动物清醒时,从Ⅱ/Ⅲ层细胞向Ⅴ层的锥体细胞和中间神经元传递的脉冲发放最强;在非快速眼动睡眠状态时,深层神经元的活动性则较强(Senzai, Fernandez-Ruiz, & Buzsáki, 2019; Vinck & Perrenoud, 2019)。

在大脑皮层分层结构中,多种节律电活动是如何促成知觉特征的绑定呢?电生理学研究表明,感觉皮层之间的相互影响,可能是通过神经振荡的三种耦合机制实现的:相位重组(phase resetting)、神经诱导(neural entrainment)和相位-幅值之间跨频耦合机制(cross frequency coupling, CFC)。如图 4-8 所示(见书后彩插),(a)图显示在听皮层和视皮层记录到的神经振荡波,两者之间存在着相位差异。当主体受到一个外来的瞬时声音刺激,两者的相位就会发生重组,产生相位同化。(b)图显示,如果动物受到的外来刺激是一个节律声调,就会诱导出两者共同一致的诱导振荡。(c)图显示跨频耦合机制,当两组神经元群的神经振荡频率高、低不同时,可能出现跨频耦合机制,即低频成分的相位和高频成分的幅值或功率之间的耦合,结果是低频成分以其振荡周期性影响高频成分的波幅或功率的变化。这类相位-幅值之间的跨频耦合机制,已得到一批电生理学实验证据(Canolty & Knight, 2010; Popov, Kastner, & Jensen, 2017; Pagnotta, Pascucci, & Plomp, 2020)。当听觉信息加工时,4～8 Hz 的 θ 节律的相位对前额叶 30～80 Hz γ 波的幅值或功率进行调制;当视觉加工时,8～12 Hz 的 α 波的相位对枕叶的 γ 波的幅值或功率进行调制(Voytek et al., 2010)。当 α 波的相位与 γ 波的幅值或功率耦合时,在 α 波周期的波谷处,高 α 波功率与较弱的 γ 波的幅值或功率相关。这一结果与感觉区 α 活动以脉冲抑制的方式,每 100 ms 抑制神经元发放的机制相一致(Bonnefond & Jensen, 2015)。低频神经振荡提供时间窗和自上而下的因素,如任务目标和期望,可能调节多感觉加工和神经振荡(Bauer, Debener, & Nobre, 2020)。

综上所述,近年关于神经细胞类型和大脑皮层细胞分层分布的研究热潮,为知觉脑机制提供新思路:脑细胞分布的层次性加深了我们对神经振荡和脑电波起源及其功能的新认识,也为理解知觉特征绑定脑机制提供了新启示。下一章,我们还会回到这个话题中来,继续讨论它与注意功能的关系。

总之,人脑的知觉信息加工,首先通过感官和皮层下初级知觉通路、皮层初级知觉通路,将外部刺激的物理或化学属性的信息,转化为生物信息,即该类刺激与身体和生命之间的关系。只是在大脑皮层的高级知觉通路及其间的大范围循环信息流中,才能将初级知觉生理信息转化为完整的意识知觉(心理信息)。因此,完整的主观意识中的知觉映像,应该是在联络区皮层及相关的注意和记忆回路间循环的信息流机制下实现的。皮层初级知觉通路和皮层下初级知觉通路及其相关脑区之间的神经回路中的神经振荡,均在无意识觉知中发挥不同的作用。特异的经典感觉-运动通路,及其神经元的柱状分布,乃至协同作用的网状非特异系统,只完成将刺激的物理或化学信息转化为生物信息的信息加工任务,在调节唤醒水平中发挥作用。唤醒水平是知觉心理活动的基本前提,没有适宜的唤醒水平,不但不可能产生意识知觉,无意识的觉知也难以出现。

[常识与思索 4-2] 特征提取和特征绑定

特征提取和特征绑定最初是认知科学在模式识别和知觉仿真研究中采用的概念,特征提取是将外界环境中知觉对象(或客体)所具有的特征,从环境背景中分离出来的过程,包括图形与背景分离,轮廓和质地(或纹理)分离等。例如,在一群人中找到某个人的视知觉任务,按照被寻找者的性别、年龄、身高、体型、面部特征等,将人群中大体符合这些特征者的图像上传至相应的特征处理器,比较每种特征与拟寻之人的特征模式是否匹配。特征绑定又称为特征整合,是将那些模式匹配的个别特征,整合或捆绑起来以产生准确的目标知觉。例如,特征绑定后的图像是否就是拟寻之人。最近几年,不同频率脑电波在知觉形成中的作用问题是一个新热点。北京大学方方教授课题组发现 α 节律对知觉特征绑定发挥着因果决定性作用(Zhang et al.,2019)。

第五节 面孔知觉

前面以物体知觉为代表分析了三类知觉信息流。下面介绍面孔认知与识别的研究,首先介绍面孔知觉研究的发展历程,再着重分析面孔知觉研究中提出的理论问题,即整体加工效应和专家效应的知觉理论。

一、面孔认知与识别的实验研究

20世纪80年代以来,面孔认知与识别的研究受到许多学科的高度重视,形成了跨学科的研究热点。计算机科学对图像识别的理论研究,以及图像识别技术的研究,多以面孔图像作为实验材料。认知心理学创造了多种研究方法,形成面孔认知的理论模型。脑科学则力图揭示人类识别面孔的脑机制。所以,在这三大研究领域的文献检索中,均可用面孔识别(facial recognition)作为关键词,检索到数以万计的研究文献。这也是我们将面孔知觉作为一个专题加以介绍的原因,但本节不涉及对面孔图像处理的理论和技术。

(一) 认知心理学研究

20世纪80年代,认知心理学提出了许多研究正常人面孔认知规律的实验方法。在左构脸和右构脸的研究中,发现了左侧脸负载较多信息;在正位脸与倒置脸的研究中,发现了面孔认知的倒置脸效应;在面孔旋转的研究中,发现了心理旋转效应;在正常脸与重组脸的研究中,发现了面孔认知的拓扑编码规律;在熟悉脸与陌生脸的研究中,发现了不同的编码过程和脑网络。这些研究表明,面孔认知过程至少包含 7 种编码:图形码、结构码、身份码、姓名码、表情码、面部言语码和视觉语义码。熟悉性判断、身份判断和姓名判断的反应时依次增长的事实,提示三者是顺序进行的信息加工过程。对熟悉人确认至少包括三种编码,即结构码、身份语义码和姓名码;对陌生人识别,则以图形码和视觉语义码为主要的两种编码过程。在面孔识别中最普遍而共同的加工过程是并行处理,随加工深度要求不同,则有顺序的串行加工过程;在各种编码过程中,均可并行同时提取许多特征,实现由底至顶的加工策略,也存在着自上而下的语义指导加工策略。总之,认知心理学发现的这些规律,对于深入研究人类信息加工的自动过程和控制过程的关系,提供了良好的前提。

认知心理学对面孔认知的这些研究还形成一些理论研究热点,常常以面孔认知的规律作为整体知觉加工的原型,特别是面孔认知中的心理旋转效应和倒置脸效应。专家效应也是从面孔认知研究中引申出来的理论观点。下面着重分析这些效应及在脑机制研究所发现的科学事实。

(二) 心理生理学研究

心理生理学以脑事件相关电位(ERPs)为基础,吸收了认知心理学对面孔认知研究的理论与方法,于 20 世纪 80 年代末开辟了对人类被试进行认知心理生理学研究的新领域。研究表明,从简单描述的面孔图到真实面孔照片,随复杂性增加和要求记忆功能的参与,面孔刺激引出的 ERPs 中较长潜伏期成分增多,面孔与非面孔刺激的 ERPs 差异主要反映在潜伏期为 250 ms 以前的成分,大体在 140~240 ms。在熟悉人照片匹配实验中,不匹配时引起 160 ms 以前的负波,以右半球为主;在照片的身份、职业匹配实验中,不匹配时则引起两半球广泛性不匹配负波,潜伏期约 450 ms。

笔者的实验室自 1988 年开始,研究了正常被试在面孔识别时的 ERPs,廖国峰和沈政于 1993 年发现以双关图为认知材料时,将其认知为面孔时比认知为非面孔时 P2 波的潜伏期加长,说明面孔认知比非面孔认知的加工过程复杂。以熟悉人和陌生人的正面脸照片为实验材料时,发现熟悉的正面脸较陌生脸引出较高幅值的 P300 波;熟悉人和陌生人左、右侧位面孔照片,对 ERPs 有相反效应,熟悉人左侧脸照片比陌生人照片诱发出高幅值 P300 波;熟悉人右侧脸照片比陌生人照片诱发出低幅值 P300 波。这一结果提示,熟悉人面孔负载较多的信息,伴随更高的能量耗费的控制加工过程;熟悉人左侧脸负载的信息较右侧脸多,而陌生人右侧脸负载的信息多。在另一项面孔匹配的实验中,发现两张照片不匹配较匹配时,在左、右两侧顶、颞区诱发出幅值较高的 N400 波,这与语义启动效应的 ERPs 相似。除正常人类被试的这些实验研究外,还以恒河猴为对象,研究了 6 种照片的 ERPs 诱发效应。结果表明,熟悉人与熟悉猴照片较球的照片能诱发出高幅值的 P300 波;熟悉人与熟悉猴照片比陌生人与猴照片,引出更明显的 N400 波。

总结上述实验结果，我们得到这样的初步印象：随刺激面孔复杂性和信息量增多，人类被试 ERPs 潜伏期发生显著变化。从面孔与非面孔、熟悉人与陌生人，一直到面孔的匹配性，发生显著差异的 ERPs 成分依次为 P200 和 P300，说明加工过程逐渐复杂，信息量多的刺激引起幅值高的 ERPs 成分，表明有更多消耗的控制加工过程参与。猴 ERPs 的变化除与人类被试的上述变化相似以外，还表现出不同的规律。猴 ERPs 差异只发生在 300 ms 以后的成分，200 ms 以前的成分没有显著差异，可能是这种识别过程对猴的难度比人类大的缘故。

20 世纪最后几年，面孔认知的生理心理学研究取得了一个公认的突破性进展——发现了与面孔认知相关的特异性 ERPs 成分，即 N170 波。Bentin 等人（1996）对正常人类被试呈现正面脸、汽车等不同图形时记录 ERPs，发现在两侧颞叶（T5、T6 区）有潜伏期为 172 ms 的负波（称为 N170），右颞区（T6）的 N172 波幅值略高于左颞区（T5），将其命名为 N170 成分。N170 波在非面孔刺激呈现时不存在，正位面孔比倒置面孔诱发的 N170 波幅值高，倒置脸诱发的 N170 波潜伏期也有所延长。

如前所述，堪维舍 1997 年利用 fMRI 发现梭状回是面孔识别的特异性脑激活区。随后几年一些研究报告试图证明 ERPs 的 N170 成分是识别面孔时梭状回激活而产生的。

（三）猴面孔认知的生理心理学研究

罗尔（E. T. Roll）于 1983 年首先报道猴的杏仁核中存在一些面孔认知单元。几年以后，研究者发现对熟悉人与熟悉猴面孔识别发生特异反应的神经元，主要分布在猴脑颞上沟上沿的皮层中。最令人惊奇的是这些面孔认知单元大体可分为两类：第一类是以观察者为中心的细胞（viewer centered cell），不论是熟悉人还是陌生人，只要有面孔呈现，这类细胞就发生反应，根据观察者与被观察者相对位置关系，这类细胞又可分为 5 种，即正面脸、左侧脸、右侧脸、上仰 45°脸和下俯 45°脸；第二类是以对象为中心的细胞（object centered cell），不管是正位、侧位、仰面，还是下俯脸，只要是特定的熟悉人面孔出现，都发生同样的反应。第一类细胞似乎是以并行的自动加工过程为主，第二类细胞则是特异选择性控制加工过程的单元。罗尔将面孔认知的细胞电生理研究的数据，用人工神经网络的并行分布处理原理进行概括，提出对熟悉面孔存在一组为数不多的神经细胞，按照编码规则，对一些熟悉人进行并行分布式群集编码。颞叶视觉信息加工后，输出到边缘系统的杏仁核，将视觉信息与味觉等多种信息聚合，并通过旁海马回、内嗅区皮层与海马的联系，构成自联想网络。这一网络的并行分布式加工，才是熟悉面孔认知的基本机制。笔者的实验室，利用线画面孔模式图训练猴识别面孔，沈政等人发现线画面孔模式图的眼睛部位有洞比无洞时，识别反应快，正确率高（Shen, Zhang, & Chen, 2002）。陈玉翠等人还在猴颞下回神经细胞电活动的记录中，发现眼睛部位有洞比无洞时，颞下回细胞神经脉冲变化更大，可能是眼部有洞的面孔画像，对猴具有明显生态意义；代表清醒的面孔，引起猴颞下回细胞较快的兴奋（Chen, Zhang, & Shen,

2002）。

康纳（C. E. Connor）于 2010 年以《面孔知觉新观点》为题，概括和评论了弗赖瓦尔德（Winrich A. Freiwald）和曹颖（Doris Y. Tsao）对猴面孔知觉细胞单位发放的研究结果。猴颞下回皮层中有 6 块面孔识别功能的脑区，分别是后外侧区（PL）、中外侧区（ML）、中底区（MF）、前外侧区（AL）、前底区（AF）和前内侧区（AM）。这些脑区的神经元单位发放，与面孔刺激特性之间的关系，具有一定的层次性。如图 4-9 所示，颞下回皮层后边的几个区是面孔朝向的识别区，ML 和 MF 区神经元的单位发放只对两人左侧面孔发生反应，而对右侧面孔不反应。AL 和 AF 区神经元对左、右侧面孔都发生反应，但对正面脸不反应。最前面的 AM 区神经元主要对某一人各种朝向的面孔刺激一律发生反应。所以，颞下回皮层前区是识别个体身份的脑区。作为视知觉腹侧通路重要组成的颞下回皮层，从后向前，对面孔知觉信息加工具有一定的层次性，表现为从对面孔朝向的特征提取，实现客体类别（面孔与非面孔）的识别到面孔个体身份的识别；在面孔身份识别中，实现着并行性加工的策略。

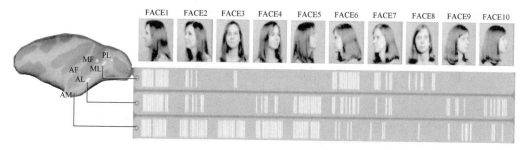

图 4-9 猴颞下回皮层 6 块面孔识别功能区神经元的单位发放与面孔刺激特性之间的关系
（经授权，引自 Connor，2010）。

左图：猴脑左半球颞下回皮层存在 6 个脑区从后至前的顺序是后外侧区（PL）、中外侧区（ML）、中底区（MF）、前外侧区（AL）、前底区（AF）和前内侧区（AM）。右下图：与左图对应区神经元单位发放的特点及其与右上图所示刺激面孔朝向性的关系。右上图：10 张照片是两位女士的，左边 5 张是同一人的，右边 5 张是另一人的，两人照片的面孔朝向是一一对应的。

[常识与思索 4-3]　祖母细胞

经典生理心理学受当时盛行的脑机能定位论的影响，认为每种心理过程都以一定的脑结构为中枢，如布罗卡言语运动区、面孔识别区等。这种学术思想进一步发展，认为每种心理过程的脑中枢内，都存在一些特异的功能细胞，比如海马锥体细胞是记忆的细胞。所以，1969 年，给学生讲解"知觉和知识的生物学基础"时，J. Y. Lettiven 教授构思了一个故事，设想在某个死刑犯人的流放区，一位外科医生在某犯人脑内上万个识别母亲的细胞中，切除一个，结果此人在术后完全失去了"母亲"的概念。后来这个故事演化成祖母细胞(grandmother cell)的科学概念。尽管 H. Barlow 教授1972年在论文中提及应废除祖母细胞的概念,可是这个概念还是在科学界继续传播着。直到20世纪80年代,并行分布式信息处理(PDP)、粗编码(coarse encoding)、疏编码(sparse encoding)和特征绑定等概念较准确地描述了知觉信息加工的特点,特异祖母细胞的概念才被当作笑谈。

二、面孔认知和识别的理论

面孔的整体加工理论和专家理论实际上是知觉理论中的重大问题,整体加工对应局部加工,先天特征对应专家效应,也是面孔认知研究中热烈争论的理论问题。

(一) 整体加工理论

整体与局部加工向来都是重大的知觉理论问题。20世纪30年代,格式塔心理学关于图形与背景的研究,以及整体拓扑特性在知觉形成中的作用问题,代表着知觉的整体加工理论观点。20世纪80年代,在认知科学和神经科学研究中形成质地子、几何子、视觉感受野、功能柱、整体和局部特征检测等知觉理论。面孔各部有一定的结构关系,是面孔知觉的整体性;而眼睛的大小、鼻子的高矮、嘴的形状等局部特征,又常常是识别不同面孔的依据之一。在识别面孔与非面孔的认知任务中,面孔的整体加工占优势;而在识别不同人的面孔时,可能局部特征检测发挥一定作用。前者是知觉类别(面孔与非面孔)识别,为层次较浅的初级知觉任务,后者是层次较深的次级认知任务。

利用 fMRI 对面孔识别的实验研究表明,无论是面孔与非面孔的识别任务(整体加工),还是不同面孔的识别任务(局部加工),梭状回面孔识别区(FFA)都发生较强的激活。与之对比的房屋图片,无论是其整体还是局部特征,只能引发 FFA 较弱的激活,两类刺激物的激活水平相差两倍之多。对 ERPs 的 N170 研究得到与此相似的结果,正常人面孔刺激诱发的 N170 幅值显著高于房屋图片的刺激。先天性面孔失认症的病人,对面孔照片和房屋照片 N170 的幅值和潜伏期没有差异。

利用面孔倒置效应作为其整体加工优势的证据,得到普遍的认同。当面孔倒置时,识别作业成绩明显变差,对 FFA 的激活作用也变弱;相较而言,对其他物体识别的倒置效应并不这样明显,这一结果说明,面孔认知中整体加工占优势。因为倒置破坏了整体加工过程的信息,对局部加工过程信息的影响较小。ERPs 的 N170 成分在面孔倒置后,潜伏期延长、幅值增高。Eimer(2000)认为,这一事实说明倒置面孔影响的是整体结构编码。

(二) 面孔知觉的专家理论

面孔知觉的专家理论认为面孔知觉与对其他物体的知觉并没有本质的区别,梭状回的面孔识别区原本不是特异性的。面孔知觉的整体加工优势和梭状回面孔识别区都是后天习得性增强或募集的结果。因为新生儿第一眼就看到人的面孔,不断增加与母亲和亲人接触的次数和人数，使其很快积累了识别面孔的技能和专长。在这种经验习得过程中，脑内梭状回作为固定这种专家特长的脑结构，也逐渐特化起来。总之，面孔知觉的专家理论认为面孔识别能力是后天经验积累的结果。与之相反，先天模块论认为面孔知觉特性是先天遗传的，新生儿大脑内已经存在面孔识别模块，在发育过程中面孔知觉模块也不断得到发育和完善，特别是在早期发育中，募集了较多脑细胞参与面孔知觉。这一先天的面孔知觉模块是不同于其他物体的知觉模块。对于面孔知觉的先天模块论还是后天习得的专家理论，一些研究利用功能性脑成像技术和特殊病例对此加以验证。

一些先天性白内障的病儿，从出生到2~6月龄进行白内障手术，治疗之前未能获得对面孔知觉的经验，手术以后经过多年正常面孔认知的经验积累，仍不能对面孔整体的结构特性形成正常知觉，只能识别面孔组成成分的局部特性。这一事实证明：面孔知觉早期经验的重要性，同时还说明面孔结构的整体加工优势是在早期专家经验积累的基础上形成的。另一些研究证明：只有面孔的整体结构加工，才能有效激活梭状回的面孔识别区和事件相关电位N170成分。利用功能磁共振和事件相关电位技术进行的面孔识别实验，都发现了作为整体加工的倒置脸效应。这些研究报告都支持面孔知觉专家理论。也就是面孔整体加工优势是后天经验积累的专家效应。但还有一些学者持相反的观点，认为专家理论的证据仍不十分充分。

思考题

1. 何为超柱？它在知觉信息加工层次性关系中的作用是什么？
2. 人脑内有哪些特化的知觉区，怎样说明它们在人类知觉形成中作用的局限性？
3. 视知觉的信息加工由哪几种类型的神经通路层次性地顺序衔接而完成？在哪一环节上产生主观知觉体验？
4. 何为知觉信息流？请说明知觉信息流的种类和功能意义。
5. 何为知觉特征绑定？如何理解知觉特征整合的神经振荡机制？
6. 如何理解对人脸认知和识别理论？它们的证据和理论有何不足？

5

注意的生理心理学基础

　　注意是心理活动的指向性、选择性、集中性和保持的复杂过程，包括非随意注意、选择性注意或集中注意，以及注意的维持与调节过程。注意的主要功能是对意识的导向、警觉的维持和执行控制，以便更好地实现知觉、工作记忆、思考或动作的执行任务。无论是巴甫洛夫的经典神经生理学还是认知心理学创建的早期，都十分重视注意问题的研究。前者提出朝向反射理论，较深入地分析了非随意注意的生理基础；后者提出注意的过滤器理论。随着电生理学技术的发展，利用外周生理参数和脑事件相关电位所积累的科学事实，逐渐将两种经典的注意理论连接起来。事件相关电位的研究支持了早选择的理论观点，并把注意研究引向心理资源分配的方向。朝向反射理论探讨了从外周感官到大脑皮层的许多神经通路和各级中枢的作用，为现代脑成像技术的应用提供了基础。

　　20世纪末，注意研究采用了许多精细的认知实验范式，有利于从心理学角度分离注意子过程或不同的功能单元；事件相关电位和其他无创性脑成像技术，在注意研究中的应用，不仅得到精细的心理学参数，同时还得到脑功能的动态变化参数；灵长类动物的实验模型提供了注意过程细胞电生理学参数；理论研究和临床研究的结合，使得在神经心理障碍和精神病的病理生理学研究中，积累了一批新的科学证据。全部这些跨学科的研究把对注意过程脑机制的认识推向新的阶段。现在我们认识到，注意是一种复杂的认知过程，以一些基本脑网络为基础，涵盖了由底至顶、自上而下的信息流和循环信息流，以及大范围信息交流的多层次信息加工机制，并且与感知觉、记忆、意识、情感和动作执行等脑网络密切相关。

第一节　非随意注意

　　非随意注意是由外界较强的新异刺激或引起主体意外感的刺激所引发的不由自主的注意过程，又称为被动注意。巴甫洛夫用狗的条件反射实验证明，非随意注意的生理基础是朝向反射。N. E. Sokolov 于 1963 年将其发展为神经活动模式匹配理论。20世纪70年代，认知心理学强调非随意注意的不自主性，将之看成是一种意识控制之外的自动加工过程。M. I. Posner 于 1995 年总结出三种注意网络,其中非随意注意至少涉及刺激定向和警觉两个网络。本节先从朝向反射和神经活动模式匹配理论讲起。

一、非随意注意与朝向反射理论

传统神经生理学和条件反射理论,把非随意注意看成是一种被动的非选择性注意过程。因此,外部刺激的强度因素在引起非随意注意中具有重要意义。刺激的强度并不简单地取决于它的物理因素,更重要的是它的新异性,即它对机体的不寻常性、意外性和突然性。朝向反射就是由这种新异性强的刺激引起机体的一种反射活动,表现为机体现行活动的突然中止,头面部甚至整个机体转向新异刺激发出的方向。通过眼、耳的感知过程探究新异刺激的性质及其对机体的意义。朝向反射是非随意注意的生理基础。

巴甫洛夫在狗唾液条件反射实验中发现,对于已经建立起唾液条件反射的狗,给予一个突然意外的新异性声音刺激,则唾液分泌条件反射立即停止,狗将头转向声源方向,两耳竖起,两眼凝视,瞳孔散大,四肢肌肉紧张,心率和呼吸变慢,动物做出应对危险的准备。巴甫洛夫认为这种对新异刺激的朝向反射的本质是脑内发展了外抑制过程。新异刺激在脑内产生的强兴奋灶对其他脑区发生明显的负诱导,因而抑制了已建立的条件反射活动。随着新异刺激的重复呈现,失去了它的新异性,在脑内逐渐发展了消退抑制过程,抑制了引起朝向反射的兴奋灶,于是朝向反射不复存在。由此可见,巴甫洛夫关于朝向反射的理论主要是根据动物的行为变化,概括出脑内抑制过程的变化规律,用他的神经过程及其运动规律加以解释。具体地讲,脑内发展的外抑制是朝向反射形成的机制,而主动性内抑制过程——消退抑制的产生,引起朝向反射的消退。

M. N. Verbaten 于 1983 年报道,在朝向反射中,眼动变化的潜伏期仅为 150~200 ms,是皮肤电变化的 5 倍,可能与朝向反射早期的信息收集功能有关。眼动变化的习惯过程也较快,且与刺激的复杂程度和不确定性有关。刺激的信息含量多,不确定性大时,习惯化过程较慢。皮肤电反应的习惯化过程则不受刺激复杂程度的影响。所以,眼动和皮肤电在朝向反射中的变化规律和机能意义并不完全相同。此外,在朝向反射中,皮肤电反应、血管运动反应和脑电 α 波阻抑反应也都有不同的变化规律。重复刺激时,首先消退的是皮肤电反应,随后消退的是血管运动反应;脑电 α 波阻抑反应并不完全消退,只是弥散的 α 波阻抑反应逐渐缩小,仅在某一皮层区出现局限性反应。在头皮上记录平均诱发电位时发现,重复呈现刺激 36 次以上,其 P3 波仍未消退;而皮肤电反应在 10~20 次重复刺激时,即完全消退。这些事实说明,在朝向反射中,外周生理变化与中枢神经系统的生理变化有不同的规律和机能意义。

20 世纪 60 年代开端的事件电位研究中,最早的著名经典实验范式被称为"怪球范式"(oddball paradigm),即在以 85% 大概率呈现的刺激序列中,呈现概率小于 15% 的偶然刺激会引起"意外感"。因此,小概率事件构成了新异刺激,在额叶引出较明显的高幅值正波，其潜伏期为 250～500 ms，称为 P3a 波。随后，在脑额叶损伤的病人中发现，视觉、听觉和躯体感觉刺激的"怪球范式"均不能有效引出 P3a 成分。进一步利用动物实验损毁额叶皮层，也证明小概率事件引发的高幅值 P3a 波，是其新异性引发朝向反射的有用的脑中枢生理指标。在"怪球范式"中除了额区记录到作为朝向反射的中枢成分 P3a 外，还在许多头皮记录部位，如顶区和颞区记录到较明显的正波，其潜伏期比 P3a 波略长，也是 250～500 ms，称为 P3b 波。一些实验证明，P3b 波已超出朝向反射的范围，与更复杂的心理活动有关。

二、神经活动模式匹配理论

N. E. Sokolov 在朝向反射的研究中发现，它的基础是一个包括许多脑结构在内的复杂功能系统。这一功能系统的最显著特点是，它在新刺激作用下形成的新异刺激模式与神经系统的活动模式之间不匹配。刚刚发生的外部刺激在神经系统内形成了某些神经元组合的固定反应模式。如果同一刺激重复呈现，传入信息与已形成的反应模式相匹配，朝向反射就会消退。所以在一串重复刺激中，只有前几次刺激才能最有效地引出朝向反射。几次刺激之后或几秒钟之后，朝向反射就会消退；但刺激因素发生变化，新的传入信息与已形成的神经活动模式不相匹配，则朝向反射又重新建立起来。索科洛夫认为，无论是第一次应用新异刺激引起的朝向反射，还是它在消退以后刺激模式变化再次引起的朝向反射，都由同一神经活动模式不匹配的机制来实现。具体地讲，这种机制发生在对刺激信息反应的传出神经元中，在这里将感觉神经元传入的信息模式和中间神经元保存的以前刺激痕迹的模式加以匹配，如果两个模式完全匹配，传出神经元不再发生反应。两种模式不匹配就会导致传出神经元从不反应状态转变为反应状态。进一步实验分析表明，不匹配机制引起神经系统反应性增加的效应，可以发生在中枢神经系统的许多结构和功能环节上，其结果是大大提高对外部刺激的分析能力或反应能力。

既然朝向反射是一种短暂的反应过程，随着刺激的重复或刺激的延长，它就会消退；采用精细的分析和记录手段，对这一过程进行时相性分析是十分必要的。事件相关电位的记录和分析是一种较为理想的手段。初次应用新异刺激引起的初始性朝向反射消退之后，刺激模式变化又可以引起朝向反射，称为易变性朝向反射。一些研究者发现，初始性朝向反射和易变性朝向反射不同，两者的脑事件相关电位变化不一，神经机制也不相似。在易变性朝向反射中，存在着特异性脑事件相关电位波——失匹配负波（mismatch negativity，MMN）；而在初始性朝向反射中，存在较大的顶负波，这两种负波的潜伏期均为 150～250 ms，是 N200 波的不同成分。

顶负波是初始性朝向反射的恒定成分，在初次应用新异刺激时出现于顶颞区，是潜伏期约为 200 ms 的负波，简称 N200 波。有时 N200 波分成两个波峰，分别称 N2a 和 N2b。N2b 波峰是在 N2a 的基础上进一步增大而形成的。当 N2b 波下降以后形成了正相波称为 P3a，N2b-P3a 构成一个复合波。N2a 则常常是失匹配负波，所以 N2b-P3a 复合波是 MMN 扩展的后继成分。

MMN 对各种性质不同和心理学意义不同的刺激，均给出相似的反应，它只反映出刺激模式的变化，不论是声、光或电刺激，只要这种模式在重复应用时发生一定的变化就能有效地引起 MMN。但是 MMN 出现的潜伏期和持续时间则与刺激强度变化的幅度有关。外部刺激强度变化的幅度越大，则 MMN 出现的潜伏期越短，持续时间短，负波峰值也较高。反之，外部刺激强度变化越小，MMN 出现的潜伏期长，持续时间长，负波峰值低。从刺激变化时起，MMN 达到峰值所需的潜伏期为 200~300 ms。一般而言，潜伏期短，MMN 峰值高；潜伏期长，则峰值低。MMN 常常出现于额区或额-中央区。当 MMN 之后伴随一个正波或负正双相 N2b-P3a 复合波时，就会出现朝向反射；相反，如果刺激模式变化引起的 MMN 之后不伴有 N2b-P3a 复合波或一个正波，不会出现朝向反射。平均诱发电位的这些变化说明了大脑皮层在注意中发生了复杂变化。

[常识与思索 5-1] 测谎技术的原理

测谎技术是指在对被试进行审讯式提问，要求被试只做是或否的回答时，利用多导生理记录仪，记录其皮肤电、呼吸、脉搏和血压等自主神经系统的功能变化；比较所提问的探测问题、无关问题和基线问题引起这些生理参数的变化程度，从而得到被试是否诚实的结论。这种方法在西方已经应用了 120 多年，其基础理论仍在争论之中。2002 年，美国科学院专家组建议，生理学中的朝向反射作为测谎技术的理论基础。皮肤电反应是朝向反射的最稳定成分，可持续 5~10 s，其他指标只有 2~3 s 的变化时间。事实上，朝向反射是非随意注意的生理基础，是由超强的、意外的、不寻常的和突然性的新异刺激所引起的，是一种无意识的生物学反应。而测谎中的问答都是有心理学意义的刺激，对犯罪嫌疑人或说谎者而言，探测问题是意料之中的。所以，测谎的生理心理学基础，应该是控制加工过程和自动加工过程的心理学理论。说谎者对探测问题的回答是控制加工过程，是耗费心理资源的过程。全部被试对无关问题的回答，主要是自动加工过程，不耗费心神的，即使是探测问题，对无辜者来说，也主要是自动加工过程。

第二节　选择性注意

选择性注意是在众多外界刺激中，选择性地留意某一刺激，而忽视其他刺激的过程。认知心理学创立了许多研究选择性注意的实验范式，分别研究了颜色、形状、物体、空间等刺激，以及听觉和语词等刺激因素的选择性注意。各类认知实验范式中，令被试选择注意的刺激称为靶子,令被试忽视的刺激称为分心项或干扰项。此外,还有一类对靶子出现有提示作用的线索,根据线索与靶子的关系,又将其分为有效提示和无效提示的线索。选择性注意研究就是控制线索、靶子和分心刺激呈现的时间和空间关系,在被试对靶子选择反应的反应时和正确率的差异中,总结出选择性注意形成的理论,并通过事件相关电位和动物模型对选择性注意的脑机制进行研究。

一、早选择和晚选择的经典理论

在认知心理学中,较早的选择性注意理论称为过滤器的瓶颈理论,认为选择性注意是由于大量外界刺激信息在感知觉通道上,向脑内传入时存在着竞争性,注意的选择在每一瞬间只能让有限的刺激进入脑内。这一理论带来的问题是何时发生注意性选择,是在大量刺激感知过程的早期,还是在产生明确知觉对刺激做出反应时,因此也分别得出早选择理论和晚选择理论。无论是人类被试的实验研究,还是动物模型研究,生理心理学分别积累了许多科学事实,有些支持早选择理论,另一些证据却支持晚选择理论。生理心理学中关于丘脑网状核闸门学说和前运动中枢理论,分别支持了认知心理学中的早、晚选择理论。

(一) 丘脑网状核闸门学说

脑损伤病人和动物实验研究发现,丘脑网状核在选择性注意过程中,对干扰项的抑制发挥重要作用。解剖学研究表明,丘脑网状核只接受从额叶-内侧丘脑来的下行纤维,当大量高位反馈的下行冲动引起它的兴奋,就会对脑干网状结构产生抑制功能,使大量干扰项的刺激信息很难传入脑高级中枢。因此,这一理论被称为注意的丘脑网状核闸门学说。对脑损伤病人进行平均诱发电位的中成分分析的研究报告,为丘脑网状核闸门理论提供了有力支持。背侧额叶皮层受损的病人,其听觉平均诱发反应 P50 和体感刺激的平均诱发反应 P50 均比正常人显著增高;而听觉和体觉初级皮层受损的病人,分别只出现与受损皮层相应的诱发电位的中成分选择性幅值降低。这说明:背侧额叶皮层受损不能向丘脑网状核发出兴奋冲动,丘脑网状核无法对脑干网状结构发挥抑制作用。当然也不排除背侧额叶皮层直接抑制各种初级感觉皮层对干扰项的反应。总之,无论对正常人的平均诱发电位的中成分分析,还是对脑损伤病人的中成分分析,乃至对动物的实验研究,都说明选择性注意的选择作用,发生在潜伏期短于 100 ms 的早期阶段。然而,在生理心理学研究文献中,也有一些事实支持晚选择理论。

(二) 前运动中枢理论

与前面所讲的从感知信息传递过程中寻求早选择不同;前运动中枢理论从注意引起的运动环节寻求注意的晚选择理论。首先,视觉注意过程常常伴随眼动,在猴的选择性视觉注意实验中,发现与眼动有关的皮层运动区 7、8 区和皮层下眼动中枢上丘,有明显的神经元单位发放增强现象。除视觉选择性注意之外,与猴取食运动反应,以及咬食运动活动相关的大脑皮层前运动中枢(6 区)损毁时,猴对食物的选择性注意功能丧失。

根据这些事实,注意的前运动中枢理论认为,注意是前运动中枢的晚选择性反应,其反应增强效应就是选择性注意的基础。

二、多环节选择理论

20世纪90年代以来利用功能磁共振成像的研究,发现对靶子的检测伴随最明显的脑激活区是前扣带回,特别是无效线索提示的信息与靶子呈现的信息不一致时激活最强。对干扰项的忽视,伴随眶额皮层、纹状体和丘脑的多个脑区激活;在空间注意作业中,除前扣带回和背侧前额叶激活外,还有顶叶,特别是右侧顶叶皮层的激活。这些科学事实说明,早选择理论仅仅从感知信息的传入环节寻求选择性注意的脑机制;晚选择理论则从注意的运动效应环节寻求选择性注意的证据。两者各有所长,都只能提供选择性注意脑机制的一个侧面。事实上,选择性注意是多个脑区参与的复杂动态机制,不仅是感觉传入环节的早选择和运动传出环节的晚选择,还有更多复杂脑高级中枢的参与,并且是与知觉、记忆和意识密切相关的选择。所以,特征整合理论、注意约定理论等又重新被提起。

(一)特征整合理论

A. M. Treisman 等人于20世纪80年代提出特征整合理论,将注意和知觉过程关联起来。Treisman 在视觉搜索的实验研究中,将注意过程分为两个阶段:前注意阶段和选择性注意阶段。她认为前注意阶段对视野中各种特征进行并行加工,是一种无意识活动。随后一些特征整合起来形成客体知觉,选择性注意正是在从并行到串行的特征整合中发挥作用。也就是说,选择性注意的选择发生在知觉形成之中。最初,这个理论建立在由底至顶信息加工的概念基础上,在以后的十年之中不断吸收自上而下的信息加工概念,逐渐强调高层次知觉经验在特征整合中的作用,并认为在刺激呈现的几百毫秒内,选择性注意对潜在靶子的强化和对潜在干扰的抑制是同时进行的,这就是选择性注意的特征整合理论。

(二)注意约定理论

J. Duncan 等人主张将注意和记忆关联起来,认为选择性注意介入之前,个别特征结合为知觉的过程已经完成,选择性注意的作用在于把知觉信息与工作记忆约定起来,选择发生在完成明确意识知觉的环节上。A. Gazzaley 和 A. C. Nobre 于2012年综述了有关文献,证明选择性注意和工作记忆之间存在着重叠的共同脑机制,源自前额叶和顶叶的自上而下的信息流在选择性注意和工作记忆之间连接起来。

(三)注意的情感偏置论

R. M. Todd 等人认为在很多情境中,选择性注意制约于主体的情感状态,在由底至顶的注意性选择中,刺激物属性的突显性受到主体情感的影响;在自上而下的选择性注意中,更是决定于主体的情感状态。反之,注意对主体的情感也有调节作用。

从上述注意选择可能分别发生在知觉决策、工作记忆和情感等不同环节中的事实,说明注意是一类非常活跃的心理过程,可能参与多种心理过程,调节和分配着心理资源。

三、选择性注意的心理资源分配理论

前面介绍的联想性模式匹配理论,是 20 世纪 60 年代在朝向反射研究的基础上形成的。1991 年,美国心理生理学会成立 30 周年学术会议的总结报告,系统阐述了非随意注意、朝向反射、习惯化和心理资源分配的联想理论,分析了选择性注意研究的发展趋势。该报告概述了 N. E. Sokolov 模式匹配理论的实验依据,在此基础上提出配对刺激实验范式,以及次级任务探测反应时实验的原则。该报告认为易变性朝向反射比初始性朝向反射具有更明显的模式间效应,这类科学数据有利于说明心理资源分配概念在注意理论发展中的重要意义。这里先简要地介绍心理资源分配实验范式,再介绍注意研究中的电生理学指标。

(一) 次级任务探测反应时实验

在 S1-S2 刺激模式连续重复的过程中,以一定时间的刺激间隔(inter-trial intervals)重复 24 次的实验序列,其中某几次刺激呈现时,遗漏 S1-S2 模式中的 S2 成分,从而使这一实验系列刺激中,发生了模式间的变异(inter modality change)。此外,24 次 S1-S2 刺激序列中,还安排两类持续时间长短不同的 S1-S2 刺激。在 S1-S2 刺激呈现时或在刺激间隔期,不定期地使用另一种探测刺激,与 S1 和 S2 均不相同,并同时记录对探测刺激的反应时(按键)和皮肤电变化。被试的主要任务是暗自计数刺激系列中的刺激时间较长者出现的次数;被试的次级任务是对探测刺激给出按键反应。这种实验范式,称为次级任务探测反应时实验(the experiment with secondary task probe reaction time)。利用这一实验模式的具体参数,S1-S2 刺激对的持续时为 4 s,但持续时间较长(6 s)者出现概率为 0.25。换言之,总数 24 次的重复序列中,S1-S2 为 4 s 者 18 次,为 6 s 者 6 次。被试的主要任务是辨别并暗自心数在 24 次中,持续时间较长的 S1-S2 呈现的次数。在 S1-S2 的刺激序列间,任何处均可能出现一个 70 dB 的声音探测刺激,可出现在 S1 呈现时,或 S2 呈现时,或刺激间隔期。每当 70 dB 声音信号出现时,被试按键,记录反应时及此时皮肤电变化。最主要的参数是比较在 S1-S2 刺激对中,漏掉 S2 后的反应时和下一次刺激中 S2 再呈现时的反应时,以及被试对探测刺激的反应时和皮肤电反应幅值。结果表明,在 S2 漏掉或再现时,均造成反应变慢的行为效应;皮肤电幅值明显增加,特别是 S2 再现时,皮肤电反应幅值更高。这一结果说明:S2 漏掉和再现时引起的反应时和皮肤电生理参数的变化,是心理资源分配所引起的,特别是 S2 再现引出的高幅值皮肤电反应,表明这时被试动用了较多的心理资源。

(二) 心理资源分配与脑事件相关电位

除了反应时和皮肤电的上述变化,在注意机制的研究中,自 20 世纪 80 年代,较多采用脑事件相关电位作为生理指标。这里先介绍与心理资源有关的脑事件相关电位注

意指标,包括 N1 或 N2 波、Nd 成分和 CNV 波。

1. N1 波及其慢复合波

在引起人们注意时(朝向反射),常可观察到在声音呈现后 120～150 ms 出现一个负波,随后出现一个慢波,一直延续到声音终止。这种短暂的负波及其后的晚慢电位波(late sustained potentials),在两半球间的颅顶区(Cz)最大。如果用一个视觉刺激,则引出的晚慢成分主要在两侧枕区,无论是听觉刺激还是视觉刺激,引出的 N1 和其后的慢波都随刺激延长而向附近脑区扩展。深入研究发现,晚慢波之前瞬时变化的 N1-P1 波幅值,仅在其出现后 30～50 ms 内逐渐增高,随后就为后慢负波所取代。后者可持续恒定幅值达 3.5 s,甚至其幅值在 5～9 s 才逐渐下降。这种 N1 波及其晚慢电位与被试非随意朝向反射有关,不受选择性注意的影响,说明它是一个自动加工过程,不存在心理资源分配问题。

2. 波成分与非随意注意

N2 成分具有通道特异性,即不同感觉通道获得的刺激,其诱发电位在头皮上的分布不同。分别用声音和闪光作为刺激物,听觉诱发 N2 成分最大峰值出现颅顶区,而视觉刺激诱发 N2 主要表现在枕区。N2 成分的另一个明显的特点是它在随意注意和不随意注意情况下产生相同的反应。在双耳分听的实验中,也发现对注意耳中音调的变化和非注意耳中音调的变化,诱发出同样的 N2 成分。R. Näätänen 等人 1983 年的实验发现,当被试对差别细微的声音刺激做出选择反应时(如 1000 Hz 对 1010 Hz,要求对后者做出反应),尽管被试在主观上未觉察到二者的差别,但也表现出 N2 成分。实验结果显示出正确觉察和未觉察到声音刺激的差别,二者所诱发出的 N2 成分的波幅是相等的。因此,R. Näätänen 等提出:N2 波表现了以自动方式对环境的变化做出反应的过程,可能参与到定向反应活动中,是一种自动加工过程,不耗费心理资源。

3. Nd 成分

采用两种频率的调幅音,音强均为 80 dB,声音呈现长度为 51 ms 或 102 ms 两种,通过立体声耳机分别在左耳或右耳呈现。在 160 s 内多次变化频率和持续时间(51 ms 或 102 ms)在左、右耳中的呈现。请被试注意听一种频率的或某一持续时间的声音,对其他声音不去理会,同时记录和分析脑事件相关电位。对所得结果计算出的注意声音和非注意声音引起的负向波之差(Nd),即两种声音诱发的事件相关电位成分相减后得到的差异负波。计算结果表明,注意与非注意的脑事件相关电位之差由 3 个成分组成:注意的事件相关电位中 100～270 ms 的负波;非注意的事件相关电位中 170 ms 至声音终止间的正波;注意的事件相关电位中 270～700 ms 的第二负波。随注意与非注意声音鉴别难度逐渐增大(如由 2000 Hz 与 900 Hz 间的区别变为 960 Hz 与 900 Hz 间的区别),Nd 成分出现的时间延迟。这说明,随心理资源的耗费,Nd 成分与非注意声音引起的正波关系也发生变化。

4. 关联性负变

关联性负变(contingent negative variation,CNV),也称期待波。W. G. Walter 于 1964 年最早报道了这类事件相关电位。他们在研究声-光刺激相互作用时发现,如果第一个刺激(S_1)作为一定间隔时间后出现的第二刺激(S_2)的警告信号,并要求被试在 S_2 呈现时完成一个动作。S_1 呈现后 200 ms,在大脑皮层尤其是前额显著地出现负慢电位变化,这种变化持续到被试完成动作以后,但很少超过 2 s。负慢电变化的波幅很低,只有几微伏到 10 μV 之间,而且重叠在大脑自发电活动之上很难辨认。因此,只有经过直流放大,并通过计算机叠加,方能记录出来。

第三节 注意的脑功能网络和信息流

当代认知神经科学利用多种无创性脑成像技术和有创性动物细胞电生理学记录方法相结合,对注意的脑机制进行了多方面的研究。可以把这些研究概括为三方面问题。首先,把注意作为一种心理过程,它由非随意注意、选择性注意和注意保持三个环节组成统一的注意过程。其次,注意过程由许多层次不同的脑结构参与,形成了多种脑功能网络作为结构基础。最后,在这些网络中进行着由底至顶、自上而下、循环的和大范围交互的信息流,实现注意对意识的导向作用,保持适度警觉和决策执行等功能。

一、注意的脑功能网络

M. I. Posner 根据人类无创性脑成像研究和灵长类动物细胞电生理研究所发现的科学事实,将注意的脑机制概括为三个功能网络:定向网络、执行网络和警觉网络。这三个网络构成脑内统一的注意系统,每个网络在注意过程中具有不同的作用。

(一) 定向网络

猴脑细胞电活动的证据以及脑损伤病人的研究表明,后顶叶皮层、上丘和丘脑枕核参与感觉刺激和空间位置的定向功能。非随意注意和选择注意过程伴随眼动和内隐朝向反应,这些脑结构的细胞发放活动增强。当无效线索提示与靶子呈现不一致时,注意必须从原有的位置上解除,再转向新位置时,还需要有颞-顶联络区皮层的参与。这些脑结构损伤,会导致非随意注意和注意转移的障碍。

(二) 执行网络

执行网络实现选择注意的执行,包括对目标和靶子搜索和觉察,对干扰项的忽视、错误检测处理,无效提示线索引起的冲突和反应抑制等进行调控。主要脑结构是中额叶皮层,包括前扣带回和辅助运动区,有时基底神经节也参与这一功能网络。

(三) 警觉网络

警觉网络实现注意保持和持久维持的调节功能。因此,相应的脑结构应该是能维持注意所需的高唤醒和警觉状态,中脑蓝斑的去甲肾上腺能神经元的活动,可以保持较高的警觉状态和唤醒水平。大脑皮层右顶叶和右前额叶参与注意持久维持的调节功能。

尽管三个注意网络功能关系的许多细节，以及注意、知觉和记忆的相互关系问题都没有解释清楚，但注意三个网络的概念，把注意作为一种复杂认知过程的思路，成为21世纪注意研究的主流，并且在此基础上总结出背、腹侧两个注意系统的理论，成为当今脑科学中的主导理论。

二、背、腹侧注意系统

以往的注意研究侧重于分析实验室中被试的反应（因变量）对呈现给被试的感知觉刺激（自变量）之间的依赖性，主要注重于控制自变量。既然注意过程是一种复杂的心理活动，选择性注意的选择可能发生在许多环节上，而这些环节还可能彼此相互作用。所以，近年的注意研究把整个实验环境、刺激、反应、任务等诸多因素统称为注意集（attentional set），不仅包含着知觉集（perceptual set）、运动集（motor set）、任务集（task set）等，还包括被试主观的期望和准备状态。基于这种观点，形成了额-顶皮层的背侧注意系统和腹侧注意系统的理论，背侧注意系统是建立在自上而下和由底至顶的综合信息加工过程之上，腹侧注意系统建立在对刺激驱动的信息加工过程之上。

M. Corbetta 和 G. L. Shulman 于 2002 年系统综述了猴脑细胞电生理学研究和忽视症病人的实验研究文献，提出了人类大脑皮层中，存在着背、腹侧两个注意系统。如图 5-1 所示，背侧注意系统主要由两半球的额叶眼区（FEF）和内顶沟（IPs）组成，称为背侧额-顶注意网络（dorsal frontoparietal networks）；腹侧注意系统主要由右半球的颞-顶结合部（TPJ）和腹侧额叶皮层（VFC）组成，称右半球腹侧额-顶注意网络（ventral right frontoparietal networks）。

背侧注意系统的主要功能在于，对注意目标的刺激特性和反应动作进行认知选择，动态关注刺激-反应间的关系。特别是在刺激和反应动作之间关系的维持或变动时，更要有左后顶叶皮层的加入。背侧额-顶叶皮层不但对注意的视觉空间特性，而且对注意物体的各种属性和特征，以及注意选择集和任务集在工作记忆中的状态发生调节作用。因此，背侧额-顶叶皮层注意系统不但实现自上而下的全方位的注意认知选择，还实现着由底至顶的注意空间特性和物体属性的检测。可见，背侧额-顶注意网络功能的实施离不开右半球腹侧额-顶注意网络的参与，特别是对注意空间属性和刺激集属性的由底至顶的信息传递。

右半球腹侧额-顶注意网络不断地实时监测注意集的各种变换，包括刺激集（注意目标、线索、呈现序列和呈现频率等）、反应集（反应动作要求和实现方式等），以及任务集（选择目标和任务要求）的变化。特别是非注意事件的新变化和意外的小概率呈现事件的变化时，右半球腹侧额-顶注意网络受到高度激活，作为终止任务集的信号，发出中断由背侧注意系统实施的注意活动的指令，采用新的注意举措。在右半球腹侧额-顶注意网络中,腹侧额叶皮层的主要功能是评估注意集发生变化的新异性;而颞-顶结合部皮层的功能主要是检测这种新异性对行为反应的价值。

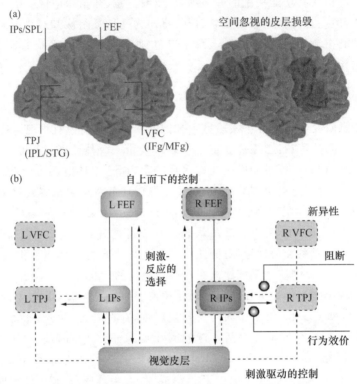

图 5-1 背、腹侧两个注意系统关键结构解剖分布
(引自 Corbetta & Shulman,2002)

(a) 显示背侧和腹侧额-顶注意网络,在一侧半球内它与邻近结构关系受到损伤可导致单侧忽视症,背侧注意网络包括额叶眼区(FEF)、内顶沟(IPs)/上顶叶(SPL),主要运行自上而下的信息流,执行自上而下的注意控制。

腹侧注意网络是颞-顶结合部(TPJ),包括下顶叶(IPL)/颞上回(STG);腹侧额叶皮层(VFC),包括额下回(IFg)/额中回(MFg)。完成刺激驱动的信息控制,也就是底-顶信息流控制。

(b) 进一步显示自上而下和刺激驱动的控制的解剖学模型。IPs-FEF 网络实施自上而下控制(实线箭头),TPJ-VFC 网络实施刺激驱动的控制(虚线箭头)。IPs 和 FEF 也接受腹侧系统的调节。当检测非注意目标时,TPJ 和 IPs 之间的联系就会阻断进行中的自上而下的控制,VFC 可能还有新异性探测的功能。

Fox 等人(2006)将 R-fMRI 应用于对正常成年被试,在没有注意任务条件下,被试保持安静状态,无拘束地睁、闭眼或注视前方。在此状态下,采集被试 BOLD 信号的自发波动数据。经过信号处理后发现,根据 BOLD 信号自发波动的相关性分析,可以较好地得到大脑皮层分区;并且内顶沟和上顶叶之间 BOLD 信号自发波动的相关系数很高;颞-顶结合部和腹侧额叶皮层之间 BOLD 信号自发波动的相关性也很高。该研究结果如图5-2所示（见书后彩插），这种脑BOLD信号的功能性自发波动图，支持了背、腹两个注意系统关键结构的解剖分布，同时说明背、腹两个注意网络是脑遗传保守性和后天习得的系统，无论被试是否有注意任务，都为注意功能的实施准备好了脑功能的基本网络。下面介绍的非人灵长类动物的细胞电生理学实验数据，也支持这种背、腹两个注意系统的理论。

Parisi等人（2020）采用快速光成像技术和因果算法对年轻被试进行视觉目标选择性注意和分辨反应实验，75%测试刺激呈现次数是线索和目标吻合的，25%的呈现次数的线索和目标不一致。结果表明，当线索和目标一致条件下，被试对目标的朝向只伴有背侧注意系统中的背侧顶区皮层与视皮层共同活动；而当线索和目标不一致的刺激条件下，被试对目标再定向（reorientation）时，背侧和腹侧注意系统都参与和视皮层的相关活动。作者认为，这一结果说明前一种条件下在顶叶皮层和视皮层中间存在着一个环节保留着线索和目标一致的注意位置信息，重复应用。而在后一种条件下注意系统必须脱离这个中间环节，重新定向目标的位置给予反应。所以，腹侧注意系统加入后一种条件的注意选择，不参加前一条件的选择性注意。这一实验证明，背侧和腹侧注意系统的功能不同。

Ekstrom等人（2008）在两只猴脑中埋置了微电极，以弱电流刺激额叶眼区。在fMRI实验中，首先测定能引发猴眼动的额叶眼区刺激阈值，并测出眼动的范围（movement feild）。训练猴学会注视固定目标，在正式实验时，通过埋藏微电极，对额叶眼区有刺激和无刺激时，比较全脑激活区分布的差异。随后再进行视觉刺激（注视不同光对比度下的目标）并同时给予微电极电刺激额叶眼区（用阈下刺激，不引发眼动的刺激强度），比较全脑激活区的分布。结果发现，没有视觉刺激，仅有额叶眼区的电刺激，只在一些高级视觉区如V4等引起激活水平的增强，对V1区不发生影响；或相反，同时给视觉刺激和微电极电刺激，V1区出现抑制效应。额叶眼区的这种调节效应，决定于视野中刺激的对比度和干扰刺激的存在。基于这一些发现，作者认为高层次视觉功能区（额叶眼区），对初级视皮层自上而下的调节作用，需要有由底至顶的激活信息；反之，自上而下的调节作用强度决定了选择注意的刺激突显程度。换言之，额叶高级调节信息依赖于由底至顶信息的门控因素。这一细胞生理学事实，有力地支持了背、腹侧额-顶皮层注意系统的相互关系。

Yeo等人（2011）系统总结了近年利用R-fMRI技术对人类大脑皮层功能分区和功能系统的研究，并利用1000名正常成人被试的数据，在人脑皮层中分割出17个皮层功能区，并在此基础上，分离出7大功能网络（图5-3，见书后彩插），包括：视觉网络（visual）、体干运动网络（somatomotor）、背侧注意网络（dorsal attention）、腹侧注意网络（ventral attention）、边缘网络（limbic）、额顶网络（frontoparietal）和默认网络。可见，背侧注意网络和腹侧注意网络作为大脑基本功能系统，已经得到当代脑科学的普遍认可。

三、注意的多重信息流理论

尽管事件相关电位的时程分析研究为注意的早选择理论提供了证据,但是注意晚选择理论也从未退出历史舞台。探照灯的注意比喻本身就蕴含着晚选择发生在执行环节。视觉注意研究从未放松眼动调节中枢机制的研究,McDowell 等人(2008)发现随意眼动引起许多脑区的激活,如图 5-4 所示(见书后彩插),有额叶眼区、辅助眼区、下顶沟、楔前叶、前扣带回、纹状体、丘脑、楔形核和中枕回等,其中额叶眼区是最高中枢。2008~2009 年将猴脑细胞微电极记录技术和 fMRI 技术相结合的研究报告,为注意过程中多重动态信息流的理论观点提供了新的科学证据。具体地说,在眼动的多级中枢调节中,以较高层次的额叶眼区(FEF)为代表,以初级视皮层(V1)作为初级视中枢的代表,发现两者间不仅存在着由底至顶的信息流和自上而下的信息流,以及循环信息流,还存在着 FEF 和 V1 区之间的大范围信息交流的机制。

Khayat,Pooresmaeili 和 Roelfsema(2009)对两只成年猴利用细胞外微电极记录技术,在曲线轨迹追踪的眼动实验中,分析了猴额叶眼区和初级视皮层场电位发放间的时间关系。训练猴保持两眼注视点于视屏正中 1°视角的方窗内,维持视角变化在窗内中心的 0.2°视角范围之内。刺激由两条白色曲线组成;每条曲线末端有一个红色小圆圈。其中一条曲线的末端红圈搭在屏幕中央的注视点,作为靶刺激;另一条曲线末端的红圈与注视点不连接,作为干扰刺激。训练猴眼动跟踪靶曲线。通过微电极记录两只猴的额叶眼区的细胞电活动,其中一只猴还单独记录初级视皮层的场电位,记录电极的阻抗为 2 MΩ。记录电极插入额叶眼区,通过它导入 400 Hz 双相脉冲,串长 70 ms 的电刺激。如果刺激电流在 100 μA 以下(通常为 50 μA)能引发眼动,就认为电极位于额叶眼区。结果发现,无论是视觉刺激出现时相,还是对靶刺激的选择注意时相,初级视皮层和额叶眼区细胞电活动潜伏期相近,没有显著差异(图 5-5)。所以,作者认为视觉信息从视网膜到 V1 和 FEF 是并行的,且几乎是同时的(41 ms:50 ms);选择注意时相,V1 和 FEF 的反应潜伏期也没有显著差异(144 ms:147 ms)。他们最后的结论是在选择注意中,高层次皮层和低层次皮层形成统一的系统,彼此不断大范围地交流信息。循环信息流的分析将三者联结在一起,Lamme 和 Roelfsema(2000)的综述中,也引证了 4~5 篇关于在视觉掩盖效应中,初级视皮层和额叶眼区之间的细胞电活动潜伏期仅差 10 ms 的研究报告,并给出了如图 5-5 所示的结果:V1 潜伏期 40~80 ms,FEF 潜伏期 50~90 ms,颞下回(ITG)潜伏期 80~150 ms。

Lamme(2003)进一步论证了循环信息流的概念,并将选择性注意与意识过程联系起来。如图 5-6 所示,外界多种刺激分别用刺激 A 和 B 代表,它们在呈现后的 40 ms 已经投射到初级视皮层,成为感觉过程的起点;60~80 ms 时,视觉信息可以前馈到纹区外视皮层,进行无意识知觉的信息加工;100~150 ms 时视觉信息已前馈至额叶皮层,同时视皮层开始加入循环流的相互作用之中,这时主体出现对刺激的无意识反应。

200～300 ms 时视皮层和额叶皮层同时加入循环信息流的相互作用中,产生了主体的意识知觉,即使现实刺激消逝,也会保存在工作记忆之中。也就是说,在 200～300 ms,额叶与视皮层之间相互作用的循环信息流完全形成,不仅是意识知觉形成的基础,也是选择注意和工作记忆的神经基础。

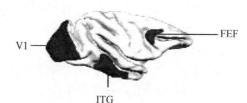

图 5-5　V1 区和 FEF 区 细胞电活动潜伏期的比较
（引自 Lamme & Roelfsema,2000）

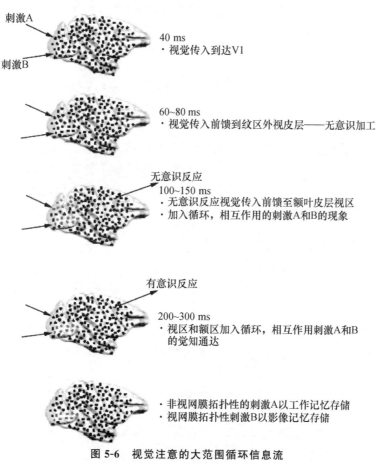

图 5-6　视觉注意的大范围循环信息流
（经授权,引自 Lamme,2003）

第四节 注意的节律理论

注意的节律理论(rhythmic theory of attention)的前身是动态注意理论(dynamic attending theory),于40多年前由心理学家提出,直到十多年前才在猴子的实验中,得到了实验证据(Lakatos et al.,2008;Henry & Herrmann,2014),证明注意过程中,注意力不断地动态周期变化着。最近的研究进一步认为这个动态过程是由 θ 节律调制,称为注意的节律理论。该理论认为,注意是由信息采样时相和注意焦点变迁时相交替变化的过程,其变化周期由 θ 节律调制(Fiebelkorn, Pinsk, & Kastner, 2018; Fiebelkorn & Kastner, 2019; 2020; Bauer, Debener, & Nobre, 2020)。对外部环境某一焦点的感知信息传入时相,称信息采样(sampling)时相,随后是注意焦点变迁(shifting)时相,通过眼动对周边环境信息进行搜索,再返回原注意焦点。在采样时相内,猴感觉灵敏度较高,知觉鉴别反应的正确击中率很高;后一变迁时相,知觉分辨的正确击中率较差,发生内隐性眼动或注意焦点的变迁。两个时相的交替按照 θ 波(4~8次/秒)的周期变换,也就是 100~250 ms 的周期性变化(Fiebelkorn, Saalmann, & Kastner, 2013; Helfrich et al., 2018)。如图 5-7 显示,当额叶眼区(FEF)和外侧内顶叶(LIP)所记录的 EEG 两条线均处于 θ 波峰时,注意过程进行采样,此时猴注意力较强,知觉灵敏度高,正确鉴别任务的击中率较好(better HR),在 FEF 的慢 θ 波峰上叠加出 β 波,形成 θ/β 复合波,可抑制眼动或抑制注意焦点的转移;在下面的曲线表示脑内 LIP 部位慢 θ 波峰上叠加出 γ 波,形成 θ/γ 复合波,与感觉加工增强有关,从而更好地进行信号检测和信号采样。图 5-7(c)中的第二小图显示的脑区电生理记录,由丘脑底核内背侧区(Pul)同时向额叶眼区(FEF)和外侧内顶叶(LIP)发出抑制,不能发生注意转移和眼动,并增强环境信息的传入。相反,当两条线均处于 θ 波谷时,猴的击中率较差(worse HR),此时 LIP 区协调 Pul 区的功能,形成 θ/α 复合波,FEF 区的抑制得到解除,眼动或注意焦点变迁功能恢复。从选择性注意的两个时相,各频带的神经振荡的功能关系中,可以总结出各自的生理心理作用。α 波段处于低幅值时,被试的击中率高;α 波段处于高幅值时,被试的击中率低。从而说明,α 波对引起注意的感觉传入发生抑制作用。在图 5-7(a)中最下部的 γ 波段的作用与 α 波刚好相反,被试的击中率高时,γ 波幅值也高;击中率低时,γ 波也变差。这说明 γ 波段具有对引起注意的感觉信息功能增强的作用。β 波出现在注意采样时相,发挥抑制注意焦点变迁的作用;θ 波则协调注意过程中对感觉信息加工和眼动功能之间的关系。Fiebelkorn 和 Kastner(2020)将注意脑网络按照发挥控制和调节作用,分为基于外部刺激特性引起的底-顶加工控制和由目标或任务驱动的自上而下加工控制,前者涉及的脑结构是视觉皮层、丘脑底核、上丘等,后者主要是额叶、顶叶皮层。

一些猴子电生理学实验数据表明,当在视野中存在两个以上物体,需要猴子对其中一个进行选择性注意,并给出鉴别反应的实验范式中,视野中刺激物在脑中枢内诱发的传入神经冲动在丘脑结构内发生竞争,引发大脑皮层慢节律θ波,调制视觉空间物体注意相关的脑结构,包括外侧膝状体、上丘、丘脑底核、额叶眼区、内顶叶等兴奋性水平提高(Rollenhagen & Olson,2005;Landau & Fries,2012)。所以,θ节律可能源于有限处理资源的竞争,当环境包含多种行为相关刺激时,θ节律的主要作用在于使相应感觉皮层及其高层次皮层和皮层下结构形成一个完整的注意网络。在一项运动和方位特性竞争性选择性注意的实验中发现,反应性增强的α节律去同步化模式和在任务特异感觉区皮层的α/γ耦合,是通过对刺激诱发的任务相关信号加工而实现的,所以,α节律对选择性注意的门控是通过与γ节律的跨频耦合产生抑制效应(Pagnotta, Pascucci, & Plomp, 2020)。当然,注意的节律理论还需要更多实验证据,特别是人脑实验数据的支持。在一项对人类被试脑磁图进行时频分析的视觉注意实验中,发现当被试持续性维持视觉注意时,有较强的额叶θ节律(4~8 Hz)、额-枕α节律(8~14 Hz)、枕叶β节

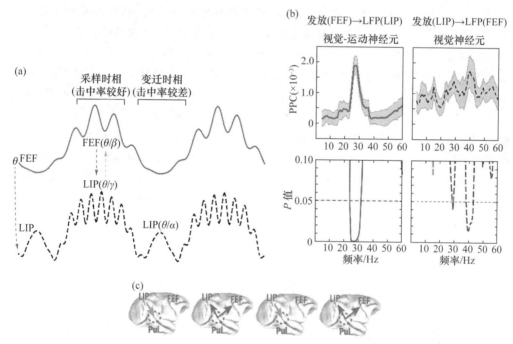

图 5-7 注意的采样时相和注意焦点变迁时相及其有关的脑波节律变化
(经授权,引自 Fiebelkorn & Kastner,2019)

(a) 当θ节律处于波峰期的采样时相,猴的鉴别反应正确击中率很好,在额叶眼区(FEF)的θ波峰上,叠加了β波,从而对注意转移和眼球运动产生抑制作用;在外侧内顶叶(LIP)中,θ/γ节律活动增加,与感觉信息加工增强有关,从而更好地进行信号检测和信号采样。

(b) 箭头所指的方向是基于细胞内发放与局部场电位(LFP)之间相位耦合程度,以及 Granger 因果关系所作的解释。

(c) 当θ节律处于波谷的注意变迁时相,在 LIP 内的θ/α节律活动增加,与视觉加工减弱有关,可能是由于 FEF 抑制的解除,发生内隐的眼动或注意变迁到另一个位置所引起的。

律（16～22 Hz）和额叶 γ 节律（74～84 Hz），而注意维持时间短，较快离开视觉注意目标时，这些脑节律活动并不稳定。分散注意时，只发现额-顶 θ 波和颞-顶 α 波和 β 波（McCusker et al.，2020）。无论是对人类被试还是对猴的实验研究，都在支持神经振荡编码理论观点，发掘注意过程毫秒级变化的神经机制，这类动态变化机制的探讨比几十年前论证早选择或晚选择的研究已经前进了许多。

[常识与思索 5-2] 脑电波功能的新义

德国精神科医生 Hans Berger 为寻求诊断精神疾病的客观方法，呕心沥血地发明了脑电波记录技术，并发现了脑波的基本节律 α 波。至今这个领域已有近百年的历史，可是进展十分缓慢。脑波的几种成分主要用于睡眠分期和唤醒水平的监测，所以基本上没有实现 Berger 医生的心愿。但是，近两年在知觉特征绑定、记忆巩固和注意机制的研究中，都发现了脑波不同成分功能的新义。这里介绍的"注意节律理论"提供了几种脑波成分在选择性注意过程中的作用。θ 节律决定着选择性注意过程两个时相变化的周期，即 100～250 ms，当额叶眼区（FEF）和外侧内顶叶（LIP）所记录的 EEG 两条线，均处于 θ 波波峰时，注意过程处于采样时相；当 FEF 和 LIP 均处于 θ 波波谷，注意过程处于注意焦点变迁时相。在选择注意的采样时相，FEF 的 θ 波峰上叠加出 β 波，抑制眼动和注意焦点转移；LIP 的 θ 波峰上叠加出 γ 波，增强注意焦点的感觉加工；在选择性注意的注意焦点变迁时相，LIP 的 θ 波叠加 α 波，FEF 的抑制得到解除，眼动或注意焦点变迁功能恢复。简言之，α 波对引起注意的感觉传入发生抑制作用；β 波抑制眼动和注意焦点转移；θ 波则协调注意过程中对感觉信息加工和眼动功能之间的关系；γ 波增强对注意焦点的感觉信息加工过程。脑波成分的更多功能还有待进一步揭示。

第五节　儿童注意缺陷/多动障碍

一、临床症状与分类

有些儿童的注意力难以集中、冲动任性、学习困难、暴发性情绪变换，甚至出现一些严重的行为问题，如打架、逃学、说谎等。人类对这类问题的认识，经历了一段历程。一百多年前曾把这类儿童行为问题确定为多动症。50 年后，发现活动过度和冲动行为并不是这类儿童行为问题中的重要共性，有人提出这些行为问题可能是由于儿童早期或产程中，脑受到轻度损伤而造成的，所以又将之称为"轻度脑损伤障碍"。然而，世界各地的研究资料表明，在这些儿童中，真正能发现脑轻度损伤病史的为数不多。因此，又以轻度脑功能失调（minimal brain dysfunction，MBD）的名称取而代之。1980 年，美国

《精神疾病分类和诊断手册(第3版)》(DSM-Ⅲ)将这类儿童行为问题归为注意缺陷障碍(attention deficit disorder,ADD),认为注意缺陷是这类儿童共同的突出问题。美国精神医学学会1994年公布的DSM-Ⅳ将这类疾病统称为儿童注意缺陷/多动障碍(attention deficit/hyperactivity disorder,ADHD),包括三种临床类型:注意缺陷型、多动冲动型和混合型。DSM-5和ICD-11保留了这三种亚型。《中国精神障碍分类与诊断标准(第三版)》(CCMD-3)将ADHD称为"儿童多动症",发生于儿童时期,与同龄儿童相比,表现为明显注意集中困难,注意持续时间短暂,以及活动过度或冲动的一组综合征,包括注意障碍型、多动型,以及多动症合并品行障碍型。注意障碍型表现为学习分心、不注意听讲、作业拖拉、粗心大意、丢三落四、做事有始无终、心不在焉、不遵守规则或指令。多动型表现为课堂上小动作多、静坐不持久、平时话多、干扰他人活动、不能安静玩耍、打架斗殴、冲动过火或冒险行为、不遵守纪律、秩序和游戏规则等。

二、对病因的经典认识

导致注意缺陷的原因至今尚不十分清楚。20世纪50年代曾认为妊娠期、围产期或新生儿时期轻度脑损伤,可能是这类儿童行为问题的原因。虽然70年代积累的大量资料未能证明这种设想,但也不能否认脑功能轻度异常是注意缺陷的基础。为什么会发生脑功能轻度异常呢?有人认为工业发展中环境污染使儿童受害是原因之一。例如,汽车增多,所用汽油成倍增加,在汽油中为防止爆炸而加入的四乙基铅随燃烧不完全的废气排出,可能导致儿童慢性铅中毒。以醋酸铅溶液渗入食物饲养小鼠40~60日以后,可发现其活动性明显增高,说明铅中毒可能与过度活动有关。除铅中毒之外,铜、锌等微量元素代谢失常,都与脑功能轻度失常有关。遗传、教育和环境因素对ADHD的形成也有一定影响。统计学研究表明,ADHD儿童的父母或兄弟姐妹在幼年期亦有注意缺陷多动者为数不少,也有报道同卵双生儿同时出现ADHD。

对ADHD儿童进行脑生化研究,发现这些儿童脑内多巴胺β羟化酶(DBH)含量较低。多巴胺β羟化酶促进脑内多巴胺生成去甲肾上腺素的生化反应,它的不足自然导致脑内去甲肾上腺素功能低下。张伯伦等人(Chamberlain et al.,2006)将5-羟色胺选择性重摄取抑制剂西酞普兰(citalopram)和去甲肾上腺素选择性重摄取抑制剂托莫西汀(atomoxetine)注入ADHD病人和正常同龄被试,结果发现:去甲肾上腺素代谢的改善比5-羟色胺更有效地提高ADHD儿童的认知作业成绩,进一步证明了去甲肾上腺素功能低下是ADHD病理基础之一。

三、病理模型

20世纪80年代利用事件相关电位技术对ADHD病理生理学的研究发现,ADHD患儿与同龄儿童相比,其头部顶区的事件相关电位P300波潜伏期长、幅值低;额区N200波和P300波幅值低;事件相关电位潜伏期100~400 ms间成分的源分析表明,外侧额叶功能异常。随后大量无创性脑成像研究,揭示了更多科学事实,出现了不同的病理模型。

(一) 前额叶-纹状体病理模型

20世纪90年代以后,多种脑功能成像研究表明,ADHD病人的脑功能异常主要发生在外侧前额叶、背侧前扣带回、尾状核和壳核,并形成了ADHD的前额叶-纹状体病理模型。该模型认为,这些脑结构都与动作的执行监控有关。但是,随后又发现ADHD病人的枕叶和颞叶皮层也有病理变化,于是该病理模型又受到质疑。

(二) 广泛性脑功能发育障碍模型

Bush(2010)综述了在此之前的脑成像研究进展和神经生物学成果,认为ADHD的病理机制应包括注意网络(attention network)、基于奖励/反馈的信息加工系统(reward/feedback based processing system)和脑默认静态网络(default mode resting state network)。与这些网络相关的重要脑结构分别是背外侧前额叶皮层(DLPFC)、腹外侧前额叶皮层(VLPFC)、顶叶皮层、背前侧中扣带回/背侧前扣带回(daMCC/dACC)、纹状体(尾状核和壳核)和小脑。该文综述了许多关于ADHD病理研究报告,指出这些病人的脑结构容积小,皮层(灰质)较薄,与相关脑结构联系的纤维传导束(白质)发育不良。该作者还引述了自己实验室对ADHD病人服用治疗药物哌甲酯(methylphenidate)后,检查R-fMRI的研究结果。他们发现用药6周后病人与服安慰药对照病人相比,上述脑结构静态BOLD信号波动幅度增高,得到显著改善。

Castellanos和Proal(2012)以《ADHD中超出额叶-纹状体模型的大范围脑功能系统》为标题,发表了长篇文献综述,总结了在此之前几年采用R-fMRI技术对ADHD研究的病理学新发现。他认为,在应用R-fMRI技术于千名人脑功能解剖研究中,所发现的7大功能系统,几乎都不能完全排除与ADHD疾病有关,至少在ADHD病人中发现了,额顶网络、背侧注意网络、默认网络、视觉网络和体干运动网络都有ADHD的相应病理改变。额顶网络又称执行控制网络或前额叶-纹状体系统,包括外侧额极、前扣带回、背外侧前额叶皮层、前额叶皮层前部、外侧小脑、前岛叶、尾状核和下顶叶。ADHD儿童在完成运动控制任务、抑制任务、Go/Nogo任务和依靠工作记忆完成鉴别任务时,这些脑结构的激活水平明显低于同龄正常儿童。尽管如前面所述,背、腹侧注意网络是最主要实施选择性注意的脑结构;但目前对ADHD病人的研究并未见腹侧注意网络有明显病理改变的文献,可能是由于它的作用是通过背侧注意网络实现的。ADHD儿童在完成抑制任务、工作记忆任务和注意任务时,背侧注意网络的反应模式不同于正常儿童。视觉网络中,纹区外视皮层的中颞叶与空间知觉相关。多年来认为,由于背侧注意系统对非注意视野刺激反应的抑制不足,是引起注意障碍的原因之一;但在一位自幼患ADHD的33岁病人中发现,他的内侧枕叶皮层总容积明显变小,皮层变薄。这说明视觉系统的变化不只限于空间视觉的皮层区。在ADHD病人中,体干运动网络功能异常,主要表现为运动抑制或节拍性运动任务中,运动皮层活动不足。默认网络是个新的概念,这里着重加以说明,然后再点出它在 ADHD 病理中的意义。

(三) 默认网络模型

近年依靠 R-fMRI 技术发现一种脑功能网络,其特点在于被试处于安静状态时,这些脑结构表现出较高幅度的 BOLD 信号低频波动(<0.1 Hz);反之,当被试执行认知任务条件下,它们的 BOLD 信号低频波动幅度变小。如图 5-8 所示,这些结构包括两个路由器或集线器(hubs):前额叶皮层的前内侧区(the anterior medial PFC,aMPFC)和后扣带回皮层(the posterior cingulate cortex,PCC),以及两个子系统:背内侧前额叶皮层子系统(the dorsomedial prefrontal cortex,dMPFC)和内侧颞叶子系统(the medial temporal lobe,MTL)。背内侧前额叶皮层子系统负责自我参照系统认知任务;内侧颞叶子系统负责与未来相关的认知任务。默认网络与其他网络对刺激的反应相差 180 度,与其他网络的功能存在着相干性,随时与各种功能发生相反相成的作用。因此,在 ADHD 病人中,默认网络对背、腹侧注意系统和执行控制网络的变化不发生相干反应,或出现不应期,就会成为对注意和执行控制的干扰。

总之,ADHD 不是脑局部结构和功能障碍,而是多个脑网络或功能系统的综合紊乱。

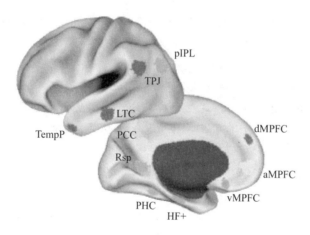

图 5-8 脑默认网络的相关结构
(经授权,引自 Castellanos & Proal,2012)

dMPFC 背内侧前额叶皮层,aMPFC 前内侧前额叶皮层,vMPFC 腹内侧前额叶皮层,PHC 旁海马回,HF+海马结构,pIPL 后下顶叶,TPJ 颞顶结合部,LTC 外侧颞叶皮层,TempP 颞极,PCC 后扣带回,Rsp 纹旁皮层。

四、治疗和行为干预

目前还缺乏对 ADHD 病人有效的治疗办法。一般采用小剂量精神运动兴奋剂,如苯丙胺(amphetamine)、哌甲酯(methylphenidate)或匹莫林(magnesiwm pemoline)等,这些药物能促进神经元突触前末梢释放较多的单胺类神经递质,提高中枢神经系统的兴奋性。特别是利他灵(Ritalin)能增强 5-羟色胺的释放,提高病人的反应抑制能力。一项对照研究表明,利他灵在 ADHD 儿童和正常儿童中的作用不同,该药在病儿中增强纹状体的激活,却降低正常儿童纹状体的激活水平。丙咪嗪等三环类抗抑郁药物有时也用于治疗 ADHD 儿童。因为这些药物防止突触前末梢对神经递质的再摄取过程,从而使突触间隙保持浓度较高的神经递质,有助于提高中枢神经系统的兴奋性。这些药物对部分 ADHD 儿童能起到治疗作用,但有时也会出现相反的效果,使病情加重。此外,这些药物过量会出现许多副作用,苯丙胺等长期服用还会成瘾。所以,没有医生的处方,万万不可随意给患儿服用这些药物。

系统行为训练和校正是改善病人状态的一种途径。近年一批有影响力的刊物发表了对 ADHD 儿童行为训练的总结报告,推荐对运动和执行监控功能训练和工作记忆训练等。

[常识与思索 5-3] 单侧忽视症

在脑外伤或脑血管疾病的病人中,有一类诊断为单侧忽视症(unilateral neglect)的疾病,主要表现是对单侧视野中存在的物体或景物视而不见。男性病人对着镜子,只刮脸上一侧的胡须,另一侧的胡子留在那里;女性病人对着镜子化妆时,只把化妆品涂到脸的一侧,丝毫也不顾及另一侧脸;就餐时,只从菜盘的一侧夹菜,对菜盘另一侧的美味佳肴视而不见。这是一种脑分散性损伤引发的注意障碍。这些受损的脑区涉及顶叶、额叶眼区、扣带回皮层、基底神经节、丘脑和中脑等结构。这些脑结构的损伤导致注意定向功能障碍,而不是视感觉丧失。因为当只呈现一个硬币,无论是在左视野还是在右视野出现,他都能报告出来;如果两侧视野上同时呈现不同的物体时,他也能正确报告出两个物体的知觉。这说明他的视觉没有毛病。但是,把两个完全相同的硬币同时呈现在他的两侧视野,他只能报告出一个硬币,对另一个硬币视而不见。

 思考题

1. 何为非随意注意的生理学基础?其神经生理学特点是什么?哪些事件相关电位成分可以作为朝向反射的客观指标?

2. 何为选择性注意?它在哪些认知过程环节上选择?哪几种理论能说明这些选择?

3. 何为背侧和腹侧注意系统的理论？它的认知实验基础与之前的注意研究有何不同？

4. 何为注意的多重信息流理论？其主要理论观点和科学证据何在？

5. 何为注意的节律理论？其主要理论观点和科学证据何在？

6. 以背侧和腹侧注意系统的理论为参照，分析和比较儿童注意缺陷/多动障碍的三种病理模型，它们各自的优势与不足之处何在？

6

学习及其神经生物学基础

　　广义地说,学习是发现或把握外界事物变化发展规律的过程,也是经验获得和积累过程。人类的学习与其他哺乳动物虽有脑系统进化的保守性为基础,但在学习规律和脑机制方面,均存在着许多共同性,主要表现在经验式学习模式中;但是人类文明,特别是社会基础教育体系赋予人类个体的学习,超越任何其他高等动物的学习模式,并由此促进了人脑的高度发展。北京教育学院在构建中小学创新教育体系中,提出了"感知-理解-巩固运用"的教学模式,突出了人类基础教育的特点:创造性思维在学习中的核心作用。构建人工智能体系的尝试,最初试图从仿真生物脑学习网络开始,随后才试图通过人类解决问题的产生式系统(目的-手段)和逻辑网络,将人脑学习和知识运用的规则以软件的形式赋予智能机,形成了以知识为前提的机器学习模式。本章在介绍生理心理学关于学习及其脑功能基础的同时,尝试吸收教育学、人工神经网络和人工智能等三个领域的有关成果,以便扩展心理学的知识视野。

　　从行为水平上,可将人和动物的学习概括为不同的学习模式,包括经验式学习、非经验式学习和基于知识的学习,它们共同的脑机制可从3个层次上加以分析,在整体水平上,脑的定位论与等位论是对立统一的;在细胞水平上,异源性突触易化和突触可塑性是其共同的机制;在分子水平上,蛋白质的变构作用是其最基本的机制。各种模式学习的神经生物学基础,除了上述共性外,还有各自不同的特点,不仅表现为参与各种模式的脑结构不同,作为其基础的神经递质、受体蛋白分子、通道蛋白分子和细胞内信号转导系统也有很大差异。

第一节 学习模式

　　人类和动物的学习行为,由于环境条件的不同,学习面对的任务不同和学习的规则不同,可分为许多模式。最常见的是由于外部事物重复呈现,在个体经验基础上所进行的学习过程,可称为经验式学习;与之对应的是一次性观察、洞察或模仿形成的认知学习,并不依赖于多次重复的个体经验,这种学习模式在人类和高等灵长类动物中最发达;还有一种常见的学习模式,就是与个体生存或种族延续直接相关的因素所引起的奖励性学习。

一、经验式学习

经验式学习是一类通过反复实践或训练而得到知识和技能的过程,包括联想式学习、非联想式学习、知觉学习、程序性(或监督式)学习等。

(一) 联想式学习

联想式学习是指由两种或两种以上刺激所引起的脑内两个以上的中枢兴奋之间形成的联结而实现的学习过程。根据外部条件和实验研究方法不同,可将联想式学习分为3种类型:尝试与错误学习、经典条件反射和操作性条件反射。三者共同的特点是,环境条件中那些变化着的动因在时间和空间上的接近性,造成脑内两个或多个中枢兴奋性的同时变化,从而形成脑内中枢的暂时连接。因此,这3种学习模式统称为联想式学习,包含着外部动因(CS 和 US)间的连接、刺激-反应(S-R)连接和脑内中枢间的连接(暂时连接)。

1. 尝试与错误学习

桑代克首先应用问题箱的实验装置,研究猫的学习规律;W. S. Small 首先使用迷宫研究老鼠学习。迷宫和问题箱都是进行联想式学习行为研究的工具。学习行为形成的指标是动物通过尝试与错误的经验积累,使正确反应所需要的时间逐渐缩短,反应的正确率提高。T 形与 Y 形迷宫是最常用的实验装置,在 T 形迷宫中起始箱与两个鉴别反应臂之间呈 90°,两个鉴别反应臂呈一直线,动物运动方向相反。因此,在 T 形迷宫实验中,每次需将动物放在起始箱,起始箱与另一臂的灯光同时亮,约 5 s 后有灯光的两臂均有电击,动物跑向无灯光的一臂才避开电击。经过训练后,每当灯光一出现,动物就立即跑向无灯光的安全区,则表明习得行为形成。Y 形迷宫中,两臂间夹角可以改变,夹角越小,鉴别学习的难度越大,其用法与 T 形迷宫基本相似。桑代克在动物迷宫和问题箱学习实验基础上,发展了哲学中 3 条联想律的传统观念,提出了效果律和练习律。在人与动物的许多反应中,那些伴有满足效果的或最终导致满足的反应容易巩固下来。简言之,在尝试与错误学习中,具有生物学或社会强化效果的联想能较快形成与巩固,这就是效果律。对某一类情境的各种反应中,只有那些与情境多次重复发生的行为才能得到巩固和加强,这就是练习律。两条学习规律结合起来表明,重复发生并得到强化的行为才能巩固下来。强化与练习是尝试与错误学习的基本规则。

20 世纪 60 年代以来积累了一大批关于大鼠多臂迷宫和水迷宫学习的研究报告,证明鼠脑海马中存在一种位置细胞(place cell),是此种学习的神经基础。早期研究工作大都利用 T 形迷宫或双向主动躲避条件反应箱,但最有说服力的实验模式就是辐射形八臂迷宫。将大鼠放入八臂迷宫中心小室,大鼠随机跑向任一臂都能得到食物。然后依次跑向另一臂均可得到食物,但两次进入同一臂则不能得到食物。这样训练 21 次,大鼠即可习得这种行为模式,大鼠进入八臂迷宫中很快依次进入每臂取食,不会再进入刚刚取过食的那一臂。但是海马结构损伤的大鼠则不能建立这种行为模式。这种动物只能学会寻找食物的行为,但却记不住刚刚取食的地方。这种动物有时再次或多次进入刚刚取食的地方,说明其丧失了空间位置的暂时性记忆能力。利用 17 臂的放射形迷宫实验,发现正常大鼠可以习得不进入没有食物的 9 个臂中,海马损伤的大鼠也丧失了空间定位的记忆能力。细胞电生理学实验发现,海马的不同神经元中有不同的空间感受野。有些海马神经元只有当大鼠进入方向指向北方的一臂时才发生最大频率的单位发放。由此推论,海马结构的功能类似于"空间处理器"(spatial processor)。更多的资料表明,海马在空间辨别学习中的作用并不是唯一的。从枕区视皮层经过 V1-V4 区再到后顶叶皮层的空间知觉,对灵长类动物和人类的空间辨别学习更为重要。曾认为在海马中保存着"认知地图",记录着动物短期内曾到过地方的方位关系。更多事实表明,脑内的认知图比想象的更复杂。它并不存在于某一个脑结构中,而是根据属性不同,分别保存在不同的脑结构中。对自我中心空间关系的习得,更多地靠尾状核和前额叶皮层参与;它物为中心的空间关系由海马和后顶叶皮层参与才能获得。

2. 经典条件反射

巴甫洛夫在消化腺生理学研究获得诺贝尔奖之后,立即发表了狗的心理性唾液分泌现象,并很快建立了经典条件反射(classical conditioning)理论。狗吃食物分泌唾液是一种天生固有的生理反应,称为非条件反射(unconditioned reflex, UR),食物为非条件刺激物(US)。当狗看到食物还没吃就流口水的现象,称为心理性唾液分泌反应。这是由食物的形状、颜色或气味刺激引起的唾液分泌反应,是一种自然条件反射(conditioned reflex, CR),食物的形状、颜色或气味是条件刺激物(CS)。可见,食物的属性构成条件刺激是因为它们总是伴随食物而出现,而且是在吃到食物之前就已感受到的刺激。由此可以看出,建立人工条件反射的基本原理在于,与食物无关的刺激-铃声本来是无关动因,可是多次与食物同时出现,就成为食物的信号或条件刺激(CS)。从铃声出现到食物入口内的短暂时间内,狗分泌唾液就是条件反射(CR)。CS 和 US 相隔短暂的时间,顺序地多次重复呈现,是建立经典条件反射的基本学习规则。如果 CS 和 US 的顺序颠倒或间隔时间太久,则不能建立经典条件反射。按照 CS 和 US 呈现的顺序和一定限度的间隔期,多次重复呈现,建成条件反射后,在巩固的条件反射基础上,可逐渐延长 CS 和 US 的间隔时间,建成延缓或痕迹条件反射。如果没有巩固的条件反射为基础,则不能建成延缓条件反射。由此可见,经典条件反射的学习规则比尝试与错误学习规则更严格、更具体,受到学者的普遍重视。

3. 操作性条件反射

斯金纳在他的专著中,系统地总结了操作性条件反射(operant conditioning)的动物学习模式和学习规则。这种学习模式形成的基本要点是,刺激(S)与反应(R)之间的连接,即 S-R 连接,并在脑中枢间伴随着连接的出现。操作反应箱本身就是一种外部刺激,反应箱中的食盘也是一种外部刺激;动物机体的内驱力(drive),如饥、渴等,则是引起反应的内部刺激。动物做出按杠杆等操作反应,就会得到奖励或强化,操作行为就能建立起来。为了控制 S-R 的关系,斯金纳提出强化时间表(schedule of reinforcement)的技术,包括固定比率和可变比率强化,以及固定时间间隔和可变时间间隔强化等方法。食物和水对动物操作行为的强化作用既取决于所采用的强化时间表,又取决于动物的内驱力,也就是生物需求和动机。20 世纪 70 年代,脑内化学通路的确定使操作性条件反射的动机-强化效应得到了神经生物学的理论支持。

(二) 非联想式学习

虽然心理学家早在 20 世纪 40~50 年代已经发现,动物在学习中会对刺激物出现习惯化或敏感化的现象,而且巴甫洛夫学派对单一刺激重复呈现引起的朝向反射消退现象,做了大量系统的研究,并在 20 世纪 60 年代形成了以 N. E. Sokolov 为代表的朝向反射理论;但把单一刺激重复呈现引起的行为变化,作为一种学习模式,却是 E. R. Kandel 的贡献。他选择海生软体动物海兔为对象,系统研究了单一刺激重复呈现引起的行为变化规律,并记录其神经元的单位发放和神经信息化学传递机制变化。在这类实验研究的基础上,他总结出两种非联想式学习模式:习惯化与敏感化。之所以称为非联想式学习,是因为行为变化仅由单一模式的刺激重复呈现而引起,与之相应在脑内引起单一感受系统的兴奋性变化。两种非联想式学习模式的区别是习惯化刺激是由生物学意义不明确的无关刺激重复作用而引起,例如轻触体表刺激;敏感化则由有显著生物学意义的刺激,例如痛觉刺激重复作用所造成。

1. 习惯化学习

E. R. Kandel 利用一个轻微触刺激作用于海兔体表,开始仅引起它的缩腮反应,但重复应用几十次,则发现反应逐渐减弱,直到消失。这种习惯化现象可持续几十分钟,甚至 1 小时之久。如再重复这种刺激,可延长习惯化持续的时间达数日乃至数周之久。

2. 敏感化学习

假如对海兔头部用一个能引起痛或损伤性的强刺激,不但立即引起缩腮反应,而且对已经习惯化的轻触刺激,也会引起敏感的缩腮反应。痛觉与其他感觉相比有许多特点,不仅伴有情绪成分、植物性神经反应成分、运动成分,而且缺乏适应性。重复刺激不但感觉阈值不再增高,反而有所下降,这就是敏感化。对同一刺激重复呈现引起的感受性变化,也是动物和人类适应外部环境的重要机制,是在个体经验基础上实现的一种习得行为。

E. R. Kandel 利用海兔实验模型,证明非联想学习和联想学习的细胞生理学基础是一致的,两者不同仅是量的差异,这点将在学习的分子生物学基础中将加以介绍。

(三) 知觉学习

知觉学习是指通过持续多日反复系统训练,目的在于提高对物体特征精细差异识别能力。这种学习模式对人类社会生活十分重要,具有很大的现实意义,例如,识别空中飞过的鸟的品种、马路上跑过的汽车的型号等。20 世纪 40~50 年代,这类学习曾被称作感觉-感觉学习(sensory-sensory learning),因为不需要学习者做外表的行为反应。后来利用脑电图记录的变化作为学习训练效果的判断。直到90年代,心理物理学的介入,才使这类学习模式成为跨学科的研究课题。又过了十几年,脑机接口(brain computer interface, BCI)的研究兴趣,使知觉学习受到重视。知觉学习引发的大脑皮层可塑性变化,究竟发生在初级感觉皮层还是高层次知觉皮层,是至今未决的科学问题。一种观点认为取决于知觉学习材料的精细性,高精度分辨特性的学习引发的皮层可塑性变化发生在初级感觉皮层;分辨特性精度不高的知觉学习,引发高级知觉皮层的可塑性变化。

(四)程序性学习或监督式学习

无论是联想式学习还是非联想式学习,经过多次程序性学习(procedure learning)训练可以达到非常熟练的程度,形成了快速反应技能,如运动员的起跑技能或投掷运动技能等。这时的学习模式出现了新的特点,即短潜伏期自动化行为模式。这种短潜伏期的快速反应是一种新的学习模式,称为监督式学习(supervasive learning),其脑机制中最必要的中枢是小脑。生理心理学早期研究以兔瞬眼条件反射为典型代表,近年扩展到精确的序列运动模式学习或监督式学习。

1. 瞬眼条件反射

20世纪80年代以前,小脑在共济运动、平衡和姿势等运动功能中的调节作用,已成为公认的事实。然而,80年代细胞神经生理学研究却证明,小脑也是简单运动条件反射和快速α条件反射形成中最基本和最必要的脑结构。

2. 序列运动模式学习或监督式学习

瞬眼运动对人类来说较为简单,但复杂的序列运动却是人类生产活动中经常出现的行为模式。20世纪80年代以后,由微机控制的序列运动训练程序的应用,使快速的序列动作学习成为研究人类熟练技能学习的实验范式,对它的神经回路研究取得较大进展。速度和正确率的要求成为其学习效率的标志,训练中的错误信息不断地加以反馈,成为学习的监督,所以这类学习模式被称为监督式学习。近年认为,实现监督功能的脑中枢位于小脑。

二、非经验式学习

非经验式学习是依靠头脑中已有的知识和经验,或者是对样例与榜样的观察分析所领悟到的要点,以及教师的讲解或演示,而掌握知识或技能的过程。

(一)认知学习

与上述经验式学习不同,高等灵长类动物和人类的许多学习过程,并不总是建立在重复的个体经验基础之上,往往一次性观察或模仿就会完成。W. Köhler 于1925年报道了他对猿类模仿学习的观察,并将这类学习称为"顿悟式学习"。K. Pribram 认为,猴通过观察把握了外部事件的前后关系,所以将其称为前后关联式学习。班杜拉在对青少年攻击行为形成的研究中,发现观察与模仿是青少年习得这种行为类型的主要学习方式。因此,班杜拉提出了社会学习理论,实际上也是一种非经验式的观察模仿学习模式。这种学习模式建立在视觉认知过程的基础之上,又可称为认知学习(cognitive learning)。

(二) 情绪性学习

1. 躲避反应

给实验箱底的栅栏通电,使动物足底受到电击,为非条件刺激,可引起动物疼痛与痛苦体验。在此基础上,以光和声为条件刺激,建立动物躲避条件反应。这是生理心理学研究中最常用的阴性情绪行为模式。根据实验条件不同,又可分为主动躲避反应(active avoidance response)和被动躲避反应(passive avoidance response)。当声或光刺激呈现后,动物必须停留在实验箱内的一定部位(如一个小跳台上),才能躲避随后的电击;反之,当声、光信号呈现时动物逃离这个部位,就会受到电击。由于动物必须被动地保持在某处不动时,才能避免电击,故称为被动躲避反应。声、光刺激呈现后,动物必须尽快跑向动物箱的另一端,才能避免随后的电击,这种行为模式称主动躲避反应。一个长度为50~60 cm的动物箱,其一端总是作为实验程序起始时动物所在的部位,这种动物行为模式称为单程主动躲避反应。在连续多次实验过程中,必须每次将动物放在起始部位,才可进行下次实验。与此不同,在双程躲避反应程序中,动物在实验箱的任一端均可,当呈现声、光刺激,只要它越过箱的中间,跑向另一端,即可避免电击或使电击立即停止。

2. 冲突性情绪反应

冲突性情绪反应(conflict emotional response)是在实验程序中同时引出动物的阳性情绪和阴性情绪,使之产生冲突。将饥饿的动物放在动物箱的一端,每当光或声呈现时,在箱的另一端呈现食物,动物在跑去吃食物的途中又会遇到足底电击。这样,食物阳性情绪与足底电击的阴性情绪间就会产生冲突,对比哪一种情绪行为占优势。控制电击强度和记录动物的反应时间,是这类实验的要点。

(三) 味-厌恶式学习

与一般情绪性行为模式相比,味-厌恶式学习(taste-aversive learning)具有新的特点。J. Garcia等人于1966年发现味觉刺激发生后1小时,再给厌恶刺激(如X线照射或其他厌恶的味觉物质,如锂盐)仍可形成条件反射,说明味觉刺激具有长时间延缓的学习效应。他还发现,对大鼠的味觉刺激更易与毒物间形成连接,而声或光刺激则容易与足底或皮肤电击刺激间形成连接。换言之,味觉刺激与毒物间的学习效应强度大于味觉与皮肤痛刺激间的学习效应。正因为这些特点,味-厌恶式学习行为模式既具有联想式学习的特点,也具有非联想式学习(味觉和毒物间的学习效应)的特点。

(四) 基于知识的学习

根据知识、环境和操作三者的关系不同,人工智能将学习分为4类:① 机械式学习

(rote learning)，指为环境提供的知识可直接为操作过程所利用，例如，下棋的程序机就是机械式学习的代表。② 告知式学习(learning by being told)，系统得到一些含糊不清或一般原则性的知识，必须将这些知识转变为操作过程可以利用的知识。高级语言程序表达的"劝告"，必须编译成可执行的目标程序，这种告知式学习才能完成。这种学习模式类似普通教学中所采用的教师通过解释性陈述向学生讲解知识。③ 示例学习(learning from samples)，给予机器一个实例，使其从中学到操作的过程。在这里，样本是特殊的知识源，必须将其概括为更一般的、更高层的知识，才能很好地为机器所使用。示例学习在中学教学中，引导学生获取科学知识的实验研究，被称为"例中学和做中学"，训练学生在考察实例和解决问题中主动发掘知识的过程(朱新明，李亦菲，朱丹，1997)。④ 模拟式学习(learning by analogy)，从其他知识中得到相似的或相关的知识，并将之转变为可用以解决当前问题的知识。医学诊断的专家系统采用此类学习模式。

以上4种基于知识的学习，对机器的要求相差甚远，是人工智能研究中最薄弱的领域。所以，人工神经网络无需知识为前提的机器学习研究，显得格外重要。

三、感知-理解-巩固运用的教学模式

北京市教育学院温寒江先生从教30多年，退休后又领导北京市30多所实验学校的千百名教师，进行30多年的系统研究，直到93岁高龄。他领导的课题组所出版的几十本著作，无不体现着中国基础教育工作者对教育工作的奉献，最引人瞩目的是《构建中小学创新教育体系》(温寒江，连瑞庆，2006)。该书提出的一般教学模式为：感知-理解-巩固运用，即通过视、听感知信息的"技能内化"，再经思维达到理解(要点或精髓)，然后再通过说、写、计算、绘画、操作或表演等途径外化技能，巩固或运用所学的新知识技能。在这个教学模式中，创新思维是创造活动的核心，也是基础教育和学生学习的核心。这一核心反映出人类学习与动物学习的本质差异，是中小学教育模式的创新。

[常识与思索 6-1]　　学习中体现的人和动物之别

现代社会中，学习是人类个体生存的重要前提，人不但从小就要接受基础教育、职业教育或高等教育，成人后也要不断学习新事物乃至接受继续教育。随着社会经济和科学技术的快速发展，人类的生活条件和生活方式不断更新，人必须活到老学到老。那么，人类、动物乃至机器人的学习有何本质差异呢？在本章所概括的经验式学习、非经验式学习和感知-理解-巩固运用式等学习行为模式中可以看到，低等动物以其本能为基础，适应环境、积累经验而生存着。高等灵长类动物已经可以靠观察-模仿的非经验式认知学习，解决生存中的问题。实际上，这类认知学习也是靠其经验积累的"知识"为

前提。机器的学习能力由其设计和制造者所赋予,人工神经网络的训练和学习算法实际上是设计者的经验和知识;人工智能中基于知识的学习,是根据人类解决问题的产生式原理而研发的。所以,经验和知识是学习行为的普遍要素。那么人类学习特点何在?在知识的感知环节上,人类不仅靠直接经验获得,也可通过语言文字或教育获得;知识不仅靠经验的积累和记忆存储而增长,还能靠自己头脑的思维推理而形成,人脑通过思维不但能理解经验知识,还能创新知识。从这个意义上,本章所介绍的感知-理解-巩固运用式教育模式,基本涵盖了人类不同于机器和动物的学习特点。温寒江、连瑞庆二位老师所概括的核心创意,在于人类的学习和教育应强调思维的主导作用。

第二节 学习的脑网络基础

20世纪初,巴甫洛夫和心理学家K. Lashley在大脑皮层中寻求学习中枢,均未能发现大脑皮层内存在特异的学习中枢。20世纪中叶,大量研究报告表明,不同性质的学习或不同行为模式的学习,发生关键作用的脑结构不同。例如,短潜伏期的快速反应的学习模式,其脑机制中最必要的中枢是小脑。因此,到21世纪初,普遍接受的理论观点是:学习是脑组织的普遍功能;但是,不同行为模式的学习,脑功能回路不同。

在上述各类学习模式中,都存在一种强化因素,因此学习的脑网络基础首先要考虑强化作用的脑结构和功能系统;其次,学习效果的行为表达直接关系到学习目标和学习效率的评价,也是学习脑网络的重要因素;最后,学习材料或刺激物呈现所涉及的感知觉或相应的脑结构功能特点,也是影响学习的不可或缺的因素。这里就此三个环节,分析学习脑网络的生理心理学基础。刚发展起来的脑连接组研究,可能在未来真正勾画出人脑的学习网络。

一、脑内的奖励/强化系统

(一) 脑内的自我刺激

Olds和Milner(1954)利用慢性埋藏电极刺激动物脑,以考察是否能像外周电击一样引起"惩罚"效应。他们意外地发现了许多动物在脑结构受到刺激时,抬起头来四处搜寻,似乎在寻找这种刺激。将刺激电路的开关放在动物笼内的杠杆之下,每当动物按压杠杆就会接通电路,使脑内受到一次电刺激,随后电路自动切断,动物必须重新按压杠杆才能再得到电刺激。他们发现由于埋藏电极在脑内部位不同,可能出现两种不同的行为效果。边缘系统某些脑结构的刺激可引出阳性自我刺激行为。动物持续性地反复按压杠杆以便不断得到脑内的电刺激,动物数小时不吃、不喝、不顾及性对象或幼仔,连续按压杠杆以追求脑内自我刺激,甚至可达每小时8000多次的自我刺激行为反应。

另外一些脑结构偶然受到电刺激后,动物就逃离杠杆,避免再次受到刺激。他们把前一种脑结构称为"奖励中枢",把后一种脑结构称为"惩罚中枢"。这一实验结果在社会上引起轰动,似乎发现了脑内的"愉快中枢"和"痛苦中枢"。大量研究发现,只有5%的脑结构会引出阴性自我刺激行为。能引起阳性反应率最高的脑内自我刺激区,主要是内侧前脑束通过的部位,以及多巴胺能通路和去甲肾上腺素能通路经过的部位,包括大脑皮层的额叶、内嗅区、隔区、纹状体、下丘脑、中脑、黑质、脑桥等。其中以内侧前脑束后部的阳性自我刺激反应率最高,因为多巴胺能通路和去甲肾上腺素能通路在这里会合,这里的电刺激可以同时引起两类化学通路的兴奋。

自我刺激行为是否产生某种愉快感或满足感,所积累的科学事实越多,越会发现阳性自我刺激的脑结构并非愉快中枢或阳性情绪体验中枢,少数脑手术病人的口头报告,多称其为一种性质不明的感觉。任何其他脑结构的切除都不影响自我刺激行为,所以不存在其他的特定中枢。动物按压杠杆的自我刺激行为与驱力的性质无关。无论食物、水或性等任何一种驱力均可同样影响某一脑区的自我刺激行为。反之,自我刺激现象引起本能行为的增强也没有特异性,而是取决于环境中存在着的客体,哪种客体存在就会增强哪种本能行为。更多的生理学家和生理心理学家认为,脑结构的电刺激可以作为感觉神经元和运动神经元之间联系的强化因素。换言之,脑的自我电刺激可以易化给定环境条件下出现的行为模式,不论其行为的生物学意义如何。脑组织受到电刺激的时刻,动物正在按压杠杆,动物看见的也是杠杆,脑的自我刺激就会强化这种行为,所以把这些能引发阳性自我刺激的脑结构称作脑奖励/强化系统。20世纪70年代脑化学通路研究进一步确定脑内的强化系统,实际是中脑-边缘脑多巴胺能通路,但实际上在20世纪末,电生理学研究发现,该系统更精确的功能是对奖励预测误差的检测。

(二) 中脑腹侧被盖区-伏隔核多巴胺能通路

位于中脑腹侧被盖区(ventral tegmental area,VTA)的多巴胺能神经元合成大量神经递质多巴胺(dopamine,DA),沿着神经元轴突传输到伏隔核(nucleus accumbens),再投射至额叶皮层。20世纪80年代,中脑到前脑的多巴胺能通路被称为脑内的奖励/强化系统(图6-1)。

大量研究报告指出,在运动学习行为(如穿梭箱学习或主动躲避条件反应)中,脑内儿茶酚胺系统发挥重要作用。腹侧被盖区发出的多巴胺能通路向头侧投射止于前额叶皮层。前额叶皮层的损伤,不能接受自下而上的儿茶酚胺通路的影响,也不能发出下行性冲动去调节这些脑结构的功能。将海人酸注入大鼠的前额叶皮层,破坏前额叶主沟附近的神经元胞体,利用轴突溃变的组织学方法证明,这些前额叶皮层的神经元轴突投射至基底神经节、黑质、中脑网状结构和导水管周围灰质;还有少数轴突止于内侧丘脑、下丘脑外侧区和中脑腹侧被盖区。因此,电刺激前额叶皮层通过其与基底神经节的神经联系,可以易化与运动功能有关的学习行为。中脑到前脑的多巴胺能通路,特别是腹

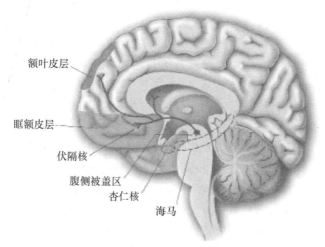

图 6-1　中脑-前脑奖励/强化系统解剖分布
（引自 Holden, 2001）

侧被盖区到伏隔核通路不仅对正常生态环境下的学习行为具有强化作用，而且在毒瘾和行为瘾的形成中具有更强的强化作用。

近年来在新闻媒体报道中，常常将多巴胺称作"使人快乐的分子"，可能是心理学文献中关于奖励机制的快乐理论所引导的结果。这种古希腊时期的快乐理论概念，21世纪出现一批文献主张，脑内愉快系统由两种脑网络所组成：想要（wanting）或诱惑的突显系统（incentive salience system）和喜欢系统（liking system）。研究者认为，中脑腹侧被盖的多巴胺能通路对于自然奖励行为主要发挥前一种功能，即诱惑的突显系统，喜欢系统是由中央导水管周围灰质释放的阿片肽类神经递质发挥作用。除两类神经递质的作用之外，还有知觉、记忆和决策系统的参与，涉及前额叶、纹状体、海马等许多脑中枢的功能（Berridge & Kringelbach, 2015；Berridge & Robinson, 2016）。

但是，这类研究的方法学存在重大问题，获取"想要"与"喜欢"数据的标准模糊，两者混淆不清（Pool et al., 2016）。最近的实验研究报道，中脑腹侧被盖区谷氨酸神经元驱动阳性强化奖励行为，并不伴有多巴胺的协同释放。也就是说奖励行为不一定总是和多巴胺增多有关（Zell et al., 2020）。

[常识与思索 6-2]　脑内的奖励/强化系统和多巴胺并不是快乐分子

虽然快乐主义（hedonism）的概念源自古希腊，但直到20世纪60年代才在生理心理学领域由于自我刺激实验而被炒热。1954年，两位年轻学者 J. Olds 和 P. Milner 在实验室意外地发现了大鼠的自我刺激行为，引发了关于自我刺激（self-stimulation）脑机制的研究热点。20世纪60~70年代,世界上许多实验室都重复出大鼠的自我刺激现象。对此,最容易为大众所接受的说法就是引起阳性自我刺激效应的脑结构是"快乐中枢"或"奖励中枢",引起阴性自我刺激效应的脑结构是"痛苦中枢"或"惩罚中枢"。可是,进一步研究发现,阳性自我刺激反应与动物的饥渴程度或血液内性激素水平无关,甚至切除任何一个阳性自我刺激的脑区,都不影响动物的自我刺激行为。所以,20世纪80年代已经把那些能引起自我刺激行为的脑结构统称为奖励/强化系统。相应脑结构的兴奋发挥着强化正在兴奋的感觉-运动神经元之间的连接强度,与快乐体验并不相关。然而,21世纪初,以及近几年,仍有研究者主张脑内存在着快乐中枢。他们认为,虽然不同生态意义的刺激均可引起快感,导致广泛脑区的兴奋;但是快乐的体验都会聚合为有限的少数脑区,如伏隔核和中脑导水管周围灰质,它们分别对多巴胺和肽类神经递质十分敏感。所以,媒体称"多巴胺是快乐分子",虽然不是空穴来风,但也未必是科学真理。因为伏隔核和中脑导水管周围灰质,在脑功能进化中是较为原始的结构,与外显的意识活动没有直接关系,不可能成为主观快乐体验的高级中枢。最近有报道,中脑腹侧被盖区谷氨酸能神经元也能驱动阳性奖励/强化行为,但并不伴有多巴胺的协同释放。所以,多巴胺至少不是唯一能引起奖励/强化反应的生物分子;奖励/强化反应也并不一定具有快乐和满足的主观体验。

(三) 中脑黑质-纹状体多巴胺通路

中脑黑质(substantia nigra,SN)含有大量多巴胺能神经元,合成的多巴胺沿轴突传输到纹状体(striatum)。这条通路在锥体外系运动功能中具有重要作用,黑质神经元合成多巴胺能力的下降,导致纹状体突触前神经末梢可释放的多巴胺减少,造成纹状体内乙酰胆碱能亢进,是帕金森病的病理学基础。但是,近年发现黑质-纹状体通路具有和额叶皮层、尾状核和壳核等结构的双向联系,而且这些结构的突触后膜上分布着多种多巴胺受体,所以在正常生态环境中发挥较大的学习强化效应。

(四) 厌恶、逃避和防御系统

厌恶、逃避、防御和攻击行为是生物学阴性情绪支配下的行为,有利于个体或种属的保存和延续。它们与生物学阳性行为不同,长期以来被认为是由杏仁核作为其快速反应的皮层下重要中枢;但是近年一些文献支持生物学阴性行为的学习也是由脑内的奖励/强化系统调节的。具体地说,是由中脑腹侧被盖区的腹侧到伏隔核的皮质再到眶额皮层的外侧区完成的。

Brooks 和 Berns(2013)对206篇人类被试脑成像研究报告的分析,认为中脑边缘多巴胺系统是需求刺激和厌恶刺激,以及得失评估的集线器(hub),它以多巴胺为主要神经递质,不限于评估某一种本能需求的信号,而是对所有刺激分辨其是否比所期望的结果更好,或者比所预料的后果更差。各种需求的或厌恶的信号都在眶额皮层内、外侧区和伏隔核的髓质和皮质中有所表达。电生理学研究也确定,在中脑腹侧被盖区的背侧和腹侧存在着分离的细胞群,分别负责对需求刺激和厌恶刺激发生反应。此外,有文献表明,岛叶、杏仁核、顶叶皮层都参与对需求和厌恶刺激的评估,并调节趋、避行为反应。

由此可见,关于脑内的奖励/强化系统的功能有两种观点:一种观点是它与杏仁核厌恶反应中枢对应,只强化或奖励生物学阳性动机支持的学习行为;另一种观点是这些脑结构中包含着对厌恶性刺激的评估,实际上奖励-惩罚、喜欢-厌恶和趋-避,是统一维度的两个极端,都由奖励/强化系统加以评估。

二、关于学习行为表达和监督的脑结构与功能基础

关于学习行为表达和监督的脑结构与功能系统的知识,是进入21世纪以来科学文献所积累起来的新认识,从 Doya(2000)提出大脑、小脑和基底神经节在三种不同学习模式中作用机理的文献综述,到 Brooks 和 Berns(2013)关于中脑边缘多巴胺系统是需求刺激和厌恶刺激,以及得失评估的集线器的综述,这十多年间出现了不少于十篇评论和综述文章,所涵盖的相关原始研究报告不少于1000篇。之所以是新知识,是由于传统神经科学把小脑和基底神经节看作运动调节系统,并不参与认知功能和学习过程;而近年大量关于人类被试完成不同认知任务的无创性脑成像研究报告,大多揭示了其中有小脑和基底神经节的激活。这些无可争辩的事实,证明小脑和基底神经节参与脑高级功能。虽然研究者对它们参与学习过程的网络结构细节还存在不同看法,但在人类学习过程中它们是不可或缺的脑结构。

(一)纹状体和伏隔核在经典条件反射和操作性条件反射中的作用

Liljeholm 和 O'Deherty(2012)吸收了一批人类无创性脑成像的研究文献,总结了关于纹状体和伏隔核的解剖分区和神经联系及其与两种条件反射的关系。简言之,纹状体和伏隔核在学习行为的下列三个环节中均具有重要作用:获得奖励(或强化)的动作调节,学习行为的表达,反应动机的控制。但是纹状体的不同结构和不同学习模式的关系不同。如图6-2所示,背内侧纹状体(DMS)又称尾状核,与操作性条件反射式学习行为中获得奖励的动作有关,特别是与源自目标导向的行为模式相关,因为它接受前额叶和顶叶联络区皮层的调控;背外侧纹状体(DLS)又称壳核,与多次重复训练获得的习惯行为作业有关,它接受感觉运动区皮层的调控;伏隔核与经典条件反射式学习行为表达和获得奖励的动作有关,而与动机本身无关,因为它接受内侧眶额皮层和前扣带回皮层的影响;伏隔核对操作性条件反射也有一定的调节作用,主要通过对总体兴奋性、动作选择和目标导向行为后果评估而间接实现。最后一点表明,伏隔核既具有对经典条件反射行为表达的调节功能,又具有对操作性条件反射行为的调节功能。

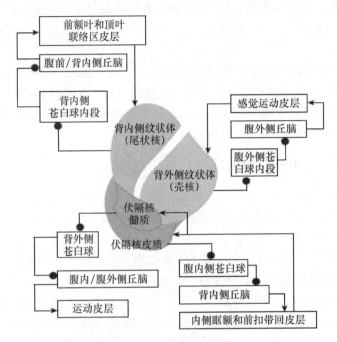

图 6-2　纹状体的神经连接
(经授权,引自 Liljeholm & O'Doherty,2012)

(二) 小脑在监督学习中的作用

20 世纪 80 年代以前认为小脑的功能主要是维持身体平衡和共济运动协调,并不参与脑高级功能。小脑在学习行为中的重要作用,最初是由 R.F. Thompson 在 20 世纪 80 年代意外发现的,21 世纪以来许多研究报告,包括大量无创性脑成像研究报告表明,小脑参与多种认知功能,包括心理表象、感觉加工、注意、言语和规划等,这里着重介绍它在学习中的作用。

20 世纪 70 年代,R.F. Thompson 最初为研究海马在经典条件反射中的作用而引用了家兔瞬眼条件反射的学习行为模式,采用金属微电极,记录清醒家兔在建立条件反射过程中的海马锥体细胞电活动。结果发现,瞬眼条件反射建立过程,与海马锥体细胞的单位发放率之间存在着平行关系;同时也发现,锥体细胞发放率的变化与长时程增强效应之间也有一些相似的规律。80 年代初,R.F. Thompson 在总结瞬眼条件反射的脑通路时,意外地发现了许多证据,表明小脑皮层和它的中位核是建立这种学习行为的最必要的脑结构。在条件刺激后出现学习行为反应的潜伏期约 100 ms,而小脑皮层和中位核单位发放变化潜伏期为 60 ms。损毁大脑皮层、海马等结构,并不影响已建成的瞬眼条件反射;但损毁小脑皮层或中位核,则完全不可能建立瞬眼条件反射,已训练好的反射也会消失。因此,瞬眼条件反射建立的早期由海马参与,但高级中枢则是小脑。

这种高级中枢内的记忆痕迹对条件反射的传出性影响,是通过小脑上脚到对侧红核,再到脑干和脊髓的运动神经元实现的。对条件刺激(CS)的传入通路,由耳蜗核神经元通过桥核发出的苔状纤维投射到小脑;非条件刺激(US)是通过下橄榄核,沿小脑下脚的攀缘纤维到达小脑皮层的浦肯野细胞。在建成条件反射之前,非条件刺激(吹入眼的气流)通过 US 通路引起小脑浦肯野细胞的棘复合波发放。建成条件反射后,CS 单独就可以引起浦肯野细胞的这种发放。20 世纪 80 年代中期以后,许多实验室大量重复经典的生物学阴性条件反射实验,均证明小脑具有重要作用。为了深入理解小脑在经典条件反射中的作用,神经生物学家研究了小脑的神经联系和分子生物学特征。结果发现,小脑细胞的突触后膜上存在许多受体蛋白分子,可以和单胺类、兴奋性氨基酸和抑制性 γ-氨基丁酸(GABA)等神经递质发生受体结合反应,是其参与学习过程的重要物质基础。

小脑神经网络比大脑皮层简单得多,只有三种传入纤维和一种传出纤维。第一种传入纤维是来自脊髓和桥核的苔状纤维,终止于小脑内的颗粒细胞。此细胞发出大量平行纤维,其末梢以兴奋性谷氨酸神经递质与小脑皮层中的浦肯野细胞远端树突形成突触,突触后膜上的受体多为 QA 型。第二种传入纤维是来自下橄榄体等脑干结构中的攀缘纤维,其轴突直接终止于浦肯野细胞的近端树突,也以兴奋性谷氨酸或天冬氨酸为神经递质,突触后膜上的受体多为 QA 型或 NMDA 型。第三种传入纤维来自脑干的蓝斑和缝际核中的单胺类神经元,其末梢终止于浦肯野胞体形成单胺能突触,突触后膜存在 β-肾上腺素能受体。小脑唯一的传出纤维来自浦肯野细胞,其末梢含有大量的抑制性神经递质 GABA,终止于小脑深部核和脑干。除此之外,小脑皮层还有三种中间神经元,它们接受颗粒细胞的平行纤维,也直接接受苔状纤维,都是以兴奋性氨基酸类神经递质为中介的兴奋性影响,但传给浦肯野细胞的却是抑制性影响,均以 GABA 为神经递质,突触后膜上有 B 型 GABA 受体。中间神经元也有反馈纤维到达颗粒细胞形成 GABA 突触,其后膜上以 A 型 GABA 受体为主,这是一种配体门控受体,也是离子通道蛋白,所以作用快,直接调节颗粒细胞膜上的离子通道。由此可见,小脑皮层上唯一有传出功能的浦肯野细胞,汇集了多种传入纤维和中间神经元的大量异源性突触,并在突触后膜上分布着多种受体蛋白分子。人类小脑内一个浦肯野细胞的胞体和树突上分布着大约 20 万个突触,如此多的突触发生异源性突触易化作用,是小脑完成短潜伏期反应的重要基础。

基于无创性脑成像研究中一批关于大脑皮层、小脑和基底神经节同时被激活的事实和神经计算模型理论,Doya(2000)提出大脑、小脑和基底神经节在三种不同学习模式中的作用机理。该综述在过去十多年间不断被引用,如图 6-3 所示,大脑皮层是无监督学习的基础,纹状体是基于奖励预测的强化学习的基础,小脑是基于错误纠正的监督学习的基础。在强化学习中,大脑皮层负责分析刺激给出的感觉传入,纹状体负责学习行为的产出,这种行为改变建立在多巴胺奖励预测和皮层传入信号整合的基础之上。对于强化学习,最重要的是中脑黑质多巴胺能神经元编码的奖励信号到达纹状体所发挥的作用。大脑皮层对无监督学习的作用,受制于传入信号的统计学特性,并受到上行神经调质的调节作用;专门负责监督学习的小脑,受制于来自下橄榄体发出的传入性攀缘纤维所携带的有关错误信号的编码。尽管在一些复杂的序列运动学习过程中,大脑皮层和基底神经节回路在学习初期参与活动的水平较高;但随着训练进程,被试行为出现自动化和快速化,伴随着从视觉空间知觉为主到以自身运动空间知觉为主的过渡,从而导致小脑参与活动的水平迅速增高。例如,人类被试根据信号进行序列按键学习,最初被试特别关注视觉信号,以便根据视觉信号线索确定手的空间定位按键;但随训练多次重复,被试不再特别关注视觉信号。

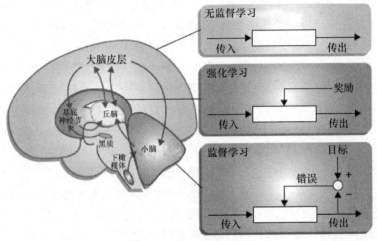

图 6-3 大脑皮层、小脑和基底神经节对不同学习类型的特化
（引自 Doya,2000）

[常识与思索 6-3] 与人工神经网络共享的三类学习模式

人工神经网络研究所建立的学习模式,都是信息从输入层到输出层传递的前馈网络,只有误差是后向传播的。根据是否设定一个标杆作为学习应达到的目标,或作为教师,判断训练过程每次输出与目标相差多少,将网络分为监督式学习和非监督式学习两大类。在关于动物学习脑机制的生理心理学研究中,20世纪80年代已经明确,快速准确的序列动作学习以小脑和大脑皮层的联系为重要机制;一般的联想或非联想学习主要以大脑皮层的神经联系为主。此外由于自我刺激或毒品成瘾机制的研究,确定了脑内存在着奖励/强化系统,该系统参与的动物学习,被称为奖励/强化式学习。人工神经网络研究吸收了生理心理学这三类动物学习模式,分别作为仿真大脑皮层、小脑和奖励/强化系统为主要机制的学习行为。

三、与学习材料或刺激呈现相关的脑功能基础

在低等动物的学习模式中,刺激呈现的时间和空间关系都比较简单;在灵长类动物和人类被试的学习实验中,所使用的学习材料或刺激呈现的方式和序列比较复杂,视觉鉴别学习、物体分类学习和知觉学习是常见的实验范式。其中,知觉学习中刺激特性的精细差异最典型,其学习效果具有特异性和持续性等特点。例如,对左眼训练识别图形朝向差异的能力,不能迁移到右眼,而且左眼的这种习得能力可以保存数月至一年以上。经过数十年的研究,知觉学习的效应,究竟发生在初级感觉皮层还是高级知觉皮层区,至今各有实验事实依据,无法统一。以面孔朝向识别能力的学习模式为例,习得能力的提高是由于初级视皮层 17 区分辨阈值降低的结果,还是高级面孔知觉区(如梭状回皮层)的分辨阈值降低的结果。一种看法是不同层次的大脑皮层在知觉学习中都会发生可塑性变化,刺激材料或刺激呈现相关的脑结构就是大脑皮层,至于以哪级皮层为主的问题,取决于刺激复杂性和精细性的程度。越是简单而精细分辨特性的学习,越是以低层次感觉皮层的变化为主;复杂而整体性强的特性分辨学习,则以高层次知觉皮层区的变化为主。

第三节 大脑皮层在学习中的作用

经典条件反射理论的奠基人巴甫洛夫一直认为,必须有大脑皮层参与,条件反射才能形成。条件反射赖以形成的暂时连接,是大脑皮层的特殊功能。暂时连接只能发生在皮层-皮层、皮层-皮层下或皮层下-皮层的中枢之间。所以他提出,健康的、功能正常的大脑皮层,是动物建立条件反射的重要前提。K. Lashley 作为行为主义心理学奠基人华生的学生,着手研究动物联想式学习的脑定位问题,以寻求一些脑结构在联想式学习中的作用,即脑的机能定位关系。然而,几十年的研究结果使他得出了相反的结论,即大脑的等位性、整体性机能原则。不论损毁或切除的皮层部位有何不同,只要 10%～50% 的大脑皮层遭到损坏,动物学习行为就会受到影响。动物学习障碍程度与损毁皮层部位的大小呈正比。损毁 50% 皮层就可使动物完全丧失学习能力。K. Lashley 的研究方法较为简单,存在许多不足,然而他的脑等位论思想却延续至今。

20 世纪 40～60 年代的大量实验表明,没有大脑皮层的动物,甚至低等软体动物都能建立条件反射。R.F. Thompson 在总结学习记忆的生物学基础时指出,切除大脑的动物仍可建立经典的瞬眼条件反射。这种条件反射建立的重要脑结构是小脑。因此,现在已经公认经典条件反射建立的基础,即暂时连接的接通是神经系统的普遍特性,并不是大脑皮层的特殊功能。由此可见,尽管暂时连接的形成是神经系统的普遍功能,符合脑等位论思想,但因学习类型和复杂程度不同,完成学习过程的脑区域也就有所不同,这又符合机能定位的思想。脑机能的整体性和等位性与机能定位性同时存在于学

习过程,是脑功能对立统一的两个方面。

除与感觉、运动有关的特异皮层区,人类大脑皮层的80%属于联络区,其中最大的是前额叶联络皮层,其次是颞顶枕区联络皮层。生理心理学家以非人灵长类动物为实验材料,积累了一些科学事实,并参照人类临床观察的特殊案例,总结出联络区皮层与学习的关系。概括地讲,前额叶联络皮层与运动学习行为、复杂时-空间关系的学习有关;颞顶枕联络皮层与感觉学习、知觉学习和空间关系的学习有关。前额叶皮层的抑制调节作用不仅与时间和空间综合学习行为有关,还参与运动反应及与之相关的学习行为的调节。联络区皮层与纹状体、苍白球、杏仁核、海马等端脑结构有着多重神经联系。下面介绍的脑损伤实验、电刺激实验、电生理学和脑化学研究证明,联络区皮层及其与许多皮层下结构的联系,对学习具有重要作用。

一、前额叶皮层与延缓反应

前额叶皮层指除了初级运动皮层和次级运动皮层以外的全部额叶皮层,电刺激前额叶皮层不引起任何运动反应,故称之为非运动额叶区。根据解剖位置和功能特点,可将前额叶皮层分为两部分:背外侧前额叶皮层(dorsolateral prefrontal area,DLPF)和眶前额叶皮层(orbital prefrontal area,ORPF)。前额叶皮层与丘脑、纹状体、苍白球、杏仁核和海马之间有着复杂的直接神经联系,再通过这些结构与下丘脑、中脑之间实现间接的神经联系。这些神经联系,是前额叶皮层多种生理心理功能的重要基础。关于前额叶皮层与学习记忆的关系问题,C. F. Jacobsen的延缓反应实验,一直被誉为经典研究的范例。

让猴观察眼前的两个食盘,其中一盘内有食物,然后先将两食盘盖起来,再用幕布将它们遮起,以避免猴盯视食盘。几秒或几分钟后将幕布拿开,观察猴首先打开哪个食盘盖。如果猴打开原先放好食物的食盘盖,它就会得到食物奖励。对实验程序稍加修改,只有当猴记住前一次获得奖励食盘的位置(左或右),下一次打开另一位置食盘的盖,才能再次得到奖励。这种行为模式称为交替延缓反应。延缓反应和交替延缓反应既是空间辨别学习模式,又是短时记忆的行为模型,即是时间-空间相结合的学习模式。正常猴对于不同延缓时间的延缓反应,甚至是几分钟的延缓反应,很容易建立起来。但是,对双侧前额叶皮层损伤的猴,即使建立1~2 s的延缓反应,也十分困难。前额叶皮层损伤引起短时记忆障碍,是导致延缓反应或交替延缓反应困难的主要原因。仔细分析延缓反应的行为模式,可以将之归纳为两个不同的因素:空间辨别反应和时间延迟反应。只有两个因素同时存在,前额叶皮层损伤的行为障碍才能表现出来。如果仅仅要求动物进行空间辨别反应,则前额叶皮层损伤并不影响这种行为模式的训练;对动物仅进行延缓条件反应不伴有空间辨别,这种行为模式也不受前额叶皮层损伤的影响。由此可以认为,前额叶皮层与时间和空间关系的复杂综合功能有关。虽然各教科书仍在引用延缓反应和交替延缓反应的经典实验及其结论,但许多新发现不断冲击这一结论,例如,应用镇静药、降低环境温度、降低环境照明、食物剥夺和过度训练等许多措施,均可能改善双侧前额叶皮层受损猴的延缓反应。此外,前额叶皮层损伤的动物,对新异刺激朝向反射过度亢进且难以消退。因此,又有人认为双侧前额叶皮层受损造成动物注意涣散是引起延缓反应困难的重要因素。还有许多研究报道,双侧前额叶皮层损伤的动物在手术后早期阶段出现明显的运动功能障碍,表现为活动过度和活动降低交替出现。有时爆发性活动增强,如无目的重复性刻板运动、上下运动或往返运动、节律性的刻板活动等。连续抓取食物却不能顺利吃,术前建立的食物运动条件反射完全丧失,信号刺激失去意义,动物乱抓食物。这说明前额叶皮层具有抑制功能,它的损伤引起了抑制的解除。据此认为,前额叶皮层损伤所引起的延缓反应障碍,可能与前额叶皮层的抑制解除有关,并不一定表明是对短时记忆和学习过程的直接作用。

二、颞顶枕联络区皮层与延缓不匹配学习

颞叶、顶叶和枕叶皮层相邻的部位,形成了仅次于前额叶的较大的联络区。躯体感觉、听觉和视觉的高级整合功能发生于这一联络区皮层,它是人们复杂认知过程的生理基础。枕叶次级视皮层接受初级视皮层的联络纤维,又发出向顶下回和颞下回的联络纤维。次级视皮层、顶下叶和颞下叶共同构成颞顶枕联络区并与皮层下的杏仁核、海马形成密切的神经联系。识别或认知现实外部刺激物的学习活动和短时记忆活动是这一联络区皮层及其与海马、杏仁核联系的基本功能。此外,颞下回的前端还与内侧丘脑和尾状核存在着下行性联系,与特殊刺激物的鉴别学习活动有关。延缓不匹配学习和视觉鉴别学习是最经典的实验模型。

(一) 延缓不匹配学习

颞顶枕联络区皮层损伤的病人,由于损坏的具体部位不同,可出现多种认知障碍。灵长类动物中这一联络区的损坏,也导致对复杂刺激物或三维立体物的认知障碍。进一步研究表明,颞下回又可分为两部分:远离枕叶的部分与三维物体的认知学习有关,与枕叶距离较近的部分与二维图形鉴别学习有关。1954 年,M. A. Mishkin 对猴进行了延缓不匹配训练(delayed non-matching to sample task)。首先让猴观察一个圆柱体,当它将圆柱体移开就会发现下面有一小块食物。间隔 10 s 以后,猴的面前出现两个物体,一个是刚刚见过的圆柱体,另一个是未见过的长方体。这时猴移动长方体也会得到一小块食物,如果它移动曾见过的圆柱体,则得不到食物。训练几日,这种行为模式就得到巩固。然后对猴进行手术,损毁与枕叶相邻的两半球颞下回。手术后则需对之进行 73 次训练才能重新习得这种行为;若是损毁与枕叶远隔的颞下回,则训练 1500 次仍不能重新学会这种行为模式。将行为训练中匹配时间间隔从 10 s 逐渐延长至 120 s,损毁与枕叶相邻的颞下回,不影响这种逐渐延长的延缓反应;若损毁与枕叶远隔的颞下回,则猴不能学习这种延缓的不匹配行为。根据这一实验结果,M. A. Mishkin 认为在认知学习和物体记忆中,远隔枕叶的颞下回具有重要作用。电刺激颞中回和记录颞下回神经元单位发放的实验研究,也证明了颞下回在不同颜色物体匹配学习和延缓记忆中具有重要作用。

颞下回在物体认知学习中的作用，必须以其与枕叶初级视皮层的神经联系为必要前提。如果切断颞下回和初级视皮层之间的神经联系，则动物不能习得延缓的不匹配行为模式。除与视皮层的联系，颞下回与杏仁核和海马的神经联系对认知学习也是必要的条件。切断颞下回与两者的联系，动物的认知学习不能实现；但单独切断颞下回与海马的联系或颞下回与杏仁核的联系则不影响认知学习行为模式的建立。海马、杏仁核不仅参与视觉认知或辨别学习，也参与触觉认知学习过程。切断海马、杏仁核与颞顶枕联络区皮层的联系，就会破坏触觉认知学习过程，动物不能识别刚刚触摸过的物体。

(二) 视觉鉴别学习

颞下回前端与尾状核和内侧丘脑间的神经联系对于视觉鉴别学习具有重要作用。让猴学习简单图形的鉴别反应，如在正方形和加号之间或字母 N 和 W 之间进行选择性反应，损坏颞下回或颞下回与尾状核、内侧丘脑之间的联系，猴则无法习得这一行为；损毁海马和杏仁核则不影响这一行为模式的建立。由此可见，对复杂物体或现实刺激物的认知学习和对简单图形的鉴别学习是两种不同的过程，以不同的神经联系为基础。前者以颞下回与海马、杏仁核间的联系为基础，后者以颞下回与尾状核、内侧丘脑之间的联系为基础。

三、前额叶和内侧额叶皮层与情绪性学习

伴有情绪体验或情绪反应成分的学习模式不但建立快，而且形成以后很容易巩固。皮肤电击的主动躲避反应、味觉厌恶情绪性条件反应和嗅条件反射，就是这类通过前额叶和内侧额叶而实现的学习行为。

自主反应性条件反射是一类发生呼吸、心率、血压、皮肤电等自主神经功能变化的学习行为。这类伴有情绪色彩的自主反应性学习行为，以皮层下感觉中枢和内侧前额叶-边缘系统为神经网络基础，其生理特征是非特异性信息的快速加工，甚至在条件刺激呈现后 15 ms 内，在皮层下感觉神经核的神经元中，诱发出条件反应性单位发放。在此基础上，形成的全身运动性学习行为，鉴别性主动躲避反应，可作为一般操作式条件反射的典型代表。这时，作为行为变化的神经网络除上述丘脑-边缘系统的神经网络外，还有海马网络。前者快速接收和加工非特异信息，发动躲避反应；后者对不断呈现的刺激和环境条件与工作记忆中的内容加以比较。两种功能并行地发生作用是这种学习行为的基础。除了神经生物学的这些科学事实之外，M. Gabriel 和 N. A. Schmajuk 还总结了关于条件反射仿真研究的理论和方法，提出躲避学习的计算神经科学模型，并将之称为边缘系统内相互作用模型(limbic interaction model)，即 LI 模型。

M. Gabriel 和 N. A. Schmajuk 以兔蹬跑轮主动躲避学习作为行为模型。在行为训练过程中，CS^+ 和 CS^- 是音高不同的 500 ms 声音信号；CS^+ 之后 5 s 给予足底电击作为 US，CS^- 则不伴有 US，并利用细胞微电极记录一些脑边缘结构的细胞电活动。训

练后 CS^+ 信号引起兔蹬跑轮以躲避随后出现的电击;CS^- 信号时,兔不必蹬跑轮,因不会出现电击。他们发现,学习行为稳定后,每当 CS^+ 呈现之后 15 ms,即可在丘脑、前额叶和内侧额叶结构内引出细胞单位活动;70 ms 可在扣带回引出单位发放;CS^- 则不引起这种变化。此外,他们还切除或损毁海马、海马下脚和扣带回等不同脑结构,观察其后的学习行为和细胞单位发放的变化,积累了一些实验事实,并以此作为学习行为神经网络的生物学基础。他们认为,CS^+ 和 CS^- 引起的鉴别学习以扣带回为基本中枢,在这里聚集了丘脑-前额叶和内侧额叶结构的神经信息。

第四节 脑可塑性与学习的神经生物学基础

关于学习的脑机制理论应回答三个基本问题:哪些脑结构参与学习?这些脑结构怎样建立突触联系?学习过程中,突触连接的物质基础是什么?对第一个问题,我们已在前面讨论过,这里讨论后面两个问题。

神经元之间以突触的微细结构作为连接的形式,所以通常所说的神经可塑性就是突触的可塑性变化。我们已经讨论了暂时连接的概念,它的形成是学习的细胞学基础;反之,学习的效果又体现在突触的变化上。然而近年发现,学习过程不仅伴有突触的变化,还伴有脑白质的微细结构改变。所以,脑可塑性和学习的关系是双向的,包括学习的效应是引起脑结构和功能的改变,而这类改变又是学习得以完成的脑结构和功能基础,包括神经连接(突触)的变化和神经纤维(白质)的变化。

一、暂时连接和异源性突触易化

前面已经讨论了一些脑结构参与学习的问题,但这些结构怎样构成了条件反射的生理基础呢?巴甫洛夫认为,条件反射建立的基础是条件刺激和非条件刺激在脑内引起的兴奋灶间形成了暂时连接。最初,无关动因在相应脑结构中(如听觉中枢)引起较弱的兴奋灶,而随后出现的非条件刺激(食物)由于其较强的生物学意义,在脑内食物中枢引起较强的兴奋灶,强兴奋灶对弱兴奋灶的吸引是暂时连接形成的机制。这是由于兴奋和抑制作为两种对立的基本神经过程,一经产生就按照扩散、集中和相互诱导的规律不停地运动。巴甫洛夫通过生理学实验数据的分析,证明大脑皮层中神经过程的运动使其具备很强的分析综合能力,对兴奋灶之间的强度十分敏感,总是以强兴奋灶对弱兴奋灶的吸引实现暂时连接的接通。20 世纪 50~60 年代,细胞电生理学研究与电子显微镜的超微结构研究表明,无论是大脑皮层还是其他脑结构中,每个神经元都接受数以千万计、来源不同的神经末梢,形成大量异源性突触连接。在一个神经元中,这种来源不同的突触同时兴奋或以较短的时间间隔顺序兴奋,多次重复就会使该神经元把两种刺激聚合在一起,形成暂时连接。20 世纪 80 年代末期,脑生物化学研究发现,在一个神经元突触后膜上,分布着多种受体蛋白分子与神经递质或调质进行选择性结合,引起突触后膜的兴奋。如果两种神经递质同时作用于一个神经元,则引起该神经元两类突触后成分的兴奋,重复几次就会形成连接功能,只要其中一种突触兴奋,就会使另一个突触乃至整个突触后神经元兴奋起来。因此,当代神经科学认识到暂时连接的形成,是神经元的普遍机能特性,它的组织形态和生理学基础是大量异性突触间的易化——异源性突触易化。现在已知异源性突触易化至少有两种方式,分别称突触前成分间的活动依存性强化机制和突触前-后间强化机制。如图6-4所示,前一种机制是条件刺激与非条件刺激传入神经元发出的突触前成分相互易化,两者互为活动依存性关系,只有两者在极短时间相继兴奋,才能最有效地引起突触后条件反射神经元的兴奋,所以称为活动依存性强化机制,异源性突触易化发生在突触前成分之间。两突触前成分共同作用于突触后成分,异源性突触易化发生在突触后成分上,称为突触前-后间强化机制。长时程增强效应(LTP)就是突触前和突触后成分重复性同时激活的结果。学习的分子生物学基础,则是在突触后膜上并存的多种受体蛋白,与来源和性质不同的神经递质发生顺序性或并行性受体结合,以及受体蛋白分子的变构作用。

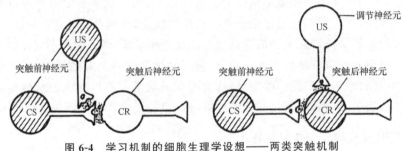

图 6-4　学习机制的细胞生理学设想——两类突触机制
(引自 Abrams & Kandel,1988)

二、学习引起的大脑白质微结构变化

皮层传导通路髓鞘化,最终使神经兴奋的传导更加精确、迅速。髓鞘化的发育依次为感觉通路髓鞘化,运动通路髓鞘化,与智力活动有关的额、颞、顶叶间纤维髓鞘化。人类出生时,大脑细胞轴突基本开始髓鞘化,但大部分其他神经轴突还未完成髓鞘化。6～7月龄的婴儿脑,基本感觉通路已髓鞘化。大约6岁时,神经纤维深入各个皮层,逐渐完成纤维髓鞘化。但额叶皮层的神经纤维髓鞘化,可延续到30多岁才能全部完成。成人的脑质量约占体重的2%,但消耗体内的葡萄糖却占了总数的20%。与成人相比,婴儿期脑发育的耗氧量以及葡萄糖的消耗量,占全身耗氧量以及葡萄糖消耗总量的60%。因为轴突髓鞘化过程需要合成大量脂肪和蛋白质,这是消耗大量葡萄糖的主要原因之一。

Fields(2010)证明,人脑神经纤维的髓鞘化从胚胎期一直延续到成年期。最后髓鞘化的是额叶皮层神经元所发出的神经纤维,它们参与高级认知活动的执行监控功能。

（一）复杂学习作业后，白质的变化

在利用磁共振脑成像技术的认知神经科学实验中发现，进行复杂学习作业后，不仅儿童的脑白质会发生变化，成年人的白质结构也会发生变化。20世纪80年代，已有一些研究利用传统组织化学方法总结出人脑髓鞘化过程的基本规律，揭示出神经纤维髓鞘化最快的时期是在1岁的婴儿期，随后变慢，延续到成年期，不仅有年龄差异和个体差异，还有不同脑区之间髓鞘化进程的差异。一般而言，后头部的脑结构髓鞘化早于前头部脑结构。出生前到出生后一年之内，脊髓和脑干的神经纤维就完成了髓鞘化过程，前部脑结构的神经纤维髓鞘化延续到成年期。短距离的投射纤维髓鞘化早于远距离的投射纤维，更早于联络区皮层间的联络纤维髓鞘化。同时还发现，伴随白质微结构的变化，也就是髓鞘化的发育过程，神经元轴突也发生变化，表现为其粗细的变化。而锥体束中的神经纤维（轴突）的直径不再变化。这说明传导神经冲动速度的调节功能已不再单独依靠神经纤维的直径变化，而是由神经纤维直径和髓鞘厚度的比例变化，进行细微的调节。

Scholz等人（2009）将48名18～33岁的年轻人，分成实验组和对照组，各24名，实验组被试每人领取抛、接球杂耍器具和用于学习杂耍的练习指导书。随后6周，每周5天，每天练习半个小时，并记录学习成绩。练习前、练习6周后以及停止杂耍后4周，各进行一次磁共振弥散张力成像检测，并计算出脑白质微结构参数。结果发现，这类复杂的视觉运动技能训练，引起顶下沟附近的白质各向异性分形（FA）增高，表明这种杂耍训练在成年人中，也能引起枕-顶叶皮层间联系的白质发生微结构的改变。

在图6-5(a)中分别从z、y、x三个切面的5张图中，可见在顶-枕沟（POS）和下顶沟（IPS）附近有两条各向异性分形标准分（t分数）的变化区（见书后彩插）。(b)图横坐标分别为对照组6周后扫描、杂耍训练组练习6周后扫描（Jugglers scan 2）和停止训练4周后扫描（Jugglers scan 3），纵坐标是各向异性分形值（FA）与实验前（scan 1）相比发育变化的百分比，可见6周的杂耍训练引起约6％的分形值增加，停止训练4周返至4％，4周恢复了2％。

（二）练习弹钢琴的儿童和成年职业钢琴家的脑白质高度发达

进入21世纪，磁共振成像的几种技术的应用，令对人脑白质的研究发生了根本变化，这种方法可以研究正常人不同状态下的脑白质微结构的变化及其与高级认知功能的关系。例如，前额叶区的白质密度与一般智力、工作记忆、注意和抑制功能发展水平相平行；胼胝体的纤维髓鞘化程度增高，伴随儿童认知功能和感觉运动控制功能，以及双手协调功能的发展；锥体束和弓状束的发育程度与手的精细运动技能和语言发展相关；总智商与白质的总容积，特别是与额-顶联络纤维束发育程度密切相关；前额叶皮层的容积与认知功能，以及毫秒数量级自动化运动技能发展相关。一批研究报告均指出，不同脑区白质的FA与许多高级功能相关。颞-顶间白质的FA和阅读能力相关；放射冠前部白质的FA与工作记忆容量相关；视觉-空间注意通路的FA与反应时相关；胼胝体的FA与双手协调功能相关；内侧纵束的FA与记忆提取功能相关；额-顶通路的FA

与视觉平均诱发电位潜伏期之间呈负相关。

Ullén(2009)利用磁共振技术研究了成年职业钢琴家的脑白质,结果发现,职业钢琴家脑内胼胝体较大,这可能是由于他们大多数在7岁之前就开始学琴,此后不停地运用双手进行弹琴作业的结果。也有些研究发现学习钢琴的儿童除了脑胼胝体外,脑锥体束也比一般同龄儿童发达。由此可以推论,从小就不断操作计算机键盘的儿童,也会有类似的脑白质发育特点。11～16岁儿童弹钢琴对脑白质(内囊)结构的作用如图6-6所示(见书后彩插)。

第五节 学习的分子生物学基础

多年来,神经生物学家、心理学家和医生们热切地希望,在人脑中分离出学习过程的特异性分子。它是学习的物质基础,自然可以用于促进正常人的学习过程和治疗智力障碍的病人。怀着这样一个美好的愿望,20世纪50～60年代,曾掀起一个记忆物质转移的研究热潮,从经过训练的大鼠脑中提取核糖核酸,注射给未训练的大鼠,希望能加快后者的学习速度,因为注射物中可能含有信使核糖核酸。这类研究得到了似是而非的结果。70年代初,许多实验室致力于研究神经递质这类小分子物质,结果也未能发现哪种神经递质与学习过程具有特异性关系。80年代初,中分子量的神经肽成为研究的热点,但也未得到明确的结论。80年代中期以来,大分子的受体蛋白、离子通道蛋白与学习过程的关系受到更多的重视。总结这种研究历程,我们得到这样一种认识:学习过程是脑的高级机能,不是某一种特殊分子变化的结果,而是有多种物质经过复杂的代谢环节参与学习过程。当代积累的科学事实表明,由几个亚基组成的受体蛋白或酶蛋白,可以同时接受条件刺激和非条件刺激的影响发生变构作用,实现两种刺激间的联结。所以,蛋白分子变构作用是学习记忆的基本机制。只有中小分子的神经递质、神经调质和激素的激发并与之结合,受体蛋白或离子通道蛋白才会发生这类变构作用,成为受环境制约的学习过程的物质基础。神经生物学研究发现两大类受体蛋白分子,即配体门控受体家族和G蛋白偶联受体家族,均是参与学习机制的主要分子。配体门控受体蛋白家族中的 N-甲基-D-天冬氨酸敏感型兴奋性氨基酸受体(NMDA受体),在海马内LTP中具有重要作用。与G蛋白偶联受体家族中的5-羟色胺受体分子,在经典条件反射和非联想学习机制中具有重要作用。

一、配体门控受体蛋白在学习中的作用

如图6-7所示,在条件反射性LTP现象形成中,一方面,条件刺激单独作用,可引起突触前神经末梢释放大量谷氨酸,继而与突触后膜上的NMDA受体相结合,使NMDA受体发生变构作用,从而造成Ca^{2+}通道门开放(图6-7(a));另一方面,非条件刺激造成突触后膜的去极化,清除了NMDA受体调节通道上的Mg^{2+},可使Ca^{2+}通道畅通

(图 6-7(b))。当条件刺激与非条件刺激结合时,上述两种过程相继发生。条件刺激引起 NMDA 受体蛋白分子变构,Ca^{2+} 通道门打开,非条件刺激清除通道门附近的 Mg^{2+},这时条件反射性 LTP 现象就会建立起来(图 6-7(c))。所以,NMDA 受体蛋白分子可以将条件和非条件刺激聚合在一起,触发 Ca^{2+} 在细胞内发挥第二信使的作用,继续传递习得的神经信息,完成经典条件反射建立的基本过程。

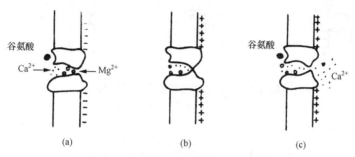

图 6-7　NMDA 受体变构作用示意
(引自 Abrams & Kandel,1988)

二、G 蛋白偶联受体蛋白在学习中的作用

除了 NMDA 受体蛋白分子的这种聚合两种刺激信息的功能外,在海兔学习模型研究中,发现了 5-羟色胺受体分子激活的腺苷酸环化酶也有这种聚合功能。单独条件刺激的信息传到突触后膜,可以引起其膜电位的去极化,继而可使适量 Ca^{2+} 流入细胞膜内(图 6-8(a)),只能造成腺苷酸环化酶分子轻度活化,形成少量第二信使环磷酸腺苷(cAMP);非条件刺激引起突触前末梢释放大量神经递质 5-羟色胺,并与突触后膜上的 G-蛋白偶联受体蛋白分子结合,通过 GTP 偶联引起腺苷酸环化酶的激活,合成较多的 cAMP(图 6-8(b))。如果条件刺激和非条件刺激以一定时间间隔顺序呈现,上述两个过程就会引起腺苷酸环化酶分子的高度激活,合成大量 cAMP(图 6-8(c))。由此可见,腺苷酸环化酶分子可以受到双重激活,这一特性使它具备了能够实现经典条件反射中,暂时联系形成的机制。虽然腺苷酸环化酶分子并不是受体蛋白,但它参与学习机制的变构作用,其中必要的前提是 5-羟色胺受体蛋白的激活。因此,这种学习机制也受制于受体蛋白分子的变构作用。

从上述两种蛋白分子聚合两类刺激信息的特性中,可以看出学习的分子生物学基础,正是这类蛋白分子在变构基础上产生的聚合信息特性。随着科学的发展,可能会发现更多蛋白分子通过变构作用参与学习机制的调节。

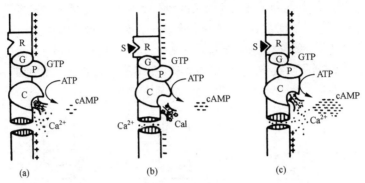

图 6-8 腺苷酸环化酶参与学习机制示意
（引自 Abrams & Kandel, 1988）

第六节 学习障碍和成瘾行为

将学习障碍和成瘾行为放在一个标题下介绍，除了因为它们是儿童发展中常遇到的社会问题，更主要的是它们都存在学习的脑科学基础理论问题，或者说脑的奖励/强化系统是其共同的生理心理学基础。

一、学习障碍

学习障碍（learning disability）指累及一种或多种理解或使用语言基本心理过程的障碍，表现为对口头或书面语言的听、说、读、写、拼音和思考，以及数值计算能力的缺陷。英国学者 Butterworth 和 Kovas（2013）报告，这种障碍的发生率为人口总数的 10%，其中最常见的是阅读障碍（dyslexia）、计算障碍（dyscalculia）、特殊语言障碍（specific language impairment）、孤独症谱系障碍和注意缺陷/多动障碍，这里着重介绍前两种学习障碍，其他的分别在本书相关部分介绍。

（一）阅读障碍

发展性阅读障碍指儿童期的阅读障碍。发展性阅读障碍具有遗传分子生物学基础，人类第 6 对染色体上的 DCDC 2 基因，丢失了短链 DNA，可能是导致阅读障碍的物质基础；第 3 对染色体上的 ROBO 1 基因，被第 8 对染色体上的基因片段插入，是造成失读的原因。这两类基因突变导致脑发育不足，特别是大脑皮层内的长距离神经纤维发育不足，最终表现为阅读障碍。所以，大脑皮层各区之间长距离纤维发育不足，可能是阅读障碍、孤独症和精神分裂症的共同原因，因为这些疾病共同的行为表现是语言交际方面的障碍。

获得性阅读障碍则是指成年人因中风等疾病引起的脑中枢障碍所导致的阅读障碍。

（二）计算障碍

计算障碍包括对数量、数值和数字比较，以及计算等能力的缺陷，不仅表现在数学课程的学习障碍，也表现在日常生活问题准确计算和思考的缺陷，并且常伴有书面语言运用能力不足。通常用数感(subitizing)缺失作为研究计算障碍的基础概念，并采用非符号数的比较实验范式。请被试操作两个拟比较的点阵，改变点之间的距离反复比较两个点阵的数值大小。Herweg等人(2020)通过这种方法对8岁的计算障碍儿童和正常发育儿童各20名，进行了脑事件相关电位的元分析研究，结果发现点阵距离效应在计算障碍儿童的脑右下顶区与正常儿童有显著差异。Dehaene等人(1999)通过设计的精确计算和近似计算不同作业，根据脑事件相关电位源分析和功能性磁共振分析相结合的实验数据，证明近似计算激活两半球的枕-顶皮层大范围的活动，精确计算由语言加工的脑区活动完成，两者有不同的脑机制。Chan、Au和Tang(2013)的研究报告发现，自幼生长在中文环境中的中国儿童中除了有基于非符号数感缺陷的计算障碍(dyscalculia)外，还有一类符号数字计算能力低下的儿童，他们认为这是两类性质不同的计算障碍。

二、成瘾行为

这里所讨论的成瘾行为包括毒瘾和行为瘾，两者成瘾虽有不同的起点，但最终在人脑内都是通过成瘾的共同脑通路造成的祸根，而且这个祸根形成的基本过程和普通学习及记忆形成的脑机制相同。

（一）毒瘾

毒品是一类能引起人们产生心理依赖、生理依赖或戒断症状的化学物质，能产生同样效果所需的剂量迅速增加是毒品的一个特点。人们为渴求这类需求量迅速增加的物质，不惜丧失其应有的社会角色和社会职能，甚至丧失人格与人性，因而将该类物质称为毒品。

传统毒品包括：鸦片、吗啡、海洛因等阿片类制剂；可卡因、苯丙胺等精神运动兴奋剂；南美仙人掌毒碱、墨西哥蕈素和二乙基麦角酰胺(LSD-25)等致幻剂和大麻。新型毒品包括：芬太奇(Fentanyl)、K粉、冰毒和摇头丸。

关于大麻是否应归为毒品，不同国家法律规定不一。我国将之作为毒品，有充分的科学依据，它在脑内的生理作用机制和吗啡类似。近十几年，对大麻的研究取得了突破性进展。Katona和Freund(2012)总结出人脑内存在着内生大麻信号系统(endocannabinoid signaling)。内生大麻分子(eCB)和脑内的谷氨酸分子、γ-氨基丁酸(GABA)分子一样，也是脑内的一类神经递质，其中包括两种分子：大麻素(anandamide)和花生四烯酸甘油(2-arachidonoyl glycerol)。它们的受体都是具有七个跨膜结构的G蛋白偶联的大蛋白分子，现在已经分离出两种受体蛋白，分别称为大麻素受体1(CB1R)和大麻素受体2(CB2R)。

芬太奇是一种人工合成的吗啡类物质。20世纪60年代,为了解除肿瘤病人的疼痛,研发出人工合成的类似吗啡样的药物,芬太奇实际上是一类 N-苯-N-1-2-苯乙基 1-4-哌啶基丙酰胺（N-phenyl-N-1-2-phenylethyl-4-piperidyl propanamide）,其镇痛药效是其他阿片类药物的 75～100 倍,是一种阿片 μ 受体激动剂（Zanon et al.,2020）。初次用药,常引起头晕、目眩、恶心、呕吐、疲倦、嗜睡、头痛、便秘、贫血、水肿等不良反应,甚至出现严重毒性反应,如呼吸抑制、四肢肌肉僵直、抽搐、昏迷等。有多种药物使用途径,口服、肌肉注射、静脉注射、吸入等,最普遍的用法是皮肤粘贴。芬太奇 2010 年开始在西方世界流行于毒品市场（Karila et al.,2019）。到 2016 年止,已经有 63 600 例用药过量死亡案例报告;2018 年,在西方 10 国（美国、德国、英国、西班牙、意大利、法国、荷兰、加拿大、澳大利亚和比利时）,芬太奇消费量占世界总量的 81.7%。

冰毒是可吸服的甲基苯丙胺（smokable methamphetamine）的俗称,是结构类似苯丙胺的精神运动兴奋剂,又称脱氧麻黄碱,其生产工艺简单,成本低廉,所以许多非法生产者为牟取暴利而非法生产。

摇头丸是一种混合毒品,是以可卡因、苯丙胺和少许致幻剂和佐料制成的药丸。在舞厅狂欢时,口含此药丸会增强跟随音乐摇头的效应,因此而得名。

在我国危害最大的毒品是阿片类制剂海洛因和化学合成的生物胺,如冰毒等,此外,可卡因、致幻剂和大麻等毒品也常有。海洛因、吗啡等主要通过分布在中脑导水管周围灰质的阿片受体发挥效应,其他毒品主要通过中脑-边缘多巴胺神经系统发挥效应。这些毒品能刺激相应脑结构神经元的突触后膜,产生异常多的受体及增高其活性,这种效应很快造成这些神经元树突形态的改变。由于树突上受体蛋白大分子迅速增多,导致树突棘密度增大。这种结构上的改变是毒瘾难以戒断和易复吸的脑细胞结构性因素。此外,还存在着分子生物学变化机制。毒品引起树突形态改变,以其细胞质和细胞核内的分子生物学变化为基础,这个过程与本书所描述的学习的脑奖励/强化机制和长时记忆的分子生物学机制完全相同。简言之,毒品作为配体与受体相结合,通过 G 蛋白偶联受体家族所诱发的细胞内信号转导系统,再通过蛋白激酶催化亚基进入细胞核,使那里的基因调节蛋白激活,引起基因表达,合成更多的受体蛋白,分布在棘突之中。这一过程与毒瘾的关系有下列要点：

(1) 各种毒品成瘾的基本生物学机制是相同的,不同之处仅在于药物进入脑内最初的靶神经细胞在脑内的部位不同。如图 6-9 所示,可卡因和摇头丸等生物胺类毒品最初的靶神经元是脑干内单胺类神经元,特别是多巴胺能神经元。海洛因等阿片类物质首先击中中脑导水管周围灰质内那些树突上分布着阿片受体的神经元。

(2) 当吸毒成瘾后,不论哪种毒品引起的分子生物学和细胞学变化（树突棘增多）都不停留在最初的靶部位,而是扩展到前脑基底部的伏隔核中,从而导致全脑奖励/强化系统活动的异常增强。

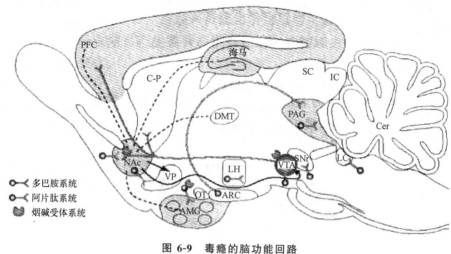

图 6-9 毒瘾的脑功能回路
（经授权，引自 Nestler，2004）

（3）毒品引起的这些变化和学习记忆过程，以及长时程增强的机制基本相同，不同之处在于脑回路分布的差异。药物成瘾回路主要在中脑腹侧被盖-伏隔核通路，而一般学习、记忆在黑质-纹状体、海马、杏仁核和相应大脑皮层之间形成的回路中实现。

（4）复吸与药物渴求的最后共同通路：从前额叶皮层到伏隔核的谷氨酸能投射通路发生的细胞适应性变化及其大量密集的棘突，保持终生。甚至在成功戒毒若干年后，遇到与从前吸毒有关的线索、轻度应激状态或再一次得到的微量药物等三个因素之一，都可能立即导致最后共同通路的激活，毒瘾再次发作。成功戒断若干年后，复吸和对毒品的渴求是戒毒工作的最大难点。

（二）行为瘾

行为瘾指的是某些强迫性重复行为，包括上网行为、赌博行为、过食行为、购物行为和某些性变态行为等。毒瘾脑机制的认识为理解行为瘾提供了科学基础。毒品成瘾的中脑腹侧被盖-前脑伏隔核回路与自我刺激行为的脑强化系统完全吻合，一些重复行为一旦使多巴胺强化系统兴奋性增高，就会巩固这种行为模式所对应的神经回路，导致感觉神经元和运动神经元之间联系的强化。

这一强化系统所发生的分子神经生物学和细胞学变化与药瘾相似，还与长时程增强和长时记忆形成的机制相似。如图 6-10 所示，类似人类网络赌博的猴子，面对获奖的概率是 1，不确定性为零的条件下（C），中脑多巴胺能神经元在条件刺激出现时（A 线向上的方形波），立即发生强反应，但反应很快停止；当获奖的概率是 0.5，不确定性最大（1.0）的条件下（D），在条件刺激出现时（A 线向上的方形波），中脑多巴胺能神经元立即发生中等反应，并保持较长时间的发放，直到条件刺激终止并出现奖励时还能给出反应;当获奖的概率是零,不确定性也是零的条件下(E),中脑多巴胺能神经元对条件刺激不发生反应,只对奖励出现(B线上的小方波)给出反应。比较三种条件下中脑多巴胺能神经元的反应,可以说明,赌博性质最强的D线,细胞发放时间长,兴奋性最高,这种行为的强化作用大,易成瘾。无论是药瘾还是行为瘾,除与环境条件相关还与个体的遗传因素有关,据西方流行病学调查的结果表明,近半数毒品成瘾的人都有家族史。然而,至今尚未找到与毒品成瘾有关的基因组。在禁毒工作中,找到预测成瘾的易感性素质或生理心理学参数,是一项极有意义的工作。

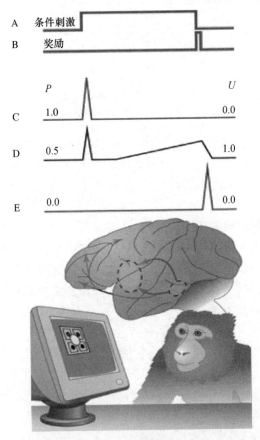

图 6-10　行为瘾中猴中脑多巴胺能神经元预期奖励的电生理反应
(经授权,引自 Shizgal & Arvanitogiannis,2003)
P 为奖励出现的概率,U 为奖励的不确定性。

思考题

1. 在学习的行为模式上,人类和动物有何异同?
2. 在刺激、反应或行为表达与脑内强化作用的三个环节上,分析学习的脑网络基础,如何体现脑与学习的关系,是否符合脑功能定位性与等位性相统一的原理?
3. 在哺乳动物和人类学习中,大脑皮层发挥着重要作用,请概括出不同皮层区和学习模式间的相互关系。
4. 脑可塑性是学习的神经生物学基础,它包括神经系统的哪些变化?
5. 配体门控受体蛋白和G蛋白偶联受体蛋白在学习的神经生物学机制中发挥作用的要点何在?在联想学习和非联想学习中发挥作用的差别何在?
6. 与毒瘾和行为瘾相关的脑奖励系统何在?为何毒品戒断后容易复吸?

7 记忆的生理心理学基础

无论是记忆的普通心理学研究,还是记忆的生理心理学研究,在20世纪80年代,都取得了较大的进展。已经使记忆与记忆的生理心理学理论发生了重大变迁,从经典的单一记忆理论发展为多重记忆理论,从单一记忆的脑结构——海马,发展为多重脑记忆系统。记忆理论的这种变迁早已被广泛接受;然而,20世纪60~70年代盛行的记忆痕迹理论和将海马作为主要记忆功能的脑结构观点,仍为许多通俗读物所引用。所以,本章仍从介绍这些传统理论开始,但更注重于讨论记忆的新理论和新的科学事实,特别关注近年的新发展,如记忆的整合索引理论和记忆的振荡编码理论,睡眠在记忆巩固中的作用留在第13章详细讨论。

第一节 传统的记忆痕迹理论

20世纪初,记忆痕迹被称为"engram",是指为持续保留某种信息在脑内所发生的生物物理和生物化学变化。50~60年代形成的记忆痕迹理论将人脑内的记忆过程大体分为两类,即短时记忆和长时记忆。前者的脑机制为神经回路中生物电反响振荡;后者的神经生物学基础是生物化学与突触结构形态的变化。这就是盛行30多年的记忆痕迹理论。那么,这种记忆的痕迹发生在脑的哪一结构中呢?海马作为记忆功能的脑结构,不仅在当时广为接受,而且流传至今。

一、短时记忆的反响回路

记忆痕迹理论认为短时记忆是脑内神经元回路中,电活动的自我兴奋作用所造成的反响振荡;这种反响振荡可能很快消退,也可能因外界条件促成脑内逐渐发生化学的或结构的变化,从而使短时记忆发展为长时记忆。这一理论必须回答一系列问题:作为短时记忆的反响回路存在于什么脑结构中,有什么特点?长时记忆的化学变化与重要物质是什么?脑形态学改变的含义是什么?从短时记忆向长时记忆过渡的脑内外条件是什么?电活动反响怎样转化为脑化学或结构改变?近二三十年来,生理心理学家做了许多努力,对其中一些问题给出了很好的回答,然而绝大多数问题还得不到真正的答案。虽然这个理论仍是生理心理学解释记忆机制的主要传统理论,但20世纪70年代对神经信息传递机制的研究,已经显示出记忆痕迹理论的历史局限性。

精神科医生早就发现,不少患有严重精神分裂症的病人会逐渐出现癫痫症状,此时其精神分裂症状会明显好转。于是他们试图用引起癫痫发作的方法治疗精神分裂症,终于在 20 世纪 30 年代中期先后发明了电休克治疗和胰岛素休克治疗。头部通以电流或静脉内注入一定剂量的胰岛素,均能使病人陷入休克状态;在进入休克过程中又会出现癫痫大发作的全身性抽搐。电休克治疗有许多缺点,其中之一就是容易引起病人的逆行性遗忘症。病人对早年发生过的事情仍保持良好的记忆,而对电休克治疗之前发生的事情却完全遗忘,这种仅对最近事情的选择性遗忘称为逆行性遗忘症。由于这一事实的启发,生理心理学家将电休克对短时记忆的影响,作为研究动物记忆模型的一种手段。首先训练动物完成主动躲避条件反应或被动躲避条件反应,然后对动物进行电休克处理,再检查电抽搐之前,习得行为保持的程度。改变习得行为训练和电抽搐处理之间的时间间隔,从数秒至数十秒乃至几小时,考察间隔时间不同与短时记忆丧失之间的关系。结果发现,随着两者间隔时间的延长,电抽搐对短时记忆的干扰作用明显变弱,间隔 1 小时以上则电抽搐已不影响记忆。这种结果成为记忆痕迹理论最初的有力证据。它说明短时记忆很不稳定,易受电抽搐的干扰,40～60 min 以后,记忆已经巩固,不再受电抽搐的影响,此时发生了质的变化,从短时记忆变为长时记忆。1 小时的时间是短时记忆痕迹转变为长时记忆痕迹的必需时间。那么电抽搐为什么会干扰短时记忆呢?20 世纪 70 年代以前大多数生理心理学家认为,这是由于短时记忆是神经元反响回路中的电活动,在强烈电抽搐作用以后,这种反响受到阻断或消失,打断了反响回路引起生化改变的过程。反响回路 40～60 min 及以上的连续振荡所引起回路的化学变化,形成稳定的长时记忆痕迹,就不再受电休克的影响。

20 世纪 70 年代发现,海马结构中存在着三突触回路(trisynaptic circuit),在三突触回路中还存在着长时程增强效应,可能是短时记忆痕迹转化为长时记忆痕迹的机制之一。在长时程增强效应中,有一系列复杂的生物化学反应参与,而且任何一个突触传递都包括复杂的化学传递机制。所以,就短时记忆痕迹的本质来讲,把它仅仅归结为神经元回路反响的电学活动,是 20 世纪 60 年代记忆痕迹理论的历史局限性。

二、长时记忆的生化基础

记忆痕迹理论对长时记忆痕迹本质的设想得到哪些科学事实的支持呢?20 世纪 60 年代,记忆痕迹理论形成时,生物化学家首先想到核糖核酸(RNA)与长时记忆的关系。与此同时,也对蛋白质合成进行了大量研究。信使核糖核酸(mRNA)携带着蛋白质合成密码,其代谢速度较快,几十分钟内即可合成新的 mRNA。这与短时记忆痕迹转化为长时记忆痕迹所需时间大体相符。直到现在,生理心理学和神经科学的研究者一直试图从 RNA 的研究中,找到长时记忆的物质基础。

H. Hyden 于 1960 年最早报道了关于记忆与 RNA 关系的实验结果及其理论设想。

他提出,动物学习行为巩固后,脑内 RNA 含量显著增加,而且 RNA 分子的化学组成也发生改变。他认为,每种长时记忆都对应于脑内一种特殊结构的 RNA,当相同记忆内容再现时,神经元中这种 RNA 分子立即发生反应。他的这种设想从 20 世纪 60 年代到 70 年代中期,激励了许多学者进行记忆物质转移的动物实验。直到 70 年代末,记忆物质转移实验才冷却下来。但对 RNA 的分子生物学及其与长时记忆关系的研究仍以更精细的方式进行着。

RNA 的重要功能就是合成蛋白质,RNA 与长时记忆痕迹的关系问题,自然包含着蛋白质合成与记忆关系的问题。20 世纪 60 年代以来,生理心理学家和生物化学家通过两种途径探讨长时记忆与蛋白质代谢的关系。一种是注重蛋白质合成抑制剂干扰蛋白质合成,考察动物的记忆障碍;另一种是在记忆形成时,分析动物脑内出现了哪些特殊蛋白质,或哪些蛋白质的合成最活跃。通常采用放射免疫法定量分析脑内蛋白质的变化。在动物完成学习任务习得行为模式稳定之后,注入蛋白质合成抑制剂,隔几小时后检查动物的长期记忆,则发现显著的破坏效果。许多实验研究都表明,随着蛋白质合成抑制剂应用的剂量和次数的增加,对长时记忆的破坏作用增强,脑内蛋白质合成的抑制作用也更明显。这些抑制剂只影响长时记忆,而不影响短时记忆和学习过程。这说明对于长时记忆痕迹的形成,合成新的蛋白质是必需的。那么在长时记忆形成中,合成了哪种蛋白质呢?换言之,哪些蛋白质是长时记忆的物质基础呢?这个问题引起许多生物化学家和神经科学家的浓厚兴趣。他们尽可能采用新的生化分析技术,在动物形成长时记忆之后立即处死,取脑分析。结果发现,一些分子量较小的糖蛋白或酸性蛋白质,如 S100 和 14-3-2 等代谢快、更新快的蛋白质,在记忆痕迹形成中作用最明显。

脑内 S100 酸性蛋白的含量比其他脏器高万倍左右,特别是海马 CA3 区,在动物出生后 10 天内其含量迅速增加。因此,S100 酸性蛋白与学习记忆的关系引起了一些学者的注意。现已知 S100 蛋白分子含有 α、β 两种亚基。这两种亚基可以组成两种 S100 蛋白分子:一种是 S100a 分子,为异源二聚体,即由 α-β 亚基组成;另一种是 S100b 分子,为同源二聚体,即由 β-β 亚基组成。S100 酸性蛋白分子中含有两个能与 Ca^{2+} 结合的部位,称为效应臂。它们与 Ca^{2+} 结合会引起 S100 蛋白分子变构,暴露其两个疏水基(N 端和 C 端各有一个疏水基),从而使 S100 蛋白吸引附近的效应蛋白,并与之结合,形成具有生物活性的 S100 效应蛋白复合体,并产生生物效应。这种钙依存性变构作用与钙调蛋白十分相似,可能是其参与神经信息传递和记忆过程的基本机制。

三、记忆痕迹的脑形态学基础

传统的记忆痕迹理论的最后一个观点,即长时记忆痕迹是突触或细胞的变化。虽然记忆痕迹理论形成时,人们对突触化学传递的知识了解得还很少,但根据当代积累的科学知识,我们可以把这一论断归结为三方面含义:突触前变化包括神经递质的合成、储存、释放等环节;突触后变化包括受体密度、受体活性、离子通道蛋白和细胞内信使的变化;形态结构变化包括突触的增多或增大。对比生活环境、学习能力和脑结构变化的关系,结果表明:在优越箱中成长的大鼠大脑发育得好,神经元树突分支多,突触平均尺寸增大,脑内胆碱乙酰化酶和胆碱酯酶量均高。说明乙酰胆碱类神经递质合成代谢与分解代谢均很活跃。这一研究足以说明脑形态结构与功能均具有很大的可塑性,学习记忆能力与脑结构变化有一定关系,但并不能精确说明长时记忆痕迹究竟与哪些脑结构或突触变化有关。突触前合成、存储和释放神经递质的功能,以及突触后受体的变化虽与学习记忆有一定关系,但对长时记忆痕迹来说也不是特异性的机制。神经信息在突触传递中的化学机制是神经系统的各种功能基础,当然也包括长时记忆痕迹的形成;但并不是特异性的。

第二节　海马的记忆功能

海马(hippocampus)是端脑内的一个特殊古皮层结构,位于侧脑室下角的底壁,因其外形酷似动物海马而得名。20世纪50年代临床观察发现,海马损伤的病人发生顺行性遗忘症,因而引起生理心理学家的重视。过去,海马与学习记忆的关系,一直是生理心理学研究的热门课题。这些研究发现,海马的生理心理功能极为复杂,不仅与学习记忆有关,还参与注意、感知觉信息处理、情绪和运动等多种生理心理过程的脑调节机制,并且还发现海马附近的内嗅区皮层、围嗅区皮层和旁海马回皮层在记忆形成中也十分重要,被统称为内侧颞叶系统(medial temporal lobe,MTL)。本节主要讨论海马与记忆的关系。

一、海马的形态与功能特点

与新皮层不同,海马与其附近的齿状回是古皮层,仅有3层细胞结构,即分子层、锥体细胞层和多形细胞层。根据海马的组织结构特点,又可将之分为CA1,CA2,CA3和CA4四个区域。CA1和CA2位于海马背侧;CA3和CA4位于海马腹侧。海马与其附近的齿状回、下脚、胼胝上回和束状回形成一个结构和功能的整体,合称海马结构(hippocampal formation)。海马结构通过穹窿、海马伞和穿通回路与隔区、内嗅区和下丘脑的乳头体发生直接的纤维联系。海马结构的齿状回直接通过由内嗅区皮层发出的穿通回路(perforant path),接收杏仁核、其他边缘皮层和新皮层发出的神经信息。接收这些脑结构的神经信息之后,齿状回发出纤维止于CA3和CA4;再由CA3和CA4神经元的轴突发出侧支(schaffer collateral fiber),止于海马CA1和CA2。虽然穹窿主要由海马结构的传出纤维组成,但其中也含有从内侧隔核来的胆碱能传入纤维以及从脑干发出的5-羟色胺能神经纤维和去甲肾上腺素能神经纤维。海马结构的主要传出纤维从CA1和CA2区发出,经穹窿达下丘脑乳头体、丘脑前核和外侧隔核。CA1和CA2区的传出纤维也止于下脚。在海马结构的这些联系中,绝大多数突触以氨基酸类物质作为神经递质,特别是谷氨酸和GABA为主。值得特别指出的有两个回路:一个是经典的帕帕兹环路(Papaz's circuit)，另一个是三突触回路(trisynaptic circuit)。

二、海马的记忆理论

(一) 帕帕兹环路

海马→穹窿→乳头体→乳头丘脑束→丘脑前核→扣带回→海马,这条环路是20世纪30年代就认识到的边缘系统的主要回路,称为帕帕兹环路。在这条环路中,海马结构是中心环节。所以,20世纪40～50年代曾认为海马结构与情绪体验有关。

(二) 三突触回路

T. Lomo 于 1966 年首先报道了被称为长时程增强的现象发生在海马的三突触回路,随后在内侧嗅回与海马结构之间存在的三突触回路引起广泛关注,因为它与记忆脑机制有关(Teyler & DiScenna, 1984)。三突触回路始于内嗅区皮层,这里神经元轴突形成穿通回路,止于齿状回颗粒细胞树突,形成第一个突触联系。齿状回颗粒细胞的轴突形成苔状纤维(mossy fibers)与海马 CA3 区的锥体细胞的树突形成第二个突触联系。CA3 区锥体细胞轴突发出侧支与 CA1 区的锥体细胞发生第三个突触联系,再由 CA1 区锥体细胞发出向内侧嗅区的联系。这种三突触回路是海马齿状回、内嗅区与海马之间的联系,具有特殊的机能特性,当时被认为是支持长时记忆机制的证据。

(三) 长时程增强效应

电刺激内嗅区皮层向海马结构发出穿通回路时,在海马齿状回可记录到细胞外的诱发反应。如果电刺激由约 100 个电脉冲组成,在 1～10 s 内给出,则齿状回诱发性细胞外电活动在 5～25 min 之后增强了 2.5 倍,说明电刺激穿通回路引起齿状回神经元突触后兴奋电位的长时程增强(LTP),因而这些神经元单位发放的频率增加。后来他们又报道,海马齿状回神经元突触电活动的 LTP 现象可持续数月的时间。他们认为,由短暂电刺激穿通回路所引起的三突触回路持续性变化,可能是记忆的重要基础。

每侧的海马齿状回都接受两侧内嗅区发出的穿通纤维,但以同侧联系为主,对侧联系较少。如果在单侧刺激内嗅区,则发现在同侧海马齿状回内很容易引起 LTP 现象,而在对侧海马齿状回内则很难引起这种现象。如果用建立经典条件反射的程序对两侧内嗅区施以刺激,就会发现 LTP 效应的呈现也符合经典条件反射建立的基本规律,从而证明 LTP 现象可能是一种学习的脑机制。此类实验是这样进行的,如果先刺激对侧内嗅区,随后以不到 20 ms 的间隔期实施同侧内嗅区刺激,这样的处理重复几次以后就会发现,单独应用对侧内嗅区的刺激,也会很容易引起同侧海马齿状回的 LTP 现象。这就是说,把对侧内嗅区刺激当作条件刺激,同侧内嗅区刺激作为非条件刺激(强化),可以建立海马齿状回的 LTP 现象条件反射。如果把条件刺激和非条件刺激呈现的顺序颠倒过来,或者延长条件刺激与非条件刺激呈现的时间间隔至 200 ms 以上,则发现齿状回的突触兴奋性明显降低。这表明,两侧内嗅区穿通回路的神经末梢在同一海马齿状回颗粒细胞上所形成的突触(异源性突触),只有按条件反射建立的规则,才能形成易化,建成LTP现象的条件反射。

[常识与思索7-1] 海马与记忆

谈及记忆问题必涉及海马,那么海马到底是否为记忆中枢呢？对此应从科学发展的观点加以认识。1953年,20多岁的癫痫病人H.M.由于药物治疗控制不住每日的癫痫发作,先后接受两次手术,切除了双侧海马、杏仁核和部分旁海马回皮层(内嗅区和围嗅区皮层),这些结构均属于内侧颞叶系统。虽然手术成功地终止了癫痫发作;但病人却出现了顺行性遗忘症,无法形成新的长时记忆。因而,医学界认定海马是重要的记忆中枢。当时在心理学界,记忆痕迹理论盛行,认为人脑内只有一个统一的记忆系统,也就认同了海马是记忆的脑中枢。

20世纪60~80年代,神经生理学和神经生物学界花费大量资源,研究海马内三突触回路的LTP效应,试图阐明LTP就是海马长时记忆的细胞学和分子生物学机制;但事与愿违。大量研究结果表明,LTP效应并不是海马三突触回路特有的生理现象,一切可兴奋组织都可能产生LTP。所以,LTP不能作为海马是记忆中枢的证据。长时程增强、长时程抑制、短时程增强和短时程抑制等现象,都是神经系统功能可塑性的表达形式。

20世纪80年代,心理学对人类记忆系统的认识发生了巨大变化,多重记忆系统的理论取代了单一记忆系统理论。记忆是人脑普遍的功能,不存在特定的单一脑记忆中枢,不同记忆系统由不同脑结构组成。内侧颞叶系统或海马主要是情景记忆和自传体记忆的脑网络基础,与其他记忆系统无关。

最近几年,记忆机制的研究又取得了突破性进展,如本书相关章节所述,海马的记忆索引理论和神经振荡的三重耦合机制,以及睡眠中记忆的巩固机制,都涉及海马的作用。所以,确切地说,海马虽然不是特异的记忆中枢;但在记忆编码、短时记忆向长时记忆转化和巩固中,都发挥一定作用;尤其在情景记忆和自传体记忆存储中,发挥着重要作用,这是因为海马与内侧颞叶的神经联系十分紧密。

第三节 现代多重记忆系统理论及其脑结构基础

传统心理学把记忆分为识记、保持、再认和再现等记忆过程;又按时间关系分为短时记忆和长时记忆等几种形式。20世纪60~70年代,认知心理学发现了时间约为1s的感觉记忆、几秒的初级记忆和几十秒的次级记忆过程。与此同时,还有一种记忆的分类模式:工作记忆和参考记忆。工作记忆又称发生作用的记忆,是指与当前任务有关的多种短时记忆共同活动而发挥作用的记忆;与之对应的是在脑内长期存储的参考记忆。

80年代以来，认知心理学与神经心理学一方面吸收了临床医学和临床神经心理学的研究成果；另一方面运用无创性脑成像技术设计了更精细的记忆实验范式，形成了当代心理学对记忆研究的主流。这种研究得到了多重记忆系统及其脑功能模块的理论，使我们认识到人类记忆是十分复杂的多功能系统，每个系统又进行着动态的记忆过程。这样，现代心理学把形态各异的记忆系统展示在我们面前。

正如计算机及其控制的自动系统，记忆系统也由多重功能组块接插起来，每个组块的功能不同，在正常人类记忆活动中相互补充。研究者一方面利用脑损伤病人的各种记忆异常表现；另一方面设计精细的记忆实验，揭示这些功能组块的特点。记忆的功能组块和脑结构间存在一定关系。正常人的记忆，既有编码和存储信息的过程，又有回忆或提取信息的过程。海马损伤的病人只能回忆和提取信息，不能形成新的长时记忆；相反，有些脑外伤病人，在伤后的一段时间里，可以形成新的记忆，却不能回忆起伤前的近事。这些都说明，记忆可以分离为不同过程。这种双重分离现象能最可靠地证明，编码、存储和提取是三个不同的记忆过程。

双重分离技术和双重任务法是多重记忆系统研究的重要途径。比如，请被试看一封信，并告诉他看完后要详细讲出信中的内容。在被试看信的同时，室内放音乐。当被试讲完信的内容时，顺便问他对听到的音乐有何看法。这时，这个人实际上完成了双重记忆任务。一个主要任务是理解和记忆信的内容，另一个次要任务是记住听到了什么音乐。这种实验称为双重任务法。在双重任务的记忆研究中，次要任务大多数都不事先告诉被试。采用双分离技术和双重任务实验方案，在脑损伤病人和正常人中发现多种形态的记忆类型（图7-1）。

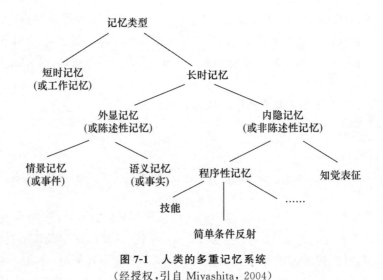

图 7-1 人类的多重记忆系统
（经授权，引自 Miyashita，2004）

一、工作记忆及其脑回路

工作记忆(working memory)的认知心理学模型是 Baddeley(2003)提出和修订的,它由四部分组成:中央执行器(central executive system)、语音回路(phonological loop)、视觉空间板(visual-spatial sketchpad)和情节缓冲器(episodic buffer)。它是一种高级记忆系统,把短时记忆、知觉、注意和多种长时记忆活动融为一体,在一个人完成当前面对的认知任务中发挥重要作用。

工作记忆中的中央执行器由两类脑结构组成,对于知识和事实的存取,由前额叶皮层激活相应域特异性的语义记忆脑回路加以实现;相反,情节缓冲器实现着非域特异性(不分类的)信息缓存功能。对于右利手的人来说,这种情节缓冲器由右侧额中回、辅助运动前区(Pre-SMA)和两半球额叶弓状区,以及沿顶下沟前部和中部的皮层所形成的复杂功能回路组成。视觉空间板功能是从额上沟后区激活,沿顶下沟到视皮层的自上而下的脑信息加工过程;与语音相关的工作记忆是前额叶向下顶叶的自上而下的脑回路活动;如果包括语言复述的工作记忆活动,对右利手的人,首先是左半球前运动区皮层激活再到顶区皮层,两者形成的额-顶皮层回路实现着语言复述的工作记忆功能。Cabeza 等人(2011),以及 Manginelli、Baumgartner 和 Pollmann(2013)根据脑成像的激活区的分析结果认为,人脑后顶叶皮层分为背、腹两个工作记忆系统,背侧工作记忆系统由上顶叶和内顶沟的内外沿皮层组成,负责自上而下的信息交流;腹侧工作记忆系统由缘上回、角回和颞-顶结合区皮层组成,负责由底至顶的信息交流。两个工作记忆系统分别对新-老刺激线索或突显特征-普通特征,以及内隐-外显信息同时反应,共同实施工作记忆任务。这种理论与背、腹侧两个注意系统的概念有一定呼应关系。

二、陈述性长时记忆系统

如图 7-1 所示,一大类记忆是可以用口头陈述或笔头描述的,与之对应的是难以言传的非陈述性记忆。前者称陈述性记忆或外显记忆(declarative or explicit);后者称非陈述性记忆或内隐记忆(nondeclarative or implicit),当你向别人讲述昨天参加的朋友婚礼时,你脑海里会浮现出婚礼的一幕幕情景,这就是情景记忆或情节记忆(episodic memory);假如你帮助同学补数学课,这是一种语义记忆(semantic memory)。一些人形象性的情景记忆能力很强,讲起过去的事来活灵活现;但对干巴巴的哲学理论或数学问题的陈述能力就差一些。我们说此人情景记忆力强,语义记忆较差。一些思维型个性特征的人,语义记忆能力强,情景记忆稍差些。可见,两种记忆系统是可以分离开的。非陈述性记忆有更多的表现形态,包括程序性记忆、习惯性记忆、间接性事物的联想记忆和内隐记忆等。随着熟练程度的提高,一个个孤立的动作变成连续的、协调的、自动化的运动旋律,如跳舞、体操等熟练技巧的记忆,就是非陈述性程序记忆。单一刺激重复出现,仅引起脑内单一中枢的适应性反应的记忆,称为习惯性记忆,如一些婴儿只吃自己母亲的奶，不吃其他人的奶，就是母乳和母亲的特殊味道在味觉中枢发生的习惯性记忆所致。与这种记忆相并行的还有一种联想性记忆，指两个无关的事几乎总是同时发生，重复次数多了，这两件事在脑子里就形成了稳定的联系，其中一件事一出现，自然就想起另一件事。最后一种非陈述性记忆是内隐记忆，指本人并未觉得已经记住的事，经过测查证明在脑内留下了深刻印象。比如，要求被试记住计算机屏幕中央的汉字，同时这个字的周围还出现一些带"扌"旁的字，如"打""扒""挂"等随机呈现，并没要求被试注意这些字。事后，除了请被试复述屏幕中央呈现的字外，给被试一些缺笔画的字和偏旁，如"十""丁"等，要求他补上几笔，成为完整的字。结果发现，被试写出的是"挂""打"等字，很少写成"博""顶"等字。这就证明了随机呈现的字，在被试脑内形成了内隐记忆。这种潜在性记忆对补笔测验发生的影响被称为启动效应。

以记忆过程和记忆系统为框架，心理学家设计了许多研究记忆的实验范式，对其中一些人类实验范式，进行了猴的相应实验研究，并将无创性脑成像技术和猴脑细胞电生理研究所得到的结果加以比较。研究发现，某些脑结构参与多项记忆过程或多种记忆系统，但不同记忆过程和记忆系统的脑功能回路不同。因此，无论是哪种记忆过程或记忆系统都不是由单一脑结构完成的。至今对于记忆的脑功能回路及其相互关系所知甚少，有待今后更多的科学发现加以补充，这里只能总结出各种记忆系统的脑结构基础，以及域特异性信息存储和提取的脑结构基础。

1. 情景记忆或自传体记忆的脑结构基础

内侧颞叶（MTL）组成的回路，实现着情景记忆信息的存储，已经成为公认的概念。个人经历的事件、情节，主要存储在内侧颞叶的相关脑结构，包括内嗅区皮层、围嗅区皮层、旁海马回皮层和海马。Miyashita(2004)认为，当有意识地主动回忆这些事件或经历时，额叶皮层触发并激活内侧颞叶中的记忆并加以表征。当自发地想起这些事件或经历时，是以内侧颞叶自动激活并从内向外、从后向前地扩散，从而实现了事件或经历信息的自动提取。这些事件所涉及的物体或空间场景，则是由内侧颞叶向颞下回和顶叶皮层，自上而下地后向传播所实现的。

Eichenbaum(2013)认为，既然科学界已公认内侧颞叶-海马在自传体记忆和情景记忆中的作用，它是如何记录这类记忆中事件的时间关系呢？此外，海马中存在着位置细胞（place cell），服务于个体经历过的位置记录；那么，必然也存在时间细胞（time cell），这样才能完成空间-时间框架，进行自传体记忆和情景记忆的存储和提取。他总结的科学事实表明，时间细胞和空间细胞并不是两类显著不同的细胞，而是同一群海马细胞对时间和空间信息编码方式的不同。这些编码方式取决于学习或最初经历这些事件或情节的背景条件。

虽然内侧颞叶-海马在自传体记忆和情景记忆中的作用，已经成为公认的观点；但是MTL内的上述四个结构之间的功能差异还存在较大的争议，多数文献主张海马在编码中发挥较大作用；存储功能由上述三个皮层区完成，因为海马和新皮层的结构相差很大,其存储容量有限。另一种意见是海马在回忆中发挥作用;围嗅区皮层在熟悉性辨认中作用较大。Lech 和 Suchan(2013)综合比较现有的文献提出,虽然可以重复出海马和围嗅区皮层在回忆和熟悉性再认的分离效应;但改变实验范式得到的结果不同。所以,他们认为内侧颞叶的情景记忆功能不是唯一的,还有复杂高级知觉功能和表征方式的功能,是值得进一步设计实验深入研究的问题。

2. 语义记忆的脑结构基础

由于大脑皮层的神经元非常密集地排列在厚度平均约 2.4 mm 的灰质中,具备巨大的存储容量,对知识或事实的语义性陈述记忆,只占用其中一小部分存储空间,通过相应知觉系统编码后进行分门别类地以"域特异性"的物体知识或事实的类别存储。以脑区为例,视知觉的域特异性存储包括生物类、非生物类;生物类又分为动物、植物、微生物和人类等亚类;非生物类物体又可分为工具、家具、食物等亚类。这种域特异性的记忆信息存储是在相应域特异的脑知觉区实现的。例如,视觉物体或事实的记忆信息存储在颞下回和枕颞联络区皮层;与空间知识、概念相关的记忆信息存储在顶-枕联络区皮层。这种域特异信息存储和工作记忆中情节缓冲器实现的非域特异性(不分类的)信息缓存明显不同。

Binder 等人(2009)对 120 篇关于语义记忆的脑成像研究报告进行了元分析,并得到了如图 7-2 所示(见书后彩插)的脑内语义记忆功能分布图,可将之大体分为成 3 类:后部多模式和异模式联络皮层、异模式前额叶皮层和内侧边缘皮层。具体包括 7 个脑结构:后下顶叶(posterior inferior parietal cortex,PG/7a),颞上沟(STS),旁海马回皮层(TF,TH),背外侧前额叶皮层,后扣带和胼胝体压部皮层(posterior cingulate and retrosplenial cortex),外侧眶额皮层(lateral orbital frontal cortex),以及腹内侧前额叶皮层(VMPFC)。

三、外显记忆和内隐记忆的脑结构基础的差异

1. 额叶皮层触发外显记忆的主动回忆

无论是情景记忆、自传体记忆还是语义记忆的主动回忆,都是额叶皮层触发和激活的结果。如图 7-3 所示,单独的内侧颞叶的活动,这些存储的信息只能自动地活跃起来;只有额叶皮层才能触发对这些存储的信息的主动提取。Hikosaka 和 Isoda(2010)在文献综述中提出人脑额叶皮层中存在两类开关功能的结构:一种是反馈控制开关,由前扣带回负责检测错误或执行误差,以便执行过程正确无误;另一种原动性开关,由额叶皮层辅助运动前区(the pre-supplementary)启动个体主动性原动行为,包括记忆中的信息提取。Tang、Rothbart 和 Posner(2012)综述有关脑内存在着不同心态维持和转换开关的文献,发现额叶皮层中的岛叶发挥着不同心态转换开关的功能。然而,这些文献都是间接性的,尚需更直接的实验证据或神经心理学案例的支持。

2. 无需额叶参与的自动激活或兴奋扩散机制

对于多种形式的内隐记忆系统而言,参与脑回路的不仅有大脑皮层,还有相应皮层

下脑结构共同实现内隐记忆功能。内隐记忆不存在主动提取过程,所以,由相应脑结构自动激活或兴奋扩散机制参与记忆功能。程序性记忆是日常生活或工作中不断重复的作业所形成的长时记忆,如一些职业技能和习惯行为的记忆信息,存储在大脑皮层运动区、运动前区皮层和大脑基底神经节的回路中;运动员的快速运动技能或普通人一些精细快速反应的运动技能的信息,则存储在大脑和小脑之间的功能回路。与此不同,知觉表征性记忆是复杂的知觉表征性记忆信息,是以联络皮层之间自动联想性联结方式存储的。还有一些更简单的联想性记忆,其信息储存在大脑皮层之间的回路中。

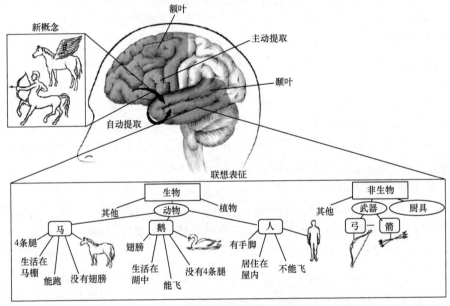

图 7-3 域特异性信息存储与提取
(经授权,引自 Miyashita,2004)

[常识与思索 7-2] 内隐记忆的存储容量和保留时间

Penfield 和 Jasper(1954)的专著《癫痫和人脑的机能解剖》一书,描写了很多脑手术病例在手术台上发生的事件。通常脑手术过程病人的意识清晰,可以讲话。在切除癫痫病灶或脑肿瘤之前,必须用电生理学方法刺激病灶周围脑组织,检测它的兴奋性水平,以便确定手术切除的范围。因为切少了,疾病易复发;切多了,病人脑功能受损太大。对一位 70 多岁的男病人在内侧颞叶肿瘤切除之前,利用电极刺激肿瘤周围脑组织时,老人突然奶声奶气地唱起儿歌,停止对脑组织的电刺激,老人的歌声也立即终止。参与手术的医生和护士都没听过这首儿歌,医生问病人唱的是什么歌?病人回答:"唱歌？我唱了吗？"再次电刺激肿瘤周围的脑组织，老人又唱起那首歌，随后还奶声奶气地呼叫着爷爷奶奶！医生问他现在在哪里，在做什么，他说在家的院内与小狗一起玩。停止脑内的电刺激，老人停止说话。医生问他刚刚发生的事，病人十分茫然！

事后将老人唱歌的录音进行研究，确定这是很多年前加拿大流行的儿歌，现在已失传。对病人手术台上的反应，他们认为：这是病人幼年生活记忆的复现，之所以只能在手术台上复现，是因为具备三个前提：① 病人的内侧颞叶肿瘤处于初期，是刺激性病灶，对周围脑组织没有坏死性影响，只提高了内侧颞叶皮层的兴奋性水平；② 病灶没有损伤内侧颞叶与丘脑的正常神经联系；③ 对内侧颞叶的微弱电刺激。将近70年之后的今天，对他们总结的三个前提，我们无话可说；但是70年的心理学发展却是巨大的，他们提出的"中央脑系统学说"，即内侧颞叶和丘脑之间的神经联系是记忆与意识的屏幕，未能得到研究结果的支持。内侧颞叶和海马与情景记忆和自传体记忆相关，却是学术界的共识。此外，这个病例令我们印象深刻，关于幼年生活情节的记忆，可以在脑内保存终生。既然对儿歌、庭院、小狗之类的细节都能保持如此之久，说明这类内隐记忆的容量是无限的。

第四节 记忆的分子和细胞生物学基础

对外部刺激如何转化为脑内的记忆信息，并如何存储这些信息的问题，在过去20多年间取得了突破性研究进展。20世纪90年代已证明，从低等动物到高等动物乃至人类的脑，尽管其大小和结构有天壤之别，但记忆的分子和细胞学基本机制，在生物进化中却是相对恒定的。可以概括地讲，短时记忆发生在神经细胞连接的突触之中，主要是突触后膜已有的蛋白大分子的变构作用，包括离子通道蛋白分子快速反应（数毫秒）和受体蛋白分子的变构作用（数秒至几分钟），是以局部细胞膜及其邻近的细胞质中的生物化学反应为基础的。与此不同，长时记忆是整个神经细胞的反应，从细胞膜上的突触到细胞质内的信号转导系统，再到细胞核内的基因表达，其结果是合成新的蛋白质和新突触的生长。如图7-4所示，左下角局部变化是短时记忆的基础，全图表达的全部分子生物学变化是长时记忆的基础。本节简要介绍这些记忆的分子和细胞生物学基础知识。

一、短时记忆的分子和细胞生物学

Fatt和Katz(1951)报道的神经递质门控离子通道蛋白，也是氨基酸类神经递质的受体，在接受神经递质后的快速突触变化（仅持续几毫秒的短暂变化），后来将其称为神经信息的快传递机制。几十年后，许多实验室都发现突触后膜上有7个跨膜的大受体蛋白，接受神经递质后发生蛋白变构作用，并导致细胞内第二信使通路的激活，引起持续几分钟的慢突触变化,称为神经信息的慢传递过程。发生在神经细胞的一部分突触后膜及其邻近细胞质的变化,持续时间数毫秒至数分钟的过程,是短时记忆的神经生物学基础,按其时程长短又可分为两类分子变化机制。

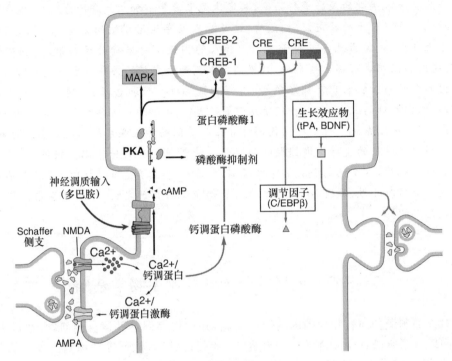

图 7-4 记忆的分子生物学基础示意
(修改自 Kandel, 2001)

图示一个神经细胞从其左下角的突触中得到大量神经递质,与突触后膜上的 NMDA 敏感的受体结合,触发了细胞内信号转导系统,使大量生物活性分子激活,依次传递信息,最终引起细胞核内的基因表达,合成蛋白质,在细胞的右下角形成新的突触,使信息得到长时记忆的保存。

(一) 离子通道受体蛋白

离子通道受体蛋白镶嵌在突触后膜上,具有 3 个跨膜段的蛋白分子,既是氨基酸类神经递质的受体(如 NMDA),又是钙离子通道蛋白,当接受氨基酸类神经递质(如谷氨酸)后,立即变构使钙离子通道开启,使细胞外的 Ca^{2+} 能够流入细胞内,产生毫秒数量级的突触兴奋性快速变化。

(二) G 蛋白偶联受体蛋白

G 蛋白偶联受体蛋白是一类蛋白大分子,在突触后膜上有 7 个跨膜段,当其接受突触前神经末梢释放的神经递质后,依赖一种被称为 G 蛋白的活性蛋白(其活性依赖于高能磷酸化合物 GTP 的存在)。G 蛋白所运载的高能磷酸键为腺苷酸环化酶(AC)提供能量,使其激活,从而使突触后膜内的 ATP 环化生成第二信使 cAMP;随后 cAMP

激活另一类蛋白激酶分子,如蛋白激酶 A(PKA)、蛋白激酶 C(PKC);蛋白激酶可以作用于镶嵌在一定距离的突触后膜上的离子通道蛋白,引起磷酸化,发生变构,开启离子通道,使 Ca^{2+} 进入细胞内,造成局部兴奋效应。当然,蛋白激酶激活后,形成催化亚基,也可以进入细胞核引起基因调节蛋白的激活。

(三) 局部膜蛋白变构作用在记忆过程中的意义

2000 年诺贝尔生理学或医学奖得主 E. R. Kandel 将上述两类短时记忆分子神经生物学基础的突触信号传递,概括为三种功能意义。首先,它能激活第二信使转导的蛋白激酶,后者可进入细胞核内,发动长时记忆所需要的突触和新蛋白质的生成。其次,它们可以标记邻近的特殊突触,用以捕捉长时记忆过程的形成,并调节局部蛋白成分。最后,中介于注意过程,以便于记忆的形成或回忆。至今,对于第三种功能意义仅是推论性的,其具体的分子生物学过程一无所知。

二、长时记忆的分子生物学基础

1990~1993 年,世界上许多实验室利用转基因小鼠实验,证明了长时记忆的细胞和分子生物学基础是细胞核和突触间的对话。作为长时记忆基础的突触可塑性的持续变化,不仅取决于该突触自身活动的经历(短时记忆活动),还取决于细胞核内基因转录的激活历史,把认知过程的记忆信息和遗传过程中基因负载的信息关联起来。

(一) 长时记忆的分子生物学过程

如图 7-4 所示,引起短时记忆的刺激,激活细胞内信号转导系统中的第二信使钙/钙调蛋白(Ca^{2+}/calmodulin),随重复刺激会出现三种过程:① 激活腺苷酸环化酶,从而导致 cAMP 依存性蛋白激酶(如 PKA)的激活,PKA 的四个亚基分离,其中催化亚基携带高能量进入细胞核,使核内的基因调节蛋白激活(CREB-1)。② PKA 的催化亚基还募集促分裂原活化的蛋白激酶(mitogen activated protein kinase,MAPK)与之一道进入细胞核,在激活 CREB-1 的同时,移除 CREB-2。CREB-2 对 CREB-1 具有抑制作用。当 CREB-1 激活后,首先触发即刻早基因表达形成 C/EBP,由 C/EBP 诱导基因晚表达合成新蛋白质,并导致新突触连接的生长。③ 基因表达的抑制作用,包括钙调磷酸酶(calcineurin)和磷酸化酶抑制素,后者作用于细胞核内的 CREB-2,使其抑制和约束长时记忆过程的形成。由此可见,在长时记忆的分子生物学机制中,存在着抑制性的约束机制,CREB-2 的激活和移除的两种环节:一方面,当钙调蛋白过剩,在细胞质内引起钙调磷酸酶形成,导致细胞质磷酸化酶 I 激活。当其移入细胞核内,不是激活 CREB-1 的活性,而是激活 CREB-2,从而抑制 CREB-1 的活性。另一方面,PKA 与 MAPK 协同作用于细胞核,不仅激活 CREB-1,还移除 CREB-2。

(二) 记忆分子生物学变化的意义

无论是大鼠海马离体脑片的 LTP 实验,还是转基因小鼠的基因调节蛋白 CREB-1

的实验,都与大鼠电抽搐对学习记忆影响的行为效应十分吻合,说明短时记忆形成巩固的长时记忆需要 40~60 min 的时间。例如,在海马离体切片的实验中,如果 1 s 内给出 100 Hz 的一串脉冲刺激,引出的 LTP 不超过 2 小时;但如果每隔 10 min 给一串 100 Hz 的脉冲刺激,连续 4 串刺激诱导的 LTP 长于 24 小时。

在转基因小鼠中,对基因调节蛋白 CREB-1 的实验研究发现,从突触前的刺激或神经递质的注入,到突触后细胞核的 CREB-1 激活,大体也需要 40~60 min。记忆分子生物学的变化过程支持了行为实验的发现。但是,有一种结构类似生长抑素(somatostatin)的 18 肽分子,可以迅速穿过细胞膜,并直达细胞核激活 CREB-1,并不需要 40 min 的时间。这说明,这种神经激素类物质与神经递质的作用不同,并不遵循一般记忆分子生物学的基本规律,它避开了细胞内信号传导系统的几个分子反应过程。这是因为作为激素,它的受体分子是双体,形成了共激活或共抑制的快速信息通道,如图 7-5 所示。

激素受体本身就是基因转录调节因子超级家族的成员,其特点是以一个同源双体,作为激素的结合域,称激素应答元件(hormone response element,HRE)。含有 HRE 的受体,既存在于神经细胞膜上,又存在于细胞质和细胞核内(McCarthy,2008)。所以激素与受体结合,形成同质双体(共激活体或共抑制体),可以快速引起脑细胞核内的基因转录。在成年动物脑中,激素能在 30 min 之内诱导出树突棘,显著快于神经信息固化的速度;更重要的是同等浓度的激素,在未成熟动物脑内引起树突棘增生至少 4 小时,却显著慢于神经信息的固化。所以,激素作为神经信息传递和固化机制的补充,显著快于一般认知加工过程;而作为遗传信息的辅助因子和传递遗传信息时,发挥慢速的精细调节作用。这种分子生物学过程的特点成为行为快速反应的基础。

De Quervain 和 Papassotiropoulos(2006)报道了对 336 名正常人的研究结果。他们利用与记忆分子生物学过程相关的生物活性物质,如谷氨酸神经递质的 NMDA 受体、腺苷酸环化酶、蛋白激酶 PKA 和 PKC 等,分离出 47 个基因,测量被试的情景记忆作业成绩,并利用情景记忆过程的 fMRI,特别分析了与记忆相关的海马和旁海马回脑结构激活强度。结果发现与记忆分子生物学过程相关的基因表达、情景记忆成绩和海马与旁海马回的 fMRI 激活强度之间呈正相关。这一研究在记忆功能、脑结构和基因表达的分子生物学之间得到了跨学科多层次的研究结果。

三、记忆的整合索引理论

海马的记忆索引理论(the hippocampal memory indexing theory)认为,海马并不存储情景记忆的内容,而是具有产生记忆的源代码或索引的功能,海马产生的索引指向在新皮层及其皮层下神经模块内分布式储存的全部神经元活动,这些神经元活动捆绑着主体经历或体验某事件的内涵,也就是说,通过激活海马中的索引或源代码,可从新皮层及其皮层下模块中,提取该情景记忆的内容。索引或源代码的机制可能就是海马三突触回路的 LTP 机制(Teyler & DiScenna,1986)。经过 30 多年的科学积累,最近这个理论假说进一步扩展,将记忆索引功能与海马的位置细胞和记忆痕迹,融合为一个记忆功能的理论框架,如图7-6所示,包括记忆痕迹、位置细胞的偏好和海马的记忆功能(Roy et al.,2019;Goode et al.,2020)。

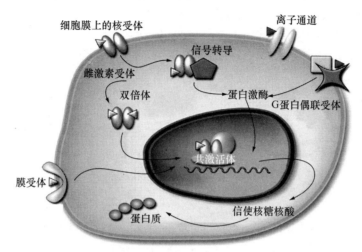

图 7-5 激素双倍体的受体分子存在于细胞膜、细胞质和细胞核内,作为信息的快速通道
(经授权,引自 McCarthy,2008)
图中左下角的膜受体显示普通神经递质的单倍受体,只存在于细胞膜上;双倍体存在于细胞膜、细胞质和细胞核内,可能同时接受数个激素分子,快速传递信息。

在比较海马细胞生理特性时发现,以即刻早基因表达(IEG 或 c-Fos 反应)作为记忆痕迹(engram)的生物学指标,一群海马细胞的 c-Fos 反应是同时性的。对 c-Fos 发生阳性反应的海马细胞,显现在脑切片上分布着的黑色斑点可以鉴别之;它的 c-Fos 反应适应性或习惯化是快速的,很快就只留下疏编码的细胞阳性反应。与此不同,海马位置细胞(place cell)的反应是序列性的,其位置偏好反应出现的先后顺序很容易被分辨;该反应的适应性或习惯化较慢,总是有密集的细胞保持着位置偏好反应。位置细胞和记忆细胞的活动有重叠的行为关联性,位置细胞的研究已经在其与行为的相关性方面引领了该领域;而依赖经验的记忆痕迹细胞,可以维持多久仍然未知。尽管如此,这两类细胞都有产生索引或源代码的功能特性。在海马、杏仁核和新皮层细胞中存在着记忆痕迹细胞,记忆痕迹存在于这些多个脑区内彼此联系的记忆痕迹细胞之间,这些脑区都与海马 CA1 区和杏仁核发生联系,并形成记忆索引,通过记忆索引可以回忆这些记忆(Roy et al.,2019)。除了海马,后压部皮层(retrosplenial cortex)和外侧隔区(lateral septal area)也存在这类广泛接受痕迹细胞的信息,形成记忆的索引,通过这类细胞的兴奋,也可以回忆起经历过的记忆内容,这类细胞可能与海马的记忆索引共同构成层次性的记忆索引。用光遗传学方法激活后压部皮层的记忆痕迹细胞,引发杏仁核和内嗅区皮层中的下行回路的兴奋,产生和自然回忆一样的效果,回忆起经历过的活动。所以海马的记忆索引并不是必需的;但是海马在人脑解剖学的位置是独特的,有利于得到各种复杂的感觉信息,特别是内感受性信息,以便进行鉴别回路的细致编码。癫痫病人在虚拟现实环境的视觉导航实验中,通过脑内深部电极记录其海马和外侧颞叶皮层的细胞发放,结果发现,海马的变化总是早于外侧颞叶,海马和外侧颞叶的细胞发放有很大的相关性,并且两者之间的相位同步程度可以预测外侧颞叶的反应水平。这些证据证明人脑对情景记忆内容的提取依赖于海马-新皮层回路的相互作用(Pacheco-Estefan et al.,2019)。

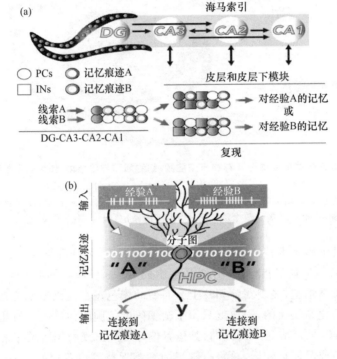

图 7-6 海马记忆索引形成的原理
(经授权,引自 Goode et al.,2020)

(a)海马的记忆痕迹可能形成长时记忆和回忆的索引,不同的记忆内容在 DG-CA3-CA2-CA1 连接回路中被编码,携带这个编码的痕迹细胞被连接到其他神经元。只要有源代码的部分线索输入,填入海马回路中空着的圆圈或方块,通过不同的输出就能启动海马外的皮层-皮层下模块内储存的信息复现。DG 齿状回皮层,CA3-CA2-CA1 海马背侧区至腹侧区,PCs 锥体细胞,INs 中间神经元。(b)海马细胞可以注册不止一项经验,通过活动依存的基因表达,有多种规则可以给出多项记忆的编码。

四、记忆的振荡编码理论

近年伴随着对大脑皮层神经元分层分布的研究热潮,神经振荡编码理论得到了分子神经生物学和细胞生理学的支持,除了在前几章所讨论的知觉和注意研究中的进展,在记忆研究领域也取得了一些成果。

(一) 视觉工作记忆的振荡编码

神经振荡对视觉工作记忆(VWM)中不同内容的优先性,发挥着开关作用的控制机制。在 VWM 内容的激活或去活的灵活选择中,后头部的 α 频带振荡发挥重要作用。在多项任务序列中,灵活地建立或改变 VWM 中的内容优先时,额叶 δ-θ 振荡波通过长距离的振荡网络,调节后头部 α 波的作用(De Vries, Slagter, & Olivers, 2020)。成功的记忆与窄带 θ 振荡的增强和低频功率谱下降有关;θ 波振荡支持联想记忆,而低频功率谱降低则是一般激活的指针。面对局部或整体、一般或特别、损伤性或无创性等一系列选择时,神经振荡可以灵活改变任一种关系的平衡,较好地实现分辨任务(Herweg, Solomon, & Kahana, 2020)。

(二) 记忆巩固中神经振荡的三重耦合理论及其解剖和生理学基础

记忆的巩固具有两层次的含义:细胞水平和系统水平。在细胞和突触水平上,记忆的巩固是指编码后信息传递至记忆网络中某些局部突触或细胞节点;在系统水平上,负责该项记忆的脑网络结构分布逐渐发生重组(Ferraris et al., 2021)。三重振荡是指 1 Hz 以下的高幅慢波(SO)、纺锤波(spindles)和锐波涟漪(sharp wave ripples, SWRs)。三种振荡波在慢波睡眠过程中发生耦合,称为三重振荡耦合。

长期以来,普遍认为睡眠中对日间经历事件的回放是记忆巩固的重要环节,近年趋向于认为,人们近期的经历或通过学习所得到的信息,在回放中加强了海马和内侧额叶皮层两个脑区之间的信息传递,并将信息存储在内侧前额叶。其中一个重要的证据来自丘脑-海马-额叶皮层网络中,存在着三种不同的神经振荡:慢于 1Hz 的高幅慢波、纺锤波和锐波涟漪,它们之间发生三重振荡耦合,是长时记忆巩固的机制。对于三重耦合的生物物理学机制,将在睡眠与长时记忆巩固的章节中进一步讨论。这里先介绍它的解剖学和生理学基础,并介绍丘脑中线核团——连结核(reunients nucleus, Re)在记忆巩固中的重要作用。

三重振荡耦合中的 1 Hz 以下的高幅慢波,被认为发生于额叶皮层;纺锤波起源于丘脑-皮层网络中,由丘脑一些核团传入至视皮层为主的后头部,引发后者出现募集反应是纺锤波的渊源;锐波涟漪被认为是发源于海马的神经振荡。这三种波动的耦合,以丘脑-皮层-海马三者之间的解剖和生理特性为基础。

左、右两侧的丘脑内侧面围成第三脑室,脑室侧壁和壁底分布着中央灰质,称为中线核。从丘脑的分区图可以看出,左、右丘脑的两个外侧面和丘脑前部,分布着丘脑网状核。每个卵圆形丘脑的正中有一个从前至后的白质板,称为内髓板,板内分布着板内核和中央中核。中线核、板内核、中央中核、网状核等被认为是丘脑非特异投射的结构,对这些核团给以每秒 6～12 次的电刺激,可以在大脑皮层广泛区域诱发出幅值逐渐增高的"募集"反应(recruiting response),类似 α 波的纺锤波群(Moruzzi & Magoun, 1949)。

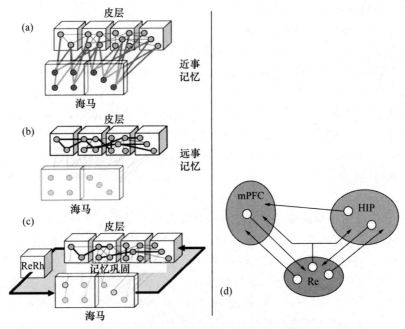

图 7-7 三重振荡耦合的解剖学和生理学基础
(经授权,修改自 Cassel et al., 2013)
(a) 近事记忆的大脑皮层和海马的功能模块关系。
(b) 远事记忆的大脑皮层和海马的功能模块关系。
(c) 记忆巩固过程大脑皮层、海马和丘脑连结核-扁菱状核(ReRh)三者的功能关系。
(d) 丘脑连结核(Re)与内侧前额叶皮层(mPFC)以及海马(HIP)之间的双向解剖联系。

近年来,对中线核群中的一个核团——连结核进行精细研究,一方面,发现该核团不仅与海马(HPC)和内侧前额叶皮层(mPFC)均具有双向神经联系(Cassel et al., 2013; Ferraris et al., 2021),而且如图 7-7(d)所示,还具有能向海马和皮层同时发出信息的神经纤维,已知 3%~9% 的 Re 神经元,向 HPC 和 mPFC 双投射轴突侧支(Hoover & Vertes, 2012)。所以,这类 Re 神经元可能具有同时协调 HPC 和 mPFC 的功能。内侧前额叶皮层的传出纤维可抵达 Re,形成兴奋性突触,再由其向海马投射。同样,皮层第V层锥体细胞可同时接受 HPC 和 Re 的传入信息。利用 5 Hz 双脉冲刺激 Re 和 HPC,两个刺激传至 mPFC,可引发其产生联想性长时程抑制效应(LTD)。但是这种效应,当且仅当对 HPC 的刺激先于对 Re 刺激 10 ms 才能发生。此外,还必须是在 mPFC 细胞的突触后膜处于轻微去极化的 -50 mV 的条件下,而不是处在静息电位 (-70 mV)的条件下,才能发生。这说明 Re 可以控制 HPC 对 mPFC 的传入信号能发挥作用的突显时窗。另一方面,组织学检查发现,向 mPFC 投射的 Re 神经元分布在 Re 的尾侧两翼;向 HPC 投射的 Re 神经元分布在 Re 的口侧;对 mPFC 和 HPC 双投射的 Re 神经元分布在 Re 的中线和外侧三分之一的部位。总之,从解剖学和生理学上来看，Re 位于 HPC 和 mPFC 之间信息传递的关键部位(Ferraris et al., 2021)，所以认为 Re 在长时记忆巩固中发挥着重要作用。

第五节 人类的记忆障碍

内科学、神经病学、精神医学和神经外科学在几个世纪以前，一直密切关注着各种疾病中，人类记忆障碍的多种表现形式。然而，直到科尔萨科夫(S. Korsakoff)才第一次系统而精细地描述因慢性酒精中毒而产生的记忆障碍。20 世纪 40～50 年代，加拿大蒙特利尔学派在癫痫与人脑机能解剖学的研究中，积累了关于记忆障碍及其脑解剖学基础的许多有益资料。从 50 年代起，神经病学家对一些脑手术病人进行了长期随访性研究，直到 70 年代，确立了现代神经心理学体系；80 年代中期以后，认知神经心理学的发展为人类记忆障碍及其脑机制问题提供了坚实的科学基础。

一、科尔萨科夫综合征与间脑病变

科尔萨科夫将长期酗酒造成的记忆障碍特点归结为：遗忘加虚构。慢性酒精中毒者最初出现轻微的顺行性遗忘(anterograde amnesia)，即对刚刚发生的事不能形成新的记忆；随后又出现逆行性遗忘(retrograde amnesia)，即对病前近期发生的事选择性遗忘，对早年的事情仍保持良好记忆。由于他们既不能形成新的记忆，又丧失了对某些近事的记忆，而且对自己记忆力的这种严重变化又缺乏自知，面对别人提问时，不自觉地编造谎言以虚构内容填补记忆空白。一般而言，这些谎言大都是他们过去的记忆内容，即与其以往的经验相关联。病情继续恶化的人，脑子里的记忆几乎成了空白，连自己过去经历的重大事件也忘得一干二净。最后病人变得情感淡漠，对周围发生的事置若罔闻、麻木不仁。现代心理学将人们对自身记忆活动的认识、评价和监控过程称为元记忆(metamemory)。所以，嗜酒说谎者还会发生元记忆障碍。

对这类病人的尸体解剖发现，下丘脑乳头体和内侧丘脑有突出的病变，80%的病人额叶皮层萎缩。乳头体是海马与间脑等其他脑结构的重要中继站，它通过穹窿接收海马的信息，再发出纤维投射到丘脑前核或其他脑结构。过去曾认为乳头体和内侧丘脑损伤阻断了海马的传出联系，是造成遗忘的原因，事实上乳头体或间脑损伤造成的遗忘症比海马遗忘症要复杂得多。两者最大的差别是对远事记忆的影响。间脑损伤的病人远事记忆也遭到破坏，而海马损伤的病人远事记忆却保持良好。

间脑在记忆中的作用并不是孤立的，神经外科学家证明，间脑和颞叶皮层的联系是记忆功能的重要基础。彭菲尔德(W. Penfield)的专著记述了蒙特利尔大学神经外科多年临床研究所发现的科学事实，并在此基础上提出了记忆和意识的"中央脑系统学说"，由此形成了蒙特利尔学派。对一些顽固性癫痫病人进行手术治疗，切除异质性癫痫病灶时，由于手术切除前需要测定病灶周围脑组织的功能状态，为此蒙特利尔学派积累了大批资料。

他们发现,由于癫痫病灶对周围组织的刺激作用,常使之兴奋性水平增高。有些病人的癫痫病灶位于颞叶,虽然颞叶皮层与间脑的神经联系正常无损,但由于颞叶病灶的刺激作用,其兴奋性水平处于比正常人高的异常状态。在这种前提下,给病人颞叶皮层极弱的电流刺激,就会引起病人回忆起多年前的生活琐事。例如,一位60多岁的病人,居然以童声唱起一支在加拿大已失传三四十年之久的儿歌,说起其童年住处的情景。微弱电流刺激一停止,病人也立即停止说唱,并且记不得刚才说了什么、唱了什么。据此,彭菲尔德认为,颞叶和间脑的环路是人类记忆的场所,好比记录磁带,将每个人所经历的一切事情丝毫不差地记录下来,不论主观是否意识到这种记忆的发生,它总是客观地记录下来。尽管间脑-颞叶环路的理论设想如此动人,但一个1953年做过颞叶、海马切除手术并被多年随访研究的病人H.M.,却为记忆的海马学说提供了更加令人信服的科学事实。

二、海马与顺行性遗忘症

病人H.M.经历随访研究达35年之久,曾做了多项神经心理测验,为记忆的脑机制和遗忘症发展变化规律提供了许多科学事实,这在人类心理学研究中是十分难得的病例。

病人H.M.因顽固性癫痫发作,经大量抗癫痫药物治疗后,不但无效,发作反而更加频繁。为了终止癫痫发作,1953年8月23日为病人手术,切除了大脑两半球的内侧颞叶和海马。术后H.M.智力测验成绩正常(韦氏智力测验的智商为118分);对手术前的近事和远事记忆良好;衣着整洁,能与人交谈,虽然说话的语调平淡,但词汇的使用、句子的表达和发音都很正确;对别人的话,甚至笑话都能正确理解。这位病人智力正常,也没有知觉障碍,最突出的问题是难以形成新的长时记忆。对他来说,每天发生的每一件事都与过去无关。例如,让他阅读一段惊险故事,每天重复读一遍,他都感到格外新奇;每天重复做一件游艺活动,也总是兴致勃勃,觉得十分好玩,并总说过去从未玩过。对一些重大事情必须经过多次重复,方可形成一种似是而非的记忆。例如,在术后的13年中,母亲形影不离地照料他的生活。1966年母亲因病住院治疗,其父连续多日带他去医院看望母亲。事后问他为什么母亲不照料其生活时,他竟说不清原因,把去医院看望母亲的事忘得一干二净。经再三追问,他才说可能母亲发生了什么事,否则不会不在自己身边。1967年他的父亲突然去世,当时他很悲哀,但两个月后再问起他父亲,他首先感到奇怪,自言自语"是啊!父亲哪去了?好像是病故了吧?"可见,即使对重大事件也不能形成明确而巩固的长时记忆。这就是海马和内侧颞叶损伤所形成的顺行性遗忘症。

海马在短时记忆向长时记忆的过渡中发挥重要作用。这是由于海马与其他几个与记忆功能有关的脑结构存在着直接或间接的神经联系,既接收一些脑结构的传入信息,又将短时记忆的信息传向颞叶内嗅区皮层、间脑、杏仁核和其他前脑基部的结构,形成长时记忆。应该指出,海马除了记忆功能之外,在注意、学习、运动和情绪等功能中,也有一定的作用,所以说海马并不是专管记忆的特异性结构。

三、逆行性遗忘症与脑震荡

脑震荡后,首先出现短时期的逆行性遗忘症,无法回忆受伤的原因和经过,但几天后这种逆行性遗忘症就会缓解。也有些人,逆行性遗忘症还没缓解,又出现顺行性遗忘症。大约10%的病人,在一周之内,这种顺行性遗忘症就会自动缓解;30%的病人,2~3周之后顺行性遗忘症突然消失;60%的病人顺行性遗忘症可持续3周以上。无论顺行性遗忘症持续的时间长短,一般都可在一觉醒来时,突然发现记忆完全恢复。所以,脑震荡后患有遗忘症的人,不必过分担忧,只要好好休息,总会突然好起来。还应该说明,脑震荡后的记忆问题,几乎不会出现远事记忆障碍,对自己的童年或经历不会丧失回忆能力;即使在外伤后出现顺行性遗忘状态时,也不会像海马损伤那么严重,仍可形成某些孤立性的、新的长时记忆,特别是对这段时间发生的不寻常事情,仍可形成新的记忆,所以,脑震荡的遗忘症并不可怕。

Ryan等人(2015)对逆行性遗忘症的脑机制进行了光遗传学的分子生物学基础研究,建立了小鼠的实验模型。他们训练转基因小鼠,建立恐惧条件反射,然后通过电休克使小鼠发生逆行性遗忘(图7-8,见书后彩插)。

为了使训练无法获得记忆,给小鼠连续使用茴香霉素(anisomysin, ANI),以便抑制由训练引起的蛋白质合成(图7-8(a))。内嗅区皮层(EC)的突触前神经元用ChR2标记,表达了与病毒AAV8-CaMKIIa-ChR2-EYFP的杂交(图7-8(b))。mCherry$^+$神经元是发生光遗传学反应的齿状回记忆痕迹细胞(红色),mCherry$^-$神经元是未出现荧光反应的无记忆痕迹的齿状回细胞(灰色),在两种ChR2标记的神经元于其穿通纤维(PP)部位进行电压钳记录,比较两种细胞发生的离子通道电流(图7-8(e))。结果发现,使用生理盐水(SAL)的对照组小鼠mCherry$^+$细胞比mCherry$^-$细胞有较高的突触强度;而使用茴香霉素的实验组小鼠(ANI),由于茴香霉素抑制了训练引起的蛋白质合成过程,mCherry$^+$和mCherry$^-$细胞之间,没有显著差异(图7-8(e))。计算AMPA/NMDA比率也显示,训练后24小时mCherry$^+$记忆痕迹细胞比无记忆痕迹细胞mCherry$^-$具有较强的突触联系。这些结果说明行为训练增加了记忆痕迹细胞的突触连接强度,受体密度相关的电流也有所增加;茴香霉素抑制学习记忆过程中蛋白质合成的效果也很明显。

在行为训练后,进一步对动物实施电休克处置,以便产生实验性逆行性遗忘。随后通过光遗传学的特殊波长(460 nm)的激光直接刺激受损的记忆细胞,又可激活它们对记忆的提取。这一事实说明,即使电休克使细胞受损,仍然保留着那些学习中形成的新蛋白质,它们可在一定条件下再度被激活,恢复记忆信息的提取。这可能就是逆行性遗忘可以自动恢复记忆的原因。

[常识与思索 7-3] 脑震荡和逆行性遗忘症

脑震荡是指头部受到冲击力,脑组织在颅腔内发生快速震动,触及坚硬颅骨而导致损伤,从而发生脑组织水肿、颅内压增高、头胀痛、恶心和视物不清晰等症状,并伴有眼底视乳头境界模糊不清和逆行性遗忘症。日常生活和工作中时而会发生意外性脑震荡、交通事故脑震荡,乃至工伤脑震荡,常常涉及赔偿纠纷。因此诊断脑震荡和逆行性遗忘症的标准,是当事双方都十分关注的问题。

诊断脑震荡的三条标准分别是:事故或损伤发生时,伤者有短时意识丧失,可从数秒到数分钟;伤者醒后发现有逆行性遗忘症,可持续数日至1~2周后自愈;受伤数小时后出现头胀痛、恶心和视物不清晰现象,经医生检查发现眼底视乳头境界不清或视乳头水肿。后两类症状很少持续半个月以上,大多数自行消失。

四、心因性和原因不明的遗忘症

所谓心因性遗忘症,其含义比较广,包括不良的个性特点、重大精神创伤、心理暗示作用和赔偿心态等多种心理因素造成的遗忘症。这些心理因素可能同时发生作用,也可能仅其中一个发生作用,造成一段时间或一时性遗忘状态。不良的个性是指歇斯底里发作的特性,个体在内心充满矛盾和痛苦的情况下容易发生遗忘,以摆脱内心的苦闷,这种遗忘在医学上称为癔病性遗忘症。与此对应的是反应性遗忘症,是指精神受到重大创伤后产生的遗忘症状。这种反应性遗忘状态持续的时间与周围环境因素有关,如改变环境减弱精神创伤的作用,可使遗忘症早日缓解。某些人易受暗示作用影响,过分相信命运、天意、神灵启示,最易因暗示作用出现心因性遗忘症。对任何一种心因性遗忘症,都必须谨慎对待,只有排除器质性脑病之后才可确认为心因性遗忘症。即使排除了脑器质性病变,还有一种原因不明的短暂性全面遗忘症,应注意与心因性遗忘症加以区别。

自1958年C. M. Fisher和R. O. Adams报道了第一例原因不明的短暂全面性遗忘症以来,许多医生报道了类似的病例。这些人没有任何心理和脑疾病因素,突然丧失记忆能力,不能从近事记忆和远事记忆中提取所需的信息,也不能形成新的长时记忆。既有顺行性遗忘症,又有逆行性遗忘症的症状,一时间脑子成了空白,茫然不记得自己的身份和经历,忘记刚刚办完的事,别人告诉他的事当时似乎明白,可一转身就忘了。好在这种完全性遗忘持续时间短,很快会恢复正常。这种遗忘在脑中未留下印象,所以病人察觉不到自己的记忆有问题。只是发作后,在场的人讲给病人听,他才知道自己的记忆出了故障。

人类记忆障碍的复杂性与多样性使人意识到,仅用单一记忆过程的概念是无法理解记忆活动的。因此,多重记忆系统和多重编码理论为当代心理学广泛接受。

 思考题

1. 传统记忆痕迹理论与现代记忆理论之间有何异同?
2. 海马作为记忆的脑结构基础有哪些科学证据支持,又有哪些不充分之处?
3. 请总结现代多功能记忆系统理论的主要观点和科学方法学。
4. 请总结记忆的神经生物学和分子生物学基础。
5. 本章介绍的两个当代记忆新理论的主要观点和科学根据是什么?请加以评论。
6. 人类有哪些记忆障碍?其病理基础和主要症状特点是什么?

8

言语、思维的脑功能基础

在心理学中,语言和言语是一对相互联系的不同概念。语言是由词和语法规则组成的符号系统。言语则是运用语言表达思想进行交际的过程。思维则是利用语言表达的概念进行判断、推理和解决问题的过程,也可以说是一种内部语言的运用过程。正因为语言和言语思维活动是人与动物的主要差异,所以对语言和言语思维的脑机制问题,难以利用动物模型进行实验研究。过去几百年间,主要靠一些脑疾患引起的失语症,对语言脑机制进行研究。乔姆斯基(N. Chomsky)的《句法结构》一书是心理语言学开山之作,开创了新的历史篇章,随后认知心理学对语言的认知过程进行了有效的研究。而言语、思维脑机制的研究进展却较缓慢。仅在近二三十年,由于科学技术的发展,从两个方面解决了研究的方法学问题,才使语言和言语思维的脑机制研究出现了新局面,积累了一批有价值的科学资料。一方面,语言声学分析技术和计算机口头语言合成等技术,可以找到某些重要的语音参数,建立了动物模型和仿真方法,取得了一些进展。另一方面,无创性脑成像和生理记录技术的发展,提供了研究正常人类言语思维的脑功能新手段,并已积累了一些有益的新科学事实。因此,这些进展和科学事实有可能在生理心理学中填补言语思维脑机制的空白。然而,它与学习、记忆相比还显得十分稚嫩,是个有待进一步发展的研究领域。

人与动物的本质差异就在于语言、思维和高度发达的智力。尽管它们是高级心理过程,但高级心理过程必然以低级心理过程为基础。例如,语言作为一种心理过程既包括先天遗传的人类种属本能的言语发声成分,也包括个体后天习得的语义生成机制。即使在后天习得成分中,习惯的语言表达方式是通过内隐学习无意识积累起来的。因此,无论是言语还是思维,它们的脑功能基础都是多层次的,绝非某一脑结构所能单独完成的功能。通常语言是思维的表达形式,但除了语言表达的思维之外,还有非语言表达的内隐思维活动。对于这类复杂的高级心理过程的研究,生理心理学虽然取得了较大进展,但存在的问题远超已知的科学事实。

第一节 言语和脑

言语是个体运用语言与其他社会成员通过话语、书信等进行交往的过程,语言是语音或字形相结合的词汇和语法体系。言语障碍的发生令人类在 150 多年之前就认识到言语与人脑的关系,包括不同部位脑损伤与不同类型失语症、失读症的关系。20 世纪 50 年代已经积累了大量脑损伤的病例,总结出言语理解和产出的脑结构,分别是大脑视、听和体感区以及运动区(如图 8-1 所示);但近年利用无创性脑成像技术研究正常人语言过程,发现参与言语理解和产出的脑结构几乎分布于全脑。只是最近 30 年,才发现言语过程的脑层次性和包容性功能模块。这里首先介绍失语症等语言障碍的脑基础,再介绍语言理解和产出的基本过程及其脑功能系统。

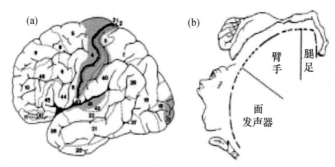

图 8-1　20 世纪 50 年代彭菲尔德对语言知觉和产出的脑结构的认识
(引自 Pulvermüller,2001)
(a)阴影部分均与语言知觉和产出相关,包括中央前回(4 区)、中央后回(3-1-2 区)、听觉(41 区)、视觉(17 区);(b)将相当于(a)中的中央前回(4 区)放大。

一、言语障碍

几个世纪以前,人类积累了一些脑损伤病人言语障碍的科学资料。1861 年和 1875 年,布罗卡和韦尼克分别发现大脑额叶的语言运动区和颞横回的语言感觉区。前者受损伤出现语言产出障碍,称为运动性失语症;后者受损伤发生语言理解障碍,称为感觉性失语症。因此,这两个大脑的语言功能区分别以两位学者的名字命名,是脑和言语障碍的经典研究。1892 年,J. Dejerine 医生在脑中风的病人中发现了和失语症不同的一类疾病,病人在中风后虽然听和说的能力正常,但不能阅读或不能书写,称为失读症或失写症。经过一百多年的实验研究,生理心理学家发现,大脑的言语功能并非如此简单,除了布罗卡区和韦尼克区外,联络区皮层、皮层下结构,特别是基底神经节和丘脑底部都与言语功能有关。

(一) 失语症

失语症(aphasia)是一类由于脑局部损伤而出现的语言理解和产出障碍。这类病人意识清晰、智能正常,与语言有关的外周感觉和运动系统结构与功能无恙。所以,失语症不同于智能障碍、意识障碍和外周神经系统的感觉或运动障碍。它是言语中枢局部损伤所造成的一类疾病。语言理解障碍又可分为口头语言理解和书面语言理解障碍，语言产出障碍分为语词发音、语用、语法和书写功能障碍，以及口头言语的流畅性和韵律异常。

1. 运动性失语症

传统分类把语言产出障碍统称为运动性失语症。除书写困难的失写症（agraphia）是左额中回受损伤所引起外，其他类型语言产出障碍均被看成是左额下回语言运动区（布罗卡区）受损伤所致。这类病人说话很慢，似乎像初用外语讲话的人，边说边寻找单词，句子结构错乱或用词不当，常常用一些零散的名词作为主题词，缺乏谓语的正常表达方式。

2. 感觉性失语症

与运动性失语症相对应的是感觉性失语症。病人主动性语言产出功能基本正常，但听不懂别人的口头言语，称为听觉性失语症，是韦尼克区受损所致。

3. 视觉失语症

看不懂书面语言称为失读症（dyslexia），又称视觉失语症，是顶叶皮层的顶下小叶和角回受损所致。

4. 传导性失语症

除了感觉、运动性失语症以外，还有传导性失语症（conduction aphasia），病人既能听懂别人的话，又能正常讲话和叫出物体的名称，但却不能重复别人的话，也不能按照别人的命令做出相应的反应。这类传导性失语症被认为是布罗卡区和韦尼克区间的联络纤维——弓状束受损所致，是语言理解与语言产出功能之间联系的障碍。

5. 皮层间失语症

皮层间失语症（transcortical aphasia）病人与传导性失语症病人的症状恰好相反，可以复述别人的话，但却不理解其含义，也不能自发地用正确语言表达自己的意思。虽然他们也能叫出物体的名称，但却不理解其含义。这是许多次级感觉皮层受损所致，使语言理解和产出功能与其他认知活动间的功能联系遭到破坏。

6. 命名性失语症

命名性失语症（anomic aphasia）病人可以正常理解语言，并能产出有意义的语言，但往往不能正确叫出物体的名称，只能用语言描述该物体的属性或功能。这种命名性失语症是颞叶皮层受损所致，颞叶前、中部皮层功能与具体物体的名词表征有关；左颞叶后部与普通概念及名词表征功能有关。

7. 完全型失语症

完全型失语症（global aphasia）病人既有语言理解障碍，又有语言运动障碍，还有传导性失语症的症状，是大面积皮层损伤所致。

失语症是人类的一大不幸，但也是大自然赋予脑科学家探讨言语、思维问题的难得的模型。失语症研究所提供的事实，有助于对言语、思维脑机制的认识。但应该说，这些建立在临床观察和研究基础上所得到的认识较为粗放，缺乏精细定位和不同层次实验研究的支持。

(二) 失读症

一个世纪以前,对失读症的认识,只限于纯失读症(pure alexia)和失读失写症(alexia with agraphia)。前者无法阅读单词或句子;后者不仅不能读出来,也不能写出来。因此,设想脑内存在一个存储字词的中枢。纯失读症病人的这个中枢未发生病变,所以还能主动写出一些字词,但视觉与阅读中枢间的传入环节发生障碍,导致病人看见字词却读不出来,失读失写症病人不仅字词的视觉传入环节发生病变,字词的存储中枢也发生病变,所以既不能读又不能写。

20世纪70年代以后,由于认知神经心理学的发展,加深了对失读症的认识,发现失读症之间有更精细的差异。如具体词汇与抽象词汇、规则性拼音词和不规则拼音词的分离和选择性失读症。

周边性失读症(peripheral dyslexia)是由字词视知觉和注音功能不足引起的,称周边性失读症。

中枢性失读症(central dyslexia)又可分为表层失读症(surface dyslexia)和深层失读症(deep dyslexia)。表层失读症不能在一些特殊字形和读音之间很好地完成转化。如在英文阅读时,能够读出规则拼音的单词和非词汇的无意义英文字母,但对不规则拼音的英文单词则读不出来。深层失读症在词形和词的语义之间的转化中发生障碍。病人对语义具体的单词能够正确读出来,但对语义抽象的单词却读不出来。由此可见,单词视觉的词形不能正常转化为语音,或词形与词义之间转化障碍,是表层和深层失读症的语言学命名的基础。

失语症和失读症病人都有正常的环境意识和自我意识,有正常的记忆功能。他们的语言障碍可能是语言理解或产出障碍,以及理解和产出之间的联系障碍(失语症);也可能是字词形、音、义之间的转换障碍(失读症)。这两种疾病的语言障碍是在意识清晰、智能正常、记忆力完好的背景上,从表层(形、音)到深层(语义)的加工过程或语言不同功能(产出或理解)发生的障碍。越是低层次的语言功能障碍,越具有较明确的脑结构对应关系;高层次的语言功能障碍的脑结构对应关系不明确。例如,失语症的语言障碍都与左半球外侧裂周围区的损伤有关,但其原发性损伤也可能发生在颞叶、颞顶区和感觉区的大脑皮层之中,甚至延伸到皮层下脑结构。由此可见,即使是低层次的语言产出(语音)过程,语言加工系统也是一个复杂的网络,既存在着低级脑结构向高级脑结构的前馈回路,又存在着高级脑结构向低级脑结构的反馈回路,乃至前馈-反馈的循环网络。

二、言语理解的脑功能系统

这里所说的言语理解是个体交往中,对别人话语或书信的感知与理解。因此,根据言语产物不同,分为书面语言理解与口头语言理解。

(一) 语言理解过程

从感知与理解的心理过程来说,语言理解过程可分为由简到繁的 4 个阶段:语音或字型的感知、字词知觉与理解、句子理解、话语或课文理解。对口头语言和书面语言的感知,由不同感觉通道完成并有不同的规律,但对其语法和语义理解,却有基本相同的规律。无论是对词汇、句子,还是课文与话语的理解,都经过语音、语法和语义 3 个不同水平的加工过程。

1. 字词理解

无论是中文还是西文词汇都有形、音、义 3 种成分。人们自幼学习语言文字时,就受到形、音、义为一体的语言文字教育,致使人们的头脑总是在形、音、义间相互激活的过程中,回忆或再认某些字词。字词识别与理解中的一系列特殊效应,包括词长效应、词频效应、词汇效应、可读效应、启动效应、同音词效应和视觉优势效应。语言认知心理学家通过字词识别中的这些特殊效应,研究字词理解的规律。心理语言学和认知心理学通过实验,对字词识别与理解过程提出了一些著名理论模型,单词产生器模型、字词通达搜索模型、群激活模型和并行分布加工模型,为语言理解的心理过程和机制提供了重要基础。

2. 句子的理解

句子是表达意思的最基本单元,句子理解是言语理解的核心。正因如此,乔姆斯基的经典心理语言学理论以句法研究为核心。现代心理语言学认为,句子的理解是析句(parsing)和语义解释(semantic interpretation)两者紧密结合的加工过程。

析句,又称句法分析,首先对句子成分进行切分,分出词汇、短语等不同的成分,然后对各成分间的关系进行加工或运算。如何切分,如何加工,加工原则和策略,都是句法分析不可缺少的。除按标准句法规则对句子切分和处理外,还可采用启发式策略,如与标准句类比、功能词检索、后决策等都是一些启发式句法分析的有效策略。

句子理解过程在完成上述句法分析之后进入语义解释阶段,这时语用(pragmatics)语境因素对语义解释发生一定的制约作用。语境因素是拟理解的句子与前后句子的上下文关联;语用、语境因素恰当合理的句子很容易为分析者所理解。

3. 话语与课文理解

话语(discourse)又称语段,是几个句子构成的段落,它能够较为完整地表达一种命题(proposition)或描写环境中景物的图式(schema)。这里所说的课文是话语的书面语言表达。在句子理解的讨论中,曾指出同一瞬间只能解析 1~2 个句子。因此,对话语的理解是在一定时间内发生的动态过程。听者在理解别人所说的话时,在自己头脑中构建出话语蕴含的命题图式或命题推理,并搞清一段话中所含多个命题或图式间的连贯性,是正确理解话语的基础。语用条件对话语理解具有重要意义,话语产生的背景条件,听者头脑中的知识结构,是正确理解话语的前提。

（二）言语理解的认知理论

人类言语与其他声学信号相比有许多特点,任何一段口头语言都包含许多分离的音素,每个词都是由音素连续起来构成的。所以,每个音素和词都对应一类声能的模式。这种声能模式具有双重性,即节段性和恒常性。节段性表现为在音素之间有一段段的分离,这种分离在言语声频谱图上可以直观地看到。恒常性表现为不依说话人不同而异,同一词不论什么人发音,频谱特征都大体相似。当然,发音人不同,频谱可能相差较大,但对同一词发音,其频谱模式是相似的。这是由于同一音素是由相似发音器官的空间状态所制约的。这样,在言语知觉形成中,不但靠听觉分辨音素和词的声学特征,还由视觉对讲话人发音器官的空间状态进行了图像分析。因此,人类言语知觉实际是听觉和视觉协同工作的结果。不仅聋哑人的言语知觉是靠视觉分析完成的,对正常人的实验研究也发现了相似的规律。Massaro 和 Cohen(1983)以唇辅音"b"和齿龈辅音"d"为实验材料,由计算机合成音节"ba"和"da",以及"ba"和"da"的7个中间音节,让正常被试倾听等概率呈现的9个音,并判断呈现"ba"和"da"的次数。在3种条件下重复同样的音节识别测验。一种条件是只靠听觉判断;另两种条件是呈现音节时,总伴有发出"ba"音节或"da"音节的口唇运动的画面。结果发现,视觉信息显著提高了"ba"和"da"音节的正确判断率。这个实验有力地证明了言语知觉是视觉和听觉信息并行处理的结果。J. L. Miller 于1990年总结出关于人类言语知觉机制的两种认知理论:运动理论和听觉理论。

1. 言语知觉的运动理论

Liberman 和 Mattingly(1985)提出的言语知觉的运动理论(motor theory of speech perception),基本观点可以归纳为以下3点:① 言语知觉系统和发音的言语运动系统之间是密切联结在一起的。因此,人在听音素和词(元音和辅音音节)时,本身的发音运动系统也在不自觉地、默默地进行发音运动。② 言语知觉是人类特有的,因为只有人类才具有出生以后经过长期学习所积累的语言知识。③ 言语知觉能力是人类先天具备的,因为人类生来就具备言语发生和言语知觉相互联结在一起的机能系统。视觉信息参与言语知觉的实验事实,对言语知觉运动理论提供了有力的支持,因为视觉信息可以帮助人们掌握发音时的口、唇、舌等运动状态,便于人们默默地重复这些发音动作,提高言语知觉的正确率。

2. 言语知觉的听觉理论

与运动理论不同。首先,言语知觉的听觉理论(the auditory theory of speech perception)认为知觉并不是言语运动的产物,而是听觉系统对各种声音信号进行自动解码,对说话人有意发出音素的规则序列发生知觉的过程;其次,言语知觉并不是人类特有的现象,许多动物的听觉系统与人类听觉系统十分相似,动物也可能具有相似的言语听觉机制;最后,言语知觉不是先天的,虽然婴儿听觉系统已经十分发达,但婴儿早期必须经过学习和作业之后,才能获得言语知觉能力。

在"b""p"等辅音音素研究中,将从辅音释放到声道出现振动之间的时差,称为嗓音起始时间(VOT),对于区别有声辅音与无声辅音具有重要价值。"ba"音的 VOT 为 25 ms 以下,表明"b"是有声辅音,"pa"音的 VOT 为 80 ms,表明"p"是无声辅音。VOT 为 25 ms 以下时,知觉为有声辅音,VOT 大于 25 ms 时,知觉为无声辅音。所以,VOT 25 ms 为两类辅音的分类边界。在"ba"和"pa"两音素 VOT 研究中发现许多事实,对两种言语知觉理论从不同方面提供了不同的支持。首先,关于言语知觉是否是人类特有的问题,VOT 研究对言语知觉的听觉理论提供了有力的支持,而不利于运动理论。灰鼠(chinchilla)的听觉系统的生理解剖特点与人类十分相似。Kuhl 和 Miller(1978)对灰鼠进行躲避电击的学习行为训练,信号分别是 VOT 为 0 ms 的"ba"和 VOT 为 80 ms 的"pa"音。不给灰鼠饮水,使其产生口渴感,然后放入实验笼内,笼一端有水管可以饮水。在饮水过程中,每隔 10~15 s 随机发出一个音节"ba"或"pa"。对一部分鼠出现"ba"时必须停止饮水,跑向笼的另一端,否则遭到足底电击,出现"pa"时则可继续饮水;对另一部分鼠,"pa"和"ba"的意义相反。两群灰鼠分别对"pa"或"ba"建立了躲避学习行为模式。然后分别用 VOT 从 0~80 ms 之间的不同音素,观察两组灰鼠的鉴别反应与 VOT 的关系。结果发现,对"ba"建立躲避反应的灰鼠,对 VOT 为 30 ms 以下的几个音素给出同样的躲避反应,这说明,灰鼠对"ba"和"pa"的鉴别反应与 VOT 的边界效应和人类完全一致。从而证明,音素鉴别的言语知觉并不是人类所特有的。在婴儿的研究中,利用异常声音引起婴儿吸吮奶嘴的动作增强的现象,对比了 VOT 为 -20 ms 和 0 ms 的两个音素、VOT 为 60 ms 和 80 ms 的两个音素,以及 VOT 为 20 ms 和 40 ms 的两个音素出现时吸吮反应增强。这说明新生儿与成年人一样对音素鉴别的 VOT 边界效应发生在 20 ms 和 40 ms,言语知觉能力是生来就有的。这又有利于言语知觉的运动理论。由此可见,VOT 的研究既有利于听觉理论,又有利于运动理论。

[常识与思索 8-1] 语言是否为人类独有?

人与非人个体学习的差异,在于是否能调动思维的主导作用。语言作为思维的表达形式,既是生物进化的结果,又是人类文明发展的结果。语言作为生物进化的结果,主要表现在语言理解和产出的机制中,包容着听觉、视-运动觉和本体感受系统的生理功能,以及口、唇、舌、声带和胸腔运动的生理功能。鹌鹑和灰鼠对清辅音和浊辅音分辨的听觉能力与人类相似的实验数据证明,即使进化等级不高的这两种动物,也具有语音的识别潜能。但是,语言的本质特性是人类社会生活和文明发展的产物。从这个意义上讲,它是人类交往和社会活动中独具的心理现象。只有人类能够实施书面和口头语言交流,以及线上交流。

(三) 言语理解的脑网络

1. 听、视觉并行加工理论

Scott 和 Johnsrude(2003)综述了言语知觉的神经解剖学和功能基础研究进展,并提出听、视觉并行加工的理论。言语知觉主要依靠基于声学-语音学的特征提取,但基于口唇和手势等视知觉信息的加工也是不可缺少的。因此,把长期争论的言语知觉的听觉说和运动说统一起来。人类听觉皮层核心区的听觉神经细胞按音高的同声带排列,从核心向周围带状排列,将得到的听觉信息传向脑的颞叶以外的结构,分成腹前向信息流和背后向信息流。腹前向信息流通过前同声带和副带的腹侧到达颞上回前部和颞上沟的多模式感知神经元,并向额叶皮层的腹外侧和背外侧区扩展。背后向信息流沿初级听觉皮层的背侧向后传送,通过后同声带和副带到颞上沟后部的多模式感知神经元,经顶叶皮层向额叶扩展并与前向信息流会合。腹前向信息流与言语的声学和语音学特征提取,以及词汇表征有关;背后向信息流与言语视觉和运动信息加工有关,对讲话人口唇运动和手势的信息进行言语动作的表征。前后信息加工流彼此互动。说话人口唇运动信息较快到达脑内,启动了随后到达的听觉言语信息加工,从而产生词汇知觉。经典的言语运动区(罗布卡区)扩展到前额叶和运动前区皮层,对言语信息加工主要是外显的言语声音信息节段性加工,经典言语感知区(韦尼克区)扩展到顶-颞区精细结构不同的一些脑区,既有言语识别的知觉功能,也有言语产出的表达信息。所以,言语知觉和理解既包含声音的加工,也是言语动作的加工。

2. 言语理解的背侧和腹侧信息流

Hickok 和 Poeppel(2004)进一步总结了文献资料,提出一种理解语言机能解剖学的框架,如图 8-2 所示,把语言信息加工分为背侧信息流和腹侧信息流,两侧颞上回的听觉皮层是言语听觉知觉中枢,从这里分出背、腹两个信息流,腹侧信息流从颞上回听皮层到颞中回后区,最后广泛分布到概念表征的脑区。腹侧信息流是将语音表达转换到语义表达的信息加工过程。背侧信息流从听觉皮层向背后方向投射到外侧裂后部的顶、颞、额联络区,其功能是维持言语的听觉表达和运动表达之间的协调。

Scott 和 Wise(2004)在总结语言知觉研究文献的基础上,提出了言语知觉中的听觉通路和信息加工流的概念,并认为它是言语知觉的前词汇加工的基础。如图 8-3 所示,这个信息加工流由下列 9 个部分组成:

(1) 左、右耳,在外耳和中耳水平对言语信号形成滤波,并引入一个声音的强带通滤波作用,使声音的机械能转变为耳蜗听神经活动。

(2) 上行听觉通路,听神经投射到上橄榄核、下丘和内侧膝状体,声音的空间特性在下丘表达,保持两耳时差和强度差的整合分析。对慢声波(ISI 100 ms 和 500 ms)在初级听皮层引出不同的波峰,而对高频声以相位差反应。

(3) 在左、右初级听觉皮层(PAC)的带状区,接受从内侧膝状体来的投射,在其核心区实现频率特性的等高分布的功能。

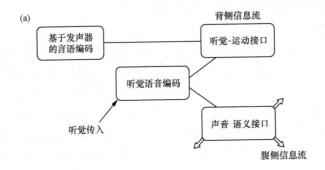

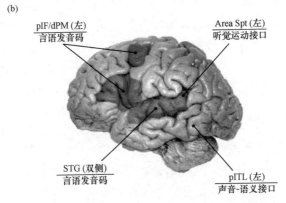

图 8-2　言语理解中的背侧信息流和腹侧信息流
（经原作者授权，引自 Hickok & Poeppel, 2004）

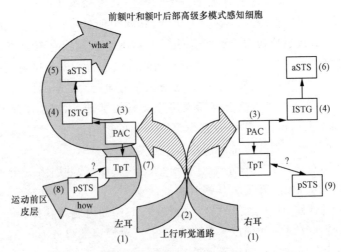

图 8-3　听觉通路和信息加工流
（经原作者授权，引自 Scott & Wise, 2004）

(4) 同侧颞上回(ISTG),依前-后维度分别加工前-后信息流。对语音线索和特征的反应是两侧性的,对调频信号和频谱分析是在前部实现的。

(5) 左前颞上沟(aSTS),实现复杂言语语音信号的加工,经外侧向前达前额叶和内侧颞叶完成语义加工。

(6) 右前颞上沟(aSTS)对语音或乐音实现意义和韵律的知觉加工。

(7) 颞极皮层(TpT)发挥听觉信息和言语运动信息的接口作用,再从这里通向前运动皮层,实现"如何"说的言语产出功能。

(8) 左后颞上沟(pSTS),保存韦尼克区语音线索、特征和自我生成的言语信息。

(9) 右后颞上沟(pSTS)和颞极(TpT)皮层在正常条件功能不详;但在左侧pSTS和TpT损伤后,右侧发生代偿功能。

Friederici(2012)总结出人类大脑皮层对听觉语义理解的神经回路(如图8-4所示),语音中的句法信息从听觉皮层沿颞-额腹侧通路上传至下额叶后区,语义信息从听觉皮层沿颞-额腹侧通路上传至下额叶前区;可能下额叶前区实现由底至顶和自上而下的语义通达的交汇,由中颞回控制着心理词汇和语义通达,沿腹侧通路传递至后颞回,在这里语义和从下额回后区的句法信息再沿背侧通路整合,对语义信息理解。

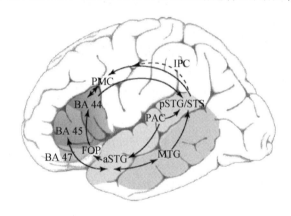

图 8-4　听觉语义理解的皮层回路

(经授权,引自 Friederici,2012)

IFG 额下回,STG 颞上回,MTG 颞中回,PAC 初级听觉皮层,FOP 额叶弓状回,BA44 额弓部,BA45 额三角部,BA47 眶额部,PMC 运动前区,IPC 下顶区。

三、语言产出的脑功能系统

语言产出的层次理论和社会语言产出回路是这个领域中有代表性的理论,两者又是密切相关的,后者是前者的发展。

(一) 语言产出的层次理论

1982年,M. F. Garrett在总结前人研究的大量实验事实的基础上,将言语的产出过程分为信息层次(massage level)、句子层次(sentence level)和发音层次(articulator level)。这3个层次的关系如图8-5所示,在这3个层次上的言语产出机制中,发音层次的信息加工较多涉及心理声学和生理学问题。

1. 信息层次的内部结构

M. F. Garrett指出信息层次的加工有4个特性:① 它是一个实时的概念构建过程;② 它是简单概念通过概念句法(conceptual syntax)实现的组成成分构建;③ 它利用语用和语义的知识;④ 组成它的基础词汇的那些原始成分,是字词的大小单元(word-sized unit),而不是语义特征。

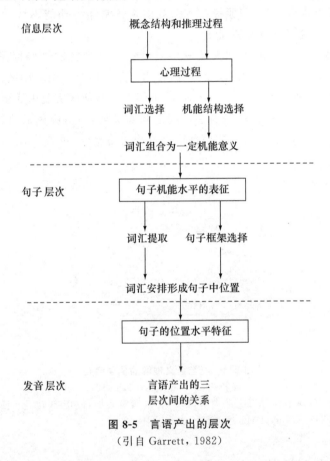

图8-5 言语产出的层次
(引自 Garrett,1982)

由此可见,信息水平的言语产出加工实际上是言语产出的思维与推理的过程。从认知心理学有关思维问题的讨论中,我们已经知道逻辑思维是命题表征及其操作过程;形象思维是心理表象及其操作过程。因此,言语产出的信息加工过程,实际上是怎样从思维转化并生成语言的过程。应该承认,我们对这一过程了解甚少,除了已知少数外显的心理语言学过程外,还有大量的内隐过程有待今后探讨。根据目前的科学认识水平,我们得到的基本概念可以概括地说,言语产出源于心理模式或状态,它可直接通过词汇通达产生命题表征,也可以通过心理表象再转变为命题,命题间的推理过程导致一些句子的产出。词汇选择和提取是沟通信息层次和句子层次间的关系要素。

2. 句子层次的内部结构

M. F. Garrett 将句子层次又划分为两个水平的结构:机能水平和位置水平。机能水平由句子框架的选择和词汇提取两个环节实现,然后将提取出来的词汇按句子框架配置起来,转化为句子中词汇位置的表征,由发音器官或书写功能系统按位置表征依次发音或依次书写出来。在这个层次中,词的储存是以两种方式实现的。一个是词干库,另一个是词的前后缀储存库。词汇提取在两个库中同时进行,与词汇提取同时进行的还有句子框架的选择。按句子框架把词汇排列起来,则形成位置水平的加工。所以句子产出的句法成分,既含有机能水平的句子结构框架选择,又包括词汇在句子框架中的位置分布。

3. 发音层次

对发音层次,Sörös 等人(2006)利用功能磁共振成像技术对 9 名被试进行言语产出实验,发现当被试发单个音节,主要激活的脑区是辅助运动区和中脑红核等少数具有运动功能的脑结构。发出 3 个以上音节时,则激活的脑结构如图 8-6 所示(见书后彩插):两侧小脑、基底神经节、丘脑、扣带回运动区、初级运动皮层、辅助运动区。

三个层次加工的语言产出理论,最初强调三层间的串行加工过程。只有高层次加工完成之后,才能进行低层次的信息加工过程。但 1986 年以来,并行分布的联结理论盛行之后,用并行分布式加工原则修饰了三层次理论。这一趋势的主要表现是注重词汇加工在语言产出各层次上的作用。因此,在每个层次上都有词汇与句法相互联系的问题。Garman(1990)引用的一些研究报告说明,在言语产出中既有大量在 $0.25 \sim 0.5 \, s$ 之内同时进行的并行加工过程,又有 $0.5 \, s$ 以上的言语成分间的串行加工过程。

Sörös 等人(2006)将这些激活的脑结构间的功能关系用图 8-7 言语产出的神经回路表示。图中标记数字的椭圆形区均是讲话时激活的脑区,各区之间的连线和箭头表示神经信息传递的方向和路径。在皮层中包含辅助运动区与扣带回运动区以及初级运动皮层之间的联系,此外初级运动皮层的激活,还激活了颞上回皮层。皮层和皮层下之间的联系也有多条通路,包括丘脑和基底神经节以及红核、小脑蚓部和旁蚓部。脑干运动神经核,如舌下神经核的激活,与发声器的肌肉运动有关系。

(二) 社会语言产出回路

与图 8-6 不同,Holstege(2004)附加了与情绪和情感变化有关的声音发出机制。从前额叶皮层发出社会言语的信息,通过边缘系统到中脑导水管周围灰质,将情绪色彩附加到即将发出的声音中。所以,将情绪语言产出子回路与认知言语产出的经典通路结合到一起,并接收基底神经节和小脑来的信息,使情绪声音和语言音节共同组合社会语言的产出。

[常识与思索 8-2] 人类个体的语言功能是先天生成的还是后天习得的?

乔姆斯基的心理语言学主张,人脑内具有先天的普适的语言生成器,所有语言都是由它转化生成的。那么,什么是语言生成器呢?按其赋予的功能,可能是语言产出和理解的脑网络框架,包括图 8-1 所示中央前回(4 区)、中央后回(3-1-2 区)、听觉(41 区)、视觉(17 区),以及图 8-4 所示额下回、颞上回、颞中回、初级听觉皮层、额叶弓状回、BA44、BA45、BA47、运动前区和下顶区。婴儿出生时,若这些脑区及其间的神经联系发生障碍,那么其在语言能力的个体发展中,就会出现先天性失读症;如果在出生之后,上述脑结构之一或脑网络受损,则发生获得性失读症。所以,正常人的语言功能既是先天生成的,又是后天习得的。

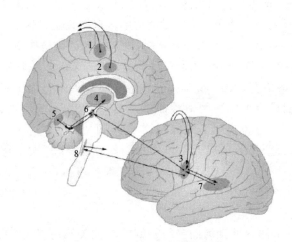

图 8-7 言语产出的神经回路
(经授权,引自 Sörös et al., 2006)

(1) 辅助运动区,(2) 扣带回运动区,(3) 初级运动皮层口唇代表区,(4) 丘脑,(5) 小脑蚓部和旁蚓部,(6) 红核,(7) 颞上回,(8) 基底神经节。

第二节 思维与脑

人类的思维活动包括思维过程、思维形式和思维内容相互制约的三个方面。思维过程由概念形成、判断推理和问题解决等几个阶段构成,其中问题解决是最普遍的思维过程,它是在概念形成和判断推理过程基础上进行的。思维内容是思维过程的结果或产物,概念、观念、思想都是具体的思维内容,这些内容用书面或口头语言表达出来,就是思维形式。正常人的思维活动是思维过程、思维内容和思维形式三者的统一体。当代心理学对思维的研究围绕着内隐思维与外显思维、形象思维与抽象思维、发散思维与汇聚思维和问题解决等展开,对其脑网络或脑功能基础的研究,只是在无创性脑成像技术问世之后才开展起来的。所以,这是一个很不成熟的研究领域。

一、内隐思维与外显思维

内隐思维和外显思维在问题解决或创造性思维过程中的作用,不仅是心理学的研究课题,也是教育学关注的问题。心理学,特别是认知心理学,在20世纪80年代以来所揭示的内隐思维和外显思维两种思维过程及其在问题解决中的作用,对心理学的发展具有重要历史意义。

(一) 内隐思维

内隐思维(implicit thinking)是不受意识控制的自发的思维过程。它以反身推理为主,往往难以用语言和逻辑关系加以表达。内隐思维以内隐学习记忆和内隐知觉为基础,常常使人对问题的理解或问题解决豁然开朗,达到"顿悟"的境界。内隐知觉、内隐学习、内隐记忆和内隐思维等内隐认知(implicit cognition)所积累的知识称内隐知识。外显思维(explicit thinking)利用和操作外显知识(explicit knowledge)进行判断、推理和解决问题。两类思维的比较可以发现,内隐认知系统比外显认知系统具有更强的鲁棒性(robust):不易受脑损伤、疾病或其他障碍所影响;内隐认知系统没有外显认知系统的年龄差异,与智力水平无关,内隐认知系统在人种之间和个体之间的差异较小;内隐认知是人类与其他高等动物共存的认知过程。对内隐认知的这些特点,A. S. Reber 于1992年进行了详细论述,并引用了一批实验证据。内隐思维与外显思维在人类与环境的关系上各有不同的功能。外显思维帮助我们去改造和改变外部环境,使环境适应我们;内隐思维使我们适应外环境的微小变化。在创造性思维过程中,外显思维和内隐思维均不可缺少。内隐思维往往会使我们豁然开朗,创造性灵感油然而生。关于内隐思维的研究为时尚短,许多问题有待于认知心理学通过精细的实验分析与验证,这是当代心理学的前沿研究课题。

(二) 内侧前额叶在内隐认知中的功能

Reverberi 等人(2009)总结了思维推理过程的两大理论观点,即心理逻辑理论和心理模式理论。前者认为推理过程借助心理逻辑规则,如经典的三段论法规则,是从前提条件得到结论的过程。因此推理的思维过程借助语言的外显过程。心理模式理论认为推理过程是对现实事物的镜像模拟构建,并不一定需要逻辑规则的操作,两个人之间谈话内容的彼此理解,故事情节的理解,首先是一种自动和自发的模仿映射过程,随后才通过努力推论其深层含义。他们在脑损伤病人中进行了神经心理学研究,通过实验证明,日常生活中的基本的初级演绎推理,既含有外显思维活动,也含有内隐思维活动,还必然有工作记忆的参与。他们将日常生活中演绎推理能力分解成三种认知成分：运用推理规则构建证据的成分，证据构建的监控成分和执行证据构建所必需的中间表征。他们的实验数据证明，内侧前额叶和工作记忆机制是实现基本演绎推理的重要环节。Pollmann 与 Manginelli(2009)总结了有关前额叶皮层参与高级认知过程的研究文献，指出前额叶皮层不仅参与执行过程的监控，还支持内部思维过程，以及外部驱动因素和内部心理过程之间的整合，特别是直接参与视空间特征三段论法的形象推理任务，使奇异的目标瞬时凸显出来。在这一认知的基础上，设计了对视觉目标和干扰刺激的实验控制，并采用 fMRI 技术证明前额叶皮层前端不仅具有执行功能和监控功能，还对刺激呈现过程中某些精细特征变化进行内隐的检测。所以，内侧前额叶在内隐认知中的功能，也是其参与基本演绎推理过程的重要基础。

(三) 外显的演绎推理过程及其脑机制

Rodriguez-Morena 和 Hirsch(2009)利用功能磁共振成像技术研究了正常被试外显的演绎推理过程及其脑机制。将逻辑学上经典的三段论法中的两个前提先后依序呈现给被试，请他们做出推理。然后再给出结论，回答下面的推理结论是对还是错。作为线索提示句子呈现 4 s，随后屏幕上出现 4 s 的黑十字，下面两个前提句各重现 4 s。前提句1："每个警察都收集马路上的玻璃瓶。"紧跟着出现推理前提句2："收集玻璃瓶的人都爱护野生小动物。"再有一个黑十字 4 s 后出现推理结论句："每个警察都爱护野生小动物。"这个句子之后出现一个黑十字 2 s，接着是单词"下雨"呈现 2 s，又是一个黑十字(2 s)，被试选择按键反应，结论是对或错。这个例子应该选"对"键。下面例子应选"错"键，线索提示：请判断下面的推理结论是对还是错！前提句1，"一些成年人做雪人"；前提句2，"做雪人的人喜欢滑雪"；推理结论句，"成年人不喜欢滑雪"；后插入词：世界。对照任务如下，指示语 4 秒：请对单词是否出现做选择按键反应，单词出现按"是"键；单词不出现按"不"键。前提句1，"各国的语言都有一个共同的起源"；前提句2，"这个班的孩子集邮"；前提句3，"所有的警察都受训 2 年"；单词："孩子们"。指示语：请注意单词是否出现，单词不出现做"不"按键反应。句子1，"母亲喜欢打扫房间"；句子2，"一些建筑需要爱心维护"；句子3，"调味器影响孩子的健康"；单词，"诗人"。对照任务均由三个彼此无关的句子组成，因此不存在推理过程被试按指示语做，只注意最后是否出现单词。对每个被试的 fMRI 采样数据进行推理-对照任务间五段对比-分析：① 线索句(指示语呈现期)，② 前提句1，③ 前提句2，④ 结论句，⑤ 反应。以最小聚类体元为 40 的 SPM99 平均值差异显著性水平小于或等于 0.005，进行统计处理。

以视觉和听觉两种方式呈现句子，比较之间的效果。被试对句子的反应正确率虽然视觉呈现优于听觉呈现；但两种呈现方式之间没有显著差异。fMRI 的结果分为两类：支持脑区和核心区。作者将推理阶段直接激活的相关脑区称为核心区；支持区是在推理任务和对照任务时均激活的脑结构，推理和对照任务之间仅有激活程度上的差异，对前提句和推理结论句之间没有显著差异。这些支持区是左半球额上回、额中回

(BA6/9/10)。相关推理的核心区是额下回(BA47)、左额上回(BA6/8)、右半球内侧额叶(BA8)、两侧顶叶(BA39/40/7)。推理相关的核心激活区特点是仅在前提句2呈现之后或推理结论句呈现期才激活的脑区,如图8-8所示(见书后彩插)。作者参照数据表得到的结论是,当推理前提句2呈现时,主要激活的脑区是额中回(BA8/6);左额上回皮层(BA6,8)和左顶区(BA40,39,7)表现为从前提句2到推理结论句呈现之间的持续性激活;仅在推理结论句呈现时才激活的脑区有左额中回(BA9,10)和两半球内额和下额回(BA9,10,47),以及两侧尾状核。前提句1的脑激活水平与对照任务没有差异。基于实验结果,作者提出了高级网络模型理论。这一理论认为,人们面对演绎推理任务时,忽略了视觉或听觉的传入差异,很快组建了动态推理网络,不同阶段动员的脑结构不同。但是由于fMRI的时间分辨率所限,还不能揭示推理的两个前提句结合的过程与推理结论出现之间的变化细节。从行为反应数据中发现对第二个前提句的反应时长于第一个前提句的反应时,以及对第二个前提句的编码比对照任务引发较强的BOLD信号的事实,可以说两个前提句整合为一个统一的高级推理网络。

二、形象思维和抽象思维的脑功能基础

思维是人脑的高级认知活动,是揭示事物间关系及其变化规律的认知过程。20世纪50年代以前,心理学认为只有以语言为交流工具的人类,才能借助语词和概念进行思维活动。1958年在研究智力的个体差异时,研究者统计了大量数据,提出了是否存在不借助语言和概念所进行的思维活动。经过对"表象"的深入研究后,特别是面孔照片的心理旋转试验的科学数据,有力地证明脑内进行着表象的操作。所以,20世纪70年代在心理学中两类思维的观点得到确认,一种是借助概念"字词"所进行的抽象思维;另一种是运作表象的形象思维。抽象思维以语言为中介,通过字词所表达的概念和语义记忆中所存储的知识由表及里、由浅入深地加工,进行比较判断和推理,最终对事物得到较全面、深入的认识和理解。形象思维以表象为中介,通过外界物体和场景直接在头脑内的映射,以及情景记忆与自传体记忆的参与,对事物和外界环境进行生动、活泼的比较和判断。两类思维之别,显而易见。教育科学重视两类思维的研究,希望以此为基础,推进教育学和教育工作的发展,为此提出了以脑科学知识加深认识两类思维的问题。

(一)巴甫洛夫高级神经活动学说与两类思维的生理学基础

巴甫洛夫利用研究消化生理学对实验动物进行唾液腺手术的技术,开创了心理性唾液分泌的高级神经活动研究领域,现在被称为经典条件反射。以狗为主要实验对象的大量研究中,巴甫洛夫根据两类基本神经过程(兴奋与抑制)的强度、均衡性和灵活性,把狗分为4种类型:兴奋型、活泼型、安静型和抑制型。在人类实验中,他认为除与动物具有相似的两类基本神经过程之外,人类还独具第二信号系统——语言,因此人类高级神经活动类型既有类似动物的4种类型之分,又按第二信号系统的强弱分为思想型、艺术型和中间型三大类,其中每类都可再分为上述4种类型。巴甫洛夫关于思想型和艺术型的人类高级神经活动类型学说,实际上是关于以抽象思维(思想型)和形象思维(艺术型)为优势的神经类型。因此,我们这里对两种信号系统的理论稍加说明。

两种信号系统指第一信号系统和第二信号系统,第一信号系统是现实事物自然属性的集合,例如,苹果的气味或外形、电铃的外形及其工作时所发出的铃声。在自然环境中,电铃和苹果之间没有必然联系,对于人或高等动物第一次听到电铃的声音,只是个新异刺激,必然引起注意,随着铃声的几次重复出现,并未发生任何其他事情,铃声就变成无关刺激。建立条件反射时,首先要重复几次铃声,消除其新异性。当铃声变成中性的无关刺激后,跟着铃声就出现苹果。这样将铃声与苹果几次结合后,单独出现铃声,也会引起苹果带来的食欲或唾液分泌反应。这种单独由铃声引出的苹果或其他食物反应,就是一种条件反射。铃声这类现实事物的属性,就成为实现条件反射的第一信号系统。人和高等动物可以共享第一信号系统,但人类还独具语言形成的第二信号系统。

对人类被试建立苹果食物条件反射时,既可用真实的铃声作为条件刺激,也可用"铃声"一词作为条件刺激。在这个例子,"铃声"一词代替现实中真的铃声,所以第二信号系统是第一信号系统的信号,是现实物体或事物属性的信号。第一信号系统占优势的人偏重于使用物体直观形象或具体物体属性进行形象思维,而第二信号系统占优势的人擅长运用语言进行抽象思维。巴甫洛夫于20世纪30年代建立两种信号系统学说时,脑科学尚未形成,脑的解剖和生理学知识很有限,他未能更多涉足脑功能解剖学基础。这一问题50年后由斯佩里给出了答案。

(二) 裂脑人的大脑两半球功能不对称性

诺贝尔生理学或医学奖获得者斯佩里(R. W. Sperry)利用脑手术后大脑两半球间神经纤维割断的病人进行认知实验。采用速视器单视野呈现的视觉刺激,或双耳分听的听觉刺激,让病人做出准确的知觉反应,或让病人口头描绘所见的图片和字词。结果发现,右侧视野投射到左半球的字词反应正确率高于左侧视野投射到右半球的反应。相反,图片刺激呈现在左侧视野投射到右半球时,病人正确反应率较高。由此证明,左半球为语言功能优势脑,视觉形象知觉以右半球为优势。类似实验进一步采用稍复杂的视觉刺激,比如几个物体和一个人同时出现在一个画面上,请病人按他所理解的解释画面。例如,画面上的人在做什么,或该人的身份等。结果也证明右半球以形象思维(判断、推理)为优势,左半球借助语言和概念进行抽象思维占优势。这一理论与经典的脑功能定位理论较为一致,因为150年前布罗卡(P. P. Broca)医生发现语言运动障碍的病人左额中回受损,说明左半球存在着语言运动中枢,右利手的人左半球语言功能占优势。由于这一发现进一步验证和丰富了经典脑功能定位理论,又是首创性地在活着的人脑中进行功能定位的实验研究,使得这项研究获得诺贝尔生理学或医学奖;然而并不应将其当作放之四海皆准的脑科学真理。首先,实验利用脑手术后的病人进行,由此得到的结果未必是正常人脑活动的唯一规律。其次,后人的大量研究报告并不能全部重复出这一结果,正常人脑的许多思维活动由两半球协同工作。再次,左、右对称性两半球分工协作是脑发育发展中的古老维度,在低等动物形成脑之前,头节已经出现左、右对称结构。这种古老的维度可以使动物在环境中捕获食物或逃避天敌时进行准确的空间定位。左、右侧视听信号,左、右方向捕捉或逃跑,对动物生存都十分重要。由高级神经中枢活动水平在左、右维度间的精细差值确定空间方位,这就是通常所说两眼视差、双耳声波相位差等。人类大脑除左、右维度,还有深部(髓质)与浅层(皮质)的维度,也是非常古老的维度。与生命活动和本能行为相关的脑中枢都位于脑深部,高级功能中枢位于大脑皮层。此外,从高等动物到人类的大脑进化中还有后头-前头维度,即简单视、听觉在后头部,高级复杂智能更多地与前头部有关,即高级功能的额侧化进化,与猴、猿相比,人类的额叶皮层异常发达。近年脑科学揭示,大脑内侧面和外侧面也有较明确的功能差异,即内-外维度。还有背-腹侧功能系统的维度,包括高级视知觉、注意,思维的脑背-腹通路或系统。简言之,两半球间左、右维度是古老的维度,不可能成为形象与抽象思维等高级功能的唯一脑结构基础。尤其是把传统教育说成"只开发了儿童的左脑,荒废了右脑",这种说法是对教育工作的误导。

(三) 语言作业任务的左半球优势源于后天习得过程

Ray 等人(2008)对 33 位被试通过功能磁共振成像的研究发现,空间信息工作记忆任务中,两半球的脑激活区没有显著区别;但在语言信息的工作记忆任务中,左半球的激活区显著大于右半球。所以他们认为(如图 8-9 所示,见书后彩插),空间记忆是在进化过程中继承下来的,没有左、右一侧化现象;语言记忆具有后天习得性,增加了左半球的优势。

(四) 想象

想象的内容生动性和强度范围差异很大,从完全无法言表到闪光般的美幻美感,视觉想象涉及许多脑区组成的网络,从额叶到体干感觉区皮层,以及默认网络(Pearson, 2019)。

首先,额叶参与心理表象的操作和心理旋转;但与表象的内容无关。所以,额叶皮层的功能是协调或控制表象操作或执行的空间关系或皮层感觉区之间的关系,而不参与表象本身的内容及其表征。但是被试的脑内如何产生想象的内容及其体验仍然无法确定。例如,想象一个苹果、一项心理旋转任务或一个运动的物体,脑内究竟如何运作,至今很难确定。

海马可能是形成心理表象及其空间分布的重要脑结构,但是利用 fMRI 对健康被试海马 BOLD 信号的测定,与对具有海马损伤病人的测试结果加以比较,很难得出结论。利用单细胞记录技术直接研究人脑海马细胞在想象活动过程中的变化,也没有得到一致的结果。

视感觉皮层在心理表象或想象中的作用,在过去 25 年一直是研究的重点,但由于各实验室采用的表象任务各不相同,其结果也很难比较。但是,近年采用多变量解码算法得到的结果表明,视觉想象的脑 BOLD 信号变化规律与视知觉形成过程,具有相似的层次性结构,但加工的信息流方向不同。想象过程最强的激活区是发挥启动作用的额叶皮层;其次是记忆相关的脑区,如内侧颞叶系统,取决于想象的内容;最弱的激活区可能是枕区(视觉想象)或顶叶皮层(有关动作的想象)。可见,想象是以自上而下的信息流为主的心理加工过程。

当人们没有特别的认知任务,处于静息状态时,才会发生想象。所以,默认网络参与想象是可以理解的。同时,由于随着静息态而发生想象的内容和特点不同,除默认网络结构外,还伴随着其他相应脑区的激活。

非随意的颜色想象引发 V1 和 V4 区皮层的变化,无意识的动作想象引起颞叶中部功能的变化,目前还不清楚高层脑区(如额叶或顶叶皮层)是否参与无意识的非随意想象活动。

(五) 发散思维、汇聚思维与脑白质功能的关系

在实验室对 20 岁左右的健康被试(男性 360 人,女性 280 人)进行汇聚思维和发散思维实验,同时使用 DIT 采集被试脑区白质容积,计算其各向同性(FA)参数。发散思维的任务是远事联想测试(CRAT),被试完成作业的成绩与脑左额-枕束和左下纵束的白质 FA 值正相关,这两个白质通路在语言和概念加工中具有重要作用。结果还表明,CRAT 作业成绩与脑区域性白质容积呈负相关,发生变化的脑白质广泛性分布在额、颞、皮层下和小脑等结构中。这项研究的结果说明,汇聚性思维与脑白质连接性之间的关系是独特的(Takeuchi et al., 2020a)。

原发创造性(the originality of creativity measured by divergent thinking)是测量发散思维的一项独特的变量,与智力测验和其他心理测验的结果呈正相关。在 1221 名年轻人中进行简单认知过程的 n 次重复范式,脑的原发创造性和流畅性与工作记忆联想有关,并且原发创造性和流畅性得分与右半球的腹侧注意系统活动增强有关,那些具有较高原发创造性、流畅性的被试,当任务重复时,他们的默认网络表现出较低的适应性去活水平,特别是在 2 次重复任务中更明显。没有重复性的单一加工或加工速度不变时,在被试的默认网络后部分脑区与其他脑区内,原发创造性和流畅性的得分成绩有性别差异。这些结果表明,原发创造性与下列因素有关:① 腹侧注意系统具有较高的激活水平,提示存在着注意再定向因素;② 默认网络因任务重复所导致的激活程度降低,表明存在着注意再分配因素;③ 原发创造性的相关指标中存在着联想的性别差异(Takeuchi et al., 2020b)。

第三节 问题解决的生理心理学基础

问题解决是思维研究的一个重要领域,也是人工智能研究的重要课题。人类面对眼前要解决的问题,首先要对问题加以理解,分析它的已知条件和问题所在,搞清拟解决的问题属于哪类性质,这些都可以用问题表征加以概括。随后要选择解决问题的策略或算法,如采用一些前提和结果的推论,称作产生式问题解决的策略;也可以采用逻辑网络的推理关系,称作逻辑推理的策略。决定解决问题的策略之后还要进行验证,可通过算法的应用或科学实验,还可以试制样品等。最后是对结果进行评价。

一、河内塔问题解决

Unterrainer 与 Owen(2006)总结了神经心理学和脑成像研究中的问题解决和策划功能的脑机制,以河内塔问题解决为模型。有 3 个直立的柱子——柱 1、柱 2、柱 3,其中柱 1 上穿有 n 个直径从大到小、由下而上地叠成一摞的空心圆盘,形成塔状。拟解决的问题是将圆盘移到柱 3,每次只准移 1 个,可利用柱 2 作为中间缓冲的过渡跳板。经过尽可能少的步骤,完全将其移到柱 3,要求在转移过程中,绝对不能出现小盘在下、大盘在上的现象。如 n 为圆盘数,完成河内塔作业的最少次数为 2^n-1;所以如果只有 3 个圆盘,则需 $2^3-1=7$ 次。实验结果表明,在策划解决河内塔任务时,背外侧中额区激活,没有发现半球优势效应。此外,还发现背外侧中额区与辅助运动区、运动前区之前的前额区、后顶叶皮层,以及与许多皮层下结构,包括尾状核和小脑等,有着复杂的功能联系。这说明在解决河内塔一类问题中,背外侧额叶发挥主导作用,计划这一问题的解决,并与一系列皮层与皮层下脑结构形成功能回路。

二、高、低 g 相关因子问题的解决

Duncan 等人(2000)利用 PET 研究了正常被试完成三类认知任务的脑激活规律。这三项认知作业分别是与空间、文字和知觉运动等有关的问题解决任务,如图 8-10 所示。除了三类需要高 g 相关因子问题的解决任务,他们还设计出与之对应的低 g 相关因子问题任务,作为对照实验。高 g 与低 g 相关因子问题,使用同样的材料,由同样的被试完成,在预先四轮实验得到完善对比的行为实验数据之后,再通过 PET 进行两轮实验,以便得到脑激活的数据。

如图 8-10 所示三类认知作业材料,提供 4 张小图或 4 个字母组成的刺激材料,要求被试尽快从中找出一张与其他三张不同的图或字母序列。要求被试在固定的时间内尽可能多地完成图片作业。以正确完成的图片套数作为问题解决的总作业成绩。图 8-10(a)是空间作业能力测验,取自卡特尔文化公平标准智力测验的材料,其中高 g 相关因子图片,四张小图中第三张与其他不同,除第三张外均是对称性加黑图形,第三张

(a) 空间作业

高g相关因子

低g相关因子

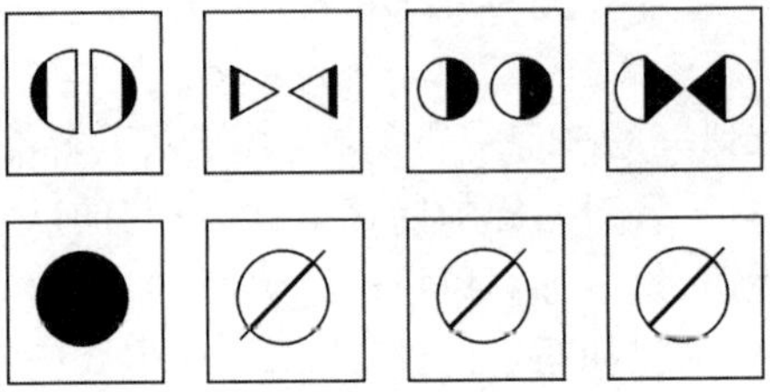

(b) 语言文字作业

高g相关因子　L H E C　　D F I M　　T Q N K　　H J M Q

低g相关因子　O P Q S　　G H I J　　L M N O　　I J K L

(c) 圆的四小图作业

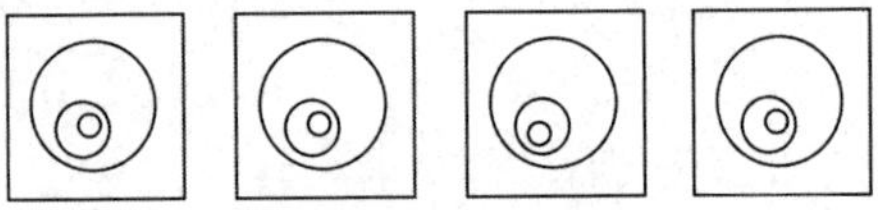

图 8-10　三项认知作业材料
（引自 Duncan et al., 2000）

是偏右侧加黑图形。低 g 相关因子图片组中，差别是显而易见的，第一张图是黑圆与其他小图不同。这类四个一组的图片中，总有一张在形状、纹理、大小、方向及其组合上与其他三张不同。图 8-10(b) 为语言文字作业，4 个字母为一组，在 4 组中总有一组的 4 个字母排列规则与其他三组不同，例如，在高 g 相关因子作业中，第三组 4 个字母间是等距的，相邻字母之间均有 2 个字母的间距，在 T 和 Q 之间有 S、R；在 Q、N 之间，有 P、O；在 N、K 之间有 M、L；而其他三组 4 个字母间不是等距的，第一组字母间距是 3、2、1；第 2 组字母间距是 1、2、3；第 4 组字母间距也是 1、2、3。在低 g 相关因子测验材料中，第一组字母在字母顺序表上是不连续的；其他三组字母均是连续的。图 8-10(c) 是圆的四小图作业中，第三张图与其他三张不同，它的小圆的圆心是偏向大圆周边的；其他三小图中小圆圆心偏向大圆的圆心。刺激图在计算机显示屏上呈现，被试观察空间作业时视角 12°，文字作业时 19°视角。用两手的食指和中指选择按键作为作业的答案（特别的小图或字母序列是第几位的）。每次按键给出答案之后间隔 0.5 s，又会呈现下一次测试刺激。要求被试尽可能经过仔细分析，给出准确答案，不要凭猜测给出答案。另请 60 名被试（平均 42 岁，年龄范围为 29～51 岁）每人进行三次实验，正确完成的作业数分别是，空间问题解决 34～46 项，文字问题解决人 43～65 项。又在另外 46 名被试中进行，4 min 之内完成高 g 相关因子空间问题平均 12 项，低 g 相关因子空间问题

198 项;高 g 相关因子文字问题解决 7 项,低 g 相关因子文字问题解决 42 项。

随后对 13 名右利手的被试进行 PET 的局域性脑血流(rCBF)测定,其结果如图 8-11(a)所示(见书后彩插),高 g 相关因子空间问题解决的局域性脑血流减掉低 g 相关因子空间问题解决的局域性脑血流变化之后,显示右半球(右图)的激活区大于左半球,主要差别是右半球的顶叶也有所激活。两半球共存的激活区是枕叶和背外侧前额叶。如图 8-11(b)所示(见书后彩插),文字问题解决作业中高与低 g 相关因子任务的局域性脑血流之差是右半球没有的显激活区,仅左背外侧前额叶激活(左小圆)。图 8-11(c)所示(见书后彩插),圆问题解决的脑局域性血流减掉低 g 相关因子空间问题解决的脑血流之后,发现除两半球枕部激活区,在右背外侧前额也有激活,根据这一结果,作者认为对心理学中争论很久的一般智力 g 因子是某一脑区的功能特性还是分散在大量脑区普遍特性之中,该研究结果证明解决问题的一般智力相关因子 g,主要反映了脑背外侧前额和内侧前额叶的功能特性。

第四节　精神分裂症的言语、思维障碍及其脑功能基础

思维过程、思维内容和思维形式三者的统一是正常思维的重要特征。在精神分裂症病人中,虽然存在多层次"分裂",但思维破裂是最突出的核心症状,表现为思维过程、思维内容和思维形式三者的分裂,以及思维和外界环境的分裂。

一、精神分裂症的思维障碍

(一) 思维过程障碍

思维过程的特点之一是具有目的性。如果思维过程缺乏这种鲜明的目的性,就是不正常的思维。联想散漫,主题不突出,中心思想不断变化,使人无法理解谈话内容和目的。这种思维散漫现象进一步严重,就会出现思维破裂。这时,不但每一段话之间缺乏内在逻辑,甚至每句话之间的关系也不够紧密,结果就形成了句子的杂乱堆积,语无伦次,支离破碎。思维散漫、破裂性思维都是在意识清醒的背景上呈现的,是精神分裂症的显著特征。此外,思维过程的突然中断,或者在思维过程中突然出现不相干的概念和思维插入,也是精神分裂症的常见症状。

(二) 思维形式障碍

逻辑倒错、语词新作和象征性思维是精神分裂症的常见思维形式障碍。语词新作是比较特殊的一种逻辑障碍,病人以特殊的古怪逻辑杜撰新的文字,只有他自己才能解释和理解。把很多不相干的概念凝缩在一起,称为思维凝缩。例如,病人造一字代表他本人,如羊字放在圆圈中,表示他自己是羊年生的,在娘肚子里长大的。语词新作这种特殊的逻辑障碍是精神分裂症的特征性症状。与此相近的一种逻辑障碍是象征性思

维,即用一个非本质的普通概念去代替另一类本质不同的事物。这种代替是荒谬的、不可理解的。例如,病人把辽宁产的扣子缝到上海产的衣服上,称之为"辽海两地一线牵"。

[常识与思索 8-3]　重症精神病与轻症精神病

一位被人用担架抬入门诊的病人,意识不清,口吐白沫,四肢挺直,阵阵抽搐,医生通过病人家属采集病史后,对病人进行神经检查和精神检查,认为是癔病性发作(轻症不需住院治疗)。

另一位仪态端正、年貌相称、由其父陪同而至的高中学生,愤愤地向医生诉说,自己受到父亲不公正的对待,逼着自己来见医生。随后,医生拿出病人父亲提供的一叠写满字迹的稿纸,请病人解释。他说这是自己的新发明:把每个人的生肖属性的字,放到一个圆圈里,说明自己原来是在娘肚里的,在属性那年出生的。别人见到他的这个签字就知道其年龄了!

根据其父提供的病史,此人自幼性格内向,常常独来独往,从小学到初中,学习成绩一直优秀,最近一年学习成绩明显下降,不能按时提交作业。近几个月,不能按时起床,无原因而不去学校上学,自己整天闷在家里,伏在桌上写这些别人看不懂的字符。

医生对病人进行神经检查,未见任何异常。进行精神检查,结果是神清仪整,年貌相称,时间、空间和人物定向力正常,接触尚可,答话尚切题,情感状态平稳,但谈及自认为的新发明时,稍显兴奋。记忆力、计算力、理解力等智能正常。自知力缺失,否认有病,主动诉说被父亲强制带来见医生。是否有幻觉、妄想,待进一步观察。

小结:根据其意识清晰、智能正常背景上,出现字词新作、思维凝缩、书面语言中存在思维破裂,行为懒散和荒谬等症状,印象诊断为重症精神病(精神分裂症),建议尽早入院观察和治疗。

由这两例病人可知,精神疾病的重症和轻症,不是根据直观看到的病人状态,而是根据症状性质、病程发展的特点、疾病的预后等确定。一般而言,神经症和癔病属于轻症,精神分裂症和内生性抑郁症等属于重症精神病。

(三) 思维内容障碍

思维内容障碍对于精神医学来说是非常重要而常见的问题。这类障碍不如思维形式改变那么容易鉴别,往往要根据对很多现象和背景材料的分析,才能做出最后的结论。思维内容障碍有强迫观念和妄想等几种形式,其中以妄想最为常见。根据妄想的内容,又可分为关系妄想、嫉妒妄想、被钟情妄想、被害妄想、影响妄想、夸大妄想、罪恶(自罪)妄想、疑病妄想、虚无妄想、变兽妄想、特殊意义妄想、被窃妄想等。妄想是一种与现实相脱离而又荒唐的固执想法。这种想法很顽固且与病人文化程度、社会背景及平时思想很不相干,又不能通过说服、教育和各种验证途径加以动摇。具有妄想的人对妄想内容坚信不疑,缺乏认识和批判能力。原发性妄想是突然出现的,不需任何解释,突如其来的想法,如见到一张圆桌面立即意识到世界末日的来临。这种妄想没有其他心理上的原因可以解释和理解。根据其出现的内容,可分为妄想心境、妄想知觉与妄想回忆,是精神分裂症特有的思维内容障碍。

[常识与思索 8-4] 裂脑人的来龙去脉

20世纪60年代,斯佩里请他的学生进行裂脑人大脑两半球功能对称性研究,此研究结果在1981年获得诺贝尔奖。裂脑人是天生的,还是因战争或交通事故等脑外伤所致?都不是,这些数以万计的裂脑人原来的大脑两半球都是通过胼胝体、前连合、后连合和海马联合协同工作的,是个整体的脑。后来因患精神分裂症,为治疗此病,医生对其进行了额叶白质切开术,成了裂脑人。1936年到1956年这20年间,在发达国家的城市医院中,住满了裂脑人。术后他们的精神分裂症没有痊愈,只是从一个兴奋躁动、幻听、幻视和妄想等阳性症候群的病人,变成一个被动冷漠、孤独退缩等情意性痴呆的阴性症候群的病人,没有正常的家庭和社会生活。所以,他们只能终生住在医院。那么,这项手术是怎么发明和传播开的呢?最后又是如何退出历史舞台的呢?

1935年12月在英国的一个脑研究会议上,美国科学家报告了他们训练大猩猩学习记忆的实验,说到其中有一只特别凶猛的猩猩,实验人员无法对其训练。他们给这只大猩猩做了额叶白质切开手术,结果这只猩猩变得很驯服。说到这,在会议的听众席上,一位来自西班牙的神经精神科主任莫尼卡,举起手来向报告人提问。他说:我的病房里有不少兴奋躁动的精神病人,如果把他们的脑进行手术,切成两半球分离,那会怎么样?报告人笑着回答,"不知道会如何!"这时听众席上一片笑声!可是莫尼卡主任是认真的。散会后,他急忙回到病房看病例,从中选择12名兴奋躁动病人,很快对他们进行了额叶白质切开术。半年以后,《柳叶刀》外科学杂志刊登了莫尼卡的临床报告。随后,西方的许多媒体都称之为精神病的新克星、创新疗法等,记者采访的许多名人,都将其评定为精神病治疗学上的创新。1950年在西班牙召开第一届精神外科大会,一致通过莫尼卡主任是精神外科之父,并推荐其为诺贝尔奖候选人。第二年他果然被授予诺贝尔奖。所以,在那个年代,发达国家的精神病人家属,都争先恐后地给家里的病人预约手术。

1956年前后,积累了许多关于这项手术的诉讼案件,多半是兄弟或夫妻之间为财产或职位继承问题,将自己亲人强行拉到医院进行额叶白质切开外,术后就变成失去产业继承或经营的行为能力的人。所以,美国国会组织专家调查,最后因治疗效果不理想而逐渐停止了这项疗法。1956年以前做过这项手术的病人,逐渐离开人世,现在所剩无几。

二、精神分裂症的脑功能基础

1911年，精神分裂症作为一个疾病单元，由于未能通过病理解剖发现脑形态学改变，被确定为机能性疾病；20世纪60~80年代对精神分裂症疾病本质的认识取得了突破性进展，发现精神分裂症是神经信息化学传递机制上的障碍。具体地说，阳性症状的精神分裂症是多巴胺能神经递质功能亢进的结果。与此同时，应用CT技术发现，阴性症状的精神分裂症伴有脑内旁海马回皮层萎缩。这些发现并未动摇机能性疾病性质的认识。直到利用磁共振成像技术揭示了一批新的科学事实，动摇了对机能性疾病的认识。目前，虽然多源性病理学说已得到普遍的接受，但精神分裂症的遗传内表型的热点研究仍未能修成正果，达不到作为临床诊断的标准；基于精神药理学和神经化学通路的精神病理学说停滞不前，抗精神病药物的疗效始终未能达到令人满意的效果。在过去60年中，将多巴胺之类的单胺类神经递质代谢机制，作为精神分裂症的医学基础，虽取得不小的进展，但突破不了重大瓶颈难题。30%以认知障碍为主的精神分裂症病人，长期使用抗精神病药物却不见疗效。近年关于脑细胞类型和表观遗传的研究表明，额叶皮层的GABA中间神经元和以谷氨酸为神经递质的锥体细胞与之关系更密切。所以，现在的发展趋势已经对防治难题开辟了新路。表观遗传分子生物学的发现也为精神医学提供了新的科学基础。现在看来，精神医学的未来还是令人乐观的。

胶质细胞在脑功能和行为问题中的作用，在过去几年内也成了新热点，比如fMRI以BOLD信号为测量的理论基础；微血管或脑血流并不直接接触神经元，而是通过胶质细胞将血液中的营养提供给神经元；特别是少突胶质细胞本身又是神经髓鞘的主要组成成分。医学界在儿童孤独症、毒瘾和过食与肥胖等问题中，都揭示了胶质细胞的作用，对精神分裂症的病理机制也给出了新的启发。

（一）多源性病理学基础

现在普遍认为，精神分裂症是一类具有多源性病理学基础的复杂疾病，多种神经递质及其多种受体功能异常。包括氨基酸类神经递质，如谷氨酸、丝氨酸、环丝氨酸、甘氨酸和γ-氨基丁酸(GABA)，以及谷氨酸的NMDA受体；还有多种单胺类神经递质及其多种受体，如多巴胺D_2受体、5-羟色胺2型受体($5-HT_2$)；脑内胆碱类神经递质及其受体等。分子遗传神经生物学研究已经发现，精神分裂症有多染色体、多位点基因突变，包括1q21.22, 1q32.42, 6p24, 8p21, 10p14, 13q32, 18p11, 22q11.13。所以，现在认为精神分裂症是一种复杂的疾病，具有多位点基因突变导致的多种神经递质及其受体功能失调的多源性病理学基础。

（二）精神分裂症的脑形态学改变

具有慢性阴性症状群的精神分裂症病人，其侧脑室比正常人大两倍之多，他们的脑脊液压力正常，说明脑室扩大并不是由于脑压增高所致，而是由于脑萎缩所造成的。除这些普遍性变化外，颞中回、旁海马回和苍白球等结构丧失更为严重。左颞叶皮层丧失

21%,右颞叶皮层丧失18%。这些结构的丧失程度与疾病症状严重性相关。利用PET技术研究精神分裂症病人脑区域性糖代谢率,研究结果基本一致,病人的脑额叶皮层糖代谢率显著低于正常人,旁海马回和额叶的脑区域性血流量也显著降低。

近十多年,又有三种磁共振成像技术可用于精神病人的脑形态学检查。弥散张量成像(DTI)主要用于测量脑白质,基于体素的形态测量法(voxel-based morphometry, VBM)用于快速测量脑灰质密度,另外,还有感兴趣区(ROI)局部脑灰质密度测量法。虽然VBM的精确度低于ROI局部脑灰质密度测量法,但可以测量比较大范围脑结构的灰质密度,在精神分裂症诊断中可以同时观察较多脑区灰质密度,更有实用价值。一批研究报告,一致报道精神分裂症病人颞上回和内侧前额叶,以及前扣带回、杏仁核和岛叶等脑结构中的灰质密度明显降低,说明脑细胞明显少于正常对照组。2005年,利用DTI对精神分裂症、孤独症和失读症病人的研究发现,病人脑白质中深层长距离纤维明显少于正常人,从而认为脑各区间长距离纤维发育不足是这些疾病的重要基础,而长距离纤维发育不足可能是由基因突变决定的。

(三) 精神分裂症的脑代谢和脑形态改变间的关系

许多精神分裂症病人,如妄想型和青春型病人,患病早期就存在大量阳性症状,丰富的幻觉、妄想、破裂性思维和荒谬的行为变幻莫测,经过数年反复发作,疾病的阳性症状逐渐减轻,代之以情感淡漠、意志衰退,出现了阴性症状。当然也有些精神分裂症病人,如单纯型病人,原因不明地潜隐发病,孤独退缩症状逐渐加重,从始至终都是阴性症状。那么,这两类不同的精神分裂症是否有共同的脑机制呢?目前虽然缺乏系统的证据,但有些科学家认为多巴胺受体亢进和脑萎缩及代谢率降低之间存在着密切关系。M. Mayia和A. Carlsson于1990年提出,精神分裂症病理过程最初发生在中脑的多巴胺能神经元和大脑皮层的谷氨酸能神经元之间的功能平衡性破坏。多巴胺含量增多或多巴胺受体亢进为一方,谷氨酸缺乏或兴奋性氨基酸受体功能低下为另一方;其中单独一方变化,或者两方发生相反的变化,都是精神分裂症阳性症状的病理基础。由于这种代谢过程在大脑皮层中的变化,引起兴奋性氨基酸为神经递质的神经元大量衰退,伴随着区域性糖代谢率下降,脑萎缩也逐渐变得显著起来,这种变化在颞叶、边缘结构和额叶皮层最明显,于是阳性症状逐渐变为衰退的阴性症状。对于那些潜隐性渐进型衰退的阴性精神分裂症,其疾病可能源于胚胎期或个体发育的早期,如在3～15岁神经元间关系修饰或重组阶段出现了病变,以旁海马回损伤为主要部位。

(四) 精神分裂症的遗传内表型

遗传内表型(endophenotype)的概念最初是20世纪70年代精神分裂症遗传研究中采用的术语,是指对精神分裂症家族研究中,生化测试或显微镜观察的阳性所见。只要这些参数或性状在精神分裂症家族成员中的发生率,比该地区精神分裂症临床发病率高出10倍的,均可视为精神分裂症的遗传内表型。2003年,这一概念扩展到神经生理学、生物化学、内分泌学、神经解剖学、认知功能和神经心理学检查所见,它是指精神分裂症临床诊断与其基因型之间的中介因子，或者说是精神分裂症发病的风险因子。当代分子遗传学和精神医学正是通过精神病的这些遗传内表型，才逐渐发现它们相对应的动物模型及其基因型。

Price等人（2006）报道了对具有60个遗传家庭背景的53名被试所进行的4项电生理学遗传内表型实验分析，包括失匹配负波（MMN）、P50波、P300波和逆向眼动电位的电生理学指标，结果如图8-12所示。这篇研究报告从跨学科高度审视了以往20多年对精神病电生理学的研究成果。对经过严格遗传学标准选定的53名被试，分别进行了4种电生理学指标的实验研究，对所得数据进行对数回归模型分析的结果表明，4项指标的共同使用，不仅回归系数达显著水平，也使诊断精确度达80%以上。

Clapcote等人（2007）进一步揭示在重症精神病研究中所发现的130个基因中，被列为首位的 $Disc1$ 基因，与电生理学前脉冲抑制的内表型指标存在着密切关系。前脉冲抑制（prepulse inhibition，PPI）在精神病研究领域中，已有20~30年的历史。PPI来源于大鼠的惊跳反射（startle response），一个意外的强声刺激引起惊跳反射，事先用了苯丙胺的大鼠这一反射更强。在20世纪70~80年代这一现象曾被用于构建精神分裂症动物模型。90年代，在此基础上发现若在强声之前有一短的弱声脉冲（前脉冲），则惊跳反射会受到抑制，这就是前脉冲抑制。几乎与行为研究同时发现人类被试的PPI伴有十分精细的电生理指标。在强声之前0.5 s先发出的短声刺激，能有效抑制强声刺激的听觉诱发反应。精神分裂症病人惊跳反射强于正常人，但PPI现象却很差。如图8-13所示，间隔0.5 s的两个强度相同的短双声刺激，分别诱发两个潜伏期为50 ms的P50波，右侧的第二个短声诱发的P50波幅仅是第一个短声诱发波（左侧）的12%，称为P50抑制现象。精神分裂症病人的P50抑制很差，如图8-13右侧第二个波是第一个波（左侧）的84%。PPI和P50抑制缺失的科学事实，共同支持了精神分裂症的感觉门控理论（sensory gating theory）。概括地说，感觉门控理论认为，精神分裂症的病理基础是感觉门控缺失，导致大量无关的信息进入脑中，搅乱了脑功能。

（五）精神分裂症分子生物学和细胞生物学机制

精神分裂症的全基因组病源机制，涉及从DNA到蛋白质/非编码RNA的整个细胞核内外的分子信息流的变化。包括小核苷酸多形性和复制数量的变化，畸变DNA的甲基化，组蛋白密码子的改变，表观遗传复合体长链非编码RNA（lncRNA）链接到DNA的失调，mRNA前体畸变、多腺苷化和剪裁的失调，进而使成熟的mRNA稳定性也因lncRNA的状态受到影响。前述的病理变化都发生在细胞核内。最终影响核外细胞质中的lncRNA与微RNA（microRNA）的相互作用，使细胞质内的密码子精细调制畸变，产生精神分裂症的非编码转录。

在细胞核和细胞质内的上述多环节的病理改变中，对精神分裂症而言，最关键的两项是DNA甲基化和lncRNA。这两项表观遗传现象发生在全基因组范围内，不改变遗传密码，却能影响基因的表达（Blokhin et al.，2020）。

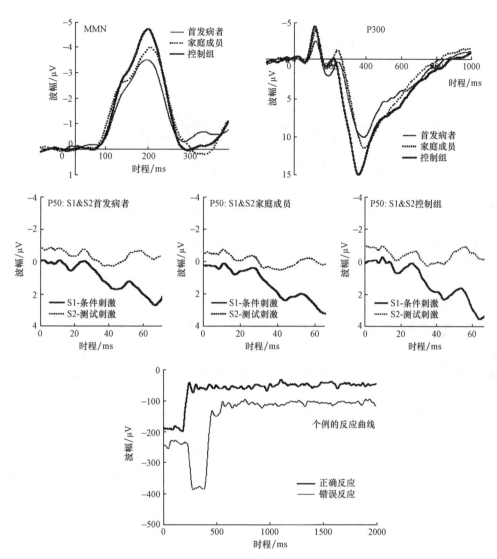

图 8-12　精神分裂症遗传家谱的 4 项电生理学内表型示意
（经授权，引自 Price et al.，2006）

1. 精神分裂症中的 DNA 甲基化

DNA 甲基化是在进化中被保留下来的表观遗传过程产物，它伴随着 DNA 中胞嘧啶的碳原子甲基化，变成 5-甲基胞嘧啶，因而出现转录抑制。在精神分裂症病人中发现一些基因发生甲基化畸变，并伴随着这些基因的启动子失调（Dempster et al.，2013），病人额叶皮层 DNA 甲基化与对照组的差异达到显著水平（Jaffe et al.，2016），

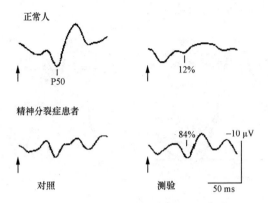

图 8-13　正常人与精神分裂症病人的 P50 抑制现象
(引自 Adler et al., 1990)

对照是第一声条件刺激,测验是第二声测试刺激,带标记的向下的波峰是 P50 波,上下两个标记的波峰差就是 P50 波幅值;12% 和 84% 是以左侧 P50 波幅值为 100% 的比较值。

病人血液存在 DNA 甲基化标记,并在尸检中发现背外侧额叶也存在甲基化标记(Chen et al., 2020),这些可以说明 DNA 甲基化在精神分裂症分子病理学中具有一定作用。但是研究所采集的病人样本,大多服用过抗精神病药物,所以他们的 DNA 甲基化是药物作用的结果,还是精神分裂症病理过程的结果,尚需考证。

2. 精神分裂症中的 lncRNA

人体内只有 2% 的基因是为合成蛋白质编码的基因,称编码蛋白质的基因(protein-coded gene, PCG);70%～80% 的基因组被转录,产生大量非编码转录子(non-coding transcript)。在非编码 RNA 分子中,lncRNA 是由 200 多个核苷酸组成的长链分子,它被 RNA 聚合酶Ⅱ所转录。估计人体有超 10 万个 lncRNA,其中 2 万个在人脑内表达(Derrien et al., 2012)。lncRNA 与精神疾病的关系比 PCG 更为密切。lncRNA 能与 DNA、RNA 和蛋白质相互作用,几乎参与到分子信息流的每一步调节,其作用机制之一是与转录复合体结合。lncRNA 的重要作用是拴紧表观遗传复合体与特殊基因位点的联系,给出转录变化。它参与到多项转录后过程,如剪裁、多腺苷化和转录的稳定性。lncRNA 的功能机制之一是因为它含有微 RNA 的捆绑位点,通过与微 RNA 相互作用,耗竭细胞质中的微 RNA;另一种机制是抑制微 RNA,使其功能阻断。这些机制在精神分裂症中发挥病理作用的直接证明是,在精神分裂症病人中这几种变化同时发生(Safari et al., 2019)。

精神分裂症病人脑细胞核内的上述分子生物学变化,可以引起神经细胞的三层次病变。在解剖学水平上引起大脑皮层背外侧前额叶(DLPFC)灰质总量增高;第三层灰质匀浆内的谷氨酸含量降低;DLPFC 的第三层局部回路降低,局部第三层回路是由兴奋性锥体细胞和抑制性 PV^+ 反应细胞组成的,GABA 含量也降低。这些发现说明精神分裂症病人大脑背外侧前额叶皮层的细胞类型、分层分布及其间兴奋和抑制的平衡，与疾病发生有关(Dienel et al., 2019)。

[常识与思索8-5] 无抽搐电休克疗法

抽搐疗法或休克疗法自1934年第一次使用，已经历近百年，至今对它的治疗机制或原理仍不十分清楚。最初从临床观察中发现一些精神分裂症病人并发癫痫后，精神疾病明显好转的事实，从中得到启发：抽搐可以缓解或治疗精神疾病。最先使用一些化学药物，诱发病人抽搐。分别注射樟脑油、戊四氮或其他兴奋剂，诱发病人的癫痫大发作，直到1938年才开始使用电休克进行治疗。20世纪60~80年代，因其令人目不忍视的残酷性和由于抗精神病药物的问世，这一疗法很少使用(Fink, 2001)。但是，抗精神病药物对30%以上的病人无效，这类精神疾病称为抗药性精神疾病，包括精神分裂症和重症抑郁症，还是离不开休克疗法。为减少病人抽搐过程引发的骨折或惊厥等副作用，在电击之前，先注射快速短时效麻醉药，如美索巴比妥和硫喷妥钠等，使病人处于短暂的麻醉状态，再给予电刺激。因此，现在使用电休克治疗，是由麻醉师、护士和精神科医师组成的治疗小组加以实施的，称为无抽搐电休克疗法。

思考题

1. 根据心理语言学关于语言理解、语言产出和语言生成的理论，语言和脑功能之间有哪些关系？为什么？
2. 如何分析语言及其脑网络所具有的人类社会性和人类种属本能性的双重属性？
3. 试论内隐思维和外显思维的特点和脑网络基础，以及两者的关系。
4. 论述形象思维与抽象思维的生理心理学理论及其对基础教育的影响。
5. 概述问题解决的心理学和人工智能研究成果，及其相互借鉴和共同推进的途径。
6. 精神分裂症的思维和语言障碍有哪些表现？对精神分裂症的疾病性质和本质你有哪些了解或评论？

本能、需求和动机的生理心理学基础

本能是指通过遗传机制固定下来的先天行为,包括饮食行为、性行为、防御行为、睡眠与觉醒等,都是人类种族延续和个体生存需求的基本行为类型。正是在这些基本行为类型基础之上,人们才能习得许多知识和技能,并产生社会动机和情感等高级社会心理活动。反之,本能行为又接受习得的高层次心理活动的调节与控制。所以,人类的动机是一类高级心理活动,是本能、需求和更高级心理活动,包括智能、情绪和情感的复合体。

对种族发展和个体生存有利的刺激物,如食物、水、性伴侣和安逸的生态环境,引起个体接近、追求或获取的行为反应,称为生物学阳性行为;反之,疼痛、厌恶、危险和有害的刺激物,常引起个体远离或躲避的生物学阴性行为反应。对生物学阳性和阴性刺激物的反应强度,不仅取决于刺激的强度,还取决于机体的内驱力或动机水平。睡眠与觉醒是一类特殊的本能行为,也是一种生物学自我保护性行为。言语和意识是人类的种属特异性本能行为;但语言和意识的内涵则是社会习得的。因此,言语、意识和动机一样,也是本能与习得行为的复合体。睡眠、觉醒和语言等本能行为与意识问题关系密切,这类问题将放在后面讨论。这里专门讨论饮食行为、性行为、防御行为等生物本能需求和动机的生理心理学基础。这类本能需求和动机都与内脏功能状态密切相关。但是,对内脏与大脑皮层的关系问题,因缺少适当的科学方法,长期以来神经科学和生理心理学得不到两者联系的确切科学证据。所以,只能停滞于20世纪40～50年代的自主神经系统、下丘脑和边缘系统的调节理论。

近十多年来,由于神经振荡、神经编码和无创性脑成像技术的发展,特别是R-fMRI的应用,形成了一个新领域——内感受系统的功能解剖学和生理学研究。

传统神经解剖学主要阐明视、听、体干感觉等外感受性神经通路及其皮层代表区,对于内脏感觉的神经解剖学基础则较为模糊。Craig(2002)的研究,除了总结出痛觉神经通路的皮层代表区、内脏感觉通路的皮层代表区和机体稳态通路的皮层代表区,还提出了内感受神经通路及其大脑皮层的初级代表区(岛叶皮层)和相应的联络区皮层(眶额皮层)。这篇文章很快得到同行的重视,被多次引用。研究脑和心脏,以及脑和胃-肠道关系的新方法和新理论不断涌现,关于研究心脏、胃肠道和大脑皮层之间的关系问题,获得了重大进展。对脑电活动的起源和心脏-脑与胃-脑关系有了新概念。例如,胃电图(EGG)和脑 BOLD 信号之间的相位耦合(phase coupling)，EGG 和脑电 α 波幅值之间的相位-幅值耦合(phase-amplitude coupling)，以及心搏诱发的脑平均诱发反应(heartbeat evoked response，HER)等，本章将分别在摄食行为和防御攻击行为中具体介绍这些新成果。

第一节 摄食行为

人和动物之所以进食，是因为受到饥饿感的驱动，饥饿感的产生涉及中枢环节、化学环节和外周器官的参与。

一、饥饱感与脑内的摄食中枢

饥饱感产生的生理机制始于血糖含量的变化。血糖下降是饥饿感的原发性因素，它作用于脑和肝内的葡萄糖感受器，激发脑内饥饿中枢的兴奋，产生主观饥饿感；驱动机体摄食，消化道得到充盈，消化道内的机械感受器和葡萄糖感受器受到刺激。在食物消化吸收过程中，血糖升高，使脑和肝内的葡萄糖感受器发生反应，当脑内饱中枢受到兴奋，引起饱感，停止摄食行为。所以，脑内摄食中枢由饥饿感中枢和饱感中枢组成，前者位于下丘脑外侧区，后者位于下丘脑室旁核和围穹窿区。摄食行为取决于二者中哪个是优势兴奋中枢，如图 9-1 所示。

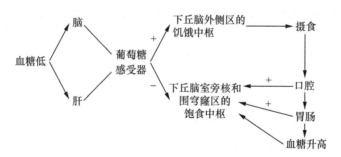

图 9-1 饥、饱感与摄食行为的调节机制示意

为什么这些脑结构是饥饱感的重要中枢呢？一方面，这些脑结构与脑内化学通路有着交错的关系；另一方面，它们与多种体液调节机制也有复杂关系，与多种激素和葡萄糖代谢有关。下丘脑汇集了脑内多种化学通路，现在已知的有多巴胺黑质-纹状体通路，多巴胺中脑-边缘通路，多巴胺正中隆起-垂体通路，背侧去甲肾上腺素通路，腹侧去甲肾上腺通路，5-羟色胺通路（与去甲肾上腺素通路相平行），下丘脑-垂体 P 物质能神经末梢，下丘脑-垂体内啡肽能神经末梢，以及视前区、乳头体等下丘脑的乙酰胆碱能神经末梢。这些化学通路对下丘脑在饥、饱调节功能中有不同的影响。

多巴胺黑质-纹状体通路穿越下丘脑外侧区，利用电损毁或 6-羟多巴胺选择性损毁这些纤维，均可使动物陷入不饮、不食状态。利用 α-对甲基酪氨酸（α-methyl-p-tyrosine）抑制多巴胺的生物合成过程，也会引起同样的效应。相反，多巴胺受体激动剂则可使动物恢复饮食行为。微电极电生理研究发现，饥饿时动物脑内黑质的多巴胺能神经元单位发放频率加快；对动物静脉注入葡萄糖可以降低这些神经元的单位发放频率。这一结果证明多巴胺能神经元活动与饥饱感有密切关系。

下丘脑室旁核含有丰富的去甲肾上腺素能神经末梢。动物摄食时，下丘脑室旁核的去甲肾上腺素含量最高。由于去甲肾上腺素在这里发挥抑制性神经递质的作用，所以对室旁核进行去甲肾上腺素灌流，则发现其神经元单位发放频率降低，同时诱导出动物的过食行为。由去甲肾上腺素诱发的这种过食行为在切断支配胰腺的迷走神经之后立即消失，说明室旁核中去甲肾上腺素神经系统引起的过食行为与其对胰岛分泌功能的影响有关。去甲肾上腺素之所以具有增强进食行为的效应，还可能与内侧前脑束对动物阳性自我刺激行为的强化作用有关，因为内侧前脑束也以去甲肾上腺素为神经递质，它在从中脑向前脑的上行途中穿越下丘脑外侧区。所以将去甲肾上腺素注入下丘脑外侧区也能增强食欲，使动物摄食行为增强。进一步研究发现，去甲肾上腺素对动物进食的增强效应是通过其受体实现的。室旁核内 α 受体分布密度较高，下丘脑围穹窿区 β 受体分布较多。去甲肾上腺素的 α 受体激活引起饥饿感，β 受体激活引起饱感。去甲肾上腺素与 α 受体结合引起进食行为，α 受体阻断剂则能终止进食行为；去甲肾上腺素与 β 受体结合引起饱感并停止进食，β 受体阻断剂则增加进食。所以，去甲肾上腺素在脑的作用部位不同，对摄食行为的作用效果不一。当去甲肾上腺素在室旁核内减少，而在下丘脑围穹窿区增多时就会引起饱感并停止进食。

5-羟色胺通路在脑内与去甲肾上腺素通路的分布相平行，两者的生理效应一般是拮抗的。去甲肾上腺素引起进食增强效应，而 5-羟色胺则对摄食行为有抑制效应。一种引起厌食的药物芬氟拉明（fenfluramine）正是通过增强 5-羟色胺的释放而产生作用的。如果事先损坏脑内缝际核的 5-羟色胺能神经元，则芬氟拉明的厌食效应就不会发生。对氯苯丙氨酸（PCPA）抑制色氨酸羟化酶活性，使脑内 5-羟色胺合成减少，将其注入大鼠下丘脑，则引起动物饮食过量和体重明显增加。

除上述 3 种主要的单胺能神经通路外，下丘脑的 P 物质能神经末梢、内啡肽能神经末梢和乙酰胆碱能神经末梢都参与摄食行为的调节，与相应受体结合引起摄食增多的效应。这几种脑内活性物质的受体拮抗剂均可阻断其摄食效应。

二、体液调节机制

除了脑内的化学通路，在脑和消化道内还存在着许多体液机制，对中枢和外周器官发生调节作用。葡萄糖及其感受器、胰岛素、胰高血糖素、肾上腺皮质激素、胆囊收缩素和垂体分泌的激素,在摄食行为的调节中均有一定的作用。与脑内化学通路的作用方式不同,这些物质随血液运行,通过脑血流作用于与摄食行为有关的脑结构而发挥生理效应。与脑内化学通路相比,这些物质作用的距离远,发挥生理效应的环节多,所需的时间较长。

　　肝和脑内均存在葡萄糖感受器,对血液内葡萄糖含量进行灵敏的检测。下丘脑外侧区的葡萄糖感受器对低血糖敏感,引起饥饿感;室旁核和下丘脑围穹窿区葡萄糖感受器对高血糖敏感,产生饱感。室旁核的神经冲动沿轴突传至脑干迷走神经运动背核,产生抑制效应。迷走神经对胰腺的兴奋作用,使胰岛细胞分泌较少的胰岛素。室旁核的兴奋还合成较多的神经激素——促肾上腺皮质激素释放激素(CRH),CRH沿垂体门静脉系统的血液循环作用于垂体前叶,促使其释放促肾上腺皮质激素(ACTH)。血液中的ACTH作用于肾上腺皮质,促使其释放肾上腺皮质激素。由肾上腺皮质激素通过肾上腺髓质再作用于胰腺,使胰岛细胞减少胰高血糖素(glucagon)的分泌。这样,在胰岛细胞中分泌的两种激素——胰岛素和胰高血糖素相互制约,调节着血糖的浓度,而两种激素的分泌又由下丘脑摄食中枢通过神经体液机制加以调节和控制。如果血糖低,胰岛素含量高,则动物就会出现过度摄食行为;反之血糖高,胰高血糖素也高,则动物就会出现厌食行为。下丘脑腹内侧核的损毁,将室旁核与迷走神经运动背核的联系切断,使迷走神经运动背核失去抑制而过度兴奋,分泌较多胰岛素。与此同时,室旁核的兴奋却可以正常地按神经激素的许多环节作用于胰岛,使之减少胰高血糖素的分泌。由于胰岛素含量高,经消化道吸收的葡萄糖就会立即转化为储存的形式——肝糖原、肌糖原和脂肪。高胰岛素也妨碍血液葡萄糖作为能源加以利用。因而,下丘脑腹内侧核损伤,会导致过食和肥胖。

　　体液调节中的另一个重要物质是由十二指肠分泌的胆囊收缩素(CCK),它既作用于消化道,又可随血流作用于脑,故又称为脑肠肽。更确切地说,胆囊收缩素是脑肠肽的一种,每当十二指肠从胃内接受食物时,就会分泌CCK。血液内CCK的浓度与十二指肠从胃内接受的营养多少有关。如果营养充足,血内浓度较高的CCK抑制胃的排空,同时随血液作用于脑内饱中枢,引起饱感,使机体停止进食。只有当机体吃了一定食物,并当食物从胃内大量进入十二指肠时,CCK才对进食行为有抑制作用。所以,它总是快吃饱时才发生对进食的抑制作用,饥饿者刚刚进食时,CCK就没有这种作用,说明CCK是具有饱感信号性质的物质。实验证明,切断迷走神经胃支,CCK的这种作用消失;但切断迷走神经肝脏支和胰腺支则不妨碍CCK的这种作用。这说明CCK的作用除有体液调节机制外,还有神经传导的途径。CCK作用于胃平滑肌改变其收缩程度的同时引起平滑肌中感受器兴奋性的变化,向脑内输入产生饱感的神经冲动。由此可见,一些体液调节机制,与外周消化道在饥饱感中的作用有着密切关系。

三、外周作用与习惯

从 CCK 的作用机制中,可以看到胃、十二指肠在饥饱调节中的作用。一些生理心理学家采用消化道手术方法分别考察了消化道不同部位对饥饱感的影响。在胃幽门处手术植入一线套,对比拉紧线套前后动物摄食行为的变化,即比较阻断胃和十二指肠前后动物的摄食行为。结果发现在阻塞通道之前,动物有正常的摄食行为,适量食物产生饱感后,动物停止进食。如果拉紧线套使食物停滞于胃内,再从胃内抽出 10 mL 食物,则发现动物又会吃进 8 mL 食物。此时切断动物迷走神经胃支,使胃内的神经冲动无法传向大脑,从胃内提出 10 mL 食物,则动物就会过量进食使胃受到过分扩张,这些结果说明,只要十二指肠以上的口腔和胃受到食物刺激就会产生饱感,不需要小肠以下消化道的参与,但此时胃的神经支配必须保持正常。在饱感形成中,胃的作用可能与其对味觉的影响有关。胃充盈往往使味觉神经元对食物味道的反应不灵敏;反之,饥饿时胃排空,味觉神经元对食物的反应就比较强。所以,胃充盈时产生饱感的同时,对食物味道反应也变差。为了证明胃扩张在饱感和食物味感中的作用,生理心理学家在胃内植入气囊,用气体扩张胃,重现了食物充盈胃的效果。除了胃之外,口腔也是重要的,许多食道癌或食道狭窄的病人进行胃瘘手术,将食物直接注入胃中。这些病人的共同体验是必须将食物放入口腔咀嚼,然后将之吐入胃瘘管,注入胃中才能产生理想的饱感。对动物实行食道切断手术,使之从口腔吃进的食物不能进入胃内而落入外面。这种假饲实验证明,仅仅经过口腔咀嚼,动物也会产生短暂的饱感;但终因胃内空空,很快又去进食。这些资料证明口腔咀嚼和胃的充盈在饱感的产生中具有重要作用。

十二指肠对饱感的影响主要是通过 CCK 体液调节机制来实现的。此外,十二指肠将食物中的营养吸收到血液中,再经肝门静脉系统转移至肝内。肝中的葡萄糖感受器对饱感的产生也具有一定意义。应用不能透过血脑屏障的糖,如果糖等,注入肝门静脉,虽不能直接作用于脑中枢,但动物也会产生饱感,停止进食行为,但是切断肝脏的迷走神经,再向肝门静脉灌流果糖,则动物不会出现饱感。这说明肝在饱感形成中的作用不仅是体液性的,也包括向脑中枢传导神经冲动的神经机制。

四、胃-脑的功能耦合及其对摄食行为和体重的高级调节机制

前面讨论下丘脑的饥、饱中枢和体液调节机制,以及胃肠道的作用,似乎给我们一种印象,摄食就是一种下丘脑中枢的本能行为。那么人类的饮食文化如何理解呢?近年关于胃-脑静息态功能耦合研究成果,给了我们一个十分明确的回答。

(一) 胃-脑的静息态功能耦合

21 世纪初发展起来的 R-fMRI 技术,很快帮助研究者发现了人脑静息状态下 BOLD 信号发生的低于 0.1 Hz 超慢自发振荡(ultra-slow oscillation)现象。经过许多

实验室的重复验证,Raichle(2015)总结道:这种超慢自发振荡主要出现在双侧对称的皮层区,包括内侧和外侧顶区皮层、内侧前额叶皮层、内侧和外侧颞区皮层等。这些离散的脑结构组成默认网络。

如图 9-2 所示,Rebollo 等人(2018)将 8 个记录电极放置在被试的腹壁胃体表面,双极导联记录到 4 通道的胃电图(EGG),然后进行谱分析,得到 30 名被试 EGG 的频谱峰值是 0.047 ± 0.003 Hz,变化范围 $0.041 \sim 0.053$ Hz(图 9-2(b)),以大约 0.05 Hz 作为胃电图的均值,是静息态脑 BOLD 信号超慢振荡的 1/2 倍频。也就是说 EGG 变化的周期(20 s)是脑 BOLD 信号变化周期(10 s)的 2 倍。由此可知,两者发生锁相耦合的概率很高。对 30 名被试记录静息态 EGG 和 R-fMRI 脑 BOLD 信号,进行耦合分析,结果如图 9-2(c)所示,实线是胃 EGG 的变化,虚线是脑 BOLD 信号。有些脑皮层区的体素(voxel)BOLD 信号变化与 EGG 变化发生耦合,有些皮层的体素 BOLD 变化与 EGG 未发生耦合。这些耦合的皮层区分布,根据不同研究报告的结果,Azzalini、Rebollo 和 Tallon-Baudry(2019)汇总如图 9-3(a)两个脑图内的橙色标记(见书后彩插),将这些皮层区统称为胃网络(gastric network),包含触觉、视觉或动作的皮层代表区。可见胃功能活动与多种皮层代表区相关,可能与胃的活动和食物色、形、硬度,以及某些动作存在着自然的联系有关。

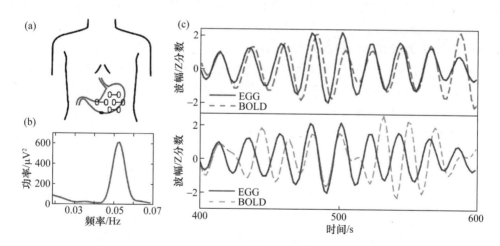

图 9-2 胃电图(EGG)和胃-脑 BOLD 信号的相位耦合
(根据 CC-BY,引自 Rebollo et al.,2018)

(a)采用双极记录法;(b)在单一被试记录到的胃电图功率谱,放大和滤波参数置于正常胃电频段 $0.033 \sim 0.066$ Hz;(c) 200 s 记录数据的分析结果,上图是 EGG 和脑 BOLD 信号相位耦合的脑体素;下图是 EGG 和脑 BOLD 信号没有相位耦合的记录。是否耦合是根据信号间是否具有稳定的高相位锁定值(high phase-locking value,PLV)来确定的。

当同时记录被试的胃 EGG 和脑电图(EEG),结果如图 9-3(b)所示(见书后彩插),黑色密集线是 EEG 的 α 波,黄色曲线是胃 EGG。α 纺锤波的包络与 EGG 曲线耦合,称为胃-α 波相位-幅值耦合(gastric-alpha phase-amplitude coupling)。发生这种耦合的皮层区分布在上图中黑色线轮廓区内,都位于半球内侧面的枕叶区内。

Rebollo 等人(2018)认为大脑皮层中的胃网络是一种新型静息态网络(a novel resting-state network, RSN),不同于脑默认网络(DMN),因为它虽然也和 BOLD 超慢振荡活动有关,但它的作用不是像 DMN 那样与静息态同步即时性的;而是对胃功能状态具有延迟性,大约延迟 3 s 才会出现胃-脑耦合反应。提示这种静息态网络是复杂多层次的,因为每一级神经元的信息传递都会耗费 10～15 ms,也可能这种延迟是由于神经信息传递与脑微血管功能变化之间的延迟所导致的,因为 BOLD 信号是脑血氧水平相关的生理指标。

(二) 人脑对摄食行为和体重的高级调节机制

随着经济的发展,人们生活水平的提高,越来越多的人超重或肥胖,影响身心健康和生活质量。目前,医学界利用四类药物治疗肥胖症:苯丁胺(phentermine)是一种儿茶酚胺类兴奋剂,具有厌食效应;西布曲明(sibutramine)是一种 5-羟色胺和去甲肾上腺素重吸收抑制剂,2012 年在欧洲上市不久,因对心血管功能的严重副作用被叫停;奥利司他(orlistat)是一种肠道吸收脂肪的抑制剂;利莫那班(rimonabant)是人脑内源性大麻素的受体激动剂,是国际上最新的减肥药,但易导致抑郁症,应慎用。这些药物均具有副作用,长期服用往往会带来严重的后果。

在人类的摄食行为中,生活习惯、学习机制具有重要作用。每日规律地定时摄食,就会形成饥饱感的周期变化。因肥胖不得不节制饮食的人也有共同的体验,在节食之初,常感到不舒适;随后习惯于胃不全扩张,于是饱感的标准也发生了变化。经验、习惯和学习机制对人类饮食行为的影响是脑高级部位的重要功能。近年大量无创性脑成像研究,揭示了前所未知的新科学事实。Volkow、Wang 和 Baler(2011)总结了一批研究报告,提出了人类进食行为和肥胖的脑功能机制。人类进食行为取决于图 9-4(a)所示的人体能量平衡机制和(b)所示的认知和奖励平衡机制之间的相互作用。人体能量平衡的初级调节中枢位于下丘脑,除了饱中枢下丘脑室旁核(PVN)和饥饿中枢下丘脑外侧区(LH),其他下丘脑结构也参与营养和代谢功能的调节。这些初级中枢通过 40 多种神经激素进行精细的能量平衡调节。此外,如图 9-4(b)所示,具有认知奖励平衡功能的脑结构是腹内侧前额叶(vmPFC)、内侧眶额皮层(mOFC)、前扣带回(ACC)、岛叶皮层(Insula)、眶额皮层(OFC)等结构,通过三条途径和多种神经递质对进食行为进行调控,包括学习和条件反射途径中介于习得的经验(海马、杏仁核)、快感和诱惑反应(中脑腹侧被盖区-伏隔核的奖励系统)、自上而下的抑制和行为决策系统。

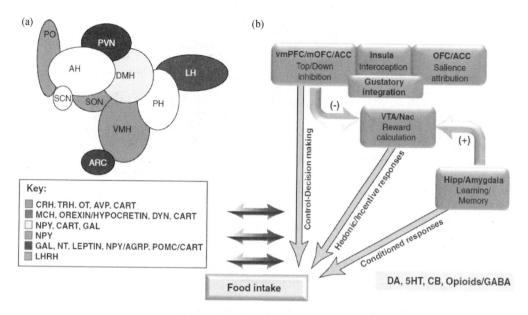

图 9-4 摄食和肥胖的多种调节机制
(经授权,引自 Volkow, Wang, & Baler, 2011)

(a) 身体能量平衡机制,即纯生理机制,以下丘脑(HYP)为中枢,包括下丘脑外侧区(LH),室旁核(PVN),下丘脑背内侧区(DMH)和下丘脑腹内侧区(VMH),以及下丘脑弓状核(ARC);(b) 认知和奖励平衡机制,即生理心理机制,有许多脑高级中枢参与,包括腹内侧前额叶(vmPFC),内侧眶额皮层(mOFC),前扣带回(ACC),岛叶(Insula),眶额皮层(OFC),味觉整合(Gustatory integration),中脑腹侧被盖区(VTA),伏隔核(Nac),奖励计算(Reword calculation),海马(Hipp),杏仁核(Amygdala),学习/记忆(learning /memory)。人们摄食行为(Food intake)取决于(a)(b)所示两类机制的相互作用。(a)下部方框中的英文缩写是人体内和脑内的多种激素,例如:CRH 肾上腺皮质激素释放激素,MCH 黑色素聚集激素,NPY 神经肽 Y,GAL 甘丙肽,LHRH 促黄体激素释放激素。(b)下方的英文缩写:DA 多巴胺,5HT 5-羟色胺,CB 内源性大麻素,Opioids/GABA 阿片肽类/γ-氨基丁酸。

在如此多的脑结构和生物活性分子的食欲调节链中,发生关键作用的因素或脑结构何在? Lowe 等人(2018)对 28 名成年女性被试进行食物鉴别和选择实验,采用经颅磁刺激(rTMS)技术中的连续 θ 爆发(cTBS)刺激,以便能导致被试的背外侧前额叶皮层(dlPFC)活动性抑制,并记录、分析被试的事件相关电位(ERPs)。结果表明,当被试的背外侧前额叶皮层活动性被抑制,被试选择高热量可口食物的反应显著减少,ERPs 中 N2 波幅降低。作者认为,他们的实验数据证明左半球背外侧前额叶皮层通过抑制性控制能力,在调节高糖和高脂肪可口食物的渴求中,发挥关键作用。Lowe、Reichelt 和 Hall(2019)综述了有关肥胖和高能量食物渴求的研究报告,认为前额叶皮层的主导作用是关于膳食和肥胖问题的神经科学健康观,如图 9-5 所示。

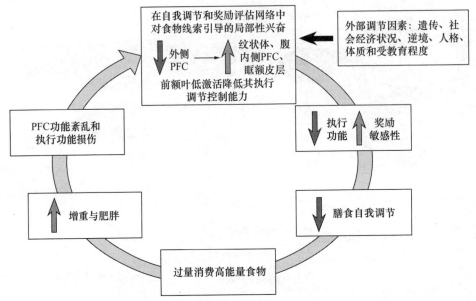

图 9-5　高能量膳食诱导的肥胖与前额叶皮层的相互作用机制
（经授权，引自 Lowe, Reichelt, & Hall, 2019）

对食物线索外侧前额叶皮层(PFC)的反应降低，也就降低了前额叶皮层对调节皮层和皮层下奖励区对奖励价值评估的信息加工能力，结果是对膳食的自我控制能力下降，导致以可口的高能量食物为主。持续一段时间就出现体重增加和肥胖，随后是中脑多巴胺信号、前额叶功能性和认知控制的改变。这些变化驱动着不健康的膳食行为。

[常识与思索 9-1]　膳食和肥胖问题的神经科学健康观

　　随着现代社会食物源的丰富和多元化，人们摄入的食物能量很容易超量。因此，饮食调节和体重控制成为许多人的烦恼，解决的关键之一是提倡膳食和肥胖问题的神经科学健康观。它不是从胃口着眼，而是从脑最高中枢的功能调节入手。人脑最高中枢是前额叶皮层，包括外侧前额叶和内侧前额叶两部分。前者主要对来自外环境的外感受信息处理加以决策，后者对来自体内环境的内感受信息处理进行决策。两者不仅与皮层下脑中枢（脑干和丘脑）发生双向联系，而且也不断交流彼此的信息，相互影响着对内感或外感信息处理的决策。关于饮食调控，如果内侧前额叶对内感信息的决策没有外侧前额叶信息的参照与平衡制约，很容易导致中脑腹侧被盖多巴胺-伏隔核的奖励/强化功能亢进，类似毒瘾的机制会被引发，对含高糖高脂食物发生强化作用，出现过食行为。反之，过食行为又会导致内、外侧前额叶的功能连接减弱，如此恶性循环，很快导致体重增加。图 9-4 和图 9-5 及其相关文献说明了这个道理。

第二节 饮水行为与渴感中枢

渴是一种主观心理感受,促使机体实现饮水行为。由于体内缺水引起的渴和饮水行为被称为原发性饮水,由于生活习惯和预料自己会渴而导致的饮水行为被称为次发性饮水。

一、渴与原发性饮水

机体内的水分绝大部分(66%)分布在细胞内,是细胞质的重要成分之一,被称为细胞内液;细胞间液(分布于细胞之间,占26%)、血液(7%)和脑脊液(不足1%)被称为细胞外液。在血液与细胞间液之间,由大量毛细血管壁形成屏障;在细胞间液和细胞内液之间,由细胞膜构成屏障。这些生物膜对体液内溶解的各种物质有选择性通透作用,进行着复杂的物质交换,以维持生命过程。生物膜机能变化,细胞内、外液的比例,容积或渗透压的变化,均可导致机体的渴感。在诸多因素中,水和盐是影响口渴的两种最直接的物质。口、消化道、肾脏和脑的一些结构在调节渴感与饮水行为中都起着不同的重要作用。现将它们之间的关系归纳为图9-6。

较多的盐或高蛋白类食物经咀嚼、消化后,吸收至血液,引起细胞液的渗透压增高,继而使细胞内液流向细胞外,形成细胞内液脱失,引起渴感。下丘脑视前区外侧部和下丘脑的第三脑室周围区内存在许多神经元,对渗透压的改变十分敏感。这些渗透压感受细胞的兴奋引起下丘脑视上核合成较多的抗利尿激素(ADH),此激素经垂体门静脉系统达垂体后叶,在这里将抗利尿激素释放至血液中,影响肾功能,减少尿液生成,将水潴留体内,以缓解细胞外液渗透压的变化。与此同时,下丘脑的渗透压感受器兴奋,影响下丘脑前部的渴中枢,使机体产生渴感并引起饮水行为。用微电极刺激下丘脑前部的渴中枢,引起动物(山羊)饮水量急剧增加,其饮水量可多至体重的一半。除下丘脑渗透压感受细胞兴奋外,口腔、小肠、肝脏也有渗透压感受细胞。它们的兴奋通过内脏传入神经,最终到达下丘脑的渴中枢,引起渴感。外周器官内的渗透压感受器或下丘脑渗透压感受细胞都是比较灵敏的检测器。它们的兴奋既通过体液环节产生抗利尿作用,导致水潴留,也通过渴中枢兴奋,引起饮水行为,导致水的摄入。

大汗淋漓、呕吐腹泻或外伤失血等,均可导致细胞外液的丧失,只要丧失10%的体液,就会通过植物性神经反射引起血压下降。血压下降导致肾血流量减少或兴奋交感神经,激发肾脏释放肾素,作用于血液内的血管紧张素原。使之先后转变为血管紧张素Ⅰ和Ⅱ。血管紧张素Ⅱ一方面作用于肾上腺使之分泌醛固酮,引起肾脏对钠离子重吸收,造成钠潴留,继而带来水潴留的后果;另一方面血管紧张素Ⅱ通过血液作用于脑内穹窿下的血管紧张素感受细胞,它们的兴奋沿轴突传至下丘脑视前核内侧,引起那里的突触后兴奋,继而作用于下丘脑前部的渴中枢。此外,血压下降引起交感神经兴奋传至脑内隔区，由这里再引起下丘脑前部渴中枢的兴奋。所以体液容积丧失，既通过神经体液作用机制中介于肾上腺皮质激素——醛固酮，造成肾功能改变，又通过脑内的隔区、穹窿下、下丘脑视前核作用于渴中枢，引起饮水行为。

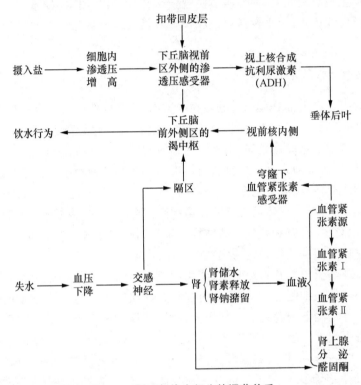

图 9-6 渴感与饮水行为的调节关系

总之，无论是渗透压性失水，还是容积性失水，既通过复杂的体液环节作用于肾脏，使水潴留于体内；又通过脑内渴中枢引起机体的饮水行为。前者是单纯性水平衡的生理过程，后者是复杂的生理心理过程。参与这些过程的主要生物化学物质有垂体的抗利尿激素、肾上腺的醛固酮、肾脏的肾素和血管内的血管紧张素Ⅱ。口腔、消化道、肝内的渗透压感受器和心血管系统内压力感受器对渴感具有重要作用。下丘脑、隔区和穹窿下等许多脑结构与原发性饮水行为都有密切关系。在这些脑区中，下丘脑前外侧区达中脑被盖区的通路，与血管紧张素调节的饮水行为有关。下丘脑前外侧区的损毁阻断了渗透压性渴引起的饮水行为，不影响中介于血管紧张素容积性渴引起的饮水行为；相反，损毁包括中脑被盖脑低位的中枢结构，只影响中介于血管紧张素的容积性渴引起的饮水行为，不影响中介于抗利尿激素的渗透压性渴所引起的饮水行为。可见，由于渗透压改变引起的饮水行为与容积性饮水行为的中枢是不同的。

脑成像研究发现，当人类被试处于严重渴感状态下，脑内最大激活区出现在扣带回

(BA24区和BA32区)。此后请被试饮水,当他不感觉口渴3 min后,扣带回的激活状态也明显下降。这说明,前扣带回皮层在渴感调节中有重要作用,是位于下丘脑之上的更高级渴感和饮水调节中枢。还有部分报道,除扣带回以外的体干感觉皮层、上颞回皮层、运动区皮层和前额叶皮层在口渴状态下激活,取决于渴的强度和个体打算如何解渴的途径。

二、次发性饮水

人们吃完丰盛佳肴后,总会饮上几杯香茶,即使不觉得口渴,饮水也成为自然的惯例。这类由生活经验和习惯所引起的次发性饮水,往往具有渴的预见性。吃完营养丰富的食物,胃肠道对之进行消化和吸收的过程中要分泌消化液,吸收到血液中的营养要使细胞外液的渗透压增高,这些因素都将引起渴感。所以,在吃饭中喝汤和饭后饮水,是具有预见性的次发性饮水。此外,每日饮水量的个体差异极大,除代谢速率的个体差异外,更重要的是生活习惯的差异。不论是否口渴每日定时喝茶,就是一种次发性饮水行为。生活条件、工作性质和生活规律都是影响次发性饮水的重要因素。

学习对次发性饮水也具有重要意义,对大鼠的实验研究充分证明了这一点。如果给大鼠喂食碳水化合物,且它们每日饮水量与食物质量相等。当这种饮食规律稳定之后,改换含丰富蛋白质的食物,第一天就发现动物由于口渴在食后几小时内增加饮水量达食物质量的1.47倍。几天以后,动物在吃过高蛋白食物后立即饮足所需要的水量。显然,它们已学习到高蛋白食物与即将发生的渴感之间的关系,做出了预见性次级饮水行为。下丘脑外侧区的损伤不影响原发性饮水行为,只影响大鼠这种预见性的次发性饮水行为。所以,有人认为此区可能是次发性饮水的重要脑中枢。

三、解渴感

口渴引起的饮水行为,一般总要达到解渴感(satiety)之后才停止。生理心理学家应用食道分离手术(esophagotomy)建立了许多关于"假饮"的标本,研究口腔、咽、胃、肠等感受器在解渴感中的作用。这类研究发现,口腔和咽的感受器虽可以产生解渴感,但其作用极小,且是胃肠引起解渴感的次级效应。如果将食道手术切断,动物经口饮入的水达不到胃即漏出体外,则动物会不停地饮水;反之在胃中造一套管,通过此套管将水直接注入胃中,则动物很快停止饮水的行为。

Hall和Blass(1977)在大鼠胃幽门处预置一个钓鱼线制成的套,当大鼠口渴饮水之后立即将套拉紧使胃内水不能进入小肠和肝脏中,此时发现大鼠饮入的水远多于未拉紧线套的动物。由此他们认为,小肠和肝内感受器对解渴感可能具有重要作用。总之,肠对于解渴感比口、咽的作用大。

第三节 性 行 为

与摄食和饮水行为不同,性行为对于个体生存来说并不是最重要的本能,但对于种族延续却是非常必要的。因为,没有种属特异性的性行为也就不可能有新一代的个体。尽管不同种属的动物其性行为有很大不同,但最基本的生理基础却是相似的,具有很强的遗传保守性。性腺活动周期性变化,血液内性激素作用于脑内与性行为有关的结构,引起动物求偶行为,在适当环境条件和性对象存在时,完成交配行为。因此,与性行为有关的脑中枢、激素和环境条件是理解性行为生理心理学基础的三个重要方面。人类性行为的意义,除了对全人类的生物学意义以外,更多的是社会性和个体性,而且随着社会发展和控制生育的科学技术发展,人类性行为的社会性和个体性更加突出。社会性是指婚姻家庭对个人、家族和社会发展的价值;个体性仅限于性行为对个人生活的意义。本节仅对性行为的个体性做生理心理学分析,不涉及社会性。

一、性行为中枢

作为本能的性行为中枢,分布在中枢神经系统不同水平的结构中,可分为三级。

性反射的初级中枢位于脊髓腰段,更具体地说是腰髓前角的球海绵状核(nucleus of the bulbocavernosus),该核的运动神经元发出轴突,直接支配生殖器的肌肉,保证交配行为的完成。该中枢的运动神经元对血液内性激素的变化很敏感,如果性激素水平增高,该中枢的运动神经元单位发放频率增高,引起生殖器肌肉的活动。同时,脊髓的性反射初级中枢还受脑高位中枢的控制与调节。

下丘脑的前部存在一个脑二级雄性性行为中枢,它位于内侧视前区,称为性两形核(the sexually dimorphic nucleus),该核在雄性动物中的体积是雌性动物的 5 倍,雄性动物刚出生时就阉割,则脑内该核体积也非常小。刺激该核引起动物的爬背行为,损毁此区则动物丧失性反应。如果先将成年动物阉割,再向性两形核内注入睾丸激素,则丧失的性反应能力又恢复。将放射性同位素标记的睾丸激素注入动物体内,可以证明在内侧视前区的性两形核内分布着大量的性激素受体。在雌性动物中,脑内二级性中枢位于下丘脑的腹内侧核,刺激该核引起雌性动物的求偶行为,破坏该核使雌性动物的求偶行为丧失;如果切除雌性动物的卵巢,再向下丘脑内侧核注入雌激素和孕激素,则丧失的求偶行为也会恢复。将雌激素和孕激素注入正常雌性动物的腹内侧核也能激活和易化雌性动物的求偶行为。该核内分布着较密的雌激素受体和孕激素受体;这两种受体还分布在内侧视前区、外侧隔区等,说明这些脑结构也与雌性性行为有关。

除了雄性动物的下丘脑的性两形核和雌性动物下丘脑的腹内侧核之外,还有更高级的脑中枢调节性行为,前额叶皮层、眶额皮层、颞叶皮层、扣带回皮层、旁海马回皮层、岛叶皮层,以及皮层下杏仁核、苍白球和海马,在性对象的识别和选择,以及性行为中,均发挥重要作用。这些脑结构损伤的人或高等动物，均表现出严重的性功能异常。

高位脑中枢通过脑干的下行网状结构对脊髓初级性中枢实现调节作用。目前，对雄性动物的性两形核向中脑和脑干的下行通路了解得不多。雌性动物下丘脑腹内侧核的神经元轴突下行至中脑导水管周围灰质，形成突触联系，电刺激或雌激素作用于下丘脑腹内侧核均可引起导水管周围灰质神经元发放频率的增加。导水管周围灰质的神经元发出轴突与延髓网状结构形成联系，最后通过网状下行性联系，调节脊髓性反射中枢的活动。

二、性行为的神经-体液调节机制

在性行为的调节机制中，神经内分泌体系的各个环节都发挥着重要作用。下丘脑分泌的神经激素直接影响垂体功能，由垂体再调节性腺，性腺分泌的性激素随血液运行于性器官及各级神经中枢，实现着神经-体液调节的完整回路。

下丘脑分泌五种与性行为有关的神经激素：促卵泡激素释放素（SFHRH）、促黄体素释放激素（LHRH）、催乳素释放素（PRH）、催乳素释放抑制激素（PIH）和催产素（OX）。这些神经激素主要存在于下丘脑的正中隆起、视前区、弓状核、视上核、室旁核等。它们通过垂体门静脉系统的血液作用于垂体前叶，或直接沿神经元轴突从下丘脑直达垂体后叶分泌到血液中。后三种下丘脑神经激素与雌性动物的生殖行为有关，前两种作用于垂体前叶的下丘脑神经激素与动物的求偶行为有关。下丘脑分泌的促卵泡激素释放素作用于垂体前叶，使之生成与分泌促卵泡激素，以促使雌性动物卵巢内卵泡的成熟。成熟的卵泡能够生成和释放雌激素，雌激素在血液中达到一定浓度并持续一定时间，就会作用于下丘脑使之释放促黄体素释放激素，后者作用于垂体前叶，使之释放黄体生成激素（LH），血液中的 LH 作用于卵泡，使之排卵后变成黄体。黄体又分泌孕激素随血液作用于性器官和各级性中枢。如果雌性动物不受孕，黄体很快死亡，血液内孕激素突然下降，于是出现了月经现象。雌性动物的性欲随血液内激素含量的变化而周期性改变。只有血液内雌激素含量较高即将排卵时才出现性欲。与此不同，女性的性欲并不制约于血液内雌激素的含量，而是更多地受环境条件、性对象等心理因素的影响。雄性动物的性行为与其血液中的雄激素含量有关。如果血液内完全没有雄激素，则雄性生殖器甚至完全不能勃起，自然无法进行交配。对人类的观察可以发现，因病导致血液内雄激素消失的男性，仍会以非性交的方式表现出其性欲的存在，如拥抱和接吻等。所以，血液中性激素的含量虽然影响男性的性交行为，但却不影响性欲望的出现。

三、环境条件与心理因素

高等动物的性行为不仅取决于体内性激素的周期变化，还会受到许多环境条件和心理因素的影响。动物的种属越高，其性行为就越受高级心理活动和环境条件的制约。

就人类而言,男女两性的性行为都更多地取决于性对象的吸引力、性爱的程度,以及适宜的环境。虽然性激素的周期性是性活动的生理基础,但高级心理活动对性激素水平发生着有效的调节作用。

兔、猫等雌性动物,以及更低等的雌性动物只有在其体内雌激素含量较高的发情期,即接近排卵时,才能接受雄性动物的交配行为;在恒河猴中虽然也能观察到这种周期性变化,但并不如此严格。在排卵期以外的任何时候,雌猴也可能接受雄猴的交配行为,这取决于雄猴的性魅力。操作条件反应可以证明雌猴性行为的这一特点。让雌猴和雄猴分居在两个靠近的笼内,两笼之间有道透明的屏壁,只要雌猴按一定次数的杠杆,这道屏壁就能打开,雌猴才会接近雄猴完成性行为。这一实验表明,随雌猴体内性激素的周期变化,其按压杠杆的频率发生周期性变化。在垂体促性腺激素和卵巢分泌的雌激素含量最高时,雌猴为了接近配偶,会在 30 min 内连续按压杠杆 250~350 次。如果隔壁的雄猴是经手术阉割的,则雌猴按压杠杆的次数和持续时间明显减少。更换不同的雄猴,可以发现雌猴只在某个特定雄猴出现时,按压杠杆的次数最高。若把雄猴移开,无论以多好吃的食物作为强化因素,这种操作行为都不能像特定雄猴的交配强化那样有效。如果切除雌猴的卵巢,同样的实验条件和情景,也不能形成这种性操作行为模式。

不仅雌性动物性行为受到体内外条件的制约,雄性动物的性欲和性行为更容易受外部条件的影响,其中最重要的条件就是雌性的性诱惑力。如果将一只雄性动物和两只雌性动物关在一个较大的笼内,就会发现其中一只雌性动物总是较多地接受雄性动物的交配行为。这说明雄性动物的性偏好与雌性动物的性诱惑力有关。生理心理学家发现,在敏嗅类哺乳动物中,雌性的性诱惑力与其分泌的外激素功能有关;在高等灵长类动物中,除外激素的作用外,雌性动物的外表形象也发生重要作用。外激素的作用,在嗅觉中已做了介绍。雌性分泌外激素的差异可能是其性诱惑力的物质基础之一。如果将一只雌性动物的卵巢切除,它自然失去了对雄性动物的性诱惑力;从一只刚刚注射雌激素的雌性动物的阴道中取出分泌物涂于被阉割的雌性动物的阴部皮肤上,就会发现这只失去性诱惑力的雌性动物又会引起雄性动物的追求,并与之发生交配行为。由此可见,涂于皮肤上的外激素通过雄性动物的嗅觉,引出雄性动物的性感,也就是说外激素对性诱惑力具有重要作用。另外,损毁雄性动物的嗅觉中枢,则外激素对雄性动物的作用也会消失。

第四节　防御和攻击行为

水、食物、性对象在一定条件下对机体有一定的吸引力,与生物学阳性基本行为有关。防御和攻击行为则相反,一般条件下使机体产生逃避反应;攻击也是一种防御行为,表现为驱逐或消除危险源以保护自己或子代生存。每一种属动物都有自己稳定的防御和攻击行为模式,是通过遗传机制而传递给下一代的本能行为类型。

一、防御、攻击行为类型

最常见的防御行为是逃避危险或有害目标的行为。根据危险或有害目标的特点,可能出现不同类型的防御行为,主动逃避反应或被动逃避反应。大多数动物以主动逃避为主要防御行为模式;但刺猬、龟等动物则以被动逃避为主要防御行为模式。除了逃避的自我防御行为,各种动物都有种属内个体间为了争夺食物、领地或性对象而引起的攻击行为。这些行为类型的共同特点是带有情绪色彩,所以有时称为情绪性攻击行为。母性攻击行为与保护自身的生存无关,而是一种保存和延续种族的本能行为。哺乳期的动物为保护幼仔不受外来者的侵害,猛烈地攻击、驱逐外来者。与母性攻击行为的表现形式截然不同,杀幼(infanticide)行为是指将幼仔杀死的行为。然而,杀幼行为也是对种族延续有利的行为,这是由于雄性动物只有杀掉哺乳中的幼仔,才能使雌性动物较早地摆脱哺乳期而重新受孕。雌性动物的杀幼行为可能与幼仔多、过于拥挤或哺乳能力不足有关。雌性动物总是选择除掉最弱小的幼仔以保证强壮的后代延续种族。捕食行为往往并不伴随情绪的变化,也不一定与摄食行为同时发生。一只饱腹的猫见到老鼠,尽管并不想摄食还是要捕捉或咬死老鼠。人类的防御攻击行为存在着严格的社会道德和法律标准,在正常个体的非正当防卫的情境中,攻击行为会受到道德的谴责或受到法律制裁。下面介绍防御、攻击行为的生理心理学基本机制。

二、防御、攻击行为的皮层下中枢机制

电刺激内侧下丘脑常诱发情绪性攻击行为,刺激外侧下丘脑引出不伴情绪变化的捕食行为,刺激背侧下丘脑引出防御性逃避行为。进一步分析发现,下丘脑对防御攻击行为的影响是通过其向中脑与脑干的传出通路实现的。内侧下丘脑与中脑导水管周围灰质的联系和外侧下丘脑与中脑被盖腹区的联系分别是下丘脑影响情绪性攻击行为和捕食行为的重要通路。所以切断下丘脑和中脑之间的联系,再刺激下丘脑则既不能引起情绪性攻击行为,也不能引起捕食行为。背侧下丘脑对防御逃避行为的影响,可能也是通过其与中脑的联系而实现的,但至今还不清楚其联系的具体通路。

下丘脑对防御、攻击行为的影响并不是孤立的,边缘系统的一些重要脑结构(如杏仁核和隔区)对防御、攻击行为也有影响。概括地说,杏仁核和隔区对防御、攻击行为进行着更精细的调节作用。

根据杏仁核群的生理功能和系统发生等级,可将其分成两组结构。一组是系统发生上较古老的皮层内侧杏仁核(corticomedial amygdala),它的神经元轴突通过丘脑的终纹与下丘脑和其他前脑结构发生联系;另一组杏仁基底外侧核(basolateral amygdala)是系统发生上较新形成的结构,它的神经元轴突形成弥散的腹侧杏仁核传出通路(ventral amygdalofugal pathway),止于下丘脑、视前区、隔核、中脑被盖和中脑导水管

周围灰质。杏仁核的传入联系也很广泛,嗅系统、颞叶皮层、丘脑、下丘脑和中脑的神经冲动均可传至杏仁核。此外,各种感觉刺激均可引起杏仁核神经元单位发放的变化。杏仁核这种广泛的传入联系,以及与下丘脑、中脑的传出联系是调节与控制防御、攻击行为的重要解剖学基础。皮层内侧杏仁核对捕食攻击行为的调节具有重要作用。将其在终纹中的传出纤维切断,使捕食攻击行为增强,说明它对捕食攻击行为具有抑制性调节作用。皮层内侧杏仁核对情绪性攻击行为也有一定的调节作用。每当动物在与其他个体的角斗失败以后,再与之相遇就会表示出驯服的行为;然而,两侧皮层内侧杏仁核损毁的动物却丧失这种驯服反应,以后再遇上这个强劲的对手,还是要重新较量。杏仁基底外侧核对情绪性攻击行为产生兴奋性影响,电刺激此核引起动物的情绪性攻击行为,损毁此核则情绪性攻击行为明显减弱。

先刺激下丘脑引起猫的攻击行为,再刺激隔区就会发现这种攻击行为立即受到抑制,这说明隔区对攻击行为具有抑制性调节作用。损毁隔区的动物变得特别凶猛或者特别善于逃跑,难以捕捉。

根据现有的科学事实,下丘脑是防御攻击行为的重要中枢,它的不同区影响着不同类型的防御、攻击行为。杏仁核、隔区等边缘系统对下丘脑的这一功能进行着调节与控制。对于情绪性攻击行为而言,杏仁核发生兴奋性调节作用,隔区产生抑制性调节作用;对于捕食攻击行为而言,杏仁核实现着抑制性调节作用。

三、大脑皮层对内脏、情绪和防御攻击行为的控制

近年利用无创性脑成像技术对人类被试的研究发现,在下丘脑之上存在着更多脑高级中枢,控制和调节着人类的防御攻击行为,包括与动机、情绪相关的脑网络,与认知功能相关的脑网络和与执行监控相关的脑网络,以及脑与内脏相关的网络。其中,前额叶皮层、岛叶皮层、眶额皮层、前扣带回皮层、颞叶皮层等对防御攻击行为发生重要调节作用。这种调节控制功能是通过大脑皮层与内脏之间的网络实现的。本章已经讨论过胃-脑网络对摄食行为的控制调节作用,下面继续讨论心脏和大脑皮层之间的网络功能。

常识告诉我们,人类标准心率是每分钟 72 次,也就是说心室收缩周期或者心电图上 R-R 波间隔期平均数应是 833 ms;可是实际测得的结果表明,很难有这样标准的数据,每两个相邻的 R-R 波间隔期都不同,不是小于就是大于这个平均值,一般在 600~1300 ms 的范围变化。在几分钟之内所有 R-R 间隔期的均方差,表征着心电图 R-R 波峰间隔期(IBI)所发生的变化,被称为心率变异性(heart rate variability,HRV)。如图 9-7(a)(见书后彩插)所示,上图显示三个相邻的心电图 R 波,前两个 R 波之间的间隔期是 900 ms;后两个 R 波之间的间隔期是 1100 ms;中间的图显示 2 min 心电图的记录,对其原始记录进行傅里叶变换,就会得到下图的 HRV 功率谱(power spectrum),可见两种成分——低频域 HRV 0.04~0.15 Hz 和高频域 HRV 0.15~0.4 Hz。图 9-7

(b)由两个大脑不同切面图组成,左图是大脑正中矢切面,也就是将大脑从正中线切开后,将右半球的正中矢切面朝向我们;右图是大脑右半球外侧面观。两张图上均用蓝色标注控制高频域 HRV 的大脑皮层分布区;用绿色标注对低频域 HRV 控制的大脑皮层分布。当人们做出高度紧张的防御-攻击行为时,心率一定是大大加快的,那么 HRV 会怎样变化呢? 这两张图是如何得到的呢?

心搏诱发的脑平均诱发反应(heart beat evoked response,HER)是用脑电或脑磁活动记录技术所得到的脑生理参数。用被试的心搏(R 波峰)作为脑平均诱发反应的触发信号,也就是作为脑平均诱发反应的零起点,对所记录到的脑波,通过平均叠加处理,就可得到 HER。研究发现,HRV 和心输出量(每次心室收缩所射出的血量)对脑 HER 的幅值影响较为显著(Gray et al.,2007)。利用这一指标对心-脑关系进行系列研究发现,被试观看和判断屏幕上呈现面孔的表情时,激怒的面孔引起 HER 的幅值降低,悲伤或疼痛的面孔提高 HER 的幅值。这意味着观看或判断情绪面孔时,被试的情绪所伴随的心脏 HRV 发生不同的变化,可以快速调整脑功能激活区分布。高频域 HRV 和低频域 HRV 的脑调节中枢分布不同,说明 HRV 受脑高级功能区的调控。心脏活动的脑高级中枢,位于初级和次级体干感觉皮层、岛叶皮层、腹内侧前额叶皮层和扣带回皮层运动区;反之,HRV 变化也影响着相应脑区的兴奋性水平。因此,可以说防御和攻击行为所伴随的心脏功能变化,必然快速投射到各级脑中枢,包括岛叶、内侧前额叶和扣带回皮层。这些高级脑区调节和控制着防御攻击行为。

四、防御、攻击行为与激素

激素在防御、攻击行为中的意义很早就为人们所了解。一些家畜在被阉割后变得驯服,说明性激素对情绪行为,特别是对情绪性攻击行为具有重要意义。生理心理学家通过实验研究,证明雄激素在胎儿和未成年个体中,促进攻击行为有关脑回路的发育;具体地说,有利于眶额皮层、杏仁核、下丘脑和脑干的发育。成年个体,雄激素在雄性间攻击行为中发挥重要的作用可能正是通过这些脑结构。不仅男性之间的攻击行为,而且女性之间的攻击行为也是在体内肾上腺分泌的少量雄激素作用下实现的。因此长期以来,雄激素被看成社会暴力的源头,名声狼藉。Van Honk、Terburg 和 Bos 等人(2011)综述了相关文献,并提出人类雄激素在脑内调节行为的两种模式:防御模式和报警模式,为雄激素的声誉平反。如图 9-8 所示,人类生活中绝大多数情况是处于防御模式下,眶额皮层对杏仁核的功能实现抑制作用,雄激素上调眶额皮层内多巴胺的作用,减低对杏仁核的抑制,使杏仁核实现适度的防御行为;当环境条件出现危机,雄激素上调杏仁核中的血管升压素的作用,加强脑干的兴奋性,实现攻击或暴力行为。即使在报警模式下,攻击行为还取决于社会情境,对于保家卫国的战士和消防员,雄激素有利于他们完成正当的社会职责。

除了性激素之外,肾上腺皮质激素和垂体促肾上腺皮质激素对防御、攻击行为也有一定的调节作用。切除肾上腺的动物,其攻击行为减弱,但这一行为改变可能直接由肾上腺皮质激素缺乏所引起,也可能由于前者在血液中含量不足,反射性地引起垂体分泌大量促肾上腺皮质激素(ACTH)而引起。血液中各种激素水平的变化通过体液调节作用于脑内的受体,引起中枢机制的变化。这是攻击行为神经-体液调节作用的一般途径。

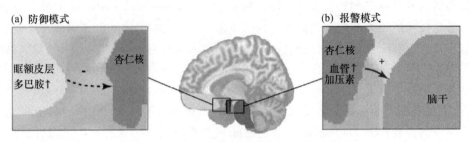

图 9-8　人类雄激素在脑内调节行为的两种模式
(经授权,引自 Van Honk, Terburg, & Bos, 2011)

第五节　人类基本生理心理需求和动机的脑基础

在介绍饮食、性行为及防御和攻击行为的脑机制之后,自然产生一个问题,这些本能是以各自独立的脑网络加以实施,还是通过统一的生理心理需求网络加以综合反应的? Weston(2012)综述了此前有关研究文献,总结了前扣带回实现需求表征的科学事实。如图 9-9 所示,体干和内脏以及内环境的各种变化都通过传入神经达到岛叶皮层,再与前扣带回实现双向连接,扣带回与前额叶皮层、运动区皮层、基底神经节、小脑和自主神经系统均存在着双向连接。从感觉传入到扣带回及其多路前向投射的功能是对需求进行加工,并通过认知或行为实现需求;后向投射的功能是负责需求的实施监控。

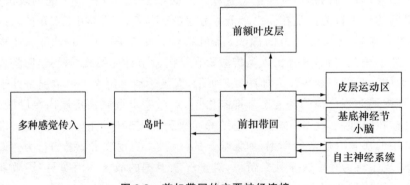

图 9-9　前扣带回的主要神经连接
(经授权,引自 Weston, 2012)

当内环境中出现血糖水平低、胃肠蠕动增强时，岛叶皮层接受这种信息后立即查询机体所处内外环境的其他信息，确定不存在危及生命的其他更急需的处理（如防御或攻击），则将食物需求列为首位。所以，扣带回网络在各种需求的比较中，确定每一瞬间最急迫和最适宜实现的需求，并对它的实现加以实时监控。那么扣带回皮层如何比较和选择每瞬间最适宜的需求并使其转变成引发行为的动机呢？Holroyd 和 Yeung(2012)的综述，给出了一种回答：前扣带回皮层通过其与基底神经节的联系，借助层次性强化学习机制(hierarchical reinforcement learning)实现了这种选择（图 9-9）。Liljeholm 和 O'Doherty(2012)则以纹状体对学习、动机和执行的贡献为标题，阐明了基底神经节的机能解剖分区及其在动机、学习和强化中的作用。关于强化或奖励学习的脑网络问题，请参阅本书关于学习的神经生物学基础的介绍。

[常识与思索 9-2]　人脑可以移植吗？

前几年，有人做着人脑移植的努力，殊不知人脑不是普通的器官，它是信息加工的器官，是人体各种功能的总司令部，体内其他器官和组织的微妙变化都会投射到脑内进行处理或决策，即使是自主神经系统调节的内脏功能，也受到眶额皮层的控制。脑不但通过特定的神经通路控制人体功能，还间接地通过体液调节系统、免疫系统、内稳态和内感受系统，进行不同形式的控制调节。近两年关于振荡编码的研究，提醒我们不能忽视每个器官活动的振荡波，它们之间必然发生空间调制。例如，安静状态 α 波周期大约为 83 ms，心脏活动周期为 833 ms，两者几乎相差 10 倍，一定相互谐振。当然，生理参数存在着很大的个体差异，可是每个人的大脑对自己统管的人体各种参数都十分熟悉，某一天突然被移植到另一个身体上，一切都变了，就连时刻向自己提供血液的心脏都和从前不同了，它还能正常工作吗？会不会抑郁成病？会不会做出反常行为？对这些未知数，脑外科医生将如何处理？脑移植所遇到的问题，并不仅仅是血管和神经的连接，以及抑制排异反应的问题。

本章讨论的内脏信号与自发脑电活动发生耦合，甚至能驱动自发的脑电活动，说明内脏和脑形成一个单一复合系统(Azzalini, Rebollo, & Tallon-Baudry, 2019)。这个观点提供了一个认识自发脑电活动性质的新思路。换言之，神经元自发发放所形成的某些背景噪声，可能与脑-内脏相互作用有关(Kim et al., 2019)，并且内脏的输入信号对于静息态网络(RSNs)的起源和动力学问题应重新认识。内脏信号的重要性已经超出对情绪的影响，甚至对无情绪的基本视知觉、自我空间定位、自我相关的认知活动和自我意识等，都有重要影响。在后面的情绪情感、意识和人格的章节中，我们还会讨论内脏和脑的关系问题。

思考题

1. 请概括人类饥饱感的神经调节和体液调节机制中各环节的关系。
2. 何为胃-脑振荡耦合机制？对生理心理学和神经科学的发展有什么启示？
3. 请概括饮水或口渴的神经调节、体液调节和生理心理学因素等各环节的关系。
4. 请概括性行为的神经中枢和神经激素的作用机制，论述人和动物相比有何不同？
5. 何为本能的防御攻击行为？请概括其神经中枢和激素作用机制。
6. 试论心脏和脑之间的功能关系，及其生态学意义。

10

情绪与情感的生理心理学基础

情绪和情感的生理心理过程发生在脑和神经系统之中,既表现为主体的内在体验,通常又同时伴有客观的外在情绪表达。主观情绪体验和客观情绪表现的统一,机体情绪或情感过程与外部环境的统一,是人类情感活动的重要特点。情感是人类最复杂的心理活动之一,通常与主体的生活经历和价值观密切相关;一般情况下,情绪是由某种刺激引发的较为短暂的或低层次的心理过程,通常伴随着强烈的内心体验和外在情绪表现,包括植物性神经系统活动的明显变化。所以,情绪和情感既是复杂的高级心理过程,又可能是原始的简单心理活动。它的多层次性、包容性和遗传保守性是非常明显的。人类和动物的表情,以及基本情绪类型的一致性,某个人的情绪表现特点常常赋有家族色彩,都体现了情绪的遗传保守性。正因为如此,经典的和现代的生理心理学关于情绪和情感的理论,都涉及植物性神经系统、神经内分泌系统和脑的多层次结构。本章将情绪和情感生理心理学理论分为经典的和现代的,其分水岭不仅在于时代,还在于它们对高级脑中枢的认定及其所依据的科学证据。经典的或传统的理论依据神经解剖学和经典神经生理学的证据,认定边缘系统或皮层下各级脑结构是情绪和情感的脑中枢;现代生理心理学的情绪和情感理论,依据电生理学新进展、脑血氧动力学的科学证据和皮层神经元的神经生物学类型,认定大脑新皮层许多区域都是调节情绪情感的高级中枢,特别是内侧前额叶皮层。本章着重讨论这一领域近几十年所取得的进展。最后,从情感性精神障碍发病机制的研究中,进一步阐明情绪和情感的分子生物学基础。

第一节 情绪、情感的经典生理心理学理论

20世纪初,随着神经解剖学和经典神经生理学的发展,出现了许多情绪和情感的生理心理学理论和经典的实验,这些理论都侧重于情绪情感的遗传保守性和低层次性。分别认为,植物性神经系统、丘脑、脑干网状结构和边缘脑为情绪和情感的调节中枢。特别是边缘脑和网状激活系统的理论,至今还被许多教科书列为当代理论。事实上,这是一种经典理论。本节将简述这些经典理论和著名实验,为阐释现代理论做铺垫。

一、詹姆斯-兰格情绪理论

关于情绪与情感生理心理学问题的最早理论是詹姆斯于1884年提出的,兰格(C. G. Lange)于1887年也提出相似的理论。所以,常将这一早期理论合称詹姆斯-兰格情绪理论。他们认为情绪是一种内脏反应或对身体状态的感觉。具体地讲,他们认为植物性神经系统活动的增强和血管扩张,会产生愉快感;植物性神经系统活动的减弱、血管收缩就会产生恐怖感。这种认识过于简单肤浅,人的内脏和植物性神经系统的功能变化,只是情绪表现的一个侧面。此外还有面部表情和言语行为的情绪表现,更重要的是某些情绪体验仅保持在主观的体验之中,并不一定表现出来。詹姆斯-兰格理论的不足,由当时生理学发展水平所限。

二、情绪的丘脑学说

心理学家康农(W. B. Cannon)在1927年总结神经生理学实验研究成果的基础上,提出了情绪的丘脑学说,克服了詹姆斯-兰格理论的不足。他认为大脑皮层对丘脑的功能一般情况下存在着抑制作用。当这种抑制作用解除时,丘脑的功能就会亢进。情绪过程正是大脑皮层抑制解除后丘脑功能亢进的结果。丘脑的情绪冲动一方面传入大脑产生情绪体验;另一方面沿传出神经达外周血管、脏器形成情绪表现的生理基础。康农关于情绪的丘脑学说,从脑内寻求生理机制,并把情绪体验和情绪表现统一于丘脑的功能,虽然比詹姆斯-兰格的理论前进了一步,但其历史局限性仍是显而易见的。丘脑损伤并不一定引起情绪体验和情绪表现的一致性变化,大脑皮层损伤或皮层抑制功能解除的人,并不持久地处于情绪反应增强的状态。

三、皮层动力定型学说

在康农提出情绪的丘脑学说的同一年,巴甫洛夫提出了情绪的皮层动力定型学说。他认为情绪过程与其他心理过程一样,是脑高级部位皮层的功能;是条件反射动力定型的形成与变化的表现。动力定型的形成和稳定过程就会产生阳性情绪体验;动力定型遭到破坏就会伴随阴性情绪体验。尽管这一理论把情绪的脑机制定位于大脑皮层,但其依据的科学证据是经典反射论的神经生理学实验事实,无法确定哪些大脑皮层通过何种脑网络调节情绪和情感过程。所以,本节将之归为经典理论的范畴。

四、情绪激活学说

与巴甫洛夫的大脑皮层理论不同,林斯利(D. B. Lindsley)1951年吸收了当时神经生理学的研究成果,提出了情绪激活学说。这种理论以脑干网状结构的生理特点为依据,认为脑干上行网状激活系统汇集了各种感觉冲动,也包括内脏感觉,经过整合作用后弥散地投射至大脑,调节睡眠、觉醒和情绪状态。这种理论认为网状非特异投射系统生理功能的多样性正符合情绪过程的基本特征。生理心理学家可以通过记录和分析情绪的多样性生理变化,寻找其生理心理学调节机制的变化规律。因此,完全可以通过实验心理学方法和生理心理学研究方法,客观地研究情绪过程的生理机制。

五、边缘系统学说

在情绪激活学说提出的同一时期,神经生理学对脑边缘系统的功能研究也取得了很大的进展。在边缘系统研究中,两位著名的代表人物帕佩兹(J. W. Papez)和麦克莱恩(P. D. MacLean)各自于1937年和1949年提出了情绪的边缘系统学说。他们认为大脑边缘皮层、海马、丘脑和下丘脑等结构在情绪体验和情绪表现中具有重要作用。帕佩兹认为在边缘系统结构中,从海马经穹窿、乳头体、丘脑前核和扣带回,再回到海马的环路(帕佩兹环路),对情绪产生具有重要作用。在这一环路中,下丘脑与情绪的表现有关,而扣带回与新皮层的联系和情绪体验更为密切。麦克莱恩则认为海马和颞叶皮层在情绪体验中更为重要。

六、应激学说

应激学说在情绪的生理心理学和医学心理学中影响颇大。虽然谢耶(H. Selye)1950年提出这一学说时,从病理心理学角度阐明"适应性综合征"的概念,但应激既然是由持久紧张性刺激所引起的情绪状态,那么关于其形成的机制,也自然与情绪的生理心理学机制联系在一起。现代应激学说认为在紧张性情绪形成中,大脑皮层、下丘脑、脑垂体和肾上腺等发挥着神经、体液的综合适应性调节作用。换言之,这种理论从神经体液调节机制中为情绪过程的生理心理学理论提供许多有价值的科学事实;但是它未能揭示哪些大脑新皮层通过何种脑网络实现对情绪情感的调节。

情绪激活学说和边缘系统学说,以及应激学说集中代表了20世纪40~50年代神经生理学关于脑高级功能的研究成果。把网状结构、边缘系统和神经内分泌的功能特点与情绪和情感过程联系起来,与巴甫洛夫以前经典神经生理学对于情绪的理论相比,不但具有整体和器官水平的实验证据,还有细胞生理学的实验依据。所以,这三种理论从20世纪50年代提出到20世纪末,在情绪生理心理学领域中占有重要地位。从21世纪的科学发展水平上看,这些理论已成为历史,它们只反映了情绪情感脑机制的一些侧面,而忽略了核心环节。

综上所述,关于情绪和情感的生理心理学经典理论,我们按其形成的历史时期不同,分别介绍了詹姆斯-兰格情绪理论、康农的丘脑学说、巴甫洛夫的皮层动力定型学说、林斯利的情绪激活学说、帕佩兹-麦克莱恩的边缘系统学说和谢耶的应激学说。这些理论形成的同时,还有许多著名的经典实验,对情绪生理心理学的发展具有重要历史意义,如假怒实验、怒叫反应和自我刺激实验等。

第二节　情绪、情感的现代生理心理学理论

上面介绍的情绪、情感生理心理学的各种经典理论，分别强调了脑不同结构或外周植物性神经系统的作用。事实上，对于复杂的情绪过程来说，既存在着多层次的脑中枢，又有许多内脏和躯体反应作为情绪表现和体验的重要基础。现代生理心理学分别从心理学、神经生物学和认知神经科学中吸收许多新科学事实，形成了四种现代理论，下面逐一介绍。

一、情绪和情感的内感受理论

经典情绪和情感理论十分重视人体内脏功能与情绪、情感的关系，但是，从19世纪詹姆斯-兰格情绪理论，乃至70年后的应激学说所提出的神经、体液综合适应性调节作用，均未能揭示各级脑结构和神经体液机制具体实施情绪、情感功能的脑网络。特别是传统神经解剖学，将自主神经定义为外周传出神经系统，内脏感觉的传入，在解剖学上的位置比较模糊。21世纪以来逐渐形成的情绪、情感的内感受理论，弥补了这个知识缺口。

最近，内感受（interoception）一词被定义为源于体内变化的感受，它既不是体外环境变化所引起的感受，如通过触、味、嗅、视和听感官所获得的感受，也不是因身体姿势或位置变化而产生的本体感受。因而，内感受是指体内所有器官的伸展牵拉（牵拉感受器）或多重化学因素变化，以及通过汇聚多种传入和传出通道，包括体液的、神经的、内分泌的、免疫的等相互作用而产生的（Pace-Schott et al., 2019）。所以，内感受具有并行性、混合性和脆弱性，容易被外感受感觉所弱化或掩盖；但在某些情况下，强烈的内感受信息可能会挟持或绑架外感受通路，成为优势的意识表达，如心梗引起的胸、颈、肩部疼痛。内感受信息通过延髓中继通路，如孤束核、脑桥臂旁核、丘脑后腹内侧核等，最终在岛叶皮层内表达（Craig, 2002）。在不同脑结构的上行内感受信号，与下行通路相互作用驱动着自主神经反应和体液反应。同时，源于外周自主神经节的内感通路也会穿过脊髓、脑干和丘脑，在岛叶皮层形成表达。这种特异的内感上行通路只是脑-身相互作用的诸多复杂高级内感通路中的一种。例如，在脑干中内感传入与上行单胺能系统耦合，形成丘脑-皮层唤醒投射、注意滤波投射和突显加工作用。此外还有并行的皮层下尾状核-杏仁核对扣带回皮层的投射，从而可发出情感、认知和行为的传出（Critchley & Harrison, 2013）。上行和下行信息流构建一种对体内状态的层次性表征，可以有效地解释情感控制和动态自我表征对意识的关系（Seth & Friston, 2016）。

传统理论将痛觉、温度觉和皮肤痒觉，与触觉等体干感觉的脊髓-丘脑传导束分离开来，但是对其传导通路和上行位置，却未能明确交代。情绪和情感的内感受理论提供了一种新理论，将痛觉、温度觉和皮肤痒觉放在一起，如图10-1所示，整合为一个层次

性稳态网络(Craig,2002),弥补了自主神经系统在解剖学中长期缺少传入环节的不足。

这些发现不仅揭示出灵长类动物与低等动物脑网络的解剖学差异,也揭示出人类与非人灵长类动物的内感受系统在多重表征中的差异。这些发现的意义还在于由体内因素所产生的情绪表征,作为情绪的整体自我觉知的基础。换言之,它提供了理解情绪、情感、心境(mood)、动机和意识相互作用的一种理论框架。近年来,该理论已经阐明了脊髓椎板Ⅰ内的脊髓-丘脑-皮层系统与人体器官间的完整解剖学描述和内感受表征,以及不同层次的控制机制。这里的脊髓椎板Ⅰ是指脊髓表层,脊髓椎板Ⅱ是指脊髓深层。

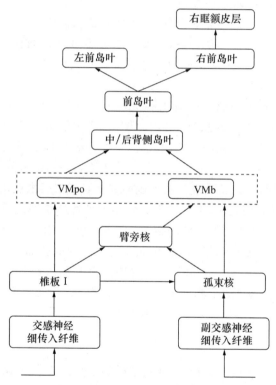

图 10-1　内感受系统的神经通路
(引自 Craig,2002)

与交感神经和副交感神经并行的体内小直径传入纤维,分别向脊柱椎板Ⅰ(Lamina Ⅰ)或孤束核(NTS)传入信息。在所有哺乳动物中,这些信息都整合到臂旁核(parabrachial nucleus),从这里通过腹内侧丘脑核(ventromedial thalamic nucleus,VMb 和 VMpo)投射到岛叶皮层(insular cortex)。但是,灵长类动物有从椎板Ⅰ直接投射到 VMpo,以及从孤束核到 VMb 的通路。人类与副交感纤维并行的信息有从右侧 VMb 直接到左前岛叶的通路;而与交感纤维并行的信息有从 VMpo 直接到右前岛叶,再到右眶额皮层的通路。

情绪、情感内感受系统的结构，与交感神经传出纤维并行性支配组织器官的小直径传入神经纤维，经由脊髓椎板Ⅰ（浅层）进入脊髓，与副交感神经传出纤维并行性支配组织器官的小直径传入神经纤维向孤束核（NTS）提供传入信息。在哺乳动物中，这类信息整合在臂旁核，由此通过腹内侧丘脑核（VMb），投射至岛叶皮层；在灵长类动物中，这些信息直接从椎板Ⅰ投射到腹内侧后核（VMpo），还有一个直接从孤束核投射到VMb，形成一个从口至尾的连续柱状区，称为表征身体对侧的稳态控制区（homeostatic control regions），并且拓扑对应地投射到岛叶皮层背侧的中、后部。这些信息被重表征在人脑的同侧前岛叶，副交感神经活动被重表征在优势（左）半球，交感神经活动被重表征在非优势半球。这些重表征为内感受状态的自我评估提供结构基础，继而前馈至眶额皮层，形成快乐价值维度表征（Craig，2002）。

该文章作为脑外科学的基础研究报告，不但有临床资料和人脑影像图，还有灵长类和啮齿类动物的脑结构对照。所以，该文发表以来，吸引了一批研究者的关注。另一方面，由于脑认知功能的连接组课题成为美国国家脑研究计划的主要部分，得到 3800 万美元的资助。2016 年，西方许多学者加入一家非营利的科学机构 Neuroqualia，致力于总结文献资料支持人脑的情感连接图计划（affectome），其中 20 多人共同署名，发表了长达 37 页的文献综述（Pace-Schott et al.，2019），提倡情绪、情感的内感受理论。他们认为，情绪、情感的内感受理论注重揭示人体内生理条件，除去外感受系统和本体感受系统之外的体内生理条件，实际上仍然包括许多方面，包括代谢的、免疫的、心血管系统功能等。如图 10-2 所示，内感受理论主要阐明那些影响情感主观体验和趋避行为的中枢和外周神经的生理心理机制，主要是直径较小的神经纤维通过脊髓背根浅层进入脊髓，与来自自主神经的传入神经纤维一道上行达岛叶皮层的后、中和前部（PIC、MIC 和 AIC）。由岛叶皮层与最高情绪、情感中枢联系，包括前扣带回（ACC）和眶额皮层（OFC）在内的内侧前额叶皮层（mPFC）。内侧前额叶皮层作为内感受系统的最高中枢，不仅与各下级脑中枢（脑干和丘脑）发生双向联系，而且不断参照体干感觉皮层（S1）的外感受信息，做出情感的内在体验和外在表达。

[常识与思索 10-1]　情绪、情感的层次性调节控制网络

心理学对感知觉、注意、学习、记忆、语言和思维等认知过程的认识，已经积累了丰富的科学数据，能够阐明它们的脑功能基础及其关系。但是，对于情绪、情感的研究却远非如此。本章概括的 6 种经典理论，分别涉及内脏、脑干网状结构、丘脑、边缘系统、大脑皮层和神经-体液调节系统等 6 大脑结构，却未能阐明它们是各自独立的，还是彼此相互作用而产生情绪情感及其变化。对此，近年 20 多位专家，共同署名发表的长达 37 页的综述，给出了一个理论框架（图 10-2），值得对情绪情感脑机制问题有兴趣者，进一步参考和消化吸收。对层次性问题，图 10-2 左侧标出了从脊髓到皮层的层次性，然

后从皮层S1(初级体干感觉区)向右到mPFC、ACC、OFC,是最高层中枢。情绪情感的底层在图10-2的下方给出:脊髓-丘脑束,以及心、肺、胃肠和肾上腺。

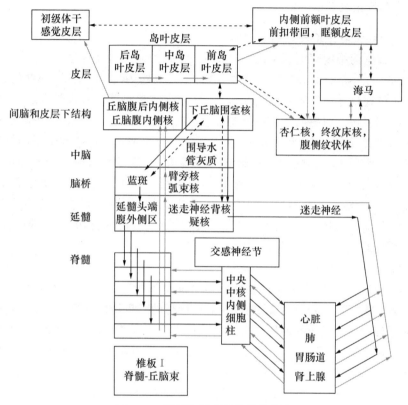

图 10-2　情绪和情感的脑连接网络
(经授权,引自 Pace-Schott et al.,2019)

情绪情感的连接网络源于三因素:自主神经传出和内脏感受传入之间的相互作用,各自表达为关于体内状态的中枢所产生的下行预测,预测误差的上行反馈。图示从中枢神经系统发出的信息流(黑实线箭头),从源于外周和前脑再表达的自主神经、内脏感觉神经和体干感觉传入信息流(灰色箭头),以及设想为中枢产生的对内感双向的预测通路(黑虚线箭头)。为了简化,此图只展示复杂连接的一小部分,省略许多水平连接。

Pace-Schott等人(2019)的内感受情感理论吸收了嵌入式预测性内感受编码模型(EPIC),因为这一模型也强调在情感产生中岛叶皮层的作用(Barrett & Simmons,2015;Seth & Friston,2016)。在前扣带回膝周围区、vmPPC和前岛叶等无颗粒皮层的第Ⅴ、Ⅵ层的锥体细胞投射,对人体生理状态所产生的预测,以及这些脑区之间皮层-皮层投射向岛叶后部至中部,再至前部的内感受信息处理,支持着贝叶斯表征和计算。这些预测通过与内脏运动刺激经丘脑传向皮层第四层细胞的信息加以比较,产生预测误差再反馈至这些无颗粒皮层,精细化它们的内感受预测的精度。这种贝叶斯计算和反馈过程有利于内感受情绪准确反映人体生理条件的变化。如果预测误差小,则所体验到内感受情绪可能是由于内脏运动皮层的信息大于其他内感受系统的信息。

二、维度理论及其脑功能系统

(一) 情绪、情感维度理论的心理学背景

情绪和情感的维度理论源于传统心理学,特别注重人类日常生活中的情感体验及其言语表达。Russell(2003)在《心理学评论》上发表题为《核心情感和情绪的心理学构建》一文,系统地论述了情感维度理论,认为情感心理学问题是心理学发展中最薄弱的且充满矛盾的领域。詹姆斯认为情绪是自动过程的自我知觉。冯特认为情绪是独立于认知过程的要素,快乐-不快乐、紧张-放松、激动-安静是人类情绪和情感的维度基础。J. A. Russell 所说的核心情感和情绪有两个维度:价值维度(valence)和唤醒维度(arousal)。前者决定着情绪的性质,以愉快和不愉快为基本属性;后者决定着情绪的强度,以激活和不激活为基本属性。现代生理心理学着重于阐明情绪和情感维度的脑功能及其网络基础,认为情绪和情感并不仅仅是边缘脑和网状结构的功能,而且是许多大脑新皮层参与下的多层次脑网络的功能。

(二) 情绪、情感维度相关的脑网络

Ochsner(2008)认为在人类社会情感信息加工流中,有五个关键脑结构。前额叶皮层是人类情绪行为的高级调节中枢,对情绪行为的后果给出预测性控制,确定特殊行为目标,调控持久的、延缓性的情绪反应。前扣带回皮层负责情绪过程的注意、意识,以及情绪的主观知觉和动机行为的启动作用。眶额皮层与对情绪过程的外周自主神经系统的功能变化,如心率、呼吸、消化道功能变化和特殊味道引起的主观体验有关。在上述三个新皮层参与下,皮层下的杏仁核主要与情绪产出功能相关,特别是恐惧情绪的产出。杏仁核在情绪性学习行为中对有害生物学阴性因素十分敏感,可以很快识别出这些因素,以便尽快躲避这些不利因素。与杏仁核相反,皮层下的腹侧纹状体,包括伏隔核等,对生物学阳性情绪具有重要调节作用,特别是调节那些与主观体验有关的因素。例如药瘾者渴求毒品之时,眼前出现他所想要的毒品时,这些脑结构立即活跃起来。

Kober 等人(2008)对 1993～2007 年发表的 162 篇关于人类情绪的脑功能成像研究报告进行了多层次的元分析,包括脑成像的体素、激活区和共激活的功能组,并使用了一致性分析、结构分析和路径分析等技术。他们发现如图 10-3 所示(见书后彩插),人类在情绪变化时激活的大脑皮层较广,包括背内侧前额叶(dmPFC)、前扣带回(ACC)、眶额皮层(OFC)、额下回皮层(IFG)、脑岛叶(InS)和枕叶皮层(Occ)。这些大脑皮层的激活常伴随更多皮层下脑结构的共激活,包括丘脑(Thal)、纹状体腹侧区(vStr)、杏仁核(Amy)、中脑导水管周围灰质(PGA)和下丘脑(Hy)等。他们对这些激

活数据的进一步分析,得到如下几个功能回路:① 额叶认知和运动回路,在眶额皮层区、脑岛叶皮层的共同参与下,与皮层下结构,如杏仁核、丘脑、纹状体腹侧区、中脑导水管周围灰质和下丘脑等,发生复杂的功能联系。② 内侧前额叶回路与情绪调节、知觉、注意等多种认知功能有关。除了与前述皮层下结构有紧密的功能联系,还可能与后头部两个视觉回路有密切关系,包括初级视皮层、枕颞顶联络区、颞上沟等,这还需要今后进一步证实。③ 背内侧前额叶(dmPFC)与中脑导水管周围灰质(PGA)、丘脑(Thal)和下丘脑(Hy)之间进行着双重调节;但是 dmPFC 通过 PGA 对下丘脑的调控路径是主要的。这说明,人们在情绪激烈变化时,关于外界环境因素对自己和他人的利害关系评价中,这个回路发挥重要作用。人们在知觉和情绪体验过程中,这个功能回路也具有十分重要的意义。④ 另外三个前额叶区、右侧额盖区、前扣带回背区和前下区都与杏仁核有密切的共激活关系。

(三) 情绪、情感维度的生理指标

上述与情绪、情感相关的脑结构和网络,还有两类生理指标可以说明情绪和情感变化的生理心理过程,一是电生理参数,二是血氧动力学参数。

Olofsson 等人(2008)综述了情绪性图片刺激引发的脑功能变化,以视觉事件相关电位作为生理指标,进行情感事件相关电位研究。绝大多数研究文献一致报道,具有消极、恐惧性刺激的图片比正性图片能引出较强的 100～200 ms 短潜伏期诱发电位,而且诱发反应幅值与图片的情绪性质有一定关系。能引出强烈唤醒水平的凶杀和色情图片,除了引发短潜伏期诱发成分,还在中央区引发潜伏期 200～300 ms 的早后负波(EPN);但却不像短潜期成分那样,具有情绪性质和诱发反应幅值之间的关系。一种解释是图片的情绪性质与短潜伏期反应的关系是杏仁核的功能特点。他认为生物进化中,外界一出现危及生命的因素,就会立即通过丘脑和杏仁核快速引发情绪反应,短潜伏期的事件相关电位是快速情绪反应的生理指标,随后的早后负波与 N2 波有一定重叠,具有对有害刺激进行选择性注意,以便精细探究刺激的特性。再稍后的 P300 波和晚顶正波与自上而下的情绪信息加工有关。Codispoti、Ferrari 和 Bradley(2006)利用中性面部表情的照片作为对照,愉快和不愉快的照片重复呈现,重复 10 次为一组实验,连续 6 组,叠加后发现,诱发出的高幅晚正成分(800～5000 ms)不受重复次数的显著影响,而 N1 波和 P1 波有习惯化效应,同时记录的皮肤电和心率则比 N1 波和 P1 波有更快的习惯化效应。所以,他们认为对情绪的识别任务,脑事件相关电位晚成分是主要的生理指标,皮肤电和心率仅是朝向反应的生理指标。

通过无创性脑成像技术,利用强阴性情绪图片、弱阴性情绪图片和中性图片刺激,诱发与情绪活动相关的人脑内侧前额叶前部(aMPFC)的 BOLD 信号的反应函数(HRF)曲线,表达情绪过程的血氧动力学,Waugh、Hamilton 和 Gotlib(2010)发现(如图 10-4 所示,见书后彩插),情绪刺激及其诱发的 HRF 曲线的幅值和持续时间与情绪强度密切相关,强阴性情绪图片不仅诱发反应幅值高,持续时间也最长(5～6 个 TR 期,10 s 左右);弱阴性

情绪图片诱发反应居中(3~4 个 TR 期,6~7 s),中性刺激图片的诱发效应最低(2~3 个 TR 期,5~6 s)。

[常识与思索 10-2] 情绪、情感的时序性

人们的情绪或情感受到刺激,在脑内发生一系列生理心理变化,按照时间特性可分为快速的短潜伏期反应(<100 ms)、早后负波与 N2 波(100 ms 左右)、P300 或顶正波(300 ms 左右)、高幅晚正成分(800~5000 ms)和 4~10 s,4~18 s 的氧合血红蛋白含量的变化。换言之,即使是短暂的情绪刺激或情绪波动,脑内的一些结构连续发生反应,杏仁核等皮层下脑结构,不到 0.1 s 就出现的短潜伏期反应;感知觉皮层和皮层下结构在 0.1~0.2 s 内,发出的如朝向反射之类的无意识反应;联络区皮层在 0.3~1 s 发生选择性注意反应;4~18 s 内侧前额叶皮层发出决策,直到 18 s 后才恢复到之前的平静状态。所以,即使是最简单或短暂的情绪变化,其脑功能基础都比基本认知活动复杂。另外,情绪、情感的时序性特点也说明,它的生理心理效应对于心身健康是不容忽视的。

三、基本情绪系统及其神经生物学基础

情绪、情感的生理基础是借助于复杂的神经-体液调节机制来实现的。Panksepp(2006)把脑的基本情绪系统划分为 7 个子系统,如表 10-1 所示:① 追求、期望,② 贪心、色欲,③ 爱抚、养育,④ 安逸、欢快,⑤ 激怒、气愤,⑥ 恐惧、焦虑,⑦ 惊慌、孤独和抑郁。应该说,这些情绪子系统及其对应的脑结构主要来自哺乳动物的实验研究。由于伦理学的限制,不可能触及人类的脑结构观察其情绪效应。不过,有限的研究报告表明,由于脑功能和心理过程的遗传保守性,人类被试自生的内在多种情感体验伴随的脑激活区,大体与 J. Panksepp 的理论设想相符,包括许多新皮层区,如前额叶、脑岛叶、前扣带回、后扣带回、次级感觉运动皮层、前脑基底部皮层和许多皮层下结构,如海马、杏仁核、下丘脑和中脑等。由此可见,无论是动物实验的发现,还是无创性脑成像所提供的资料,都证明参与人类自发情感体验的脑结构,大大超越了边缘脑的范围,许多新皮层都参与情绪和情感的调节功能。这是当代情绪和情感生理心理学理论的突破。

表 10-1　哺乳动物脑构建基本情绪的解剖和神经生化因素

基本情绪系统	关键脑区	关键的神经调质
追求、期望和生物学阳性动机	伏隔核-腹侧被盖区,中脑边缘和中脑皮层传出系统,外侧下丘脑-中脑导水管周围灰质	多巴胺(+),谷氨酸(+),阿片肽类(+),神经降压素(+),多种其他神经肽
贪心、色欲	皮质-内侧杏仁核,终纹床核,下丘脑视前区,腹内侧下丘脑,中脑导水管周围灰质	类固醇(+),血管升压素,催产素,促黄体素释放激素,胆囊收缩素
爱抚、养育	前扣带回,终纹床核视前区,腹侧被盖区中脑导水管周围灰质	催产素(+),促乳素(+),多巴胺(+),阿片肽类(+/-)
安逸、欢快	背内侧间脑,旁束区,中脑导水管周围灰质	阿片肽类(+/-),谷氨酸(+),乙酰胆碱(+),促甲状腺激素释放激素
恐惧、焦虑	杏仁中央核和杏仁外侧核-内侧下丘脑,背侧中脑导水管周围灰质	谷氨酸(+),二氮杂䓬结合抑制剂,促肾上腺皮质激素释放激素,胆囊收缩素,α-促黑素,神经肽
激怒、气愤	内侧杏仁核-终纹床核,内侧围穿隆下脑区-中脑导水管周围灰质	P物质(+),乙酰胆碱(+),谷氨酸(+)
惊慌、孤独和抑郁	前扣带回,终纹床核和视前区,背内侧丘脑,中脑导水管周围灰质	阿片肽类(-),催产素(-),促乳素(-),促肾上腺皮质激素释放激素,谷氨酸(+)

资料来源:经授权,引自 Panksepp,2006。

(一) 生物学阳性情绪

在表 10-1 所示七类情绪子系统中,四类属于生物学阳性情绪,也就是个体生存和种族延续所必需的食物、水和安居之地,以及性等驱动的情绪。因此,调节这些需求的情绪包括追求、期望,贪心、色欲,爱抚、养育和安逸、欢快等。我们先从追求与期望谈起。调节本能需求的脑结构位于下丘脑,通过多重体液和激素的调节机制驱动行为,出现满足感的同时伴有快乐、安逸和舒适的生物学阳性情绪反应。对这种生物学阳性情绪行为的脑机制研究中,曾有著名的自我刺激实验模型,起到过重要的作用。

Olds 和 Milner(1954)在实验室中意外地发现了大鼠中脑-边缘结构受到微电极导入的弱电流刺激,就会不停地按压杠杆,以便连续多次得到自我电刺激。经过 20 多年的研究,在 20 世纪 70~80 年代,总结出这些能产生自我刺激现象的脑结构,称作奖励/强化系统,强化生物学阳性情绪为基础的学习行为,动物追求和期望的程度与这些脑结构中多巴胺能神经元兴奋性水平相关,也就是说,可以把多巴胺能神经元的兴奋性水平看成追求与期望情绪的预测指标。然而,最近十多年的研究进一步发现,当环境因素微妙变化,动物得不到预期的奖励时,这些多巴胺能神经元的兴奋性立即受到抑制。所以,近几年以奖励预测误差理论取代了多巴胺强化理论。

1. 追求、期望系统

该系统包括本能和动机目标，如对食物、水、栖息场地和性对象的追求是生物本能行为的基础。主要中枢包括脑干和皮层下奖励系统，始于中脑腹侧被盖区(VTA)，终止于前脑伏隔核，同时还有中脑-皮层多巴胺通路投射到眶额皮层，与学习行为的奖励和强化作用有关。正如表10-1所示，除多巴胺类神经递质的功能水平直接影响追求和期望情绪，其他神经调质也参与调节作用。例如，中脑导水管周围灰质中的多种神经肽、类固醇和阿片肽类物质等都有重要作用。饥饿与饱食中枢、饮水和渴中枢都位于下丘脑，并由许多体液的和激素的因素参与调节，能使机体满足个体生存的需要，同时伴有快感和满足感。对于人类而言，追求和期望并不限于本能的需要，更重要的是社会需求，精神满足感能产生更强的动机。因此，情绪、情感、认知和思维，以及评价系统等密不可分，都离不开大脑皮层的参与。

2. 贪心、色欲系统

如果说追求和期望是由于对个体生存息息相关的食物、水和栖息地的追求，那么对种族延续来说，追求性对象则是重要前提，贪心和色欲的情绪中枢是杏仁皮质核和杏仁内侧核，还有下丘脑视前区和腹内侧区，以及中脑导水管周围灰质。除了神经中枢的调节作用外，还有许多体液因素参与和性相关的情绪调节，包括脑内的催产素，促黄体素释放激素，还有外周的肾上腺皮质激素，以及性腺分泌的性激素等。此外，胆囊收缩素和血管升压素在中枢和外周都可能生成，对性行为相关的阳性情绪也发挥重要调节作用。

3. 爱抚、养育系统

对种族延续来说，除了以性行为作为起点孕育下一代，还必须包括爱抚和养育下一代的生物学阳性行为。伴随这种养育行为，自然会有爱抚的情绪体验。由于这种情绪是一类持久的稳定情绪，它的关键脑结构位于扣带回、终纹床核、视前区和中脑的腹侧被盖区与中脑导水管周围灰质。在下丘脑的视前区由催产素、促乳素发挥体液调节作用，在中脑被盖区生成多巴胺类神经递质，在中脑导水管周围灰质生成阿片肽类物质都对养育抚爱子女之情发挥调节作用。

4. 安逸、欢快系统

最后一项生物学阳性情绪，是安逸和欢快。在安逸饱食之余，生物个体之间的和谐共处通过嬉戏行为产生快乐。可见，生物个体得到安居乐业的资源，就必然伴随嬉戏和快乐的情绪，它的脑中枢位于间脑的背内侧区和旁束区。通过下丘脑生成促甲状腺激素释放激素调节这类情绪。中脑导水管生成阿片肽类物质，还有乙酰胆碱和谷氨酸作为神经递质，都参与这类情绪的调节。

上面所列举的四类生物学阳性情绪系统，是生物种系得以繁衍的前提，只有个体得到生存的资源才会出现繁殖后代和养育后代的性行为，并伴随产生不同个体间普遍享有的嬉戏与快乐情感。在动物世界的进化中，已把这些情绪的调节功能赋予大脑皮层以下的中脑、间脑和基底神经节。扣带回则是大脑皮层参与情绪调节的高级中枢。人脑不但传承了这些情绪调节机制，更有许多与思维和智能相关的大脑皮层也参与情绪更精细的调节，使人类社会的情绪更丰富、更细腻，并在此基础上生成了高级情感，如改造自然和征服宇宙的积极情感。

（二）生物学阴性情绪

表10-1中的恐惧、焦虑、激怒、气愤、惊慌、孤独和抑郁三项属于生物学阴性情绪，它们驱使生物个体摆脱或远离危及生存的环境条件，也可能促使个体发出攻击行为。

1. 恐惧、焦虑系统

该系统是动物机体逃避疼痛和损伤刺激所伴随的情绪。动物所敏感的刺激性质及其对机体产生的效应和表现出的外在行为，都是动物种属进化所形成的，是不良刺激通过感官经下丘脑内侧与中脑导水管灰质背部，到杏仁中央核和外侧核所实现的生理反应。所以，这一情绪系统的核心结构是杏仁核。杏仁核是一组神经核团，具有相当复杂的内外部神经联系，参与不同的情绪过程。大体而言，杏仁外侧核是传入性的，将外部神经信息传向杏仁核诸多核团中；杏仁中央内侧核是传出性的，其中有重要意义的是传向内嗅区皮层、颞下回皮层和梭状回皮层的通路，可能与自上而下调节对他人面孔表情的感受功能有关，特别是威胁恐吓的表情。LaBar等人（1998）通过功能性磁共振方法，发现人类被试在形成恐惧性条件反射时，杏仁核会被激活。现在已知杏仁核与视觉皮层的神经回路之间存在着空间分辨率和传导速度不同的两条联系。一条是快速的低空间分辨率通路，对外部危险信号的视觉刺激特性进行初步加工，快速传递到杏仁核，以便产生自动化下意识的防御反应；另一条是较长的丘脑-皮层-杏仁核通路，与复杂的社会行为及其知觉决策过程有关，也是人类面对面交谈和感情交流的脑基础之一。Phelps（2006）综述了大量文献，总结出杏仁核参与下列五类情绪和认知过程的调节：① 内隐的情绪学习和记忆功能；② 记忆的情绪调节；③ 情绪对知觉和注意的影响；④ 情绪和社会行为的调节；⑤ 情绪的抑制和调节。

2. 激怒、气愤系统

当动物得不到想要的资源，特别是由于同类竞争造成资源需求的障碍，就很容易出现激怒和气愤的情绪。内侧围穹窿区、下丘脑向下的中脑导水管周围灰质，以及向上至内侧杏仁核-终纹床核，在这些脑结构中，P物质、乙酰胆碱和谷氨酸，都参与这种情绪的调节。激怒和气愤情绪是暴力行为产生的原因。20世纪60～70年代，暴力行为成为美国社会重大问题，美国政府曾增加一大批对激怒和暴力行为进行研究的项目。

3. 惊慌、孤独和抑郁系统

孤独、无助情绪是较前两项生物学阴性情绪强度稍弱的情绪，当动物离群或幼崽没有母亲的照料就会出现惊慌、孤立无助的情绪。终纹床核、视前区、背内侧丘脑、中脑导水管周围灰质通过催产素、促乳素、促肾上腺皮质激素释放激素等神经内分泌机制，以及谷氨酸和阿片类神经递质，调节这类情绪的强度。前扣带回皮层是这一情绪的高级调节中枢。

Adolphs(2002)提出了从动物情绪到人类情绪的分类提纲,把 Pankseep 分类中的追求、期望情绪归为生物学阳性情绪,看成是具有奖励作用的动机状态。相当于人类幸福感的个体情绪,以及骄傲自满的社会情感。恐惧的个人情绪相当于社会情绪中的窘迫、困惑和为难等情绪,焦虑不快的情绪与社会生活中的羞辱感有关。

四、人类情感的组成评价模型

前面介绍的情绪维度理论侧重于人类简单的情绪变化,较少涉及人类复杂认知活动中的精细情感变化。基本情绪系统理论侧重哺乳动物实验研究的发现,基于这些事实所提出的基本情绪系统及其脑功能系统,主要适用于动物和人类简单无意识的情绪,较难适用于理解人类高级复杂的情感过程。对于带有意识形态层次的情感,应该从更高层次的理论角度加以认识,现介绍关于情绪和情感的组成评价模型(componential appraisal models),有助于认识人类复杂意识情感活动的脑基础。

(一) 五个子系统或组成成分

人类情感的组成评价模型包括五个子系统或组成成分。情感被定义为复杂的五个组成成分经过四个动态评价过程而产生的主观体验。所以这种情感理论又被称为组成过程模型,由心理学家 Scherer(1984),以及 Grandjean、Sander 和 Scherer(2008)提出,并进一步引入认知神经科学的新科学事实,作为该理论的基础。这五个组成成分分别是认知、动机、自主神经生理反应、动作表达和情感体验。其中,"认知"一项包含注意、记忆、推理、自我参照等环节。

(二) 四个评价过程

四个评价过程有明确的时间顺序性,对事件与主体的关系、事件的性质、程度和可应对性,以及常规意义的评价。四个评价过程分别回答下列问题:

(1) 当前的事件与我或与我关系网上的人有何关系?
(2) 当前事件对我的生活有什么样的近期和远期影响后果?
(3) 我应如何应对这个事件、控制它的后果?
(4) 当前事件对我的意义,特别是它在社会道德和社会价值方面对我的意义。

四个评价过程的结果有双重功能,一是修正认知和动机机制去反馈影响评价过程;二是传出效应影响外周,主要是神经内分泌系统、自主神经系统和体干感觉神经。每个评价过程都存在刺激评价框架,每一评价过程不仅影响本过程的评价框架和标准,也会影响其他评价过程和标准,最终生成的意识情感取决于全部连续四个评价过程的累积效果,如图10-5所示。

(三) 三个中枢表达方式

五个组成成分通过四个评价过程产生三类性质不同的表征,如图10-6所示。组成过程产生的三个中枢表达方式:A是无意识反射和调节表征,B是意识表征和调节,C是主观情感体验的言语表达和交流。A、B、C的重叠部分是心理测验中有效自我报告的部分,情感是综合效应所建构出的整合意识表达。

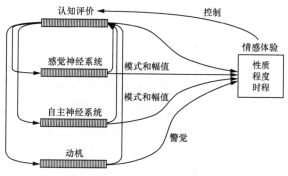

图 10-5　子成分和情感的关系
(经授权,引自 Grandjean, Sander, & Scherer, 2008)

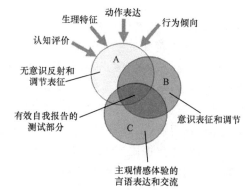

图 10-6　组成过程中枢的三种表征类型
(经授权,引自 Grandjean, Sander, & Scherer, 2008)

Grandjean、Sander 和 Scherer(2008)认为人类的情感过程相当复杂,包括五个子过程和一些组成成分,通过多层评价驱动的反应同步化实现的,这种组成过程模型(componential process model)克服了基本情绪类型的生物进化论和情绪维度理论的某些不足。它之所以能较好地说明复杂情感的形成过程,正是由于低层次情绪加工不足以应对事件,就通过意识过程应对这些难题。

第三节　情感障碍及其神经生物学基础

精神医学将人类的情感障碍大体分为三类:器质性情感障碍、心因性情感障碍和内生性情感障碍。器质性情感障碍包括由脑瘤、脑血肿、脑寄生虫、脑外伤、脑萎缩等结构变化,以及某些内科疾病所引起的症状性情感障碍。心因性情感障碍是由重大精神创伤、持久性精神紧张或不良环境所造成的一大类情感问题,包括焦虑症、恐怖症、强迫症、反应性情感障碍和创伤后应激障碍等。与前两类有因可查的情感障碍不同,内生性情感障碍多年前被认为是一种原因不明的疾病。虽然它与精神分裂症都属于原因不明的内生性精神障碍,但后者往往导致不可逆的精神衰退。内生性情感障碍包括躁狂症、抑郁症和双相情感障碍等三大类,它们的发生与外界刺激或精神创伤并没有因果关系。那么是什么原因引起的呢?虽已发现电休克和单胺氧化酶抑制剂对内生性抑郁症的治疗很有效,但对它们的病理机制认识得相当肤浅。20世纪70年代形成了情感性精神障碍的单胺假说,到80年代又出现了神经内分泌理论。21世纪以来,随着分子生物学和无创性脑成像技术的发展,可以直接对情感障碍的病人进行脑功能检测和遗传学研究。现在对情感障碍的认知已取得了重大进展,形成了脑网络、分子神经生物学和分子遗传学等多学科交叉的理论发展。

一、情感障碍的单胺假说

20世纪60年代出现了荧光组织化学和荧光化学技术以后,经过10年的大量研究,基本搞清了脑内的单胺能神经通路和神经递质的功能。在此基础上,70年代初出现了关于情感性精神病的单胺假说。这种理论不断发展完善,最初认为单胺类物质在脑内浓度的变化是情感障碍的基础,随后则更强调对单胺类物质敏感的脑内特异性受体的功能异常。支持这种理论的证据来自下列四个方面:对情感障碍有良好疗效的精神药物作用机理的分析;情感性障碍病人血、尿和脑脊液内单胺物质及其代谢产物的分析;合成单胺类神经递质的前体性化学物质或发生拮抗作用的化学物质对情感性精神障碍的影响;动物脑单胺类物质的实验分析。在这些科学数据中,有利于单胺假说的证据可归纳为下列几项。

(1) 利血平有显著的镇静作用,大量服用利血平常引起抑郁状态,称为"利血平抑郁症"。此时利血平引起脑内单胺类神经递质耗竭。

(2) 对抑郁症有治疗作用的单胺氧化酶抑制剂,使脑内单胺类物质浓度增加。

(3) 治疗抑郁症的三环抗抑郁药,如丙咪嗪等抑制突触前膜对单胺类物质再摄取,因而使突触间隙内单胺类物质保持在较高浓度水平,从而使抑郁症好转。

(4) 治疗躁狂症的锂盐可降低脑内单胺含量,而在抑郁症间歇期的病人,服少量的锂盐可使脑内单胺含量浓度增高。所以,锂盐在情感障碍治疗中,既可用来抗躁狂,又可用来预防抑郁症的复发,它对脑内单胺物质的浓度有调节作用。

(5) 对情感性精神病人临床检验表明,抑郁症病人的尿和脑脊液中的 5-羟色胺代谢产物 5-羟吲哚乙酸(5-HIAA)含量显著低于正常人,部分抑郁症病人尿内去甲肾上腺素的代谢产物 3-甲氧基-4-羟基苯乙二醇(MHPG)浓度亦降低。这说明抑郁症病人单胺类神经递质代谢不足。

(6) 抑郁症病人服用合成 5-羟色胺的前体物质——色氨酸,可以增强单胺氧化酶抑制剂对抑郁症的治疗效果。

事实上,很多实验研究并不能重复上述结果,甚至常出现相反的证据。因此,情感障碍单胺假说在20世纪80年代中期遭到一些学者的抨击。他们认为治疗情感障碍的各种化学物质在体内作用,并不像所想象的那样简单。例如,锂盐改变细胞膜离子的传输过程,也改变一些酶的活性,如腺苷酸环化酶等,还作用于神经激素环节。此外,锂盐在脑内作用有其敏感区域,此区含有大量特异性受体。其他精神药物的作用也有与锂盐相似的复杂性,单胺假说把复杂机制简单地归结为仅仅是单胺类物质的浓度变化。因而多年来企图从各种单胺物质浓度变化中寻找对情感性精神病诊断和鉴别诊断的依据,均未获得有实际应用价值的成果。然而,80年代初研究者从单胺类物质入手,把它与神经内分泌更复杂的多肽类物质联系起来,得到了一些有应用价值的成果,并形成了情感性精神病的神经内分泌理论。

二、情感性精神病的神经内分泌理论

20世纪60年代初,著名的瑞士精神病研究所在回顾自己过去50年间的研究工作时指出,未能发现内分泌腺功能与内生性精神病之间的确定关系。然而,随着生物医学理论和研究技术的进展,进入80年代以后,从神经内分泌功能的研究方面对情感性精神病,特别是对内生性抑郁症的认识出现一种令人振奋的新局面。卡雷尔(B. J. Carrel)等人根据库欣病(Cushing disease)与抑郁症的关系,发现检查肾上腺机能障碍的地塞米松抑制试验可以用来诊断内生性抑郁症。普兰格(A. J. Prange)等根据对甲状腺机能低下病人的抑郁症状治疗的研究,发现三碘甲状腺素可以加强三环抗抑郁药的临床疗效,促甲状腺激素释放素兴奋试验可以作为诊断内生性抑郁症的客观方法。这些研究工作所积累的事实形成了情感性精神障碍的神经内分泌理论。

这种理论认为:下丘脑-垂体-肾上腺轴和下丘脑-垂体-甲状腺轴,在人类情感调节中具有相辅相成的作用。两个神经内分泌轴之间的失衡是发生情感性精神病的重要机制。由于脑内的情感病理过程,其对血液内某些激素浓度的变化失去了正常人应有的反应性,或者反应迟钝(如地塞米松抑制试验)。因此,向血液内注入人造可的松类制剂——地塞米松,就不再像正常人那样,使下丘脑分泌促肾上腺皮质激素释放激素(CRH)的机制受到抑制,病人血液中仍有较多CRH分泌到脑垂体,刺激其形成促肾上腺皮质激素(ACTH),最终使血液内氢化可的松含量仍然很高。简言之,地塞米松抑制试验中,抑郁症病人失去了正常人血液内氢化可的松含量下降的抑制反应,说明其下丘脑分泌CRH和垂体分泌ACTH的机制丧失了正常的反应能力,这是情感性精神病的基本机制。20世纪90年代以后,趋向于将神经、激素、免疫反应系统均看成与应激反应、唤醒水平调节和情感调节有关的复杂系统。但在这一复杂系统中,各个环节的意义至今尚未明确。

三、情感障碍的脑网络

近年发现,早年发病的情感障碍伴随着明显脑形态学异常,主要发生在眶额叶和内侧前额叶皮层,以及与颞叶皮层、扣带回皮层、纹状体、丘脑等有解剖学联系的结构,并且眶额叶和内侧前额叶皮层的灰质体积减小;晚年发病的情感障碍病人最突出的特点是明显的脑萎缩,侧脑室扩大。Price 和 Drevets(2012)综述了关于情感障碍病理学研究进展,总结出情感障碍病理网络,归纳出以脑静态默认网络为基础,由四个子网组成的情感障碍病理网络:自我参照的默认网络(内侧前额叶为核心结构)作为自我感觉的参照系,恐惧和焦虑子网(以杏仁核为核心),内脏调节子网(以下丘脑为核心),刺激评估和奖励子网(以眶额皮层为核心)。形成了理解情感障碍的脑网络基础(图 10-7)。

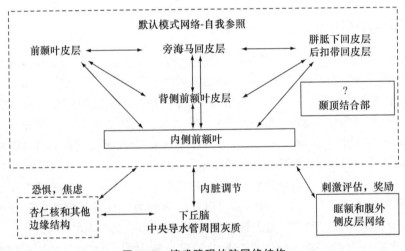

图 10-7　情感障碍的脑网络结构
(经授权,引自 Price & Drevets, 2012)

(一) 默认网络

这一概念由脑功能成像研究领域的著名学者 Raichle 等人(2001)首先报道,他在分析 R-fMRI 数据中发现,有些脑结构的 BOLD 信号低于 0.1 Hz 的缓慢自发波动变化规律,与其他认知功能明确的脑结构不同。每当被试处于没有认知任务的安静状态时,这些脑结构 BOLD 信号缓慢波动的幅值较高;相反,被试面临认知任务时缓慢波动的幅值变低。这与认知功能的脑结构 BOLD 信号缓慢波动规律相差 180 度。Miller 等人(2010)在三位大脑皮层损伤和癫痫病人中,记录分析皮层电图(ECoG),用电生理数据直接验证了人脑中确实存在默认网络。Yeo 等人(2011)基于 1000 名正常成人被试的 R-fMRI 数据的分析,得到人脑七类基本网络,其中包括默认网络。Bush(2010),以及 Castellanos 和 Proal(2012)都把默认网络作为儿童注意缺陷/多动障碍的重要病理基础之一。情绪和情感过程与注意过程一样,参与许多认知任务,所以 Price 和 Drevets (2012)总结情感障碍的脑网络时,将默认网络作为自我参照子网的核心。如图 10-7 所示,作为情感自我参照的脑默认网络包括:内侧前额叶皮层、背侧前额叶皮层、旁海马回皮层、前颞叶皮层、胼胝体压部皮层、后扣带回皮层和颞顶结合部等。抑郁症病人的默认网络活动过度增强,特别是在前岛叶皮层(BA47 区)中,BOLD 信号自发波动幅度大,抑制了与认知任务相关的脑区活动。所以,病人沉溺于自我沉思之中的负性自我参照情绪。

(二) 恐惧和焦虑子网

内侧前额叶默认网络到杏仁核、海马等其他边缘结构存在紧密连接,负责调节内环境与情感的关系。内环境导致的内侧前额叶或前扣带回兴奋过度,是抑郁症和焦虑症病人普遍存在的内感不适的病理生理学基础。杏仁核通过对下丘脑室旁核的抑制解除,导致促肾上腺皮质激素释放激素(CRH)的大量释放,在恐惧和焦虑情绪产生中十分重要。CRH 通过体液作用于肾上腺,调节糖皮质激素分泌。正常状态下,糖皮质激素分泌受到前扣带回皮层神经细胞膜上的糖皮质激素受体(GR)兴奋所抑制。当前扣带回皮层神经细胞损伤,将会解除杏仁核对下丘脑的传出影响,从而导致抑郁症病人对应激反应中的糖皮质激素分泌过度增加。所以,情感障碍病人糖皮质激素分泌过度与杏仁核代谢活性增加,并在前扣带回发生灰质体积减小。

(三) 内脏调节子网

默认网络与下丘脑、中央导水管周围灰质、蓝斑、脑干自主神经核团的下行性传出信息及反向上行性信息,在对应激源和情绪刺激的行为反应和内脏反应中,具有重要调节作用。眶额皮层网络与感觉传入相关,而眶内侧前额叶皮层的内层网络是内脏传出结构。所以,人类个体的内侧前额叶网络损伤导致内脏对情绪刺激的反应严重紊乱,同时伴有情感体验和冲动行为抑制的不当,以及相应社会问题决策选择能力障碍,这是由于内脏活动产生的神经信号不能达到皮层,因而不能形成正常条件下控制行为的无意识认知过程。

(四) 刺激评估和奖励子网

眶额叶和腹外侧前额叶网络中存在大量多模式感知神经元,汇集了各种感知信息,并对这些信息的情感价值维度或唤醒作用进行评估并发生不同类型反应。对重症抑郁症而言,前扣带回较强的活动是病情预后良好的指标;对抑郁症而言,当应用抗抑郁药治疗后,前扣带回出现较强的代谢信号(BOLD)或脑电图、脑磁图出现较强活动,也预示病情将会改善。前扣带回腹侧区及其前面的内侧前额叶在健康人中是处理奖励信息的高级中枢,它的 BOLD 信号强度,与主体快感和阳性情绪强度正相关。这种快感或阳性情绪通常由喜欢的气味或饮料,以及环境温度等所引发。相反,抑郁症病人在奖励学习过程中,这些结构 BOLD 信号强度明显降低,同时脑电 δ 电流密度降低和快感缺失相关。在奖励学习中,伏隔核通过增加神经元的发放,提高多巴胺的释放,对奖励预测进行神经编码。从中脑腹侧被盖区向伏隔核和内侧前额叶皮层的多巴胺能神经投射，在奖励学习中对感觉刺激、奖励和操作反应之间建立习得性神经连接，具有重要作用。情感障碍中伏隔核的病理改变影响了皮层驱动的中脑腹侧被盖多巴胺能神经元发放，就会损害奖励学习。所以抑郁症病人对奖励淡漠、动机缺失。

[常识与思索 10-3]　疾病性质截然不同的三类抑郁症

当今在世界范围内，内生性抑郁症或称重性抑郁症是发病率高的难治之症，尤其是其中几乎三分之一的病例具有抗药性，也就是说，目前的抗抑郁药物对其没有治疗效果。这类重性抑郁症和精神分裂症一样，都属于病因尚不十分明确的内生性疾病，必须到精神科进行诊断治疗。如果抗抑郁药无治疗效果，则需应用无抽搐休克疗法(ECT)。

但是，并不是所有抑郁症都是重性抑郁症，如果因重大精神创伤或性格因素，以及长期生活在不良环境中，又有明确的诱发疾病的精神刺激，那么可能是心因性抑郁症，改变生活环境并使用弱安神剂可能取得较好的治疗效果。另外还有一类躯体、器质性抑郁症，是由某种其他躯体疾病或神经疾病引起的抑郁症状。内、外科或神经疾病好转后，抑郁症状就会消除。所以，要搞清三类抑郁症之区别，采取不同的对策。

四、重性抑郁症的分子生物学研究进展

重性抑郁症(major depressive disorder, MDD)最明显的症状是悲伤、不快，发病率约为世界人口的 12%，发达国家的发病率较高(Kessler et al., 2011)。主要治疗药物是选择性 5-羟色胺再摄取抑制剂(selective serotonin reuptake inhibitor, SSRI)和肾上腺素再摄取抑制剂(serotonin-noradrenalin reuptake inhibitor, SNRI)，已经取代了传统的三环抗抑郁药，常用的其他药物还有安非他酮和氯氮平。

尽管可选择的治疗药物不少，可是仍有 50%～60% 的病人对三环抗抑郁药没有临床反应，30% 的病人甚至多次使用 SSRI 和 SNRI 也没有效果(Woo et al., 2017)。这些抗药性 MDD，很少有混合用药能取得疗效的。MDD 女性病人数是男性病人数的两倍。家族性或双生子研究表明，MDD 的遗传性约为 37%(Fernandez-Pujals et al., 2015)，但是至今还没有确认其遗传基因组网络。精神医学基因组研究采用大样本策略于 2018 年完成了 15 万 MDD 病例和 35 万人对照组的样本分析，鉴别出 44 个独立基因位点；采用元分析策略，在 807 553 人中分离出 246 363 例 MDD 病例，鉴别出 102 个独立的遗传位点。以上这类研究所发现的风险因素与样本人数呈线性相关，说明统计学伪差的存在；而且这些风险因素都是社会性的或具有一定行为特点的，如神经质人

格特质和低自尊,以及离婚、低生活保障和儿童期创伤等。

与精神分裂症的遗传学研究一样,目前主要学术观点仍然是基于神经递质相关的异常;但是,并非仅仅是有关神经递质的代谢障碍,还有许多其他复杂的生物学机制,可能在 MDD 发生中具有更重要的作用。有些 MDD 病人的血液和脑脊液中谷氨酸含量异常,NMDA 受体拮抗剂氯胺酮(ketamine)对 MDD 病人具有抗忧郁的治疗作用(Kim et al.,2019)。一些重大感染疾病之后,发生 MDD 的概率较高,并且病人血浆内出现 C 反应蛋白(C-reactive protein)、白介素-6(interleukin-6)和肿瘤坏死因子-α 等物质。最近由于对 MDD 基因组和转录组学的研究进展,在组蛋白修饰和非编码 RNA (ncRNA)两个表观遗传领域,取得了令人乐观的前景。

(一)重性抑郁症的组蛋白修饰

染色质是亚细胞结构,具有重要的遗传功能,如 DNA 复制、修复和转录等,其结构单元是核小体(nucleosome),由 147 bp 的 DNA 围绕着组蛋白 H2A、H2B、H3 和 H4 八聚体组成核心颗粒,组蛋白 H1 结合在盘绕于八聚体的 DNA 链的开口处。核小体游离在外的 N 端,受到翻译后的修饰,这类表观遗传修饰包括乙酰化、甲基化、磷酸化等,改变了组蛋白与邻近 DNA 之间相互作用的模式,影响基因的表达。例如,组蛋白乙酰化的结果是染色质的去浓缩化并展开了组蛋白分子,因而暴露了 DNA 转录位点,增强基因表达。相反,甲基化与异染色质形成和转录沉默有关。组蛋白码假说认为,组蛋白改变的组合,导致特异的转录复合体/表观修饰,紧密地赋予一种环境—依存的转录反应。最近几十年,发展一种称之为组蛋白目标化医药学,对药物开发是个很有吸引力的领域。几种组蛋白脱乙酰酶抑制剂(HDACi)是美国食品药品监督管理局批准的恶性肿瘤治疗剂,组蛋白修饰剂也在精神医学中使用。丙戊酸盐(Valproate 或 Depakote)是一种 GABA 能激动剂,可以调节多巴胺能系统,也具有 HDACi 的功能。另一个例子,组蛋白修饰剂是单胺氧化酶抑制剂(MAOI),是很强的组蛋白脱甲基化酶抑制剂(LSDI)。目前还不清楚,MOAI 为何具有表观遗传效应。

(二)重性抑郁症中的非编码 RNA

对非编码 RNA 在 MDD 病理遗传中作用的研究,是先从微 RNA 开始的。因为多种微 RNA 与 MDD 有关(Wan et al.,2015),随后才开始研究长链非编码 RNA。最近发现,抑郁症状伴随着长链非编码 RNA TCONS00019174 在动物海马中表达降低,但是这种降低可以被抗抑郁药丙咪嗪所改善。利用病毒释放动物海马的 TCONS00019174,也能降低抑郁症状。临床研究发现,病人对抗抑郁药的反应与病人脑内几种特别的长链非编码 RNA 改变有关(Roy, Wang, & Dwivedi, 2018)。对 26 名自杀致死的 MDD 病人和 24 名对照组进行前扣带回的 RNA 测序研究,发现 23 例有不同表达的长链非编码 RNA。但是关于长链非编码 RNA 转录的另外两项外周血研究,未能发现有价值的线索。

思考题

1. 试述评本章介绍的六个经典理论和四个现代情绪、情感理论之间的观点和科学方法论的异同。
2. 情绪、情感维度理论的渊源和理论观点及其现代科学依据是什么？
3. 请概括"内感受系统"的基本概念和情绪、情感的内感受理论的要点。
4. 请概述基本情绪类型划分的行为标准及其神经生物学基础。
5. 述评人类情感的组成评价模型的理论特色与不足之处。
6. 从情感障碍的病理学基础理论发展中，试总结出对生理心理学研究情感问题的启示。

11

人际交往和执行控制的生理心理学基础

我们已经讨论了个体与环境的关系,个体对食物、水和栖息地的需求及相应的目标行为,当然也涉及同类个体间的领地之争、食物资源之争所伴发的激怒和气愤之情;但是并未触及动物群居和人类社会行为中最重要的方面,即个体之间的相互理解和交往。对于人类社会,人际交往和相互理解是社会行为最基本的特征。社会心理学对这一问题的研究具有悠久的历史,并出现了许多理论和研究方法;但生理心理学研究人类个体之间的相互理解和交往,则只有几十年的历史。所以,理论和方法学都还不够成熟,值得进一步研究的问题很多。

一般而言,执行监控针对人类的目标行为,以保证个体确实达到预期目的。目标行为主要指条件反射活动和人类特有的原动性(proactive)或主动性(active)行为。反射活动是物质刺激导向的,原动活动则是意识导向的行为。

第一节 人际交往和相互理解的生理心理学基础

关于人际交往和个体间相互理解的脑科学基础,首先是在灵长类动物研究中发现的,再经过最近 20 多年利用无创性脑成像技术对正常人的实验研究,才形成了下面介绍的两大基本内容:心理理论能力和共情的脑功能基础。前者是人际交往中的认知侧面,后者则是人际交往中的情感侧面。

十多年前,在科学界形成热点的镜像神经元(mirror neurons)曾被认为是心理理论能力的脑形态学基础;后来发现,人脑前扣带回、岛叶皮层、前额叶皮层,甚至运动区皮层的神经元也参与对他人心态的反应。Hickok(2009)详细评论了镜像神经元概念的八项不成熟性表现。所以,近几年有关镜像神经元的研究热潮冷却下来。但是,关于心理理论和共情的研究还是继续受到社会神经科学的广泛重视。

一、心理理论能力

根据某个人所说的和所做的,对其心态、意向和行为倾向进行认知描述和推理预测的能力,被称为心理理论能力(Frith & Frith, 2005)。如果想要知道某个人的心态与自己有何不同,通过观察外界环境、情境和他人的动作,可以猜测出他人的心态和行为意向,并预测其下一步行为。这种将观察和推理相结合才能表现出来的能力,被称为心理理论(theory of mind,ToM)能力。"观察"的含义是指观察者所具有的识别能力(recognition),包括对他人所处的情境(situation)、他人的动作(action)和面部表情(facial expression)等的识别能力;或者是指观察者对他人当前状态的认知倾向(the propensity of current cognition);"和推理相结合"是指对他人心态和行为意向推测的精确程度(accuracy)。

Premack 和 Woodruff(1978)关于黑猩猩具有心理理论能力的文章发表后,对非人灵长类动物和婴幼儿心理发展的研究很快跟上,关于心理理论的研究迅速形成一个新领域,至今已有 40 多年的研究历史,科学资料堆积如山。心理理论能力的研究已成为跨学科研究领域,涉及心理学、医学(特别是精神医学)、人类学和社会学等。

关于心理理论的 40 多年研究历程,大体可将之分为两个发展时期,以 2000 年为界。前期的研究结果已经基本形成共识:心理理论是人类特有的心理技能;但是 2000 年之后,由于研究方法的不断刷新,逐渐积累了更多科学证据,证明某些非人灵长类动物种属也具备这种能力。问题在于动物的这种心理理论能力与人类有何异同,在研究者之间存在很大分歧。于是,将心理理论分为不同子类:外显的和内隐的心理理论。外显的心理理论子系统是耗时的、缓慢的过程,也是一种利用语言和执行功能的控制加工过程,可以进行灵活精细的表征;内隐的心理理论是简单快速的表征(Meunier, 2017)。另一种分类是根据参与心理理论的主要心理过程,将之分为两类:认知过程的心理理论能力和情感过程的心理理论(Abu-Akel & Shamay-Tsoory, 2011)。在认知过程的心理理论能力方面,Baron-Cohen(1995)认为:心理理论能力包括四项技能:他人眼神检测、共享注意、他人意向检测和心理理论模块。最后一项技能"心理理论模块"是指个体关于人际交往和人际关系的内隐知识储存。前三种技能是人与灵长类动物共有的,第四种技能是人类独有的。

(一)他人眼神检测

眼神检测(eye detection)是指对和自己交往者的注视(gage)及对其视线变化的检测等多种觉知,包括相互对视、转移视线、注视点跟踪等多种眼神变化的规律。这些眼神的变化由颞上沟(STS)调节,并且颞上沟与内侧顶叶(IPG)之间的联系,以及它们与杏仁核的联系,是人际交往中双方检测对方所关注的问题和对方情绪状态等信息的重要组成部分。

(二)共享注意

共享注意(shared attention)包括共同注视和共同注意,只有大猩猩和人类具有这种社会交往技能,交流的双方共同关注某一客体,且彼此还意识到对方与自己一直在注视同一目标,所以又称为三向表征活动(triadic representation)。如果我想看到你所看见的事情,就应跟随你的视线望过去,这就是共享注意的技能。

这种技能不是天生就有的,儿童发展研究发现,9个月的婴儿可以跟随成人转头的方向,但却分辨不出成人视线与转头的差异。也就是说,不管成人的眼是闭着的还是张开的,婴儿都会跟着成人转头而转移视线。12个月的婴儿,已经能分辨出转头与视线转移的区别,发展出与成年人共享注意目标的技能。这可能是由于共享注意不仅由颞上沟调节,还必须有前额叶皮层的参与,包括腹内侧前额叶、左额上回(10区)、扣带回和尾状核。

(三) 他人意向检测

通过对他人身体姿势、动作、面部表情、目光注视方向和凝视焦点的观察,推测该人感兴趣的目标和行为意向,称为他人意向的检测(to detect intention)技能,是一个人进行社会交往的重要基础之一。运动前区皮层(6区)、顶下叶(40区)、颞上沟、额叶(44区)、背外侧前额叶(46区)、前扣带回(ACC)和岛叶皮层等高级脑区的激活与此技能相关。

(四) 心理理论模块

心理理论模块(the theory of mind module,ToMM)又称高级心理理论,是指头脑中积累了许多社会认知的知识库,利用这些知识才能理解他人和复杂社会情景中发生的事情。对这些社会认知规则或知识的运用,才能使人完成社会认知任务,如下列规则:

(1) 外表和实质并不总是一致的。椭圆形石头并不是鸡蛋;我可以假装狗,但并不是狗。

(2) 一个人安静地坐在椅子上,他的内心未必是平静的,他可能在思考、想象、回忆等。

(3) 别人能知道我所不知之事。

类似规则在4周岁以前的儿童是无法理解的,心理理论和智力并不完全相等,智力障碍的人智商很低,但心理理论技能却很好;相反孤独症病人智商很好,但心理理论技能很差。想象中的他人意向是指我们并没有看到对方是谁,只是根据情境和想象的情节,设身处地为他人着想,做出某项决策的技能。这种功能与大脑中的旁扣带回前区(32区)激活有关,这种技能也是高级心理理论技能。

利用近年公开发表的25篇原始研究报告所提供的数据,香港科技大学进行了元分析,结果发现了被试在完成心理理论任务时的脑激活区及其功能通路。他们对比了精神分裂症病人和健康人神经通路的异同,如图11-1所示(见书后彩插):(a)显示精神分裂症病人组的假设神经网络,(b)显示健康对照组被试的假设神经网络。两图的差异表明,精神分裂症病人组在完成有关心理理论的任务时,脑功能通路与健康组被试相比,缺少脑默认网络和静息态网络相关脑区的激活(Weng et al., 2022),包括下顶叶、顶叶、扣带回、丘脑等脑区,这些脑结构是默认网络和静息态网络的重要神经节点,参与多项认知加工、情感加工和社会认知加工(social cognition)。这项研究结果所提供的科学事实表明,心理理论涉及的不是单一的整体结构(monolithic structure),而是高级的多功能系统(Dorn et al., 2021; Van Neerven, Bos, & Van Haren, 2021; Navarro, 2022)。如图11-1(见书后彩插)不同颜色显示的四种信息加工网络,包括视觉系统的信息加工、一般信息加工、认知信息加工和情感信息加工的复合体。近两年一批元分析综述文献尽管提出了一些不同的见解,特别是研究方法学问题;但都无法否定心理理论在人际交往中包含不同的多种心理过程,利用心理理论心理测量所得到的研究结果,实际上是多域性的科学数据(multiple domains)。另外,患有不同精神疾病的病人,包括精神分裂症、躁狂症和抑郁症,都有规律大体相似的心理理论缺陷,即其疾病症状的严重程度与心理理论缺陷程度存在正相关(Van Neerven, Bos, & Van Haren, 2021)。

[常识与思索11-1] 心理理论是人的一种独特能力或智力

观察和推理相结合,可理解或预测他人行为意向的能力,是人们社会交往和彼此相互理解的重要基础。它是以他人眼神检测、共享注意、他人意向检测和心理理论模块等四项技能为基础,在个体发育中形成的。前三项技能是人类和高等非人灵长类动物所共有的,心理理论模块则是人类特有的。颞上沟(STS)和下顶叶(IPG),以及它们与杏仁核之间的联系,是他人眼神检测的神经基础;共享注意是在前项技能的基础上,加入腹内侧前额叶、左额上回、扣带回和尾状核的协同作用,大约在1周岁时发育而成;他人意向检测是激活许多脑区的结果,包括运动前区皮层(6区)、下顶叶(40区)、颞上沟、额叶(44区)、背外侧前额叶(46区)、前扣带回(ACC)和岛叶皮层等高级脑区;4岁左右的儿童前额叶32区成熟,与心理理论模块习得有关,它由人们之间交往的规则累积而成。心理理论和智商是人类两种并存的智力或能力,两者缺一都无法进行正常的社会生活。

二、共情与面孔情绪识别

前面讨论的心理理论能力,从理论上说明了人们在社会交往和相互理解过程中,认知活动的生理学基础。这里所说的共情(empathy)与情商(EQ)不同,EQ是指人们调节和管理自己情感变化的能力;而共情则侧重于对他人情绪和情感沟通与相互感应的能力。两者的脑功能基础不同。

(一) 共情

Reniers等人(2011)将共情定义为对他人的内在情感及其外在表现的理解和分享,包括认知共情和情感共情两类心理过程,并制定了共情问卷(Questionnaire of Cognitive and Affective Empathy, QCAE),用于心理测量。看到别人受苦,如身体受伤,就会在内心体验到自己身体的疼痛,这种现象就是共情,这时内侧前额叶皮层会被激活。这说明,内侧前额叶皮层,特别是扣带回(24区)和旁扣带回(32区),与自己和他人疼痛的内在体验有关。近年来社会情感认知神经科学研究领域已取得了共识,共情和心理理论技能分别从情感交流和认知交流两个不同侧面,提供了社会行为的基础。正如心理理论能力一样,视觉在共情中也有重要作用。所以,这里也把情绪的面孔识别列在共情的组成环节。述情障碍(alexithymia)是一种知觉障碍,以失去对自身情绪变化的识别和表述能力为主要症状,一批研究文献报道了这类病人的共情所发生的变化,以及共情与述情障碍发病机制的关系。Pisani 等人(2021)选择了近年发表的63篇研究报告进行元分析,结果发现,述情障碍病人在19项心理理论能力心理测验的数据中,与健康对照组被试的结果相比,存在着显著差异,主要是对于他人行为意向推论的不准确度过高。作者认为这一结果主要是由于病人情绪识别能力降低而导致,并不是由于其心理理论能力本身的障碍所致。这一研究报告对心理理论心理测验方法学所做的分析,比其研究结果更有学术价值,对于现有的19项心理理论心理测验方法的分类,对该领域的发展很有启发意义。

(二)认知成分与情绪成分的差异

共情中的认知成分可以理解为对他人情感状态进行的认知构建过程,共情中的情感成分是指对他人情感状态的间接体验和敏感程度。Shamay-Tsoory 等人(2005)利用三类社会推理问题作为实验材料,分别对腹内侧前额叶损伤的病人、后头部损伤的病人和正常人进行测验。三类社会推理的小故事分别是对次级假设、讽刺和社会失礼行为的识别。

次级假设故事:"汉娜和贝妮坐在办公室聊天,谈论他们与老板的会面情形。贝妮边说边随手打开墨水瓶放在办公桌上,这时溅出几滴墨汁。所以,她离开办公室找块抹布想把办公桌擦干净,当贝妮离开办公室之时,汉娜把墨水瓶从办公桌上拿到柜子里。当贝妮在办公室外边找抹布时,通过办公室门上的小孔看见了汉娜把墨水瓶拿开的情形。然后,她回到办公室。"讲完这个小故事,提出四个问题请被试回答——

(1)推测问题:汉娜心里想贝妮认为墨水瓶在哪儿?
(2)现实问题:墨水瓶实际在哪儿?
(3)记忆问题:贝妮把墨水瓶放在哪儿?
(4)推论问题:墨汁溅在哪儿了?

讽刺故事:"杰奥上班以后没有开始工作,而是坐下来休息,他的老板注意到他的行为,并且对他说'杰奥,别工作得太辛苦了'。"

自然故事:"杰奥一到班上就立即开始工作,他的老板注意到他的行为并对他说'杰奥,别工作得太累了'。"

对每个故事问两个问题:

(1)杰奥工作很努力吗?

(2) 经理认为杰奥工作很努力吗?

社会失礼行为故事:"麦克是一位 9 岁的小男孩,刚转入一所新学校。他去卫生间蹲在蹲位间,随后与麦克同班的另外两个同学走进卫生间站在小便池旁。其中一人对另一人说'你认识那个新来的家伙吗?他叫麦克,看上去很古怪,而且个子那么矮'。这时麦克从蹲位间走出来,被两个人看见了。于是站在小便池旁的另一个男孩对麦克说'你好,麦克!你现在是去踢足球吗'。"讲完这个故事后问被试下列问题:

(1) 有什么人说了什么失礼的话吗?
(2) 谁说了他不应该说的话?
(3) 为什么他们不应该说那些话?
(4) 为什么他们说了那样的话?
(5) 在这个故事中,当两个男孩谈话时,麦克在哪里?

结果发现,腹内侧前额叶损伤的病人回答这些假设问题时,与健康人没什么差别;后脑部损伤的病人不能正确回答次级假设问题。腹内侧前额叶损伤的病人对讽刺故事问题的回答和对社会失礼问题的回答很差。从这个结果中,他们得到的结论是:腹内侧前额叶损伤只影响情感的共情功能,而不影响心理理论认知技能。腹内侧前额叶的功能在于对情绪、情感及其社会意义的调节技能。关于外部世界的感觉表达和知识信条等理解和应用的技能,与背外侧皮层的功能有关。

(三) 面孔表情识别的脑功能基础

负责面孔识别的脑结构是颞下回后部的梭状回(FFA),它包含两种特征的提取:一种是人的身份特征,属于每个人的面孔中不变的特征;另一种是可变的面部表情或面部运动功能。前者由外侧 FFA 与枕下回皮层,以及颞叶共同完成;后者又分为眼神信息和表情信息,眼神信息识别由 FFA 和内顶沟的皮层共同完成;而表情信息识别由 FFA、颞上沟皮层、杏仁核以及视觉皮层共同完成,视觉皮层负责识别口唇的位置在表情中的作用。中国科学院心理研究所、华南师范大学、辽宁师范大学和德国两个机构,共同完成的元分析研究报告表明(Feng et al.,2021a),对图片中负性情绪的内隐信息加工,激活被试的两侧杏仁核、左侧海马、梭状回和右侧脑岛,梭状回为高级中枢的视觉网络与这些皮层下结构的脑网络,对情绪反应参与底-顶内隐加工过程。相反,对内隐的负性语词加工,激活被试的默认网络和额-顶叶网络,包括腹外侧前额叶、背外侧前额叶和背内侧前额叶皮层。这说明,字词负性情绪信息是由前额叶主导的自上而下的信息加工过程。他们认为,这一科学事实说明情绪性图片和情绪性字词各自以其固有的情绪和情感维度值,分别以不同途径募集着不同脑功能系统,调制着情绪、情感加工过程。总之,与情绪和情感相关的脑功能系统和所实施的信息加工过程,都是十分复杂的脑网络动态组合和调制过程,不存在单一的整体模块(monolithic module)。

三、实验室和现实生活中的心理理论和共情

成功的社会交往需要交往双方彼此情感共享(empathy)和对对方心态的理解,但是两者经常分开进行研究,Kanske等人(2015)提出一种fMRI实验范式——EmpaToM,对共情和心理理论能力同时研究。结果表明,前岛叶皮层对于共情网络是主要结构,而心理理论网络的主要结构是腹侧颞顶叶皮层。两类网络之间存在一定关系,心理理论相关脑结构激活水平的被试间个体差异能够预测心理理论行为表现的个体差异,但是共情却没有这种预测效果。由此可以将共情和心理理论两种心理过程分离开。他们认为EmpaToM这一实验范式所得到的结果可以证明,fMRI实验室研究共情和心理理论能力的效度是准确的。也就是说,fMRI所揭示的共情脑网络和心理理论脑网络是准确可信的。那么,EmpaToM是何种研究模式呢?它是一项被试组内设计的实验范式,用于检查脑激活区分布和被试关于社会情感和认知操作进行评估的方法和程序。这种研究方法包括对从四项技术中得到的数据进行综合分析:① 从EmpaToM认知任务中得到的行为反应数据评估被试的社会情感和认知;② 利用fMRI采集被试认知操作过程中脑血氧的分布;③ 从社会情感和认知问卷中得到被试的共情特性和心理理论能力;④ 在随后的14天内按照EMA(ecological momentary assessment)方案评估被试在社会交往中所表现出的共情倾向和心理理论能力(Hildebrandt et al.,2021)。应用EmpaToM实验范式所得到的数据,继续证明fMRI实验室研究的共情和心理理论,与日常生活和社会交往中的情感和认知因素一致。至今fMRI实验室研究的社会效度也很准确,但是,他们认为所研究的共情并不是人们的能力,而是人的共情倾向(empathic propensity)。

第二节　目标行为的执行控制

目标行为包含不同层次的内涵,动物在饮食、性动机驱动下,寻求食物、水和性对象的行为是本能的目标行为;人类在创造活动中收集科学资料的行为则是由高层次社会需求所产生的目标行为。因此,目标行为可能是一种反射活动,也可能是原动性或主动性的活动,前者是在体内、外感觉刺激作用下出现的反射活动,后者是在高级意识指引下实现的。如果肠胃蠕动产生饥饿,眼前又有食物,这种摄食行为是本能的行为,是先天的非条件反射活动。虽然有了饥饿感,目前没有食物可吃,动物必须靠自己的个体生活经验,跑到可能有食物的地方,或者根据外界各种线索判断哪里有食物,就奔向那里去捕食,这是一种条件反射活动。反射活动和原动性活动都存在着自行监控问题,因此,认知心理学创造了对执行监控功能的实验范式。

一、前额叶皮层与执行控制功能

在动物进化中，前额叶皮层迅速增大，猫脑的前额叶只占全脑的3.5%，狗占7%，恒河猴占8.5%，大猩猩占11.5%，类人猿占17%，人类占29%。从这个增长的数据中可以看出，人类的前额叶皮层达到了前所未有的发达水平。人类的动作通常是有目的和指向性的随意运动链，通过或多或少的动作，就可以实现行为目标。这个过程被称为目标行为的执行。在情绪动机支持下的目标行为，工作记忆也参与目标意向和时变的动作状态，以及对全部动作的控制，还包括冲突和错误的检出。

20多年前，根据当时的解剖和生理学事实，Miller和Cohen(2001)概括出前额叶皮层的功能网络图（图11-2）。只是最近十多年，认知神经科学经多方面研究，才对这些问题有了一些答案。

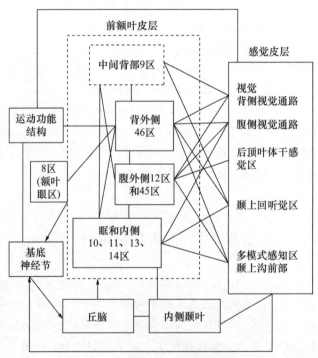

图11-2　前额叶皮层的内外连接网络

（引自 Miller & Cohen, 2001）

前额叶皮层汇聚其他脑区的传入信息，并且通过它所具有的内部连接使其成为实施复杂行为时汇聚不同信息的脑核心结构。这些脑网络的连接大多是交互性的，但图中箭头所指的部分例外。需要特别指出的是额叶眼区，因为它邻近前额叶皮层，或者它是前额叶皮层的组成部分。这里我们把它看成是邻近前额叶皮层的结构，但也可能存在着直接连接。

对灵长类动物的实验研究和对前额叶、内侧额叶损伤病人的观察，所发现的全部科学资料表明,前额叶皮层在情绪调节、工作记忆、冲突监控和执行控制中,均具有十分显著的作用,包括多功能的控制开关、网络和局域性微回路的多层次调节控制功能。原动行为控制开关位于额叶辅助运动前区(pre-SMA),倒摄抑制(retroactive inhibition)开关位于额叶扣带回;两种开关都受外侧前额叶皮层(LPFC)的调控(Hikosaka & Isoda,2010)。前扣带回皮层和纹状体在状态控制和维持中发挥关键作用,岛叶皮层在状态之间的变换中发挥主要作用,突显网络在默认网络和中央执行网络间变换中发挥作用(Tang, Rothbart, & Posner, 2012)。默认网络主要由三个功能不同的子成分组成,腹内侧前额叶(VMPC)参与社会行为、情感和自我感觉的调节;后扣带回皮层(PCC)和邻近的楔前核及外侧顶叶皮层,参与对以往经验的回忆(Raichle et al., 2001)。

由于近年来的遗传学研究公认,在小鼠、灵长类动物和人类的脑系统进化中,具有明显的遗传保守性,因而建立了许多小鼠前额叶皮层功能的实验模型,获得了许多新科学事实。因为在小鼠实验模型上可以应用许多有创性实验手段,包括细胞微形态学、细胞电生理学、分子神经生物学,以及认知神经科学等新技术(Seiriki et al., 2017; Sun et al., 2019)。这类跨学科的研究结果表明,根据神经元树突和胞体上的突触后受体蛋白特性,可将前额叶皮层和联络区皮层的细胞分为百种以上的类型,每个神经元周围都有数百微米的空间,分布着自己的树突树和轴突树,以及之间插入的微回路,从而可以形成长距离的脑网络。如图11-3所示(见书后彩插),在小鼠额叶皮层和海马之间,存在着双向的长距离纤维联系。这些长距离的纤维联系和插入的微回路,给额叶皮层提供了监测或控制认知功能的巨大潜能。特别是内侧前额叶皮层(mPFC)含有大量GABA能抑制性神经元群,可以控制不同的情感和认知功能。mPFC的这些GABA能抑制性神经元可以从全脑,包括从皮层下结构,如基底前脑的胆碱能神经元和缝际核的5-羟色胺能神经元以及丘脑接收长距离的传入信息;它们也从其他新皮层,如视、听和体干外感受皮层,以及通过边缘海马系统和记忆系统得到体内信息(Jayachandran et al., 2019; Sun et al., 2019; Weitz et al., 2019; Nakajima, Schmitt, & Halassa, 2019; Ren et al., 2019; Onorato et al., 2020)。

前扣带回皮层(ACC)的变化引起ACC-CA1网络表征着远事记忆被θ节律提取的机制,也就是说,海马CA1区神经元单位发放的变化受到ACC中θ节律的调制,海马CA1区的胆碱能神经元群所具有的信息与ACC神经元群上下关联的信息表征相似(Wirt & Hyman, 2019)。从丘脑到腹外侧眶额皮层的传入会导致脑活动水平广泛性降低。相反,mPFC向丘脑的投射和向围嗅区皮层的投射控制着序列记忆的提取(Jayachandran et al., 2019)。前额叶皮层通过基底神经节-丘脑通路调节对感觉传入的滤波作用(Paolicelli, Bergamini, & Rajendran, 2019)。此外,额叶皮层中的高精度长距离交互通路都有在皮层各层间和不同细胞类型间的丰富局部微回路对微回路的信息交流。吊灯样细胞是唯一的一种中间神经元,它通过其轴突树选择性支配着皮层锥体细胞轴突始段。额叶的岛叶皮层和扣带皮层区的第V层还有一种被称为Von Economo

神经元(VEN)的特殊神经元。岛叶皮层显现出一种特别形状,它的第Ⅵ层分化出两个亚层,一直延续到邻近的屏状核。除人类外,只有几种认知功能发达的动物,如大象、鲸和非人灵长类动物脑内存在 VEN 细胞,80 岁以上并具有较高认知记忆能力的老人 VEN 细胞密度高(Gefen et al., 2018; Evrard, 2018)。所以,具有长距离网络和局部微回路对微回路信息交流的轴突树,可能是前额叶皮层独特计算能力的基础。

二、内侧前额叶皮层的功能分区

Amodio 和 Frith(2006) 指出,人类社会认知和人类的复杂行为与内侧额叶(MFC)、颞-顶联络区、颞上沟和颞极关系十分密切,其中社会认知功能与内侧额叶关系最密切。至少有三类社会认知功能是借助以内侧额叶为关键脑结构所形成的功能回路而实现的。首先,动作的控制和监测与背侧前扣带回,以及辅助运动前区关系最紧密;其次,动作的结果是得到奖励,还是惩罚的监测,由眶额皮层参与的回路完成;最后,也是社会认知的核心环节,即对自身和他人心态的觉知和领悟,由位于上述两区之间的旁扣带回,也就是从前扣带回到前额极之间的内侧额叶结构所完成的功能。所以,内侧前额叶对社会认知行为比其他任何脑结构都重要。

内侧额叶(MFC)由同侧额叶的 BA 9、10 区和内侧前额叶 24、25、32、11 和 14 区组成,根据结构与功能关系,可将 MFC 分为三个区:前区、后区和眶区,如图 11-4 所示。现在分别介绍这三区的功能。

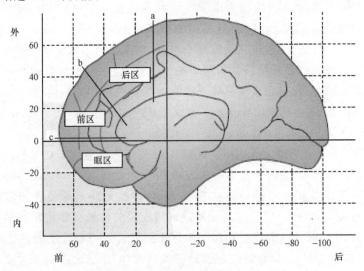

图 11-4　内侧额叶皮层的三个分区

(经授权,引自 Amodio & Frith, 2006)

prMFC 即内侧额叶后区,它的激活与认知功能相关,如动作的监控与注意任务的执行;arMFC 即内侧额叶前区,与社会认知行为中的情绪任务相关,如自己行为反应的评价等;oMFC 即内侧额叶眶区,监控任务执行后果得到奖励还是惩罚。

（一）内侧额叶后区

内侧额叶后区（posterior of rostral MFC，prMFC）对动作进行连续监控，特别是自身意向，执行过程中客观形势变化，反应是否有冲突、是否有错误，需要反应抑制或类似 Stroop 颜色命名任务中的反应冲突任务，以及易出现错误反应的 Flanker 任务，伴有错误相关负波（ERN）的任务都会引起前扣带回后区的激活。该区的激活还与实验过程中连续刺激的选择性反应及其后果性质有关，每次反应的得失变化大，prMFC 的激活水平增高。总之，prMFC 的激活与动作监控，特别是存在连续变换的动作后果要求不断调节行为的情况下更易激活。

（二）内侧额叶眶区

内侧额叶眶区（orbital region of the MFC，oMFC）与动作后果的预测及后果的奖惩或得失有关，具有得到高效益的行为预测，更易引起此区的激活。所以，在赌博的实验情景中，此区的激活较明显。这种功能与 prMFC 是相辅相成的，oMFC 与感觉信息的整合相关，prMFC 与运动信息整合相关。所以，两者均对动作及其后果监控，一个是基于感觉信息，另一个是基于运动信息；前者与对奖惩的预测监控有关，后者与实际后果的评价有关。如图 11-5 所示，眶额皮层（OFC）和前扣带回（ACC）之间存在着复杂的

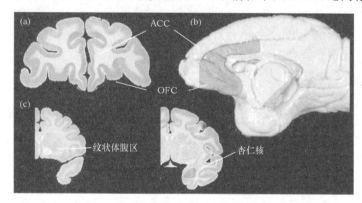

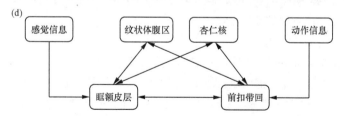

图 11-5　前扣带回和眶额皮层在社会行为和决策作用中的神经联系

（经授权，引自 Rushworth et al.，2007）

图中可见它们共享杏仁核和纹状体腹区的神经联系，但 OFC 侧重接受感觉信息，ACC 侧重接受运动或动作的反馈信息。(a) 为冠状切面图，显示 ACC 和 OFC，(b) 为中线矢状切面图，显示 ACC 和 OFC，(c) 为冠状切面图，显示与奖励和强化相关的两个重要结构。

功能关系。OFC 与 ACC 的功能差异在于前者负责感觉强化的表征,后者负责动作强化的表征;前者负责奖励期待的表征,后者负责动作价值的表征;前者负责偏好的表征,后者负责动作产生和动作价值的探究;前者负责基于延迟的决策,后者负责基于努力的决策;前者负责情绪反应,后者负责社会行为。强化引导的决策不仅依赖 OFC,也依赖 ACC 的激活;但两者的作用不同,当强化与刺激相关且与刺激偏好的选择有关时,则 OFC 发生主要作用;相反,当奖励主要与动作或任务相关时,ACC 发挥主要作用。也就是说,ACC 对下个动作加以选择的激活中介于以前动作和强化关系的经验基础之上。

(三) 内侧额叶前区

位于上述两个区(prMFC 和 oMFC)之间的内侧额叶前区(anterior region of the rostral MFC,arMFC),从以下四个不同侧面出发,负责动作及其后果的监控。

1. 自我觉知

自我觉知包括自我的个性特点和自我的第一瞬间情绪状态(心境)的觉知。利用描述不同个性特征的词,请被试回答是否适用于描述自己的人格特质,这时会诱发 arMFC 的激活。当要求被试比较某位熟悉的朋友或亲属的个性特征与自己是否相同时,相同的项目更易引起此区的激活;当被试根据呈现的面孔照片判断他们的面孔表情与自己的心境或情绪是否相同时,也会引起此区的激活。因此,此区与社会认知行为中的情绪因素关系密切。也有实验报告此区的上部和下部功能不完全相同,自我与熟悉人比较时,下部激活;自我与陌生人比较时,上部激活。

2. 理解他人的能力

理解他人的能力(mentalazing)是社会交往能够成功的重要因素,对于交往的人应能理解对方的心态和对方的需求,并能预测对方的行为。大量实验研究,包括阅读人们交往的故事情节、观看动画片等,发现在所研究的脑结构中,arMFC 激活程度最高。

3. 痛苦的自身体验与对他人痛苦的共情

观察他人受疼痛刺激的物理属性和客观特性,引起 prMFC 激活;而亲身感受的主观疼痛体验,引起 arMFC 的激活。

4. 道德观和自我荣辱感

人们遇到道德两难的问题时如何决策,多半取决于自己感情上的好恶。这时,arMFC 激活,特别是当对道德两难问题进行抉择时,不仅从自己的好恶出发,还要考虑别人怎么看自己时,也就是涉及自己的荣誉时,arMFC 受到更大的激活。

总之,内侧额叶皮层的功能是复杂的、多种多样的,并且规则地分布,从后向前对动作和行为的监控,包括从动作本身到对其后果的预测性监控,从认知成分到情感成分,从局部人际关系到社会道德,以及个人荣誉相关问题的监控。

三、整体性和多样性的执行控制模型

人类对自身行为的执行监控是为达到内在需求和外部条件,以及所采取的一系列动作之间的协调,以保证目标行为得到实现的过程。执行过程有多层次的脑机制参与,至少有调节和控制运动功能的锥体系和锥体外系统,以保证机体实现非随意运动和随意运动的动作。在此基础上才有可能实现对目标行为的筹划、实施、监控,并由情绪和工作记忆的参与完成目标行为的准确实施。与执行功能的发展并行,人脑结构主要是内侧前额叶也得到了快速发展和成熟。心理学对人类执行功能的实验研究,着重在目标行为过程中的三个重要特点:更新、抑制和变换,对每个特点都设计了一些规范性的认知实验范式。

(一)更新

更新是指要求被试不断更换工作记忆中的内容,要求被试连续观察计算机显示屏上呈现的图片。例如,有六大类图片:动物、家具、水果、蔬菜、工具、乐曲,每类图片各10张,共计60张图片随机呈现,每张图片呈现2s。被试的任务是记住指定的某一类图片中每张的具体名称,如"请记住最后一次呈现的动物名"。实验在连续进行中可能随时停止,被试必须不断更新工作记忆中最后出现的项目名称。

(二)抑制

抑制是指执行某作业时必须抑制干扰项,经常用词色干扰的Stroop实验范式,也就是说"红色"两个字用蓝色笔迹写出,"蓝色"字用红色笔迹写,即颜色和词义不一致的干扰项。可以要求被试按词义对"红色"做反应,对红色的"蓝字"抑制反应。

(三)变换或认知灵活性

变换是指执行的任务是变换的,例如,每次出现两个数字,然后出现一个指示,相加或相减的符号,对两个数字做加或减的任务是变换的。

通过上述三种指标所进行的许多实验,积累了一些科学事实,支持关于执行控制机制的理论假说——整体性和多样性模型(the unity and diversity model)。该模型又被称为更新、抑制和变换三因素模型(Miyake et al., 2000)。该模型主要依据三项认知实验数据之间存在着中等程度的相关,既体现出三者的相对独立性,又能体现三者之间存在着共同性。所以,执行功能既是整体性的,又有多样性。这种共同性和整体性可能是以前额叶皮层为功能基础的缘故,多样性可能是前额叶皮层广泛性神经联系的结果。这种观点只是从脑的系统进化和个体发育中得到理论上的间接证据,相关的认知神经科学直接实验证据为数不多。Tamnes等人(2010)利用磁共振成像技术测定98名8~19岁健康儿童和青少年大脑皮层的厚度,同时进行执行功能的认知作业。结果发现,皮层的厚度与更新作业以及抑制作业之间均呈负相关,说明随年龄增大,执行功能发展的成熟是与皮层变薄并列发生的;但无法证明两者的因果关系。对不同脑区分析表明,对工作记忆更新的作业与大脑两侧额叶和顶叶皮层的变薄相关。而变换任务的作业与

左半球的中央外侧区皮层变薄有关。总之,这一研究发现执行功能的成熟伴随两半球中央沟前后的额-顶叶皮层变薄,以及左半球额下回和右半球内侧顶上区的皮层变薄。

对被试执行 Stroop 范式的作业成绩和利用 R-fMRI 技术采集的脑 BOLD 信号,并计算出的脑局域同质性(ReHo)及两者之间的偏相关(Liu et al.,2012)。结果发现,被试的左额下回(LIFG)、左岛叶(LI)、腹前扣带回(vACC)和内侧额回(MFG)等脑区的 ReHo 指数与被试 Stroop 作业成绩呈正相关;被试左楔前回(LPG)的 ReHo 指数与被试 Stroop 作业成绩呈负相关。这些结果说明左额下回、岛叶和左楔前回等脑默认网络的重要节点,在认知任务或目标行为执行中具有重要作用。前岛叶在目标任务执行过程中,发挥着执行控制网络的门卫作用(gatekeeper),因为它与中扣带-岛叶的突显网络(midcingulo-insular salience network)、内侧额顶部的默认网络(default mode network)和外侧额顶部的中央执行网络(central executive network)都存在着密切联系。无论是它的显微解剖学的结构特点,还是其大范围的神经连接,都使它能够聚合内外多种感觉刺激,启动高级控制功能。所以,前岛叶作为执行控制功能的重要路由器或网络开关的杠杆,是当之无愧的(Molnar-Szakacs & Uddin,2022)。

四、分布式执行控制理论

分布式执行控制理论(distributed executive control,DEC)认为,无论是十多年前的内侧前额叶执行控制理论,还是整体性和多样性模型,都试图探索对目标行为实施执行控制的高级中枢;但是在人与人接触时和各类社会关系中,总会产生多种社会心理活动,或产生对策乃至应对行为的意向。这就不可能仅由某一个高级中枢完成全面的执行控制。所以,由多个脑网络构成的相互连接,实现分布式的执行控制,是理解人类复杂社会行为脑机制的重要途径。并行分布式连接网络是在 1986 年人工神经网络复兴时,掀起全世界广泛研究的热点科学问题,当时曾认为"并行分布式信息处理"就是神经计算(neural computation)。现在看来,神经计算还有许多内涵,是当代数学家尚未触及的课题。不过并行分布式网络结构通过图论(graph theory)的提升,并得到 DTI 技术和世界各地对发展脑科学的高度支持,在过去十多年间取得了突破性新进展,形成了脑连接组的庞大研究队伍,发表了一大批研究论文。所以,分布式执行控制理论的出现是历史的必然。

图论通过节点(node)和连线(edge)表达网络结构,并赋予节点和连线一些属性,以便能够对网络的功能特性加以数学计算。在描绘脑网络时,节点的色度或大小取决于它的生理参数,如 fMRI 的 BOLD 信号强度、ERP 组成波的幅值或细胞发放率、脉冲对比率,以及脉冲-时间耦合等参数;节点间的连线,其粗细或长短取决于 DTI 获取的参数或神经传导束示踪参数乃至个别神经元间的突触连接强度。对节点和节点间的连线进行计算,以便评估所研究网络的特性,包括脑连接性、中心性、聚类、路由器功能和连接矩阵等。

脑连接性是描述脑区之间或神经元之间的功能性连接或结构性连接的强度；中心性是度量网络中某个成分（节点或连线）的重要性，如级别（degree）、中位度（betweenness）、紧密度（closeness）、本征向量（eigenvector）和网页级别中心度（pagerank centrality）等。聚类（clustering）是指网络中一小组节点间形成连接三角的趋势，如果多个连接三角围绕在一个中心节点周围，就意味着这些周围的三角也彼此邻近，形成一类或一个小圈子。模块间的路由器（connector hub）是一个高级别网络节点，在一个网络中，它能够对不同方向的模块发生不同的连接。连接矩阵是指网络节点间成对地连接所形成的方形矩阵。

利用图论的测量和计算方法，许多研究一致发现，人脑内存在着一个解剖学上密集连接的脑区，如图 11-6 所示（见书后彩插），包括楔前叶（precuneus）、前扣带区皮层（ACC）、后扣带区皮层（posterior cingulate cortex）、岛叶皮层（insular cortex）、额上回皮层（superior frontal cortex）、颞叶皮层（temporal cortex）和外侧顶叶皮层（lateral parietal cortex）。这些脑区间的路由器形成高能消耗和高功能效应的神经结构，解剖学水平上肉眼可见的密集白质，微观上是由精细结构的神经纤维和高密度棘突组成的脑高级中枢，实现着脑信息整合和神经交流的功能。

通过 fMRI、R-fMRI 技术采集的 BOLD 信号和脑磁图（MEG）、脑电图（EEG），以及神经细胞电活动的记录时域信号，分析它们之间的相关系数，并通过对脑网络连线和图形矩阵的分析，得到网络的功能中心性，从而识别出功能性脑路由器。结果发现，不同认知功能的脑路由器与默认网络在空间上重合性较高，说明默认网络在重叠的脑网络中处于核心作用。例如，利用原激活似然估计元分析方法（primary activation likelihood estimation meta-analyses），从参与不同社会关系研究的 7234 名被试中，对获取的 3328 个脑区功能数据进行元分析，结果发现社交中人们处理社会关系，通常激活四个脑网络：突显网络、默认网络、皮层下网络和中央执行网络（图 11-7，见书后彩插）。这些网络的激活与社会认知、动机和认知控制功能相关（Feng et al.，2021b）。

第三节 社交中烟、酒、茶调节人们心态的脑功能基础

烟、酒、茶和咖啡等在人类社会中具有漫长的历史，随着社会经济的发展，人类社会交往增多，烟、酒、茶和咖啡等嗜好日益广泛，并以饮料等多种形式流行于市场。这是由于这些社会交际性物质可以有效地调节人们的心态。行为药理学（behavioral pharmacology）将这类含有乙醇、尼古丁、咖啡因、茶碱和可可碱等成分的物质归为社会性化学物质（social substances）。

一、烟对脑细胞的双重作用

烟的主要成分是烟碱，又称为尼古丁。这种化学物质在人体内作为重要神经递质

乙酰胆碱的受体激动剂,能调节神经信息传导的速度,如图 11-8 所示。乙酰胆碱 N-受体广泛分布在人脑神经元突触后膜上,受到烟碱的作用,会在 1 s 之内提高活性。人们吸烟时所吸入的烟碱通过鼻咽腔和呼吸道上的黏膜毛细血管吸收,经肺循环到心脏内,立即随动脉血到达脑内,穿过血脑屏障作用于脑细胞,全部过程只需 6～7 s。也就是说吸入一口烟,会在转眼之间调节脑细胞的兴奋性。当人们疲乏,脑细胞兴奋性水平较低时,吸入的小剂量烟碱能迅速提高脑细胞兴奋性;相反,当人们烦躁不安或心情激动等状态下,连续大口吸烟并将之短暂存留在口鼻之中,就会有大剂量烟碱被送入脑中,几秒钟之后脑细胞的兴奋性受到大剂量烟碱的抑制,心情就会平静下来。简言之,烟碱对脑兴奋性具有双重调节作用。为了减少二手烟或防止污染空气,人们试图将吸烟改成吃烟。结果表明,碱性烟碱大多被胃酸破坏,剩余的烟碱经胃肠吸收,再由体循环达到脑需要 40 min 的时间。也就是说,吃烟至少 40 min 后才能起效。所以,历来吸烟的习惯未被动摇。然而,吸烟危害健康是人们享受它所必须付出的代价。

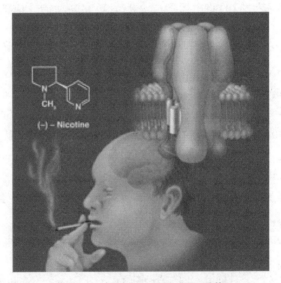

图 11-8　烟碱和乙酰胆碱 N-受体
(经授权,引自 Hogg & Bertrand, 2004)
图中左上部是烟碱的化学结构式,右上部是乙酰胆碱 N-受体蛋白的立体结构($\alpha 4\beta 2$)。

二、酒与脑的能量代谢

酒的主要化学成分是乙醇,乙醇能加速脑细胞的代谢过程,酒的物理特性能扩张血管,加速血液循环,这就是酒能助兴、提高人们兴奋性的道理。乙醇之所以能加速脑细胞的代谢过程,是由于它本身就是葡萄糖代谢的中间产物。一个葡萄糖分子含 6 个碳原子,可生成 3 个乙醇分子(每个分子含 2 个碳原子)。所以,乙醇比葡萄糖能更快地被脑细胞所利用,更快地经氧化磷酸化产生能量。酒能助兴、提高人们兴奋性最主要的原因是它能更快地为脑细胞提供能量。当然,长期大量饮酒会抑制体内和脑内产生能量的机制,同时导致血液运送葡萄糖和其他脑所需营养物质的功能受损。酒精依赖最严重可导致震颤性麻痹及全面性酒精中毒性精神病。

三、饮料中的黄嘌呤类物质

茶叶中所含的茶碱、咖啡中所含的咖啡因,以及某些饮料所含的可可碱,都是黄嘌呤类物质,是脑内能量代谢必需的黄素腺嘌呤二核苷酸(FAD)的组成成分。具体地说,FAD是脑内产能过程的三羧酸循环和氧化磷酸化所需的催化酶。饮用茶、咖啡等饮料适量增加合成FAD的化学成分,可增强FAD的合成,加快脑内的产能过程。因此,这些饮料能加快脑内能量代谢过程,起到提神醒脑的生理效应。

上述几种有助于人们社会交往的社会性物质除各自发挥生理效应的途径不一,还有一个共同的作用机理:这些物质都间接地通过分布在中脑导水管周围灰质的阿片受体,以及分布在杏仁核周围的基底前脑的谷氨酸、γ-氨基丁酸和5-羟色胺等神经递质,发挥对心态的调节作用。因此,它们常常引起人们的嗜好,甚至有些人用量很大,造成了对脑功能的破坏效应。特别是大量饮酒引起脑萎缩和脑基底部乳头体的坏死,形成酒精中毒性精神障碍。然而,对绝大多数人来说,对这些社会性化学物质的嗜好,还不至于影响正常生活和家庭关系,不会妨碍他们发挥原有的社会角色和实施自己的社会职能。所以,这类嗜好并不为法律所禁止。

[常识与思索11-2] 烟、酒、茶为何能成为人的嗜好?

香烟的有效成分是尼古丁,又称烟碱,是神经递质乙酰胆碱受体的激动剂;酒的化学成分是乙醇,是葡萄糖在体内代谢的中间产物;茶和咖啡中的有效成分能够加速向人体提供能量的氧化磷酸化过程。所以,这类物质对人体作用的途径和机制不同:轻度调节神经系统兴奋性水平(烟的双重作用),或者提高脑的能量代谢(酒和饮料),从而使人变得舒适、心情轻松愉快或言谈爽快,被行为药理学归为社会性化学物质。与之不同的毒品,包括鸦片类、生物胺类、大麻类、致幻剂和可卡因类物质的应用,不但所需剂量迅速提高,而且会产生心理依赖和生理依赖的戒断症状。毒品成瘾者为了解除生不如死的戒断症状,不惜丧失人格尊严,丧失自己的社会和家庭角色。与之相比,虽然酒精能导致某些人成瘾,甚至致病;但并不会引起生不如死的戒断症状,而且其成瘾发生概率较低。

第四节 影响人际交往的神经症及其脑功能基础

影响人际交往和生活质量的神经症症状主要有焦虑(anxiety)、恐惧(fear)、强迫性(obsessive)、强制性(compulsive)和冲动性(impulsive)行为。Dias 等人(2013)引用的数据表明,在美国,28%的人在有生之年会遭受这些症状之苦。此外,这些症状不仅和相应神经症的诊断有关,还与毒品和药物滥用、注意缺陷/多动障碍和人格障碍等有关。因此,认识和防治这些症状,了解其脑功能基础,对改善人际交往和提高生活质量十分重要。

一、焦虑/恐惧障碍

虽然焦虑和恐惧症状经常出现在创伤后应激障碍(PTSD)中,但在孤独症谱系的一些疾病中也会见到,它的病理过程已有较多的动物模型,并积累了较多的基础研究数据。Dias 等人(2013)综述了关于焦虑和恐惧症状的基础和临床研究,并概括出焦虑和恐惧症状的脑功能回路、分子路径和遗传基因。如图 11-9 所示,大脑皮层感觉区(sensory area)和前额叶皮层,与皮层下的海马、终纹床核、杏仁核和下丘脑所组成的神经回路,在焦虑和恐惧症状中具有重要作用。感觉皮层接受外界的感觉线索,同时传送到前额叶皮层和海马与杏仁核。杏仁核对和外部诸多前后关联的事件中那些与恐惧反应有

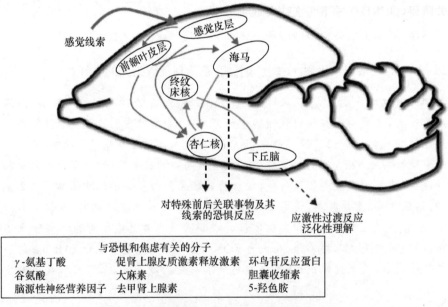

图 11-9 焦虑和恐惧所涉及的脑结构和分子路径
(经授权,引自 Dias et al.,2013)

关的线索十分敏感,迅速将信号传给终纹床核,立即引发下丘脑的快速应激反应,同时接受来自前额叶皮层的指令。这一神经回路通过一些生物活性分子对焦虑和恐惧的神经信息发生调节作用,包括γ-氨基丁酸、谷氨酸、脑源性神经营养因子、促肾上腺皮质激素释放激素、内源性大麻酚、去肾上腺素、钙调蛋白基因相关肽、胆囊收缩素和5-羟色胺。就焦虑和恐惧相关的基因研究,目前多数实验室认为,脑源性神经营养因子代谢中的单核苷蛋白(Val66Mat SNP)与焦虑和恐惧关系密切。在人类基因组水平的研究中发现,DNA甲基化、组蛋白变异和基于基因目标化的非编码RNA变异,都是基因表达后转录调节的变异所致,可能与焦虑和恐惧的遗传素质有关。

Ramirez等人(2013)利用小鼠恐惧条件反射行为实验,以海马内光刺激作为条件刺激,引发海马齿状回细胞的一系列细胞内信号转导系统和基因转录的蛋白质合成过程,在小鼠脑内制造恐惧经验的记忆痕迹,由此证明这种恐惧经验可以人为制造,并能保存在海马结构中。但对于低等动物的研究结果的意义扩展至人脑,必须持慎重态度。此外,这类基于低等动物本能性恐惧经验的记忆,在性质上和人类社会生活的复杂记忆完全不同。

二、强迫及相关障碍

2013年5月出版的《精神疾病诊断与统计手册(第五版)》(DSM-5)将原来的强迫/强制谱系障碍(obsessive-compulsive spectrum disorders)归入其他四种障碍,统称强迫及相关障碍(OCRDs),强调它们共同的维度量表。这个统一量表首先在正常人群中完成测试数据,满足了要求极高的内部效度一致性,这就为正常人群和病态人群之间的比较提供了科学手段。尽管如此,Robbins等人(2012)的综述所例举的科学数据表明,强制行为和冲动行为除了强迫症之外,还出现在多种精神疾病中,包括药物滥用、进食障碍、注意缺陷/多动障碍、人格障碍、孤独症谱系障碍、精神分裂症和躁狂症。所以,对强制行为和冲动行为有效控制的药物,因人和疾病性质不同而异。例如,对于强迫性神经症,最有效的控制药物是选择性5-羟色胺再摄取抑制剂(SSRI),因为该症状的基础是重复性行为的习惯化和脑内眶额皮层内部结构和功能整体性不足;对于图雷特综合征(Tourette syndrome)中的强制性小动作控制,最有效的是抗精神病药物,因为有明显的家族病史和儿童早期发病的特点。但是这两种疾病有着共同的遗传内表型(endophenotype)。通过神经认知范式(neurocognitive paradigm)所进行的实验研究发现,反应抑制和认知僵化(cognitive rigidity)的脑功能基础是眶额皮层和纹状体之间神经回路的功能障碍。

在药物依赖的实验数据中,可以发现强制性行为和冲动性行为之间的关系。利用动物自我静脉给药的实验方法,发现一些动物个体不顾足底电击的可能性,不断出现自我注射药物的行为。这种具有高频冲动性行为的个体,更容易形成强制性药瘾行为,说明个体特质性冲动类型是出现强制性症状的基础。

第五节 孤独症谱系障碍及其神经生物学和分子遗传学基础

孤独症谱系障碍（Autism spectrum disorders，ASD）包括孤独症（autism）、阿斯伯格综合征（Asperger syndrome）、童年瓦解性障碍（childhood disintegrative disorder）、雷特综合征（Rett syndrome）和无特别说明的广泛性发育障碍（pervasive developmental disorder not-otherwise-specified，PDD-NOS or PDDs）等五种脑发育障碍（DSM-Ⅳ-R，1994）。ASD 的核心症状是社会交往关系的障碍，包括言语和非言语交流障碍，以及有限的重复刻板性行为或兴趣，并常伴有智力发育障碍或抽搐发作。这些症状具有不同的遗传或未知的原因，近年对 ASD 的家族遗传性研究逐渐取得一致性认识，它们的临床表现为两个极端。重型表现为严重智力障碍、身体畸形并有重复性自毁行为；轻型只有轻度社会交往的行为异常，不伴有智力障碍和身体畸形。绝大多数病人介于两极之间，有着程度不等的 ASD 的核心症状。

对 ASD 的脑功能基础，目前有两种理论：认知理论和动机理论。前者在综合当代研究进展，认为儿童脑内心理理论模块发育不足，包括社会镜像神经元系统和长距离白质发育不良，是 ASD 的病理基础；后者认为是儿童脑内社会动机系统发育不足是 ASD 的病理基础。脑内社会动机系统主要是眶额皮层-纹状体-杏仁核回路及其赖以功能实施的神经递质调节系统。下面主要介绍前一种理论的科学事实，后一种理论的支持文献尚不十分充分。

一、大脑白质发育的性别差异及其与 ASD 的关系

磁共振成像技术提供了测量脑结构中白质和灰质比例的方法。结果表明，男性脑白质（包括胼胝体、内囊、前连合和很多长距离传导束）和灰质的比例明显小于女性。除人类以外的其他动物的两性比较也发现雄性动物脑体积大于雌性，但白质的量小于雌性。男性脑神经元数量较多（灰质），神经元排列致密，细胞间短距离纤维联系较多，两半球间长距离纤维（胼胝体）较少。生理功能研究发现，女性脑在执行语言作业中是两半球双侧激活。在脑磁图研究中发现女性脑额叶和顶叶间，在执行认知作业中发生锁相性变化，证明两个脑叶间发生长距离的功能联系。

使用磁共振成像技术，测量脑内短距离纤维和长距离纤维的比值，发现 ASD 儿童短距离纤维较多。由于长距离纤维发育不足，难以从多个脑区之间聚合神经信息，导致共情品格发育不好。ASD 儿童的头颅及颅脑内的脑比同龄儿童大，但其内囊和胼胝体所占比例较小。从图 11-10 可见（见书后彩插），ASD 病人脑中的深层长距离纤维（灰色部分）明显少于浅层白质短距离纤维（黄色部分）。

二、雄激素的作用与 ASD 的关系

ASD 儿童短距离纤维较多是因为在胚胎期和新生儿早期，雄激素（包括前列腺素）

对脑发育主导性作用过强。这些脂肪性结构的雄激素分子可以透过血脑屏障和脑细胞膜,在细胞质内与受体结合,然后进入细胞核促进 DNA 转录,并中介脑内的神经营养因子,使神经元树突生长出较多的棘突,有利于短距离纤维联系的形成。结果在脑功能上,如图 11-10(b)左图所示,当正常儿童观察手指运动的图片时,大脑皮层运动区等较多部位被激活;右图所示 ASD 儿童观察手指运动的这些图片时,脑的激活区很小,特别是那些镜像神经细胞分布较多的脑区没有被激活,这可能是短距离纤维联系的形成过剩而长距离纤维发育不足所致。

三、致病基因及其与脑结构和功能发育异常的关系

虽然目前还不知道 ASD 病人大脑皮层灰质和白质发育中出现上述障碍的原因和变化的具体过程,但 2011~2012 年逐渐发现一些新的基因变异,如图 11-11 所示,12 个

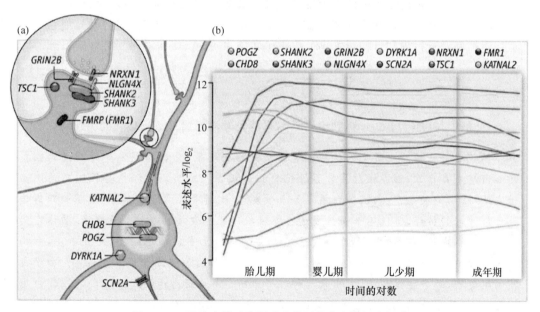

图 11-11　孤独症谱系障碍致病基因的发育神经生物学
(经授权,引自 State & Šestan, 2012)

(a) 致病基因对 ASD 症状的多效性作用和突发性 ASD 蛋白在亚细胞结构中的分布:CHD8,染色质变异体基因;POGZ,DNA 结合蛋白基因;SCN2A,离子通道受体基因;KATNAL2,微管连接蛋白基因;GRIN2B,谷氨酸神经递质受体蛋白基因;DYRK1A,酪氨酸蛋白激酶磷酸化调节基因;NLGN4X,神经连接蛋白 4 基因;NRXN1,轴突蛋白 1 基因;SHANK3,棘突和神经连接蛋白调节基因 3(又称微缺失综合征基因 3);SHANK2,棘突和神经连接蛋白调节基因 2(又称微缺失综合征基因 2);TSC1,结节性硬化症相关基因 1;FMR1,脆性 X 染色体综合征基因 1。

(b) 12 个已知的致病基因在人脑新皮层发育中的作用时间窗口,由 12 条曲线可见,多数基因在胚胎期发挥主要作用。

基因均对ASD的发生具有各自的作用,而且主要致病作用出现在胎儿晚期和新生儿早期的时间窗口。这12个致病基因中,最近发现的6个基因突变,主要发生在脑细胞连接的突触和细胞核内,如图11-11(a)所示。这说明ASD的脑结构和功能的病变具有基因突变的基础,而且这些突变的基因与疾病的关系不是一对一的,其中一些基因突变与许多疾病相关。现在科学界的主攻目标十分明确,发掘基因突变和脑结构及功能网络病理改变之间的关系。

四、治疗

目前还缺乏ASD诊断的客观生理指标或遗传等生物医学指标,完全靠行为表现进行诊断,行为治疗也是改善病情的主要手段。每周25~40小时训练,包括对自伤、自我刺激或刻板行为的控制训练和培养语言和非语言交往能力的训练,以及加强自我体验和经验积累的管理训练。虽然美国食品药品监督管理局已批准在治疗ASD中可以使用利培酮(Risperidone)和阿立哌唑(Aripiprazole)两种非典型抗精神病药物,但它们只适用于控制激惹行为和自伤行为,而且具有镇静、增体重、代谢障碍和锥体外系障碍等副作用。

[常识与思索11-3] 孤独症谱系障碍是先天性疾病——极端化的男性脑

孤独症谱系障碍中常见的孤独症是由于胚胎期发生12种基因突变而导致的脑灰质和白质发育异常,形成极端异常男性化的脑。正常人脑男、女有别,男性脑灰质比女性发达,脑细胞数多于女性;但白质不如女性发达,尤其是脑深层白质,也就是长距离传导神经冲动的神经,男性不如女性发达。孤独症患儿脑灰质的细胞数异常多,胞体密集排列在大脑皮层(灰质)内,甚至造成患儿头大于同龄儿童。细胞过密,发育不良,影响了人类独特的心理理论功能,不看别人的眼神,不跟着别人视线转移注意焦点。由于灰质细胞过密,每个胞体积小,发出来的神经纤维短。由长距离神经纤维组成的深部白质不发达,结果导致患儿总是低着头,做小动作,生活在自己的空间内。之所以在胚胎期就出现了极端男性化的脑发育,与胎儿自身分泌的雄激素过多有关,因为胎儿性腺分泌的激素对脑的男、女性分化发挥着组织化作用。

思考题

1. 从心理理论能力和共情的研究历程,述评该领域发展中存在的问题和发展前景。

2. 内侧前额叶皮层的主要功能分区及其在目标行为执行监控中的作用是什么？
3. 对目标行为的执行控制存在哪些理论？各自的优势和不足何在？
4. 烟、酒、茶调节人们心境的各自作用原理是什么？
5. 试述影响人们社会交往的常见神经症及其神经生物学基础。
6. 请归纳孤独症谱系障碍的主要症状和神经生物学基础。

12

睡眠与长时记忆的形成和巩固

虽然人类的平均寿命随着社会发展和人类文明的进步,逐渐有所提高,但不管寿命长短,在正常情况下每个人都需要在睡眠和清醒的循环中度过。睡眠又可分为两种类型,即非快速眼动期睡眠(none rapid eye movement sleep,NREM)和快速眼动睡眠(rapid eye movement sleep,REM),在清醒、NREM 和 REM 三种状态两两交替;但只有人类才可能在清醒和 REM 状态间相互转换,啮齿类动物不能发生这类转换,只能发生两种状态间的过渡。根据现在的科学证据,NREM 是由于下丘脑的腹外侧视前区(VLPO)前部细胞活动的结果;而 REM 是脑干神经元活动的结果,包括底外侧背核(sub-latera-dorsal nucleus,SLD)、腹外侧导水管周围灰质、巨细胞核和外侧下丘脑(LH)。

60 多年前的这种观点,近些年已被一些新发现所修正。新的理论观点认为,多频带的神经振荡,源于多种类型的脑细胞在大脑皮层内的分层(6 层)分布,能够动态构建或组合不同功能网络或微回路,产生复杂的神经编码。所以,脑研究的关注点,不再只是脑结构,而是去发现在这些结构内的哪种类型的细胞发挥主要作用。本章将兼顾睡眠与意识的传统和现代概念、新旧理论观点的差异和脑电波类型的扩展,另外还会介绍技术方法学的因素。以前的脑电波记录最多从 21 个头皮记录点上采集,称低空间分辨率记录方法;现在采用高空间分辨率记录技术,即从头皮上 64～256 点采集脑电信号。更重要的差别在于基础理论研究采用动物实验,使用的不是头皮外电极,而是动物脑内多位点记录电极,得到的是局部场电位(local field potentials,LFP)。这些技术因素也导致睡眠分期的电生理指标有所更新。

第一节 睡眠与梦的经典理论

人的一生三分之一的时间用于睡眠,大多数人在睡眠中都有梦的体验。因此睡眠与梦的生理心理学问题,很久以前就引起人们的极大关注。弗洛伊德对梦的解释曾引起人们的兴趣,巴甫洛夫睡眠理论也广为流传。然而,人类对睡眠与梦的生理心理学机制的现代科学认识,仅仅只有 70 年的历史。20 世纪 50 年代,在大量细胞电生理学和动物行为实验数据的基础上，无可争议地证明，脑干网状结构在人和动物的睡眠和觉醒中发挥重要作用；60年代，借助成熟的电生理学技术找到了人类睡眠类型和周期的生理指标，为人类睡眠科学迈出坚实的步伐；70年代，脑化学通路理论的成熟为睡眠与梦的研究提供了许多新的科学事实。90年代以来，神经科学跨学科的研究，从器官水平、细胞水平和分子水平加深了对睡眠与梦机制的认识。然而，关于睡眠与梦的许多问题至今仍是科学之谜，尚需深入研究。

Palagini 和 Rosenlicht(2011)综述了关于人类睡眠、梦和心理健康研究的历史和现状，19世纪之前虽然出现许多关于睡眠、梦的论著，但都缺乏科学基础，不能将之列入科学领域。它们不是建立在神学的假设基础上，就是建立在思辨哲学基础上，要不就是建立在经验与推论相结合的基础上。1899年，弗洛伊德的德文专著《梦的解析》成为对睡眠与梦进行心理学和精神病学基础研究的里程碑。这类研究主要以神经症患者，如焦虑症、恐怖症和心因性抑郁症病人为研究对象，通过梦的分析，发现病人受压抑的本能欲求；然后给予疏导宣泄，以达到治疗神经症的效果。19世纪末，一批梦的研究者还对梦的内容进行了大样本的统计分析。例如，1861年，法国医生 A. Maury 分析3000多个不同的梦境，结果发现全部梦境都有其相应的外界触发刺激。这使他自问：梦的内容是醒来之后对睡眠中心理过程的回忆，还是从睡眠中被唤醒过程产生的？"我们梦见的是我们被唤醒过程产生的心理活动。"或者说："我们被唤醒时报告的梦境，可能是我们清醒过程发生的心理活动。"

对睡眠进行科学研究并形成可以客观验证的理论，是由神经生理学家开启的，经典神经生理学、细胞神经生理学和神经生物学都对睡眠的本质及其脑功能基础问题做出了杰出贡献。

一、睡眠的经典神经生理学理论

巴甫洛夫在狗的条件反射实验研究过程中发现，分化条件反射的任务难度增大，会使受训练的狗从清醒进入睡眠状态。在大量实验资料的基础上，他提出了经典的睡眠生理学假说。睡眠的本质是大脑皮层起源的广泛扩散的抑制，这种抑制在皮层中和向皮层下脑结构扩散过程中存在一定的时相，构成从觉醒到完全睡眠的过渡，即催眠相；梦是由于内外环境因素的影响，在大脑普遍抑制背景上，少数细胞群局部兴奋活动的结果。他的这一理论在90多年后的2020年，基本上被一篇发表在 *Nature Neuroscience* 上的论文证实了。这篇论文报道，大脑基底神经节的屏状核内存在一种谷氨酸能神经元，受到一种重组酶蛋白的编码，故称之为肌酸阳性反应神经元（Cre$^+$ neuron），主要从邻近的无颗粒细胞的岛叶皮层接受传入信息，还接受许多其他皮层的传入信息，包括眶额皮层、扣带回皮层、前边缘皮层、运动皮层、含颗粒细胞的岛叶皮层和内嗅区皮层，以及视听和体干感觉皮层。所以，这类屏状核内细胞整合着内、外感受系统的各种传入信息，同时又由于它的轴突有许多侧支，通过对低于 1 Hz 大慢波振荡的调控，支配许多皮层区的唤醒水平,在人们是否进入 NREM 中,发挥绝对性的控制作用(Narikiyo et al.,2020)。

睡眠和条件反射的其他内抑制相同,包括消退抑制、延缓抑制、条件抑制和分化抑制等,诸多内抑制不仅与睡眠抑制可以相互转化和替代,这些抑制的总和也可以导致睡眠。睡眠和内抑制也有许多不同之处。内抑制是在觉醒状态下,个别皮层细胞群的抑制,是分散的、局部的抑制过程;睡眠则是广大皮层区、皮层下脑结构,直至中脑的广泛性抑制。睡眠时不能保持直立的姿势,肌肉张力大大降低,说明抑制过程涉及中脑以下运动系统的功能。睡眠抑制在脑内并不均匀,常常存在某些易兴奋点在为睡眠个体站岗警戒,比如哺乳期的母亲在熟睡中不能为雷鸣般巨大声响所唤醒,却极易为婴儿的啼哭声所唤醒。睡眠中脑抑制的不均匀性还成为梦的基础,在广泛抑制的背景上,某些脑细胞群摆脱抑制而兴奋起来,产生了梦的现象。梦的内容可以反映出内、外环境刺激因素的性质,睡眠时身体不舒适或心肺功能不畅,常出现噩梦;膀胱充盈常有到处寻找厕所的梦境等。巴甫洛夫的睡眠理论不仅阐明了睡眠的本质、睡眠的起源和一些常见的睡眠现象(如梦等)的生理基础,还揭露了从清醒到深睡之间的催眠相,并以此为根据,解释了多种神经精神病的病理机制,提出了睡眠的保护性医疗作用。

随后,他又研究了从清醒到睡眠过程的发展阶段,提出了催眠相的理论。在正常清醒状态下,条件反射的强弱与刺激强度间存在着一定的关系;但从清醒到睡眠的过渡期内,这种强度关系发生了变化。根据强度关系的不同,巴甫洛夫将催眠相分为正常相、均等相、反常相、超反常相和抑制相等 5 个时相。强刺激引出强反应,弱刺激引出弱反应,阴性刺激不引起反应,这是正常相的强度规律;强刺激和弱刺激引出同样的反应,阴性刺激不引起反应是均等相的强度规律;在反常相中,强刺激引出弱反应,弱刺激引出强反应,阴性刺激不引起反应;在超反常相中,无论是强刺激还是弱刺激均不引起反应,而阴性刺激却引起反应;最后,在抑制相中,各种刺激均不引起机体的反应,机体进入完全睡眠状态。正常人的睡眠过程,从正常相到抑制相的各催眠相发展是很快的,有些催眠相很难被观察到,特别是从睡眠到清醒的过渡时,催眠相更难以被观察到。但是,在许多病理条件下,大脑停滞在某一催眠相可达数月或数年之久。例如,精神分裂症紧张状态的病人存在着违拗症状,让其伸手而缩回,反之,让其缩回手则伸出,类似于超反常相。

巴甫洛夫睡眠理论形成于 20 世纪初,虽然他天才地概括出睡眠发展过程中脑的宏观生理机制,并解释了许多与睡眠有关的日常和病理性现象。然而,由于历史的局限性,他不可能从神经细胞水平和分子水平上进一步揭露睡眠的本质。20 世纪 50 年代确立的现代神经生理学,用电生理技术揭示了睡眠起源于皮层下脑干网状结构的重要发现,使人类对睡眠与觉醒机制的认识推进了一步。

二、细胞神经生理学对睡眠和觉醒的理论贡献

F. Bremer 于 1937 年建立了猫的孤立脑（isolated brain）标本和孤立头（isolated head）标本。前者在中脑四叠体的上丘和下丘之间横断猫脑，此后猫陷入永久睡眠状态；后者在脊髓和延髓之间横断猫脑，则猫保持正常的睡眠与觉醒周期。他以此证明在延髓至中脑的脑干中，存在着调节睡眠与觉醒的脑中枢。Moruzzi 和 Magoun(1949)发现，电刺激脑干网状结构引起动物的觉醒反应。此后大量实验研究表明，无论是各种外部刺激还是感觉通路的电刺激，均沿传入通路的侧支引起脑干网状结构的兴奋，然后再引起大脑皮层广泛区域的觉醒反应。因此，把脑干上部的网状结构称为上行网状激活系统（ascending reticular activating system）。微电极电生理学技术的应用，也积累了许多科学事实，证明脑干上行网状激活系统的神经元单位活动可受多种刺激的影响，提高其发放频率。行为的觉醒水平、脑电图觉醒反应与脑干网状上行激活系统的神经元单位发放频率之间存在着确定的一致关系。这些事实证明，脑干网状结构在睡眠与觉醒的机制中具有重要作用。

20 世纪 60 年代，在脑桥中部横断脑后，研究者发现猫绝大部分时间（每日的 70%～90%时间）处于觉醒状态，这说明脑桥中部以下的脑干网状结构对睡眠具有重要作用。Magni 等人(1959)将脑干上部和下部的脑血供应分离开，给脑干上部注入麻醉剂令动物陷入睡眠状态；但将麻醉剂注入脑干下部，则使睡眠的动物很快觉醒。这说明脑干下部正常对睡眠是重要的。当用麻醉剂使其活动减弱，动物的睡眠就会中止；相反将脑干上部的上行激活系统麻醉之后，由于脑干下部功能亢进，动物就会睡眠。正常状态下，脑干上部和下部之间对睡眠与觉醒的变化有相反的作用。现将 20 世纪 60 年代关于脑干网状结构在睡眠与觉醒中作用的研究结果以图 12-1 加以总结。脑干以上横断（孤立脑标本），动物陷入永久睡眠状态；脑干中间横断（脑桥中部横断），动物 70%～90%时间处于觉醒状态；脑干下位横断（孤立头标本），动物维持正常的睡眠与觉醒周期。脑干上部的网状上行激活系统对维持大脑皮层的觉醒状态起重要作用；脑桥

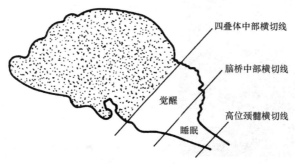

图 12-1　睡眠与觉醒中脑干网状结构的作用
(引自 Magni et al., 1959)

下部的网状结构对大脑的睡眠状态起着重要作用;脑干上部与下部的网状结构相互作用于大脑皮层,此消彼长,维持着人类正常的睡眠与觉醒周期变化。这就是20世纪60年代对睡眠机制的认识。

三、神经生物学对睡眠理论的贡献

Aserinsky 和 Kleitman(1953)在睡眠脑电图研究中,发现了人类快速眼动睡眠,开创了人类睡眠与梦研究的新纪元。至今已有近70年的历史,利用脑电图技术研究睡眠阶段、睡眠周期、梦和各类精神障碍的关系,已经成为脑科学、精神医学和心理学的重要研究领域。

(一)睡眠类型

人类的睡眠可以分为两种类型,非快速眼动睡眠(NREM)和快速眼动睡眠(REM)。NREM 又称为慢波睡眠(slow wave sleep),可分为4期(Ⅰ～Ⅳ期),脑电活动以慢波为主,主要是δ波、纺锤波和锐波涟漪(SWRs),脑电活动的变化与行为变化相平行,脑电活动逐渐变慢并伴随着逐渐加深的行为和生理参数变化,表现为肌张力逐渐减弱,呼吸节律和心率逐渐变慢,体温降低。在 REM 中,脑电变化与行为变化相分离,所以又称为异相睡眠(paradoxical sleep),脑电活动以 θ 和 γ 节律为主,以肌张力为代表的行为变化却比深睡期还深,肌张力完全丧失,还伴有快速眼动现象和分布在脑桥-膝状体-枕叶的桥膝枕波(PGO波),周期性高幅放电等特殊变化。

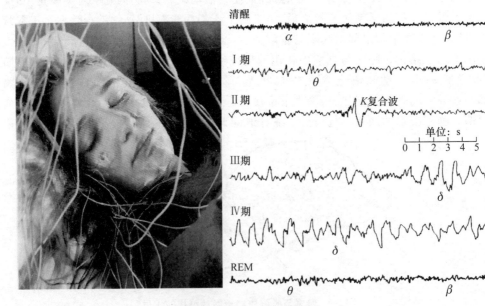

图 12-2　睡眠分期的脑电波
(引自 Carlson,1998)

根据脑电活动和行为变化的平行性,睡眠一期(入睡期,S1),行为上安静困倦开始进入睡眠状态,清醒安静状态下的脑电活动(以 8～13 次/秒的 α 节律为主)变得不规则,α 波和不规则快波交替出现。大约 10 分钟以后进入慢波睡眠的二期(浅睡期,S2),脑电活动更不规则,在 4～7 次/秒 θ 波的背景上出现 13～16 次/秒的睡眠纺锤波,环境中出现意外声音,此时脑电图上可出现高幅的 K 复合波,代表脑电活动的短暂唤醒反应。在浅睡期中,被试已经入睡,并出现鼾声,但将被试叫醒后却常自称尚未睡着。慢波睡眠二期大约持续 15 分钟后转入慢波睡眠三期(中睡期,S3),脑电活动在 θ 波背景上出现 20%～50% 的 0.5～3 次/秒 δ 波。再经 15 分钟左右,慢波睡眠三期为四期(深睡期,S4)所取代,脑电活动 50% 以上为高幅 δ 波。处于中睡期,被试已经睡熟,但尚易被叫醒,处于深睡期的被试不但睡熟还难以被叫醒。NREM 的 S1～S4 期过渡中,颈部肌肉和四肢肌肉张力逐渐降低,心率和呼吸逐渐变慢,体温、脑温降低、闭眼、缩瞳、脑血流量较清醒安静时多,脑下垂体分泌的生长激素和促肾上腺皮质激素,以及肾上腺分泌的肾上腺皮质激素在慢波睡眠中比在白天清醒时增多。特别是生长激素,分泌的高峰在慢波睡眠的四期。在慢波睡眠各期中被唤醒后,报告做梦者人数极少。即使做梦者报告,其梦境也平淡、生动性弱,概念性和思维性较强。但梦魇或噩梦惊醒者多发生在慢波睡眠四期。此时睡梦者醒后只能陈述恐惧感,被追捕或掉入深渊等危险境界,不能陈述梦境的全部故事情节。

在 NREM 之后,常出现 REM。此期睡眠者肌肉呈完全松弛状态,甚至肌肉电活动完全消失,睡眠深度似乎比慢波四期更深,体温仍较低,对外部刺激的感觉功能进一步降低,难以将睡眠者从此期立即唤醒。与行为变化相反,脑电活动为极不规律的低幅快波,类似清醒期和慢波睡眠一期的脑电变化。脑的温度、脑血流量、脑耗氧量迅速增加,呼吸心率也时而突然加快,甚至一些支气管哮喘病人在此期睡眠中可突然发作哮喘;心脏病人也可能发作心绞痛,内分泌活动的特点是生长激素分泌迅速降低,性腺和肾上腺皮质激素分泌活动增强。生殖器充血,分泌物增多或阴茎勃起、遗精等。在异相睡眠中,最有特征性的行为变化是眼球快速运动,每分钟 60 次左右。正是由于这一特点,常将此期睡眠称为快速眼动睡眠。与之相应,脑电现象显著加强,在脑桥、外侧膝状体和枕叶皮层中可记录到周期性的高幅放电现象,即 PGO 波。从异相睡眠中唤醒后,80% 以上的人称自己正在做梦,尚可陈述梦境的故事情节,形象生动以视觉变换为主。

(二) 睡眠周期

人的每夜睡眠由 NREM 和 REM 交替变换 4～6 个周期所组成,如图 12-3 所示。平均每个周期历时 80～90 分钟,包括 20～30 分钟 REM 和约 60 分钟的 NREM。成人入睡后,必须先经过 NREM 的 S1～S4 期和 S3～S2 期的顺序变化后,才能进入第一次 REM。从上半夜到下半夜每次更替一个周期,REM 的时间都有所增长。所以,后半夜睡眠中,REM 睡眠时间的比例增大。整夜睡眠中各期所占时间比例平均分配是慢波二期占 50%，REM 睡眠占 25%，S3、S4 期各占 10%，S1 期占 5%。

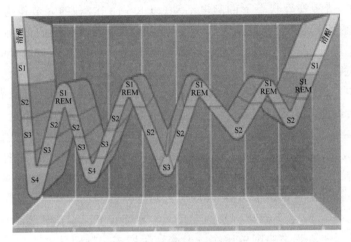

图 12-3 整夜睡眠周期示意
（引自 Fincher, 1984）
图示整夜睡眠有四个周期变化。

位于下丘脑腹侧视交叉之前的视前区和视交叉上核(supra-chiasmatic nucleus)是生物钟的"起搏点"，对慢波睡眠至关重要。损毁视前区使动物失眠，数日后陷入昏迷至死亡。对于睡眠与觉醒周期的生物钟研究，认识到下丘脑的视交叉上核起着重要的作用。视交叉上核接受视网膜发出的部分传入纤维，也接受从大脑视皮质来的传出纤维，光暗信息由这些纤维传至视交叉上核以及邻近的下丘脑视前区。该核的传出纤维主要是传到下丘脑-垂体结构，以调节神经内分泌的周期变化；该核的传出纤维也止于脑干和脊髓，以调节多种生理功能的周期性变化，它调节多种内分泌功能的周期变化，如性激素、肾上腺皮质激素、生长激素、促甲状腺激素等，还调节体温的周期变化、饮食行为周期性变化和觉醒与睡眠周期的变化。破坏双侧视交叉上核的几周内，大鼠 24 小时睡眠总量不变，但觉醒与睡眠周期却发生了明显的变化。也有人发现视交叉上核的损毁对睡眠周期的影响主要表现为慢波睡眠周期破坏，而不影响异相睡眠。大脑半球基底部的前脑区在慢波睡眠中也有重要作用，电刺激此区 30 秒后，引起大脑电活动的同步化，随后出现睡眠行为。

[常识与思索 12-1] 快速眼动睡眠的意外发现

自从 1929 年德国精神医学杂志发表了 Hans Berger 医生关于脑电图(EEG)的开创性研究报告，在随后的 20 多年内，西方发达国家的基础医学和神经科学领域，普遍开展了 EEG 的研究工作。但是，所采用的记录方法各不相同，以致对一些研究结果很难比较。于是,1949年召开的第一届国际临床脑电图学会上,委托加拿大H. H. Jasper教授拟定一个脑电记录的标准方法。1951年公布的国际EEG记录方法中,除了确定头部电极部位的10~20电极系统之外,还规定必须利用放大器的1~2通道,记录水平和垂直眼动电位,以便排除眼动电位对EEG影响的误差。因此,Aserinsky和Kleitman(1953)研究睡眠时,按照国际临床脑电图学会的记录技术要求,记录睡眠脑电图时,也同时记录了眼动电图,结果意外地发现,在整夜睡眠中出现4~6次快速眼动睡眠,每次持续10~15分钟,眼球水平或垂直运动1次/秒。这一意外发现,开拓了睡眠研究科学的新领域。

四、睡眠的功能

(一) 解除疲劳、恢复体力

睡眠是生物机体的本能行为之一,与饮食行为、性行为和防御攻击行为一样,对维持种族延续和个体生存具有同等重要的意义。休息和从疲劳中恢复是睡眠的重要功能之一。从更积极的意义上理解,睡眠还有促进生长发育、易化学习、形成记忆等多种功能。对睡眠类型和睡眠周期的认识,为精细的睡眠剥夺实验设计提供前提,不同阶段睡眠的剥夺实验,发现了许多科学证据,加深了对睡眠功能的理解。

睡眠完全剥夺200小时,可能会导致人的情感不稳定、易激惹、注意力涣散、记忆减退、思维迟钝和偏执状态。迫使大鼠不停地运动,完全剥夺睡眠5~23日,会使之变得非常虚弱,运动不协调,甚至死亡;死后解剖发现肾上腺增大、胃溃疡、肺水肿等。此外,一些参加体育竞赛项目后的运动员整夜睡眠增加18%~27%。仅仅计算慢波睡眠时间,在竞赛后明显增加至40%~45%。由此可见,睡眠对于解除疲劳、恢复体力是十分必要的。

(二) 促进新陈代谢

睡眠过程脑下垂体分泌的生长激素增高,在整夜睡眠的第一个NREM的4期出现时达高峰,随后生长激素沿血液循环达全身各处发挥生理作用。这恰好处于NREM之后的REM。躯体组织的各种细胞,特别是儿童骨骼细胞迅速分裂,蛋白质合成率也相应地迅速增加,这说明睡眠有助于未成年人的生长发育。此外,睡眠中蛋白质合成率增加可能与睡眠之前受到各种刺激的信息编码和记忆储存有关。对整夜睡眠的梦分析表明,每夜睡眠中前两次REM的梦多以重现白天的活动内容为主,似乎对当天经历进行着重新整理和编码;随后两次REM的梦多重现过去的经历,甚至是儿时的体验;第五次REM的梦既有近事记忆又有往事记忆的内容。这些事实似乎支持睡眠中蛋白合成增加与信息编码、短时记忆和长时记忆储存有关。

(三) 维持心身健康

如果以脑电图出现高幅δ波为主的活动为指标,说明已进入 NREM 四期睡眠(深睡期),此时唤醒被试,使之 NREM 四期睡眠被选择性剥夺,结果发现四期睡眠的回跃现象(rebound phenomenon),即剥夺 NREM 四期睡眠之后的正常睡眠,会出现更多的 NREM 四期睡眠。这说明在体力活动之后的恢复中,NREM 四期可能更为重要。选择性剥夺 REM,即每当出现快速眼动时立即唤醒被试,数日之后常使人们陷入焦虑抑郁状态。在 REM 剥夺之后,恢复正常睡眠时也会出现 REM 的回跃现象。当 REM 得到补偿之后,被试的情绪状态也恢复正常。由此可见,REM 对正常情绪状态维持具有重要意义。但是,令人不解的是,抗抑郁药和电抽搐治疗虽对治疗抑郁症有效,却同时抑制了 REM,这与上述设想相矛盾。因此,REM 与情感活动的关系又引起了人们的怀疑。

自从发现 REM 以来,广为流传的公式就是 REM 等同于做梦期;但是,Palagini 和 Rosenlicht(2011)认为,这是一个不准确的概念,甚至可以说是错误的。事实上,整夜睡眠的各个阶段都有心理活动和梦,只不过 REM 的梦与 NREM 的梦有不同特性而已。NREM 的梦没有系统性、组织性,情节不细腻,但却与白天生活事件关系较紧密;REM 的梦更生动,充满惊险的情节和较多的情感成分,以及丰富的视觉表象。

(四) 顿悟与创新

有些科学技术专家和艺术创作者,在日间遇到的工作难题或创新问题,百思不得其解,但在夜间睡眠中,在梦中突然出现新的启示,一觉醒来竟一蹴而就。例如,Kekulé 面对苯分子结构时,遇到了碳和氢原子个数与之前化学界研究的直链结构分子不同的现象,之前碳原子和氢原子的比例很规则,除两端碳原子与氢原子个数之比为 1:3,中间的碳原子与氢原子个数为 1:2。所以,苯分子内缺少两个氢原子,直到梦中将直链的两端,连在一起形成环状分子结构,才解决了有机物中分子的环状结构问题。Howe 发明台式手摇缝纫机过程,遇上穿针纫线的技术难题,日间百思不得其解,梦中得到启示,将针孔从针柄移至针尖。醒来后一试,果然成功。侦探家 Robert L. Stevenbson 梦中构想出奇案中的主要情节;作家 Samuel T. Coleridge 梦中构思出叙事诗的诗情画意;诗人 Arthur Beson 梦中构想出著名诗歌《凤凰》动人的诗句。当然,这些奇迹可遇不可求,因为梦中的联想是不受人们主观意识控制的。

经过几十年的探索,睡眠中记忆内容的回放、整理和巩固的功能,直到最近几年发现了神经振荡编码机制,才得到了有力的科学证据。本章第三节将详细讨论该功能的原理。

五、睡眠障碍

正常睡眠周期的紊乱可能导致许多特殊的病理性睡眠状态,了解和研究这些病理性睡眠状态,可以加深我们对睡眠类型和睡眠周期的认识。发作性睡病(narcolepsy)、猝倒(cataplexy)和入睡前幻觉(hypnagogic hallucination)是 REM 中的常见障碍,夜尿症(nocturia)、梦游症(somnambulism)和夜惊症(night terror)则是 NREM 的常见障碍。发作性睡病又称为嗜睡症,主要症状是在不应睡眠的工作时间内,突然不可控制地陷入睡眠状态,特别是在单调或枯燥的环境中更容易发作。每次发作性睡眠持续 2～5 分钟,醒来后觉得精神很好。可以把猝倒看作是发作性睡病的另一种表现形式。发作时全身肌肉张力突然消失,病人摔倒好像是从清醒状态突然进入 REM 阶段,持续几秒钟至几分钟。猝倒不同于发作性睡病,一般不会自发地发作,情绪波动是最常见的诱发因素,生气、大笑或紧张地完成某一动作,如试图抓住从身边飞过的物体等,均可引起猝倒。入睡前幻觉表现为在早上即将醒来或躺在床上刚入睡时,突然陷入 REM 状态,因为肌肉张力完全消失,体验到可怕的情景却呼叫不得也动不得。别人呼叫他的名字或轻轻拉动他的身体,可使之立即摆脱此种幻觉状态,恢复正常后还能描述幻觉内容与内心体验。上述三种睡眠障碍的共同特点是其发作性,从清醒期越过 NREM 阶段突然陷入 REM 状态,是 REM 脑机制的障碍。有人发现这些睡眠障碍有家族遗传因素。苯丙胺、丙咪嗪对这类睡眠障碍有一定疗效,说明脑单胺类神经递质功能的增强对改善这类睡眠障碍是有效的。苯丙胺促进单胺类神经递质从突触前释放,丙咪嗪抑制突触前成分对单胺神经递质的再摄取,两者均使突触间隙中单胺类神经递质的浓度增高,从而增强了神经信息的传递功能。两种药物的疗效说明这类睡眠障碍与 REM 的脑生化机制障碍有关。与此不同,夜尿症、梦游症和夜惊症均出现于幼儿 NREM 四期。夜尿症病儿常在睡眠的 NREM 四期尿床;梦游症病儿在睡眠的 NREM 四期中,从床上起来进行一些刻板动作,事后又回床继续睡眠,次日不能回忆出夜间的异常行为;夜惊症病儿在睡眠的 NREM 四期出现惊叫、颤抖、手足快速运动等极度恐怖表现,事后对这种体验不能回忆。总之,NREM 障碍与 REM 障碍不同,肌肉尚保持一定张力,可以进行某些动作;但事后完全不能回忆。REM 障碍不伴有动作表现,且事后对梦境体验能够回忆和叙述。由此可以看出 NREM 和 REM 有不同的机制。

第二节 睡眠的当代理论

20 世纪 70 年代以后,对神经信息的电学传递和化学传递机制的综合研究,提高了睡眠理论水平,着重研究了睡眠类型与周期的调节机制及其相关脑结构基础。二三十年的积累,对两种睡眠类型相关的脑结构及其神经递质或激素等其他生物活性分子的作用,给出了丰富的科学数据。进入 21 世纪,整个生物医学进入人类后基因组时代,经过十多年的消化和吸收,神经生物学终于找到了突破口,采用单细胞转录组学技术——单细胞 RNA 测序技术,通过表达的蛋白质的荧光特性,进行细胞分类研究,把神经科学对细胞核团功能的研究,提升为神经元类型的功能研究。

一、视交叉上核对睡眠的分子生物学调控

在昼夜节律、脑内局部时钟、睡眠和认知功能调节中,视交叉上核从对 cAMP 反应相依的细胞内信号转导系统,到细胞核内的基因调节蛋白 CREB 发挥着核心作用。如图 12-4 所示,视交叉上核通过对海马内部时钟的调节,控制身体各项生理参数对昼夜节律的调节反应,并控制与昼夜节律一致的睡眠周期。这一调节过程的分子生物学基础是 cAMP-MAPK-CREB 的细胞内信号转导系统和细胞核内基因调节蛋白的激活,引发基因表达,合成蛋白质,为长时记忆的形成或长时程增强效应提供物质基础。睡眠剥夺打断了 cAMP-MAPK-CREB 的分子事件,导致记忆功能和其他功能的损伤(Kyriacou & Hastings, 2010)。

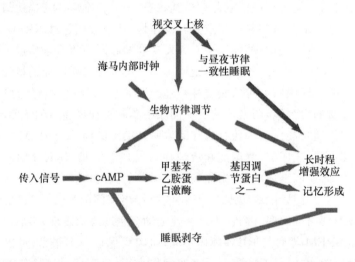

图 12-4　cAMP 在人体昼夜节律、脑内局部时钟、睡眠和认知功能调节中的核心作用
(经授权,引自 Kyriacou & Hastings, 2010)

二、NREM 的关键脑结构及其脑回路

NREM 4 期的划分,于 2007 年受到美国睡眠学会的质疑,提出分为 N1~N3 的方案,两者不同只在于将 S3 和 S4 合并为 N3。从安静清醒到闭上眼睛的过渡,人类 EEG 开始出现 α 波(8~11 Hz),随后不久出现 N1 期(4.0~7.5 Hz)和 N2 期的间歇性纺锤波(10~16 Hz)及 K 复合波。N3 阶段的特点是振幅高、速度慢的振荡,小于 1 Hz 的慢波(slow oscillation, SO)和 δ 波(0.5~4.5 Hz),如图 12-5 所示。对人类来说,NREM 的开始可能会伴随着催眠幻觉。

缝际核、孤束核、视前区和前脑基底部对 NREM 至关重要,将猫脑缝际核 80%~

90%神经元损毁,则使之数日内处于不眠状态,几日后虽有睡眠,但睡眠时间非常短。用对氯苯丙氨酸(para-chloro-phenylalanine,PCPA)抑制脑内5-羟色胺的合成过程,动物也不再睡眠。由此可见,无论是破坏缝际核还是抑制缝际核5-羟色胺能神经元合成5-羟色胺的生化过程,均导致不眠状态,证明缝际核的5-羟色胺能神经元在NREM中具有重要作用。孤束核位于延髓,是味觉和内脏感觉神经核,低频电刺激孤束核,引起猫脑电活动的同步化,出现低频高幅波,并伴有睡眠的行为表现。刺激内脏或迷走神经也能引起脑电活动的同步化。饱食之后,胃内过度充实易导致睡眠,这可能就是由于胃刺激沿迷走神经传入,引起孤束核兴奋的结果。与NREM有关的生物活性分子是5-羟色胺、睡眠肽和γ-氨基丁酸(GABA)的受体蛋白。

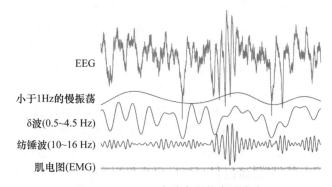

图 12-5　NREM 中脑电图的主要成分

(经授权,引自 Adamantidis, Gutierrez Herrera, & Gent, 2019)

EMG 活动降低,低于 4.5 Hz 的低频高幅 EEG 占优势,包括低于 1 Hz 的慢波和 δ 波(0.5~4.5 Hz)。由于丘脑和皮层网络的介入,10~16 Hz 的纺锤波瞬时生成。

各种神经递质虽然在睡眠机制中具有重要作用,但却不是与睡眠相关的特异性物质。许多生理学家致力于寻找脑内的特异性睡眠物质。δ-诱导睡眠肽(delta sleep inducing peptide,DSIP)就是这样的生物活性分子。用低频电刺激兔的丘脑中线核,使之大脑皮层电活动出现同步化的纺锤波,此时兔脑合成较多的 DSIP 进入血液中。将该兔血液注入另一只兔脑内,就会使后者脑电活动出现同步化纺锤波。DSIP 是一种9肽,只有肽链第 5 位天冬氨酸的氨基在 α 位时,DSIP 才具有诱导睡眠效应的功能。我国生理心理学家刘世熠发现 DSIP 肽链第 5 位的天冬氨酸为苯丙氨酸所取代,也具有诱导睡眠作用。

弱安定剂(如安定等)具有轻微的镇静安眠作用,在对其药物作用机制的研究中发现,它们是通过 GABA 类神经递质受体发生作用的。将 GABA 受体用药物阻断后,安定等药物就失去了镇静安眠作用。GABA 受体是大分子蛋白,因此除了单胺类、肽类物质外,大分子蛋白可能也与 NREM 有关。

NREM 是丘脑和皮层之间返回性兴奋输入,引发新皮层 2~3 层和 5 层中间神经元兴奋所形成的。从新皮层第 6 层锥体细胞向丘脑网状核发出的兴奋性反馈，驱动着丘脑中继核细胞的超极化，继而引起反弹性爆发式发放，以致在新皮层内的主细胞群出现睡眠纺锤波（如图 12-7 所示）。同时，新皮层第 5 层锥体细胞向内嗅区皮层、继而到达海马 CA1/CA3 的传入和丘脑中继核团共同驱动着锐波涟漪（SWRs），在记忆的巩固中发挥重要作用。

NREM 需要腹外侧视前区（ventrolateral preoptic area，VLPO）的 GABA 和甘丙肽（galanin）、腹侧纹状体的腺苷 A2A 受体（adenosine A2A receptor）、脑内侧面（parafacial zone，PFZ）的 GABA，以及谷氨酸/GABA 等协同作用。

NREM 期间，睡眠纺锤波的生成依赖于丘脑网状核（TRN）、丘脑-皮层中继核团（TC）和皮层丘脑反馈回路（CT），其功能在于稳定 NREM 状态，门控睡眠中感觉信息加工和巩固记忆信息等。但是，目前对于相关脑结构中的非感觉传递的丘脑网状结构在纺锤波生成及其对睡眠的调节功能还不十分清楚。在自由运动的小鼠中，利用多位点的丘脑-皮层场电位（LFE）/单位发放耦合的记录和分析的实验中，每当检测到睡眠纺锤波时，发现丘脑中央中核和背侧前核与丘脑网状核具有同等强度的神经脉冲/场电位耦合度。还发现，每当进入 REM 状态之前一刻，睡眠纺锤波的发生率增加。但是，从 NREM 中进入觉醒状态之前一刻却没有出现睡眠纺锤波的发生率增加的现象（Bandarabadi et al.，2020）。睡眠纺锤波由不参与感觉信息传递的丘脑-皮层回路中那些局部神经元活动同步化而生成，从 NREM 向 REM 过渡中反映着睡眠深度，并在睡眠到觉醒的调节中具有重要作用，在睡眠的记忆巩固机制中更是起着十分重要的作用。

[常识与思索 12-2]　对 NREM 的新认识

这里以 NREM 的研究进展为例，说明它的含义。我们保留了将 NREM 和 REM 既作为睡眠类型，又作为睡眠阶段的内容，并介绍了其在睡眠周期中的位置。随后，在睡眠的当代理论中，首先介绍了 NREM 关键脑结构及其脑回路。从对比中可以看出新进展的步子多大！关于 NREM 的 EEG 成分，原先只是指出深睡眠中高幅 δ 波占 50% 以上；现在给出三种成分，即慢于 1 Hz 的慢振荡、0.5～4.5 Hz 的 δ 波和 10～16 Hz 的纺锤波。这三种脑波成分，分别源于大脑皮层、丘脑和海马等脑结构，它们构成记忆信息巩固的神经机制。在 NREM 睡眠振荡的脑回路机制中，列出 20 多个神经核团和细胞类型，以及十几种生物活性分子（图 12-5 和图 12-6）。

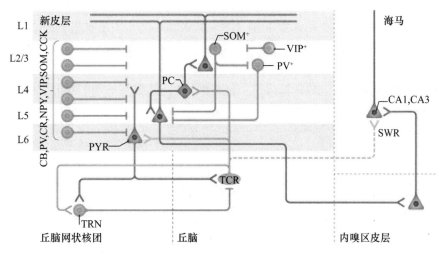

图 12-6　NREM 振荡的脑回路机制

（经授权，引自 Adamantidis, Gutierrez Herrera, & Gent, 2019）

L1～L6 是新皮层的六层分布，六层皮层细胞分别由下列活性分子所编码。

CCK，胆囊收缩素；SOM，生长抑制素；VIP，血管活性肠肽；NPY，神经肽 Y；CR，钙网膜蛋白（calretinin）；PV，小清蛋白（parvalbumin）；CB，钙结合蛋白。

PYR，锥体细胞；PC，主细胞；TRN，丘脑网状核；TCR，丘脑-皮层中继核团；CA1，海马 CA1 区；CA3，海马 CA3 区；SWR，锐波涟漪。

三、REM 的关键脑结构及其脑回路

脑桥大细胞区、蓝斑中小细胞、外侧膝状体神经元和延髓网状大细胞核等许多脑结构与 REM 关系密切。脑桥大细胞区散于脑桥网状结构之中，最大的神经胞体直径可达 75 μm，REM 间期没有单位发放，一旦动物进入 REM 状态，脑桥大细胞开始活动并逐渐增加单位发放频率，最高发放每次可达 200～300 个神经冲动。每一串单位发放都伴随眼动和 PGO 波发放。此时大脑电活动去同步化，出现低幅快波，肌肉张力完全消失，如图 12-7 所示。因此，把脑桥大细胞视为 REM 的开关细胞（the cellular on switch for dreaming sleep）。REM 的脑机制比 NREM 更复杂，这是由于它包含的生理心理成分较多，如眼动、PGO 波、肌张力完全丧失、心率呼吸改变和生动的梦境体验等。一般来说，脑高位的一些关键性结构与脑电去同步化快波的呈现、PGO 波发放和眼动有关；脑干低位的一些下部关键性结构与 REM 中的肌张力变化有关。

在与 REM 有关的脑结构中，发挥作用的神经递质有去甲肾上腺素、乙酰胆碱和 γ-氨基丁酸。在脑干背部的蓝斑（locus ceruleus）内存在许多很小的去甲肾上腺素能神经元，产生低频的单一频率发放，在 NREM 期间，它们的单位发放频率逐渐变慢，一旦进入 REM，它们的单位发放立即停止或迅速降低。因此，将蓝斑中这种小细胞称为 REM

的闭细胞(off cells)。这种闭细胞以去甲肾上腺素作为神经递质,当动物进入睡眠时,蓝斑闭细胞的去甲肾上腺素含量逐渐下降,在 REM 阶段含量最低;但是将动物从 REM 中惊醒时,则蓝斑小细胞的去甲肾上腺素却突然增高。除了蓝斑内的闭细胞,在蓝斑核内和它的四周还存在一种乙酰胆碱能神经元,REM 期间,其细胞单位发放率增加,由它们发出轴突达延髓网状结构的下行抑制细胞,引起其活动,从而产生下行性抑制效应,使 REM 期间肌张力完全消失。

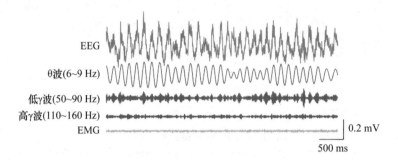

图 12-7　REM 睡眠的 EEG 主要成分

(经授权,引自 Adamantidis, Gutierrez Herrera, & Gent, 2019)

REM 分别因海马和皮层回路的活动,θ 波和 γ 波振荡占主导。EMG 肌电成分进一步降低,对刺激的反应和维持姿势的肌肉张力进一步降低。

延髓网状大细胞核(nucleus reticularis magnocellularis in the medulla)在 REM 时变得更活跃并与 PGO 波和 REM 现象同时发生。这种细胞的轴突达脊髓运动神经元,与之形成抑制性突触。所以,在 REM 时,这两种细胞的兴奋引起肌肉张力消失。记录外侧膝状体在 REM 中的 PGO 波时发现,与眼动方向同侧的膝状体 PGO 波大于对侧膝状体的波幅。如果两眼向右运动时,右侧的膝状体内 PGO 波大于左侧膝状体的 PGO 波。进一步分析发现,膝状体的 PGO 波的差异在眼球运动之前即可表现出来。因此,记录左右外侧膝状体内 PGO 波的差异,可以很快预测 REM 时眼动的方向。据此认为,外侧膝状体具有 REM 眼动的命令功能,实现着眼动方向读出的神经信息编码功能。

综上所述,间脑水平的膝状体和脑桥网状大细胞与 REM 的启动、眼动方向和 PGO 波发放有关;蓝斑小细胞与 REM 停止有关;蓝斑内及其周围的乙酰胆碱能神经元和延髓网状大细胞核与 REM 时肌张力的消失有关。REM 网络可能如图 12-8 所示,由两部分组成,(a)图显示隔区与海马之间的回路,主要是内侧隔区的三类神经元与海马 CA1 区中间神经元和锥体细胞发生影响,其中包括内侧隔区的 MS^{ACh} 和 MS^{GLU} 两种投射神经元以及 MS^{GABA} 中间神经元对海马 CA1 区的作用,导致海马起源的 θ 振荡。(b)图是脑桥的多种神经递质的神经元通过丘脑的外侧膝状体到皮层投射的中继核对新皮层锥体细胞的网络联系,其功能主要是调制 PGO 波。对于 REM 睡眠需要外侧下丘脑的黑色素聚集激素（melanin-concentrating hormone，MCH）、LDT 和 PPT 的 ACh、脑干的底外侧背核（SLD）的谷氨酸/GABA 等协同作用。

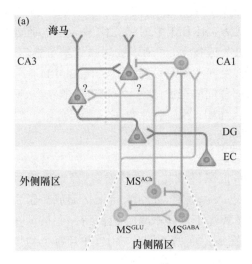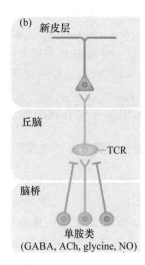

图 12-8　REM 神经振荡脑回路机制
（经授权，引自 Adamantidis，Gutierrez Herrera，& Gent，2019）

内侧隔区（MS）含有不同类型的神经元，分别以乙酰胆碱（ACh）、谷氨酸（GLU）和 GABA 为神经递质，它们与其他脑结构，包括内嗅区皮层（EC）、齿状回（DG）和皮层下结构的传入信息，共同活动，在海马 CA1 和 CA3 区内生成 θ 振荡。在内侧隔区的 GABA 能神经元和少量的谷氨酸能神经元也参与海马 θ 振荡的生成，但是精确的神经回路机制以及 ACh 的作用并不很清楚。REM 中的桥-膝-枕波（PGO 波）是从脑干到丘脑外侧膝状核的单胺类神经传入性爆发所致，依次向视皮层传递神经发放。
（b）NO，一氧化氮；TCR，丘脑-皮层中继神经元（thalamo-cortical relay neuron）；glycine，甘氨酸。

第三节　睡眠中长时记忆的形成和巩固

从短时记忆向长时记忆的过度必须有足够的复述或一定的时间，这是传统的理论知识；但记忆研究的著名专家 L. R. Squire 在 2007 年的文章中写道，一些实验事实为传统的记忆图式理论增添了新的活力。2007～2020 年，一批研究报告支持人类睡眠有助于记忆巩固的观点，而且近两年还总结出睡眠中长时记忆巩固的几种神经振荡编码机制。

一、对味觉-空间联想记忆的促进作用

Tse 等人（2007）证明大鼠在味觉空间定位的联想学习之后，进一步训练使之形成了味觉-空间联想图式，这种组织化的知识结构能够支持单次快速学习形成的新联想，并迅速形成它的巩固记忆。L. R. Squire 认为海马在学习记忆之后的功能是引导新皮层，包括前额叶、颞叶和前扣带回皮层，在新发展的记忆存储中形成复杂性、分布性和相互连接性。

当人们处于 NREM 期,给予入睡前经历的味觉学习中使用过的味觉刺激物,就可以在无意识状态下,隐性再激活入睡前习得的经验,从而使依赖于海马的陈述性记忆得到较好的巩固;但是对于独立于海马的程序性记忆,则没有易化或促进巩固的作用。根据这一实验事实,Rasch 等人(2007)认为,NREM 中的味觉线索等可以促进陈述性记忆的巩固,这一实验研究采用功能性磁共振技术,记录了被试味觉学习之后 45 分钟处于 NREM 中,再给予相应的味觉刺激,发现左侧海马前区和后区 BOLD 信号显著增强($p<0.005$),与之对照的是学习之后同样间隔(约 45 分钟)处于清醒状态,同一脑区在受到味觉刺激之后 BOLD 信号的强度,如图 12-9 所示(见书后彩插)。

二、人类睡眠对记忆巩固的实验证据

Rudoy 等人(2009)通过实验证明,记忆形成之初比较脆弱,经过巩固后才形成稳定的长时记忆。而在记忆刚形成后就进入睡眠期,并给予与记忆形成相联系的听觉刺激,则被试醒来之后记忆的巩固程度显著优于未睡眠者。他们请一些被试在计算机屏幕上看 50 个物体图形,并且分别定位在显示屏的不同位置上,并且每个物体的图形呈现时,都伴有不同强度的声音(dB),与之相结合。随后请被试午睡,当被试在短暂的午睡过程中进入 NREM 期,给予 25 个不同声音刺激,历经 3.5 分钟。醒后请被试看 50 个物体的图片,并请他们回忆在第一次学习时图片呈现的位置。结果发现,在午睡时给予声音刺激的相应物体图片呈现位置的回忆成绩,明显优于未接受声音再刺激的物体。从而说明睡眠中如果呈现记忆形成的某些线索刺激时,对脑功能有再激活作用,是睡眠中巩固记忆的中介因素。Wamsley 等人(2010)系统研究了睡眠相关的记忆巩固作用,认为睡眠中出现与学习任务相关的梦,有记忆巩固作用,而且是与 NREM 期睡眠中海马的活动有关。他请被试学习虚拟迷宫导航任务,学习后请他们入睡,5 小时后再请他们重测虚拟迷宫导航任务的作业成绩。另一组被试学习虚拟迷宫导航任务后保持清醒,5 小时后重测。比较两组被试的重测成绩发现,睡眠组显著优于未睡眠组,也优于初次学习时的作业成绩,证明睡眠巩固了学习中形成的记忆。Stickgold(2013)对比儿童和成年人的睡眠差异,并引述了近年的一些实验事实,得到了睡眠特别是 NREM,有利于陈述性记忆的巩固的结论。一组被试为 8~11 岁儿童,另一组被试为 18~35 岁成年人,两组被试进行相同的序列运动训练,在 8 个顺序闪亮的小灯中选择灭后立即重亮的灯作为按键的位置信号,每次只有一个位置信号,要求被试觉察信号并尽快做出按键反应。按 8 个键的序列总共重复 50 次(共 400 次按键),分配在 10 组训练中,每组按键 40 次,组间短暂休息。经过训练,按键速度普遍提高 25%。完成全部训练后,分别在一天工作或一夜睡眠后要求被试准确说出训练中按键的顺序和键的位置。结果发现睡眠后的儿童组最佳,15 名儿童中的 2 名能正确说出全部 8 个键的位置和顺序;而全部成年组和训练后保持清醒的儿童组,最多只能说出 4~5 个键的位置和顺序。作者认为这一结果有利于说明儿童睡眠时间长,有助于将程序性训练的知识提取和转化为陈述性

知识。Oudiette 和 Paller(2013)采用目标化记忆激活法(TMR),如图 12-10 所示,可以有效增强睡眠中对记忆的巩固作用。

总之,不论是动物实验还是以人类为被试的实验都一致证明,睡眠对刚形成的记忆具有巩固作用,不论记忆与何种感觉通道有关。如果在睡眠中呈现记忆形成过程中的有关线索,则这种巩固效果更加明显。

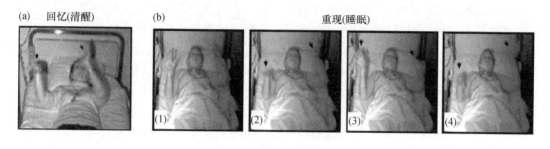

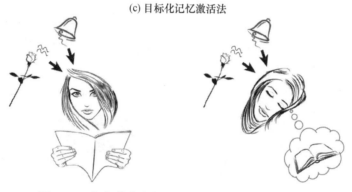

图 12-10　记忆的自发激活和睡眠中目标化记忆激活法
(经授权,引自 Oudiette & Paller, 2013)

(a)请被试在清醒状态下学习上肢的动作序列后躺到床上,在听到学习时相给出的声音信号和视觉信号时,主动回忆并重复学习过的上肢序列动作。

(b)随后请被试入睡,在睡眠状态下发出学习时相给出的声音信号和视觉信号,可见到被试上肢重复出所学习的动作序列,这种方法称睡眠的"目标化记忆激活法"(targeted memory reactivation, TMR)。

三、神经振荡的三重耦合机制——记忆信息的巩固

睡眠是否可以促进短时记忆向长时记忆的转化,或睡眠是否促进学习、记忆的问题,经过几十年争论,近两年终于取得了重大进展,巩固记忆的振荡编码机制得到了实验证据的支持。

睡眠中促进长时记忆形成和巩固的机制,涉及新皮层、丘脑和海马三层脑结构,以及这些结构之间的生物电振荡编码机制,这是个相互作用的复杂过程。这里所说的生

物电振荡编码机制至少有三种,包括相位重组(phase resetting)、神经诱导(neural entraining)和跨频相位-幅值耦合(cross frequency coupling,CFC),本书在知觉特征整合、注意的节律理论和记忆的相关章节内已经讨论过。这里描述发生在额叶皮层、海马和丘脑之间的三重耦合机制。

如图 12-11(a)所示,电压振荡的相位重组机制和跨频相位-幅值耦合机制,导致一定距离的脑区之间发生局部的突触可塑性调节。上面两条曲线可视为神经细胞膜电位的去极化或超极化的同步化结果。可将第二条曲线向上变化的波峰看成是去极化电位的总和(见阴影的部分),向下的波谷是超极化电位的总和。因而,我们可把低频 EEG 的高幅变化视为大量神经元发放同步化的结果,也是突触可塑性变化的指针。

图 12-11(b)最左侧源于皮层的大慢振荡,在最后上行态耦合并载波一组起源于丘脑的纺锤波,后者的最大的锐波谷又耦合源于海马的涟漪波群。结果是大脑皮层的大慢振荡耦合着纺锤波和涟漪波。这种三重耦合机制既易化了再激活海马网络的记忆信息向新皮层的传递,又易化了皮层网络新表征重组下的突触巩固过程。

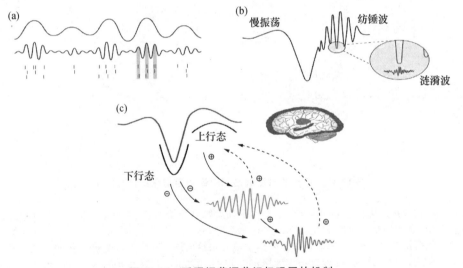

图 12-11　睡眠振荡调节记忆巩固的机制
(经授权,引自 Klinzing, Niethard, & Born, 2019)

(a)从上至下的曲线分别表示,低频和高频振荡的 EEG 曲线或局部场电位,以及细胞单位发放的神经脉冲。低频振荡(第一条线)为高频振荡(第二条线)和更高频的神经脉冲(第三组短而垂直的小线条),提供了耦合的时间窗,将后两种变化耦合于其时间窗内。

(b)在慢波睡眠中记忆信息的系统巩固依赖于慢振荡、纺锤波和锐波涟漪三者间的耦合机制。

(c)这个过程涉及新皮层的大慢振荡、丘脑起源的纺锤波和海马的涟漪波群,三者间形成环路,既包括底-顶调节,又包括自上而下调节。

图 12-11(c)所示的自上而下的调节(实线)是指新皮层慢振荡的下行调节提供了抑制丘脑纺锤波、海马涟漪波和联想回放,以及其他多个脑区的活动的总时间信号。慢振

荡的上行调节主要驱动着丘脑纺锤波的生成，随后，纺锤波作用于海马网络同步化的涟漪波群和神经元群，使之激活到其兴奋波谷。底-顶调节是指纺锤波同时扩散到新皮层，到达目标网络并使之兴奋达到慢振荡上行调节，在这些网络内重现条件易化，使突触达到巩固的过程。纺锤波和海马涟漪波也能在前额叶皮层引发慢振荡。这种神经振荡耦合中，三种神经细胞类型及其相互作用的网络功能机制，可以用图12-12进一步描述。

皮层锥体细胞(Pyr)是兴奋性投射神经元，兴奋时释放谷氨酸为神经递质；PV^+ 和 SOM^+ 是两类皮层抑制性中间神经元，它们的轴突分别终止于Pyr的胞体和顶树突，释放GABA抑制性神经递质，抑制Pyr兴奋性水平。如图12-12(a)所示，小鼠 PV^+ 和 SOM^+ 两类皮层抑制性神经元群在自然睡眠状态下，纺锤波单独出现和其被耦合于大慢波上升状态时，双光子钙成像所显示的活性变化。钙活性($\Delta F/F$)对比于它在纺锤波出现前的1s和消失后2s间的基线。纺锤波耦合于慢振荡波的上升状态比其单独出现，锥体神经元活性高3倍。当纺锤波出现时，不论是否耦合于慢波上升状态，PV^+ 神经元活性均增加，而 SOM^+ 神经元活性则下降。

如图12-12(b)左图所示，纺锤波单独出现是由于在锥体胞体部位存在 PV^+ 神经元引发的弱抑制，同时在树突部位也由 SOM^+ 神经元引发弱抑制的条件下，所以Pyr对记忆单元的传入不发生反应；右图表示纺锤波耦合于慢振荡上升状态条件下，Pyr的活性是纺锤波单独出现时的三倍多。可能是由于特殊的兴奋状态，使Pyr对记忆单元的输入发生反应；也可能是由于锥体细胞在胞体周围来自 PV^+ 中间神经元的抑制增强，同时又在顶树突部位来自 SOM^+ 中间神经元的抑制减弱的结果。对锥体细胞的兴奋性和抑制性输入的情况类似于觉醒时慢振荡与纺锤波耦合所引起的皮层突触可塑性易化。这说明在皮层回路水平上突触巩固的调节机制在睡眠和觉醒状态下基本相同。

最近发现，基底神经节的屏状核有一种神经元，轴突及其分支可分布到许多远距离的皮层区(图12-13)，在广泛皮层区之间控制着大范围慢振荡。体外实验，利用光遗传学方法刺激屏状核，可以引出绝大部分新皮层神经元的反应，但主要作用是抑制性中间神经元产生动作电位。活体光遗传学刺激实验中，可以引出很多皮层区同步化的下行性变化，其特征是各层神经元活动出现较持久的静默期，随后是从下行到上行状态的迁徙。相反，切除屏状核神经元，则额叶SW衰减。这些结果表明，屏状核神经元的关键作用是通过广泛皮层区抑制性中间神经元同步化管控着SW活动的空间和时间坐标(Narikiyo et al., 2020)。

各脑区之间的信息交流是通过它们之间分布式神经网络的动态同步化和使同步活动去耦合化来实现的。GABA能中间神经元通过其抑制作用锁定神经元群加入网络振荡。但是，目前尚不了解同步化和去耦合作用如何不断地动态交替实现信息交流的细节。Sakalar、Klausberger和Lasztóczi(2022)记录了清醒小鼠海马CA1区GABA能中间神经元的单位电活动，结果发现，神经胶质细胞(NGFC)为锥体细胞远端树突提供

GABA 抑制能量,此时这些 NGFC 的单位发放与携带皮层传入信息的局部脑网络所固有的 γ 节律同步振荡之间,发生很强的耦合,而不是加强这种节律同步化。NGFC 单位发放的动作电位与锥体细胞活动的皮层 γ 节律振荡之间去耦合化,既不减弱它们的单位发放也不影响皮层局部振荡。因而,NGFC 通过暂时性解耦同步化调节信息传递,而不降低网络间的交流活动水平(图 12-14,见书后彩插)。

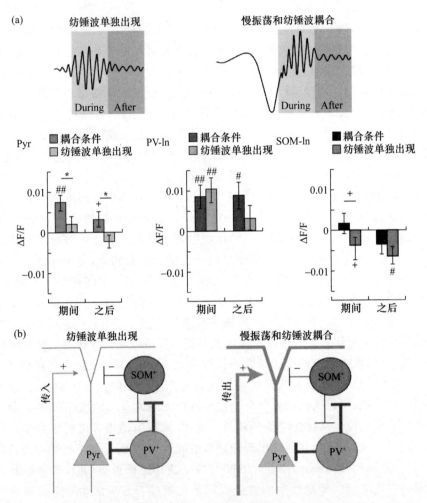

图 12-12 当皮层锥体细胞的纺锤波与慢振荡耦合时,发生突触可塑性易化的过程
(经授权,引自 Klinzing, Niethard, & Born, 2019)

(a)纺锤波单独出现或与慢振荡耦合条件下,双光子钙成像所显示三种细胞的活性变化(ΔF/F)。

(b)三类细胞组成的微回路和锥体细胞的活动水平。左图中 Pyr 对记忆单元来的传入无反应,右图中的传入和 Pyr 顶树突发生突触易化效应。

图中英文缩写含义:Pyr,锥体神经元;SOM-In,生长抑素反应的抑制性神经元;PV-In,小清蛋白反应的抑制性神经元。

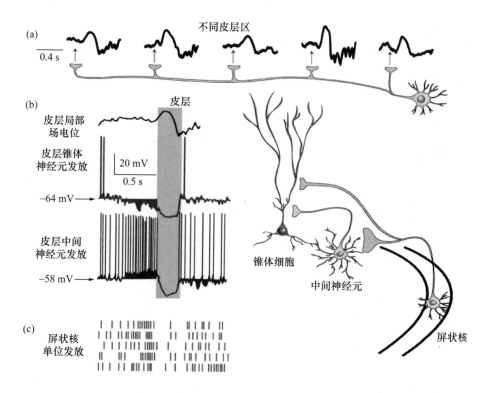

图 12-13　屏状核通过皮层抑制细胞控制全脑的睡眠慢波
（经授权，引自 Timofeev & Chauvette, 2020）

（a）皮层不同区的慢波被屏状核单一神经元的轴突同步化，在之前屏状核发放率提高。

（b）皮层慢波，一群抑制性中间神经元提高自身的发放率，皮层锥体细胞进行性超极化并在进入安静期之前，先降低发放率。

（c）屏状核细胞同时投射到皮层中间神经元和皮层锥体细胞，但却对中间神经元的影响更大些（用较大的突触表示），屏状核神经元增加发放率，然后在很多皮层区增加皮层中间神经元的发放率，从而改变了新皮层的兴奋和抑制的平衡，在不同皮层区触发了慢波的同步化。

[常识与思索 12-3]　睡眠中记忆巩固的三重振荡耦合机制及其离合因子

三重振荡耦合机制是在 NREM 中三类神经振荡所形成三种脑波之间的耦合过程，如图 12-11(c)所示，包括慢振荡、睡眠纺锤波和锐波涟漪。三重耦合过程涉及新皮层的大慢振荡、丘脑起源的纺锤波和海马的涟漪波群，三者间形成的脑环路既包括底-顶调节，又包括自上而下的调节，发挥着记忆巩固的作用。那么，这种三重耦合为什么只能在 NREM 状态下才会出现呢？又是什么因素在调节耦合机制的动态变化，更替着形成新的长时记忆呢？对此知之甚少。2022 年 7 月 15 日，*Science* 杂志报道，神经胶质细胞发挥着神经振荡同步化的离合作用。可见,长时记忆的不断形成,人类文明的积累,不只是神经细胞,还必须有胶质细胞的参与,我们期待着这一研究方向的新进展。可能这将是探索脑奥秘第三步的起点,需要回答的问题是:人脑依靠何种细胞及其微回路,将无意识的心理信息转化为意识活动。

思考题

1. 经典睡眠理论和当代睡眠理论及其方法学的主要区别何在?请举例说明。
2. 人类的睡眠类型与睡眠周期如何划分?
3. 人类睡眠的功能和睡眠障碍有哪些?
4. 当代睡眠新理论将哪些脑电图反应列为非快速眼动睡眠的主要成分?每个成分的起源是什么?
5. 何为睡眠中的脑波三重耦合现象?它的细胞与微回路组成涉及哪几种细胞类型与神经递质?
6. 何为快速眼动睡眠,其脑波主要成分和相关的生物活性物质有哪些?

13

意识与无意识心理活动的脑功能基础

　　古代人根据心脏停止跳动,意识立即消失的事实,将意识用心理活动一词加以概括,后来发现脑卒中的病人心脏仍然活动,却丧失了意识,从而认识到意识是脑的功能。19世纪脑解剖学知识还不十分完善时,曾认为各脑室内容纳着意识的精灵(或意识原子),位于脑正中的松果体像开关一样调节着意识原子在各个脑室间的流动,是意识活动的脑机制。进一步研究发现,脑室内流动着的是脑脊液,仅具营养与代谢调节作用,而且松果体与脑室并不相通,没有解剖学联系。20世纪50~60年代,细胞神经生理学家认定脑内的网状结构是意识的脑结构基础,因为网状结构的活动水平制约着睡眠、觉醒、唤醒水平等不同意识状态。随后,神经生理学家利用脑电图将睡眠过程分为许多阶段,并揭示出睡眠与梦的一些客观规律。20世纪70~80年代对脑损伤病人的神经心理学实验研究,也揭示了相当多关于意识与知觉、记忆和注意之间的关系。

　　百余年前科学界就公认,意识的起源问题是宇宙起源和生命起源之后的第三大科学奥秘。1874年,冯特在他写的第一本《生理心理学基础》教程中,将心理学定义为"心理学是研究意识的科学"。五年之后,冯特任德国莱比锡大学校长,立即着手创建了世界上第一个心理学实验室(1879年),采用"内省法"研究意识的构造。11年之后,美国心理学家威廉·詹姆斯出版了《心理学原理》,将"意识流"作为机能学派心理学研究的核心。总之,世界上第一代心理学是采用内省法研究意识的结构或机能的科学。那么,什么是意识呢?按照内省心理学原理,意识是内外刺激所引发的主体内在的主观体验,这种主观体验分别可以通达以往形成的记忆、即时的注意、知觉和动作,以及对它们之间关系的联想与推测。这种体验、联想和推测可以通过语言、手势或表情表达出来,进行人际交流。

　　20世纪初,经典神经生理学认为,脑是反射的器官,脑的非条件反射和条件反射分别是脑生理功能和心理功能的基础。在反射论的学术氛围中,美国心理学家华生(1913年)提出了第二代心理学理论,认为心理学是研究行为的科学,对行为采用刺激-反应(S-R)的客观方法,比主观内省法更接近自然科学的方法学原则。所以20世纪20~50年代行为主义成为心理学发展的主流。20世纪30年代,细胞电生理学发现了率编码的细胞电生理学"全或无"的规律,很快为数学家W. S. McClloch和心理学家D. O.

Hebb 引用,将人工神经网络学建立在神经信息论的基础之上。1957 年,语言学家乔姆斯基引用神经信息论的理论概念,创建了心理语言学。这些发展趋势,引导着心理学、神经科学和早期人工智能学的共识:人脑是信息加工的器官,从而导致第三代心理学,即认知心理学的诞生(Neisser, 1967),把心理学定义为研究人脑信息加工过程的科学。信息加工过程既有头脑内在的个人体验又有外在行为表现,所以,认知心理学既采用考察意识活动的内省法,又采用行为的 S-R 测量技术,形成了"出声思维"的方法学原则。经过十多年的研究,认知心理学取得了突破性进展,总结出心理信息的加工过程(自动加工和控制加工过程)、加工方式(串行加工和平行加工)和加工模式(内隐加工和外显加工)的理论(Schneider & Shiffrin, 1977)。所以,到 20 世纪 80 年代,心理学已经扩展了自己的研究领域,推进到第四代理论体系,即心理学是研究意识和无意识两类心理过程的科学。至此,我们已经了解到心理学至今已经历了四代理论更新,当前,心理学是研究意识和无意识两类信息加工过程的科学。那么,意识和无意识两类信息加工是如何界定的呢?

当代心理学认为,意识的心理加工过程,又称外显的心理活动,其过程或活动的产物,是可以用语言清晰陈述或表达出来的知觉、记忆、意念、概念或事物间的关系;无意识的心理加工过程或内隐的心理活动是指其心理过程或活动的产物,难以用语言清晰陈述或表达出来,而是直觉体验到或感受到的,脑内似是而非的觉知、意念、映像、概念或事物间的关系。意识和无意识状态是人脑心理活动的连续统一体,觉醒和睡眠之间的转换,是意识和无意识状态之间相互联系和转化的例证之一。最近 20 多年,已经形成了关于意识的科学理论,21 世纪的脑科学、认知科学和心理学已经积累了许多科学事实,有可能给予"意识"以更好的科学理解。

[常识与思索 13-1]　意识与无意识信息加工过程的判断标准

认知心理学在 20 世纪 80 年代已经取得共识,意识是人脑的控制加工过程,其脑网络主要是串行加工方式,耗费时间和心理资源,增加输入项目个数或难度就会使反应时增加。其结果或产物是可以通过书面或口头语言清楚表述的外显信息加工。与之对应,无意识信息加工是人们直觉的或主观模糊的觉知、意向、心境等,难以通过语言清晰表达出来,称为内隐的信息加工过程或者是自动加工过程,其脑网络运行特点是并行性的、耗时少的、不耗费心理资源的,或是心理资源无限的。换言之,增加输入项目个数不影响反应时。记忆的认知心理学研究发现外显的意识记忆信息,必须由前额叶皮层的激活才能提取出来;内隐记忆不需要额叶皮层的参与,其网络可以自动激活或兴奋扩散。

21 世纪初,通过灵长类动物和人类被试实验结果的对照,发现无意识加工过程在 100～200 ms 内可以完成,意识加工过程需 200～300 ms 的时间才能完成;除了并行和串行信息处理方式之外,在意识加工中,还有反馈信息流和循环信息流的复杂成分,包括一些自上而下的信息流。

第一节 当代的意识理论

脑科学、心理学、医学和人工智能学对意识与无意识,及其与脑的关系问题,已形成了几种关于意识的科学理论,包括意识的神经元全局工作空间模型、整合信息理论、反馈加工理论、高阶意识理论等,现简要介绍如下。

一、神经元全局工作空间模型

神经元全局工作空间模型(neuronal model of global workspace,GNW)的前身是Baars(1988,2002)提出的意识的全局工作空间理论,为意识提供了一个科学理论框架。随后,Dehaene、Kerszberg 和 Changeux(1998)进一步提出神经元全局工作空间模型。如图 13-1 所示,神经元全局工作空间模型的核心是由额-顶叶皮层为主的大锥体细胞密集连接区所组成,它把周围的五个不同功能区动态地联系起来,不但包括过去的长时记忆、即时的注意、现在的知觉系统、即将做出反应的运动系统,还包括对这些联系的意义及其与主体的关系进行预测和评估的系统。所以,神经元全局工作空间不但涵盖全部心理活动的各类功能,也容纳了人脑的全部结构。该模型假设一些局部特化的皮层处理器(5 种),被高度相互连接的核心区连在一起(图 13-1(a)),核心含有密集的大锥体细胞群,每个细胞都有长距离的轴突(图 13-1(b))。任一瞬间,这个结构都能从几个处理器内选择一段信息,将其放大并传播到其他处理器内,赋予"意识"的通达能力,并用于语言报告。图 13-1(c)引用对于皮层前馈和反馈联系的近年研究成果,肯定了此种紧密联系的构建,其核心主要是由顶叶和额叶皮层组成,形成一个能够与其他皮层处理器通达信息的瓶颈。

二、整合信息理论

整合信息理论(the integrated information theory,IIT)探索作为意识物质基础的神经成分,其复杂度可通过探索其固有的最大因果力度,表达出意识的性质和量的差异。为此,假设分别用空间、时间和状态三项指标,并以光遗传学的工具和神经细胞单位发放记录,可能得到意识固有的最大的因果力度的脑功能态。如图 13-2(a)所示(见书后彩插),以 50 μm 作为空间单位,以神经元单位发放率为时间度量指标,将状态区分为爆发式发放、高频发放和低频发放三种状态,表达某一意识状态下大脑皮层后头部兴奋神经元分布的复杂程度,随后在图 13-2(c)～(g)中表达意识内容变化脑活动模式的变迁,包括复杂度的收缩、运动、解剖学上的分割、功能分割和最大与最小复杂度分区共存等模式(Tononi et al.，2016)。

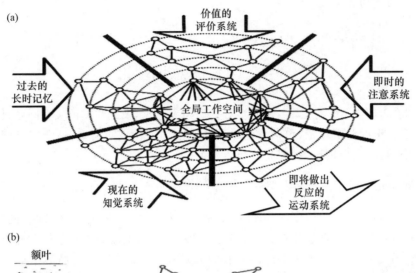

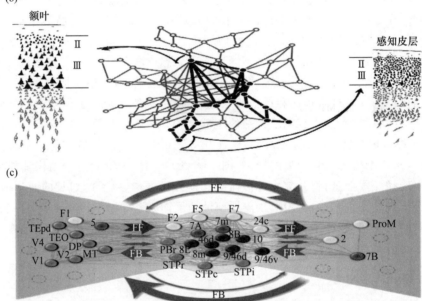

图 13-1　神经元全局工作空间假说
(经授权,引自 Mashour et al.，2020)

(a)核心是全局工作空间,周围有5个皮层特化的功能区:过去的长时记忆、现在的知觉系统、即将做出反应的运动系统、即时的注意系统和价值的评价系统。
(b)核心区由具有丰富大锥体细胞的额叶皮层组成,现在的知觉系统由Ⅱ/Ⅲ层内具有中小锥体细胞的感知皮层组成。
(c)无创性脑影像实验证据表明,核心区主要是由额、顶和颞叶皮层组成;FF 表示前馈作用,FB 表示反馈作用。

虽然整合信息理论和全局工作空间模型均认为,意识是皮层-皮层网络中的反响振荡;但是前者认为,意识状态与后脑区之间皮层神经元分布式网络的反响振荡有关,而后者认为额-顶皮层的分布式网络间反响振荡是维持意识状态的关键。

三、反馈加工理论

Lamme(2010)认为在认知神经科学的脑层次性结构中,前馈加工并不足以产生意识,而从较高层次向低层次结构的反馈信息处理(recurrent processing,RP)是意识活动的关键。在视觉通路中,从较高层次返回的反馈信息足以使被试产生视知觉体验;相反,全脑空间工作理论提供的包括额-顶叶皮层的更广泛的反响回路结构,只对其他模块或广泛的知觉组合,以及知觉后的决策和反应规划等发挥作用。他将视知觉信息加工归结为4个阶段(图13-3):阶段1是浅层前馈信息加工过程,无意识觉知;阶段2是注意参与的前馈信息加工,无意识觉知;阶段3是局部的反馈信息加工,很难确定是否产生意识知觉;阶段4是广泛的反馈信息加工,产生意识知觉。

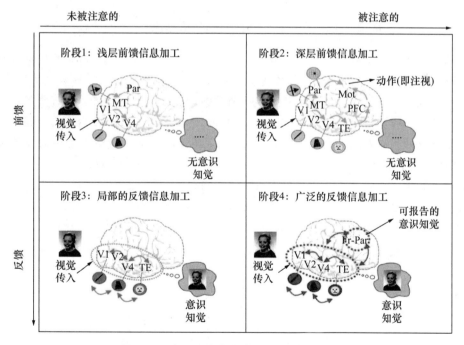

图 13-3　意识知觉产生的四个信息加工阶段
(经授权,引自 Lamme,2010)

V1,V2,V4,视皮层区;MT,颞中回;Par,顶叶皮层;Mot,运动区皮层;PFC,前额叶皮层;TE,颞极;Fr-Par,额-顶。

四、高阶意识理论

Brown、Lau 和 LeDoux(2019)建议以一种高阶意识理论(higher-order thought, HOT)填充意识的 GNW 和一阶局部反馈加工理论之间的空白。因为 GNW 构建出意识的全脑高阶认知框架;而后者认为意识是局部脑网络反馈加工的过程,高阶认知成分的参与并不总是必需的。HOT 建议比较高阶的认知过程参与意识活动是需要的;但并不总是必须涉及全脑的认知过程参与。中间层次认知过程的参与具有它的优势:首先,有利于无意识心理活动的有效进行;其次,可避免在面对不同的一阶机制时,局部加工理论可能遇到的困境;再次,虽然 GNW 和 HOT 都主张意识具有统一的构架,但是 HOT 的优势在于较好地解释一些现象学相似的体验是如何组装的;最后,HOT 理论不仅能解释知觉意识,而且对于记忆和情绪相关的意识问题,以及在不同健康状态下的意识问题,均可给出较好的解释。

[常识与思索 13-2] 不同学科间"信息流"概念的比较

认知科学和神经科学应用"信息流"的理论概念有些不同之处。认知科学以逻辑推理过程为出发点,把归纳推理过程视为底-顶信息处理或称为上行性加工的信息流;把演绎推理过程视为自上而下的下行性加工的信息流。人工神经网络的所有神经单元在训练前是均一的,网络只能前馈的下行性信息处理,只有误差才能后向反馈传播。神经科学根据脑结构在系统发生中出现的顺序,确定其层次级别。前额叶是最高位的脑结构,联络区皮层次之。再次者是感觉或运动区皮层,都分布在头部的后 2/3 部位,因此把脊髓或脑干的感觉通路称为感觉上行(传入)通路,大脑皮层的相应感觉区是其终点;同时把初级视皮层 V1 区到高级视皮层的通路,如视知觉的背、腹侧通路,称为知觉上行通路。从运动前区到运动区,再到脊髓或脑干运动神经核团的通路,称为下行通路或自上而下的信息流。在感知觉通路中,将高层次脑结构向低层次脑结构发出的反馈信息,或者是发自高位脑结构所存储的信息,统称为自上而下的信息流。

第二节 意识的心理属性

概括地说,人类个体意识具备清晰性、觉知性、层次性、社会性和独特性等五大心理属性;前两种属性是先天遗传的无意识心理属性;层次性既是生物进化的产物,又是人类社会发展的产物;社会性则是制约于社会文化和个体经验基础之上的高级意识心理属性,如宇宙观、价值观和人生观,是后天习得的精神内涵;独特性是针对地球上其他生物和机器人而言的,是人类所独有的。其他生物体和机器人,只能具有五大属性中的某些部分,不具备意识的全部五大心理属性。

一、个体意识的清晰性

在心理学中,意识的概念一般是指自觉的心理活动,即对客观现实的自觉的反映,也就是有意识的反映;在医学和生理学中,意识是指人们神志的清晰程度。正常人从睡眠的无意识状态到觉醒的神志清晰状态,可经过数个阶段的催眠相状态;病人因热性疾病、血糖或血压变化,以及神经精神疾患而出现意识混浊、朦胧、谵妄、昏睡、昏迷等多种意识模糊的病理状态。所以,一个人的意识是一种从昏迷到极端兴奋的连续变量,它的脑功能基础是唤醒水平(arousal level),具有客观可测量的生理指标。

意识的清晰性或觉醒状态(wakefulness)是指某人在某时刻是否具有正常的自我意识和环境意识。可由该人当时的姿势、步态、衣着、面貌、表情、对话等加以判断。坐立自如、步态稳健、年貌相称、衣着适切、谈吐得体,是意识清晰的外在表现。在一般观察和描述之后,还需对其自我意识和环境意识的清晰度分别进行检查。

(一) 自我意识的清晰性

某人对自身性别、年龄、家庭角色、社会角色、个人兴趣、爱好、特长、职业技能和个人史、既往病史等的自述或确认无误,是自我意识清晰的表现。某些住院精神分裂症病人向医生请假回家时说:"大夫,他想请假回家,您给他一周的假出院,好不好?"还有些夸大妄想的病人,说自己是世界上举足轻重的伟大人物,跺一下脚,世界都要颤动。这些都是自我意识不清晰的表现。

(二) 环境意识的清晰性

环境意识的清晰性通过定向力检查得出,包括时间定向力、空间定向力和人物定向力。时间定向力指个体对现在所处的年份、月份、季节、上下午,乃至从住处到达另一地花费在路程上的时间估计是否现实等。空间定向力是指个体对目前所处环境的描述是否正常、准确,对所处场所在省、市或地区中的方位判定是否正确。人物定向力指个体能否正确说出周围人的身份及其与自己的关系。

如果某人接触欠佳,不回答问题,可通过神经检查的一些项目确定其意识状态,包括瞳孔光反应、浅反射和深反射等。用手电筒聚焦的光照射其眼部,观察其瞳孔是否缩小,移开手电筒的照射后,瞳孔是否散大。浅反射较方便的检查方法是腹壁反射,用尖部略钝的器物或手指甲在被检查者的腹壁一侧从上到下轻轻划过,观察其肚脐是否出现向一侧歪斜的快速收缩反应,一般而言,有反应者意识清晰。深反射通常选手指的霍夫曼反射或下肢的膝跳反射。进行霍夫曼反射的检查时,检查者用自己的右手中指抬起被测人的左手中指,使其中指指甲朝上,手心面对自己,再用自己的右手拇指尖瞬间弹他的中指指甲,重复弹两三次,观察对方的左手其他几个手指是否有收缩动作。出现手指不自觉的小动作者为意识清晰。这些检查一定要在受检查者精神放松或不注意状态下进行,最好是把被检查者的眼睛蒙住。如果被试处于过度紧张状态,反应会被抑制。根据这几个反射活动的检查,可初步确定其意识的清晰性。

除了这些简单的检查,还可进行脑电图检查,如图 13-4 所示,第一条原始 EEG 记录可能是下面四条脑波不同比例的复合体。如果记录时肌肉紧张,EMG 肌肉电活动也会出现在 EEG 记录之中。人类脑电图 α 波为 8~13 Hz,β 波为 14~30 Hz,θ 波为 4~7 Hz,δ 波为 0.5~3 Hz,γ 波大于 30 Hz。

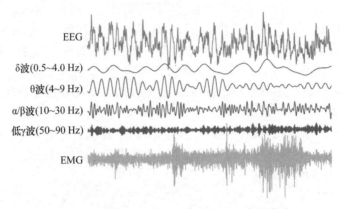

图 13-4　意识清醒状态下鼠脑的 EEG 主要成分
(经授权,引自 Adamantidis, Gutierrez Herrera, & Gent, 2019)

清醒自由活动状态下大脑皮层和皮层下的脑结构都会表现出高频低幅 EEG 活动,包括 α、β、θ、δ、γ 波振荡和肌肉电活动(EMG)。这些信号反映着机体内、外环境对脑机能状态的影响。

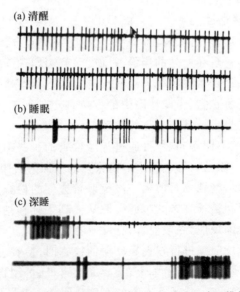

图 13-5　恒河猴在清醒、睡眠和深睡 3 种意识清晰度时运动区锥体细胞的单位发放
(引自 Eccles, 1980)

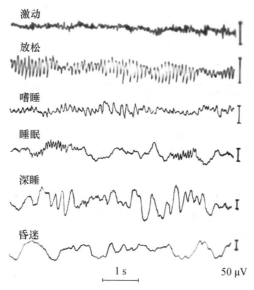

图 13-6 人类意识不同清晰度的脑电图生理指标
（引自 Eccles，1980）

确定一个人的意识是否完全清晰，还应排除下列三种睡眠状态：催眠相、意识清晰度异常和缄默症。

催眠相是指从睡眠中尚未完全醒来的人或处在入睡过程中的人，可能处于意识清晰度不佳状态，这种意识状态称为催眠相状态，包括均等相、反常相、超反常相和抑制相（请参见本书有关巴甫洛夫睡眠理论的内容）。

意识清晰度异常是指不同病理状态下出现的意识清晰度不正常的现象，表现为意识混浊、朦胧、谵妄、昏厥、昏迷等多种形式，是严重躯体和感染性疾病或脑器质性疾病乃至癫病发作的显著体征。无论何种病源，出现意识清晰度障碍，总是由于脑功能严重异常所致。受损的关键脑结构常常是脑干网状结构、间脑、下丘脑、边缘系统，或由大脑皮层兴奋性水平低下所致。

缄默症是指睁着的眼睛偶尔会随着外界物体变化而转动，偶尔用手去抓身旁的物体；面部平淡无情，问话不答，并且没有主动性语言，多次问话偶尔能回答一次，只是极简单的语音，随后又陷入缄默之中。缄默症（mutism）是扣带回皮层、扣带回内侧和周围的顶叶皮层，以及基底前脑和丘脑病变的结果，具有明显的核心意识障碍。其语音反应丧失和意识障碍有关，并且是严重意识障碍的表现。

二、个体意识的觉知性

意识的觉知性（awareness）是意识主体的内在属性，但可通过言语、手势、面部表情或行为反应等表达出来。当代认知心理学已创造了许多实验范式,可以客观定量地研究意识的觉知性。意识的觉知性是建立在意识清晰性基础之上的属性,是区分意识与无意识状态的重要参照。这些感受可以区分出内部和外部世界的表征,在脑内构建身体内、外事件的元表征(Churchland,2002)。脑事件相关电位技术由于其较高的时间分辨率,是从脑整体水平研究意识觉知的电生理相关参数的研究手段。

(1) 内感受性觉知(interoceptive awareness)是指对自己体内器官功能状态和全身状态的觉知。

(2) 内隐觉知(implicit awareness)是指无明确知觉的或模糊不定的认知过程,被称为内隐的或无意识觉知过程。

(3) 外显觉知(explicit awareness)是指有主体觉知的认知活动,即外显的意识觉知过程。顶-枕区 N200 负波及随后的额区 P300 正波与视觉运动知觉相关,说明视运动觉知的意识活动几乎包含着顶-枕-额区全部大脑皮层的功能作用(Haarmeier & Thier,1998)。记忆过程的觉知研究发现,在最高层次上的情景记忆中,至少存在两类觉知,参与其中的脑功能模块不同。

(4) 语义觉知(noetic awareness)和自我觉知(autonoetic awareness)。语义觉知在颞-顶皮层伴随潜伏期 325～600 ms 的 N400 波的正向变化,以及更晚的(600～1000 ms)额-中央区负向变化;自我觉知在两侧额区和左顶-颞区伴随着广泛的正向变化。两类觉知过程均在 1300～1900 ms 的时间窗上伴随右侧额区的正向变化(Düzel et al.,1997)。

(5) 梦境觉知(dream awareness)。梦境与觉醒状态的心理活动,最大区别在于意识清晰程度不同。梦境发生在睡眠中,在没有环境意识的时间定向力和空间定向力的前提条件下发生,因而梦境是支离破碎的,缺乏连续性和因果逻辑性。由于 NREM 的深度比 REM 深,其唤醒水平低,故 NREM 中的梦境几乎不能回忆起来;REM 期的 EEG 接近清醒期,说明其唤醒水平也接近清醒期,所以醒后可以回忆起梦境。此外,由于 NREM 中的 S3-4 期(或 N3 期)大脑皮层出现低于 1 Hz 的超慢波,并耦合睡眠纺锤波,继而引发锐波涟漪波群。这说明脑正忙于回放当日发生的事件,使之转化为长时记忆。这可能也是 NREM 中的梦境无法回忆起来的原因。最后,NREM 是大脑皮层唤醒水平很低的状态,只能存在无意识心理活动的梦境。

(6) 情绪情感觉知(emotional awareness)。情绪情感觉知是对自身情绪反应的不自觉的初步体验和模糊不定的理解,自觉其未必准确。持续时间较久的情绪情感觉知,构成某人心境的基调。

(7) 自我纠错能力是自我觉知的扩展,对序列性动作或操作中出现的错误可无意识地自动纠正。

三、个体意识的层次性

无论是弗洛伊德的精神分析理论著作,还是美国医学科学院院士 A. R. Damasio

的专著,都把人类的意识分为层次不同的几个部分。Damasio(1999)将自我意识看作意识的始端,再将自我区分为原始自我、核心自我、自传式自我,正是在自我意识的基础上,特别是在核心自我的基础上,形成扩展意识。他定义的原始自我是对自身机体当前状态的一系列无意识的表征;核心自我是把发生在机体自身的事件短暂而有意识地联系起来的过程;自传式自我是对机体过去经验有组织的记录;扩展意识则是建立在核心意识的基础之上,并时时刻刻都在发展变化。

1. 原始自我意识

原始自我意识(动物本能模块)由内感受系统、外感受系统、睡眠与觉醒,以及唤醒水平的调节等低层次脑功能和本能行为的脑功能网络为基础,是动物生存和繁衍后代得以实现的意识清晰性水平。

2. 核心自我意识

核心自我(人类本能模块)包括外感受性觉知、内感受性觉知、情感性觉知,以及能够通过手势、表情和言语表达自身状态、需求和意向的能力。M. Raichle 在实验室中,请被试做听词、看词、说词和造词等智能作业时,观察到被试的脑局部血流变化依作业的类型而不同。听词和看词时,血流增加最大的脑皮层区是后颞区和枕区;读词和造词时,血流增加最大的脑区是运动区皮层和前额叶皮层。

3. 自传式自我意识

自传式自我意识(个体习惯和人格特质)主要是经验或经历的长时记忆系统,包括语义记忆的知识系统,情感记忆和社会交往的情景记忆和自传体记忆内容,各类技能技巧的自动化或半自动化的信息加工模式。

4. 扩展意识

扩展意识(人类文明的个体内化)包括心理理论模块,即人际关系的规则和趋避规则,以及社会性的自我意识,如世界观、人生观、价值观、宗教观、家国情怀、道德意识、法治意识、经济意识、审美观。

四、个体意识的社会性

人类个体意识的社会性至少应包括意识活动的个体差异、个体意识活动对于人类文明发展的制约性、人脑进行意识活动的最小基本结构或功能单元等。当代无创性脑成像研究虽然提供了研究意识脑机制的有效手段,但至少目前尚难用其进行高层次意识活动的实验研究。已有的研究报告主要集中在意识的觉知性、清晰性,及其与选择性注意、记忆和知觉过程间的关系。近两年,刚刚兴起的脑细胞类型的跨学科研究领域和神经振荡理论,使意识的基础研究有了新的发展方向。

五、个体意识的独特性

个体意识的独特性(或私密性)是针对其他生物而言,人类意识创造了社会文明,使人类成为地球的主人,改变了地球的面貌,正在探索和征服着宇宙。意识的独特性针对机器人而言,每个人头脑中的个体意识都是独一无二的,不能直接复制和粘贴到其他人脑中,也不存在手术移植的可能性。人类个体意识只能通过现实生活、教育和社会媒体传递的影响,在每个人头脑中累积起来。

1. 人类意识独特性的遗传学基础

社会意识独特性的物质基础是8%的人类基因组,它们是全人类每个个体所具有的基因组,负载着语言和意识这两大人类种属的本能特质。

2. 人类意识独特性的生理心理学基础

每个人的意识都是独一无二的,因为人的心理活动以每个人基因的编码遗传和非编码的表观遗传为基础,在现实的家庭和社会生活中逐渐形成。所以,不同个体的生物学特性和人格特质不可能百分之百地相同,因为人类个体间的遗传基因不同,家庭和社会经历的事件也不可能完全相同。所以,人类个体的意识都是独特的、私密的。

本节讨论的人类个体意识的五大属性,缺一不可,必须同时存在。缺少任一属性,均不可称之为人类意识。这五大属性既是生物进化和人类文明发展的产物,也是每个人从生到死毕生经历和经验的精髓。动物和人工智能系统不具备社会性,也没有完整的层次性,更没有属于每个个体独特的高级意识内涵。所以,任何一种高级人工智能系统,都不可能具备全部的人类意识属性。能够植入人工智能系统的软件绝大多数是人类意识的信息加工程序,包括意识的清晰性、觉知性和纠错能力,以及某些模式的学习能力。机器人是人类设计和制造的,永远无法最终战胜人类。

第三节 意识的脑结构和网络基础

既然脑是信息加工的器官,完成信息加工任务必然是在脑结构组成的网络中进行的。意识的清晰性、觉知性和层次性由许多局部网络共同实现;意识的社会性和独特性几乎都是在全脑工作空间中实现的。因此,前面介绍的四种当代意识理论各有其特点,只是各自适用于不同心理属性的意识活动。认知心理学在40多年前就确认了人脑信息加工的一些基本原理,如自动加工过程与控制加工过程;并行加工和串行加工方式;底-顶加工信息流、自上而下加工的信息流,以及反馈和循环信息流;还有信息加工的时序性和心理资源分配等。这些人脑信息加工的基本理论概念,成为判断意识和无意识心理活动的标准和依据。认知心理学的相关研究,已经为生理心理学研究意识的脑结构和网络基础问题提供了很好的前提。

一、意识清晰性的脑结构基础

意识清醒是人类和高等动物能够进行正常心理活动的前提,包括陈述性的或外显的意识活动和内隐的无意识活动。此外,意识状态还包括意识活动和无意识活动之间的过渡状态——催眠相,以及程度不同的意识模糊和昏迷状态,以及多种兴奋和激动状态。所以,意识是一种从昏迷到极度兴奋状态的连续体,通常表达为唤醒水平,是生理学描述人脑整体兴奋水平的概念。唤醒水平通常用于描述制约于人和动物体内生理状态和外界生态环境的作用,如图 13-7 所示,通过多种感受器及其相应感觉通路侧支,在脑干-丘脑网状结构和大脑皮层内引起不同反应。外周皮肤电变化或脑电波(EEG)记录,均可作为唤醒水平的生理指标。在一定时间内的 EEG 记录中,α 波为主要成分时,是意识清醒和安静状态的指标;以 β 波-γ 波为主要成分时,是意识清醒并处于兴奋状态或集中精力于某项认知作业的指标;有较多 θ 波或 δ 波,作为意识不够清晰,唤醒水平低下的指标。低于 1 Hz 的超慢波是深睡眠的指标。

人和哺乳动物的无意识本能行为和全部感觉-运动功能,主要由经典特异神经系统实现,该系统的结构是先天形成的,身体和脑之间存在着点对点的拓扑投射关系。这类感觉和运动神经通路,可以用解剖学方法加以观察和验证。但是,生理学家发现,这些快速而准确的感觉-运动反应,只有在脑内另一种神经系统协同活动的前提下,本能行为才能准确快速地实现。这个系统被称为网状非特异系统(reticular unspecific system),是 20 世纪 30~50 年代电生理学家通过电刺激脑干和丘脑结构,分析大脑皮层反应的方法所发现的。网状非特异系统由弥散投射的丘脑网状结构和脑干网状结构两部分组成,它们不仅提供了睡眠和觉醒的脑机制,也为神经生理学、行为学和心理学提供理解注意和意识脑功能的基础(Lindsley,1960)。丘脑网状非特异投射结构主要是指丘脑的板内核、中线核、前核和背内侧核群。对这些核团给予每秒 6~12 次的电刺激,可以在大脑皮层广泛区域诱发出幅值逐渐增高的"募集"反应(recruiting response),类似 α 波的纺锤波群。所以认为,大脑皮层的 α 节律是丘脑-皮层网络对大脑皮层锥体细胞顶树突突触后电位总和调制的结果。脑干网状结构主要分布在脑干被盖内的网状结构,从延髓上端经脑桥和中脑,一直延伸到下丘脑和底丘脑下部。脑干上部网状结构又称为上行网状激活系统,该部受到电刺激引发出脑电活动广泛性去同步化和行为唤醒反应(Moruzzi & Magoun, 1949)。

经过几十年的科学积累,电生理学家在 20 世纪 60 年代一致确认,如图 13-7 所示的网状非特异系统,接受经典特异的各种感觉通路侧支传入,并发出上行和下行的弥散投射纤维,调节神经系统的唤醒水平。脑干网状结构的兴奋触发大脑皮层唤醒水平提高,伴随着 α 节律去同步化,α 节律被 β 节律(14~30 Hz)所取代。即使动物在野外森林中睡觉,天敌逼近的声响也会通过听觉神经侧支引起脑干上行网状激活系统的兴奋,立即唤醒动物采取防御行为。动物饥饿时,胃蠕动和低血糖激发下丘脑饥饿中枢的兴奋,也会通过网状结构提高全脑的唤醒水平,激励动物捕食行为。

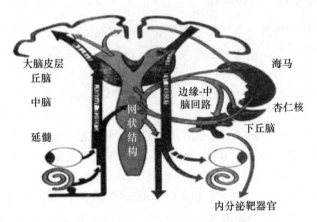

图 13-7 网状非特异系统及其与特异投射系统的关系
（引自 Lindsley,1960）
黑色路径表示经典特异投射神经通路,灰色路径是网状非特异系统的弥散投射。

最近十多年,科学界更多地认为唤醒水平提高不仅仅引发 β 节律,更能引发大脑皮层出现 γ 节律(大于 30 Hz)。β-γ 节律是大脑皮层神经元发放脉冲的叠加,表明大脑皮层的兴奋状态。正是由于大量客观电生理指标,包括 EEG 和事件相关电位,以及脑成像分析中的 BOLD 信号,作为神经科学分析意识和无意识心理活动的脑功能基础,当代脑科学界认为,意识清晰性的脑结构基础至少包括下列四类脑机能结构体。

1. 脑干上行网状激活系统

20 世纪 30～50 年代神经生理学通过横断脑动物模型和直接电刺激脑干网状结构的方法,确认了脑干上行网状激活系统的存在,并证明脑干上部的网状上行激活系统对维持大脑皮层的觉醒状态起着重要作用;脑桥下部的网状结构对大脑的睡眠状态起着重要作用;脑干上部与下部的网状结构相互作用于大脑皮层,此消彼长,维持着人类正常的觉醒与睡眠的周期变化。由此可知,脑干网状上行激活系统在维持意识的清晰性中具有重要作用。

2. 脑干化学通路参与觉醒状态的维持

20 世纪 70 年代以后,通过脑化学通路和神经信息化学传递机制的研究,发现多种神经递质和其他生物活性分子参与的神经信息传递过程,在维持大脑清醒程度中都有一定的作用,维持觉醒需蓝斑释放的去甲肾上腺素、缝际核释放的 5-羟色胺、基底前脑的乙酰胆碱、外侧下丘脑的促食欲素(orexin)和 GABA,以及下丘脑结节乳头核(tuberomammillary nucleus,TMN)合成的组胺(histamine)和谷氨酸/GABA 等协同作用(Adamantidis, Gutierrez Herrera, & Gent, 2019)。

3. 黑质的 GABA 能神经元对脑唤醒水平的控制作用

黑质是中脑的一个重要核团,由于它所含的神经元主要是能够合成多巴胺的细胞,所以细胞内含有大量多巴胺类物质,在光学显微镜下,与其他脑细胞相比有些发黑,故定名黑质。黑质多巴胺合成能力的下降,是帕金森病的病源所在,所以黑质是人脑锥体外系的重要组成结构,调节着运动的协调性。应用分子生物学单细胞基因转录学技术(sRNA-sequence)研究发现,在小鼠脑黑质内有一个网状细胞集中的部分,称为中脑黑质网状细胞区(the substia nigra pars reticulate, SNr),该区有两种不同的中间神经元,一种是表达小清蛋白的 GABA 能神经元(PV^+ neuron),另一种是表达谷氨酸脱羧酶2的 GABA 能神经元(Gad2 神经元)。两群神经元在 SNr 内的分布不同,PV^+ 神经元集中在 SNr 外侧,Gad2 神经元集中在 SNr 内侧,两种神经元群都广泛接受大量上行感觉神经通路侧支的传入信息,并发出大量传出神经侧支,对多个唤醒促进回路和运动控制回路加以调节。利用光遗传学技术分别激活这两种 GABA 能中间神经元,发现 Gad2 神经元的激活,同时引起步行运动和唤醒水平增高,动物变得活跃;PV^+ 神经元的激活,只引起运动行为的变化,不改变唤醒水平(Liu et al., 2020)。所以,Gad2 神经元被认为能够控制脑的唤醒水平。

4. 奖励/强化系统参与意识清晰性的调节

激活中脑腹侧被盖区(VTA)的谷氨酸能神经元向伏隔核和外侧下丘脑的投射,可使动物从 NREM 中觉醒或进入 REM 睡眠状态。损毁谷氨酸能神经元则动物不能维持觉醒状态;激活 GABA 能神经元,类似使用镇静剂的效果,可引发持久性 NREM 状态;相反,损伤这些神经元可导致持续四个月之久的觉醒状态。这些 VTA 的神经元既能唤起觉醒状态又可能导致 REM 状态,可能是 VTA 的谷氨酸能神经元,或者是多巴胺能神经元,以及通过其向外侧下丘脑的投射,分别产生的效应。因此,VTA 除了奖励/强化作用,也对唤醒水平觉醒发挥调节作用(Yu et al., 2019)。

综上所述,脑干网状结构、丘脑网状结构和多种化学能神经通路,以及脑干多个神经核团、下丘脑、前脑基底部和海马,都参与对大脑唤醒水平的功能调节。所以,从睡眠中觉醒需要脑干上行网状激活系统、蓝斑、背侧缝际核(dorsal raphe)、中脑被盖外背侧区(laterodorsal tegmentum, LDT)和桥脚被盖(pedunculopontine tegmentum, PPT)等结构与下丘脑和基底前脑的神经元一起兴奋。这些结构的活动必须通过神经信息加工的电学和化学机制共同作用,觉醒状态需蓝斑释放的去甲肾上腺素、缝际核释放的5-羟色胺、基底前脑释放的乙酰胆碱、外侧下丘脑释放的促食欲素和 GABA,以及下丘脑结节乳头核的组胺和谷氨酸/GABA 等协同作用。主动醒来时,低于 1 Hz 的慢振荡和 δ 波功率谱很低,但 θ 振荡和 γ 振荡较强。

二、意识觉知性的脑功能基础

研究者利用简单的意识活动实验范式,如双眼竞争的视知觉反应和面孔识别反应,建立了猴的"觉知"实验模型并研究其细胞电生理参数。研究发现,觉知的双眼竞争效应并非常识所说的与眼动有关,或者它是双眼之间竞争活动的结果;相反,实验证明,它恰恰是许多相关脑区神经细胞发放或抑制变化的结果。这一结果从细胞生理学水平上说明,意识的觉知性不是感官活动或少数细胞活动的结果,而是一种复杂的脑功能动态过程。

在过去 30 年间,对意识觉知性的脑功能基础研究成果,主要是在视知觉、注意和记忆等领域。其中最突出的是,关于视觉意识知觉和无意识觉知的研究,累积了脑结构、神经通路、脑网络和信息加工时序特性的知识。视觉功能已不限于枕叶视区,而是涉及额、颞、顶、枕 60% 以上皮层参与的功能。猴子的视知觉活动,至少由 30 多个脑功能区及其间数以百计的通路,形成非常复杂的视知觉网络。如本书第四章所述,非人灵长类动物脑内,32 个脑区之间 300 多条联系,参与视觉信息的觉知性功能。皮层下 M、P、K 三条通路,皮层间 MD、BD 和 ID 三条特异通路和背、腹两大视知觉功能系统,已经于 20 世纪末得到共识。另一些研究表明,意识唤起的脑内视觉表象活动,所诱发的高层次脑结构激活区以实施自上而下的信息加工为主;而由现实刺激引起的视觉,以底-顶加工的脑网络激活为主。但也有研究发现,在"想象"与"看见"两个条件下激活的脑结构并无很大差异。有趣的是单侧忽视症病人,虽然视皮层正常无损,却对一侧视野的物体视而不知。换言之,单侧视野中的物体投射不到意识中来,这是由于顶叶皮层、额叶皮层、基底神经节等许多脑结构参与的注意朝向网络发生注意转移障碍的结果。这可能说明,意识的视觉比无意识的视觉有更广泛的脑结构参与。

视知觉信息加工的时序性研究发现,在 100~150 ms 时程上完成信息加工的视知觉网络,主要是由枕、顶和下颞叶的脑区所组成,实现着无意识的模糊觉知;在 200~300 ms 及以上时程完成的视觉信息加工,除上述脑区外,还有额叶参与的脑网络,实现了清晰的意识知觉(Lamme, 2003)。

由许多脑结构组成的多重记忆系统,几乎覆盖全脑结构。杏仁核参与情绪性无意识记忆活动,小脑参与技巧性或快速序列运动的记忆活动,纹状体参与习惯和技能的无意识记忆,大脑皮层感觉区参与知觉启动效应的无意识记忆。这些无意识记忆均没有额叶皮层的参与,是由相应脑区的自动激活或兴奋扩散机制实现的。什么是和为什么能自动激活呢?神经振荡(neural oscillation)理论或振荡编码(oscillatory encoding)原理可以较好地回答这个问题。内侧颞叶系统等一些皮层参与了自传式自我意识中的记忆功能和情景性记忆功能;额、颞叶的许多皮层区参与域特异性语义记忆;两类陈述性意识记忆都必须有额叶皮层的参与,才能进行主动性回忆。因为只有起源于前额叶的低于 1 Hz 的慢振荡才能引发三重振荡耦合,提取或巩固记忆信息。一些脑损伤病人有明显的回忆和再认等有意识的外显记忆障碍;但他的无意识的内隐记忆测验却与正常人一样,说明无意识的内隐记忆与有意识的外显记忆可以分离。在退行性痴呆的早期病人中发现,词干补笔测验成绩很差,但运动技能学习中的成绩却很好。比较两类病人脑损伤的不同部位,早期退行性痴呆病人主要是大脑皮层联络区受损,基底神经节正常无恙；亨廷顿病病人基底神经节受损，而大脑皮层正常。两种病人脑受损部位不同，两类无意识的内隐记忆成绩出现了双分离现象。这一双分离现象说明，两种无意识内隐记忆系统的脑结构基础不同，运动技能的无意识内隐记忆以大脑皮层和基底神经节的神经联系为基础；而靠视觉、听觉对字词知觉表征而完成的无意识的内隐记忆，则以大脑皮层特化的特异感觉区和联络皮层的正常功能为基础。

三、意识层次性的脑结构基础

核心自我的产生是在基因的强力控制下，基因组把身体和脑之间的神经与体液联系确定下来，规定好必要的神经回路（Damasio，1999）。原始自我的脑功能基础是脑干上部及下丘脑水平上，聚合各种感觉信息和身体内环境变化的脑回路，这些回路与顶叶皮层和岛叶皮层也有密切关系。丘脑一些核团和扣带回皮层与其相联系的回路，是核心自我（核心意识）的神经回路；颞叶皮层和额叶皮层是自传式自我的脑基础，这两个脑区的损伤，会削弱自传体记忆的激活，从而导致扩展意识范围的缩小。A.R. Damasio 认为，扩展意识也会通过基因组得以形成，但社会文化因素会对每一个个体的发展产生重大影响。扩展意识确实有着独特的功能和作用，并且其最高点是人类所独有的。

人类个体的原始意识起源于新生儿阶段，核心意识发生于学说话的婴儿期，自传式自我意识源于学爬行、直立步行的婴儿期，扩展意识可能源自4岁幼儿期。人类个体意识的起源既受制于遗传基因又取决于个体的生态环境和社会环境。不仅原始自我意识、核心自我意识和自传式自我意识，而且扩展意识都有人类基因组的基础；但社会文化因素会对自传式自我意识和扩展意识的个体发展，发挥着重大决定性作用（Damasio，1999）。4岁开始形成的心理理论模块，沉淀着每个人与他人发生社会关系时所遵循的规则和道德规范。所以，成熟健康者的脑的功能原理是基于人类社会文化生活的（Han，2017），不仅是人与动物的本质区别，也是现代人与古人类的本质区别（MacLean，2016）。

（一）原始自我意识的生物学基础

胎儿生长在母体胎盘内，具有稳态环境保护着，由母体提供必要的营养。所以，对于胎儿，唯一重要的生物学问题，是血氧饱和度和血液成分的稳定性。虽然胎儿晚期神经系统的发育在大体解剖学上讲已接近正常人，但还没有达到成熟的程度。经典特异神经系统的感觉运动通路构架已经形成，但神经纤维没有髓鞘化，神经元之间的突触联系很少。所以，胎儿血氧饱和度以及血液营养成分的报警通过脑干中的稳态控制区（homeostatic control region）（Craig，2002），胎儿只能做出非常简单的踢腿动作。简言之，严格地讲，胎儿还不是一个独立生存的个体，只是母体的一个短期组成部分，没有对意识的客观需求。

新生儿出生的第一个反应均为大声啼哭，因为脱离胎盘来到大气环境，不仅温度低于体温，更重大的改变是大气压力使其肺泡扩张，刺激了延髓的呼吸中枢，开始自身主动呼吸的功能。皮肤温度感受、光、声等外感受系统的活动，以及随后吸吮母乳刺激胃肠道的活动等，使新生儿的内、外感受系统接收到许多内外环境新信息，均为新生儿提供了环境意识和自我意识的客观需求。婴儿的原始自我与成年人的原始自我没有太大差异，只是成熟度的不同。对食物、水、氧气、稳定适宜的生态环境的需求，以及维持体内生理状况的稳态需求，都激发了动物本能行为的脑功能模块正常运转。这个脑功能模块是由感觉-运动神经、自主神经、脊髓、脑干、间脑和边缘系统等所组成，这个脑功能模块相当于动物本能模块。

（二）核心自我意识的脑功能基础

人类作为一个独特的生物物种，其种属的特异性在于语言和意识。所以人类个体的核心意识源于1周岁左右学着说话的幼儿，2～3周岁的儿童已经能够用语言表达自己对外部世界的觉知性和自己身体的内感受性，如渴、饿、喜欢、厌恶的意识。所以，随着意识的觉知性功能成熟，意识心理活动和无意识心理活动已在核心意识中逐渐成熟起来。认知过程、情绪情感和执行监控与人际交往等意识和无意识心理活动均能正常运行。这时除了前额叶和内侧前额叶皮层正处于成熟过程，其他大脑皮层区，包括全部联络区皮层均已运转起来，心理活动的性别特质和个体气质以及素质开始形成。总之，核心意识的脑结构基础几乎就是大脑皮层包容下的全部神经-体液调节系统，或者说是人类种属特异性本能行为模块。

（三）自传式自我意识的脑功能基础

正如本书有关记忆章节中所述，内侧颞叶系统包括内嗅区皮层、围嗅区皮层、旁海马回皮层和海马，其功能主要是情景记忆和自传体记忆。由于海马内存在着特异的空间和时间细胞，将输入信息标注上时间和空间码，成为意识清晰性中环境定向力不可缺少的参照坐标，加上内嗅区和围嗅区皮层对内环境信息大容量的存储能力以及旁海马回皮层对外环境信息的大容量存储能力，乃至当睡眠时海马与皮层之间神经振荡的电学耦合，导致长时记忆的巩固，这些因素均有利于内侧颞叶系统成为自传式自我意识的神经基础。自传性自我意识还包括在从生到死的生命历程中，个体不断累积的功能体系，包括衣、食、住、行、嗜好、偏好和习惯的行为方式以及职业技能等自动或半自动信息加工系统。所以，自传式自我意识除内侧颞叶系统，还有大脑额叶和基底神经节以及小脑等结构的参与。因为无论是动作的精细性，还是日常生活习惯或职业技能，乃至个人奇妙的经历，存储在内侧颞叶系统或基底神经节，每当主动回忆或通过语言陈述，都必须由额叶皮层激活，才能完成。

广义地说，自传式自我意识，从婴儿学着爬行、直立步行、说话等动作时，就开始积累。由于每个人都是社会的一个成员，其个人的经历与家庭和社会存在着千丝万缕的联系，无法脱开社会文化的影响。所以，每个人的自传式自我意识都赋有人类文明和社会文化的影子。

(四) 扩展意识的脑功能基础

扩展意识是在核心意识的基础上发展出来的，至少包括下列三种模块，它们分别存储于语义记忆和情景记忆系统，在前额叶的激活下，才能提取出来，发挥作用。

社会性自我意识模块包括世界观、人生观、价值观、宗教观、家国情怀、道德意识、法治意识、经济意识、审美观。每个人的社会性自我意识是人类社会文化和社会意识个体内化的结果，是通过教育、文化熏陶和潜移默化的环境影响所形成的。心理理论模块指人际关系的规则，趋避规则，处事之道等。知识模块指生活知识或经验、专业或职业相关知识和技能等。

[常识与思索 13-3] 自动激活和兴奋扩散

当人处于静息态时，脑子里常常会不知不觉地想起一些陈年旧事，是脑子里内隐记忆自动激活的结果，也可能是关联事件的兴奋扩散所造成的。那么，为何脑内的内隐记忆会自动激活或受其他兴奋扩散而激活呢？对此还缺乏充分的科学实验研究。不过，本书所介绍的神经振荡编码，可能提供了相当重要的启发。NREM 中额叶为主的慢振荡幅值上升时相，会在丘脑-皮层网络内引发 10～16 Hz 的纺锤波；在纺锤波群中最大幅值点，会耦合出海马的涟漪波群。那么，这类机制会不会在静息态中发挥作用？因为静息态脑 BOLD 信号波动也发生在 0.1 Hz，脑电波也有 8～13 Hz 的纺锤波。在知觉特征绑定中的三种振荡编码机制，即相位重组、神经诱导和跨频相位-幅值耦合会不会也在无意识心理活动中发挥作用呢？选择性注意的两个时相中，所发生的不同频率脑波叠加和耦合，是否也会出现在其他心理活动中呢？这些事实足以启发我们的科学思维，去设计实验，探索新的理论。

第四节 意识的分子神经生物学和细胞学基础

意识的信息加工不仅在于灵活地整合底-顶信息流和自上而下信息流，而且在单个大脑皮层神经元内各组成部分之间的相互作用也是意识的重要基础。皮层锥体细胞有三个功能不同的组成部分，对多种传入信息流的分离和重组发挥积极作用。皮层锥体细胞所提供的树突信息整合，成为神经生物学关于意识的新理论基础。在无意识状态下，信息流的整合能力受阻；在意识状态下，丘脑-皮层回路维持着复杂动力过程。因为，皮层锥体细胞发挥着脑整体激活模式进化的门控机制。

大脑皮层第五层大锥体细胞(L5p)的结构和其网络的功能特点，使其在维持意识清醒的脑回路中发挥着核心作用(Aru, Suzuki, & Larkum, 2020)。如图 13-8(a)所示,皮层锥体细胞包括三个功能组成部分:顶树突部分接受高位加工的传入数据;基树突部分主要是从低位加工中接受传入信息;介于两者之间的耦合部位,发挥着中介作用。既然轴突是从基底部的胞体发出,神经元的全部传出主要取决于该部接收到的信息。如图 13-8(b)所示,在意识状态下,顶树突受到光遗传学刺激,导致神经元的高频发放,锥体神经元的两个部分被耦合。相反,在麻醉状态下刺激顶树突部分,对神经元的活动没有任何效应。当处于意识状态下(图 13-8(c)),这一耦合机制由丘脑-皮层回路门控着信息流的耦合,L5p 内的两部分之间的门是开着的,并允许信号通过在丘脑-皮层回路和皮层-皮层回路中传递着。当处于无意识状态下,由顶树突到胞体的全部传入都是脱耦合的,因为 L5p 中间的耦合部被锁死,皮层锥体细胞的三部分处于脱耦合状态,导致丘脑-皮层回路停止活动。至今尚不十分清楚高位丘脑影响 L5p 耦合的细节,但是已知丘脑影响皮层半数的促代谢受体和促离子通道受体的激活(Sherman,2013)。促代谢受体的激活可以对兴奋性神经元和抑制性电压门控离子通道产生多种上调和下调效应。脱耦合受高阶丘脑发来的传入信号的影响,即使动物处于清醒状态,阻断促代谢受体也会使顶树突和胞体之间脱耦合。换言之,麻醉药和锥体细胞耦合部的促代谢受体活性下行调节具有同等效果。因而,高位丘脑对锥体细胞的传入功能降低会导致脱耦合,说明高位丘脑控制着皮层 L5p 细胞的信息流。已知高位丘脑可以激活初级感觉皮层各层中的促代谢性谷氨酸受体,包括皮层第 5 层的子层(L5a)所含有的锥体细胞耦合部,因此高位丘脑对耦合的控制是通过这些受体来实现的。总之,麻醉药所导致的意识丧失和脱耦合效果的一致性,证明 L5p 细胞是意识的关键开关。

最近的一些实验报道支持着这种观点。在清醒、睡眠和麻醉的恒河猴中,同时记录丘脑中央外侧区(CL)和额顶皮层的跨层多位点电活动,结果发现丘脑和深层皮层的神经元对意识水平变化十分敏感,深层神经元的活动水平受多种麻醉剂和睡眠影响的效果相当稳定。深层神经元对表层神经元所提供的反馈作用,在意识的维持中也具有重要作用。为了说明因果关系,对麻醉的猴刺激其丘脑 CL,能有效地使其恢复唤醒和觉醒样的神经信息加工能力,不过这种效应具有定位性和刺激频率特异性(Redinbaugh et al.,2020)。通过双光子 GCaMP6f 成像技术同时在清醒动物初级视皮层第五层锥体细胞的胞体和顶树突远端分支上记录,发现两部分之间的电活动存在着功能上的高相关性。L5p 的顶树突和胞体电活动间的强耦合相当稳定持久,甚至视觉刺激呈现或动物运动均无法使之改变。膜片钳和 GCaMP6f 记录的数据分析表明,树突信号反映的是突触生成电信号的局部特性,只有局部受到树突传入信号的作用或胞体高频动作电位发放所产生的逆行性传导所促发,才会出现树突 GCaMP6f 电活动(Beaulieu-Laroche et al.,2019)。

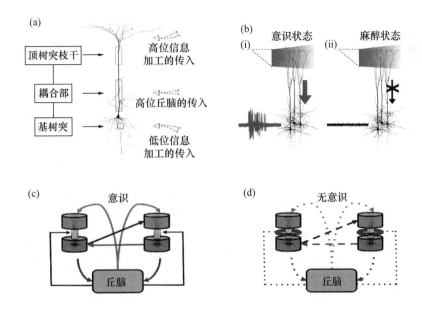

图 13-8　皮层锥体细胞和它在意识中的作用
（经授权，引自 Aru, Suzuki, & Larkum, 2020）

 思考题

1. 在当代意识理论中，你觉得哪种理论能更好地解释为何机器人和动物不可能具有人类的意识？

2. 从心理学和生理学角度，如何判别意识心理活动和无意识心理活动，其标准或指标是什么？

3. 意识的心理属性和各自的脑功能基础是什么？

4. 结合前几章关于神经振荡编码原理的讨论，如何理解内隐心理活动的自动激活或兴奋扩散机制？

5. 如何理解或如何探索"外显记忆的提取必须由额叶皮层激活"这一科学事实的内在原因？

6. 为何人脑内的个体意识是独特的和私密的？你觉得可以直接手术移植或拷贝吗？读心术的应用可达到何种程度？

14

智能及其脑功能基础

智能包括智力和能力两大个性心理特质。智力是指一个人进行脑力劳动和解决复杂问题的潜在能力,包括知觉、计算、学习、记忆、判断、理解、推理和解决问题的潜力,脑的解剖生理特点是智力发展的生理学基础。技巧和能力是一个人完成技术性生产或社会任务,进行社会活动的能力,包括脑在内的全身生理学解剖特点,是技巧与能力形成的生理学基础。智能在人格组成中具有不可忽视的地位,聪明或愚笨,多才多艺还是庸才劣辈,是一个人不同于他人的重要方面。心理测验分为两大类,即智力测验(intelligence test)和能力测验(ability test),又常将前者的测验结果称为一般智力(g因子),后者的测验结果称为特殊智力或能力,两者的生理学基础并不完全相同。

在心理学发展中,1904年为了解决智力发育迟滞儿童的特殊教育的实际问题,法国教育管理部门支持了智力测验的研究,形成了世界上第一个智力量表——比奈-西蒙量表。1918年,美国研究者在修订该量表时,提出了智商的概念(intelligence quotient, IQ)。在过去的一个多世纪中,有数十种智力量表问世,对智力的定义和分类也是多种多样的。Spearman(1904)提出一般智力(g因子)的概念,它代表构成智商的各种能力中的一般和共同的因素。现代智力测验的两大主要起源,比奈(A. Binet)和韦克斯勒(D. Wechsler)都试图测出一般智力,在理论上,它应该与教育和环境因素无关,对每个正常人是终身恒定的。实际上,这是不可能实现的理论初衷。因为人的智力发展,无法脱离社会环境和人类文明的氛围。绝大多数智力测验不仅测定一般智力,也包括其他更特殊的能力。一般智力的理论与当前许多智力测验方法的发展已经脱节。现在国内外应用较广的传统韦氏智力测验,大体靠语言测验智力分数和操作智力分数对一个人的智力进行综合评定。虽然无人否认脑的解剖生理特点是智力发展的生理基础,但它是先天的还是习得的?它制约于固定的脑结构,还是时变的脑功能模块?对这些问题存在不同答案。21世纪以来,分子遗传生物学、无创性脑成像技术和脑细胞类型的研究获得了很多新数据,对这一问题有了新答案。

认知科学中的物理符号论,将智能定义为离散物理符号的计算和对知识的表征。联结理论将智力看作神经网络中神经单元之间联结权重的变化。因此,这种智能是人工智能。相反,包括人类和动物在内的自然智能受制于脑的结构和功能。这是两个极端的传统概念,其间还有许多不同说法。前述各种概念,无论是人工智能还是自然智能,都是从一个智能实体内部定义它的内容。但是生态现实理论不仅从智能实体(人、动物和人造的机器)内部,也从其周围环境考虑智能的本质。因此,将智能定义为:与相应环境适应的高效目的行为。为什么生物机体表现出这种行为?在生物进化史中,生态环境已经有效地选择脑功能模块。所以说,人的智能体现在生物进化和个体心理发展中,保存为脑内时变的动态模块系统。对于智力和脑的关系问题,传统观念认为:脑网络规模越大,越聪明。然而,近期兴起的脑细胞类型研究打破了这个观念,细胞数量或网络规模对智力而言没那么重要,大脑新皮层的细胞类型、细胞构筑特点和网络构建原理,对智力更为重要。

第一节 一般智力的组成及 g 因子的结构分析

一、智力组成的多元理论

对一般智力的组成,有很多说法,甚至有 7 种或 9 种智力成分的理论。20 世纪末,又将心理理论能力和情绪智力纳入智力的概念中,因为它们与人际交往能力和个人智力的实施密切相关。在众多智力的多元理论中,传播较广的是二元论和三元论。

(一) 智力的二元论

Horn 和 Cattell(1966)将智力分为两个部分,液态智力受制于先天的脑生理特点,而晶态智力与知识和教育相关。这种智力结构的新概念将晶态智力看作人们知识和经验的结晶产物,是通过语言、文字的提炼和积累而毕生发展的智力,其脑结构基础是言语功能区和概念形成与存储的大脑结构。因此,额、颞叶的言语思维调节区,在个体生活经历中通过学习过程而形成的机能联系,是晶态智力的脑基础。液态智力是指在视、听感知觉基础上形成的空间关系和形象思维智力。它受制于各种感觉系统、运动系统和边缘系统的解剖生理特点。人在从生到死的毕生发展过程中,智力不断发展变化,智力发展变化受个体社会、生活条件、经历,以及脑的不同发育阶段所制约。20 岁左右的人脑在颅腔内最为充盈,20 岁以后,脑内细胞的数量每日递减。60 岁时人脑细胞减少了 10%~15%,脑沟裂增宽和脑室扩大明显易见。这个过程在 70 岁以后加速进行。然而人的智力在 20 岁以后并非逐渐下降。相反,晶态智力随个人学业的完成、复杂经验的积累而逐渐增长,甚至一些退休的老年人努力学习,仍可提高晶态智力;通过文艺活动和体育锻炼,液态智力也可以有所提高。这是由于成熟以后的脑细胞仍可通过学习机制,扩展突触联结的广度。

(二) 智力的三元论

Sternberg(1985)设想三种相互分离的智力:分析智力、创造智力和实践智力。通过不同文化、不同年龄和不同社会经济状态的许多人群间的统计分析,这些智力因素已经得到了相对独立的统计分离性,支持了智力的三元论。

二、智力组成的因素分析理论

Spearman(1904)的一般智力(g因子)概念建立在因素分析的方法学之上,认为智力由一般智力和特殊智力两因素组成。时隔一个世纪之后,因素分析的数学方法有了很大的发展;与智力发展相关的脑科学和遗传学也有了巨大进步,并出现了一大批跨学科的研究文献。Deary、Penke和Johnson(2010)综述了分子遗传学和脑功能成像对智力差异的研究,认为尽管在心理学界对智力和智商有许多不同的定义,但通过多年数以万计的大量人群研究发现,一些著名的智力测验,例如瑞文智力测验等,测验的数据可以经得住时间的检验。同一批大样本人群,在11岁和79岁时两次测验结果的分布是相似的。所得到一般智力因子g在大量人群测验中的分布是符合正态分布的,IQ高端和低端的人较少;与女性相比,男性在IQ分布的两端延伸较多,也就是说男性之间IQ差异可能较大些。智商较高的人群早逝者较少,IQ相差一个标准差的两个人群相隔20年后发现,死亡率相差32%,智商高者平均寿命较长,日常生活中事件处理的决策能力强。

一般智力因子反映一个人的一般认知能力,可以表现在解决任何问题的过程中。尽管一般智力因子没有单位,是用来比较的相对数,并因此在过去一百年中不断遭到批评和争论;但它却能解释智力测验中主要的变异数(方差),对测验具有较强的预测功能,并具有与遗传变异密切相关的特性。Deary、Penke和Johnson(2010)将7000名18~95岁的被试进行的16项智力测验成绩归纳为五个域(domain):推理、空间能力、记忆、信息加工速度和词汇。如图14-1(a)所示,推理和空间能力对g因子的贡献最大,其次是词汇,最后是记忆和信息加工速度。如图14-1(b)所示,记忆和信息加工速度与年龄之间存在负相关(−0.15,−0.31),随年龄增大,两个域与词汇对g因子共同发生−0.48的负相关作用。每个人掌握的词汇随年龄增大而丰富起来,所以词汇量与年龄之间存在0.63的正相关。

三、智力的脑功能基础

人类智力的科学研究,在相当长的历史时期中主要注重测验方法而不是理论根据。在过去20年间,无创性脑功能成像技术和分子生物学已经渗透到人类认知过程神经机制的跨学科研究中来,包括对学习、记忆、思维和智力的研究。人类智力的研究已经成为重大理论课题,IQ和人类智力的神经和分子机制,对科学家来说是重要的富有诱惑力的研究领域。但是,许多研究报告仍然遵循传统的理论路线。

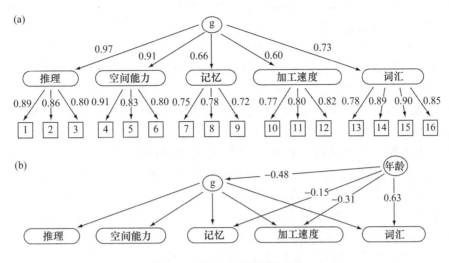

图 14-1　智力差异的结构分析
（经授权，引自 Deary, Penke, & Johnson, 2010）

该图是依据 7000 名 18～95 岁被试进行的 16 项智力测验成绩所做的结构分析图。(a) 小方框的数字代表 16 项智力测验，分属于五个能力域。从每个测验中，取最高负荷，标注出来。例如，1～3 项智力测验属推理能力域，它们与推理的相关分别是 0.89、0.86 和 0.80，而推理域对一般智力因子 g 的变异数负荷是 0.97。(b) 为年龄对 g 因子的主效应。图中可见主效应为 −0.48，年龄对记忆能力和加工速度能力的效应均为负相关（−0.15，−0.31）；但与词汇能力域却是正相关。这一结果与多数智力测验结果一致。

（一）早期脑功能成像研究

Duncan 等人（2000）用 PET 研究了一般智力的神经基础。采用高 g 相关的测验项目和与之匹配的低 g 相关的测验项目进行对比，包括空间任务、语言任务和知觉运动任务，对被试认知作业中的 PET 成像进行分析。与关于 g 值涉及多种认知功能的普通看法不同，高 g 值任务并未在被试脑中引起许多脑区的广泛性激活；相反，主要引起两半球外侧额区皮层的选择性活动增强。在每个被试中，尽管三个高-低 g 对比的任务内容不同，外侧额区的激活却是相同的。这些结果说明，一般智力由特异脑区活动所表征，主要是进化上最晚出现的外侧额叶皮层。这些新事实似乎支持 g 因子与特异的基因组和特异脑区密切相关，但它们却不能说明两者间的因果关系。

就在这篇研究报告发表的同一期 *Science* 杂志上，Sternberg（2000）发表了一篇评论文章，对此研究结果以否定态度加以评论。他认为智力是复杂的，这些简单的图和文字测试不能全面反映人们的智力，他引用了美国三名总统竞选人，在大学读书期间的智力测验 IQ 值，并不比别人高；但三人的政治生涯却十分出色。所以，他认为分析智力、创造性智力和实践智力三者不同。他的第二个批评更为尖锐，认为这一研究的思路是颅相学说的当代版，怎么能指望复杂的智力仅仅由背外侧前额叶的功能特点所决定呢。

Choi(2008)以更加尖锐的观点和实验事实批评了Duncan等人(2000)的研究报告。他们对225名健康年轻人进行结构和功能磁共振成像研究,分析了一般智力g和脑结构与功能的关系。结果发现,晶态智力与皮层厚度相关,液态智力与BOLD信号强度更相关。据此作者归纳出IQ预测模型,可以解释50%以上的变异数。所以,作者认为,智力是多相分布的脑机制而不是存在于脑的局部定位结构中。

与g因子的研究不同,对数学直觉能力的神经基础研究,支持脑智力模块的生态现实论。数学直觉依赖于语言能力还是视觉空间表征?Dehaene等人(1999)的合作研究组利用fMRI和PET技术研究了这一问题。他们发现数学直觉建立在两种能力基础上,并且受制于计算的形式。精确数字计算较多激活与语言功能相关的脑区,主要是额叶和颞叶皮层。相反,估算或对数值的近似估计,则与语言功能无关,根据所估计的数值范围而逐渐增加与视觉-空间信息加工相关的脑区活动,即两半球顶叶皮层。他们据此推断,对数值的直觉估计与非语言的表征相关,这一机制具有悠久的进化历史、特征性发展路径和特化的脑结构。它为受教育者提供一种整合基础,使之能将语言相关的数学表征系统结合为一体。高级复杂的数学能力建立在这种脑内整合的基础之上。这一研究给我们很大启示,认知科学新理论与fMRI、ERPs技术的结合,成功地揭示了数学直觉的生态动力学脑功能模块。既然视觉-空间知觉和视觉想象在心理活动中,从记忆到推理甚至在数学直觉中,具有广泛的作用。那么,初级视皮层的作用是什么?Kosslyn及其同事(1999)综合利用PET和经颅磁刺激(rTMS)研究了这个问题。结果表明,无论是睁眼看,还是闭目想象刺激物,fMRI都显示出内侧枕叶17区视皮层的激活。rTMS作为一个比较的工具,可以证明用它刺激脑之后,17区皮层区既不能看也不能想象。这两项技术一致证明,不仅看一个物体,而且闭目想象它,都激活了内侧枕叶,特别是17区皮层。

Büchel等人(1998)也利用fMRI研究了视觉呈现的物体及其空间定位的联想学习。结果表明,随学习中刺激物的重复呈现,相关的特异皮层区激活水平下降,但该皮层区与其他相关皮层区之间的有效联结却增强了。这种联结的可塑性变化时程与每个人的学习效率相关,说明联想学习中脑区之间存在着相互作用。这一结果直接支持一种新的学习理论,学习相关刺激物对特殊脑区的重复抑制与表达学习的细胞群的动力整合是平行发生的,学习速度与有效性联结的变化的相关,反映出联想学习中脑功能整合的可塑性变化。I. Wickelgren于1998年评论了有关被试面对瑞文图形测验时脑功能fMRI改变的文章,发现额叶、顶叶和颞叶中的几个激活脑区刚好与工作记忆的脑激活区相同。因此,他们认为推理的思维过程似乎是工作记忆能力的总和。

(二)利用脑结构成像对智力差异的研究

在过去几年中,利用结构性磁共振成像技术,对人类头部的尺寸和颅内脑组织大小的研究,形成一个热门课题。结果发现这些脑形态参数与被试智力的相关系数分别是0.2和0.4,一些研究报告还提供不同脑结构尺寸与智力的相关系数,包括额叶、顶叶和颞叶,以及海马,它们与智力的相关系数大约是 0.25。全脑的灰质与智力相关系数为 0.31,白质与智力相关系数为 0.27。

利用基于容积的形态学磁共振扫描技术,对一些脑区的容积测量研究发现,背外侧前额叶、顶叶、前扣带回和颞-枕部分脑区与智力个体差异相关(图 14-2)。根据智力的顶-额叶整合理论(P-FIT),纹外区视皮层(BA 18、19 区)和梭状回(BA 37 区)与智力测验成绩有关,因为这些脑区与图像识别、想象和视觉输入的精细加工有关。正如同 BA 22 区(语言感觉区)对句子听觉信息输入的加工一样。通过这些通路抓取的信息,然后在缘上回(BA 40 区)、顶上叶(BA 7 区)和角回(BA 39 区)进一步提取结构符号,再与额叶一些脑区,如 BA 6、9、10、45、46 和 47 区相互作用,形成工作记忆网络,在其中比较各种可能性,最后给出对任务的反应。一旦选定了任务反应,前扣带回皮层(BA 32 区)支持反应的实施和抑制其他反应。这些脑区之间的相互作用依靠其间的白质纤维联系,如弓状纤维束,大部分左半球的脑区对认知任务的执行似乎比右半球脑区更重要。P-FIT 理论可能对一般智力的脑中枢给出较好的答案。可能脑越大、灰质越多、皮层越厚,也就有越多的脑细胞。现在并不清楚,为什么这样的脑会得到较好的智力测验成绩,可能智力发展涉及脑细胞有较多的分支结构;但是脑尺寸变大,反而是脑病理性变化的结果,其认知能力下降。对一组智力得分较高的儿童的纵向研究表明,他们幼年

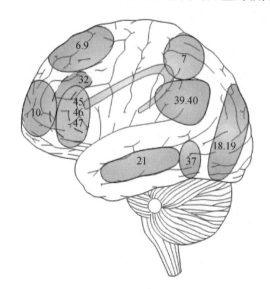

图 14-2　智力的顶-额叶整合理论与智力相关的脑结构
(经授权,引自 Deary, Penke, & Johnson, 2010)

图中类似伞把手的部分表示脑内长距离白质纤维(弓状束),将额叶与顶叶整合在一起;图上的数字是与智力有关的布罗德曼脑分区,10、45、46、47、39、40 和 21 区均是以左半球为优势的脑区;6、9、32、7、18 和 37 区都是右半球为优势的脑区。

时大脑皮层较薄;但在少年期其额叶和颞叶皮层迅速变厚,其他皮层区缓慢变薄。对241例脑局部损伤病人的磁共振成像研究发现,左额叶和顶叶损伤以工作记忆障碍为主,左额下回皮层损伤产生语言理解障碍,右顶叶皮层损伤引起知觉组织作用障碍,所有这些认知障碍都是一般智力的组成部分。

(三) 脑白质与大范围神经网络

利用DTI技术,近年对脑的研究形成一种共识,认为一般智力并不以某一局部神经网络或脑区为基础,而是一种"小世界网络"的功能,这意味着有长距离白质纤维参与的一些脑区组成的复杂网络群,是一般智力的脑基础。还有多篇研究报告,采用^{1}H-磁共振波谱技术,对不同年龄组的被试研究了智力和白质的关系。这些研究共同发现智力与N-乙酰-天冬氨酸含量之间存在正相关。N-乙酰-天冬氨酸是少突胶质细胞的代谢产物,而少突胶质细胞正是使神经纤维髓鞘化的细胞。这一发现证明智力水平与白质发育有关。

利用DTI对儿童、青年和老年人的研究发现,一些长距离白质纤维束,如弓状束和钩束的尺寸与一般智力之间存在正相关。还有一份研究报告指出,儿童期的智力测验成绩与老年期脑白质参数相关。可能较高的一般智力有利于毕生脑白质的整合作用。另一项以79名健康成年人为被试的研究发现,一般智力与白质网络效率之间存在正相关,证明白质功能对高智商非常重要。

(四) 脑加工效率

心理学对智力的研究策略之一是以反应时和觉察时(inspection time, IT)为指标,对比被试不同的认知能力。结果表明,IQ高的人反应快,虽然把这种计时任务看作智力的遗传内表型之一,但是并不能说清它究竟是一种生物学参数,还是智力本身的特性。

利用EEG、PET、区域性脑血流量(rCBF)和fMRI等对被试完成阵列推理、心理旋转和视频游戏等认知作业,进行脑功能测量。这类研究表明,智力是以脑大范围分布式网络为基础,这种网络处理信息的效率与智力相关,智力高则网络效率也高。Van Den Heuvel等人(2009)以fMRI研究了全脑网络的工作效率,发现智力与额、顶叶的效率密切相关。这类研究利用脑效率分析,可以在安静状态下分辨人们的智力高低。

(五) 性别差异

男性的智力与额叶-顶叶灰质容积密切相关,而女性的智力与白质容积,以及布罗卡区的灰质容积相关。额叶皮层厚度与女性智力相关,颞-枕叶皮层厚度与男性智力相关。由此可见,男性智力可能依靠量较少的,但皮层较厚、纤维分布密集的脑组织,完成中等难度空间认知任务;女性则善于完成中等难度的语言认知任务。男、女性之间脑的大小和结构明显不同,但却能达到同样的智力水平,说明他们运用了不同的脑结构和不同的功能模式。

心理测验和神经科学的研究均发现,认知作业成绩差异的变异量,主要来自一般认知能力,只有较少的变异是由特殊能力引起的,并且有一定的年龄因素,例如,液态智力和晶态智力。许多特殊能力的个体差异,很难发现与之对应的单一生物学因素。分子遗传学和脑成像的两项研究与一般智力都存在一致性关系。一般智力和脑组织的大小呈中度正相关。当然,相关并不能说明两者的因果关系,更说不清是如何影响的。

(六) 情商的脑功能基础

20 世纪 80 年代,科学家认识到还有比智商更为重要的心理素质,即情绪、情感控制调节的潜能,以及基于这种潜能之上的人际关系和人际交往能力,社会成员的这类素质对于高速发展的经济社会更为重要。于是,提出了情商(emotional quotient,EQ)概念。Wakabayashi 等人(2006)制定了情商的心理测验方法,并报告了情感和社会智商的脑功能基础。Bar-On 等人(2003)根据实验事实认为,内侧额叶、前扣带回、杏仁核和岛叶等脑结构病变患者,所测情商低下。他们认为,情商与人们的社会生活能力和处理社会问题中的决策能力紧密相关,其脑功能基础就是情绪、情感的脑机制,应与认知的脑功能系统并列。

四、遗传因素的作用

(一) 智力中的遗传因素

虽然智力的遗传因素在 19 世纪就已经提出来,随后主要是同卵双生子和寄养子的研究。这些研究的发现与现代神经科学和分子生物学研究结果并不矛盾。首先,据估计,在一般智力差异的变异中,遗传因素的作用占 30%～80%。基于语言和知觉组织的智力测验结果,受遗传决定作用较大,两者的研究结果相近;对基于记忆的智力测验结果受遗传因素的影响较小,其他特殊能力与遗传关系更小。一般智力的遗传因素随年龄增大而增加,从幼儿到成年期,从 30%增至 70%～80%。对德国一批双生子进行多次重复智力测验,发现 5 岁时一般智力的遗传因素占 26%,7 岁时占 39%,10 岁时为 54%,12 岁时增至 64%,此后随年龄增加;成年以后发生的变化较小,相对稳定。

大脑灰质的容积、神经元密度、胼胝体白质、布罗卡区、额上回、前扣带回、内侧额叶皮层、颞叶、杏仁核、海马、颞横回、中央后回和全脑的容积,均与一般智力因子相关。这些脑结构的容积可以解释 70%～90%的一般智力差异。脑波的复杂性可能与执行功能、信息加工能力、执行功能的效率,以及觉察时有关。这些脑结构和功能参数,可能是智力的遗传内表型,也就是对一般智力有贡献的生物学参数。

儿童期脑发育伴随明显的脑形态学改变。2001 年开始的一项对 5～18 岁双生子和独生子的脑成像纵向研究发现,每隔 2 年进行复查一次,所得到的大脑皮层厚度的发育轨迹,对预测 20 岁时 IQ 值比对 20 岁时皮层厚度的预测更准确。对胼胝体矢状切面中部的厚度、尾状核容积、大脑灰质和白质总容积、顶叶和颞叶容积等部位发育影响力中,遗传因素达 77%～88%;对小脑容积和侧脑室的发育,遗传影响较小,影响力仅为 49%。将遗传因素对脑结构功能发育的影响与对一般智力发展的影响一起考虑,就会发现,当脑区处于最快发展的阶段,遗传因素对其发育的影响最强,例如,婴儿早期,初级感觉运动皮层发育最快,此时遗传的作用最强;背外侧额叶皮层和颞叶皮层在少年期发育最快,此时遗传影响也最强。总之,脑形态学发育受遗传影响的变异,随年龄增加而增强;但对白质而言,遗传变异是与时俱增的;对灰质而言,环境变异量则更为重要。

(二) 负载一般智力的基因

虽然一般智力具有较高的遗传性,但尚不清楚与正常健康人一般智力发展相关的遗传基因。目前已知 300 个基因与精神发育迟滞有关,纵观 200 多篇已发表的研究报告,涉及 50 个左右基因,与认知能力的发展相关,尽管已有多年的研究历程;但至今还不能说哪个基因负责认知功能变异及其随年龄而发生的变化。伦敦精神病研究所的一个研究组,1998 年报告了人类第六对染色体上负载着一般智力的分子生物学基础。对 51 名 IQ 为 103 和 51 名 IQ 为 136 的两组儿童进行 DNA 分析,他们检查了 37 种分子标记,发现 DNA 结构中的一段特殊碱基序列与 IQ 有关,命名为 *IGTF2R*,它的结构类似胰岛素的类生长因子的受体基因。全部被试几乎都有 1~2 个等位基因 4 和等位基因 5,但半数高 IQ 者有等位基因 5 的人数,高于全部被试均值的 2 倍以上。在另一组 102 名被试中,半数人 IQ 高达 160,他们大多具有等位基因 5。

至今研究发现,2/3 的多数基因与神经递质功能相关的疾病、发育疾病和代谢疾病相关。研究报告的结果往往不能为其他被试的检验所重复。较为一致的结果是老年人载脂蛋白 E(ApoE)的多态性与一般认知能力、情景记忆、加工速度和执行功能的关系,并且随年龄增加其相关性增加,可能与 ApoE 在神经元修复中的重要作用有关。

一项元分析报告对 9000 名以上被试的 16 篇研究文献进行分析,结果表明,儿茶酚-*O*-甲基转移酶(COMT)基因编码的一般多态性与 IQ 得分密切相关;但是多态性只能解释变异的 0.1%。对 COMT 基因多态性与智力相关的进一步证据,来自人类被试的脑成像研究、动物的药理学研究、转基因研究和基因敲除研究。其多态性位点上缬氨酸对甲硫氨酸的取代作用,降低了多巴胺降解酶的活性,因而认为这种多态性影响了前额叶皮层的多巴胺功能。

另一个遗传变异物质,就是脑源性神经营养因子(BDNF)基因编码的 Vol66Met 多态性,与认知能力发展有关。虽然许多文献报告说,这种多态性与智力发展密切相关;但是,各报告关于最佳认知作业相关的基因等位体各不相同,这些结果的不一致,可能由被试不同、方法不同等多项原因所致。由此可以看到,其单一基因变异与智力的相关是靠不住的,与智力发展相关的可能是一些基因组突变或选择的平衡,也可能是很多还没有在自然选择中被淘汰的、有害基因突变的隔代积累所导致的结果。

五、自我调节的发展能力

Lewis 和 Todd(2007)提出了情感与认知过程相互作用,进行自我调节的发展能力,并总结出这一过程的脑功能基础。他们认为应该打破认知和情感过程的分界,智力是情感和认知功能的统一体,是相互作用自我调节的发展过程。首先,皮层与皮层下实现垂直的上下信息流之间的相互调节。其次,大脑皮层自上而下地发出信息流,启动杏仁核对自下而来的知觉信息和所期望的结果做出适度反应,而杏仁核使大脑皮层的活动按照刺激的情感意义进行装配。传统神经生理学强调,高级脑中枢对下级脑结构进行抑制性调节,却忽略了下一级脑结构的激活和所提供的能动作用,例如,脑干释放神经递质沿上行通路传输到皮层发挥作用。事实上,因为皮层-皮层下的联系总是双向的,神经信息的传递具有双向性。图 14-3 表述了大脑皮层、边缘系统、间脑和脑干之间的联系都是双向的。

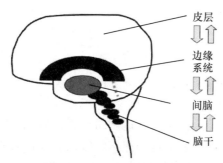

图 14-3 脑的垂直双向整合联系
(经授权,引自 Lewis & Todd,2007)

在脑干和大脑皮层之间实现着多级双向联系,自上而下的信息流通过意识和执行控制过程,控制情绪反应系统;自下而上的信息流通过下级脑结构活动形成的动机、注意、知觉对皮层过程进行调节。这种垂直整合调节是快速整体性的。与此并列的皮层或皮层下分别形成自我调节中心,前扣带回的背侧区和腹侧区可能成为皮层自我调节中心(图 14-4);杏仁核、下丘脑和脑干形成皮层下自我调节中心。因为前扣带回处于新皮层和边缘系统之间,在系统发生上曾是高级整合中枢,是海马的外延,并联系下丘脑和脑干,所以它成为新皮层对这些边缘结构发挥调节作用的中介和中心。前扣带回背侧区与背外侧前额叶紧密联系,一方面,在工作记忆的问题解决、决策、规划等功能的暂时激活中起着重要作用,促进工作记忆提取和利用情景记忆信息;另一方面,它与辅助运动区的联系,促进决策动作的形成、执行并对其实施监控。所以,前扣带回在智力的脑功能机制中,发挥着关键的作用。

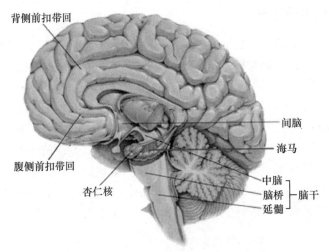

图 14-4　皮层和皮层下调节过程相关的脑区
（经授权，引自 Lewis & Todd，2007）

上述科学事实表明，脑智能模块是实时变化的，整合着大量相关脑结构，包括实现知觉、注意、学习、记忆和思维等功能的复杂脑网络系统。另外还有下面 3 类脑组织结构也必然包容在智能模块之中。第一类是大脑皮层下结构中的定位中枢，与生物本能行为相关，包括饮食、性、防御和睡眠等功能网络。第二类是人类特异的语言和意识功能网络，是半定位、半时变的。例如，脑干网状结构是调节作为意识前提的清醒状态的中枢。语言运动中枢是交际的重要基础，但是，意识和交际的内容则由实时变化的脑功能网络实施。第三类是对个体习惯特异的功能网络，它是半自动化的，包含无意识机制。所以，脑智能模块是一个层次性、包容性和遗传保守的功能系统。

传统心理测验虽积累了许多心理测验方法，但这些方法都是通过被试完成某些心理作业（语言和非语言两类）的成绩加以判定的。这些心理作业基本都是外显的意识活动的结果。这就使这些测验方法仅反映出智力或能力，而不能涵盖智力潜能。首先，当代心理学研究表明，外显意识活动仅是心理活动中的一部分，比例更大的内隐心理活动对基本心理品质的制约作用更大。所以，必须将内隐心理的认知实验方法作为智能测评的重要途径之一。其次，与巴甫洛夫、艾森克时代相比，脑科学手段取得了许多突破性进展，应用无创性脑功能成像的方法进行智能测评是当代脑科学发展的重要方向之一。因此，通过认知实验、无创性脑功能检测、心理测验和教育者客观评估四位一体的技术路线，才能更好地建立一套新的智能测评体系。

第二节　智能与脑网络

人脑具有高度发达的智力,可能因为它是由 10^{11} 数量级的神经元组成的一个巨复杂的网络系统。因此,人工智能领域一直追求超大规模神经网络,例如,一个含有 250 万个神经元的脑网络模型 Spaun(Eliasmith et al.,2012)和具有 1 亿个神经元的"蓝脑计划"(Markram,2006),甚至还有 152 个隐层的深度神经网络(He et al.,2016)。结果,这类追求网络规模的研究计划,都未能得到预想的结果。这是为什么?

比较神经解剖学很早就提供了不同种动物脑细胞的数量,比如小鼠约有 7000 万个脑神经细胞,人约有 1000 亿个脑神经细胞。所以,曾经有人说:脑细胞越多,则越聪明,谁的头大,谁聪明。于是,美国人体测量学会于 1889 年建立了一个"脑库",百余名社会名流离世后,他们的脑被收藏起来,对脑的大小和质量进行科学测量,再把这些数据与他们生前的知名度和社会贡献加以比较,结果非常意外,没有发现任何相关性。例如,著名作家屠格涅夫的脑重最高,为 2012 g;著名"颅相学"理论的创始人盖伦的脑最轻,为 1198 g。一名体重和智商都正常的普通人,脑重不超过 680 g。

21 世纪初研究发现,男性大脑中含有的神经元数量比女性的多;若一儿童的头大于同龄正常儿童,其大脑皮层中神经元的密度极高,且神经元总数高于同龄儿童,常是孤独症的症状(Baron-on,2002)。这些事实说明脑的质量和神经元数量与智力发展水平并没有密切关系。在正常成人的大脑中,只有 19% 的神经元(163.4 亿个)位于新皮层,690.3 亿个神经元分布在小脑,小脑神经元总数是大脑皮层的 4 倍多。相比之下,大脑中的胶质细胞数量(608.4 亿个)高于小脑(160.4 亿个)。所以,神经元数量多,未必与智力的发达程度有关(Azevedo et al.,2009)。

新皮层的锥体细胞具有复杂的树突树,通常包括基树突树和顶树突树,有些锥体细胞在顶树突和基树突之间还分化出耦合部(Aru, Suzuki, & Larkum, 2020),发挥意识清晰的开关作用。一个锥体细胞所含有的胞体和树突树与轴突分布在新皮层的全部 6 层结构中,形成不同的层次间电活动。在前额叶皮层,许多神经元同时拥有最丰富的树突和最丰富的轴突分支,以及复杂的微回路。因此,人脑智能的关键因素似乎是神经元的微形态和生理特征。小脑细胞排列得非常规则、紧凑,几乎没有形成层次间的微回路;相反,大脑皮层是一个相对开放的空间,细胞数量较少,但有丰富的层次间的微回路,以及由许多缝隙和沟分隔的分区。

一、一般智力与后头部大脑皮层的关系

20 世纪初,神经解剖学已经描述了新大脑皮层由 6 层组成,并有一种锥体神经元,同时具有基树突和顶树突;然而,其功能意义尚不清楚。21 世纪以来,具有新技术和新发现的前瞻性跨学科领域不断涌现。显微形态学方法,如各向同性分离技术(IF)、单

细胞转录和免疫组织化学方法,神经活动高密度记录技术,双光子成像技术,以及多种方法共享的平台,可以用来揭示新皮层神经元平面的和层次性的分布,结果至少证明了两点。第一,在小鼠和其他啮齿类动物、非人灵长类动物和人类之间,大脑皮层结构框架的系统进化具有很大的保守性,种属之间的差异仅表现为兴奋性和抑制性突触的百分比、长度和密度,以及每个神经元的突触数量上的不同。如人类与小鼠的皮层厚度和皮层Ⅱ/Ⅲ层神经元密度发生明显变化;厚度增加了至少1倍,而神经密度减少了50%以上。第二,虽然新皮层的细胞数量只有小脑的1/4,但新皮层细胞的面积和层次分布,以及局部微回路的分布却十分复杂。在许多脑区之间,面积差异表现得很明显,例如,视皮层的V1和V2区,在这里单一的Ⅳ层,突然分化出三个亚层;即使在相同的V1区内,距离口端越远,VB层厚度越大,锥体神经元体积也越大。在大鼠的初级视皮层中,也存在着这些横跨口-尾轴的梯度变化。在初级运动皮层中,Ⅳ层几乎消失,在Ⅴ层内,存在一种特大锥体细胞,名为贝兹细胞(Betz cell)。层次分布不仅表现在6层结构和树状分支上,还表现在生物活性分子的转录差异,以及电生理特性的差异上。突触和受体密度的比较表明,GABA受体和谷氨酸受体的层次结构与突触密度具有相似性。Ⅲ层锥体神经元的棘突接受皮层-皮层连接,Ⅴ层锥体神经元的棘突接受皮层下-皮层投射连接。

通过单细胞RNA测序技术,已经在小鼠的初级视皮层和前外侧运动皮层区分离出133种细胞亚型(Tasic et al., 2018)。体干感觉皮层内的3种细胞在行为调节中起着不同的作用,PV^+神经元跟踪丘脑输入,介导前馈抑制;SST^+神经元监测局部兴奋,对晚期持续抑制或缓慢反复抑制提供反馈;VIP^+神经元被非感觉输入激活,对兴奋性神经元和VP^+神经元发挥去抑制作用。抑制细胞类型固定分布在两个不同区:PV^+神经元分布在感觉运动皮层,SST^+神经元分布在额叶皮层,包括其联络皮层区。

对小鼠初级视皮层中节律同步与局部场电位(LFPs)相关性的研究,也发现了层次效应和状态依赖性效应。在V1皮层的所有6层中,每一层都有其特有的节律性,兴奋性和抑制性神经元总是被其自身的节律性所诱导(Senzai, Fernandez-Ruiz, & Buzsáki, 2019)。STT^+神经元对外部环境很敏感,易于发生节律变化,其结果是扩大皮层节律的计算能力,优化视觉感知信息的形成和存储。脑电波α节律不仅与唤醒反应有关,也参与知觉特性的捆绑,并发挥着因果决定性作用;β节律对细胞群组形成,具有相关的选择作用(Vinck & Perrenoud, 2019)。所以,现在认为脑波的振荡编码是皮层信息传递和组装形成的关键,此作用在皮层的浅层尤其强烈。

二、创造智力与额叶皮层的微回路

近些年的研究发现,在小鼠、非人灵长类动物和人类之间,大脑结构具有很大的系统进化保守性,所以研究者开始对前额叶皮层的动物模型投入较大的研究力度,并且配合细胞形态学、电生理学、转录表达等多学科技术,加强对其认知功能的研究。近年所积累的研究成果提供了一些新科学事实。前额叶皮层和联络皮层包含多种类型的神经细胞，每一种细胞都有数百微米的直径，包括树突树、轴状树和交错的微回路，形成复杂的局部和远程网络。复杂交错的网络为额叶神经元提供了对认知功能的普遍的监控和控制能力。特别是内侧前额叶皮层(mPFC)包含多种类型 GABA 能抑制神经元群，它们在认知和情绪功能中发挥不同的作用，接收来自全脑的远程输入，在来自一些皮层下结构的输入中，包含来自基底前脑的胆碱能神经元和中缝核以及丘脑的 5-羟色胺能神经元(Sun et al., 2019)。mPFC 从其他新皮层，如视觉、听觉皮层和躯体感觉皮层接收外部环境信息的同时，也通过海马边缘结构接收体内信息和记忆信息。例如，前扣带回皮层(ACC)的变化导致其与海马(CA1)联系的回路(ACC-CA1 网络)，表现为一种通过突触相互作用检索远端记忆的机制。CA1 单元的发放是由前扣带回节奏感强烈的细胞所调制的，拥有与 ACC 相似的节奏感，两者共振合奏以表达语境相似的信息。丘脑对腹外侧眶额皮层的输入，导致大脑活动的广泛减少。mPFC-丘脑投射和 mPFC-嗅皮层投射具有控制序列记忆检索的功能(Jayachandran et al., 2019)。前额叶皮层通过基底神经节-丘脑通路调节感觉过滤(Nakajima, Schmitt, & Halassa, 2019)。此外，额叶皮层中高度精确的远程交互通路，通常具有不同类型细胞之间层次性分布的局部微回路-微回路间的通信功能。吊灯样细胞是唯一的神经细胞亚型，通过其轴突选择性地支配新皮层锥体神经元的轴突起始段(Tai et al., 2019)。又如，在岛叶和前扣带回皮层的 V 层中，存在一种特殊的细胞 Von Economo 神经元(VENs)，岛叶皮层呈现出一种独特的分层模式，Ⅵ层分裂为与相邻屏状核(claustrum)连接的亚层(Gefen et al., 2018; Evrard, 2018; Cadwell et al., 2019)，我们在"睡眠与长时记忆的形成和巩固"一章中曾提到过屏状核这类细胞的功能。除了人类之外，只有少数几种具有较高认知功能的动物，如大象、鲸鱼和非人灵长类动物，存在 VENs。认知记忆能力较高的 80 岁以上老年人，其脑内的 VENs 密度显著高于同龄的对照组(Gefen et al., 2018)。因此，具有远程网络和局部微回路通信的轴突，可能是人脑社会智能的核心计算资源。然而，挑战出现了：额叶皮层的独特计算功能是什么？

  Science 杂志发表的比较生物学研究报告(Loomba et al., 2022)指出，人类和小鼠在地球上出现的时间相差 1 亿年，两者大脑皮层的中间神经元微回路(以 GABA 作为抑制性神经递质)的复杂程度相差 10 倍；人类和恒河猴在地球上出现的时间相差 2000 万年，如图 14-5 所示(见书后彩插)。

[常识与思索 14-1] 前额叶皮层细胞的创新计算能力何在？

  后头部 2/3 的大脑皮层可以实现以基本认知过程为基础的一般智力(g 因子)。在感觉皮层内含有较多的 PV^+ 神经元，跟踪丘脑输入，介导前馈抑制；所含有的 VIP^+ 神经元接受非感觉输入而激活,对兴奋性神经元和VP$^+$神经元发挥去抑制作用;SST$^+$神经元监测局部兴奋,对晚期持续抑制或缓慢反复抑制提供反馈。特别是分布在感觉皮层的Ⅱ/Ⅲ层的锥体细胞,由于具有中介于Ca^{2+}的树突动作电位(dCaAPs),每个细胞都具有对XOR函数分割的计算能力,相当于一个完整的深层人工神经网络。这一科学事实有力地揭示了人类一般智力脑功能基础的神秘性。那么相比之下,前额叶皮层作为人类独特的创新智力的贡献者,其创新计算能力何在? 其脑细胞和微回路,以及远程网络如何支撑这种计算能力? 请读者思索,建议考虑如下问题:

(1) 额叶皮层所具有的远程网络和局部微回路,是不是人脑社会智能的核心计算资源? 其计算原理和算法与后头部皮层有何异同?

(2) 额叶皮层及其联络皮层区分布着较多的SST$^+$神经元,SST是一种被称为生长抑素的激素,它的受体是二聚体,存在于细胞膜、细胞质和细胞核内。所以,对SST阳性反应的神经元,是否也有此类特性,那么其信息传递和存储的速度快于其他神经元的特点在智力计算中的作用是什么?

(3) 在岛叶和前扣带回皮层的Ⅴ层中,存在一种特殊的细胞Von Economo神经元,岛叶皮层呈现出一种独特的分层模式,Ⅵ层分裂为与相邻屏状核连接的亚层。认知记忆能力较高的80岁以上老年人,其脑内的这类细胞密度显著高于同龄对照组。新近研究发现屏状核内存在一类轴突长,且分支多的神经元,可以同时控制许多脑结构的活动。这与额叶的智力计算有何关系?

(4) 额叶皮层还存在一种独特的突触,即吊灯样中间神经元的轴突与锥体细胞轴突始端之间形成的轴突-轴突式突触。一个吊灯样中间神经元的轴突分支成树枝状,可以同时有效地调节许多锥体细胞的发放,这与智力计算能力有关吗?

(5) 额叶快速的信息发散与聚合效应,能用何种算法仿真?

三、技能发展与小脑回路

小脑是一个紧凑的结构,有两个接受新皮层指令的入口和一个抑制性输出的出口。它不是一种主动的驱动机制,而是一种调节机制。它由5种神经元组成,虽然细胞数量是大脑的4倍,但只有很不明显的层次结构和分区,抑制信息主要沿有限的固定路径传递。由于缺乏层次间振荡机制,即使兴奋发生,也很难向外扩散。小脑从未出现过癫痫病灶,相比之下,小脑的光遗传学激活可以控制大脑皮层-丘脑间的癫痫发作(Farrell, Nguyen, & Soltesz, 2019)。小脑和基底神经节之间,以及小脑和锥体束之间的联系主要是通过丘脑的一个短潜伏期调节机制建立起来的。浦肯野细胞(PC)检测平行纤维(PF)和攀缘纤维(CF)输入事件的时间一致性(Yakusheva et al., 2007; Gaffield, Bonnan, & Christie, 2019),小脑有充足的空间资源(10^{11}个颗粒细胞,15×10^6 PCs),

因而可进行时空资源交换(Bil & Poo,2001)。这一猜测可能被最近报道的事实所支持(Ibata et al.,2019;Wagner et al.,2019)。PF 和 CF 分别与 PC 在其树突的远端和近端区域形成突触联系,并以 Ca^{2+} 依赖和活性依赖的方式竞争着各自支配的树突区。此外,突触组织者 Cbln1 分子被溶酶体释放出来,作为一种促进 PC 和 PF 之间突触形成和维持的分子机制(Van Overwalle et al.,2020)。这种老式的无髓鞘轴突(PF)和 PC 树突之间的突触形成,可能是节省能量的原因之一。无论如何,小脑在适应性控制所有皮层过程中发挥着广泛的作用(Thier et al.,2000;Herzfeld et al.,2015),包括精确地调节快速技能动作顺序(Lamme & Roelfsema,2000),并对所有快速动作实施精确的计时控制,包括口语动作和学习过程(Schneider & Shiffrin,1977;Shiffrin & Schneider,1977;Tulving & Schacter,1990;Molyneaux et al.,2007)。综上所述,小脑的功能特征为技能性智力的发展提供了基础,促进了人类社会技术文明的发展。

[常识与思索 14-2] 为何小脑独占 80.2% 的脑细胞,却只能提供技能智力?

虽然小脑独占 80.2% 的脑细胞,但是细胞的种类少,没有形成如大脑皮层那样的明显分区、分层地分布,因而无法实施神经振荡编码;数量最大的平行纤维,没有覆盖上髓鞘,信息传递速度不高。这与小脑具有极少的神经胶质细胞,以及耗能较少有关。平行纤维与浦肯野传出细胞之间形成的突触,一律分布在后者的树突上;攀缘纤维与浦肯野细胞之间的突触都分布在浦肯野细胞胞体上,两类突触后电位靠时间上的耦合,才能共同引发浦肯野传出细胞的发放。所以,小脑靠其细胞数量大和耗能少的优势,换取对信息的时间或事件序列的精确性,调控高精度的动作协调性。

第三节 超常、低能和痴呆的脑功能基础

一、超常(强)大脑功能基础的新启示

超常或超强大脑是指个体智力显著超过普通人的水平,IQ 值在 150 以上,并在知觉、注意、记忆或计算等某一方面有突出的优势,就像《最强大脑》节目中的冠军那样。

对这样的一些具有超常智力的大脑,传统脑科学很难进行解释。但是最近的文献报道,被称为中介于 Ca^{2+} 的树突动作电位(Calcium-mediated dendritic action potential,dCaAP)的电生理学特性,为人脑智能提供了一种新的计算能力(Gidon et al.,2020)。通常,神经细胞的树突兴奋,通过突触后电位的总和,达到阈值以上,引发胞体在轴突始段发放,并传出动作电位,只能实现"与""或"逻辑运算的结果(Shepherd &

Brayton，1987）。对于异或函数（XOR）的逻辑运算，则需要在三维相空间，通过一个分割面所进行的分割计算，才能完成。近年发现，大脑皮层的锥体细胞在胞体、基树突或树突干等部位的突触，均可实现"与""或"逻辑运算；而第 2～3 层的锥体细胞，其胞体和树突作为一个单元内实现的耦合，dCaAP 却可以实现 XOR 运算。所以，大脑皮层中第 2～3 层的每个锥体细胞，都相当于一个多层神经网络，具有很强的计算能力。

可能这些具有超强计算能力的人，能够对复杂或精细的问题快速给出正确答案，可能其大脑皮层的 dCaAP 比普通人脑的功能更强。简言之，之所以超强大脑强，可能是强在大脑皮层具有中介于 Ca^{2+} 的更强的树突动作电位。那么，什么是 dCaAP 呢？

首先，这个名词含多个缩写字母，d 是树突（dendrite）的缩写，Ca 是钙离子（calcium ion）的缩写，AP 是动作电位（action potential）的缩写。dCaAP 的细胞形态学基础在于其产生部位是树突，树突与胞体之间存在着电生理学耦合。如图 14-6 所示，电压门控离子通道（Cav channel）由附属亚基（$α_2δ$）、通道亚基（$α_1$）和道口（β）亚基组成，分布在神经元突触前的神经末梢。电压门控离子通道在可兴奋细胞中具有多种功能。$α_2δ$ 附属亚基能够调节突触许多功能，包括离子通道的通畅、定位、突触前离子通道 $α_1$ 亚基的特化和树突棘的生长，以及启动突触的构建和成熟等（Risher & Eroglu，2020）。

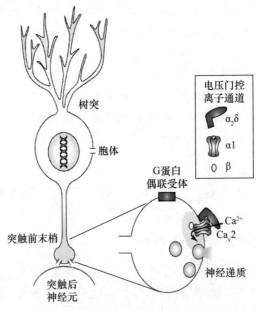

图 14-6　电压门控钙通道的分子结构
（根据 CC-BY，引自 Dolphin，2016）

人类大脑皮层第 2、3 层的锥体细胞受刺激时，其树突所产生的动作电位并不是经典电生理学所说的"全或无"的神经脉冲，而是一种级量反应。这类细胞只有受到阈值强度的刺激时,其树突发放的幅值,才是最大的;增加刺激强度,其发放的幅值反而会衰减(Gidon et al.,2020)。当然,这里所说的动作电位是中介于 Ca^{2+} 的树突动作电位,不是通常所说的细胞轴突始段所产生的动作电位,也不是通常所指的树突上的突触后电位。该研究报告使用的方法是对病人手术中得到的大脑皮层样本进行急性活体切片处理,再使用胞体-树突双膜片钳记录其电生理学特性,并同时采用双光子成像技术直接观察其细胞形态特征。典型的细胞传递特性是随着注入电流的增大,诱发的胞体发放动作电位 AP 增强;但 dCaAP 影响细胞传入和传出过程中的传递特性,被耦合的 dCaAP 随着注入的阈上电流增加,其幅值非但不增强,反而降低,只有注入阈强度的电流所诱发的 dCaAP 幅值最大。

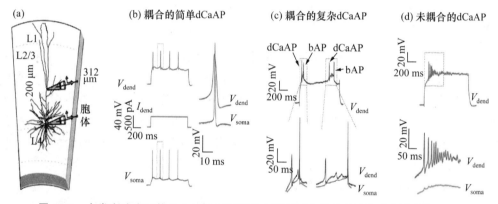

图 14-7　人类大脑皮层第 2、3 层(L2/3)锥体细胞树突和胞体耦合与未耦合的 dCaAP
(经授权,引自 Gidon et al.,2020)

(a) 双膜片钳分别在胞体和胞体之上 312 μm 的树突位点记录胞体动作电位(AP)和树突电压门控钙通道动作电位(dCaAP),(b) 和 (c) 显示耦合的简单或复杂 dCaAP, (d) 为未耦合的 dCaAP。V_{dend} 表示树突电位;V_{soma} 为胞体电位;I_{dend} 为树突电流。

[常识与思索 14-3]　异或函数的分割

异或函数(XOR)是离散数学中的一种命题逻辑,异或是相对于或函数而言的命题。如图 15-8(a)所示,或函数只有当两个条件变量 x_1 和 x_2 均为假(0)时,其结果为假(-);其余三个条件下,结果均为真(+),此结果的统计分离是一条直线,称为线性分割。因为三个"+"均在分割线的上方;一个"-"在分割线的下方。在图 15-8(b)中,异或函数的两个条件变量 x_1 和 x_2 均为假(-1)时或均为真时(1),其结果为真(+);相反,x_1 和 x_2 中,任一变量为假(-1),另一变量为真时(1),其结果为假(-)。异或函数输出结果的统计分离,是一个非线性的闭合曲线围成的平面,称为非线性分割面。两个"+"分布在非线性分割面内;两个"-"分布在非线性分割面外。

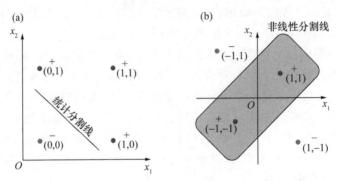

图 14-8 或函数的线性分割(a)与异或函数的非线性分割(b)
(引自 Shao & Shen, 2023)

XOR 函数的分割与智能有什么关系呢？数学界将函数分割的算法作为人类知觉形成仿真研究的基本途径。如前所述，人工智能将图形与背景的分离、质地子分离等作为知觉识别或模式识别的基础。人工神经网络最初训练逻辑网络进行线性分割，后来训练多层神经网络进行非线性分割。结果表明，至少三层神经网络才能实现异或函数的分割。既然感觉皮层Ⅱ~Ⅲ层的每个锥体细胞，都能实施 XOR 函数的非线性分割计算，说明大脑皮层每个锥体细胞，都相当于一个多层神经网络，具有很强的计算能力。所以，对人类大脑皮层Ⅱ~Ⅲ层锥体细胞的功能原理进行仿真研究，对于揭示人脑智能的细胞学基础而言，可能是比多层人工神经网络研究更有价值的发展方向。

二、智能障碍的脑机制

在智力测验中，智商低于 70 者可视为智能障碍。智能障碍可分为两类：精神发育迟滞和脑器质性痴呆。前者为儿童智能发展障碍，他们未曾达到过正常人的智力水平；脑器质性痴呆则是由脑器质性病变引起的智能衰退，病人的智能曾经达到正常人的水平，例如老年痴呆包括两大类，即常见的中风后老年痴呆和老年退行性痴呆。

(一) 儿童精神发育迟滞

除先天遗传因素外，妊娠期或围产期感染性疾病和化学药物中毒、高强度 X 线等物理因素的伤害、严重营养不良等，以及出生后感染疾病或头部外伤均可造成智能发育迟滞。先天遗传因素最为常见，大体可分为三种类型：基因异常、染色体异常和基因-酶缺陷。基因异常可引起脑和脊髓发育异常，如小头畸形、先天性脑积水等导致精神发育极重度迟滞；染色体异常包括数目和结构异常，如先天愚型这类常见的极重度精神发育迟滞，是第 21 对、第 18 对和第 13 对染色体异常所致；基因-酶缺陷导致代谢异常，包括蛋白、糖或脂肪代谢的异常多达十几种，其中苯丙酮尿症最为常见。分子遗传学关于遗传信息的研究进展将为人类优生优育、防治精神发育迟滞提供有力的科学基础。

（二）老年退行性痴呆

老年退行性痴呆包括常见的两种疾病：阿尔茨海默病和皮克病（Pick's disease）。这两种病都是脑退行性变化的结果，这种变化虽然与年老过程有关，但未必都发生在老年期。有些患者仅20～30岁，个别报道年仅几岁的儿童也会发生脑退行性病变，出现早老性痴呆。那么，什么是脑的退行性变化呢？脑细胞内逐渐出现蛋白质淀粉样变性，以致形成许多斑块，称为神经炎性斑块；神经原纤维逐渐弯曲缠结。这是判断退行性变化的两个重要病理学基础。此外，虽然还有脑萎缩、沟裂增宽等变化，但都是一般年老过程的普遍变化，并不是此病的突出特征。

阿尔茨海默病最早于1907年由阿尔茨海默（A. Alzheimer）医生报道。一名51岁女病人，以进行性记忆衰退为最初的突出症状，并偶见被害妄想，持续2～4年后病情加重，完全丧失时间、空间和人物定向能力，三维立体结构的失认症；逐渐出现手和嘴的失用症以及失语症等，继而出现人格和行为紊乱，不知秽洁，饮食无度，最后大小便不能自理，卧床不起直至死亡。总病程7～10年之久。阿尔茨海默病患者的剖检表明：神经炎性斑块和神经原纤维缠结主要发生在海马、大脑皮层，尤以顶、颞叶为甚。皮克病的病理变化在额叶更为显著。

20世纪80年代以后，利用分子生物学的遗传基因分析技术，对病人脑细胞内神经炎性斑块做了细致分析，从淀粉样的变性蛋白质中，分离出β-淀粉样蛋白42肽（Aβ42），即42肽链在β位发生淀粉样变化的病理性产物，在每克脑组织中，其含量大于3 nmol/g，即可确诊阿尔兹茨海默病。其含量高达10 nmol/g，即可导致死亡。Aβ42是从一种跨膜蛋白质APP695生成，后者是由695个氨基酸残基组成的蛋白分子，分子大部分游离在细胞膜外，膜内只有少部分。细胞膜外游离的APP695分子对年老过程的一些不良因素十分敏感，这些不良因素使APP695分子结构变型，造成膜内部分脱落而生成Aβ42，成为导致神经细胞蛋白质淀粉样变性的前奏。APP695是怎样形成的，与遗传基因又有何关系呢？研究表明，人的第21对染色体负载着合成APP770蛋白的密码，经mRNA翻译合成APP770，经过两次剪切形成了APP695。阿尔茨海默病患者的第21对染色体与正常人的二倍体不同，而是三倍体。染色体的异常使DNA信息向mRNA转录时，缺少一种合成抑制性蛋白酶的密码，因而造成APP695是正常人的2～3倍。在这种脑代谢异常的背景上，又有不良的年老因素，就会引起APP695变构脱落出大量Aβ42多肽，导致脑细胞内蛋白质淀粉样变性和神经原纤维缠结。血液中放射性同位素标记的淀粉样变性配体，经PET脑成像研究发现，阿尔茨海默病患者顶叶和额叶皮层，特别是后扣带回皮层淀粉样变性的Aβ42含量显著增高。近年研究发现，Aβ42随老化过程在脑内含量有所增高，但正常老年人脑内存在清除机制。由于早老基因（presenilin 1或2）的突变，或由于其他因素，如免疫力下降或感染，引起Aβ42清除机制受损，就会造成Aβ42累积。特别是在边缘皮层和联络皮层的积累，导致细胞间突触传递效能降低，对短时记忆功能发生明显的影响。这种轻度认知障碍（mild cognitive disorders，MCD)的变化可持续多年。Aβ42 进一步累积，才会形成神经炎性斑块。因此，短时记忆为主的 MCD 是淀粉样变性产生神经炎性斑块的先兆。如果在这一阶段发现病人的其他病理变化，包括海马的明显萎缩和载脂蛋白 ApoE4 的免疫反应阳性，应采取早期预防措施；增强免疫力、抗炎治疗和功能训练等，有可能延缓神经炎性斑块的形成。如果在做出阿尔茨海默病临床诊断之前 1 年采取这些干预措施，就可以延缓 10%～15%神经炎性斑块产生的进程，临床诊断之前 3 年干预，可延缓 50%的进程，可使遗传基因突变而注定发病的病程推迟 5～10 年出现，这对病人及其家人也十分有益。

2011～2013 年，一种阿尔茨海默病治疗药物贝沙罗汀(Bexarotene)的研发引发热议，它是一种类维生素 A 受体激动剂，许多实验室在鼠类的阿尔茨海默病动物模型中，应用贝沙罗汀后发现，伴随脑和血浆中的 Aβ 淀粉样多肽清除，行为得到明显改善。但对于神经细胞内的神经炎性斑块是否也发生变化，结果却很不相同，神经炎性斑块减少率为 0～65%。由此引发的问题是：该药品得到的行为疗效与神经炎性斑块的数量变化是否无关？现在，可以确定该药物作用于脑内的胶质细胞，引起载脂蛋白产出的增多；而这类载脂蛋白又促进该药物清除可溶性 Aβ 淀粉样多肽。对于为何该药对神经炎性斑块的作用如此不同，却有多种解释。所幸，10 多年前美国食品药品监督管理局已批准将该药作为新抗癌药物进行临床试用，已经有数以千计病例证明，该药品使用安全。所以，它在治疗阿尔茨海默病中的临床试验周期会大大缩短，希望它能早日用于临床治疗。

 思考题

1. 试论一般智力的主要组成因素及其与脑结构与功能的关系。
2. 试论智力的遗传因素和后天因素及其相互关系。
3. 为什么说人类的智力优势并不是由头的大小或脑细胞的数量决定的，真正的决定因素是什么？
4. 智力和能力的生理基础有何异同？两者的脑网络有何异同？请具体说明两类网络的细胞结构和网络构建的差异。
5. 何为一般智力(g 因子)？它与创造智力(实践智力或社会智力)在脑网络的细胞结构和网络构建中有何差异？
6. 对于超强大脑、智力低下和老年退行性痴呆，已知的或可能的主要脑功能基础是什么？

15

人格的生理心理学基础

人格的概念有多种定义,通俗地说,人格是一个人不同于其他人的全部心理特征的总和,包括性格、兴趣、爱好、特长、智力、技能、社会价值观与处世原则等。一个人有别于他人的个性特征,往往突出表现在某一方面,如智力超常的智者、性格豪爽的剑客、愚笨如牛的蠢材、身强力壮的大力士、视钱如命的吝啬鬼……可见,对每个人来说,各种人格特质,都由其特殊组合格调和突出的表现形式而形成特定的气质和个性。关于个性的生理基础问题,自古以来就引起学者们的注意,但由于个性是最复杂的心理现象之一,较难形成一个有成效的研究领域。巴甫洛夫学派较早地开拓了这一课题的研究工作,但其研究成果至今未能获得各家的公认。艾森克引用了巴甫洛夫学说的某些概念,又加入许多病理心理学的概念,提出了自己的人格理论。在变态心理研究和裂脑人研究中,都涉及一些个性生理心理学问题,直到 21 世纪初,由于无创性脑影像技术的应用,累积了一些人脑结构与人格特质相关性的科学数据。但是,在阅读这些文献的时候,就会发现传统的理论观念束缚着人们对实验数据的分析和逻辑推理。在寻求大脑皮层厚度、面积、容积或体素(voxel)和质量等解剖学数据或生理参数与某一人格特质相关的显著性时,却没有意识到研究是把每个脑区都看作由同源均质的脑细胞所组成的。事实上,后基因组时代迅速开拓的人脑细胞类型的跨学科研究领域,已经向传统脑功能理念提出了挑战:脑高级功能不是依赖超大规模神经网络实现的,为数不多的大脑皮层锥体细胞,每个神经元都能实施复杂多层网络才能实现的计算。所以,人类的个体差异,并不一定体现在神经元的数量或脑区的容积乃至皮层的面积上,而是细胞类型或形态功能不同及其微回路的差异所决定的。对此,本章将在第三节中加以讨论。

第一节 人格的经典假说

公元前 5 世纪,哲学家希波克拉特首先提出了气质的概念。他设想,体内液体的混合以血液占优势者,为多血质;以黏液占优势者,为黏液质;以黄胆汁占优势者,为胆汁质;以黑胆汁占优势者,为抑郁质。人的气质就是由这四种体液特征决定的。尽管这一假说始终未能得到精确的自然科学证据的支持;但这四种描述人类个性差异的气质,却一直流传至今。从这里可以理解，气质（temperament）是一个人个性形成的生理学基础。2000多年之后，巴甫洛夫高级神经活动理论，才对气质给出了第一个科学解释。

一、巴甫洛夫关于人类气质类型的假说

应用生理心理学实验研究的途径，检查和判定人与动物个体差异的神经动力学基础，在科学发展史上，应首推巴甫洛夫学派。20世纪初，巴甫洛夫在进行狗条件反射实验时，发现了明显的个体差异现象。1927年，他明确提出神经系统类型的生理学说。1935年，他总结出动物和人类高级神经活动一般类型的理论，明确指出，确定高级神经活动类型，应从一般行为表现、条件反射特性和大脑皮层神经过程的特性等3个方面统一考虑。其中大脑皮层神经过程的特性是主要生理基础。

（一）大脑皮层神经过程的特性

大脑皮层神经过程指兴奋过程和抑制过程。巴甫洛夫认为，兴奋或抑制的强度、两者的均衡性和相互转化的灵活性是三个基本特性，是人类个体气质差异的主要生理基础。

1. 兴奋或抑制过程的强度

兴奋或抑制过程的强度可以通过实验加以测定。例如，使用咖啡因能提高皮层细胞的兴奋性，如果给予$0.3\sim0.8$ g咖啡因仍不破坏原先形成的条件反射，则认为大脑皮层的兴奋过程较强；相反，如果给予0.3 g以下的咖啡因就引起条件反射的破坏，则认为大脑皮层的兴奋过程较弱。抑制过程的强度可用分化抑制的强度为指标进行实验测定。在建立分化抑制以后，延长分化相作用时间，从平时的30 s延长到5 min，在这种条件下，分化抑制仍不被破坏或减弱，则认为皮层的抑制过程较强。此外，还可以应用溴化钠加强抑制过程的效果，客观地测定抑制过程的强度。如果口服2 g溴化钠，分化抑制得到改善，则认为大脑皮层抑制过程较强；相反，口服2 g溴化钠，分化抑制遭到破坏，则认为大脑皮层的抑制过程较弱。在一般情况下，亦可按建立阳性条件反射和形成分化抑制的速度，对兴奋和抑制过程的强度进行初步评定。经过较少次数的强化刺激或分化相作用之后，就能形成阳性条件反射或分化抑制，则认为这类个体的基本神经过程较强；相反，需要较多次数的训练才能形成条件反射或分化抑制，则认为这类个体的神经过程较弱。

2. 兴奋和抑制过程的均衡性

对兴奋和抑制过程强度进行客观测定，就可以同时确定两种过程的均衡性。两种过程都较强或均较弱，则认为该个体大脑皮层的两种神经过程是均衡的，否则认为是不均衡的。

3. 兴奋和抑制过程相互转化的灵活性

兴奋和抑制过程相互转化的灵活性可以通过条件反射改造的方法加以确定。将已建立好的阳性条件反射的信号及其分化相之间的信号意义加以改造时，能够迅速完成

改造任务的个体,其大脑皮层神经过程相互转化的灵活性较大;反之,则认为灵活性较小。

(二) 高级神经活动类型

巴甫洛夫根据动物基本神经过程的三个特性,将动物的高级神经活动分为四种基本类型:兴奋型、活泼型、安静型和抑制型,它们的具体分类标准可概括为表 15-1。

表 15-1 动物高级神经活动类型

神经类型			兴奋型	活泼型	安静型	抑制型
神经过程的特点	强度	兴奋过程	强	强	强	弱
		抑制过程	—	强	强	弱
	均衡性		不均衡	均衡	均衡	—
	灵活性			大	小	—

巴甫洛夫认为,动物的行为特点、条件反射的特点有时并不完全与神经过程的上述特点完全吻合。所以,不能仅仅根据神经过程的上述特点确定动物的神经类型,还必须参照它们的一般行为特点和条件反射的许多其他特点。所以巴甫洛夫认为,神经活动类型的形成既取决于遗传的神经过程特点,也取决于生存条件,是先天特征与后天变化的整合。环境影响的获得特性经过几代延续能够遗传下去。

(三) 人类的气质类型

巴甫洛夫认为,划分动物高级神经活动类型的原则可以应用于人类的气质类型。对人类而言,高级神经活动类型就是气质。他把四种高级神经活动类型与希波克拉特的四种气质联系起来,两者一一对应。兴奋型相当于胆汁质的气质,易激动、热情、好斗,神经过程强而不均衡;活泼型相当于多血质的气质,精力充沛、均衡稳定、神经过程强、均衡性和灵活性也高;安静型相当于黏液质,沉静稳重、神经过程强而均衡,但灵活性低;抑制型或弱型相当于抑郁质,对生活缺乏乐观精神、忧虑、暗淡、神经过程较弱。此外,巴甫洛夫学派还认为人类高级神经活动类型的划分,还应考虑到人类高级神经活动的特点,即以语言作为第二信号系统。这样,对人类气质而言,除以神经过程的三个特性为基础,还有第二信号系统与第一信号系统(非语言的现实刺激)之间的关系作为另一重要基础。第二信号系统优于第一信号系统者为思想型,第一信号系统优于第二信号系统者为艺术型,两个信号系统均等者为中间型。每种类型的人中,均存在着上述四种气质。

综上所述,关于个性的生理心理学问题,虽然自古以来引起学者们的兴趣,但科学理论并不多,特别是缺少细胞水平和分子水平的自然科学理论。相反,把巴甫洛夫的经典理论与社会科学知识联系起来,向社会心理学方向发展,出现了一些人格理论,大多远离生理心理学的范畴。在这些人格理论中,唯有艾森克人格理论还有一些生理心理学的味道。

二、艾森克人格理论的生理基础

艾森克(H. J. Eysenck)是当代著名心理学家,他的主要贡献是在人格理论、心理测验技术和经典条件反射理论之间架起桥梁,并提出了自己的人格理论。我们并不会全面介绍和评论他的人格理论,仅仅指出这一理论中引用的生理心理学概念。从巴甫洛夫条件反射生理学中,他引用了皮层兴奋性水平、条件反射能力和神经症理论中的某些概念,作为人格的生理心理学基础。他认为遗传因素造成的人们大脑生理特性差异,是人格差异的重要基础。下面介绍他引用并赋予新意的生理学概念。

(一) 大脑皮层兴奋性水平

人的生理差异首先表现为皮层兴奋性水平或称之为神经系统唤醒水平。皮层兴奋性水平受制于脑干网状结构上行激活系统的功能特性,这种功能特性又是由遗传因素所决定的。他认为皮层兴奋性水平低者,表现为外向型人格特质,主动、活跃地寻求刺激,以提高皮层的唤醒水平弥补先天之不足。相反,皮层兴奋性水平较高者表现为内向性个性特征,沉静稳重,与外界接触少,以避免过多刺激而导致更高的皮层兴奋性水平。简言之,艾森克认为皮层兴奋性水平是内-外向人格维度的生理基础。

(二) 条件反射能力

条件反射能力是艾森克人格理论的另一个重要概念。他认为在形成条件反射的速度、强度和维持时间等方面存在着先天的个体差异,这种生理上的差异是人格差异的重要基础。艾森克赋予条件反射能力概念以较强的社会因素。他认为,人们的道德观念、良心、法治观念等都是通过社会化条件反射机制形成的。条件反射能力强的人,形成较强的法治观念和社会道德感;而条件反射能力弱的人,则表现出相反的个性特点。为了克服先天决定论的后果,他还对条件反射能力概念附加了两个条件:条件刺激与非条件刺激结合的次数和社会化刺激的具体内容。对于一个先天条件反射能力低的人,可以由增多条件刺激与非条件刺激结合次数加以弥补,也可以由良好社会教养加以弥补。条件反射能力也是个性差异的生理基础。条件反射能力强者多为内向型人格,其神经质人格维度较低;条件反射能力弱者多为外向型人格,其神经质人格维度较高。

(三) 情绪性或驱力

艾森克人格理论的第三个重要概念是驱力或称情绪性,它受制于交感神经系统和副交感神经系统的功能平衡。大多数人交感神经和副交感神经系统的功能是平衡的。交感神经系统功能占优势者,其个性特征具有神经质的特点,表现为焦虑、过敏、易激动。这种过敏的情绪反应类似一种驱力,促使人们产生过多的行为反应。因此,情绪性或驱力概念不仅与神经质人格维度有关,也与内-外向人格维度有关。

皮层兴奋性水平、条件反射能力和情绪性等三个概念是艾森克从生理心理学中借用的,但又赋予它们以人格心理学和社会化含义。他认为这正是生理现象、心理现象和社会存在的统一。

(四) 实验测试

艾森克的人格理论绝不像精神分析学派那种思辨的人格动力学理论,他的上述概念可以通过客观的实验室检查和人格测验加以验证。从神经生理学中,他应用了脑电描记技术、皮肤电分析、条件反射训练等方法;从心理学中,引用反应时、闪光融合频率、图形视觉后效、螺旋后效、知觉恒常性和感觉剥夺等实验方法,分别对人们的上述三个基本特性加以试验分析;此外,他还设计了艾森克人格问卷(Eysenck personality questionnaire,EPQ)。用于正常人或变态人格的测验。艾森克人格维度的理论概念,在人格和行为个体差异研究中及其在精神医学治疗行为问题的临床实践中,发挥了有效的指导作用(Netter,Hennig,& Munk,2021)。

Mitchell 和 Kumari(2016)综述了利用无创性脑成像技术,验证艾森克理论概念所积累的一批新科学事实,主要是对利用 fMRI、磁共振脑结构成像和 DTI 等三种技术进行实验验证的结果,做出系统总结。这些研究发现,艾森克人格特质主要与大脑皮层和边缘系统等脑结构存在功能关系,特别是神经质人格特质与负性情绪加工的脑网络关系更紧密。关于外向人格特质与皮层唤醒水平有关脑结构之间关系的研究报告虽然不是很多,但结果却与艾森克模型较为一致。Zou 等人(2018)利用静息态磁共振成像技术基于容积的脑形态学测量法,测定了 100 名健康被试的脑功能连接密度(functional connectivity density,FCD),结果发现被试外向型人格特质与其脑内两侧基底神经节的壳核灰质容积以及 FCD 呈负相关。很显然,当前的研究工作,需要进一步加强对个体差异的生物学基础的理解。

第二节 当代人格理论及其脑功能基础

大五人格理论与其人格问卷(NEO-five factors inventory)、情感神经科学人格理论及其量表(affective neuroscience personality scale,ANPS)和 E-S 人格理论及其量表(empathizing-systemizing personality theory)等,是当前人格理论研究的热点。20世纪 80 年代的情商理论,一般被归类为智能或情感理论体系,这里未予列入。

一、大五人格特质与脑结构功能的关系

大五人格特质可追朔到 20 世纪 30~40 年代,在心理测量领域引入的因素分析方法。对各国或各民族语言描述人类个体差异的形容词汇进行因素分析,对所得到的因子按照其因子负荷的高低排序,选取负荷因子最大的五个词,作为比较个体差异的人格特质,形成了大五人格理论和人格测试工具。大五人格特质分别是:外向性(extraversion)、合作性(agreeableness)、诚实性(conscientiousness)、情感稳定性(emotional stability)和对经验的开放性(openness to experience)。

至今,大五人格特质自评问卷已有几种不同版本:由 240 个条目组成的问卷 NEO-PI-R(Costa & McCrae, 1992),由 60 个条目组成的 NEO-FFI (McCrae & Costa, 2004)和 42 个条目的简易量表(BigFive short-scale; Olaru, Witthöft, & Wilhelm, 2015)。

通过三组 19～39 岁千人以上正常被试的研究发现,不同脑区的皮层厚度、局部脑区皮层面积与人格特质之间,只有额叶,特别是内侧前额叶皮层与利用 NEO-FFI 测试所得到的神经质之间存在负相关,说明额叶皮层区的局部结构特点只与神经质人格特质存在较弱的关系(Valk et al., 2020)。

对 51 名健康被试通过大五人格问卷 NEO-PI-R 和 DTI 技术,分别采集人格特质数据和脑白质结构参数。对数据的分析结果表明:神经质人格特质分数与被试脑白质中的放射冠和上纵束之间的联系参数(平均弥散度,MD)呈正相关;而开放性人格特质与合作性人格特质的分数和连接前额叶皮层、顶叶皮层和皮层下结构的传导束的 MD 呈负相关;神经质人格特质的分数与连接前额叶与杏仁核的传导束的 MD 却是正相关;开放性人格特质的分数与两半球邻近的背外侧前额叶传导束的 MD 呈负相关。这些发现说明,较高的神经质人格特质分数与白质广泛联系皮层和皮层下的整合性较差相关;较高的开放性人格特质分数与较好的白质整合性有关(Xu & Potenza, 2012)。

在 1109 名大学生(平均年龄 20 岁)被试中,进行大五人格特质测验,以克服前人研究报告由于被试人数不足,未得到显著结果的缺憾。对千人以上被试测定其大脑皮层厚度、皮层面积、皮层下结构的容积和白质微结构的功能整合性,此外还有四项附加检查。结果表明,除了诚实性人格特质的低分数与较大的颞上回面积间存在着较弱的联系之外,并未发现大五人格特质与脑形态学参数之间的一致性关系(Avinun et al., 2020)。这一研究结果表明,用 CT 测定脑灰质容量和 DTI 测定脑白质的整合性,在方法学上都无助于揭示人格特质与脑结构的关系。尽管以先天遗传为基础,是在后天生态环境影响下,以及家庭和社会文明氛围熏陶下,人格特质是脑和心理发展的结果;但是人格特质毕竟是人脑功能的高级属性,不可能在脑的大体解剖上表达出来。人格特质的差异是正常人格之间的差异,完全不同于正常生理状态和病理状态之间的差异,比如正常儿童和孤独症谱系障碍儿童之间的差异。所以,对正常人大五人格特质的研究,最好还是优先选择功能成像,例如以 BOLD 信号测定的 fMRI,有可能得到一些结果。

[常识与思索 15-1] 人格特质的量表维度和神经科学数据

最近,试图发掘大五人格量表与无创性脑影像数据相关性的一批研究,并未得到任何结果,这是值得研究者深思的问题。脑影像数据,如大脑皮层厚度、某脑区皮层面积,与大五人格特质的开放性、合作性、情感稳定性等,两类数据之间本来就不存在直接关系。尽管有数以千计的被试数据,结果仍是无关。两类数据的性质相差十分悬殊,没有发现两者之间的相关是很自然的。相反,艾森克量表的内外向人格维度与大脑皮层兴奋性之间的关系,两者是心理现象与其生理基础之间的关系,外向性和兴奋性水平的含义,都包含兴奋性高、主动性强、活动量大。大五人格特质本身涉及较高层次社会性因素,不同于艾森克量表所测之人格特质含有较高的生理心理学或医学心理学的因素。所以,这些无所发现的研究报告,并不能证明该人格理论或量表的无效性。

二、情感神经科学人格理论

近年,德国学者推行的情感神经科学人格量表(affective neuroscience personality scales,ANPS)是以 J. Panksepp 提出的情感神经科学理论(affective neuroscience theory,ANT)为基础扩展而来的。ANT 于 2005 年完善其理论体系,将哺乳动物的基本情绪、情感,归纳为七种具有遗传保守性的类型(请参见本书第 10 章)。该情绪情感理论侧重哺乳动物情绪情感的共性,把种属间的差异性和人类个体差异放在次要地位。为了弥补其不足,该课题组于 2002 年就着手设计情感人格自评问卷,着重情感与人格的个体差异,该问卷于 2003 年推出第一版,由 119 个条目组成;2011 年正式向学术界推广 ANPS 2.4 版(Davis & Panksepp, 2011)。该量表原版是德文,现在已经被译成多国文本。ANPS 2.4 版由 112 个条目组成;ANPS-S 由 36 个条目组成,全部来自 ANPS 2.4;BANPS (brief ANPS)由 33 个条目组成,其中 28 个条目来自 ANPS 2.4。最近,该课题组发表了关于该量表在心理学和精神医学中试用 17 年(2003—2020)的总结报告,希望在世界范围内得到同行的广泛认同和应用(Montag, Elhal, & Davis, 2021)。

(一) 从情感神经科学理论到情感神经科学人格量表

关于哺乳动物情绪情感基本类型的情感神经科学理论,提供了理解人类情感的进化渊源。人脑皮层下结构,特别是下丘脑、杏仁核等在原始情绪活动中的重要作用,说明人类的原始心理活动与动物界具有同源的进化基础,正是这类跨种属的进化保守性构建出哺乳动物的生存手段。J. Panksepp 和 C. Montag 努力发掘出那些通过被试自评问卷所表达出的情感个体差异,还注意到在美国、德国和中国所收集的数据中,对大五人格量表所进行的跨文化研究成果。综合这些考虑得到许多启示:原始情绪似乎表达着人类人格系统进化最古老的部分;原始情绪从其定位于古老皮层下的结构,以底-顶加工方式,影响着人类的人格形成。所以,J. Panksepp 和 C. Montag 从在德国收集的数据开始,研究原始情绪情感中所体现的人格特质。进一步制定了情感神经科学人格量表简易版(Montag & Davis, 2018)。

(二) ANPS

ANPS 实际上是被试自评问卷,由 112 个条目组成,每个条目都是一个陈述句,请被试阅读后,在四选一的答案栏内勾选其中一个答案,分别是非常不同意、不同意、同意和非常同意(Davis & Panksepp,2011)。量表中的 112 个条目分属于 6 个分量表,分别是嬉戏(play)、追求(seek)、恐惧(fear)、爱抚(care)、激怒(anger)和悲伤(sadness)。7 个基本情绪系统中的贪心(lust)没有直接列入 ANPS,因为在大五人格问卷中没有贪心或色欲这一维度。将嗜酒性(spirituality)或药物成瘾性,暂时列为第 7 个分量表,留待以后问卷的扩展。

(三) ANPS 与大五人格因子模型的相关性

ANPS 六个分量表与大五人格量表五个分量表之间的相关性,分别是:追求(seek)与开放性(openness),$r=0.47$;嬉戏(play)与外向性(extraversion),$r=0.46$;爱抚(care)与合作性(agreeableness),$r=0.50$;恐惧(fear)与情感稳定性(emotional stability),$r=-0.75$;悲伤(sadness)与情感稳定性,$r=-0.68$;激怒(anger)与情感稳定性,$r=-0.65$;激怒和合作性,$r=-0.48$。这些数据可以说明,6 类基本情绪情感类型与大五人格特质之间具有很强的相关性。换言之,这 6 类原始的情绪情感,形成了成年人大五人格特质的重要基础。移除诚实性后,其余大四人格特质与 6 类情绪情感的得分进行因子分析。结果表明恐惧、悲伤、激怒与情感稳定性,爱抚与合作性,嬉戏与外向性,追求与开放性等四个分量表的因子负荷均达到 0.68 以上。这足以说明 6 类基本情绪情感类型是大五人格特质的前提或基础。

(四) ANPS 的脑功能基础

20 世纪 70 年代开始,J. Panskapp 利用电刺激法研究动物情绪与脑功能的关系,随后又深入药物引发动物情绪的变化,以及联系精神医学的临床实践,得到了哺乳动物和人类 7 种基本情绪类型的脑结构、神经网络、神经递质、激素等神经科学基础。从这些研究工作的成果中,他归纳出以下 6 个要点:

(1) 7 种基本情绪类型都以皮层下脑网络和低等脑区为主要功能基础,这些情绪系统是动物进化和人类高级情感产生的基础,学习和脑高级功能注定是在此基础上发展起来的次级或三级心理过程。

(2) 这些基本情绪系统位于古老的脑区,对全部哺乳动物来说绝大部分是同源的(homologous)。

(3) 这些基本情绪系统对哺乳动物来说具有相同的生物化学基础。

(4) 这些脑系统产生本能的行为反应,这些反应伴随着与之紧密联系的原始、粗放的情感体验。

(5) 整合这 7 个基本情绪系统表明一种能够引出固有的特殊情绪反应或局部脑刺激相关情感的能力,被看作通过控制学习的奖励-惩罚功能而实现脑的皮层下唤醒。

(6) 最后,在那些早期发育时新皮层被手术切除的动物中,至今这些系统仍然未被完全描述清楚。

有关 ANPS 的研究，较多关注这些人格特质的遗传学基础，包括与多巴胺、5-羟色胺等神经递质或内分泌系统的关系，发现悲伤分量表与多巴胺代谢的基因变异关系密切；恐惧分量表与催产素能系统的代谢基因和 5-羟色胺代谢的基因变异有关。只有少数研究报告是关于 ANPS 与脑解剖结构的关系。例如，有报道称左半球杏仁核的容积与激怒分量表有关(Deris et al.，2017)。

既然没有对 ANPS 脑功能基础的大批直接研究报告支持，对 ANPS 的支持主要来自两个方面：一是对哺乳动物基本情绪类型的基础实验证据；二是与大五人格问卷的相关性的间接支持证据。而大五人格问卷本身也没有得到坚实的脑结构和功能的实验支持。

[常识与思索 15-2] 从基本情绪情感类型到人格理论

J. Panksepp 于 1992～2005 年，在努力发掘人和动物情绪情感共性的基础上，总结出基本情绪类型的理论；2003 年起至其 2017 年病故，在发掘情感个体差异的基础上，提出了"情感神经科学人格理论和量表"。其人格理论和人格量表基于两方面科学基础：哺乳动物情绪类型的基础实验证据和其量表（ANPS）与大五人格问卷的相关性。在其逝世后，他的学生们于 2020 年发表了该量表在心理学和精神医学使用 17 年的总结报告，很快将这一研究成果在世界范围内推广。本书在上一版就详细介绍了这一情绪情感基本类型的理论，本次又增写了其人格理论。

三、两性人格差异的 E-S 理论

性别差异是个体间生理差异中最显著的表现。随着两性生理上的差异，心理活动也有许多不同的特点。从个体发生上，受精卵基因组合的第一周，已决定了胎儿的性别。决定胎儿性别的基因组网络，决定着胎儿早期的性腺发育，并在胚胎 6～8 周时已能分泌胎儿自己的性激素，迅速为脑的发育打上性别的烙印。所以，14 周胎儿性器官和性腺发育已有明显的两性差别。胎儿的性激素通过血液作用于脑，又引起了大脑两半球的分化。前面我们曾经指出，性激素对某种行为或心理活动的影响有两种作用机制：一种是组织化作用，另一种是激活作用。性激素对脑结构和功能性别分化的影响是一种重要的组织化作用，它为个体许多心理特征的发展提供了脑结构基础。激活作用是指引发成年个体性行为的作用。关于两性人格差异的研究，形成了 E-S 理论，即共情-系统化理论（图 15-1）。下面介绍这一理论及其科学证据。

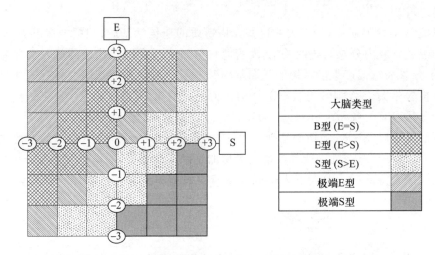

图 15-1 根据共情化(E)和系统化(S)两个维度,划分男、女性脑功能的主要类型
(引自 Baron-Cohen, 2002)

椭圆形中的正负数字以标准差(SD)为单位,利用 E-S 人格量表测试成绩的平均值±SD,将脑功能分为 5 种类型:平衡型脑(B 型)、女性脑(E 型)、男性脑(S 型)、极端 E 型和极端 S 型,后二者位于两对角。根据孤独症是极端男性脑的理论,应为极端 S 型。

(一) E-S 人格理论

E-S 人格理论是基于男、女两性脑解剖学和生理功能差异总结而来的"共情-系统化"维度上的人格差异。共情化维度(empathizing, E)是指人们对他人心态的理解和共鸣,以便用适当的情感和行为对他人进行反应的心理品格。与共情相反,系统化维度(systemizing, S)是规则系统,这些规则只为本系统实施未来行为而服务。E-S 理论认为,男、女两性的人格差异,主要体现在 E-S 维度上,女性有较强共情品格,处在 E-S 维度的 E 端,而男性有强的系统化品格,处于 E-S 维度的 S 端。除了一些心理测验项目统计出来的两性差异作为这个理论的证据之外,也从脑解剖和生理学研究中取得一些坚实的科学支持。现代磁共振成像技术提供了测量脑结构中白质和灰质的比例方法,结果表明,男性脑白质(主要是胼胝体)和灰质的比例明显小于女性。人类以外的其他动物的两性比较也发现雄性动物脑体积大于雌性,但白质质量小于雌性。男性脑神经元数量较多(灰质),神经元排列致密,细胞间短距离纤维联系较多,两半球间长距离纤维(胼胝体、内囊等)和同侧半球大范围皮层区之间的长距离纤维都比较少。生理功能研究发现,女性脑执行语言作业时,呈两半球双侧激活。在脑磁图研究中发现女性额叶和顶叶间,在执行认知作业中发生锁相性变化,证明两个脑叶间发生长距离的功能联系。Wang 等人(2012)报道了 140 名中国男、女性青年大脑灰质密度和皮层区均质性的性别差异,发现(图 15-2)灰质密度的两性差异在全脑各区均有体现,尤以枕叶皮层和小脑最为突出;男性左侧大脑皮层区均质性高,女性右侧大脑皮层区均质性高;在具有两性差异的脑区中,约半数脑区的灰质密度和皮层区均质性呈正相关。Bianchin 和 Angrilli(2012)利用愉快、不愉快和中性图片对 43 名意大利男、女性青年进行事件相关电位、心率和皮肤电反应的记录和分析,结果表明女性被试对不愉快图片或具有应激性质的刺激比男性更敏感。作者认为两性情绪反应不同的原因在于脑结构和功能的性别差异。

两性差异在许多疾病发生率和症状上也很显著,如男性精神分裂症患者具有较多的幻听,而女性神经厌食症的发生率是男性的 10 倍,抑郁症发生率也是男性的 4~5 倍。

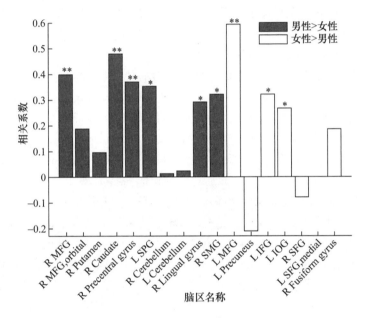

图 15-2　男、女两性大脑灰质密度和皮层区均质性相关程度的比较
(经授权,引自 Wang et al.,2012)

具有显著性的脑区:R MFG,右侧中额回;R Caudate,右侧尾状核;R Precentral gyrus,右侧中央前回;L SPG,左侧上顶回;R Lingual gyrus,右侧舌回;R SMG,右侧缘上回;L MFG,左侧中额回;L IFG,左侧下额回;L IOG,左侧下枕回。

Kogler 等人(2020)认为共情是一种多维度的构建,包括情感和认知成分,以便维系自己和他人之间的差异。认知共情一致性地激活背内侧前额叶(dmPFG)和缘上回皮层,而情感共情可以聚合性激活背内侧前额叶的后部和额下回皮层;疼痛的共情一致性激活前岛叶皮层、背内侧前额叶的前部和缘上回皮层。对一些情绪共情实验报告的元分析表明,聚合性地募集发生在颞-顶结合区、栓核、背内侧前额叶的后部和额下回皮层。

Seehausen 等人(2014)在一项社会冲突的模拟情景实验中,对被试采集脑功能磁共振信号的同时,主试对被试谈论或解释刚刚发生的社会冲突事件中,被试所受的心理伤害。结果发现,主试的认知共情对被试的情绪情感具有较好的正面影响,立即增加被试的情感唤醒水平,有利于对待负面社会冲突。因而,在一定的环境下,例如接收者有较强的情感和较低的自尊状态,认知共情的作用更大。这类释义性谈话可以激活被试额-顶网络,最高激活区是右中央前回、左额中回、左下顶回和右中央后回;无共情反应时,额-颞网络激活,最高激活区是左额下回三角部(IFGTr)和右颞极(TP)扩展到杏仁核。主试的释义可以引发被试不同的社会认知脑区的激活;无共情反应时,边缘系统被激活。但是,Deuter 等人(2018)的研究报告却提供了相反的科学事实,自评量表得到的情感共情与皮肤电反应的唤醒水平之间存在着负相关,换言之,情感共情并不伴有唤醒水平的提高,唤醒水平提高并不利于情感共情的发生。

(二) E-S 理论对孤独症谱系障碍的解释

E-S 理论对孤独症谱系障碍的解释具有较大的代表性,提出孤独症谱系障碍的脑是极端男性化的脑(extreme male brain, EMB)。EMB 理论认为孤独症谱系障碍的脑在 E-S 人格维度上处于极端的 S 端,而 E 端发育不良(Baron-Cohen & Hammer,1997;Baron-Cohen,2002)。

成年以后的人格心理测验,得到较高的系统化商(SQ),情感再认测验所得的 EQ 值很低(Wakabayashi et al., 2006)。通过磁共振成像技术,可以测量脑内短距离纤维和长距离纤维的比值,发现孤独症谱系障碍儿童短距离纤维较多。由于长距离纤维发育不足,难以从多个脑区之间聚合神经信息,导致共情品格发育不良。孤独症谱系障碍儿童的头颅及颅内的脑比同龄儿童大;但其内囊和胼胝体的比例较小,18~35 月龄的孤独症谱系障碍儿童脑内杏仁核的体积异常大,直到少年期之前杏仁核才不再增大。胚胎期和新生儿早期雄激素,包括前列腺素对脑发育的影响占主导作用。这些脂肪性结构的雄激素分子,可以透过血脑屏障和脑细胞膜,在细胞质内与受体结合,然后进入细胞核促进 DNA 转录,并中介脑内的神经营养因子,使神经元树突生长较多的棘突,有利短距离纤维联系的形成。

第三节 人格障碍的脑功能基础

《中华医学会精神疾病分类》(1984)将人格障碍分为偏执型、情感型、分裂型、暴发型、强迫型、癔症型、悖德型和未定型等 8 种类型。此外,还有一些人以异常行为作为满足性冲动的主要形式,从而取代了正常性生活;这些人并不表现其他行为异常,故称为性心理障碍。DSM-5 将人格障碍分为 A、B、C 三类,共 10 种:偏执型、分裂样、分裂型、反社会型、边缘型、表演型、自恋型、回避型、依赖型、强迫型。简言之,人格障碍是一种持久适应不良的行为模式,影响正常人际关系,使自己和社会蒙受损失。本节只介绍边缘型人格障碍和反社会型人格障碍。因为这两类人格障碍患者常常危害家庭和社会安定,由于其形成原因比较复杂,我们仅从生理心理学角度介绍有关的生物遗传因素和脑功能不足的科学事实。

一、边缘型人格障碍

边缘型人格障碍(borderline personality disorder,BPD)主要在下列三个维度上表现异常:

(1) 亲情关系的紊乱,对自己身份认同的不稳定性,常有不确定性或空虚感,以及应激条件下出现的相关妄想。

(2) 行为失调,包括冲动行为和自伤行为。

(3) 情感失调,情感不稳定,不适当的激怒,热心于避免被家人遗弃。

近年一些研究报告对边缘型人格障碍的病因说法很多。其中较多认为,边缘型人格障碍与大脑皮层区域性结构和功能改变有关,主要是在前额叶皮层、颞叶皮层、岛叶皮层和杏仁核等。由于额叶-扣带回功能降低而导致边缘系统功能亢进(Visintin et al., 2016)。杏仁核功能亢进,或者前额叶或额叶-边缘系统间的神经连接发育不良是其情感紊乱的原因(Sicorello & Schmahl, 2021)。利用弥散权重成像/弥散张量成像(DWI/DTI)对240例边缘型人格障碍者脑白质检查,发现其胼胝体和穹窿的白质减退(Kelleher-Unger, 2021)。边缘型人格障碍的病因可能是胎脑在发育中,杏仁核与皮层间相互作用受到 μ/κ-阿片受体比例变化的影响,以及5-羟色胺和黑色素与性激素相互作用(Anderson, 2020);面对go/no-go范式的抑制性反应亢进,导致前额叶功能亢进;作为家族性风险因子,遗传到下一代,是边缘型人格障碍的病理基础(Ruocco et al., 2021)。边缘型人格障碍实际上是遗传(G)和脑发育期受到不良环境(E)共同作用的结果(G×E模型),只有两个方面的不良因素同时解决,才能降低边缘型人格障碍的发生率(Wilson et al., 2021)。

二、反社会型人格障碍

从生物医学和心理学角度,反社会型人格障碍(antisocial personality disorder)可能是由于遗传和环境因素的不利,导致人格形成和发展迟缓,受制于脑的唤醒水平低下,脑功能低下和外周自主神经系统机能调节和控制不足。这种人格发育不全,如同智能发育不全一样,终生难以弥补。Hare(1970)概括性地总结了反社会型人格的生物医学发现:

(1) 某些人格障碍者的脑电图类似于儿童期的脑电,有较多的慢波成分,是脑电唤醒水平较低的脑电类型。这可能说明这些人格障碍者大脑皮层神经细胞成熟得不完全,发育迟缓。值得注意的是有些人的双亲也有类似的异常脑电活动。

(2) 这种脑电障碍者异常的慢波活动,似乎还表明人格障碍者大脑功能低下。

(3) 人格障碍者皮层兴奋性低下,感觉传入减弱。

（4）人格障碍者不仅表现为低的唤醒水平，并且也有同感觉剥夺者一样的改变。例如，感觉剥夺的被试在使用巴比妥类药物、抗精神病药物、酒精类物质时，均可促使感觉剥夺状态的恶化。人格障碍者应用这些药物后，也会出现攻击性和情感活动的发作性增强。

（5）某些人格障碍者对刺激表现出病理性的需要，说明其具有唤醒水平较低的特点，故而这些反社会型人格者应尽量避免服用抗精神病药。

（6）某些人格障碍表现出刻板行为，这表明其时间-空间聚合能力贫乏，在刻板行为中，也涉及大脑基底神经节的功能紊乱。

（7）研究还发现了反社会型人格的男、女两性差异。男孩在7岁时就可发现其行为紊乱；女孩则一般在13岁以后才发现其行为紊乱，而且不如男孩那样严重。这种两性差异可能不只是社会文化因素所决定的，还有生物学因素与之共同作用的结果。

（8）某种人格障碍者的行为随年龄增加而逐渐有所改善，有力地支持了成熟延缓的观点。然而，只有部分人格障碍者会有改善，其他人则终生不会改善。

R.D. Hare的上述总结，至今经受住了科学发展的考验，1991年他修订了"Hare变态人格测查条目"(the Hare psychopathy checklist-revised)；2003年第二次修订，形成了国际认可的修正后的测查条目(PCL-R)，见表15-2。对条目多年应用所得数据进行主成分分析，可分别得到关于反社会型人格障碍的2因素、3因素和4因素模型。2因素模型中：因素1，人际关系/情感；因素2，社会偏离。3因素模型中：因素1，妄自尊大的和欺诈的人际交往方式；因素2，情感体验的缺陷；因素3，冲动和易激惹的行为方式。4因素模型中：因素1，人际关系；因素2，情感；因素3，生活方式；因素4，有害社会。由表15-2可见，4因素模型拟合较好，因素1、2分别由4个条目负荷；因素3、4分别由5个条目负荷；仅有2个条目不在4因素之列。而3因素模型不理想。

表 15-2　修订的反社会型人格障碍测查条目(PCL-R)及其在模型中因素位置

序号	条目	2因素模型	3因素模型	4因素模型
1	油嘴滑舌或表面迷人	1	1	1
2	浮夸的自我价值	1	1	1
3	追求刺激	2	3	3
4	病理性说谎	1	1	1
5	放纵或做作	1	1	1
6	缺乏悔过或自责	1	2	2
7	肤浅的情感	1	2	2
8	冷酷无情,缺乏同情心	1	2	2
9	寄生的生活方式	2	3	3
10	较差的行为控制力	2	—	4

(续表)

序号	条目	2因素模型	3因素模型	4因素模型
11	不恰当的性行为	—	—	—
12	较早出现行为出格	2	—	4
13	缺乏现实的长期生活目标	2	3	3
14	冲动性	2	3	3
15	无责任心	2	3	3
16	不能接受教训	1	2	2
17	多次失败的婚姻	—	—	—
18	少年违法	2	—	4
19	撤销假释	2	—	4
20	违法行为的多样性	—	—	4

资料来源：经授权，引自 Anderson & Kiehl, 2012。

21世纪以来，随着无创性脑成像技术和分子生物学的发展，人格障碍的研究取得了很大进展。2005～2006年，相继有人提出了人格障碍的神经模型；2011～2012年，有几篇综述分别从神经遗传学、分子遗传学和神经回路等方面总结了人格障碍的研究进展，并进行了理论概括。概括地说，现代脑成像研究发现，杏仁核、眶额皮层、前扣带回、后扣带回、海马和上颞叶皮层发育不良，这些脑结构容积较小和功能低下，是变态人格的病理生理学基础。至于这种病理形成的机制，则认为是环境和遗传因素相互作用的结果。除了具有明显家族遗传因素外，大部分人格障碍是通过表观遗传机制形成的病理变化，也就是由发育早期不良环境或不良行为习惯的稳定和持续累积而成。不良的行为首先通过学习记忆中的长时程增强或长时程抑制效应，引起神经元之间的突触可塑性的分子机制，转化为对基因的影响，最终变为固定的神经结构。不良环境，包括亲子关系等通过表观遗传调节，影响了核小体后，就较容易为特殊基因转录过程所接受。已有研究表明，早期经验很容易改变表观遗传标记，并在随后转化为对基因转录模式的影响，进而影响脑结构和功能以及行为的模式。

海马和杏仁核容积的减少是反社会型人格障碍脑结构变化的突出特点（Kaya, Yildirim & Atmaca, 2020）。利用质子磁共振波谱仪测试反社会型人格障碍者的脑的前额叶皮层的化学组成成分，发现谷氨酸和谷氨酰胺含量明显增高。可能这种过高的谷氨酸对脑组织产生的损伤，是反社会型人格障碍的病源之一，这一发现对其预防和治疗有一定参考价值（Smaragdi et al., 2019）。

三、病理性解体

病理性解体（pathological dissociation）的概念是从解体性身份障碍（dissociative identity disorder,DID)发展而来的,因为解体性身份障碍是一种具有争议的疾病诊断名称。但是,精神科医生对它也有共识,即其基本症状是:解体性失忆、解体性神游、人格解体和现实解体。通俗地说,在疾病发作过程中,病人的身份变了,不是原来那个人了,年龄、职业、社会角色都和原来那个人不同了,称为人格解体;对发病前那个人的身份、职业和经历一无所知,这种现象称为解体性失忆;对自己平时非常熟悉的环境突然觉得一切都那么陌生,甚至是非常可怕并即将毁灭的地方,称为现实解体。解体性神游是指以新的身份出现在新的地方,做着完全不同的事情,以新身份进行社会交往,甚至一些日常的动作和习惯也和原来那个人不同,数日之后又突然变回原来的身份,对这段神游的经历毫无记忆。这类病人大多数是多次反复发病,其两套或多套个人身份和自传体记忆的内容轮流发挥作用,好像是一个肉体被两个或多个灵魂轮流使用。

因为对 DID 有许多争议,美国精神医学学会 1994 年将解体性身份障碍重新定名为多重人格障碍(multiple personality disorder,MPD)。Reinders 等人(2003)使用 PET 对 11 例 MPD 女性病人创伤后出现的双向人格体验进行脑激活区分析,发现腹内侧前额叶皮层和后联络区皮层(posterior associative cortices)与自我意识体验关系密切。

自从 2013 年 DSM-5 出版后,对过去 60 多年精神医学发展的检讨认为,把精神病看作单胺类神经递质代谢异常所引起的全身障碍,无论症状有多大差异,一律采用强安神剂进行全身治疗,治疗效果不佳,希望彻底改变精神疾病诊断和治疗导向的呼声越来越高,希望在 DSM-5 和 ICD-11 之外,尽力探索第三个国际精神疾病诊断系统,并投入更多的资源。这个新的诊断体系应该是精准医学的组成部分,所谓精准医学,就是要大力吸收当代遗传学、神经生物学、神经生理学、心理学和脑影像学的新成果和新技术,对病人全面检查、精确诊断,采取准确的目标治疗。就此涌现了一批关于人格解体的文章,将多重人格障碍称为病理性解体。这些文章希望将病理性解体作为一个创新的试点,构建精准的精神医学。

Roydeva 和 Reinders(2021)将病理性解体定义为一种严重的衰退性和精准医学转换诊断(trans diagnostic)的精神症状。已有 205 项研究报告描述的症状符合这类症候群,可用四类生物学指标对其诊断:神经成像学、心理生物学、心理生理学和遗传生物学。背内侧前额叶皮层、背外侧前额叶皮层、双侧上额区皮层、前扣带回、后联络区皮层和基底神经节等被确认为病理性解体的机能解剖学基础,海马、基底神经节和丘脑容积减少是病理性解体的神经生物学指标;催产素、催乳素含量增高,肿瘤坏死因子 α(TNF-α)含量降低被确认为心理生物学指标;血压、心率和皮肤电导被确认为心理生理学指标。至于遗传生物学指标的研究,目前很有限,只能说是一些值得进一步探索的指标。现在的病理性解体症状存在于一些主要精神疾病中,包括创伤后应激障碍、边缘型人格障碍、重性抑郁症、双相情感障碍和强迫症等。

在人格解体和现实解体的疾病症状中,病人的知觉、注意、短时记忆和工作记忆等心理过程都可正常运行,唯独其自传体长时记忆的内容出错,无法支持一个新身份、新人格特质和新的心理理论模块。已有的研究报告发现,海马、基底神经节和丘脑容积减少,前额叶的许多皮层区激活水平变化。那么,是否由此可以认为,病理性解体是由于这些脑结构功能变化或者仅仅是自传体记忆障碍的结果呢?显然,还没有足够的证据支持这一结论。首先,脑影像学技术是多种多样的,采集数据的条件和分析数据的方法,都可能影响所得到的结果。所以,精准医学不是靠概念改变,而是依赖于生物医学和生物心理学指标的检测,是否有严格、统一的技术标准。其次,近年神经科学的发展趋势说明,脑高级功能是建立在神经细胞类型及其微回路的功能结构特性之上的,而不仅仅是靠脑成像技术提供的脑大体解剖结构的数据。所以,目前文献中关于脑容积增大或减少,涉及的脑结构数量多或少,脑大体结构中的血氧含量或血流量的增多或减少,未必是意识活动或人格特质差异的重要神经科学基础。例如,神经细胞类型的鉴别本身就是神经遗传学、细胞微形态学和膜片钳电生理学等多学科结合的成果,

包括遗传学提供的全细胞 RNA 测序技术、细胞微形态学提供的双光子成像技术、膜片钳电生理学提供的电压门控钙通道功能测定技术。这里已经很难清晰分出是哪个学科的成果,因为缺少任何一个学科,对细胞的分型都是无意义的。由此可见,对病理性解体的精准医学诊断和治疗,绝不仅仅是靠神经成像学、心理生物学、心理生理学和遗传生物学指标所能做到的,必须吸收更多的学科,如分子药理学、脑影像行为遗传学等,并经过长时间跨学科的研究才能实现。

[常识与思索 15-3] 人格解体

在精神专科医院中,常会发现病人急匆匆向医生报告:"大夫,他想回家,你允许他请假出院吧!求求您了!"你真以为他在替病友求情吗?事实上,这个病人是在为自己请假。用第三人称表达自己,不仅是人格障碍的症状,也常常出现在精神分裂症病人中。此外,人格解体有可能出现在意识障碍病人中,表现为自我意识不清晰,自我与非我的分界不清;还可能是自传体记忆障碍的表现。所以,人格解体究竟是人格障碍、意识障碍,还是记忆障碍,乃至是精神分裂症的症状,需要医生根据病情和病史综合分析,才能做出明确诊断。

思考题

1. 巴甫洛夫经典人格假说如何划分人的高级神经活动类型？
2. 艾森克人格理论从神经生理学中吸收了哪些理论概念，如何用于人格类型的划分？该理论有何现实意义？
3. 从情感神经科学人格理论的发展历程和学术背景，试述评其人格理论的特色和不足，及其发展前景。
4. 述评大五人格维度脑功能基础研究中所遇到的难题，原因何在？如何解决？
5. 试述 E-S 人格理论的生物医学基础，它可以用于解释哪些疾病发病率的差异？
6. 何为边缘型人格障碍、反社会型人格障碍和病理性解体？如何理解三者的共同性及其病理本质？

附录

人类的性与大脑进化

对人脑进化研究而言,社会的复杂性是非人灵长类动物和人类大脑进化的第一驱动力(DeCasien et al.,2022)。社会的复杂性是指广义的社会生态环境,包括各类建筑物、公共场所、文字和视听音像等媒体产物、传统文化和道德规范的潜移默化,以及个体间交往中待人接物的风格等。其中男、女两性在人际交往中的关系,对人类进化和文明发展具有重要作用。在生物医学层面上,男、女两性间的性关系,不仅与种族延续、社会物质文明和精神文明的发展息息相关,而且与诸多疾病的发生、预后和防治密切相关。在人类进化史上,两性关系的表现形式至少有乱婚、氏族群婚、对偶婚、夫妻制婚姻和家庭,还有同性行为、同性婚姻和家庭等。这些性关系的存在形式受制于社会生产力和生产关系的发展水平;同时,它们又会促进或阻碍社会生产力和生产关系的发展。从古人类到现代人的进化中,两性关系的变革发挥了重要作用。不但促进脑进化出人类独特的心理理论模块、共情网络模块和多层次大脑皮层参与的性相关功能网络,而且分别改变了男、女两性性器官的解剖和生理机制,与动物相比有许多不同之处。本章将从跨学科的角度,分别阐述近年来相关科学领域在这方面取得的研究进展。

一、社会认知和动机情感在人类进化中的意义

传统考古学和人类学倚重于化石研究,以及对地质、地貌和生态环境的分析;民族学主要依靠服饰、居所生态环境和习俗的资料,两者都缺乏对认知功能的分析。体质人类学长期从人类体质特征形成和分布的规律中,试图解决人类为何从其他动物中脱颖而出,成为文化群体的问题。如今这个问题已经从人脑社会认知神经系统的发现中,得到启示。认知人类学和认知民族学作为人类学和民族学的新学科分支,正在崛起。

人类学早就认识到,黑猩猩、大猩猩和倭黑猩猩可能是人类的祖先。人类学在研究古人类的栖居遗址中发现的加工器具或工艺品,虽然也提出符号认知在人类进化中的意义,但并没有从群居个体的人际关系和社会认知行为中理解人和动物的区别。30 多年前,比较人类学和儿童心理学家发现,群居的非人灵长类动物和儿童都具有检测同伴行为意向的能力,并将之称为心理理论。最近 20 年,神经科学研究发现,心理理论包括对同伴眼神的注视、视线跟踪和共享注意等三项技能。对现代人而言,除这三项技能之外,还包括第四项技能——心理理论模块。心理理论模块是人类行为的社会规范和伦理道德所组成的集合体,也是人和动物心理理论能力的本质区别。心理理论模块在儿

童大约4岁时才开始发展,是后天习得产物。总之,心理理论是人们理解自己与他人的心态和行为意向的预测能力,是人类个体交往的前提;心理理论模块则是人类社会关系和社会交往规则的集成,是人类合作共赢的前提。

21世纪以来,认知神经科学和生理心理学所取得的重大成果,特别是社会认知神经系统和社会动机情感系统的新理论,推动了人类学和民族学的发展。2016年,《美国科学院院刊》(PNSA)刊登了一组专栏文章(7篇),综述了人类起源问题的最新研究进展和提出的新课题,包括化石、考古、碳同位素示踪、植被、动物,以及认知行为等分支领域六个方面的问题。该专栏以《无可争议的人类独特的认知进化》为标题的开篇文章指出,对人类认知进化的满意解释,不仅能提供从猿到人的心理进化机制,还能搞清何时、为何、如何在倭黑猩猩中产生了人类心理特质的萌芽,并从这里开始进化为现代人类。

(一) 心理理论模块和共情特质与现代人的进化

最近10多年,通过脑、头与面部,以及社会认知行为的分析,越来越多的学者认为,倭黑猩猩可能是人类的直接祖先。倭黑猩猩的面部解剖特点比黑猩猩更接近人脸;其眉脊和眉弓较低,与面部较和谐,上颌部较短,如图附1所示。

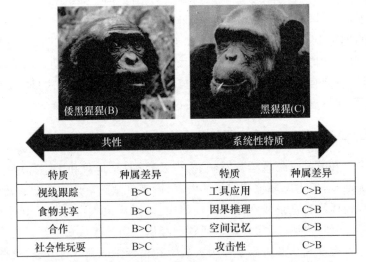

图附1 黑猩猩和倭黑猩猩额面部比例和性情特质的差异
(经授权,引自 MacLean,2016)

在社会认知行为上,倭黑猩猩比黑猩猩和大猩猩更多地表现出个体间的合作性、对食物的共享性(图附2)。与之相比,黑猩猩和大猩猩的眉脊明显高于面颊,上颌明显长于下颌,个体间经常出现攻击性行为。黑猩猩和大猩猩在狩猎其他大型动物时,也会出现个体间的合作行为;但不能共享食物战利品,经常需经个体间的搏斗,强者独占食物,只将残羹剩食留给其他个体食用。

可以看到,倭黑猩猩与黑猩猩和大猩猩在两个方面,即社会认知和社会动机功能,

图附 2　两个倭黑猩猩分享同一块食物的行为
（经授权，引自 MacLean，2016）

具有进化差异。虽在 700 万至 500 万年前，三种人猿均为同属动物；但倭黑猩猩生活在刚果河南岸，黑猩猩和大猩猩生活在刚果河北岸，两地生态环境不同。北岸的食物条件较差，还有另外两大物种，即长鼻类和马类动物的众多个体，获取食物的竞争性很强。所以，继续保持较强的攻击性，上部面颊较长，下颌骨较长，颌关节活动范围大，有利于搏斗；眉脊高保护眼睛在搏斗中不易受到伤害；雌性个体单独采集食物，以免受雄性的性攻击。相反，倭黑猩猩所处的生态环境有利于个体间合作，很少相互攻击，彼此的容忍度增强，会分享食物。在性情或个性特质方面，倭黑猩猩的共情性特质强于黑猩猩，黑猩猩的工具运用和攻击性等系统性特质强于倭黑猩猩。沿着这种社会行为进化方向逐代累积，导致倭黑猩猩脑额部和面颊等体质的进一步变化。与此相应，颅腔内的下丘脑-垂体和体内肾上腺所组成的内分泌系统，与垂体-甲状腺系统的平衡，也逐渐向现代人方向进化。伴随着体内雄性激素水平降低，攻击行为减少；5-羟色胺等神经系统的抑制性功能增强，性情中的耐受性、容忍性特质互为因果，彼此促进。在个体间合作与交往中，社会动机系统和社会认知系统，逐渐在前额叶皮层扩展和完善，最终导向现代人大脑中独特的心理理论模块，存储着社会交往的行为规则，包括两性性行为规范。

（二）性禁规的心理理论模块

性禁规是在原始人群中实行的第一个严格的人类行为规则，为防止乱交引发的矛盾滋长，影响集体生产活动，以及群内近亲性行为所导致的生物学有害的后果，原始人群内性禁规成为最重要的规则。随着这一规则生效，原始人群变为氏族人群，即内部没有性关系的人群，实行两合氏族间的群婚制（Crevecoeur et al.，2016；Val，2016）。两合氏族群婚不是一个集体被分为两半的结果，而是早先完全独立的两个人群相遇后，只有两个氏族男、女两性之间，才可以发生性关系。性禁规在氏族社会中是人们的基本行为准则，违反该准则被视为以隐蔽的方式给氏族全体成员带来玄妙的和可怕的危险。性禁规和两合氏族群婚制，是从古人类到现代人之间的过渡时期，也是古人类与现代人的分水岭。

利用碳同位素示踪，研究东非地区2400万年的植被变化发现，大约1000万年前在该地区出现了现代的东非草原和热带稀树草原，随后这类植物不断增殖扩展，它们适于作为大象一类长鼻动物和马类动物的食物。800万年前，南非的森林萎缩，同时东非草原却生机勃勃，于是直立的人属动物和食草的羚羊暴发性进入东非草原，得到了适宜的生态环境。东非地区的坦桑尼亚和埃塞俄比亚等地挖掘出来的大量化石表明，400万至300万年前，这里生存过许多人属，自然选择使他们分离、聚合，共同生存在广阔的热带稀树草原。考古学的各种证据表明，公元前12万年，到前5万至前4万年占据欧洲的尼安德特人等古人类族群已经在解剖学上与非洲人较为接近。现代分子人类学提供了许多人类种族进化和发展的证据，证明生存在欧洲的尼安德特人和生活于西伯利亚中南部的丹尼索瓦人，都是古人类较大的族群。从古猿到古人类的进化过程，历经了600万至700万年，大约在100万年前，古人类因气候变迁，不得不北迁走出非洲，20万至5万年前尼安德特人迁徙到欧亚大陆的许多地方，甚至远至西伯利亚，成为当时地球上最主要的古人种(Krings et al.，1997; Powell et al.，2009)。分子人类学分析认为，尼安德特人总数约为现代人的十分之一。由于他们处于乱婚状态，祖父和孙女、叔叔和侄女，以及兄妹之间的乱伦令其后代健康问题很多，并导致基因突变，颅骨发育障碍。眉脊突出、鼻子很大、下巴后缩，与现代人脸型差异较大(Ermini et al.，2015)。一些古人类学家曾认为尼安德特人与现代人没有进化关系。事实上，分子人类学的研究进展，积累了古人类发展的线粒体基因(mitochondrial DNA，mtDNA)、古人类基因(ancient DNA, aDNA)和全基因组测序(whole genome sequencing)的数据之后，得到的结论是，这种古人类与许多其他古人类存在着混血或基因流的遗传关系。但是，尼安德特人体内两个基因调节蛋白的发育异常，注定了头面部和语言能力发育障碍，使其不能直接进化为现代人，在1.2万至1万年前逐渐灭种(Ermini et al.，2015; Roebroeks & Soressi, 2016; Slatkin & Racimo, 2016)。西班牙古人类学家Tattersall(2012)报道，在厄尔斯德隆山洞中发现距今5万年前的12名年龄和性别不同的尼安德特人化石，初步分析认为，他们是被另一群体集体消灭的。有趣的是，其中3名成年男子的mtDNA属于同一谱系，而3名成年女性的mtDNA属于不同谱系。由此推论，晚期尼安德特人也可能具有父系血统社会结构；但为时已晚，祖先的乱婚，已使其后代大脑进化脱离现代人的轨迹。十多年前，在西伯利亚中南部阿尔泰山洞中，发现了新的古人类——丹尼索瓦人化石，现已认定它是尼安德特人的姊妹古人，两者分离于47.3万至38.1万年前，人数约为现代非洲人数的五分之一(Reich et al.，2010; Ermini et al.，2015)。由于丹尼索瓦古人化石的发现仅仅 10 多年,还缺乏对其社会结构和性行为方式的研究资料。

公元前 5 万至前 4 万年间,另一批非洲现代人突然形成,并向欧亚大陆扩展,取代了那里的尼安德特人和丹尼索瓦人等其他原有的古人类族群。也正是这个时期,现代人在欧亚大陆崛起。关于现代人的起源,至少有两种学说:单地区进化说与多地区进化说。

单地区进化说认为,大约 12 万年前,解剖学意义上的现代人(AMH)从非洲古人中分离出来,6.2 万至 5 万年前,从非洲向外扩散,约 1000 人的群体于 5.5 万至 4 万年前抵达亚洲,部分人于 5 万至 4 万年前到现在的澳大利亚,另一部分人于 4.2 万至 4 万年前到欧洲。他们分别与当地的古人类居民混血,出现了原始人群。在原始人群内试行了性禁规的族群,得到了发育良好的后代,族群快速扩大,成为新的氏族社会,依赖于氏族间的群婚关系繁衍后代,实行酌量取用的产品分配原则(谢苗诺夫,1983)。

多地区进化说认为,古人类在 100 万年前,第一次走出非洲后,分别演化为现代非洲人、亚洲人、欧洲人和大洋洲人(Zhu et al., 2008)。中国人是由北京猿人(直立人)逐渐发展而来的。50 万~20 万年前的北京猿人与 17 万~11 万年前的新洞人和 3.9 万~2.5 万年前的田园洞人,以及 3 万~1 万年前的山顶洞人均出土于北京周口店地区,此外还有 80 万年前的陨县人、170 万年前的元谋人(Wood, 2005)等远古人类化石证据。Liu 等人(2015)报道,在中国南方出土了 47 件 12 万~8 万年前的现代人化石,证明中国南方的现代人早于欧洲 3 万~7 万年,说明尼安德特人确实是现代人定居欧洲的阻碍。只有尼安德特人开始消亡,现代人才开始迁徙到广阔的欧洲大地。对于远古时代的炎黄大地上,除了龙的图腾崇拜,当时人们的性关系是否也经历氏族群婚阶段,目前还缺乏相应史料。

如上所述,古人类族群内部两性关系十分混乱,特别是占据欧洲大陆的尼安德特人,不分辈分和血缘关系的乱伦,结果是畸形胎儿和发育障碍的后代增多,进而导致一些小族群的衰亡。为了避免族群衰亡的命运,一些后起的古人类族群实行了性禁规。在同一族群内的男、女性个体间,完全不允许发生性行为。为此,不得不进行男、女两性分居和分工的管理。所有男性聚居在一处,集体从事狩猎;所有女性聚居在另一处,集体从事采摘。人类学将这类族群称为氏族。为了氏族的种族延续,推行两合氏族群婚制,只有在迁徙过程中,遇到另外的氏族,两个族群间的男、女两性间,才允许发生性关系。两氏族分离后,婴儿归其母亲所在的氏族所有,孩子长大不知其父亲是谁,分别按其性别,跟随母亲或舅舅一起生活和参加生产劳动。所以,氏族社会是典型的母系社会。

简言之,从倭黑猩猩到古人类族群,再到快速形成的原始人和氏族人群,性禁规之所以能够发挥作用,说明在氏族人的头脑中,关于性行为已经初步形成了心理理论模块,能够发挥对性行为的制约作用。心理理论模块不仅是现代人与灵长动物的区别,也是现代人与古人类的重要区别。

二、婚姻与家庭

婚姻和家庭伴随着生产力的发展和私有制社会的发生而产生。近代和现代社会将婚姻定义为：一男一女（丈夫和妻子）之间的结合，并给予所生育子女一个长久稳定的家庭。所以，它是民族和社会赖以延续和发展的重要基础。

(一) 婚姻与家庭的起源

更新世晚期，随着欧亚大陆生产力水平的提高，有了社会剩余产品或手工制作品。这些多余的东西，开始由生产能手拿去作为礼品，送给两合氏族中自己喜欢的异性对偶，成为相对固定的对偶标志物，开始了母系社会的对偶婚。生产力水平再度提高，使产品分配制度从酌量取用到分割使用的过渡（谢苗诺夫，1983），产品数量的增长，分割时把多余的产品留给生产能手，结果导致一批对偶中的男性生产能手，获得越来越多的分割产品，足以供给对偶及其子女。于是，这些生产能手的对偶带着孩子离开自己的氏族，来到男性从事生产的场地，与自己心爱的男人合作，共同生产和供养孩子，这就是家庭的雏形。这样一批"家庭"逐渐聚在一起形成原始公社，介于两合氏族之间。最初，无论男孩还是女孩，跟随母亲长大后，仍然离开母亲，回到母亲的氏族中，分别跟随舅舅或小姨一起生活和参加生产劳动。所以，原始公社的早期，虽然出现了婚姻和家庭的雏形，但其母系社会的形态，没有发生根本改变。原始公社后期对偶婚时代，婚姻家庭形式已完全形成，孩子们从小生活在父母身边，不再回到母系的氏族中跟随舅舅或小姨生活和生产劳动；而是留在家中，参加生产活动，成年后继承父母的资源和生产技能。由于男、女生活在一起，生产劳动密切合作，原始公社比氏族社会具有更强的生命力和劳动生产效率，最终取代了氏族社会。这批"家庭"成为私有制的起点。虽然在公社中实行分割使用的分配制度，蕴含着按劳分配、多劳多得的原则，但生产资料却是公有的。随着不同"家庭"在分配中所得价值的分化，生产资料和劳动力逐渐演变成私有，形成了私有制社会。一夫一妻制或一夫多妻制的婚姻和家庭，成为社会的基本单元。所以，婚姻和家庭起源于私有制社会，随着公有制为主体的社会发展，婚姻和家庭的形式和属性都会发生相应的变化。由于女性需要分配时间和精力去生育和抚养孩子，男性却有充足的体力和精力生产劳动，在生产资料和产品的创造中优于女性，所以母系社会逐渐为父系社会所取代。随后的私有制社会，逐渐发展出一夫一妻制的人类婚姻制度。所以，人类的一夫一妻婚姻和家庭制度，萌芽于原始公社，并从此开始了产业和生产技能的家族继承，特别是农业、种植业和畜牧业，大约在公元前1.2万年得到推广，人类文明开始了快速发展。总之，现代人进化中性禁规和两合氏族群婚导致的积极后果是推进人类婚姻和家庭制度的形成，但是也带来了人类的同性恋或同性性行为。

首先，性禁规之所以能在氏族群内实施起来，说明此时期人际交往的心理理论模块，已在现代人每个个体脑内发育成熟起来，且功能强大。群内性禁规本身也说明，氏族人的性生理学特点逐渐接近现代人的标准,既不同于其他灵长类动物,也不同于尼安德特人。全部非人灵长类动物雌性个体,均具有明显的发情期,发情期以外的时间无法接受雄性。现代人女性虽有月经周期却没有发情期,何时接受哪位异性,取决于自身的意愿。与之相应,在现代人男性器官内,非人灵长类动物雄性个体阴茎原有的软骨已经完全退化消失。现代人阴茎勃起完全取决于自身情绪、情感作用下的血流动力学因素和神经体液调节机制,废弃了非人灵长类动物阴茎软骨的机械支撑力。

(二)私有制社会中婚姻与家庭的基本属性

从上述婚姻和家庭起源过程,可以概括出家庭所具有的如下基本属性和功能。

1. 生物学属性

有关人类性关系的上述多种方式中,父系一夫一妻制或一夫多妻制婚姻,能有效降低近亲繁殖所带来的生物学缺陷,较好地维系血统。为此,男、女两性之间存在严重的不平等,男性可以有婚外性关系,甚至三妻四妾,女性则绝对禁止婚外性关系。此外,由于在以人力或机械力为主的生产方式中,男性比女性具有较大优势,能保证家庭的收入以维持孩子的养育之需,所以两性的不平等蕴含在生物学属性之中。在现代信息与智能社会中,男女两性的社会地位,受制于生物学因素的程度逐渐降低。男女平等不但体现在家庭中,也体现在社会中。

2. 经济属性

在两合氏族群婚时代,性行为不存在任何经济关系,下一代由母亲所在氏族负责,母亲只有养育的义务,孩子长大后参加氏族的生产活动。在氏族社会后期的对偶婚中,已通过逐渐增多的礼品和赠品,融入了经济因素。直到原始公社初期,男、女双方共同养育儿童,孩子长到少年后,还是回到母亲的氏族参加生产活动。原始公社后期的对偶婚时代,家庭形式已成雏形,孩子从小到大生活在父母身边,在公社中参加生产活动,不再回到母亲的氏族。随后,在生产资料私有制的社会中,婚姻和家庭已经完全为经济关系所限定,男、女之间的不平等体现在经济、政治和法律上,家族关系也从血统的生物学属性上升至经济属性,体现为财产和产业的继承。

3. 政治属性

在人类的各种社会制度中,经济是社会的基础,政治是社会的上层建筑,政治为经济基础服务,这一基本原理也适用于婚姻关系中的政治属性。在氏族社会和原始公社的社会中,生产资料公有,除劳动分工不同外,男、女一律平等,即使性关系也完全自由和平等。但是,在私有制社会中,男性或因占有生产资料,或因是家庭生活供应的支柱,成为家长,女性因生育子女只能断续参加生产劳动,在维系家庭经济中处于次要地位,或完全处于被供养地位。这样的经济关系令女性在政治上处于从属地位,在不发达的社会中,女性甚至没有自己的名字。尽管如此,婚姻和家庭的政治属性,任何人都无法摆脱,在人的一生中,许多重大事件,社会首先关注当事人出自何种家庭。

4. 法律属性

氏族社会和原始公社没有完整的法律体系，只有一些带有宗教色彩的行为规则，氏族内的男、女性之间的性禁规，就是其中之一。在这一禁规之下，人人平等。但是，在私有制社会的法律中，婚姻使一男一女结合为男性名下的家庭，女性失去了自己独立的政治和法律地位，仅享有丈夫身亡后的部分财产继承权。丈夫则有财产和产业的所有权和支配权，同时具有对妻子、子女和老人的供养义务，以及对子女的教育义务。

5. 教育属性

在氏族社会中，男性没有对子女的供养和教育义务，只有对自己的外甥在少年期进入氏族生产活动的指导义务，女性也仅负责对自己生育的婴幼儿的养育，所需食物等由氏族供应。在原始公社中，对偶婚双方对子女共同养育和教育。公社建立初期，公社内的男女同居者仍属母系氏族对偶婚范畴，双方共同养育的孩子长大以后回到母亲的氏族内，男孩跟随舅舅参加生产活动，女孩跟随外婆或小姨参加氏族生产活动。公社晚期已初具私有制的生产方式，则对偶婚也达到婚姻家庭的成熟条件，具有一定的生活资料和生产资料。此时长大的孩子也愿意继续留在家中，参加公社的或父亲的生产活动，日后可以继承家庭的财产、产业和生产技能。

在上述五大属性中，生物学属性是婚姻家庭的基础和前提，经济属性决定着婚姻家庭的表现形式，其他属性发挥着种族延续、社会稳定和文明发展等婚姻家庭的社会保障作用。

（三）当代社会的婚姻和家庭

在上述五大婚姻属性中，之所以说经济属性是决定性的，是因为在私有制的社会中，依生产力发展水平不同，对生产资料主要占有方式不同，婚姻和家庭的基本属性和功能也随之出现不同的表现形式。在劳动力占有的奴隶社会中，婚姻和家庭的全部成员均属奴隶主私有财产的一部分。对土地和资源占有的封建社会，家庭实行家长制，年轻人的婚姻由家长决定，女性生活在神权、族权和夫权的多重压迫之下。在资本社会上升期，个性解放、种族平等、妇女解放、性解放和性革命等动此起彼伏，每个人都是自由劳动力，人人都是工业产品的消费者，有利于资本的流通、发展和扩大。资本社会的后期，从工业资本到金融资本，资本巨头们不但操作经济和金融，也左右着政治、法律乃至军事。他们的势力还通过文学、艺术和各种媒体左右着社会舆论，引导着社会潮流。现代西方国家正处于资本社会后期，家族、血缘或传宗接代的观念早已为性解放和性享乐所冲击，未婚同居已司空见惯，家庭稳定性变差，离婚率迅速上升（Hekma，2011），并且过度追求性享乐，性功能障碍患者人数直线上升（Fugl-Meyer & Fugl-Meyer，1999；Johannes et al.，2000）。

家庭小单元化、朋友圈广泛化、生活标准高品位化等是当代婚姻家庭的发展趋势。尽管如此，婚姻和家庭的基本属性和功能并未发生根本性变化。这是因为爱情、婚姻、亲情和血缘仍然是人际关系的重要纽带。一对以爱情为基础而生活在一起的男、女两性,有了后代,他们之间必然出现一些生理心理特点的共鸣,包括脑功能及其认知情感的动态特性;即使存在男、女两性的差异和个体差异,但也还是具有结合与互补性,这些都是个体实现自我价值的珍贵资源。

三、性分化和性行为的生理心理学基础

随着生物医学和心理学的发展,对男、女两性脑结构和功能,特别是高级功能差异的认识,有利于和谐家庭与社会的构建。现在生物医学对此问题的共识是,性别取决于性器官的分化和发育,性器官的形成又由受精卵形成第一周就开始的性基因网络分化,直到胎儿出生为止;脑的性分化始于胎儿第 8 周龄,在胎儿自身分泌的性激素作用下发生。直到出生后,儿童自身分泌的性激素还在对身体和脑的发育发挥组织化作用;在青春期之后性激素完成了组织化作用,继续对性行为发挥激活作用。性器官的分化和发育完全取决于基因网络;脑的性分化和身体的第二性征取决于胚胎期和儿童期自身分泌的性激素。社会性学(social sexology)认为性别身份认同(gender identity)是指对某人家庭角色和社会角色的自我认同和社会认同,其决定因素则是比较复杂的生物-心理-社会等多重因素。

(一) 性分化

在生理心理学中,两性分化(sexual differentiation)包括三个不同方面:性器官、身体的第二性征和脑结构功能的差异,对其发生决定性作用的分别是遗传基因和性激素。

1. 生殖器官的分化

是男孩还是女孩？这是人们对新生儿最先关注的问题,其答案是看新生儿的生殖器官外形。细胞遗传学认为,性别取决于 23 对染色体中的一对性染色体。男、女性有相似的 22 对、44 条常染色体,另外还有决定性别的一对性染色体。男性的一对性染色体是异质 XY 对,女性是同质 XX 对。1990 年前后,研究者发现在性染色体上有一个关键基因,决定着性别的表型为男或女,又称之为性相关 Y 基因 (sex-related Y gene, SRY),分布在男性 Y 染色体中。SRY 是在妊娠后第一周内表达在未发生性分化的原始性腺细胞内。一旦 SRY 表达了,性腺和性器官的分化就开始了,按 SRY 表达程度引导性腺的分化。男性生殖系统形成,抑制女性生殖系统的发生。妊娠 6 周前胎儿的性腺尚无明显分泌功能,大约在第 6 周 Y 染色体上的 SRY 基因作用下,使胎儿发生睾丸,第 8 周睾丸开始合成雄激素。Y 染色体上的 SRY 基因没有发挥作用的胎儿,在第 1 周卵巢开始发生,第 6～7 周卵巢开始合成少量雌激素,再加上母亲肾上腺和卵巢分泌雌激素的环境,女胎的脑受到足够的雌激素作用。胚胎 8～24 周是性分化的重要时期。虽然胎儿的外生殖器形态取决于基因网络,但性激素的分泌却影响着胎儿的外生殖器在基因作用下形成得是否完善。例如,后面将介绍患有先天性肾上腺皮质增生症胎儿,其外生殖器发育不完善。胎儿脑和身体的性分化更是取决于胎儿自身分泌的性激素是否充足。

2. 第二性征的分化

第二性征是指人的体型、骨架、骨盆、皮下脂肪、肌肉、乳腺、胡须等身体特征的男女之别。其中最显著的差别是骨架、皮下脂肪、乳房和胡须。这些第二性征主要取决于个体体内性激素和生化代谢的特点。以分泌雌激素为主的个体表现为女性的身体特征，以分泌雄激素为主的个体表现为男性的身体特征。雌激素，特别是雌二醇(estradiol)，由甾酮或称睾丸酮(testosterone)A 环芳香化而形成，芳香化是借助雌二醇合成酶（又称 P450 芳香化酶）的作用而实现的。因此，可以说雌二醇功能前体是睾丸酮(甾酮)。在含有性两形性细胞的脑结构，即在视前区和下丘脑腹内侧核细胞内，芳香化酶含量最高，其次是端脑和间脑也有少量芳香化酶。所以，1975 年 F. Naftolin 认为，由雄激素经芳香化酶作用生成雌二醇的过程，在性分化中发挥重要作用。

3. 脑结构和功能的性分化

在人脑的性分化中，性激素的组织化作用主要是指雄激素的作用，因为雌性是遗传上已经预置或默认的脑发育方向，只要没有雄激素的作用，脑就会按默认的雌激素作用发育下去，可能是因为母体环境是雌激素为主导的缘故。

女性脑的下丘脑腹内侧核（VMN）在性行为中是重要中枢，男性脑的视前区（POA）是性行为中枢。成年个体的两性差异，主要体现在性行为以及两性人格特质的差异。对性行为和脑结构的关系问题，McCarthy(2008)认为有两种观点：一种认为男、女性分化是一个维度的两个极端，一端为完全男性，另一端为完全女性，胚胎初期处于中间状态，出生前决定了成年之后的性行为类型；另一种观点是二维度决定四种成年性行为类型，完全男性、完全女性、非男非女和又男又女。这一假说只是从低等动物的生化代谢研究中得到一定的证据，目前并没有人口统计学上的数据支持。

男、女两性的脑，不仅细微结构不同，完成同一认知功能任务时，男、女两性脑网络模式也不同。少年儿童以及成年人的脑中，男、女性别的差异不仅体现在全脑的容积上，更明显地体现在下丘脑的结构上。作为性行为中枢和生育功能中枢的下丘脑，其神经细胞上含有密集的性激素的受体蛋白，包括雌激素、雄激素和前列腺素受体。与下丘脑有神经联系的脑结构，也会有较密集的某一种性激素受体，如杏仁核、终纹床核、孤束核和旁束核。此外，基底神经节、海马和小脑也会有较多的性激素受体。性激素类物质对大脑皮层功能的影响，是通过直接和间接两种方式实现的。脑内的多巴胺能神经元（集中存在于中脑）对性激素的活动最敏感，中脑缝际核内的 5-羟色胺能神经元，也含有性激素受体。多巴胺能神经纤维和 5-羟色胺能神经纤维大量弥散地投射到大脑皮层的广大区域内。因而，中介于两类神经投射，大脑皮层的神经元也含有性激素受体。所以性激素对大脑皮层的发育也有重大影响，特别是对额叶、运动区、躯体感觉区、后顶叶皮层、无颗粒岛叶皮层和旁海马区皮层的影响更为明显。成年女性脑的眶额皮层、额区和内侧旁边缘皮层较为发达，尤其是内侧额区、下丘脑、杏仁核和角回均比男性所占的比例大。

在一项对 8~15 岁的男孩和女孩进行磁共振脑容积成像研究中,发现女孩的两侧海马和右侧纹状体较大,男孩杏仁核较大。血液分析发现这组被试中,年龄较大的男孩血清睾丸激素含量较高。回归分析表明雄激素含量正比于男孩右侧间脑的灰质密度,反比于顶叶灰质容积;雌激素正比于女孩的旁海马回灰质密度。这些结果说明,在少年儿童期的脑发育过程中,激素仍然发挥着对脑的组织化作用。

通过尸检也发现男、女性大脑皮层的细胞构筑存在差异。女性大脑皮层颗粒细胞密度较高;男性的大脑皮层细胞总数多于女性,突触的密度也高于女性。一些研究发现,女孩大脑皮层较厚,较明显的是左额上回和额下回;男孩左后颞叶皮层较厚。但另一些研究表明,当把年龄、全脑容积和灰质总容积匹配的男女两组各 18 人进行对比后,发现女性的右侧额叶、颞叶和顶叶的皮层较厚。男、女儿童脑发育的轨迹不同,从 1989 年到 2007 年间,对 387 名儿童进行 829 次脑成像扫描(间隔 2 年扫描一次),对结果进行比较时发现,脑的大小随年龄的增加呈倒 U 形变化,女孩的峰值在 10.5 岁,男孩的峰值在 14.5 岁,女孩早于男孩。白质的容积无论男、女都持续增加,直到 27 岁。另一项研究发现,男性的侧脑室大于女性,而女性的胼胝体相对较大。18~21 岁男青年的海马明显增大;但此年龄的女青年的海马却没有增长,可能女青年的海马在此之前已经增大了。

4. 脑高级功能模式和疾病易感性的差异

男、女发挥相同认知能力时,脑的激活水平不同,女性脑激活水平低于男性;成年女性两侧半球激活水平相近,而男性大脑激活倾向于区域性的增高。男孩和女孩对生气的面孔给出相似的反应;而成年女性与男性相比,对生气面孔给出更强的反应。这可能与下丘脑-垂体-肾上腺轴(HPA)功能的两性差异有关。女性对社会人际交往中不利环境的反应强于男性,可能与其母性责任有关。

在青春期以前,重症抑郁症发病率在男、女两性间无差异,均是 5%;而青春期以后的少女发病率增至 10%,男青年的发病率仍保持在 5% 的水平上。女性的这一变化可能是她们的下丘脑-垂体-肾上腺轴在青春期得到发育所致,而男性则因睾丸激素的分泌增多使 HPA 反应降低。男性精神分裂症的发病率在少年期较高,而女性的发病年龄多在青春期之后和更年期,这可能与脑发育年龄差有关。

5. 性分化异常

性翻转或性转化(sex reverse)是指性别的外在表型(phenotype)与其体内的基因型不一致的现象,也就是说,个体在发育中受到外部作用,性基因表达发生了翻转。在澳大利亚原始荒地,一种蜥蜴的基因表达受其卵孵化环境温度的影响,易发生性翻转(Holleley, O'Meally, & Sarre, 2015)。人类胎儿在母体良好胎盘所提供的优良生态环境中发育,出生时生殖器官已完成了基因表达过程,不再受外部环境的影响而发生性翻转。但是,也有一些稀有的疾病会在胎儿期发生性激素代谢异常,使其生殖器官的发育不完善。例如,有一种先天性肾上腺皮质增生症(congenital adrenal hyperplasia,

CAH），患病女婴出生时外生殖器部分男性化。欧洲和北美洲一些病例报道，其脑结构和功能也发生男性化，且其男性化程度与外生殖器畸形程度相关。这是由于女胎儿肾上腺合成的雄激素过多所造成的。每个健康人的肾上腺都合成与自己性别相反的性激素，当发生病变其合成功能亢进时，就会合成过量的异性性激素，有可能是个体出现自我性别认同问题的原因之一。但是，至今在世界范围内的医学史上，除所发现的几百名CAH病例外，没有其他报道能够支持这种设想。

（二）性行为与男、女性感受之别

利用功能性磁共振技术，在正常年轻人中所做的实验研究发现，人类的性生活过程，大体可分为5个时相，如图附3所示：性欲或性兴趣（desire）、性唤醒（arousal）、平台期（plateau）、性高潮（orgasm）和性不应期（refraction）（Georgiadis & Kringelbach，2012）。

1. 性欲或性兴趣

在实验室中，通过1~2s短暂呈现的异性裸体图片，引发被试的性欲或性兴趣，这时脑内活动增强的网络称"性兴趣网络"，主要包括腹侧纹状体/伏隔核、杏仁核、眶额皮层、前扣带回后区、上顶叶、下丘脑和前岛叶。

2. 性唤醒

当给被试播放1~2min的性短片，大多数男性被试有阴茎增大的性唤醒反应，此时脑内活动性增强的网络称"性唤醒网络"。该网络包括腹外侧枕颞皮层、运动前区皮层腹部、内侧顶叶皮层、中扣带回前区和后岛叶，以及下丘脑和前岛叶。

3. 平台期

性器官受到接触的感觉传入，到达初级体干感觉皮层的腰骶代表区；阴茎勃起产生的传入冲动直接到达后岛叶皮层-屏状核复合体（the posterior insula-claustrum complex），但腹侧苍白球（ventral globus pallidus）也接受对生殖器刺激的开始和终止信号。在平台期，来自伴侣的对生殖器的刺激在脑内活动不断增强的区域有扣带回前部、后岛叶-屏状核、前岛叶-额叶岛盖、内侧颞叶皮层和枕-颞皮层，这个网络与性唤醒网络有较大的重叠。

4. 性高潮

人类性高潮研究多以女性为标准，以眶额皮层的兴奋为主要特征。此外，腹内侧颞叶皮层和腹内侧前额叶皮层在性高潮时，也受到强烈激活；但在性唤醒时相，其活动水平与性唤醒呈负相关。

5. 性不应期

在性不应期，性快感期兴奋的脑结构均发生去唤醒（de-arousal），其中特别明显的表现在前扣带回后区和上区；但也发生在腹内侧前额叶、杏仁核和旁海马回。这说明性反应停止后，脑功能恢复到默认模式状态。由于男性生殖器官结构异于女性，而且其体内神经内分泌环节明显少于女性，所以在性生活过程中，男性的性快感和性高潮很快出现,而且几乎每次都会发生射精的性高潮感。女性的性敏感区是在阴道之外的阴蒂,而且其神经内分泌环节显著多于男性,所以女性性快感和性高潮出现较慢。这是由于女性的生育和哺乳功能需要复杂的内分泌机制,且胎儿通过阴道出生的缘故。如果阴道敏感性过高,则无法承受分娩过程的痛苦。所以,女性产生性高潮快感的概率只有30%左右,伴侣双方同时达到性高潮快感的概率更低。

(三) 性生活困惑

这里所说的性生活困惑,包括性生活不和谐、性功能障碍和性心理异常三类性质不同的问题。男、女双方对性生活欲望不高或满意度不佳,影响因素很多,心因性因素时其中之一,如感到疲倦或身体不适,或者有烦心事。既往性生活的创伤或生殖系统慢性损伤和炎症等疾病,也可能导致同样的后果。

性功能障碍最常见的是勃起障碍、早泄和性唤起障碍等,有其生物医学的病理因素,包括基础性反应的神经生理学、神经内分泌学和微循环生理学,以及肝、肾等病理问题。男性肝、脾和血流动力学功能不佳或血容量不足等因素,常常是造成早泄等的原因。

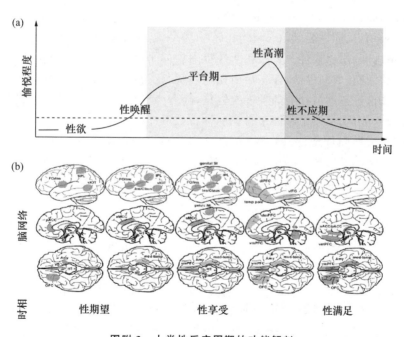

图附 3　人类性反应周期的功能解剖
(经授权,引自 Georgiadis & Kringelbach,2012)

(a)性反应周期。(b)在性反应周期中不同时相的脑功能网络,包括进行脑成像的条件和方法,在引发被试性期望时相呈现照片(1~2s)或播放短片(1~2min);在性享受时相直接刺激被试的阴茎;在性满足时相停止刺激。

除此之外,还有性心理异常,如性欲倒错障碍,患者虽然性器官生理功能正常,但其性偏好的指向性发生变化,指向非生物对象(恋物癖)或通过施虐或受虐方式满足性欲等。虽然目前对其认识还很不够,但激素等神经体液对脑内性反应网络的调节作用发生异常改变,可能是重要原因之一。例如,在整个性反应周期的各个时相中,杏仁核兴奋性水平的变化都很突出,不仅对性对象及其突显的特征发生反应,也对性行为中的奖励线索或事件很敏感。因此,杏仁核的抑制会导致性兴趣不高,并难以出现亲密的性和谐感。相反,创伤后应激障碍伴有的慢性杏仁核活动增强,可导致严重性心理障碍。此外,性激素在胎儿期和成年前对脑发育的组织作用也与此有一定关系。因为在胚胎早期,胎儿性器官的分化早于脑的性别分化,如果此时男胎性腺分泌的雄激素不足以对抗母体的雌激素环境,则男胎脑发育的男性化不足,成年以后性取向受到影响。还有肾上腺功能发生问题,分泌异性激素过多,也可能导致性偏好的指向性变化。总之,性心理障碍以往被称为性变态,科学的发展有助于对其本质的认识与合理对策的制定。

四、性取向

性取向(sexual orientation)是个体追求性对象和性目标的指向性,包括异性恋(heterosexuality)、同性恋(homosexuality)和双性恋(bisexuality);也有将性取向定义为一种人格维度,用以描述一个人在两性吸引中的平衡点。绝大多数人寻求正常异性为伴侣,创建家庭、共同生活,在生活中相互理解与支持,并彼此得到性满足,通过繁衍后代,延续和推进家庭与社会的发展。但是,随着生态环境的变迁和生活经历的不同,个体的性取向分化,形成了不同于常态的性少数群体(sexual minority),包括女性同性恋(lesbian)、男性同性恋(gay)、双性恋(bisexuality)和性恋缺失(asexuality),即 LGBA。在西方发达国家和社会中,LBGA 约占人口的 10%(Gates,2013)。也有文献将性少数群体定义为 LGBT,与 LGBA 稍有不同。T 是 trans 之缩写,但究竟是 transsex 还是 transgender,仍有不同含义。性别转换(transgender)和易性(transsex)的区别在于,前者仅在性别身份认同或性别表达方面不同于其出生性别;易性者还会力图采用现代技术手段改变自身性器官的生理和解剖特点,以便与出生性别不同,更符合自身认同的性别。性取向的研究始于第二次世界大战后的性社会学(social sexology),由于其历史较短,理论很不成熟。1990 年之前的半个世纪,性取向理论主要建立在美国学者 A. C. Kinsey 提出的连续线性表征原理的基础上(Kinsey,Pomeroy,& Martin,1948)。将性取向看作线性关系,异性恋和同性恋分别处于连续直线的两端,双性恋位于二者之间;以性吸引、性幻想、性行为和性别身份认同等四个维度的心理量表为工具,将每个维度 7 点量表的测试值,分别画成直线;根据测试值处于每条连续线上的位置,确定性取向的归类。这种方法学存在许多值得探讨的问题(Sell,1997)。

心理成分(性吸引)是毕生稳定的、连续性的单一模式;而其他三个维度则在不同年龄阶段或环境因素作用下表现不同。心理成分并非完全是有意识的社会心理,更主要的是无意识的内隐心理。例如,女孩自幼就喜欢靓丽的颜色和玩具娃娃;在街上行走的男人,对迎面而来的漂亮女孩,都会情不自禁地多看几眼等。男、女两性间无意识内隐心理活动的这种差异,有其不同的脑结构和功能基础。而性幻想和性行为对象的指向、选择、性行为实施,以及性别身份认同,既受外显的主观意识心理所支配,又受社会和环境条件的制约。这里的理论问题在于,性取向内涵所包含的心理成分和行为成分在性取向评估中,各自所占分量及其判定标准是什么。换言之,本能的、无意识的、内隐的心理成分,和外显的、意识行为以及性别认同之间的关系,该理论避而不谈,采用每个维度单独计量的分割策略(沈政,2015a)。

20世纪90年代兴起的"酷儿理论"(Queer Theories)批评A. C. Kinsey的理论架构过分依赖性欲望和性行为的生理基础,忽视人类高级情感在同性性生活方式中的作用。在该理论背景下,出现了7~8维度或21维度的性取向量表,涵盖了情感和社会偏好等维度;强调对性取向进行多维度动态分析。除性需求之外,还包括浪漫爱、爱慕、崇拜和迷恋等复杂感情的专注性投入,认为同性性行为的发生在相当程度上源自爱慕和吸引(Diamond,2003)。2011年,美国国家科学院医学研究所提出含三个成分的新理论概念,将性取向概念限定在性吸引、性行为和性别身份认同,无视酷儿理论的观念(Institute of Medicine of the National Academies,2011)。

(一)雄同行为和雌同行为的生物学性质不同

1. 雌同行为可能是动物优生的行为模式

在动物进化史上,为保证种属健康延续和发展,自然选择以保胎为先的原则,使雌性做出了重大牺牲。例如,只有在适合受精卵发育和幼崽成活的季节,雌性动物才会发情。Vasey等人(2014)报道的日本猕猴(*Macaca fuscata*)雌性同性性行为的规律和表现,具有启发意义。雌猴具有与女性相似的月经周期,但每年只有7个月可以发情与雄猴交配。这是自然选择的结果,目的是避开寒冷冬季生育幼崽。在无发情期的5个月内,两只交好的雌猴形影不离,时常彼此交换体位,总是一只仰卧,另一只骑坐其上,两者骨盆和会阴部紧密接触协调地节律运动。然后,两者蜷在一起入睡,醒后彼此相伴或互相慰勉。这种同性关系可以维持到生育季节来临。雄猴为了得到雌猴,不仅要与其他雄猴竞争,还必须面对互相依恋的一对雌猴,并赶走其中一只雌猴。这种现象的生态学意义尚需进一步研究。其中一种解释是:一方面,它有利于雌性在有效配种期排出质量优异的卵子。因为在漫长的非生育期,没有性刺激的雌猴,排卵功能会衰退。另一方面,另一雌猴的存在也有利于选择强壮雄猴交配,生出健康的后代。

对于人类而言,女性同性恋除极个别由激素等生理因素所致,绝大多数是心理因素和社会环境因素所促成,这种行为并不具备优生意义。对于单亲家庭,母亲们为了互相帮助照顾年幼的子女而合住在一起,并不含有性的因素,这可称之为具有优生意义的生活方式,但在一定程度上也是一种无奈的选择。

2. 雄同行为是动物竞争失利者加速自我消亡的不良行为模式

陆生哺乳动物在消化道末端,特化为排出粪便的肛门,完全与生殖功能脱离。除括约肌组成的出口,肛门内只有单层柱状上皮细胞的直肠薄壁,完全没有与性感相关的感受器和神经末梢,也没有阴道内收缩力很强的肌肉组织。所以,初次肛交的被动者完全不可能产生快感。争夺雌性配偶的种内竞争失利者,被排斥在种群之外,自行聚在一起迁徙和觅食。有空闲和安逸时,会出现以强欺弱的爬背和射精行为。所以,雄同行为是动物种内竞争中失利者的无奈行为,失利者屈从于强者,却对比自己体弱或年幼个体所实施的霸权行为。这种性发泄行为模式很容易导致多种传染病在该群体中的蔓延,加速这些失利者的消亡,这也是自然选择的结果。因此,肛交是一种加速种群消亡的动物行为模式。

四足行走的哺乳动物,如猫、狗和家畜,主要靠口舌梳理皮毛并常自己舔理生殖器,也靠嗅觉识别性对象,并有多种相互舔嗅生殖器官的姿势和体态。可见,口交始于四足行走的敏嗅类动物。非人灵长类动物因为可以两下肢直立,视野变远,主要靠视觉选择配偶,用上肢指爪梳理皮毛和抓捕身上的蚤虱,更多利用前肢攀缘和捕食或"手淫"。这些行为类型虽然不是很高雅,但无大害。

(二) 同性性取向的根源或成因

促成同性性取向的成因很多,绝大多数是由长时期性分离(sexual segregation)的生态环境所促成的,极少数是由于生物医学因素所致。

1. 生物医学根源只能解释同性性取向千分之一的成因

绝大多数非异性性取向者的基因型和外生殖器表型一致,所以其个体发育早期没有发生性翻转。所谓性翻转,是指生殖器官的形态与其基因型不一致。生殖医学发现,在新生儿中,女性性翻转的发生概率是 1/3000,男性性翻转的发生概率是 1/20 000 (Camerino et al., 2006)。这一概率与发达国家非异性性取向的性少数群体接近人口 10% 的概率相比,存在至少 3 个数量级的差异。基因和激素的分子生物学根源,最多只能解释性少数群体千分之一到万分之一的成因。所以,同性性取向的主要成因不太可能是内生性生物学根源。现代社会的非异性性取向者绝大多数属于外源性的,源于外部环境,包括自然、社会和文化的影响。这些外因通过表观遗传学和脑内奖励/强化系统的作用,其分子生物学基础可能在于神经系统、遗传信号系统、神经内分泌系统、应激反应系统和免疫系统等的精细交互调节作用。此外,其与表观基因组之间的关系还有待进一步发掘(沈政,2016a)。

2. 性分离的生态环境是同性性取向的主要成因

动物肛交与种群内竞争导致的单性群体生态环境相关;人类肛交行为主要与战地、工地、监狱等特殊生态环境有关,还与民俗和性文化有关。现代社会经济发展中所形成的巨大贫富差异和性工业资本,加速了性少数群体的增长(沈政,2015b)。

(1) 同性性行为的源头。

人类同性性行为源于古人类晚期实行的性禁规,即同一氏族内部之男性和女性不得发生性行为。为此,男、女性分别住在不同处,男狩猎、女采摘,不得接触;只有遇上另一个氏族,在两合氏族的男、女性之间才可以发生性行为。这种性关系称为两合氏族群婚制,其目的是避免近亲交配,产出不健康或畸形后代。然而,两个氏族能够相遇的时机,在当时的地球生态环境中,存在着许多不可预测的因素。在相当长的时间里,不发生两个氏族相遇,则该氏族持续着性分离状态(sexual segregation),类似于动物界同性性行为发生的重要生态环境(沈政,2015a,2016a)。

远古非洲皮肤性病泛滥,那时的人们认为女性是灾难之源头,为避免祸端,在男、女性接触之前,必须用干粉或干布将女性阴道处理好,由此形成了干性(drysex)的习俗。进一步极端化的"割礼",即在女孩成年之前由老妇人持刀削掉女孩的阴蒂,并在阴道口划上两刀,结果是妇女阴道结疤,成年后性生活忍受极大痛苦。丈夫不忍让妻子承受疼痛,常常在外寻求同性性行为(Djamba,2013;沈政,2015b)。

古希腊常年城堡争夺之战,造成军人长期处于性分离的环境,当局对英勇善战者赠以同性伴侣为奖励,结果导致军中同性性行为泛滥,相关疾病流行,军力大减,最终败北。两次世界大战时期,在西方军队中,都有同性性行为泛滥的历史事实。第二次世界大战后,美军中数十万同性关系的军人,拒绝政府的治疗安排,占据几个港口城郊,形成美国性少数群体聚居区(沈政,2016b)。

(2) 为何西方21世纪提出了同性婚姻合法化议题。

第二次世界大战后,世界各国都面临经济恢复问题,欧洲许多国家的轻工业资源很快受益。但到20世纪60年代末,日用品和轻工业品的生产已经饱和,其中一些国家缺乏能源和矿产资源,遭遇经济发展的困境。此时,北欧资本转向"性工业",并立即收到显著的经济效益。例如,1969年年底举办的"性博览会",当即收到数亿美元的经济效益,刺激了性相关产业的发展。随后,一些国家从国外引入性工作者,包括同性性工作者。90年代以后,由于互联网的普及,欧洲的性产业得到更大的发展(沈政,2016b)。另外,由于苏联解体,北约势力东扩等因素导致的移民潮,进一步加大了欧洲社会的贫富差距。建立正常的家庭对许多人是力所不及的,即使具有较好学历的部分人,其收入也难以达到建立理想家庭的要求(沈政,2016a)。

第二次世界大战后,以美国退伍军人为主体的性少数群体聚居区,在20世纪80年代的艾滋病流行中,得到社会的同情和资助。所以,在90年代因他们的选票和经济实力,总统也不得不在白宫正式接见其代表。总之,在欧美国家里,性少数群体的人数和势力随社会贫富差距加大而增加。面对这样的社会现实,西方极少数国家的政治家为缓和社会矛盾,提出了同性婚姻家庭合法化议题,但随后却再无他国跟随,至今已悄然无声。

如前所述,现代西方国家正处于资本主义社会后期,资本巨头们不但操纵经济,也左右着政治、法律乃至军事。他们的势力还通过文学、艺术和各种媒体左右着社会舆论,引导着社会潮流。就像军火商们喜欢战争和枪支买卖自由,大毒枭们故意混淆非法毒品和合法药品的界线,把某些毒品说成是娱乐品或保健品一样,性产业相关资本尝到了发展和扩大性服务对象的甜头,硬是把人类进化过程中,实施性禁规发生偏差而引出的同性性行为,说成是社会进步的新生活方式;硬是把蕴含着感染多种疾病的危险行为,描绘成个性解放或追求新生活的美好行为(沈政,2016b)!年轻人如果出于猎奇心理尝试这种不良的行为模式,具有很大的危害性,最起码是极易感染某些难治之症,失去健康的体魄和青春活力。

参 考 文 献

沈政.(2015a).对同性恋和性取向异源性的跨学科观.科学通报,60,1831-1840.

沈政.(2015b).关于外源性同性性行为和性少数群体的发展观.科学通报,60,3183-3195.

沈政.(2016a).关于男同性行为的两个美国判例及其法理学和科学基础.科学通报,61,3521-3531.

沈政.(2016b).什么是性倾向的生物学根源?科学通报,61,1733-1747.

塔特索尔.(2015).地球的主人:探询人类的起源.贾拥民,译.杭州:浙江大学出版社,159-201.

伍德.(2015).人类进化简史.冯兴元,高兴,译.北京:外语教学与研究出版社,141-160.

谢苗诺夫.(1983).婚姻家庭的起源.蔡俊生,译.北京:中国社会科学出版社.

Camerino, G., Parma, P., Radi, O., & Valentini, S. (2006). Sex determination and sex reversal. Current opinion in genetics & development, 16(3), 289-292.

Crevecoeur, I., Brooks, A., Ribot, I., Cornelissen, E., & Semal, P. (2016). Late Stone Age human remains from Ishango (Democratic Republic of Congo): New insights on Late Pleistocene modern human diversity in Africa. Journal of human evolution, 96, 35-57.

DeCasien, A. R., Barton, R. A., & Higham, J. P. (2022). Understanding the human brain: insights from comparative biology. Trends in Cognitive Sciences, 26, 432-445.

Diamond L. M. (2003). What does sexual orientation orient? A biobehavioral model distinguishing romantic love and sexual desire. Psychological review, 110(1), 173-192.

Djamba, Y. K. (2013). Sexual practices in Africa. In: Baumle A K, ed. The International Handbook on the Demography of Sexuality. Dordrecht: Springer, 92-106.

Ermini, L., Der Sarkissian, C., Willerslev, E., & Orlando, L. (2015). Major transitions in human evolution revisited: a tribute to ancient DNA. Journal of human evolution, 79, 4-20.

Fugl-Meyer, A. R., & Fugl-Meyer, K. S. (1999). Sexual disabilities, problems and satisfaction in 18-74 years old Swedes. Scand J Sexol, 2, 83-88.

Gates, G. J. (2013). Demographic perspectives on sexual orientation. In: Patterson C J, D'augelli A R, eds. Handbook of Psychology and Sexual Orientation. New York: Oxford University

Press.

Georgiadis, J. R., & Kringelbach, M. L. (2012). The human sexual response cycle: Brain imaging evidence linking sex to other pleasures. Prog Neurobiology. 98(1), 49-81.

Hekma, G. (2011). Cultural History of Sexuality in the Modern Age. Oxford, New York: Oxford University Press, 117-197.

Holleley, C. E., O'Meally, D., & Sarre, S. D. (2015). Sex reversal triggers the rapid transition from genetic to temperature-dependent sex. Nature, 523, 79-82.

Institute of Medicine of the National Academies. (2011). The Health of Lesbian, Gay, Bisexual and Transgender People: Building a Foundation for Better Understanding. Washington: The National Academies Press.

Johannes, C. B., Araujo, A. B., Feldman, H. A., Derby, C. A., Kleinman, K. P., & McKinlay, J. B. (2000). Incidence of erectile dysfunction in men 40 to 69 years old: longitudinal results from the Massachusetts male aging study. The Journal of urology, 163(2), 460-463.

Kinsey, A. C., Pomeroy, W. B., & Martin, C. E. (1948). Sexual Behavior in the Human Male. Philadephia: W. B. Sauders, pp 63-66.

Krings, M., Stone, A., Schmitz, R. W., Krainitzki, H., Stoneking, M., & Pääbo, S. (1997). Neandertal DNA sequences and the origin of modern humans. Cell, 90(1), 19-30.

Liu, W., Martinón-Torres, M., Cai, Y. J., Xing, S., Tong, H. W., Pei, S. W., Sier, M. J., Wu, X. H., Edwards, R. L., Cheng, H., Li, Y. Y., Yang, X. X., de Castro, J. M., & Wu, X. J. (2015). The earliest unequivocally modern humans in southern China. Nature, 526 (7575), 696-699.

MacLean, E. L. (2016). Unraveling the evolution of uniquely human cognition. Proceedings of the National Academy of Sciences, 113, 6348-6354.

McCarthy, M. M. (2008). Estradiol and the developing brain. Physiol. Rev. 88(1), 91-134.

Powell, A., Shennan, S., & Thomas, M. G. (2009). Late Pleistocene demography and the appearance of modern human behavior. Science, 324(5932), 1298-1301.

Reich, D., Green, R. E., Kircher, M., Krause, J., Patterson, N., Durand, E. Y., Viola, B., Briggs, A. W., Stenzel, U., Johnson, P. L., Maricic, T., Good, J. M., Marques-Bonet, T., Alkan, C., Fu, Q., Mallick, S., Li, H., Meyer, M., Eichler, E. E., Stoneking, M., ... Pääbo, S. (2010). Genetic history of an archaic hominin group from Denisova Cave in Siberia. Nature, 468(7327), 1053-1060.

Roebroeks, W., & Soressi, M. (2016). Neandertals revised. PNAS, 113(23), 6372-6379.

Sell, R. L. (1997). Defining and measuring sexual orientation: a review. Archives of sexual behavior, 26(6), 643-658.

Slatkin, M., & Racimo, F. (2016). Ancient DNA and human history. PNAS, 113(23), 6380-6387.

Val, A. (2016). Deliberate body disposal by hominins in the Dinaledi Chamber, Cradle of Humankind, South Africa?. Journal of human evolution, 96, 145-148.

Vasey, P. L., Leca, J. B., Gunst, N., & VanderLaan, D. P. (2014). Female homosexual behavior and inter-sexual mate competition in Japanese macaques: possible implications for sexual selection theory. Neuroscience and biobehavioral reviews, 46 Pt 4, 573-578.

Zhu, R. X., Potts, R., Pan, Y. X., Yao, H. T., Lü, L. Q., Zhao, X., Gao, X., Chen, L. W., Gao, F., & Deng, C. L. (2008). Early evidence of the genus Homo in East Asia. Journal of human evolution, 55(6), 1075-1085.

全书参考文献

Baars, B. J. (2002). 在意识的剧院中：心灵的工作空间. 陈玉翠, 等, 译. 北京：高等教育出版社.

程之范, & 甄橙. (2004). 程之范医史文选. 北京：北京大学医学出版社.

沈政, 肖健, & 林庶芝. (1985). Low power laser/fiberoptics inquiries into brain function. 科学通报：英文版, (12), 5.

沈政. (2015a). 对同性恋和性取向异源性的跨学科观. 科学通报, 60, 1831-1840.

沈政. (2015b). 关于外源性同性性行为和性少数群体的发展观. 科学通报, 60, 3183-3195.

沈政. (2016a). 关于男同性行为的两个美国判例及其法理学和科学基础. 科学通报 61, 3521-3531.

沈政. (2016b). 什么是性倾向的生物学根源？科学通报, 61, 1733-1747.

兰生. (1958). 神经系统解剖学. 王沪祥, 译. 上海：上海科学技术出版社.

温寒江, & 连瑞庆. (2006). 构建中小学创新教育体系. 北京：北京科学技术出版社.

伍德(Wood, B.). (2015). 人类进化简史. 冯兴元, 高兴, 译. 北京：外语教学与研究出版社.

谢苗诺夫. (1983). 婚姻家庭的起源. 蔡俊生, 译. 北京：中国社会科学出版社.

威理格尔. (1954). 脑脊髓切片图谱. 拉斯麻荪, 增订, 臧玉洤, 译补. 北京：人民卫生出版社.

徐焰. (2014). 徐焰讲军史：战争与瘟疫. 北京：人民出版社.

朱新明, 李亦菲, & 朱丹. (1997). 人类的自适应学习——示例学习的理论与实践. 北京：中央广播电视大学出版社.

Abrams, T. W., & Kandel, E. R. (1988). Is contiguity detection in classical conditioning a system or a cellular property? Learning in Aplysia suggests a possible molecular site. Trends in Neurosciences, 11(4), 128-135.

Abu-Akel, A., & Shamay-Tsoory, S. (2011). Neuroanatomical and neurochemical bases of theory of mind. Neuropsychologia, 49(11), 2971-2984.

Adamantidis, A. R., Gutierrez Herrera, C., & Gent, T. C. (2019). Oscillating circuitries in the sleeping brain. Nature Reviews. Neuroscience, 20(12), 746-762.

Adler, L. E., Waldo, M. C., Tatcher, A., Cawthra, E., Baker, N., & Freedman, R. (1990). Lack of relationship of auditory gating defects to negative symptoms in schizophrenia. Schizophrenia Research, 3(2), 131-138.

Adolphs R. (2002). Recognizing emotion from facial expressions: psychological and neurological mechanisms. Behavioral and Cognitive Neuroscience Reviews, 1(1), 21-62.

Adolphs, R. (2006). How do we know the minds of others? Domain-specificity, simulation, and enactive social cognition. Brain Research, 1079(1), 25-35.

Alivisatos, A. P., Chun, M., Church, G. M., Deisseroth, K., Donoghue, J. P., ⋯ Yuste, R. (2013). The brain activity map. Science, 339(6125), 1284-1285.

Amodio, D. M., & Frith, C. D. (2006). Meeting of minds: the medial frontal cortex and social cognition. Nature Reviews. Neuroscience, 7(4), 268-277.

Anderson, N. E., & Kiehl, K. A. (2012). The psychopath magnetized: insights from brain imaging. Trends in Cognitive Sciences, 16(1), 52-60.

Anderson, G. (2020). Pathoetiology and pathophysiology of borderline personality: Role of prenatal factors, gut microbiome, mu- and kappa-opioid receptors in amygdala-PFC interactions. Progress in Neuro-Psychopharmacology & Biological Psychiatry, 98, 109782.

Aru, J., Suzuki, M., & Larkum, M. E. (2020). Cellular mechanism of conscious processing. Trends in Cognitive Science, 24, 814-825.

Aserinsky, E., & Kleitman, N. (1953). Regularly occurring periods of eye motility, and concomitant phenomena, during sleep. Science, 118(3062), 273-274.

Avinun, R., Israel, S., Knodt, A. R., & Hariri, A. R. (2020). Little evidence for associations between the Big Five personality traits and variability in brain gray or white matter. NeuroImage, 220, 117092.

Azevedo, F. A., Carvalho, L. R., Grinberg, L. T., Farfel, J. M., Ferretti, R. E., Leite, R. E., Jacob Filho, W., Lent, R., & Herculano-Houzel, S. (2009). Equal numbers of neuronal and nonneuronal cells make the human brain an isometrically scaled-up primate brain. The Journal of Comparative Neurology, 513(5), 532-541.

Azzalini, D., Rebollo, I., & Tallon-Baudry, C. (2019). Visceral signals shape brain dynamics and cognition. Trends in Cognitive Sciences, 23(6), 488-509.

Baddeley A. (2003). Working memory: looking back and looking forward. Nature Reviews. Neuroscience, 4(10), 829-839.

Bae, B. I., & Walsh, C. A. (2013). What are mini-brains? Science, 342(6155), 200-201.

Bandarabadi, M., Herrera, C. G., Gent, T. C., Bassetti, C., Schindler, K., & Adamantidis, A. R. (2020). A role for spindles in the onset of rapid eye movement sleep. Nature Communications, 11(1), 5247.

Bandura, A. (1977). Social Learning Theory. Englewood Cliffs, NJ: Prentice-Hall.

Baars, B. J. (1988). Cognitive Theory of Consciousness. London: Cambridge University Press.

Baron-Cohen, S. (1995). Mindblindness: An Essay on Autism and Theory of Mind. Cambridge, MA: MIT Press.

Baron-Cohen, S., & Hammer, J. (1997). Is autism an extreme form of the "male brain"? Advances in Infancy Research, 11, 193-217.

Baron-Cohen, S. (2002). The extreme male brain theory of autism. Trends in Cognitive Sciences, 6(6), 248-254.

Bar-On, R., Tranel, D., Denburg, N. L., & Bechara, A. (2003). Exploring the neurological substrate of emotional and social intelligence. Brain, 126(8), 1790-1800.

Barrett, L. F., & Simmons, W. K. (2015). Interoceptive predictions in the brain. Nature Reviews. Neuroscience, 16(7), 419-429.

Bauer, A. R., Debener, S., & Nobre, A. C. (2020). Synchronisation of neural oscillations and cross-modal influences. Trends in Cognitive Sciences, 24(6), 481-495.

Beaulieu-Laroche, L., Toloza, E. H. S., Brown, N. J., & Harnett, M. T. (2019). Widespread and highly correlated somato-dendritic activity in cortical layer 5 Neurons. Neuron, 103(2), 235-241.

Békésy, G. V. (1960). Experiments in Hearing. New York: McGraw-Hill.

Bentin, S., Allison, T., Puce, A., Perez, E., & McCarthy, G. (1996). Electrophysiological studies of face perception in humans. Journal of Cognitive Neuroscience, 8(6), 551-565.

Berridge, K. C., & Kringelbach, M. L. (2015). Pleasure systems in the brain. Neuron, 86(3), 646-664.

Berridge, K. C., & Robinson, T. E. (2016). Liking, wanting, and the incentive-sensitization theory of addiction. The American Psychologist, 71(8), 670-679.

Bianchin, M., & Angrilli, A. (2012). Gender differences in emotional responses: a psychophysiological study. Physiology & Behavior, 105(4), 925-932.

Bil, G. Q., & Poo, M. M. (2001). Synaptic modification by correlated activity: Hebb's postulate revisited. Annual Review of Neuroscience, 24, 139-166.

Binder, J. R., Desai, R. H., Graves, W. W., & Conant, L. L. (2009). Where is the semantic system? A critical review and meta-analysis of 120 functional neuroimaging studies. Cerebral Cortex, 19(12), 2767-2796.

Blokhin, I. O., Khorkova, O., Saveanu, R. V., & Wahlestedt, C. (2020). Molecular mechanisms of psychiatric diseases. Neurobiology of Disease, 146, 105136.

Bonnefond, M., & Jensen, O. (2015). Gamma activity coupled to alpha phase as a mechanism for top-down controlled gating. PloS One, 10(6), e0128667.

Brooks, A. M., & Berns, G. S. (2013). Aversive stimuli and loss in the mesocorticolimbic dopamine system. Trends in Cognitive Sciences, 17(6), 281-286.

Brown, R., Lau, H., & LeDoux, J. E. (2019). Understanding the Higher-Order Approach to Consciousness. Trends in Cognitive Sciences, 23(9), 754-768.

Büchel, C., Morris, J., Dolan, R. J., & Friston, K. J. (1998). Brain systems mediating aversive conditioning: an event-related fMRI study. Neuron, 20(5), 947-957.

Buschman, T. J., Denovellis, E. L., Diogo, C., Bullock, D., & Miller, E. K. (2012). Synchronous oscillatory neural ensembles for rules in the prefrontal cortex. Neuron, 76(4), 838-846.

Bush, G. (2010). Attention-deficit/hyperactivity disorder and attention networks. Neuropsychopharmacol, 35, 278-300.

Butterworth, B., & Kovas, Y. (2013). Understanding neurocognitive developmental disorders can improve education for all. Science, 340(6130), 300-305.

Buzsáki, G. (2006). Rhythms of the Brain. New York: Oxford University Press.

Cabeza, R., Mazuz, Y. S., Stokes, J., Kragel, J. E., Woldorff, M. G., Ciaramelli, E., Olson, I. R., & Moscovitch, M. (2011). Overlapping parietal activity in memory and perception: evidence for the attention to memory model. Journal of Cognitive Neuroscience, 23(11), 3209-3217.

Cadwell, C. R., Bhaduri, A., Mostajo-Radji, M. A., Keefe, M. G., & Nowakowski, T. J.

(2019). Development and arealization of the cerebral cortex. Neuron, 103(6), 980-1004.

Canolty, R. T., & Knight, R. T. (2010). The functional role of cross-frequency coupling. Trends in Cognitive Sciences, 14(11), 506-515.

Cardin, J. A., Crair, M. C., & Higley, M. J. (2020). Mesoscopic Imaging: Shining a Wide Light on Large-Scale Neural Dynamics. Neuron, 108(1), 33-43.

Carlson, N. R. (1986). Physiology of Behavior. 3rd ed. Boston, MA: Allyn and Bacon Inc.

Carlson, N. R. (1991). Physiology of Behavior. 4th ed. Boston, MA: Allyn and Bacon Inc.

Carlson, N. R. (1998). Physiology of Behavior. 6th ed. Boston, MA: Allyn and Bacon Inc.

Cassel, J. C., Pereira de Vasconcelos, A., Loureiro, M., Cholvin, T., Dalrymple-Alford, J. C., & Vertes, R. P. (2013). The reuniens and rhomboid nuclei: neuroanatomy, electrophysiological characteristics and behavioral implications. Progress in Neurobiology, 111, 34-52.

Castellanos, F. X., & Proal, E. (2012). Large-scale brain systems in ADHD: beyond the prefrontal-striatal model. Trends in Cognitive Sciences, 16(1), 17-26.

Clapcote, S. J., Lipina, T. V., Millar, J. K., Mackie, S., Christie, S., Ogawa, F., Lerch, J. P., Trimble, K., Uchiyama, M., Sakuraba, Y., Kaneda, H., Shiroishi, T., Houslay, M. D., Henkelman, R. M., Sled, J. G., Gondo, Y., Porteous, D. J., & Roder, J. C. (2007). Behavioral phenotypes of Disc1 missense mutations in mice. Neuron, 54(3), 387-402.

Chamberlain, S. R., Müller, U., Blackwell, A. D., Clark, L., Robbins, T. W., & Sahakian, B. J. (2006). Neurochemical modulation of response inhibition and probabilistic learning in humans. Science, 311(5762), 861-863.

Chan, W. W., Au, T. K., & Tang, J. (2013). Developmental dyscalculia and low numeracy in Chinese children. Research in Developmental Disabilities, 34(5), 1613-1622.

Chen, C. H., Gutierrez, E. D., Thompson, W., Panizzon, M. S., Jernigan, T. L., Eyler, L. T., Fennema-Notestine, C., Jak, A. J., Neale, M. C., Franz, C. E., Lyons, M. J., Grant, M. D., Fischl, B., Seidman, L. J., Tsuang, M. T., Kremen, W. S., & Dale, A. M. (2012). Hierarchical genetic organization of human cortical surface area. Science, 335(6076), 1634-1636.

Chen, J., Zang, Z., Braun, U., Schwarz, K., Harneit, A., Kremer, T., Ma, R., Schweiger, J., Moessnang, C., Geiger, L., Cao, H., Degenhardt, F., Nöthen, M. M., Tost, H., Meyer-Lindenberg, A., & Schwarz, E. (2020). Association of a reproducible epigenetic risk profile for schizophrenia with brain methylation and function. JAMA Psychiatry, 77(6), 628-636.

Chen, T. W., Wardill, T. J., Sun, Y., Pulver, S. R., Renninger, S. L., Baohan, A., Schreiter, E. R., Kerr, R. A. ··· Kim, D. S. (2013). Ultrasensitive fluorescent proteins for imaging neuronal activity. Nature, 499, 295-300.

Chen, Y., Zhang, W., & Shen, Z. (2002). Shape predominant effect in pattern recognition of geometric figures of rhesus monkey. Vision Research, 42(7), 865-871.

Chandra, A. et al. (2013) Sexual behavior, sexual attraction, and sexual identity in the United States: Data from the 2006-2010 National Survey of Family Growth. In: Baumle A K, ed. The

International Handbook on the Demography of Sexuality. Dordrecht: Springer, 2013. Pp 45-66

Choi, Y. Y. (2008). Multiple bases of human intelligence revealed by cortical thickness and neural activation. Journal of Neuroscience, 28(41), 10323-10329.

Chomsky, N. (1957). Syntactical Structures. The Hague: Mouton Publishers.

Churchland, P. S. (2002). Self-representation in nervous systems. Science, 296, 308-310.

Codispoti, M., Ferrari, V., & Bradley, M. M. (2006). Repetitive picture processing: autonomic and cortical correlates. Brain Research, 1068(1), 213-220.

Connor, C. E. (2010). A new viewpoint on faces. Science, 330(6005), 764-765.

Corbetta, M., & Shulman, G. L. (2002) Control of goal-directed and stimulus-driven attention in the brain. Nature reviews. Neuroscience, 3(3), 201-215.

Costa, P. T., & McCrae, R. R. (1992). Revised NEO Personality Inventory (NEO PI-R) and NEO Five-Factor Inventory (NEO-FFI). New York: Springer.

Craig A. D. (2002). How do you feel? Interoception: the sense of the physiological condition of the body. Nature Reviews. Neuroscience, 3(8), 655-666.

Critchley, H. D., & Harrison, N. A. (2013). Visceral influence on emotion and behavior. Neuron, 77, 624-638.

Damasio, A. R. (1999). The feeling of what happens: body and emotion in the making of consciousness. New York: Harcourt Brace.

Davis, K. L., & Panksepp, J. (2011). The brain's emotional foundations of human personality and the Affective Neuroscience Personality Scales. Neuroscience and Biobehavioral Reviews, 35(9), 1946-1958.

Deary, I. J., Penke, L., & Johnson, W. (2010). The neuroscience of human intelligence differences. Nature reviews. Neuroscience, 11(3), 201-211.

DeFilepe, J. (2011). The evolution of the brain, the human nature of cortical circuits, and intellectual creativity. Front. Neuroanatom. 5, 1-17.

Dehaene, S., Kerszberg, M., & Changeux, J. P. (1998). A neuronal model of a global workspace in effortful cognitive tasks. PNAS, 95, 14529-14534.

Dehaene, S., Spelke, E., Pinel, P., Stanescu, R., & Tsivkin, S. (1999). Sources of mathematical thinking: behavioral and brain-imaging evidence. Science, 284(5416), 970-974.

De Quervain, D. J., & Papassotiropoulos, A. (2006). Identification of a genetic cluster influencing memory performance and hippocampal activity in humans. Proceedings of the National Academy of Sciences of the United States of America, 103(11), 4270-4274.

Dempster, E., Viana, J., Pidsley, R., & Mill, J. (2013). Epigenetic studies of schizophrenia: progress, predicaments, and promises for the future. Schizophrenia Bulletin, 39(1), 11-16.

Deris, N., Montag, C., Reuter, M., Weber, B., & Markett, S. (2017). Functional connectivity in the resting brain as biological correlate of the Affective Neuroscience Personality Scales. NeuroImage, 147, 423-431.

Derrien, T., Johnson, R., Bussotti, G., Tanzer, A., Djebali, S., Tilgner, H., Guernec, G.,

Martin, D., Merkel, A., Knowles, D. G., Lagarde, J., Veeravalli, L., Ruan, X., Ruan, Y., Lassmann, T., Carninci, P., Brown, J. B., Lipovich, L., Gonzalez, J. M., Thomas, M., ... Guigó, R. (2012). The GENCODE v7 catalog of human long noncoding RNAs: analysis of their gene structure, evolution, and expression. Genome Research, 22(9), 1775-1789.

De Vries, I. E. J., Slagter, H. A., & Olivers, C. N. L. (2020). Oscillatory Control over Representational States in Working Memory. Trends in Cognitive Sciences, 24(2), 150-162.

Deuter, C. E., Nowacki, J., Wingenfeld, K., Kuehl, L. K., Finke, J. B., Dziobek, I., & Otte, C. (2018). The role of physiological arousal for self-reported emotional empathy. Autonomic Neuroscience: Basic & Clinical, 214, 9-14.

Diamond L M. What does sexual orientation orient? A biobehavioral model distinguishing romantic love and sexual desire. Psychol Rev, 2003, 110: 173-192.

Dias, B. G., Banerjee, S. B., Goodman, J. V., & Ressler, K. J. (2013). Towards new approaches to disorders of fear and anxiety. Current Opinion in Neurobiology, 23(3), 346-352.

Dienel, S. I., Enwright, J. F., Hoftman, G. D., Lewis, D. A. (2019). Markers of glutamate and GABA neurotransmission in the prefrontal cortex of schizophrenia subjects: disease effects differ across anatomical levels of resolution. https://doi.org/10.1016/j.schres.2019.06.003.

Djamba, Y. K. (2013) Sexual practices in africa. In: Baumle, A. K. ed. The International Handbook on the Demography of Sexuality. Dordrecht: Springer, 92-134.

Dolphin, A. C. (2016). Voltage-gated calcium channels and their auxiliary subunits: physiology and pathophysiology and pharmacology. The Journal of Physiology, 594(19), 5369-5390.

Dorn, L. M., Struck, N., Bitsch, F., Falkenberg, I., Kircher, T., Rief, W., & Mehl, S. (2021). The relationship between different aspects of theory of mind and symptom clusters in psychotic disorders: deconstructing theory of mind into cognitive, affective, and hyper theory of mind. Frontiers in Psychiatry, 12, 607154.

Downing, P. E., Jiang, Y., Shuman, M., & Kanwisher, N. (2001). A cortical area selective for visual processing of the human body. Science, 293(5539), 2470-2473.

Doya, K. (2000). Complementary roles of basal ganglia and cerebellum in learning and motor control. Current Opinion in Neurobiology, 10(6), 732-739.

Duncan, J., Seltz, R. J., Kolodny, J., Bor, D., Herzog, H., Ahmed, A., Newell, F. N., & Emslie, H. (2000). A neural basis for general intelligence. Science, 289(5478), 457-460.

Düzel, E., Yonelinas, A. P., Mangun, G. R., Heinze, H., Tulving, E., & Tulving, E. (1997). Event-related brain potential correlates of two states of conscious awareness in memory. PNAS, 94(11), 5973-5978.

Eccles, J. C. (1953). The neurophysiological basis of mind. London: Oxford University Press.

Eccles, J. C. (1964). The Physiology of synapses. Berlin Heidelberg: Springer-Verlag.

Eccles, J. C. (1980). The Human Psyche. Berlin-Heidelberg: Springer-Verlag.

Eccles, J. C. (1994). How the self-controls its brain. Berlin-Heidelberg: Springer-Verlag.

Ecker, J. R., Geschwind, D. H., Kriegstein, A. R., Ngai, J., Osten, P., Polioudakis, D., Regev, A., Sestan, N., Wickersham, I. R., & Zeng, H. (2017). The BRAIN Initiative Cell Census Consortium: Lessons Learned toward Generating a Comprehensive Brain Cell Atlas. Neuron, 96(3), 542-557.

Eichenbaum H. (2013). Memory on time. Trends in Cognitive Sciences, 17(2), 81-88.

Eimer M. (2000). The face-specific N170 component reflects late stages in the structural encoding of faces. Neuroreport, 11(10), 2319-2324.

Ekstrom, L. B., Roelfsema, P. R., Arsenault, J., & Bonmassar, G. (2008). Bottom-up dependent gating of frontal signals in early visual cortex. Science, 321(5887), 414-417.

Eliasmith, C., Stewart, T. C., Choo, X., Bekolay, T., DeWolf, T., Tang, Y., & Rasmussen, D. (2012). A large-scale model of the functioning brain. Science, 338(6111), 1202-1205.

Epstein, R., Harris, A., Stanley, D., & Kanwisher, N. (1999). The parahippocampal place area: recognition, navigation, or encoding? Neuron, 23(1), 115-125.

Evrard, H. C. (2018). Von Economo and fork neurons in the monkey insula, implications for evolution of cognition. Current Opinion in Behavioral Sciences, 21,182-190.

Eysenck, H. J. (1967) The biological basis of personality. Springfield, IL: Thomas, 2021.

Eysenck, H. J., & Eysenck, S. B. G. (1975) Manual of the Eysenck Personality Questionnaire (junior and adult). Kent, UK: Hodder & Stoughton.

Fernandez-Pujals, A. M., Adams, M. J., Thomson, P., McKechanie, A. G., Blackwood, D. H., Smith, B. H., Dominiczak, A. F., Morris, A. D., Matthews, K., Campbell, A., Linksted, P., Haley, C. S., Deary, I. J., Porteous, D. J., MacIntyre, D. J., & McIntosh, A. M. (2015). Epidemiology and Heritability of Major Depressive Disorder, Stratified by Age of Onset, Sex, and Illness Course in Generation Scotland: Scottish Family Health Study (GS: SFHS). PloS One, 10(11), e0142197.

Farrell, J. S., Nguyen, Q. A., & Soltesz, I. (2019). Resolving the Micro-Macro Disconnect to Address Core Features of Seizure Networks. Neuron, 101(6), 1016-1028.

Fatt, P., & Katz, B. (1951). An analysis of the end-plate potential recorded with an intracellular electrode. The Journal of Physiology, 115(3), 320-370.

Feng, C., Gu, R., Li, T., Wang, L., Zhang, Z., Luo, W., & Eickhoff, S. B. (2021a). Separate neural networks of implicit emotional processing between pictures and words: a coordinate-based meta-analysis of brain imaging studies. Neuroscience and Biobehavioral Reviews, 131, 331-344.

Feng, C., Eickhoff, S. B., Li, T., Wang, L., Becker, B., Camilleri, J. A., Hétu, S., & Luo, Y. (2021b). Common brain networks underlying human social interactions: evidence from large-scale neuroimaging meta-analysis. Neuroscience and Biobehavioral Reviews, 126, 289-303.

Ferraris, M., Cassel, J. C., Pereira de Vasconcelos, A., Stephan, A., & Quilichini, P. P. (2021). The nucleus reuniens, a thalamic relay for cortico-hippocampal interaction in recent and remote memory consolidation. Neuroscience and Biobehavioral Reviews, 125, 339-354.

Fiebelkorn, I. C., Saalmann, Y. B., & Kastner, S. (2013). Rhythmic sampling within and between objects despite sustained attention at a cued location. Current Biology: CB, 23(24), 2553-2558.

Fiebelkorn, I. C., Pinsk, M. A., & Kastner, S. (2018). A Dynamic Interplay within the Frontoparietal Network Underlies Rhythmic Spatial Attention. Neuron, 99(4), 842-853.

Fiebelkorn, I. C., & Kastner, S. (2019). A Rhythmic Theory of Attention. Trends in Cognitive Sciences, 23(2), 87-101.

Fiebelkorn, I. C., & Kastner, S. (2020). Functional Specialization in the Attention Network. Annual Review of Psychology, 71, 221-249.

Fields, R. D. (2010). Change in the brain's white matter: the role of the brain's white matter in active learning and memory may be underestimated. Science, 330(6005), 768-769.

Fincher, J. (1984). The Brain: Mystery of Matter and Mind. New York: Torstar Books.

Fink M. (2001). Convulsive therapy: a review of the first 55 years. Journal of Affective Disorders, 63(1-3), 1-15.

Fletcher, L. N., & Williams, S. R. (2019). Neocortical Topology Governs the Dendritic Integrative Capacity of Layer 5 Pyramidal Neurons. Neuron, 101(1), 76-90.

Fox, M. D., Corbetta, M., Snyder, A. Z., Vincent, J. L., & Raichle, M. E. (2006). Spontaneous neuronal activity distinguishes human dorsal and ventral attention systems. Proceedings of the National Academy of Sciences of the United States of America, 103(26), 10046-10051.

Freiwald, W. A., & Tsao, D. Y. (2010) Functional compartmentalization and viewpoint generalization within the macaque face-processing system. Science, 330(6005), 845-851.

Friederici, A. D. (2012). The cortical language circuit: from auditory perception to sentence comprehension. Trends in Cognitive Sciences, 16(5), 262-268.

Frith, C. D., & Frith, U. (2005). Theory of mind. Current Biology, 15(17), R644-R645.

Gabriel, M., & Schmajuk, N. (1990) Neural and computational models of avoidance learning. In M. Gabriel, & J. Moore(eds) Learning and Computational Neuroscience: Foundations of Adaptive Network. pp 143-171, Cambridge, MA: MIT press.

Gaffield, M. A., Bonnan, A., & Christie, J. M. (2019). Conversion of graded presynaptic climbing fiber activity into graded postsynaptic Ca^{2+} signals by Purkinje cell dendrites. Neuron, 102, 762-769.

Galambos, R. & Morgan, C. (1960) The neural basis of learning. In Field, J. et al. eds. Handbook of physiology, section 1 Neurophysiology, Vol. 3, Washington D. C. Am. Physiol. Society, 1960, P1495.

Garcia, J., Ervin, F. R., & Koelling, R. A. (1966). Learning with prolonged delay of reinforcement. Psychonomic Science, 5(3), 121-122.

Garman, M. (1990). Psycholinguistics. Cambridge, Mass: Cambridge University Press.

Garrett, M. F. (1982) Production of speech: Observations from normal and pathological language use. In Illis, A. W. (ed) Normality and Pathology in Cognitive Functions, pp19-76. London: Academic Press.

Gates, G. J. (2013) Demographic perspectives on sexual orientation. In: Patterson C J, D'augelli A R, eds. Handbook of Psychology and Sexual Orientation. New York: Oxford University Press.

Gefen, T., Papastefan, S. T., Rezvanian, A., Bigio, E. H., Weintraub, S., Rogalski, E., Mesulam, M. M., & Geula, C. (2018). Von Economo neurons of the anterior cingulate across the lifespan and in Alzheimer's disease. Cortex, 99, 69-77.

Georgiadis, J. R., & Kringelbach, M. L. (2012). The human sexual response cycle: brain imaging evidence linking sex to other pleasures. Progress in Neurobiology, 98(1), 49-81.

Gidon, A., Zolnik, T. A., Fidzinski, P., Bolduan, F., Papoutsi, A., Poirazi, P., Holtkamp, M., Vida, I., & Larkum, M. E. (2020). Dendritic action potentials and computation in human layer 2/3 cortical neurons. Science, 367(6473), 83-87.

Golbabapour, S., Abdulla, M. A., & Hajrezaei, M. (2014). A concise review on epigenetic regulation: Insight into molecular mechanisms. In: Ayyanathan K, ed. Epigenitics and Pathology. Waretown: Apple Academic Press Inc., 23-64.

Golden, M. & Toohey, P. (2011) A cultural history of sexuality in the classical world. New York: Oxford University Press, pp40-43.

Goode, T. D., Tanaka, K. Z., Sahay, A., & McHugh, T. J. (2020). An Integrated Index: Engrams, Place Cells, and Hippocampal Memory. Neuron, 107(5), 805-820.

Grandjean, D., Sander, D., & Scherer, K. R. (2008). Conscious emotional experience emerges as a function of multilevel, appraisal-driven response synchronization. Consciousness and Cognition, 17(2), 484-495.

Gray, M. A., Taggart, P., Sutton, P. M., Groves, D., Holdright, D. R., Bradbury, D., Brull, D., & Critchley, H. D. (2007). A cortical potential reflecting cardiac function. Proceedings of the National Academy of Sciences of the United States of America, 104(16), 6818-6823.

Gregg, C., Zhang, J., Butler, J. E., Haig, D., & Dulac, C. (2010). Sex-specific parent-of-origin allelic expression in the mouse brain. Science, 329(5992), 682-685.

Grill-Spector, K., Kushnir, T., Edelman, S., Avidan, G., Itzchak, Y. & Malach, R. (1999). Differential processing of objects under various viewing conditions in the human lateral occipital complex. Neuron, 24(1), 187-203.

Haarmeier, T., & Thier, P. (1998). An electrophysiological correlate of visual motion awareness in man. Journal of Cognitive Neuroscience, 10(4), 464-471.

Hagmann, P., Cammoun, L., Gigandet, X., Meuli, R., Honey, C. J., Wedeen, V. J., & Sporns, O. (2008). Mapping the structural core of human cerebral cortex. PLoS Biology, 6(7), 1479-1493.

Hall, W. G., & Blass, E. M. (1977). Orogastric determinants of drinking in rats: Interaction between absorptive and peripheral controls. Journal of Comparative and Physiological Psychology, 91(2), 365-373.

Han, S. (2017). The Social Cultural Brain: Cultural Neuroscience Approach to Human Nature. Oxford, UK: Oxford University Press.

Hare, R. D. (1970). Psychopathy: Theory and Research. New York: John Wiley & Sons Inc.

He, K., Zhang, X., Ren, S., & Sun, J. (2016). Deep residual learning for image recognition. In

Computer Vision and Pattern Recognition (CVPR). New York, NY: IEEE Publishing, pp. 770-778.

Hebb, D. O. (1966). A Textbook of Psychology. Philadelphia: W. B. Saunders Comp.

Herweg, N. A., Solomon, E. A., & Kahana, M. J. (2020). Theta Oscillations in Human Memory. Trends in Cognitive Sciences, 24(3), 208-227.

Helfrich, R. F., Fiebelkorn, I. C., Szczepanski, S. M., Lin, J. J., Parvizi, J., Knight, R. T., & Kastner, S. (2018). Neural mechanisms of sustained attention are rhythmic. Neuron, 99(4), 854-865.

Henry, M. J., & Herrmann, B. (2014). Low-frequency neural oscillations support dynamic attending in temporal context. Timing Time Percept, 2, 62-86.

Herzfeld, D. J., Kojima, Y., Soetedjo, R., & Shadmehr, R. (2015). Encoding of action by the Purkinje cells of the cerebellum. Nature, 526(7573), 439-442.

Hickok, G., & Poeppel, D. (2004). Dorsal and ventral streams: a framework for understanding aspects of the functional anatomy of language. Cognition, 92(1), 67-99.

Hickok, G. (2009). Eight problems for the mirror neuron theory of action understanding in monkeys and humans. Journal of Cognitive Neuroscience, 21(7), 1229-1243.

Hildebrandt, M. K., Jauk, E., Lehmann, K., Maliske, L., & Kanske, P. (2021). Brain activation during social cognition predicts everyday perspective-taking: A combined fMRI and ecological momentary assessment study of the social brain. NeuroImage, 227, 117624.

Hillyard, S. A., & Kutas, M. (1983). Electrophysiology of cognitive processing. Annual Review of Psychology, 34, 33-61.

Hikosaka, O., & Isoda, M. (2010). Switching from automatic to controlled behavior: cortico-basal ganglia mechanisms. Trends in Cognitive Sciences, 14(4), 154-161.

Hogg, R. C., & Bertrand, D. (2004). What genes tell us about nicotine addiction? Science, 306(5698), 983-985.

Holden, C. (2001). 'Behavioral' addictions: do they exist? Science, 294(5544), 980-982.

Holleley, C. E., O'Meally, D., Sarre, S. D., Graves, J. A., Ezaz, T., Matsubara, K., Azad, B., Zhang, X., & Georges, A. (2015). Sex reversal triggers the rapid transition from genetic to temperature-dependent sex. Nature, 523, 79-82.

Holliday, R. (2012). Epigenetics and its historical perspectives. In: Appasani, K., Surani, A., eds. Epigenomics from Chromatin Biology to Therapeutics. Cambridge: Cambridge University Press, 10-29.

Holroyd, C. B., & Yeung, N. (2012). Motivation of extended behaviors by anterior cingulate cortex. Trends in Cognitive Sciences, 16(2), 122-128.

Holstege, G. C. (2004). The Human Nervous System. 2nd ed. San Diego: Academic Press.

Hoover, W. B., & Vertes, R. P. (2012). Collateral projections from nucleus reuniens of thalamus to hippocampus and medial prefrontal cortex in the rat: a single and double retrograde fluorescent labeling study. Brain Structure & Function, 217(2), 191-209.

Horn, J. L., & Cattell, R. B. (1966). Refinement and test of the theory of fluid and crystallized general intelligences. Journal of Educational Psychology, 57(5), 253-270.

Hubel, D. H. (1960). Sigle unit activity in lateral geniculate body and optic tract of unrestrained cats. Journal of Physiology, 150, 91-104.

Hubel, D. H., & Wiesel, T. N. (1962). Receptive fields, binocular interaction and functional architecture in the cat's visual cortex. Journal of Physiology, 160(1), 106-154.

Hughes, S. W., Lörincz, M. L., Blethyn, K., Kékesi, K. A., Juhász, G., Turmaine, M., Parnavelas, J. G., & Crunelli, V. (2011). Thalamic Gap Junctions Control Local Neuronal Synchrony and Influence Macroscopic Oscillation Amplitude during EEG Alpha Rhythms. Frontiers in Psychology, 2, 193.

Hung, C. P., Kreiman, G., Poggio, T., & DiCarlo, J. J. (2005). Fast readout of object identity from macaque inferior temporal cortex. Science, 310(5749), 863-866.

Hyden, H. (1960) The neuron. In J. Bracher & A. E. Mirsky (eds) The cell. pp. 215-323, New York: Academic Press.

Ibata, K., Kono, M., Narumi, S., Motohashi, J., Kakegawa, W., Kohda, K., & Yuzaki, M. (2019). Activity-dependent secretion of synaptic organizer Cbln1 from lysosomes in granule cell axons. Neuron, 102(6), 1184-1198.

Institute of Medicine of the National Academies(2011). The Health of Lesbian, Gay, Bisexual and Transgender People: Building a Foundation for Better Understanding. Washington: The National Academies Press.

Jacobs, A. M. (2013). An electrophysiological investigation of non-symbolic magnitude processing: numerical distance effects in children with and without mathematical learning disabilities. Cortex, 49(8), 2162-2177.

James, W. (1890) The principles of psychology. New York: Henry Holt & Company.

Jaffe, A. E., Gao, Y., Deep-Soboslay, A., Tao, R., Hyde, T. M., Weinberger, D. R., & Kleinman, J. E. (2016). Mapping DNA methylation across development, genotype and schizophrenia in the human frontal cortex. Nature Neuroscience, 19, 40-47.

Jayachandran, M., Linley, S. B., Schlecht, M., Mahler, S. V., Vertes, R. P., & Allen, T. A. (2019). Prefrontal pathways provide top-down control of memory for sequences of events. Cell Reports, 28(3), 640-654.

Kandel, E. R. (2001). The molecular biology of memory storage: a dialogue between genes and synapses. Science, 294(5544), 1030-1038.

Kanske, P., Böckler, A., Trautwein, F. M., & Singer, T. (2015). Dissecting the social brain: introducing the EmpaToM to reveal distinct neural networks and brain-behavior relations for empathy and Theory of Mind. NeuroImage, 122, 6-19.

Karila, L., Marillier, M., Chaumette, B., Billieux, J., Franchitto, N., & Benyamina, A. (2019). New synthetic opioids: Part of a new addiction landscape. Neuroscience and Biobehavioral Reviews, 106, 133-140.

Katona, I. , & Freund, T. F. (2012). Multiple functions of endocannabinoid signaling in the brain. Annual Review of Neuroscience, 35, 529-558.

Kaya, S. , Yildirim, H. , & Atmaca, M. (2020). Reduced hippocampus and amygdala volumes in antisocial personality disorder. Journal of Clinical Neuroscience, 75, 199-203.

Kelleher-Unger, I. , Tajchman, Z. , Chittano, G. , & Vilares, I. (2021). Meta-Analysis of white matter diffusion tensor imaging alterations in borderline personality disorder. Psychiatry Research. Neuroimaging, 307, 111205.

Kessler, R. C. , Ormel, J. , Petukhova, M. , McLaughlin, K. A. , Green, J. G. , Russo, L. J. , Stein, D. J. , Zaslavsky, A. M. , Aguilar-Gaxiola, S. , Alonso, J. , Andrade, L. , Benjet, C. , de Girolamo, G. , de Graaf, R. , Demyttenaere, K. , Fayyad, J. , Haro, J. M. , Hu, C. y, Karam, A. , Lee, S. , … Ustün, T. B. (2011). Development of lifetime comorbidity in the World Health Organization world mental health surveys. Archives of General Psychiatry, 68(1), 90-100.

Khayat, P. S. , Pooresmaeili, A. , & Roelfsema, P. R. (2009). Time course of attentional modulation in the frontal eye field during curve tracing. Journal of Neurophysiology, 101(4), 1813-1822.

Kim, Y. , Venkataraju, K. U. , Pradhan, K. , Mende, C. , Taranda, J. , Turaga, S. C. , Arganda-Carreras, I. , Ng, L. , Hawrylycz, M. J. , Rockland, K. S. , Seung, H. S. , & Osten, P. (2015). Mapping social behavior-induced brain activation at cellular resolution in the mouse. Cell Reports, 10(2), 292-305.

Kim, K. , Ladenbauer, J. , Babo-Rebelo, M. , Buot, A. , Lehongre, K. , Adam, C. , Hasboun, D. , Lambrecq, V. , Navarro, V. , Ostojic, S. , & Tallon-Baudry, C. (2019). Resting-State Neural Firing Rate Is Linked to Cardiac-Cycle Duration in the Human Cingulate and Parahippocampal Cortices. The Journal of Neuroscience, 39(19), 3676-3686.

Klinzing, J. G. , Niethard, N. , & Born, J. (2019). Mechanisms of systems memory consolidation during sleep. Nature Neuroscience, 22(10), 1598-1610.

Kober, H. , Barrett, L. F. , Joseph, J. , Bliss-Moreau, E. , Lindquist, K. , & Wager, T. D. (2008). Functional grouping and cortical-subcortical interactions in emotion: a meta-analysis of neuroimaging studies. NeuroImage, 42(2), 998-1031.

Kogler, L. , Müller, V. I. , Werminghausen, E. , Eickhoff, S. B. , & Derntl, B. (2020). Do I feel or do I know? Neuroimaging meta-analyses on the multiple facets of empathy. Cortex, 129, 341-355.

Köhler, W. (1925) The mentality of apes. New York: Harcourt, Brace & World.

Kosslyn, S. M. , Pascual-Leone, A. , Felician, O. , Camposano, S. , Keenan, J. P. , Thompson, W. L. , Ganis, G. , Sukel, K. E. , & Alpert, N. M. (1999). The role of area 17 in visual imagery: convergent evidence from PET and rTMS. Science, 284(5411), 167-170.

Kourtzi, Z. , & Kanwisher, N. (2001). The human lateral occipital complex represents perceived object shape. Science, 293, 1506-1509.

Kuhl, P. K. , & Miller, J. D. (1978). Speech perception by the chinchilla: Identification functions for synthetic VOT stimuli. Journal of the Acoustical Society of America, 63(3), 905-917.

Kyriacou, C. P., & Hastings, M. H. (2010). Circadian clocks: genes, sleep, and cognition. Trends in Cognitive Sciences, 14(6), 259-267.

LaBar, K. S., Gatenby, J. C., Gore, J. C., LeDoux, J. E., & Phelps, E. A. (1998). Human amygdala activation during conditioned fear acquisition and extinction: a mixed-trial fMRI study. Neuron, 20(5), 937-945.

Lakatos, P., Karmos, G., Mehta, A. D., Ulbert, I., & Schroeder, C. E. (2008). Entrainment of neuronal oscillations as a mechanism of attentional selection. Science, 320(5872), 110-113.

Lamme, V. A. F., & Roelfsema, P. R. (2000). The distinct modes of vision offered by feedforward and recurrent processing. Trends in Neurosciences, 23(11), 571-579.

Lamme, V. A. F. (2003). Why visual attention and awareness are different. Trends in Cognitive Sciences, 7(1), 12-18.

Lamme, V. A. F. (2010). How neuroscience will change our view on consciousness. Cognitive Neuroscience, 1, 204-220.

Lancaster, M. A., Renner, M., Martin, C. A., Wenzel, D., Bicknell, L. S., Hurles, M. E., Homfray, T., Penninger, J. M., Jackson, A. P., & Knoblich, J. A. (2013). Cerebral organoids model human brain development and microcephaly. Nature, 501(7467), 373-379.

Landau, A. N., & Fries, P. (2012). Attention samples stimuli rhythmically. Current Biology, 22(11), 1000-1004.

Lashley, K. S. (1929). Brain Mechanisms and Intelligence. A quantitative study of injuries to the brain. Chicago: University of Chicago Press.

LeVay S. & Baldwin J. (2009) Human Sexuality. 3rd ed. Sunderland: Sinauer.

Levinthal, C. F. (1990). Introduction to Physiological Psychology. 3rd ed. Englewood Cliffs, New Jersey: Prentice Hall.

Levy, S., Lavzin, M., Benisty, H., Ghanayim, A., Dubin, U., Achvat, S., Brosh, Z., Aeed, F., Mensh, B. D., Schiller, Y., Meir, R., Barak, O., Talmon, R., Hantman, A. W., & Schiller, J. (2020). Cell-Type-Specific Outcome Representation in the Primary Motor Cortex. Neuron, 107(5), 954-971.

Lech, R. K., & Suchan, B. (2013). The medial temporal lobe: memory and beyond. Behavioural Brain Research, 254, 45-49.

Lewis, M. D., & Todd, R. M. (2007). The self-regulating brain: Cortical-subcortical feedback and the development of intelligent action. Cognitive Development, 22(4), 406-430.

Liberman, A. M., & Mattingly, I. G. (1985) The motor theory of speech perception revised. Cognition, 21(1), 1-36.

Liljeholm, M., & O'Doherty, J. P. (2012). Contributions of the striatum to learning, motivation, and performance: an associative account. Trends in Cognitive Sciences, 16(9), 467-475.

Lindsley, D. B. (1960). Attention, consciousness, sleep and wakefulness. In Field, J. et al. (eds). Handbook of Physiology, section 1: Neurophysiology, vol Ⅲ. pp. 1553-1593, American Physiology Society, Washington, DC.

Liu, F., Hu, M., Wang, S., Guo, W., Zhao, j., Li, J., Xun, G., Long, Z., Zhang, J., Wang, Y., Zeng, L., Gao, Q., Wooderson, S. C., Chen J. & Chen H. (2012) Abnormal regional spontaneous neural activity in first-episode, treatment-naive patients with late-life depression: A resting-state fMRI study. Progress in Neuro-Psychopharmacology & Biological Psychiatry, 39, 326-331.

Liu, D., Li, W., Ma, C., Zheng, W., Yao, Y., Tso, C. F., Zhong, P., Chen, X., Song, J. H., Choi, W., Paik, S. B., Han, H., & Dan, Y. (2020). A common hub for sleep and motor control in the substantia nigra. Science, 367(6476), 440-445.

Liu, W., Martinón-Torres, M., Cai, Y. J., Xing, S., Tong, H. W., Pei, S. W., Sier, M. J., Wu, X. H., Edwards, R. L., Cheng, H., Li, Y. Y., Yang, X. X., de Castro, J. M., & Wu, X. J. (2015). The earliest unequivocally modern humans in southern China. Nature, 526 (7575), 696-699.

Loomba, S., Straehle, J., Gangadharan, V., Heike, N., Khalifa, A., Motta, A., Ju, N., Sievers, M., Gempt, J., Meyer, H. S., & Helmstaedter, M. (2022). Connectomic comparison of mouse and human cortex. Science, 377(6602), eabo0924.

Lømo, T. (1966). Frequency potentiation of excitatory synaptic activity in dentate area of hippocampal formation. Acta Physiologica Scandinavica, 68(suppl. 272), 129-135.

Lörincz, M. L., Crunelli, V., & Hughes, S. W. (2008). Cellular dynamics of cholinergically induced alpha (8-13 Hz) rhythms in sensory thalamic nuclei in vitro. The Journal of Neuroscience, 28(3), 660-671.

Lörincz, M. L., Kékesi, K. A., Juhász, G., Crunelli, V., & Hughes, S. W. (2009). Temporal framing of thalamic relay-mode firing by phasic inhibition during the alpha rhythm. Neuron, 63 (5), 683-696.

Loth, E., Carvalho, F., & Schumann, G. (2011). The contribution of imaging genetics to the development of predictive markers for addictions.. Trends Cogn Sci, 15, 436-446.

Lowe, C. J., Staines, W. R., Manocchio, F., & Hall, P. A. (2018). The neurocognitive mechanisms underlying food cravings and snack food consumption. A combined continuous theta burst stimulation (cTBS) and EEG study. Neuroimage, 177(15), 45-58.

Lowe, C. J., Reichelt, A. C., & Hall, P. A. (2019). The prefrontal cortex and obesity: a health neuroscience perspective. Trends in Cognitive Sciences, 23(4), 349-361.

Magni, F., Moruzzi, G., Rossi, G., & Zanchetti, A. (1959). EEG arousal following inactivation of the lower brain stem by selective injection of barbiturate into the vertebral circulation. Archives Italiennes De Biologie, 97, 33-46.

Marek, S., Siegel, J. S., Gordon, E. M., Raut, R. V., Gratton, C., et al. (2018). Spatial and temporal organization of the individual human cerebellum. Neuron, 100(4), 977-993.

Markram, H. (2006). The blue brain project. Nature Review, Neuroscience, 7, 153-160.

Markram, H., Muller, E., Ramaswamy, S., Reimann, M. W., Abdellah, M., Sanchez, C. A.,

Ailamaki, A., Alonso-Nanclares, L., Antille, N., Arsever, S., Kahou, G. A., Berger, T. K., Bilgili, A., Buncic, N., Chalimourda, A., Chindemi, G., Courcol, J. D., Delalondre, F., Delattre, V., Druckmann, S., ··· Schürmann, F. (2015). Reconstruction and Simulation of Neocortical Microcircuitry. Cell, 163(2), 456-492.

Manginelli, A. A., Baumgartner, F., & Pollmann, S. (2013). Dorsal and ventral working memory-related brain areas support distinct processes in contextual cueing. NeuroImage, 67, 363-374.

Mashour, G. A., Roelfsema, P., Changeux, J. P., & Dehaene, S. (2020). Conscious Processing and the Global Neuronal Workspace Hypothesis. Neuron, 105(5), 776-798.

Massaro, D. W., & Cohen, M. M. (1983). Evaluation and integration of visual and auditory information in speech perception. Journal of experimental psychology. Human Perception and Performance, 9(5), 753-771.

McCarthy, M. M. (2008). Estradiol and the developing brain. Physiological Reviews, 88(1), 91-124.

MacLean, E. L. (2016). Unraveling the evolution of uniquely human cognition. PNAS, 113(23), 6348-6351.

McCrae, R. R., & Costa, P. T. (2004). A contemplated revision of the NEO Five-Factor Inventory. Personality and Individual Differences, 36(3), 587-596.

McCusker, M. C., Wiesman, A. I., Schantell, M. D., Eastman, J. A., & Wilson, T. W. (2020). Multi-spectral oscillatory dynamics serving directed and divided attention. NeuroImage, 217, 116927-116927.

McDowell, J. E., Dyckman, K. A., Austin, B. P., & Clementz, B. A. (2008). Neurophysiology and neuroanatomy of reflexive and volitional saccades: evidence from studies of humans. Brain and Cognition, 68(3), 255-270.

Meunier, H. (2017). Do monkeys have a theory of mind? How to answer the question? Neuroscience and Biobehavioral Reviews, 82, 110-123.

Miyake, A., Friedman, N. P., Emerson, M. J., Witzki, A. H., Howerter, A., & Wager, T. D. (2000). The unity and diversity of executive functions and their contributions to complex "Frontal Lobe" tasks: a latent variable analysis. Cognitive Psychology, 41(1), 49-100.

Miller, E. K., & Cohen, J. D. (2001). An integrative theory of prefrontal cortex function. Annual Review of Neuroscience, 24, 167-202.

Miller, K. J., Schalk, G., Fetz, E. E. & Rao, R. P. N. (2010). Cortical activity during motor execution, motor imagery, and imagery-based online feedback. PNAS, 107(9), 4430-4435.

Mitchell, R. L. C., & Kumari, V. (2016). Hans Eysenck's interface between the brain and personality: Modern evidence on the cognitive neuroscience of personality. Personality and Individual Differences, 103, 74-81.

Miyashita, Y. (2004). Cognitive memory: cellular and network machineries and their top-down control. Science, 306(5695), 435-440.

Molnar-Szakacs, I., & Uddin, L. Q. (2022). Anterior insula as a gatekeeper of executive control.

Neuroscience and Biobehavioral Reviews, 139, 104736.

Molyneaux, B. J., Arlotta, P., Menezes, J. R., & Macklis, J. D. (2007). Neuronal subtype specification in the cerebral cortex. Nature Reviews. Neuroscience, 8(6), 427-437.

Montag, C., & Davis, K. L. (2018). Affective Neuroscience Theory and Personality: An Update. Personality Neuroscience, 1, e12.

Montag, C., Elhai, J. D., & Davis, K. L. (2021). A comprehensive review of studies using the Affective Neuroscience Personality Scales in the psychological and psychiatric sciences. Neuroscience and Biobehavioral Reviews, 125, 160-167.

Moruzzi, G., & Magoun, H. W. (1949). Brain stem reticular formation and activation of the EEG. Electroencephalography and Clinical Neurophysiology, 1(4), 455-473.

Mostajo-Radji, M. A., Schmitz, M. T., Montoya, S. T., & Pollen, A. A. (2020). Reverse engineering human brain evolution using organoid models. Brain Research, 1729, 146582.

Näätänen, R., & Gaillard, A. W. K. (1983) The orienting reflex and the N2 deflection of the event-related potential (ERP). In A. W. K. Gailard & W. Ritter (eds) tutorials in ERP research: endogenous components. pp 119-141. Amsterdam: North-Holand Publishing Company.

Nakajima, M., Schmitt, L. I., & Halassa, M. M. (2019). Prefrontal Cortex Regulates Sensory Filtering through a Basal Ganglia-to-Thalamus Pathway. Neuron, 103(3), 445-458.

Narikiyo, K., Mizuguchi, R., Ajima, A., Shiozaki, M., Hamanaka, H., Johansen, J. P., Mori, K., & Yoshihara, Y. (2020). The claustrum coordinates cortical slow-wave activity. Nature Neuroscience, 23(6), 741-753.

Navarro, E. (2022). What is theory of mind? A psychometric study of theory of mind and intelligence. Cognitive Psychology, 136, 101495.

Neisser, U. (1967). Cognitive Psychology. New York: Appleton-Century-Crofts.

Nestler, E. J. (2004). Historical review: molecular and cellular mechanisms of opiate and cocaine addiction. Trends in Pharmacological Sciences, 25(4), 210-218.

Netter, P., Hennig, J., & Munk, A. J. (2021). Principles and approaches in Hans Eysenck's personality theory: Their renaissance and development in current neurochemical research on individual differences. Personality and Individual Differences, 169(1), 109975.

Newell, A. & Simon, H. A. (1972). Human problem solving. Englewood Cliffs, NJ: Prentice-Hall.

Nogueira, D., & Befort, M. K. (2019). Neuro-Epigenetics and addictive behaviors: Where do we stand? Neuroscience and Biobehavioral Reviews, 106, 872.

Ochsner, K. N. (2008). The social-emotional processing stream: five core constructs and their translational potential for schizophrenia and beyond. Biolpsychiatry, 64(1), 48-61.

Olaru, G., Witthöft, M., & Wilhelm, O. (2015). Methods matter: Testing competing models for designing short-scale Big-Five assessments. Journal of Research in Personality, 59, 56-68.

Olds, J., & Milner, P. (1954). Positive reinforcement produced by electrical stimulation of septal area and other regions of rat brain. Journal of Comparative and Physiological Psychology, 47(6),

419-427.

Olofsson, J. K., Nordin, S., Sequeira, H., & Polich, J. (2008). Affective picture processing: an integrative review of ERP findings. Biological Psychology, 77(3), 247-265.

Onorato, I., Neuenschwander, S., Hoy, J., Lima, B., Rocha, K. S., Broggini, A. C., Uran, C., Spyropoulos, G., Klon-Lipok, J., Womelsdorf, T., Fries, P., Niell, C., Singer, W., & Vinck, M. (2020). A Distinct Class of Bursting Neurons with Strong Gamma Synchronization and Stimulus Selectivity in Monkey V1. Neuron, 105(1), 180-197.

Oudiette, D., & Paller, K. A. (2013). Upgrading the sleeping brain with targeted memory reactivation. Trends in Cognitive Science, 17(3), 142-149.

Pace-Schott, E. F., Amole, M. C., Aue, T., Balconi, M., Bylsma, L. M., Critchley, H., Demaree, H. A., Friedman, B. H., Gooding, A. E. K., Gosseries, O., Jovanovic, T., Kirby, L. A. J., Kozlowska, K., Laureys, S., Lowe, L., Magee, K., Marin, M. F., Merner, A. R., Robinson, J. L., Smith, R. C., ⋯ VanElzakker, M. B. (2019). Physiological feelings. Neuroscience and Biobehavioral Reviews, 103, 267-304.

Pacheco-Estefan, D., Sánchez-Fibla, M., Duff, A., Principe, A., Rocamora, R., Zhang, H., Axmacher, N., & Verschurem, P. F. M. J. (2019). Coordinated representational reinstatement in the human hippocampus and lateral temporal cortex during episodic memory retrieval. Nature Communications, 10, 2255.

Pagnotta, M. F., Pascucci, D., & Plomp, G. (2020). Nested oscillations and brain connectivity during sequential stages of feature-based attention. NeuroImage, 223, 117354.

Palagini, L., & Rosenlicht, N. (2011). Sleep, dreaming, and mental health: a review of historical and neurobiological perspectives. Sleep Medicine Reviews, 15(3), 179-186.

Paolicelli, R. C., Bergamini, G., & Rajendran, L. (2019). Cell-to-cell communication by extracellular vesicles: focus on microglia. Neuroscience, 405, 148-157.

Penfield, W., & Jasper, H. H. (1954). Epilepsy and the Functional Anatomy of the Human Brain. Boston, MA: Little, Brown & Co.

Panksepp, J. (2006). Emotional endophenotypes in evolutionary psychiatry. Progress in Neuro-Psychopharmacology and Biological Psychiatry, 30(5), 774-784.

Pavlov, I. P. (1927) Conditioned Reflexes. New York: Oxford University Press.

Phelps, E. A. (2006). Emotion and cognition: insights from studies of the human amygdala. Annual Review of Psychology, 57, 27-53.

Parisi, G., Mazzi, C., Colombari, E., Chiarelli, A. M., Metzger, B. A., Marzi, C. A., & Savazzi, S. (2020). Spatiotemporal dynamics of attentional orienting and reorienting revealed by fast optical imaging in occipital and parietal cortices. NeuroImage, 222, 117244.

Pearson, J. (2019). The human imagination: the cognitive neuroscience of visual mental imagery. Nature Reviews. Neuroscience, 20(10), 624-634.

Pei, J., Deng, L., Song, S., Zhao, M., Zhang, Y., Wu, S., Wang, G., Zou, Z., Wu, Z., He, W., ⋯ Shi, L. (2019). Towards artificial general intelligence with hybrid Tianjic chip architecture. Nature, 572, 106-111.

Pisani, S., Murphy, J., Conway, J., Millgate, E., Catmur, C., & Bird, G. (2021). The relationship between alexithymia and theory of mind: a systematic review. Neuroscience and Biobehavioral Reviews, 131, 497-524.

Poo, M. M., Du, J. L., Ip, N. Y., Xiong, Z. Q., Xu, B., & Tan, T. (2016). China Brain Project: Basic Neuroscience, Brain Diseases, and Brain-Inspired Computing. Neuron, 92(3), 591-596.

Pool, E., Sennwald, V., Delplanque, S., Brosch, T., & Sander, D. (2016). Measuring wanting and liking from animals to humans: A systematic review. Neuroscience and Biobehavioral Reviews, 63, 124-142.

Pollmann, S., & Manginelli, A. A. (2009). Early implicit contextual change detection in anterior prefrontal cortex. Brain Research, 1263, 87-92.

Popov, T., Kastner, S., & Jensen, O. (2017). FEF-Controlled Alpha Delay Activity Precedes Stimulus-Induced Gamma-Band Activity in Visual Cortex. The Journal of Neuroscience, 37(15), 4117-4127.

Posner, M. I. (1995) Attention in cognitive neuroscience: An overview. In M. S. Gazzaniga(ed). The Cognitive Neurosciences. pp 615-624. New York: MIT Press.

Premack, D., & Woodruff, G. (1978). Does the chimpanzee have a theory of mind? Behavioral and Brain Sciences, 1(4), 515-526.

Price, G. W., Michie, P. T., Johnston, J., Innes-Brown, H., Kent, A., Clissa, P., & Jablensky, A. V. (2006). A multivariate electrophysiological endophenotype, from a unitary cohort, shows greater research utility than any single feature in the Western Australian family study of schizophrenia. Biological Psychiatry, 60(1), 1-10.

Price, J. L., & Drevets, W. C. (2012). Neural circuits underlying the pathophysiology of mood disorders. Trends in Cognitive Sciences, 16(1), 61-71.

Pulvermüller F. (2001). Brain reflections of words and their meaning. Trends in Cognitive Sciences, 5(12), 517-524.

Ragan, T., Kadiri, L. R., Venkataraju, K. U., Bahlmann, K., Sutin, J., Taranda, J., Arganda-Carreras, I., Kim, Y., Seung, H. S., & Osten, P. (2012). Serial two-photon tomography for automated ex vivo mouse brain imaging. Nature Methods, 9(3), 255-258.

Raichle, M. E., MacLeod, A. M., Snyder, A. Z., Powers, W. J., Gusnard, D. A., & Shulman, G. L. (2001) A default mode of brain function. PNAS, 98(2), 676-682.

Raichle, M. E. (2006). Neuroscience. The brain's dark energy. Science, 314(5803), 1249-1250.

Raichle M. E. (2015). The brain's default mode network. Annual Review of Neuroscience, 38, 433-447.

Ramirez, S., Liu, X., Lin, P. A., Suh, J., Pignatelli, M., Redondo, R. L., Ryan, T. J., & Tonegawa, S. (2013). Creating a false memory in the hippocampus. Science, 341(6144), 387-391.

Rasch, B., Büchel, C., Gais, S., & Born, J. (2007). Odor cues during slow-wave sleep prompt declarative memory consolidation. Science, 315(5817), 1426-1429.

Ray, M. K., Mackay, C. E., Harmer, C. J., & Crow, T. J. (2008). Bilateral generic working memory circuit requires left-lateralized addition for verbal processing. Cerebral Cortex, 18(6), 1421-1428.

Reber, A. S. (1992). The cognitive unconscious: An evolutionary perspective. Consci. Cogn. 1(2), 93-133.

Rebollo, I., Devauchelle, A. D., Béranger, B., & Tallon-Baudry, C. (2018). Stomach-brain synchrony reveals a novel, delayed-connectivity resting-state network in humans. eLife, 7, e33321. https://doi.org/10.7554/eLife.33321.003.

Reinders, A. A., Nijenhuis, E. R., Paans, A. M., Korf, J., Willemsen, A. T., & den Boer, J. A. (2003). One brain, two selves. NeuroImage, 20(4), 2119-2125.

Reniers, R. L., Corcoran, R., Drake, R., Shryane, N. M., & Völlm, B. A. (2011). The QCAE: a Questionnaire of Cognitive and Affective Empathy. Journal of Personality Assessment, 93(1), 84-95.

Reverberi, C., Shallice, T., D'Agostini, S., Skrap, M., & Bonatti, L. L. (2009). Cortical bases of elementary deductive reasoning: inference, memory, and metadeduction. Neuropsychologia, 47(4), 1107-1116.

Redinbaugh, M. J., Phillips, J. M., Kambi, N. A., Mohanta, S., Andryk, S., Dooley, G. L., Afrasiabi, M., Raz, A., & Saalmann, Y. B. (2020). Thalamus Modulates Consciousness via Layer-Specific Control of Cortex. Neuron, 106(1), 66-75.

Ren, S. Q., Li, Z., Lin, S., Bergami, M., & Shi, S. H. (2019). Precise long-range microcircuit-to-microcircuit communication connects the frontal and sensory cortices in the mammalian brain. Neuron, 104(2), 385-401.

Risher, W. C., & Eroglu, C. (2020). Emerging roles for α2δ subunits in calcium channel function and synaptic connectivity. Current Opinion in Neurobiology, 63, 162-169.

Robbins, T. W., Gillan, C. M., Smith, D. G., de Wit, S., & Ersche, K. D. (2012). Neurocognitive endophenotypes of impulsivity and compulsivity: towards dimensional psychiatry. Trends in Cognitive Sciences, 16(1), 81-91.

Rodriguez-Moreno, D., & Hirsch, J. (2009). The dynamics of deductive reasoning: an fMRI investigation. Neuropsychologia, 47(4), 949-961.

Rollenhagen, J. E., & Olson, C. R. (2005). Low-frequency oscillations arising from competitive interactions between visual stimuli in macaque inferotemporal cortex. Journal of Neurophysiology, 94(5), 3368-3387.

Rothblum, E. D. (2013) Lesbian, gay, bisexual and transgender communities. In: Patterson, C. J. ed. Handbook of Psychology and Sexual Orientation. New York: Oxford University Press, 297-308.

Roydeva, M. I., & Reinders, A. A. T. S. (2021). Biomarkers of pathological dissociation: a systematic review. Neuroscience and Biobehavioral Reviews, 123, 120-202.

Rudoy, J. D., Voss, J. L., Westerberg, C. E., & Paller, K. A. (2009). Strengthening individual memories by reactivating them during sleep. Science, 326(5956), 1079.

Roux, F., & Uhlhaas, P. J. (2014). Working memory and neural oscillations: α-γ versus θ-γ codes for distinct WM information? Trends in Cognitive Sciences, 18(1), 16-25.

Roy, B., Wang, Q., & Dwivedi, Y. (2018). Long noncoding RNA-associated transcriptomic changes in resiliency or susceptibility to depression and response to antidepressant treatment. The International Journal of Neuropsychopharmacology, 21(5), 461-472.

Roy, D. S., Park, Y-G., Ogawa, S., Cho, J. H., Choi, H., Kamensky, L., Martin, J., Chung, K., & Tonegawa, S. (2019). Brain-wide mapping of contextual fear memory engram ensembles supports the dispersed engram complex hypothesis. bioRxiv, https://doi.org/10.1101/668483.

Ruocco, A. C., Rodrigo, A. H., Lam, J., Ledochowski, J., Chang, J., Wright, L., & McMain, S. F. (2021). Neurophysiological biomarkers of response inhibition and the familial risk for borderline personality disorder. Progress in Neuro-psychopharmacology & Biological Psychiatry, 111, 110115.

Rushworth, M. F., Behrens, T. E., Rudebeck, P. H., & Walton, M. E. (2007). Contrasting roles for cingulate and orbitofrontal cortex in decisions and social behaviour. Trends in Cognitive Sciences, 11(4), 168-176.

Russell, J. A. (2003). Core affect and the psychological construction of emotion. Psychological Review, 110, 145-172.

Ryan, T. J., Roy, D. S., Pignatelli, M., Arons, A., & Tonegawa, S. (2015). Memory. Engram cells retain memory under retrograde amnesia. Science, 348(6238), 1007-1013.

Safari, M. R., Komaki, A., Arsang-Jang, S., Taheri, M., & Ghafouri-Fard, S. (2019). Expression Pattern of Long Non-coding RNAs in Schizophrenic Patients. Cellular and Molecular Neurobiology, 39(2), 211-221.

Sakalar, E., Klausberger, T., & Lasztóczi, B. (2022). Neurogliaform cells dynamically decouple neuronal synchrony between brain areas. Science, 377(6603), 324-328.

Samaha, J., Iemi, L., Haegens, S., & Busch, N. A. (2020). Spontaneous brain oscillations and perceptual decision-making. Trends in Cognitive Sciences, 24(8), 639-653.

Sato, T. (1980) Recent advances in the physiology of taste cells. Prog. Neurobiol. 14(1), 25-67.

Scherer, K. R. (1984). On the nature and function of emotion: a component process approach. Approaches to Emotion, 2293, 317.

Scherer, K. R. et al. (2001) Appraisal processes in emotion: Theory, methods, research. New York: Oxford University Press.

Schneider, W., & Shiffrin, R. M. (1977). Controlled and automatic human information processing: I. Detection, search, and attention. Psychological Review, 84, 1-6.

Scholz, J., Klein, M. C., Behrens, T. E., & Johansen-Berg, H. (2009). Training induces changes in white-matter architecture. Nature Neuroscience, 12(11), 1370-1371.

Schwarz, J. M., & Bilbo, S. D. (2012). Sex, glia, and development: interactions in health and disease. Hormones and Behavior, 62(3), 243-253.

Schwarzlose, R. F., Baker, C. I., & Kanwisher, N. (2005) Separate face and body selectivity on the fusiform gyrus. J. Neurosci. 25(47), 11055-11059.

Scott, S. K., & Johnsrude, I. S. (2003). The neuroanatomical and functional organization of speech perception. Trends in Neurosciences, 26(2), 100-107.

Scott, S. K., & Wise, R. J. (2004). The functional neuroanatomy of prelexical processing in speech perception. Cognition, 92(1), 13-45.

Seehausen, M., Kazzer, P., Bajbouj, M., Heekeren, H. R., Jacobs, A. M., Klann-Delius, G., Menninghaus, W., & Prehn, K. (2014). Talking about social conflict in the MRI scanner: neural correlates of being empathized with. NeuroImage, 84, 951-961.

Seiriki, K., Kasai, A., Hashimoto, T., Schulze, W., Niu, M., Yamaguchi, S., Nakazawa, T., Inoue, K. I., Uezono, S., Takada, M., Naka, Y., Igarashi, H., Tanuma, M., Waschek, J. A., Ago, Y., Tanaka, K. F., Hayata-Takano, A., Nagayasu, K., Shintani, N., Hashimoto, R., ... Hashimoto, H. (2017). High-Speed and Scalable Whole-Brain Imaging in Rodents and Primates. Neuron, 94(6), 1085-1100.

Senzai, Y., Fernandez-Ruiz, A., & Buzsáki, G. (2019). Layer-specific physiological features and interlaminar interactions in the primary visual cortex of the mouse. Neuron, 101(3), 500-513.

Seth, A. K., & Friston, K. J. (2016). Active interoceptive inference and the emotional brain. Philosophical transactions of the Royal Society of London. Series B, Biological sciences, 371(1708), 20160007.

Shamay-Tsoory, S. G., Tomer, R., Berger, B. D., Goldsher, D., & Aharon-Peretz, J. (2005). Impaired "Affective Theory of Mind" Is Associated with Right Ventromedial Prefrontal Damage. Cognitive and Behavioral Neurology, 18(1), 55-67.

Shao, F., & Shen, Z. (2023). How can artificial neural networks approximate the brain? Frontiers in Psychology, 13, 970214.

Shen, Z. (2017). Development of brain function theory and the frontier brain projects. Chinese Science Bulletin, 62(30), 3429-3439.

Shen, Z., Xiao, J., Lin, S. Z., & Wang, L. H. (1982). Effects of a low power laser beam guided by optic fiber on rat brain striatal monoamines and amino acids. Neuroscience Letters, 32(2), 203-208.

Shen, Z., Xiao, J., Lin, S. Z., & Wang, L. H. (1983). Effects of laser guided by optic fiber into rat brain on conditioned avoidance response and brain chemistry. Lasers in Surgery and Medicine, 2(3), 231-239.

Shen, Z., Xiao, J., Lin, S. Z., & Wang, L. H. (1989). Comparison between effects of laser with stable and non-stable frequencies on NADH in Hamster's brains. Journal of Infrared, Millimeter, and Terahertz Waves, 8, 477-448.

Shen, Z., & Lin, S. Z. (1993). Laser-fluorescent pulses as a probe to brain energy and efficiency.

SPIE Proceedings, 1883, 68-74.

Shen, Z., & Lin, S. Z. (1994) Fiberoptic-based multisensory to brain neurons in awake animals. Proceedings of the SPIE, 2331, 156-163.

Shen, Z., Hua, J., Lin, S., & Liu, X. (1997). Effects of nitric oxide and its synthesis inhibitor on neuron efficiency detected by fiber-optic-based multisensor. Prog. Biomed. Optics. SPIE proceeding, 3196, 168-174.

Shen, Z., Zhang, W. W., & Chen, Y. C. (2002). The whole precedence in face but not figure discrimination and its neuronal correlates. Vision Research, 42(7), 873-882.

Shepherd, G. M., & Brayton, R. K. (1987). Logic operations are properties of computer-simulated interactions between excitable dendritic spines. Neuroscience, 21(1), 151-165.

Sherman, S. M. (2013). The function of metabotropic glutamate receptors in thalamus and cortex. The Neuroscientist, 20, 136-149.

Sherrington, C. S. (1906) The integrative activity of the nervous system. New York: Scribners.

Shiffrin, R. M., & Schneider, W. (1977). Controlled and automatic human information processing: II. Perceptual learning, automatic attending and a general theory. Psychological Review, 84(2), 127-190.

Shizgal, P., & Arvanitogiannis, A. (2003) Gambling on dopamine. Science, 299(5614), 1856-1858.

Sicorello, M., & Schmahl, C. (2021). Emotion dysregulation in borderline personality disorder: a fronto-limbic imbalance? Current Cpinion in Psychology, 37, 114-120.

Skinner, B. F. The behavior of organisms. (1938) New York: Appleton-Century-Crofts.

Small, W. S. (1899). Notes on the psychic development of the young white rat. Am. J. Psychol. 11, 80-100.

Smaragdi, A., Chavez, S., Lobaugh, N. J., Meyer, J. H., & Kolla, N. J. (2019). Differential levels of prefrontal cortex glutamate+glutamine in adults with antisocial personality disorder and bipolar disorder: A proton magnetic resonance spectroscopy study. Progress in Neuro-psycho-pharmacology & Biological Psychiatry, 93, 250-255.

Sokolov, E. N. (1963) Higher nervous functions: The orienting reflex. Ann. Rev. Physiol. 25(1), 545-580.

Sokolov, E. N., & Vinogradova, O. S. (1975) Neuronal mechanisms of the orienting reflex. Hilsedale N. J.: Erlbaum.

Sörös, P., Sokoloff, L. G., Bose, A., McIntosh, A. R., Graham, S. J., & Stuss, D. T. (2006). Clustered functional MRI of overt speech production. NeuroImage, 32(1), 376-387.

Spearman, C. (1904). 'General intelligence,' objectively determined and measured. The American Journal of Psychology, 15(2), 201-293.

Sperry, R. W. (1964) The Great Cerebral Commissure. Sci. Amer. 210, 42-53.

Spruston, N. (2008). Pyramidal neurons: dendritic structure and synaptic integration. Nature Reviews. Neuroscience, 9(3), 206-221.

Squire, L. R., Knowlton B, Musen G. (1993) The structure and organization of memory. Annual Review of Psychology, 44, 453-495.

Squire, L. R., Wixted, J. T. & Clark, R. E. (2007) Recognition memory and the medial temporal lobe: a new perspective. Nature. Rev. Neurosci. 8(11), 872-883.

State, M. W., & Šestan, N. (2012). Neuroscience. The emerging biology of autism spectrum disorders. Science, 337(6100), 1301-1303.

Stephan, K. E., Kasper, L., Harrison, L. M., Daunizeau, J., den Ouden, H. E., Breakspear, M., & Friston, K. J. (2008). Nonlinear dynamic causal models for fMRI. NeuroImage, 42(2), 649-662.

Sternberg, R. J. (1985). Beyond IQ: A triarchic theory of human intelligence. New York: Cambridge University Press.

Sternberg, R. J. (2000). The holey grail of general intelligence. Science, 289(5478), 399-401.

Stickgold, R. (2013). Early to bed: how sleep benefits children's memory. Trends in Cognitive Sciences, 17(6), 261-262.

Sun, P. J., Zhang, H. X., Sun, Y. Q., & Liu, J., (2021). The recent development of fluorescent probes for the detection of NADH and NADPH in living cells and in vivo. Spectrochimica Acta Part A: Molecular and Biomolecular Spectroscopy, 245, 118919.

Sun, Q., Li, X., Ren, M., Zhao, M., Zhong, Q., Ren, Y., Luo, P., Ni, H., Zhang, X., Zhang, C., Yuan, J., Li, A., Luo, M., Gong, H., & Luo, Q. (2019). A whole-brain map of long-range inputs to GABAergic interneurons in the mouse medial prefrontal cortex. Nature Neuroscience, 22(8), 1357-1370.

Tai, Y., Gallo, N. B., Wang, M., Yu, J. R., & Van Aelst, L. (2019). Axo-axonic Innervation of Neocortical Pyramidal Neurons by GABAergic Chandelier Cells Requires AnkyrinG-Associated L1CAM. Neuron, 102(2), 358-372.

Takeuchi, H., Taki, Y., Matsudaira, I., Ikeda, S., Dos S Kawata, K. H., Nouchi, R., Sakaki, K., Nakagawa, S., Nozawa, T., Yokota, S., Araki, T., Hanawa, S., Ishibashi, R., Yamazaki, S., & Kawashima, R. (2020a). Convergent creative thinking performance is associated with white matter structures: Evidence from a large sample study. NeuroImage, 210, 116577.

Takeuchi, H., Taki, Y., Nouchi, R., Yokoyama, R., Kotozaki, Y., Nakagawa, S., Sekiguchi, A., Iizuka, K., Hanawa, S., Araki, T., Miyauchi, C. M., Sakaki, K., Sassa, Y., Nozawa, T., Ikeda, S., Yokota, S., Magistro, D., & Kawashima, R. (2020b). Originality of divergent thinking is associated with working memory-related brain activity: Evidence from a large sample study. NeuroImage, 216, 116825.

Tamnes, C. K., Østby, Y., Walhovd, K. B., Westlye, L. T., Due-Tønnessen, P., & Fjell, A. M. (2010). Neuroanatomical correlates of executive functions in children and adolescents: a magnetic resonance imaging (MRI) study of cortical thickness. Neuropsychologia, 48(9), 2496-2508.

Tang, Y. Y., Rothbart, M. K., & Posner, M. I. (2012). Neural correlates of establishing, maintaining, and switching brain states. Trends in Cognitive Sciences, 16(6), 330-337.

Tasic, B., Yao, Z., Graybuck, L. T., Smith, K. A., Nguyen, T. N., Bertagnolli, D., Goldy, J., Garren, E., Economo, M. N., Viswanathan, S., Penn, O., Bakken, T., Menon, V., Miller, J., Fong, O., Hirokawa, K. E., Lathia, K., Rimorin, C., Tieu, M., Larsen, R., ··· Zeng, H. (2018). Shared and distinct transcriptomic cell types across neocortical areas. Nature, 563(7729), 72-78.

Teyler, T. J., & DiScenna, P. (1984). Long-term potentiation as a candidate mnemonic device. Brain Research Reviews, 7(1), 15-28.

Teyler, T. J., & DiScenna, P. (1986). The hippocampal memory indexing theory. Behavioral Neuroscience, 100(2), 147-154.

Thier, P., Dicke, P. W., Haas, R., & Barash, S. (2000). Encoding of movement time by populations of cerebellar Purkinje cells. Nature, 405(6782), 72-76.

Thompson, R. F. (1986) The neurobiology of learning and memory. Science, 233(4767), 941-947.

Thorndike, E. L. (1911) Animal intelligence: Experimental studies. New York: Macmillan.

Thorpe, S. J., & Fabre-Thorpe, M. (2001) Neuroscience. Seeking categories in the brain. Science, 291(5502), 260-263.

Timofeev, I., & Chauvette, S. (2020). Global control of sleep slow wave activity. Nature Neuroscience, 23(6), 693-695.

Tononi, G., Boly, M., Massimini, M., & Koch, C. (2016). Integrated information theory: from consciousness to its physical substrate. Nature Reviews. Neuroscience, 17(7), 450-461.

Treisman, A. M. & Gelade, G. (1980) A feature-integration theory of attention. Cogn. Psychol. 12(1), 97-136.

Treisman, A. M. & Sato, S. (1990) Conjunction search revisited. J. Exper. Psychol. Hum Percep. Perform. 16(3), 459-487.

Tse, D., Langston, R. F., Kakeyama, M., Bethus, I., Spooner, P. A., Wood, E. R., Witter, M. P., & Morris, R. G. (2007). Schemas and memory consolidation. Science, 316(5821), 76-82.

Tulving, E., & Schacter, D. L. (1990). Priming and human memory system. Science, 247, 301-306.

Ullén, F. (2009). Is activity regulation of late myelination a plastic mechanism in the human nervous system? Neuron Glia Biology, 5(1-2), 29-34.

Unterrainer, J. M., & Owen, A. M. (2006). Planning and problem solving: from neuropsychology to functional neuroimaging. Journal of Physiology, 99(4-6), 308-317.

Valk, S. L., Hoffstaedter, F., Camilleri, J. A., Kochunov, P., Yeo, B. T. T., & Eickhoff, S. B. (2020). Personality and local brain structure: Their shared genetic basis and reproducibility. NeuroImage, 220, 117067.

Van Den Heuvel, M. P., Mandl, R. C., Kahn, R. S., & Hulshoff Pol, H. E. (2009). Functionally linked resting-state networks reflect the underlying structural connectivity architecture of the human brain. Human Brain Mapping, 30(10), 3127-3141.

Van Den Heuvel, M. P., & Sporns, O. (2013). Network hubs in the human brain. Trends in Cognitive Sciences, 17(12), 683-696.

Van Essen, D. C., & Ugurbil, K. (2012). The future of the human connectome. Neuroimage, 62, 1299-1310.

Van Honk, J., Terburg, D., & Bos, P. A. (2011). Further notes on testosterone as a social hormone. Trends in Cognitive Sciences, 15(7), 291-292.

Van Neerven, T., Bos, D. J., & Van Haren, N. E. M. (2021). Deficiencies in theory of mind in patients with schizophrenia, bipolar disorder, and major depressive disorder: a systematic review of secondary literature. Neuroscience & Biobehavioral Reviews, 120, 249-261.

Van Overwalle, F., Van de Steen, F., Van Dun, K., & Heleven, E. (2020). Connectivity between the cerebrum and cerebellum during social and non-social sequencing using dynamic causal modelling. NeuroImage, 206, 116326.

Veit, J., Hakim, R., Jadi, M. P., Sejnowski, T. J., & Adesnik, H. (2017). Cortical gamma band synchronization through somatostatin interneurons. Nature Neuroscience, 20, 951-959.

Vinck, M., & Perrenoud, Q. (2019). Layers of rhythms-from cortical anatomy to dynamics. Neuron, 101, 358-360.

Visintin, E., De Panfilis, C., Amore, M., Balestrieri, M., Wolf, R. C., & Sambataro, F. (2016). Mapping the brain correlates of borderline personality disorder: A functional neuroimaging meta-analysis of resting state studies. Journal of Affective Disorders, 204, 262-269.

Volkow, N. D., Wang, G. J., & Baler, R. D. (2011). Reward, dopamine and the control of food intake: implications for obesity. Trends in Cognitive Sciences, 15(1), 37-46.

Voytek, B., Canolty, R., Shestyuk, A. Y., Crone, N. E., Parvizi, J., & Knight, R. T. (2010). Shifts in Gamma Phase-Amplitude Coupling Frequency from Theta to Alpha Over Posterior Cortex During Visual Tasks. Frontiers in Human Neuroscience, 4.

Wakabayashi, A., Baron-Cohen, S., Wheelwright, S., Goldenfeld, N., Delaney, J., Fine, D., Smith, R., & Weil, L. (2006). Development of short forms of the Empathy Quotient (EQ-Short) and the Systemizing Quotient (SQ-Short). Personality and Individual Differences, 41(5), 929-940.

Walter, W. G. (1964) Contingent negative variations or elective sign of sensory-motor association. Nature, 203, 300-304.

Wamsley, E. J., Tucker, M., Payne, J. D., Benavides, J. A., & Stickgold, R. (2010). Dreaming of a learning task is associated with enhanced sleep-dependent memory consolidation. Current Biology, 20(9), 850-855.

Wan, Y., Liu, Y., Wang, X., Wu, J., Liu, K., Zhou, J., Liu, L., & Zhang, C. (2015). Identification of differential microRNAs in cerebrospinal fluid and serum of patients with major depressive disorder. PloS One, 10(3), e0121975.

Wang, F. W., & Higgins, J. M. G. (2013). Histone modifications and mitosis: Countermarks, landmarks, and bookmarks. Trends Cell Biol, 23, 175-184.

Wang, L., Shen, H., Tang, F., Zang, Y., & Hu, D. (2012). Combined structural and resting-state functional MRI analysis of sexual dimorphism in the young adult human brain: an MVPA approach. Neuroimage, 61(4), 931-940.

Wagner, M. J., Kim, T. H., Kadmon, J., Nguyen, N. D., Ganguli, S., Schnitzer, M. J., & Luo, L. (2019). Shared Cortex-Cerebellum Dynamics in the Execution and Learning of a Motor Task. Cell, 177(3), 669-682.

Waugh, C. E., Hamilton, J. P., & Gotlib, I. H. (2010). The neural temporal dynamics of the intensity of emotional experience. NeuroImage, 49(2), 1699-1707.

Watts, D. J., & Strogatz, S. H. (1998). Collective dynamics of 'small-world' networks. Nature, 393(6684), 440-442.

Wechsler, D. (1939). The measurement of adult intelligence. Baltimore: William and Williams Co.

Weitz, A. J., Lee, H. J., Choy, M., & Lee, J. H. (2019). Thalamic Input to Orbitofrontal Cortex Drives Brain-wide, Frequency-Dependent Inhibition Mediated by GABA and Zona Incerta. Neuron, 104(6), 1153-1167.

Weng, Y., Lin, J., Ahorsu, D. K., & Tsang, H. W. H. (2022). Neuropathways of theory of mind in schizophrenia: a systematic review and meta-analysis. Neuroscience and Biobehavioral Reviews, 137, 104625.

Weston, C. S. (2012). Another major function of the anterior cingulate cortex: the representation of requirements. Neuroscience and Biobehavioral Reviews, 36(1), 90-110.

Wickelgren, I. (2005). Neurology. Autistic brains out of synch? Science, 308(5730), 1856-1858.

Wilson, N., Robb, E., Gajwani, R., & Minnis, H. (2021). Nature and nurture? A review of the literature on childhood maltreatment and genetic factors in the pathogenesis of borderline personality disorder. Journal of Psychiatric Research, 137, 131-146.

Wirt, R. A., & Hyman, J. M. (2019). ACC theta improves hippocampal contextual processing during remote recall. Cell Reports, 27(8), 2313-2327.

Woo, H. J., Yu, C., Kumar, K., & Reifman, J. (2017). Large-scale interaction effects reveal missing heritability in schizophrenia, bipolar disorder and posttraumatic stress disorder. Translational Psychiatry, 7(4), e1089.

Wundt, W. (1874) Principle of Physiological Psychology. New York: Swan Sonnenschein & Co.

Xu, J., & Potenza, M. N. (2012). White matter integrity and five-factor personality measures in healthy adults. Neuroimage, 59, 800-807.

Yakusheva, T. A., Shaikh, A. G., Green, A. M., Blazquez, P. M., Dickman, J. D., & Angelaki, D. E. (2007). Purkinje cells in posterior cerebellar vermis encode motion in an inertial reference frame. Neuron, 54(6), 973-985.

Yeo, B. T., Krienen, F. M., Sepulcre, J., Sabuncu, M. R., Lashkari, D., Hollinshead, M., Roffman, J. L., Smoller, J. W., Zöllei, L., Polimeni, J. R., Fischl, B., Liu, H., & Buckner, R. L. (2011). The organization of the human cerebral cortex estimated by intrinsic functional connectivity. Journal of Neurophysiology, 106(3), 1125-1165.

Yu, J., Hu, H., Agmon, A., & Svoboda, K. (2019). Recruitment of GABAergic interneurons in the barrel cortex during active tactile behavior. Neuron, 104(2), 412-427.

Yu, Q., & Heikal A. A. (2009). Two-photon autofluorescence dynamics imaging reveals sensitivity of intracellular NADH concentration and conformation to cell physiology at the single-cell level. Journal of Photochemistry and Photobiology B: Biology, 95, 46-57.

Yu, X., Li, W., Ma, Y., Tossell, K., Harris, J. J., Harding, E. C., Ba, W., Miracca, G., Wang, D., Li, L., Guo, J., Chen, M., Li, Y., Yustos, R., Vyssotski, A. L., Burdakov, D., Yang, Q., Dong, H., Franks, N. P., & Wisden, W. (2019). GABA and glutamate neurons in the VTA regulate sleep and wakefulness. Nature Neuroscience, 22(1), 106-119.

Zanon, M., Kriara, L., Lipsmeier, F., Nobbs, D., Chatham, C., Hipp, J., & Lindemann, M. (2020). A quality metric for heart rate variability from photoplethysmogram sensor data. Annual International Conference of the IEEE Engineering in Medicine and Biology Society. IEEE Engineering in Medicine and Biology Society. Annual International Conference, 2020, 706-709.

Zell, V., Steinkellner, T., Hollon, N. G., Warlow, S. M., Souter, E., Faget, L., Hunker, A. C., Jin, X., Zweifel, L. S., & Hnasko, T. S. (2020). VTA Glutamate Neuron Activity Drives Positive Reinforcement Absent Dopamine Co-release. Neuron, 107(5), 864-873.

Zhang, Y. Y., Zhang Y. F., Cai, P., Luo, H., & Fang, F. (2019). The causal role of α-oscillations in feature binding. PNAS, 116, 17023-17028.

Zink, N., Lenartowicz, A., & Markett, S. (2021). A new era for executive function research: On the transition from centralized to distributed executive functioning. Neuroscience and Biobehavioral Reviews, 124, 235-244.

Zou, L., Su, L., Qi, R., Zheng, S., & Wang, L. (2018). Relationship between extraversion personality and gray matter volume and functional connectivity density in healthy young adults: an fMRI study. Psychiatry research. Neuroimaging, 281, 19-23.

Zucker, R. S., & Regehr, W. G. (2002). Short-term synaptic plasticity. Annual Review of Physiology, 64, 355-405.

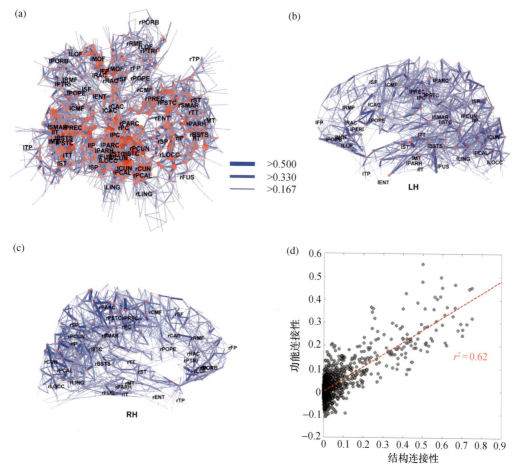

图 1-3 利用脑结构间神经纤维束图和功能性磁共振静态 BOLD
信号波动显示的功能连接图,共同确定的脑连接组

(根据 CC-BY,引自 Hagmann et al.,2008)

(a)998 个节点间连接纤维及其权重分布图,图标中圆点的大小表示节点强度,线段粗细表示连接权重;(b)和(c)是基于 DTI 数据给出的结构连接性骨架图,分别表示左外侧和右外侧大脑皮层各区之间的神经纤维连接性;(d)是结构连接性和功能连接性相关的散点图,全部 5 名被试各脑区两种数据间相关系数达十分显著水平。

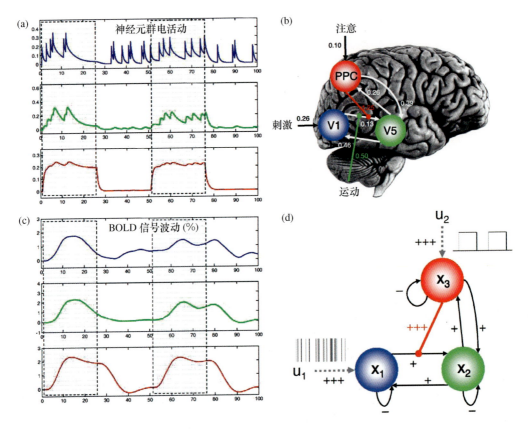

图 1-4 视运动知觉及其注意调节机制的动态因果模型(DCM)
(引自 Stephan et al., 2008)

(a)(c) 设定从大脑皮层三个部位(V1、V5 和 PPC)通过针电极采集的场电位((a)中三条曲线)和通过 R-fMRI 采集 BOLD 信号波动数据((c)中三条曲线);六条曲线均是 100 s 的时域信号,第一条 V1 的信号受外部视觉刺激事件的驱动;第二条 V5 的信号既受与 V1 连接强度的影响,又受来自 PPC 连接性的制约;第三条 PPC 的信号既受与 V5 连接强度的影响,又受来自(d)图 U_2 所示注意变化的累积作用。

(b) 大脑皮层三个部位及其间连接性。V1 是初级视皮层(17 区);V5 是颞中回(视动觉皮层);PPC 是后顶叶皮层(注意调节区);图中箭头线表示连接性影响的方向,数字表示连接权重。

(d) 最终得到的动态因果模型(DCM),U_1 表示视觉感受器接受外部刺激事件;U_2 表示注意调节作用以积分形式发生作用,与(a)(c)中阴影区的强信号变化相关;+表示弱阳性作用,+++表示强阳性作用,—表示阴性作用。

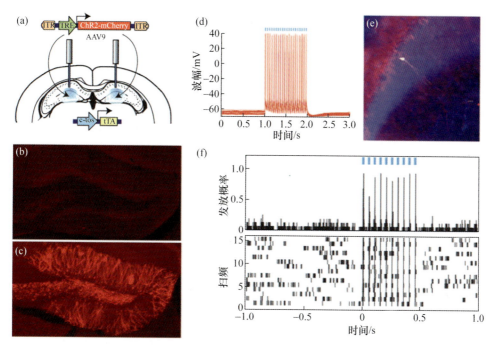

图 1-5 利用光遗传学方法在转基因小鼠脑内制造恐惧经验和记忆痕迹的实验流程和结果示意
(引自 Ramirez et al., 2013)

(a) 表示将一种蛋白质(AAV9-TRE-ChR2-mCherry)注入小鼠海马齿状回细胞内。

(b)(c)是对照组小鼠的结果,分别是食用多西环素的小鼠,受到足底电击,失去对注入蛋白质的表达(b);没有食用多西环素的小鼠受到足底电击,对注入齿状回的蛋白质表达出很强的红色荧光效应(c)。在实验组的转基因小鼠内,注入蛋白质 AAV9-TRE-ChR2-mCherry 后,只是通过光导纤维导入特定波长激光(d)(f),并没有给予足底电击,就可以激活注入的蛋白质,不但诱导出海马齿状回细胞的神经放(f),还在海马 CA1 区诱导出高频神经发放(d),以及由生物胞素标记的蛋白质(ChR2-mCherry)的表达(e),似乎出现了长时程增强效应(LTP)。

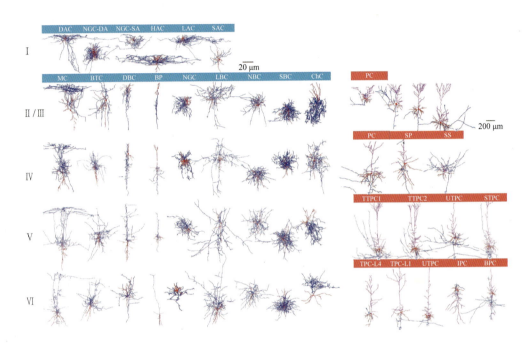

图 2-24　人造大脑组织块内的 55 种细胞及其层次性分布

(经授权,引自 Markram et al., 2015)

左侧罗马数字Ⅰ~Ⅵ表示大脑皮层细胞的 6 层分布。图中的缩写字母分别代表:DAC,下行轴突细胞;NGC-DA,具有密集轴突分支的神经胶质细胞;NGC-SA,具有细长轴突分支的神经胶质细胞;HAC,水平轴突细胞;LAC,大轴突细胞;SAC,小轴突细胞;MC,马丁诺提细胞(上行轴突细胞);BTC,双丛毛细胞;DBC,双花束细胞;BP,双极细胞;NGC,神经胶质细胞;LBC,大篮状细胞;NBC,巢篮状细胞;SBC,小篮状细胞;ChC,吊灯样细胞;PC,锥体细胞;SP,星形锥体细胞;SS,棘突锥体细胞;TTPC1,具有晚分叉顶树突丛的厚丛毛锥体细胞;TTPC2,具有早分叉顶树突丛的厚丛毛锥体细胞;UTPC,无丛毛锥体细胞;STPC,稀疏丛毛的锥体细胞;TPC-L4,具有终止于第 4 层的丛毛锥体细胞;TPC-L1,具有终止于第 1 层的丛毛锥体细胞;IPC,具有倒置顶树突的锥体细胞;BPC,具有双极顶树突的锥体细胞。

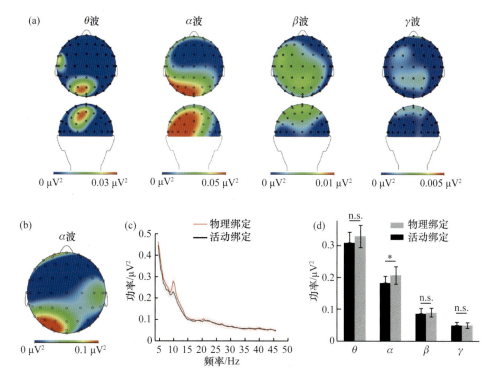

图 4-7　特征绑定的脑电图实验结果
（经授权，引自 Zhang et al., 2019）

(a) 颅顶（上）和后头部（下）的脑电图 4 个频带功率谱差异的组平均拓扑图，从左到右分别是 θ 波（4～7 Hz）、α 波（7～14 Hz）、β 波（14～30 Hz）和 γ 波（30～60 Hz）。

(b) α 波幅峰值功率谱差异的组平均拓谱图。

(c) 组平均的快速傅里叶变换功率谱比较坐标图。

(d) 4 个频带脑波组平均功率谱在两状态间差异的直方图，直方柱上的短线表示组内被试间的一个标准误，可见只有 α 波在两状态间的均值差异达到显著性水平（$p < 0.05$）。

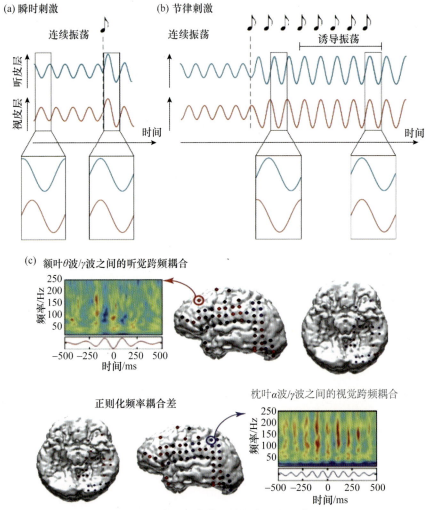

图 4-8　神经振荡的三种耦合机制示意

[(a)(b) 根据 CC-BY，引自 Bauer, Debener, & Nobre, 2020；(c) 经授权，引自 Canolty & Knight, 2010]

(a) 相位重组机制，在听皮层（蓝色线）和视皮层（红色线）记录到的神经振荡曲线受到单一的瞬态事件（例如，声音或闪光）的刺激，就会发生短暂的相位重组，使两条振荡曲线同步化。

(b) 神经诱导机制（neural entrainment）是由于有节奏的刺激逐渐改变神经振荡的相位而发生的。在听皮层和视皮层记录到的持续的神经振荡，受到节律性刺激也会调节神经振荡的兴奋-抑制周期，出现相位同化的机制。

(c) 跨频耦合机制，上排三张小图显示听觉刺激在额叶引发的 θ 波的相位/γ 波的幅值之间的跨频耦合机制；下排三张小图显示在枕叶视觉刺激引发的 α 波相位/γ 波的幅值之间的跨频耦合。

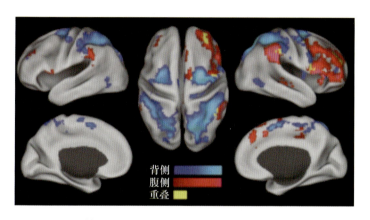

图 5-2　基于 R-fMRI 数据所证实的背侧和腹测注意系统

（经授权，引自 Fox et al.，2006）

左侧上、下分别是左半球外侧面和内侧面图；右侧上、下分别是右半球外侧面和内侧面图；正中是顶面观；图中高亮出来的分别代表 R-fMRI 成像中三类体系分布。图中可见，背侧注意系统主要分布在两半球的内顶沟的顶叶皮层和额叶眼区；腹侧注意系统主要分布在右半球的颞-顶结合部和腹侧额区；上述四个脑区内均有两系统的重合部分。

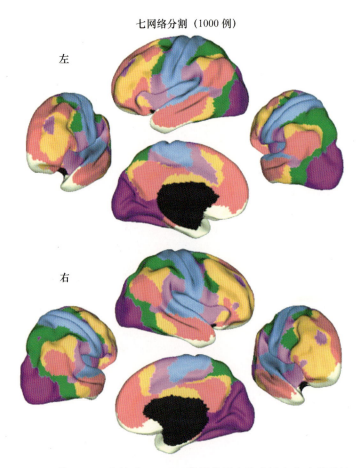

图 5-3　基于 1000 名被试 R-fMRI 数据得到大脑皮层七个功能系统
(经授权,引自 Yeo et al., 2011)
图中:上四个小图是左半球,下四个小图为右半球;每半球的四个小图中,上、下小图分别是背外侧面观和中央内侧面观,左、右小图分别是顶、底侧面观。

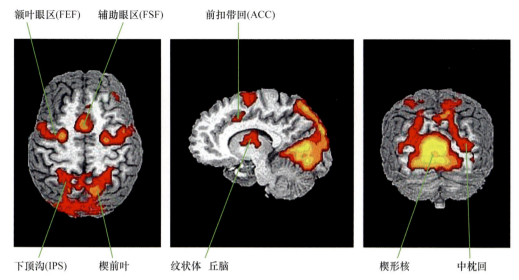

图 5-4 随意眼动激活的脑区
（经授权，引自 McDowell et al.，2008）

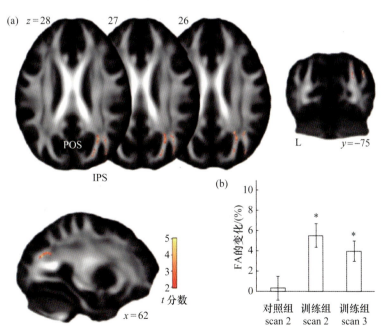

图 6-5 成年人杂耍训练引起枕-顶联系的白质发育微结构变化
（经授权，引自 Scholz et al.，2009）

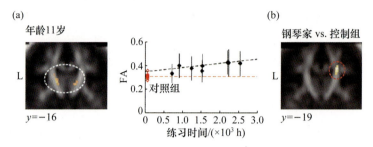

图 6-6　11～16 岁儿童弹钢琴对脑白质（内囊）结构的作用
（经授权，引自 Ullén，2009）

横坐标为练习时间（单位 1000 小时），纵坐标为 DTI 所测定的各向异性的分形值（FA）；坐标图内水平虚线是对照儿童的 FA 值，向上递增的虚线是 11～16 岁儿童弹钢琴 3000 小时练习过程中脑白质（内囊）的 FA 值增加斜线。

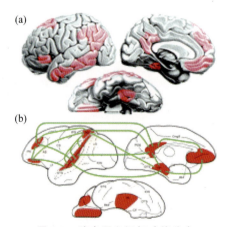

图 7-2　脑内语义记忆功能分布
（经授权，引自 Binder et al.，2009）

（a）人脑大范围语义网络，（b）猴脑的相应功能分布图。人脑涉及语义记忆的脑区显著多于猴脑，这可能是人具有语言功能及接受教育和参与社会生产活动所致，包括规划、设计、科技和文化创新等，促进记忆信息的存取。

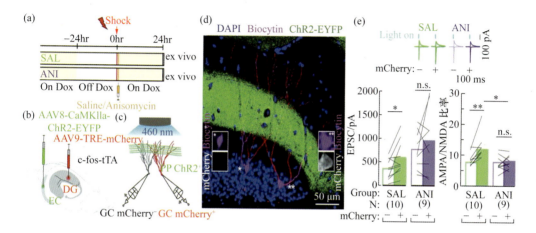

图 7-8 记忆巩固的分子生物学基础
(经授权,修改自 Ryan et al., 2015)

(a) 利用 c-Fos-tTA 转基因小鼠作为实验对象并使用多西环素(doxycycline,Dox),分为两组:实验组小鼠进行恐惧条件反应训练(CFC)之前使用茴香霉素(ANI);对照组用生理盐水(SAL)。训练前停用多西环素、茴香霉素和生理盐水一段时间(图中标注 off Dox)并训练动物,24 小时后对动物给予电休克(Shock)并恢复使用多西环素(on Dox)和生理盐水。

(b) 分别将 AAV8-CaMKIIa-ChR2-EYFP 标记的病毒和 AAV9-TRE-mCherry 标记的病毒,注入 c-Fos-tTA 转基因小鼠内嗅区皮层(EC)和齿状回皮层(DG)。

(c) 当用光遗传学方法,波长 460 nm 激光(蓝色)通过光导纤维刺激 $ChR2^+$ PP 轴突时,分别记录记忆痕迹细胞的 GC $mCherry^+$ 反应(显红色)和无记忆痕迹细胞的 GC $mCherry^-$ 反应(浅灰色)。

(d) 表达记忆痕迹的图像:生物素(Biocytin)标记的记忆痕迹($mCherry^+$)显红色,没有记忆痕迹的齿状回细胞($mCherry^-$)显绿色。

(e) 上小图是对照组(SAL)和实验组(ANI)在激光照射时激发 $ChR2^+$ PP 轴突的离子通道电流的比较:绿色小图使用 SAL 组动物+、- 之间有差异;紫色小图使用 ANI 组的动物+、- 之间无显著性差异。下图左是兴奋性突触后电流(EPSC)的比较:SAL 组在 $p=0.05$ 水平下差异显著;ANI 组无差异(n.s.)。下图右 AMPA/NMDA 比率用柱状图显示其均值的比较,SAL 组有非常显著的差异($p<0.001$),灰色线是数据点的比较,也达到显著性差异($p<0.05$);而使用 ANI 动物组内比较+、- 之间无差异(n.s.)。

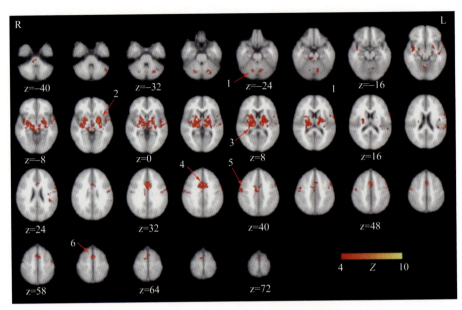

图 8-6　发 3 个以上音节时激活的脑结构
（经授权，引自 Sörös et al.，2006）

图中标记的主要激活区包括两侧小脑(1)，基底神经节(2)，丘脑(3)，扣带回运动区(4)，初级运动皮层(5)，辅助运动区(6)。

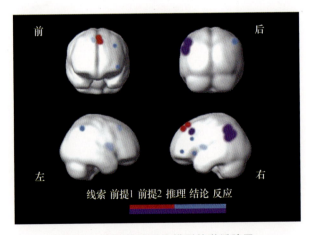

图 8-8　高级推理网络模型的激活脑区
（经授权，引自 Rodriguez-Moreno & Hirsch，2009）

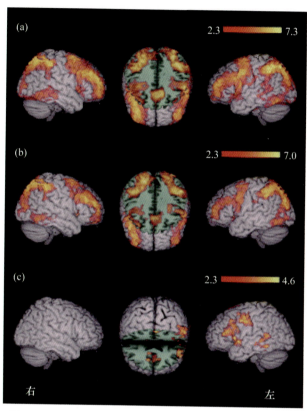

图 8-9 语言工作记忆和空间工作记忆的脑激活区的比较
（经授权，引自 Ray et al.，2008）

(a) 为语言工作记忆的脑激活区，(b) 是空间工作记忆的脑激活区。(c) 是两种工作记忆的脑激活区相减之后，可见左半球两种作业的激活区之差（右下图）；而右半球两种作业的激活区之差为零（左下图）。

(a) 空间问题

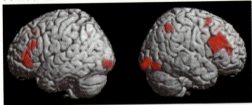

(b) 文字问题

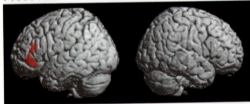

(c) 圆问题

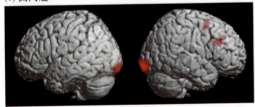

图 8-11　PET 脑局域性血流激活区
（引自 Duncan et al., 2000）

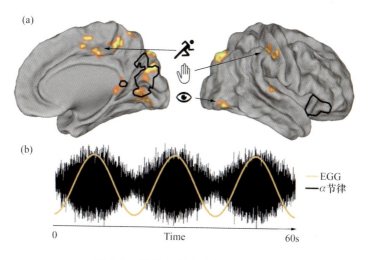

图 9-3 胃-脑的静息态的功能耦合
(根据 CC-BY，引自 Azzalini, Rebollo, & Tallon-Baudry, 2019)

(a) 左图是大脑正中矢切面，右图是大脑右外侧面。橙色表示胃电图与脑 BOLD 信号之间相位耦合区的分布，包括触觉、视觉或动作等多种功能的皮层代表区。黑线所画出的轮廓是胃电信号-脑电 α 波相位-幅值耦合的脑区。

(b) 胃电节律（黄色曲线）与脑电 α 波幅值（黑色密集线）间的耦合。高幅值的 α 振荡出现在胃慢节律（黄曲线）峰值处。

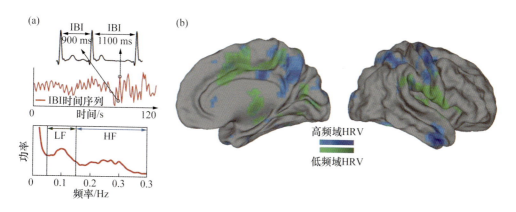

图 9-7 心脏-脑功能的耦合机制
(根据 CC-BY，引自 Azzalini, Rebollo, & Tallon-Baudry, 2019)

(a) 显示心搏间隔时间（IBI）为 900～1100 ms，取 120 s 的心跳数据进行谱分析（中图），结果可以分为两个频域，低频域（LF）0.04～0.15 Hz 和高频域（HF）0.15～0.4 Hz，说明脑内存在不同控制机制。

(b) 显示 HF 和 LF 的 HRV，有不同的脑中枢控制机制，分别用蓝色和绿色标注出相应大脑皮层中枢。蓝色为高频域 HRV 控制中枢，绿色为低频域 HRV 控制中枢。

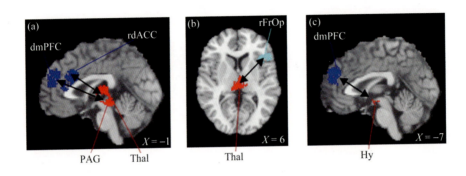

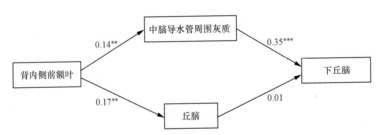

图 10-3　内侧前额叶皮层和皮层下结构的共激活及其路径

(经授权,引自 Kober et al.,2008)

(a) 背内侧前额叶皮层(dmPFC)和中脑导水管周围灰质(PAG)以及丘脑(Thal)之间的共激活,内侧前额叶(mPFC)包括背内侧前额叶皮层(dmPFC)和前扣带回(rdACC);(b) 前额弓(rFrOP,认知/运动回路);(c) 背内侧前额叶皮层(dmPFC)与下丘脑(Hy)的共激活。** 和 *** 代表达到统计学显著意义的路径系数,中脑导水管周围灰质是背内侧前额叶皮层和下丘脑之间的共激活的中介。

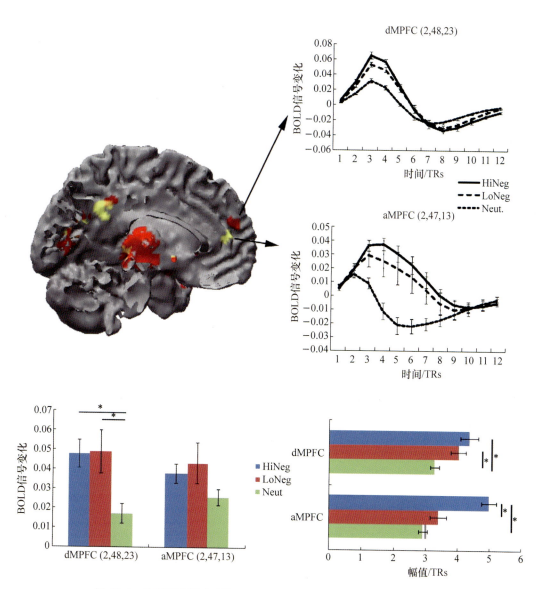

图 10-4 内侧前额叶前部(aMPFC)BOLD 信号的反应函数(HRF)曲线
(经授权,引自 Waugh, Hamilton, & Gotlib, 2010)

HiNeg:强阴性情绪图片及其诱发的反应曲线持续时间;LoNeg:弱阴性情绪图片及其诱发的反应曲线持续时间;Neut:中性刺情绪图片及其诱发的反应曲线持续时间。

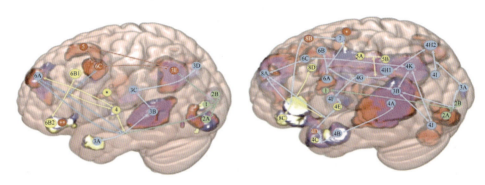

**图 11-1 精神分裂症病人组(左)和健康组被试(右)，
在完成心理理论作业时的脑激活区及其神经通路比较**

(经授权，引自 Weng et al., 2022)

绿色是视觉系统的信息加工网络；蓝色是心理理论的一般信息加工网络；红色是心理理论的认知信息加工网络；黄色是心理理论的情感信息加工网络。

(a) 精神分裂症病人组被试心理理论的假设神经网络。1，左距状裂/周围皮层(BA17)；2A，左枕下回(BA18)/枕中回(BA19)；2B，右枕下回(BA19)/枕中回(BA18/BA19)；3A，左颞中回(BA21)；3B，左颞中回(BA 22)；3C，右颞中回(BA 21)；3D，右颞中回(BA 37/BA 39)；3E，左楔前叶；4，右旁海马回/海马(BA 34)；5，左辅助运动区(BA6)；6A，B 额上回(大脑内侧面，BA 10)；6B1，右额下回(BA 44/BA 45)；6B2，左额下回(BA 47)；6C，左额中回(BA 8)。

(b) 健康对照组被试心理理论的假设神经网络。1，左侧丘脑前区投射；2A，左枕下回(BA 18)；2B，枕中回(BA 17)；3A，右下纵束；3B，左下顶回(BA 39)；4A，左颞中回(BA 21)；4B，左颞中回(BA 20/BA 21)；4C，左颞极(BA 20)；4D，左颞极(BA 38)；4E，右颞极(BA 38)；4F，右颞上回(BA 22)；4G，右颞中回(BA21)；4H1/4H2，右颞中回(BA 22)；4I，右颞中回(BA 37)；4J，小脑右半球；4K，右楔前叶；5A，左扣带中回/旁扣带回；5B，右扣带中回/旁扣带回；6A，左中央前回；6B，右中央前回；6C，左额上回(BA 32)；7，左辅助运动区；8A，左额上回(BA 10)；8B，右额中回(BA 9)；8C，左额下回(BA 47)；8D，右额下回(BA 45)。

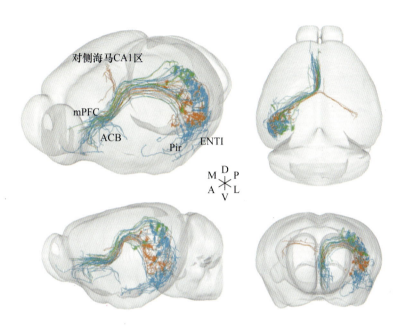

图 11-3　小鼠额叶皮层和海马之间的长距离投射纤维
（经授权，引自 Sun et al.，2019）

从海马发出的 33 条投射纤维，达内侧前额叶皮层（mPFC）的 GABA 能抑制性神经元，其中橙色显示从海马神经元发出纤维投射至 mPFC 内 SST^+ 神经元，并且有侧支投射到对侧半球的海马 CA1 区 SST^+ 神经元；蓝色显示从海马投射至 mPFC 内的 PV^+ 神经元，同时发出侧支投射到伏隔核（ACB）；绿色显示从海马抵达 mPFC 内 VIP^+ 神经元的投射。四张图中间给出脑切片的方位，D 为背侧，V 为腹侧，M 为内侧，L 为外侧，A 为前侧，P 为后侧。左上图为背外侧观，右上图为背上平面观，左下图为矢状正中切面，右下图为冠状切面。

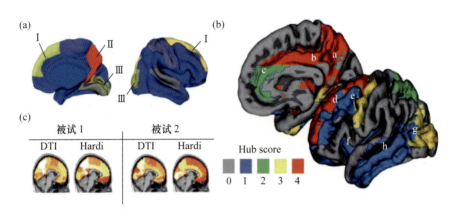

图 11-6 人脑内存在的结构性路由器功能脑区的分布

(经授权,引自 Van Den Heuvel & Sporns,2013)

通过 DTI 数据分析,两名被试脑内结构性路由器功能的分布结果完全一致。(a) 显示背侧额上回皮层(Ⅰ)、楔前核(Ⅱ)上枕回和内侧枕回(Ⅲ)等脑区,发挥着 1~3 级中心控制区的作用。(b) 显示中心脑区的组成结构,这些脑区的网络具有最短路径长度,其节点处于中位中心度,并能横跨几个图形矩阵发生多级连接,用不同颜色表达其网络的连接级别,共分 5 级(0~4 级)。这些脑结构有楔前核(a)、后扣带回皮层(b)、后扣带回皮层(c)、额上回(d)、背外侧前额叶(e)和岛叶(f),以及枕区(g)、颞上回和颞中回(h)。(c) 说明采用两种磁共振成像方法,即 DTI 和高角分辨率成像技术,分别用于两名被试的同一认知实验条件,所得结果的一致性。

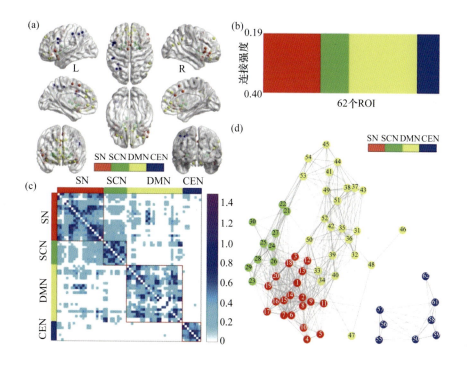

图 11-7　检测社会关系时脑激活的 4 个功能模块
(经授权,引自 Feng et al., 2021b)

(a) 突显网络模块(SN),皮层下网络模块(SCN),默认网络模块(DMN),中央执行网络模块(CEN)。

(b) 对 62 个感兴趣脑区(ROI)进行的模块分析,确定出 3 个稳定的模块,其连接强度在 0.19~0.40 之间,并以 0.01 的强度变换。

(c) 对 ROI 按其所属网络模块分类,并计算其功能连接性,其模块间的结构连接性达到 0.40 并明显强于模块内的连接性,显示出较明显的边界线,对此以连接矩阵图表达。

(d) 4 个脑网络模块图中数字表达 ROI 序号。

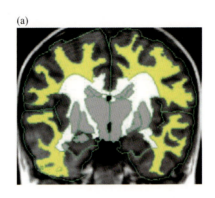

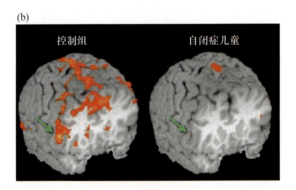

图 11-10 孤独症儿童的影像
(经授权,引自 Wickelgren,2005)

(a) ASD 儿童深层白质(长距离纤维)发育不足;(b) 孤独症儿童和控制组儿童观察手指运动图片时脑激活区有明显的差异。

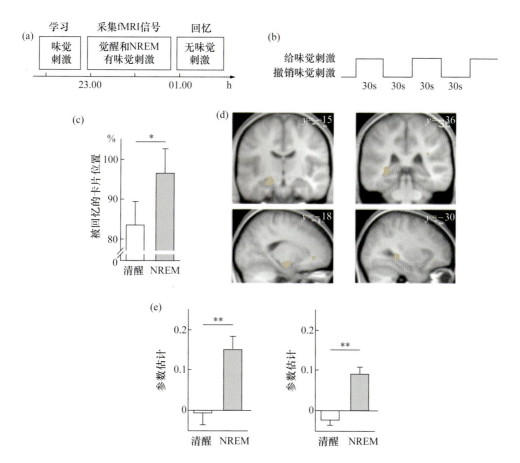

图 12-9 NREM 对记忆的巩固效应

(经授权,引自 Rasch et al., 2007)

(a) 学习过程或处于 NREM 期,以及学习之后 45 分钟清醒状态下,味觉刺激呈现的方法。

(b) 每隔 5.61 s 进行一次功能性磁共振扫描。

(c) fMRI 扫描之后,进行记忆内容提取测试,结果表明,对二维物体定位作业任务,睡眠巩固处理的被试成绩显著优于对照组($p<0.05$)。

(d) 味觉刺激引起 BOLD 信号的变化作为指标,发现左前海马区(左图)和左后海马区(右图)激活水平显著增高。

(e) 对经过 NREM 和清醒处理的实验结果进行参数估计表明,左前海马区和左后海马区回归系数显著高于其他脑区($p<0.01$)。

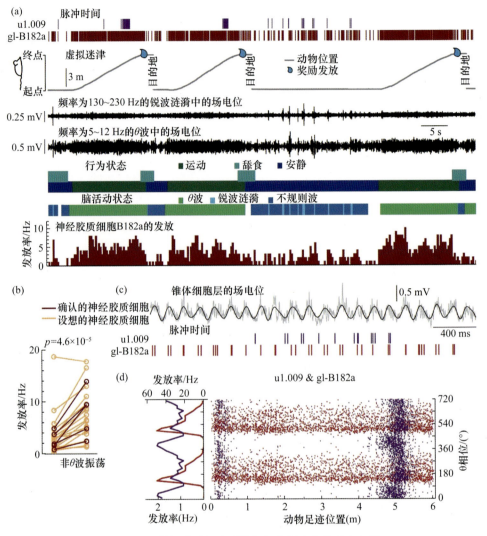

图 12-14 神经胶质细胞对神经振荡同步化的耦合作用
(经授权,引自 Sakalar, Klausberger, & Lasztóczi, 2022)

(a) 深红色表示的神经胶质细胞(gl-B182a)和紫色表示的位置敏感的锥体细胞(u1.009),在进行三轮虚拟食物运动反应过程中,对这两个细胞所记录的脉冲时间发放活动图和从锥体细胞层所记录的涟漪波以 θ 节律振荡。动物行为和脑功能状态由其下面的颜色方块标识。下图显示神经胶质细胞(gl-B182a)在 300 ms 时窗内的单位发放率。

(b) 比较 θ 振荡期和非 θ 振荡期神经胶质细胞发放率的差异。

(c) 在(a)中的 u1.009 细胞在其位置感受野范围内延长行走的时间,其神经脉冲-时间发放振荡(在锥体细胞层内的 5~12 Hz 场电位,以灰色未滤波的曲线纪录)。

(d) θ 波相位(图的右侧显示)-脉冲点阵图(中间小图),其中深红色的显示神经胶质细胞(gl-B182a);紫色的显示锥体细胞(u1.009),是相位加工的位置细胞。左图显示两种细胞发放率与相位的相关性。

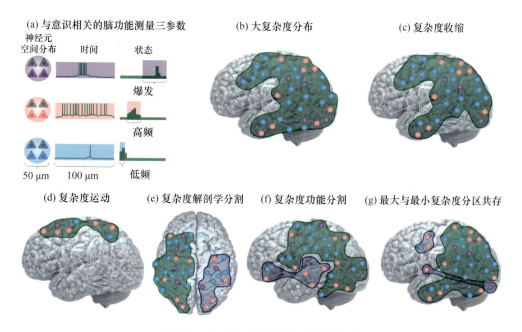

图 13-2 脑功能态作为意识的物质基础
（经授权，引自 Tononi et al., 2016）

与意识相关的脑功能测量三参数：神经元空间分布（单位为 50 μm）；时间，以神经元单位发放率为指标；状态，以神经元单位发放模式为指标，分为爆发式发放（紫色），高频发放（粉色），低频发放（浅蓝色）。

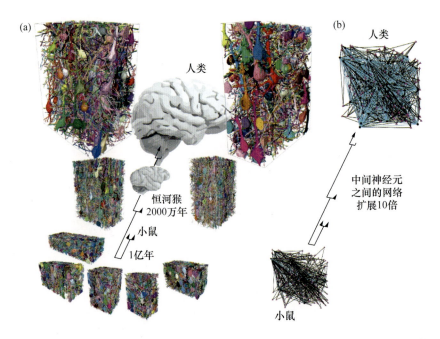

图 14-5 5 只小鼠、两只恒河猴和两名人类被试大脑皮层神经元连接图之间的比较
(经授权,引自 Loomba et al., 2022)

(a) 计算机自动重构的脑细胞和神经纤维密集图,图中显示约有 160 万个突触。箭头指出物种进化的年代之差,人类和小鼠在一亿年之前有共同的祖先,恒河猴和人类在 2000 万年前有共同的祖先。

(b) 从小鼠到人类脑内的中间神经元之间的网络至少扩展了十倍。